双眼鏡の歴史

プリズム式双眼鏡の発展と技術の物語

The History of Binoculars

中島　隆

まえがき

天文少年だったかつての筆者に，レンズによって結ばれた星を初めて見せてくれたのは，天体望遠鏡ではなくプリズム式双眼鏡でした．

それから天文への興味が進み，知識が深まるにしたがって，月のクレーター，土星の輪などを自分自身の目で見たいという思いが募りました．そして，天体望遠鏡を持つことが夢となり，ついにあこがれの小口径屈折天体望遠鏡を持つことになりました．

あこがれの天体望遠鏡で見る月面地形の詳細や，土星の輪，色の対比が美しい二重星などには大きく心動かされたものでした．しかし，星空自体の美しさを見るということでは，以前見たプリズム双眼鏡から得た感動は消すことのできない記憶となっていました．

その後，天文の知識の増加につれて，一方では同じ口径の機材であっても，「より良く見たい」という気持ちが芽生えたことから，光学機器とその精度の追求という青い鳥を追い始めることになって，反射鏡の研磨にも手を染めたりしていました．そして同時期，ついに憧れの天体用の定番プリズム双眼鏡といえる7×50mm 7.3°機も手にしたことで，見つめるための望遠鏡にはない，双眼鏡の見渡すという機能に心を奪われてしまっていました．

また歴史，主として技術史的なことにも興味があった筆者にとっては，天文学史や光学史に関する各種の情報収集を行うことも別の趣味的な事柄であったことから，このような因子の結合は全く関連性のないことではありませんでした．

そして出発点でもあり転回点というべき，ある古ぼけた双眼鏡に出会ったのです．レンズ，プリズムが補修が必要なほどに劣化していたことは，外観からも容易に判断できる小口径機材でした．しかし，同じ光学仕様（特に実視野）を持つものがなかったこともあり，独自に修復方法の模索，実践を行い，失敗も経験・教訓として，実用レベルにまで戻すことに成功したのです．この時に入手した機材が優秀機でなく，補修作業もできなければ，双眼鏡と筆者の関係はこれほどまでにはならなかったはずです．

成功体験というのでしょうか，補修が思いの外うまくいったことが弾みとなり，その後目にする古い機材を入手しては補修を加えることで，書籍などに言及されていない事柄も見えてきました．

そこで，ほんの軽い気持ちで一応，集めた機材を基にして時系列化し，簡単な歴史の再構築を頭の中だけで始めていました．そのことは周りの友人などには話すことがありましたが，全体像は未だおぼろげであり，確実には見えていませんでした．

しかし，この話がどこからどう伝わったものか，雑誌への掲載という話が生まれたのです．そして，写真を加え文章としたものが，地人書館発行の天文雑誌『月刊天文』誌上の連載記事『Binoculars Old and New』でした．編集部の当初の意向としては，連載期間は1年程度のものだったようですが，個別の機材それぞれに対して技術事項，光学史，エピソードを交え，さらには望遠鏡にまで話題を広げ，結局連載は9年半，114回にも渡りました．

機材と技術発展の方向性については，プリズム双眼鏡に深くかかわり始めた当座は，未だ確定に自信を持てる段階ではありませんでした．その後，友人から絶好の参考文献をドイツ出張土産としてもらえたことで，これまでの見通しがほぼ間違っていないことがわかりました．また外国文献であるがゆえ，日本製品についての記述には不満を持たざるを得ないことが重なったことも，長期連載の原動力でした．

連載の分量としては見開き2ページですから多くはありませんが，通常の同類記事とは異なり，できるだけの分解を筆者独自のコンセプトとして実行したため，一部の読者からは大いに励まされたものでした．その反面，実際の状況では「文前画後」，つまり文章作成後に画像撮影（最低限の補修は実行済み状態で）という基本的な執筆手順が狂い，詳細分解の段階での新事実の発見ということから，先行で書き上げていた文章全体がちゃぶ台返し，ドタキャンとなり，大いに編集部を慌てさせたこともありました．

また，少数ですが密度の高い読者の熱いリアクションにも驚かされたことも記憶しています．

連載は結局，編集長の長期入院による雑誌の休刊という思いもかけぬ事態から中断しましたが，世界初の市販機，国産1号機という歴史的機材に言及できたことは，巡り合わせの幸運に感謝すべきでしょう．114回の連載は，1894年の世界初の市販機の登場から，大よそ50年後の第二次世界大戦終結までを一区切りと考えていた筆者にとっては，執筆予定範囲到達の直前で終了したことで，いささかの感慨を持たせるものでした．

また連載記事は雑誌掲載のため，分量などに制約がなかったわけではなく，それは出版元である地人書館の担当各位の認識でもありました．連載はそのまま中断した形で時は流れたわけですが，思いもかけず，筆者に対して地人書館から，連載記事のスタイルを踏襲することのない単行本化計画の打診がありました．その反面，自由度が増すことは，歴史の記述で通史となることからの別次元の制約が生まれるように筆者には見えていました．

そこで連載記事の大枠を踏襲し，分量は対象機材それぞれに合わせるという枠組みで，全体的，全面的な再構成を行うこととしました．区切りは，連載時点で考慮していた第二次世界大戦終結時点とした上で，本書の作成となったものです．

従って本書は，1894年のプリズム双眼鏡市販1号機からの欧米での機材発展と，それを支えた光学産業史を適宜加えた上で，わが国の双眼鏡とその製造業史の発展を中心に構成しました．そして，1945年の第二次世界大戦終結までの間に生み出された機材について，そのもの自体や周辺に起こった事柄について，エピソードなどを交えて記述した，基本的には読み物となっています．

文章構成上から一話完結を原則として努力目標としているため，文章表現に重複が多いことは，事前に読者の皆様のご了解とお許しをいただかなければなりません．

また，歴史的事実についても原資料に当たれない場合も多く，出典となる二次資料に準拠することになります．これらは表記が統一されているとは限らないことから，執筆の都度，最適と思われる用語の選択，表現を筆者の独自の判断から行っていることを付け加えさせていただきます．

ともかく，これまで我が国では記述されることが少なかったプリズム双眼鏡の細部に渡って見た技術とその歴史が，筆者なりではありますが，ある程度まがりなりにも書き得たと思えることで，安堵感が生まれていることは事実です．

もし，光学機械について専門外におられる読者であったとしても，本書によっていくらかでも得るところがあれば，筆者にとっては望外の喜びと言わなければなりません．

今思い返せば，偶々の巡り合わせから，プリズム双眼鏡に深入りしたことで，筆者にとって確実に幸運であったことは，現品，資料等の収集に多くの方々のお力添えを得られたことに尽きます．これは筆者個人の努力の範囲外のことであり，感謝の他に言うべき言葉はありません．

その後，現在に至るまで，双眼鏡の機材史，光学工業史が筆者の調査対象であることに変わりはなく継続しており，現時点でも多くの方々の助力は筆者にとって得がたい力添えとなっています．

ここに改めて，これまでに現品，文献資料の収集にご協力いただいた方々のお名前を列挙し，筆者の感謝の表明の一端とさせていただきます．（敬称略，順不同）

小関良広，藤井常義・和子，西村有二，高橋健一，松本陽一，伊藤幹生，西岡達志，井野根勝志，佐藤利男，村山昇作，村山定男，小山ヒサ子，西城惠一，洞口俊博，鈴木一義，品川征二，野地一樹，中川 豊，今谷拓郎，児玉光義，渡辺 誠，石田 智，倉賀野祐弘，小峰良啓，宮田智弘，河野和裕，中井義雄

目 次
— CONTENTS —

プリズム双眼鏡前史

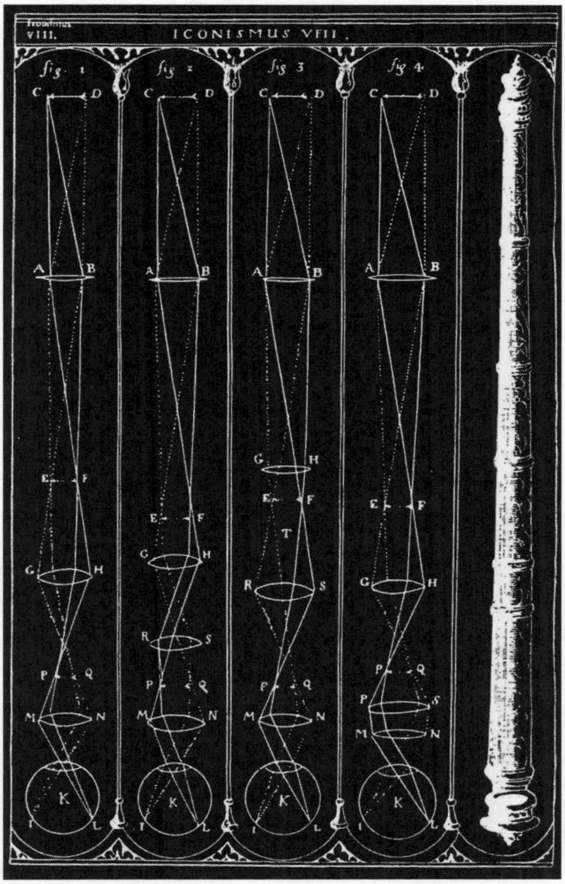

■本書は，プリズム双眼鏡についての技術的発達を主題として記述したものですが，その基本技術となった屈折式単眼望遠鏡の発展史を，周辺技術も含めて，ここで簡単に振り返っておきたいと思います．

ステージ1．望遠鏡の発明と双眼鏡への進化

遠距離にある対象を肉眼で大きく見えるようにするため，倍率がかかった光学系を望遠鏡といいます．望遠鏡には光学の法則から，見える像の状態が実際と同じままである正立望遠鏡と，180°の反転が起きてしまう倒立望遠鏡の2種類があります．望遠鏡は17世紀初頭にオランダで発明されたものとされ，最初に出現したものは，凸の対物レンズと凹の接眼レンズを組み合わせたものでした．

双眼鏡は肉眼で見るものであるため，正立望遠鏡を2本，左右平行に並べたものです．

伝説によれば望遠鏡は，凸と凹の2枚の眼鏡レンズを発注した人物の行いが全ての発端だったようです．この人は凸レンズと凹レンズの出来ばえを確認するため店に出向き，レンズ同士を組み合わせてみたようですが，このことをいぶかしく思ったレンズ業者が，同じようなことを繰り返してみたところ，遠距離にある物体が大きく見えたことから，望遠鏡の発明になったといわれています．

この光学系はきわめて単純な構造でしたが，光学の法則から，見える像は実体と同じ正立像でした．そのため，望遠鏡となっていれば平行に2本並べたものが双眼鏡となるため，双眼鏡の発明も望遠鏡の発明と同時期といえるほど，すぐに行われたのでした．

ステージ2．望遠鏡光学系の改良：接眼レンズ

この最も単純な光学系の望遠鏡を自分自身で製作し，科学史上に止まらない数々の発見を行ったのが，イタリアのガリレオ・ガリレイでした．そのことから人類が最初に手にした望遠鏡の光学系は，発明者と伝えられるオランダのハンス・リッパシー（リッペルハイ）の名前ではなく，実用者であるガリレオの名前で呼ばれることになります．ただし，かなり限定的ではありますが，発明された国に因み，オランダ式と呼ばれることもないわけではありません．

ガリレオ式望遠鏡（双眼鏡化したものがガリレオ式双眼鏡）は正立像ではあっても，見える範囲（視野，視界）が倍率を上げるほどに急激に狭くなる欠点を

ハンス・リッパシー．望遠鏡の発明は，ほぼ同時に双眼鏡の発明となりましたから，彼は望遠鏡類（単眼・双眼）の発明者という二つの名誉を持っているといえます．特許出願日時は1608年10月2日となっています．

ガリレオ・ガリレイ（1564-1642）．望遠鏡を初めて天体に向けたガリレオは，多くの発見で科学史上に名前を残しますが，同じ光学系の双眼鏡までもがその名前で呼ばれているのは，大発見という結果からでしょうか．

持っていました．これが重要な要改良点になるのは天体観測用の望遠鏡でした．精度の高い観測には高倍率も必要であり，望遠鏡が天体観測の重要な手段となるに従い，改良が求められていくようになります．この欠点の改良で重要な発案が行われたのですが，発案者自身は製作しませんでした．しかし，考案の有用性からその発案者であるドイツの天文学者，ヨハネス・ケプラーの名前がつけられたのが，ケプラー式望遠鏡です．

この望遠鏡の光学系で，改良箇所は接眼レンズ部分でした．ケプラーは，接眼レンズにも凸レンズ（単レンズ）を用いた倒立像の望遠鏡と，その改良型としてさらに凸レンズを加えて再度像に反転を行い，正立像となる接眼レンズ（地上接眼レンズとも呼ばれる）も提案しています．この提案の中でも前者の改良は二つの点で大きな前進となりました．

その一つめは倍率の選択範囲が広がったことと，それに関連して高倍率化で加速度的に減少する視野の広さの狭窄がおさえられるようになったことです．二つめが，接眼レンズの前側である対物レンズ方向に一旦焦点が結ばれるため，焦点位置に円形の絞りを置けば，視野を確実に区切ることができ，ここに天体に焦点を合わせた（合焦した）まま，合焦状態の目盛も入れることができるようになったことでした．

そのため倍率の選択幅が，高倍率化による視野の加速度的狭窄から開放され，定性的であった望遠鏡による観測が定量的にも可能となり，視野内への各種の目盛が精度良く導入できるようになりました．このことは，位置天文学の大きな発展をもたらし，航海術もまたその恩恵に浴したといえるのです．

しかしその反面，接眼レンズに凸レンズを用いたことから，ガリレオ式望遠鏡では潜在化していた対物単レンズの欠点が顕在化してきたのです．

ステージ3．望遠鏡光学系の改良：対物レンズ1

凹レンズから凸レンズへの接眼レンズの変更で見えてきたのは，透明なガラスという物質の中での，光の波長の違いによる振る舞い方の違いでした．

ガリレオ式凸レンズと凹レンズの組み合わせでは，波長による屈折率の差が結果的に打ち消しあう方向に向かうため，単レンズ同士を組み合わせた光学系の結像でも，それほど像の周囲に現れる色の量と強さは多くはなく実用になっていました．それが既述した改良との引き換えのように，結像では物体の像

ヨハネス・ケプラー（1571-1630）．惑星の運動の法則を発見したケプラーもまた，偉大な科学者として名前を記録されています．望遠鏡光学系の改良もまた同様で，光学史上の大発明でした．この考案は1611年に自著『Dioptrik』の中に記載されたものでした．

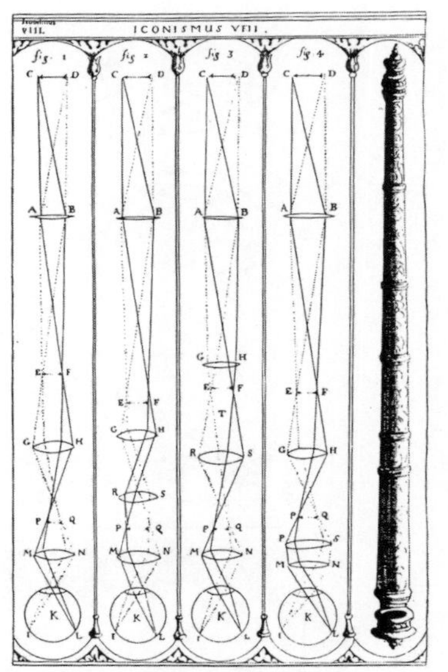

ケプラー型の望遠鏡はその有用性の高さから，実用化されるとともに，改良も考えられることになります．シルレも改良を考えた人物で，この図は彼の考案した各種形式を，ツァーンが1685年の著書の中に記載したものです．

の周囲に虹のような色が見える現象を表す（色収差）ことになってしまったのです．

そのため，倍率を高くする必要がある天体望遠鏡では，口径比の大きい（口径に比べて焦点距離が長め）レンズを使って色収差を減らすことになり，口径の大きさにかかわらず長大な望遠鏡が生まれます．このような長大な屈折望遠鏡では全体を一本の筒とはせず，対物部と接眼部を別々に組み立てて動かすため，実用上から鏡筒のない，「空気望遠鏡」と呼ばれる機材となって出現したものでした．

また，ほぼ同時に接眼レンズも単レンズから2枚のレンズを組み合わせて，見かけ視野を広げる考案が行われるなど結像状態の改良も図られてはいました．しかし，視野内での解像力が周辺へ向かって大きく低下するということもあり，改善は限定的なものでしかありませんでした．

単レンズの最大の問題点である色収差の軽減という目的から，対物レンズの改良のために考案されたのが，ガラス内での屈折率（波長の違いによる光の曲がり方の違い）の異なる異質のガラスを組み合わせて，異なる波長の光でも同じ位置に合焦させようとする「色消しレンズ」の発想でした．

それとは対照的に，波長差による焦点位置のずれである色収差は防ぎようがないと考え，屈折によらない，凹反射面による結像を考えたのが英国のアイザック・ニュートンでした．彼は反射望遠鏡の最初の考案者ではありませんでしたが，ガリレオと同様，自身の考案を自分自身で形にして実用したことから，その考案はニュートン式望遠鏡として呼ばれることになります．考案された光学系の構成は，凹放物面（主鏡）と平面（副鏡）の組み合わせで単純なことから，現在でも反射望遠鏡の主な光学系の一つとして生き続けています．

余談になりますが，反射鏡を使った実用的の高い望遠鏡を初めて考案したのもG.グレゴリーという，英国（スコットランド人）の数学者です．彼が数学者として行った考案の出発点となったのは，二次曲線の数学的特性からで，それは凹放物面と凹楕円面という二次曲線を焦点位置で合わせたものでした．

凹楕円面には二つの焦点位置がありますが，焦点位置から出た光が凹楕円反射面に当たって反射が行われると，別の焦点に集まるという性質があること

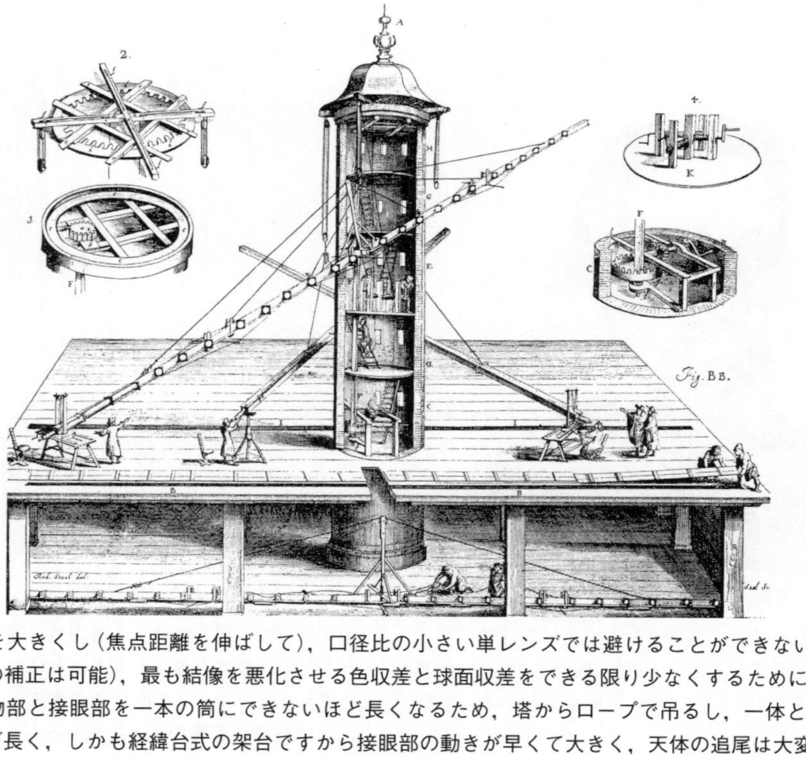

空気望遠鏡は口径比を大きくし（焦点距離を伸ばして），口径比の小さい単レンズでは避けることができない（非球面化すれば単一波長の球面収差の補正は可能），最も結像を悪化させる色収差と球面収差をできる限り少なくするために考え出された望遠鏡でした．鏡筒は対物部と接眼部を一本の筒にできないほど長くなるため，塔からロープで吊るし，一体となるように操作しています．焦点距離が長く，しかも経緯台式の架台ですから接眼部の動きが早くて大きく，天体の追尾は大変だったはずです．

が最大の重要要素です．この性質を利用し，2番目の焦点が凹反射放物面の後ろ側となるように2枚の反射鏡を組み合わせて望遠鏡とされたものでした．実際上，凹反射放物面は反射光を遮蔽せずに通過させるため，中央部は必要な径に穿孔されます．

ところで初期の反射鏡は鏡合金で作られており，錆びやすく，たびたび磨き直すことが必要で，広く普及するには限界がありましたが，高倍率が得やすく正立像であることから，地上用望遠鏡としても使われたりしています．この欠点を改良する画期的な金属還元メッキ法が発明され，ガラス製の反射鏡に高い反射率の金属メッキを行う技術が発明されるまでには，まだ時間が必要でした．

グレゴリー式反射望遠鏡が地上用望遠鏡として賞用された原因の一つには，名手といわれたJ.ショートといった人物の存在がありました．光学が工業化する以前，光学製品が工芸的に作られていた時代があり，低倍率の手持ち用ガリレオ式望遠鏡もまた，工芸品といえるような製品が生み出されています．

さて，話を色消しレンズの考案に戻します．歴史的な流れから見れば，この考案は連続するように，しかも同じ英国人2人によって，全く別々になされたものでした．

ところが，早く着想を得た先行者，C.M.ホールは，実物を専門業者に製作はさせたものの，考案を公表することなく仕舞い込み，社会に広めることなく終わり，技術として広まることはありませんでした．それを全く知ることなく，遅れて追随することになったJ.ドロンドは，同様の考案に基づく製品の販売をするとともに，特許権を取得したことから，考案は社会の認知を受けたのです．

この考案は優れていたことから，高級屈折望遠鏡の対物レンズは全て色消しレンズとなり，一般化して広まった技術となったのです．ところが考案がきわめて有用であったため，両者の間に訴訟が起こりました．先行者は考案の先行的意味と価値を訴えますが，先行者の考案は実績として社会の認知を受けていないことから，裁判ではどんなに優れた考案も社会の実用に供してこその価値，ということを判決理由に先行者が敗訴し決着します．この知的所有権の争いが起きたのは18世紀の半ば過ぎのことですが，同様の事例は現在でも起こり得ますから，歴史的に

18世紀に作られたフランス製のガリレオ式単眼望遠鏡で，製造時期を考えれば，驚くほどの見え味です．鏡体は一体で象牙の削り出し，金属部品は真鍮製です．共に肉厚は薄いものの，加工精度は高く，光学工業以前の光学工芸品でも良いものが存在していることがわかります．

J.ドロンド（1706～1761）．色消しレンズを独自に考案し，製品として市場に供給したことで，ドロンドは科学技術史と裁判での判例に，考案者（＝出願人）としてその名を残しました．特許係争は息子によって起こされたものですが，これは考案の価値の防御であり，防御するのに十分な価値があったことになります．

はつながっているものといえるでしょう．

ここまでの対物レンズに対する改良では，大きな進歩が見られていることは確かですが，まだ必要とされる改良点はいくつも存在していました．

ステージ4．望遠鏡光学系の改良：対物レンズ2

対物レンズが色消しとなったことで，望遠鏡の対物レンズの口径比は小さくなります．写真用レンズ的に表現すれば，明るくなったのです．

そして明るくなったことで，また潜在化していたレンズの欠点が見えてくることになります．それが球面収差といわれるものです．色消しとなっている対物レンズでも，レンズの中央部と周辺部に入る単色光の平行光線であっても，色消しという補正だけでは焦点位置に違いが現れ，光線が一点に集束しないのです．

この現象を球面収差と呼びますが，球面収差と色消し（＝色収差の補正）も同時に補正し，さらに視野周辺部でもコマ収差と呼ばれる，風になびき広がる髪の毛のような形状となる像の崩れ（視野外側に広がり拡散状のものを外コマ，視野内側に伸び集束的なものを内コマという）の除去も合わせて行ったのが，ドイツのJ.V.フラウンホーファー（フラウンホーフェル）でした．フラウンホーファーが生み出した色収差，球面収差，コマ収差を適切に補正した対物レンズの機能は画期的でした．また，結像面が広く平坦なことから，この設計方針と同じ方向性で作られたものを総称して，「フラウンホーファー型」対物レンズと呼ばれるようになります．

J.V.フラウンホーファー（1787〜1826）．彼は物理学者と光学機械製造者という二つの顔を持っていましたが，その業績から見れば見事な相乗効果となったことがわかります．天体観測用の測定器の開発と実用化は，天体物理学の発達に大きく貢献しています．

彼は物理学史上にも大きく名前を残す，学者としての一面も持っていました．また光学技術史でも，レンズ設計法の改良，研磨面テストに原器と合わせた時に現れる干渉縞から測定するニュートンリング法の実用化など，それまで現物合わせ的に行われていた光学機械の製作に近代工業的な手法を導入した，優れた技術者でもありました．

フラウンホーファーの名声を高めたのは製造技法の高度化だけではなく，彼の協力者であったギナンのガラス製造法の改良も，大きな裏付けの力となっています．それはガラス溶解中に均質化促進のための攪拌作業を行うものでした．これによって均質化が大きく前進し，また泡の除去も進むようになりました．また，新しい光学恒数を持つガラスの試作も行うなど，この時代は望遠鏡の発達史では，技術進歩がとても大きく進んだ時代となっています．

しかしこの時点でも，まだプリズム双眼鏡が誕生するまでの土壌はできていませんでした．

ステージ5．ガリレオ式双眼鏡の機構上の改良

正立望遠鏡を左右平行に2台並べて双眼鏡とする時，使用者それぞれに個人差が存在する左右両眼の間隔は，どのように合わせて調整するかということを考えなくてはいけません．

望遠鏡とほぼ同じといわれるガリレオ式双眼鏡の誕生以来，現在まで400年ほどの時間が経過していますが，この問題に関しては，考慮せずに無視してしまう，つまり調整機構を設けず，固定化したものの方が永続的に存在していたようです．この延長線上にあったのが，範囲区分式とでもいうのでしょうか，洋服のサイズ分けのように眼幅を大・中・小の3タイプとする商品展開でした．

一方，1台のガリレオ式双眼鏡に使用者の身体上の差を影響させない万人向きといえる方式では，眼幅の調整方式が平行移動とされたものと，回転運動に基づいた間隔調整との2形式が考案されることになり

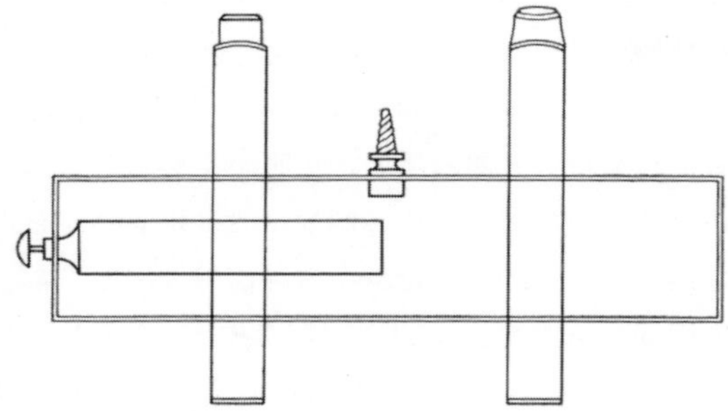

平行移動式は，すぐに誰もが容易に思いつくことができる反面，実際の構造では重なり合いが生まれ，重量の増加につながったりしてしまいます．また，滑らかでわずかずつ動かすことができる合理的な微動機構は，意外と思いつかないというのが筆者の経験です．

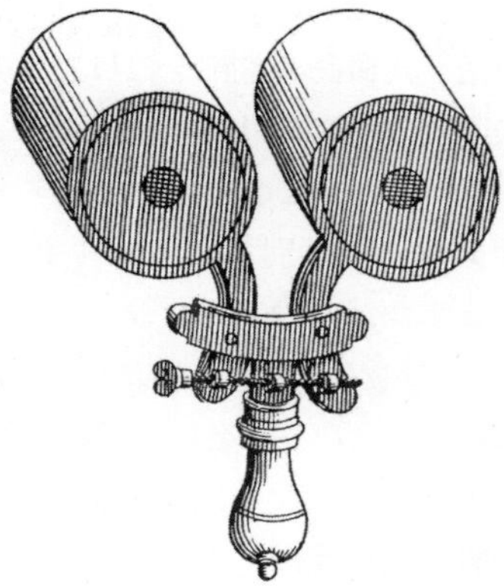

ネジの回転運動を微動機構にした構造ですが，左右に回転軸を設けてあり，それが逆方向に連動します．ネジ部は順ネジと逆ネジを組み合わせるか，空転機構を設けるか，いずれにしても枢要部の機構は考える以上に複雑になってしまいます．

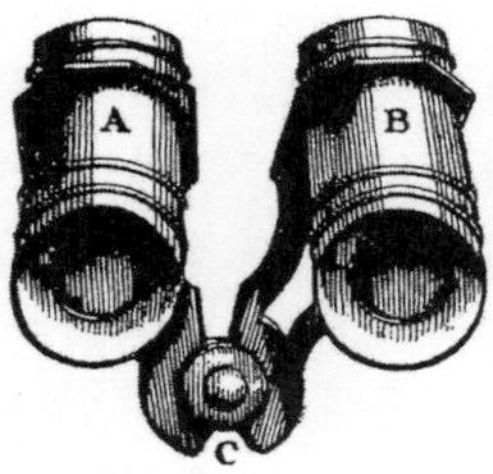

回転部分の精度維持のため，接触面を増やし，単純な蝶番の回転運動とした構造です．前者の構造に比べると，大きな進化と見ることができます．鏡体から伸びる羽根部分は前後のない構造ですが，前後方向への延伸を考えれば，やがて近代的な双眼鏡の中心軸構造に変わる母型といえます．

8の字状の金物で鏡体の前後方向と，接眼部を保持したことから，ねじれへの抵抗力が増したことがいえます．この利点に加えて，左右の接眼部がつながったことから，連動して合焦するという考案が生まれました．図の左側鏡体内側には多条ネジがあるようで，接眼部は同じ側がヘリコイド式に操作できるように考えられたものです．しかし，左右の連結が固定的であるため，眼幅合わせ機構を付けるまでには至っていません．

ます．17世紀中には両形式とも案出されていますから，改良が始められたのは意外に早い時期からといえるでしょう．特に図のような関節式の場合，構造的な改良が行いやすいことから，18世紀中ごろには，鏡体から伸びた羽根構造の先端部に軸機構を設けた，後のプリズム双眼鏡の原型といえるものも出現しています．

そして，『彼は星を近づけた』との顕彰辞がフラウンホーファーの墓石に刻まれたころ，ウィーンのF.フォクトレンデルはガリレオ式双眼鏡でヨーロッパに令名を広げていました．この頃になると小径レンズは集合研磨されることが当たり前となっていましたが，この技法はイギリスが発祥地でした．小径レンズの量産は商品の相対価格を低下させますから，ガリレオ式双眼鏡の普及は上流，裕福層から徐々に中産階級の庶民へと広がりを見せています．生産量の増加は購買層の拡大化につながり，新たな改良として両眼同時調節式の合焦機構が考え出されます．

これにはガリレオ式双眼鏡でいえば，構造上の変更があり，8の字型の枠で鏡体の前後を挟み，接眼部にも同様の形状の連結部分を設けたことが，左右の単独合焦から連動化へと結びついたのです．

この形状に，パリのP.ルミエールは，片側の接眼部分にネジ送り式微動調整部を設けた構造での連動式と，中央部分にネジ送り機構を設けた，いわゆるCF式合焦機構を組み込む改良を行います．

ガリレオ式双眼鏡は別名として「オペラグラス」とも呼ばれますが，このような改良が加えられたこともあって，用途が名称化したことからは，社会への浸透を深めていったことをうかがわせるものです．そのため外装は豪華となり，社交場でもあったオペラ劇場での貴婦人の使用にも適するよう，ハンドグリップを設けたものも当たり前となっていました．

ステージ6. 先駆となったポロの発明と応用

19世紀の最初の年に生まれたイタリアのP.J.ポロは，発明・考案の才に優れた人物でした．彼は砲兵将校となり測量器と関わりを持ちますが，退役後，光学機器の技術者として再出発するものの，トリノ，パリ，ミラノと根拠地を変えても，社会的な成功は得られませんでした．

それでも彼に発明の才能が十分あったことは確かで，現在ポロ型と呼ばれるプリズム内面の4回反射による正立システムを考案することになります．彼もまた自身の考案の価値を社会に公示するように特許を申請し，1854年，フランスとイギリスでこの正立系を装備した望遠鏡の特許が認可されます．まず彼はポロＩ型プリズムを内蔵し，ハイゲンス式接眼レンズに距離目盛も組み込んだ単眼鏡を製造したのですが，その合焦機構は鏡体側面に設けたレバーを指先で操作するものでした．この性能拡大型としてより大口径のものや，接眼部回転交換式（平座レボルバー型）変倍機も製作しています．しかし双眼化は行われてはいないようです．

その後ポロは広告効果を考え，時のフランス皇帝ナポレオン3世に，ポロⅡ型を内蔵し，その基盤となるプリズムの移動で迅速に合焦できる機材を『ナポレオン3世望遠鏡』と名づけて献上するのですが，彼の思惑通りにはなりませんでした．

結局，ポロは不遇のうちにこの世を去りますが，その考案で最大の成果といえるポロ型正立プリズムを内蔵した双眼鏡は，フランス人のA.A.ブーランジェが1859年に特許を取得することになり，その試作的製品化もL&エルミト社によって行われています．

しかし，ポロが発明したプリズム形式と，それを内蔵したプリズム双眼鏡の存在も，世の中に広く知

P.J.ポロ（1801〜1875）．彼の考案した正立プリズム系もまた，光学技術発達史上では大きな成果で，現在でもその恩恵を受ける発明です．その一方，ポロ本人は在世中に評価されることがなかったのは，孤独な天才だったからでしょうか．この肖像画のポロも何か寂しげな表情に見えます．

ポロがアイデアに優れた人物だったことは，この単眼鏡の合焦機構に見ることができます．操作性については，親指の指先を曲げるような動きだけですから，この場合，ヘリコイド式より優れているといえます．内部構造は不明ですが，変形のラックピオン式でなく，プリズムの対物⇔接眼方向の移動であれば，クイックフォーカシングの先駆です．

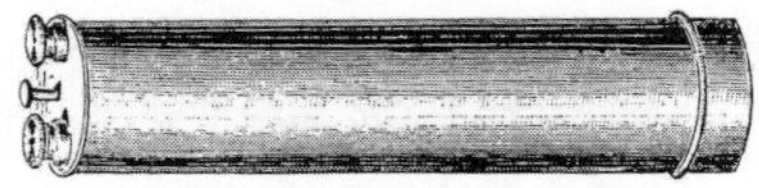

接眼部を平座のレボルバー式で交換して，変倍望遠鏡としたもので，接眼レンズの中央にあるノブが合焦ハンドルと思われます．12倍と26倍の変倍となっていますが，操作性の良い架台は思いつかなかったのでしょうか．

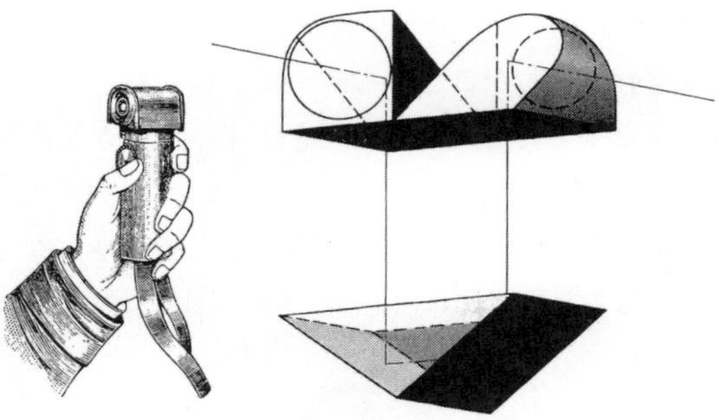

時のフランス皇帝への献上品として作られた，クイックフォーカス式単眼鏡です．対物レンズと接眼レンズはポロII型のウサギの耳に相当する小型のプリズムに貼り付けられています．プリズム間で貼り付けが行われていないことから，空気界面がポロII型本来の2面から4面に増加しています．対物・接眼レンズのプリズムへの貼り付けは，透過光量の減少を補うためかもしれません．

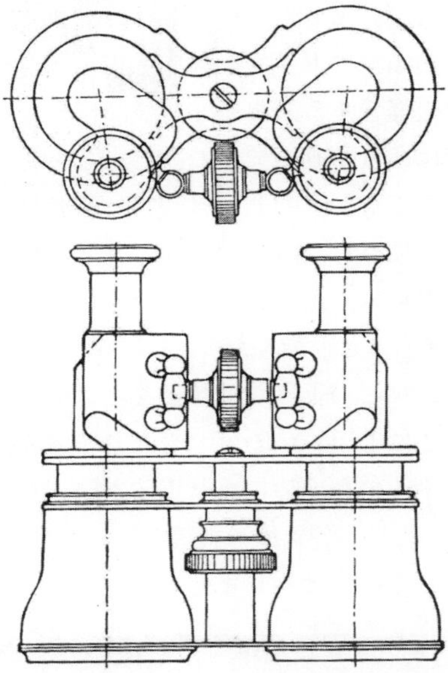

ブーランジェの考案になるプリズム双眼鏡ですが，部材は形状，構造ともガリレオ式双眼鏡からの流用が色濃く残っています．接眼部だけでなく，プリズム部分までが合焦操作で移動しますから，ガリレオ式の接眼部より著しく重量が増えていることで，実用上，精度の良い潤滑な動き（潤動）はまず無理といわざるを得ない状態です．

られずに終わることになります．そして光学産業史についての話題の中心は，新興の勢い著しいドイツへと移っていきます．

ステージ7．ドイツの興隆

フラウンホーファーの活躍した時期を除き19世紀になるまで，ドイツの光学産業は決して世界の最先端に位置してはいませんでした．その原因には現在ドイツとされる地域が，当時は数多くの分裂国家の状態であり，中央集権的国家への統一前だったことがあると思われます．

統一は段階的でしたが，北ドイツのプロイセン王国が統一への主導権を確保すると，国力増強に効果がある産業育成のため国費の重点配分が行われています．光学産業も先端技術の一つとして認識されていたこともあったのです．

光学産業の重要性が認識される原因には，医学分野での顕微鏡に対する要求の高度化がありました．また，民生分野に限りませんが，写真関連では感光材料の生産と開発だけでなく，最も付加価値が大きいレンズの製造全般に関する技術進歩が求められていました．

ドイツ圏内には，オーストリアから移転してきたフォクトレンデル社，眼鏡製造技術が基盤となり製造機材の範囲を広げていったE.ブッシュ社，天体望遠鏡も手がけていたA.シュタインハイル社など，著名メーカーが既に存在していました．

写真とその技術が普及するにつれて広がっていった写真レンズへの要求と，医学，それも細菌学の見地から性能の向上が求められていたのが顕微鏡です．その顕微鏡の製造ですが，未だ光学理論は確立しておらず，性能向上は現物合わせの繰り返しから生み出されていたため，優れた顕微鏡製造をめざすことは困難なことでした．

そんな時，果敢にもこの難題に立ち向かった光学工場の主人がいました．彼の名はカール・ツァイスといい，1846年にドイツの地方都市，イエナで始められたその経営する工場は小規模で，名前の知られた存在ではありませんでした．しかし，彼が単なる工場経営者でなかったことは，自分自身で製品である顕微鏡を検品し，所定の性能に達していないものはその場で手にしたハンマーで砕くほど，性能第一主義を貫徹したことでした．

ところが，このような理想主義だけでは工場経営ということは上手くいくはずもありません．自分に欠けているものを冷静に振り返った時，見えてきたのは実利に長けた理論家の獲得ということでした．

そしてすぐにではありませんが，理想的な人物に巡り合うことになります．その人物が地元のイエナ大学で物理学を担当していた，エルンスト・アッベでした．アッベはツァイスの懇願を受け入れ，大学での教育と企業での製品への理論応用という，いわば二足の草鞋を履くことになります．

この人選は奇跡ともいえる結果となってツァイス製品の名を高めていきます．工場の拡大と製品種類の増加は，ついにアッベを企業人へと変えていきますが，変わらなかったのが人材の選抜，育成でした．適材適所に徹したことから，企業ブレーンも規模の拡大に従って大きくなっていきます．それがまた新製品開発を生むという，好循環も生まれていました．

光学理論の進展に伴って，わかった事はさらなる新しい光学恒数を持ったガラス開発の必要性でした．

カール・ツァイス（1816～1888）は，機械部品製造工場の徒弟から身を起こし，光学機器に思いを抱き，優良製品を社会に提供することを使命と考えていた人物でした．その思いは，出来の悪い製品を金槌で壊すという，極端な理想主義ともいえる行動に見えています．

エルンスト・アッベ（1840～1905）は多能の天才というべき人で，大学教授，企業経営者，財団運営者といった多方面の顔を持っていました．個人企業の町工場であったツァイスを，世界的企業にまで増大させた最大の功績者です．アッベ式と総称される光学機材はいくつもあり，ツァイス製第1号機の双眼鏡も，当時の時点で総合的な完成度からすれば，アッベ式双眼鏡と呼ばれても不思議ではなかったはずです．ツァイスと関係を持つことで，結局，大学教授の職からは去ることになりますが，学理を善用して実利とする産学協同の先駆者ともいえるでしょう．アッベは，工場労働者の父を持つ貧しい家庭に生まれています．幼少時代は父の過酷な労働環境を目にするなど，労働者の福利増進の必要性を身をもって感じたことが，退職年金の創設，世界初の一日8時間労働制の実施などで，後の財団運営に生かされました．

そしてまたこの段階で新しい人との出会いが起こるのですが，それがF.O.ショットとの遭遇です．ショットの生家はガラス製造を営んでおり，彼自身もガラス製造を志していました．

しかし，光学理論から求められるガラス製造は，これまで彼が経験した以上の困難さを彼に感じさせていたのです．しかし，ショットもまた，この出会いを前向きに受け取り，ツァイス，アッベとともに光学産業の発展に進む道へ向かうことになります．

この三者の結合は長く続きませんでした．それは創業者であるカール・ツァイスが老齢となったことからでした．個人経営の企業としての限界も感じていたツァイスはアッベに全てを一任することにしますが，アッベは個人経営として企業を存続することを避け，類例のない財団化した経営母体による企業活動の継続という選択を行います．

そしてカールツァイス財団の元には光学機器製造に当たるツァイス，ガラス製造に特化したショット・ウント・ゲノッセンがあり，人材の育成には大学への定常的基金拠出，社員への報酬と社内留保の確保で利益の3分割を行うという，財団の基本的な経営理念が確立されたのです．

フリードリッヒ・オットー・ショット（1851～1935）．ツァイスという，先進光学工場が必要とする，多様な光学恒数を持ったガラスを開発するため，ショットはガラスとなり得る物質を片端から溶解し，ガラス化したというほどの努力を重ねています．一方，それだけでは企業経営はうまくいかないことから，光学ガラス以外にも，高品位の特殊ガラスの製造にも進み，製造量では光学ガラスを凌駕しています．

これらのことから経営基盤が確立し，新規の製品開発の中で，ポロ型プリズムの考案とその実用化が考えられるようになります．もちろん，この時点で過去にポロの考案があったことは忘れ去られていたため，特許が出願されましたが，抗告されることになります．

そこで編み出されたのがプリズム自体の構成ではなく，その効果的な使い方で，その応用がプリズム双眼鏡として製品化されたのでした．この考え方は特許として成立し，左右の対物レンズ間隔を最大として立体視効果を際立たせる光学系の製造は，ツァイスの許諾なしにはできなくなります．

そしてツァイスは，この特許の成立した翌年の1894年，プリズムを正立系とした双眼鏡を市販することになります．かつて製作されたポロの正立望遠鏡が成し得なかった精度の向上が行われたことはもちろんですが，その適切な設計力と質的生産能力は，それを支える技術的裏付けが一定水準に達していたからでした．

特に筆者が重要視したいのが，ツァイスの考案ではありませんが，双眼鏡の接眼レンズの形式としてケルナー型と呼ばれる2群3枚構成のものが既に考案されており，接眼レンズの性能自体が向上していたことです（1849年，カール・ケルナーの考案）．

これが重要な技術的要因といえるのは，先にポロが製作した正立望遠鏡の接眼レンズが単レンズ2枚の組み合わせで，焦点位置が2枚のレンズ間にあるハイゲンス式だったことです．この形式はそれ自身に収差残存が多くあり，口径比が小さく明るい対物レンズへの適応は収差補正上から困難でした．また瞳とレンズの間隔（アイレリーフ）も短めであるため，実用上の性能が優れていないことが考えられるのです．

他に接眼レンズの形式では，ポロの活動していた頃には同じ平凸レンズ2枚を凸面が向かい合うように配置したラムスデン型もありました．この形式も，レンズ間隔を収差補正上良好となる正規設計値の単レンズの焦点距離とすると，平面の傷やごみまで拡大されて見えてしまいます．そのため，レンズ間隔を近づけてこの現象を防止したものには収差発生が起きてしまい，使用を躊躇しなければならないという制約が存在していたのです．

さらに加える必要があるのは，プリズム加工法の確立です．非対称形状が多いプリズムの加工は，円形のレンズより大変な作業でした．形状成形に適切な働きをする冶具，工具の開発と導入，それの経験則からの改良を加えられて向上したことが，ポロの時代よりも格段に精度が高く，実用可能なプリズムの工業的生産に至ったのです．測量機器の発達もまた，これと表裏一体でした．

もちろん，プリズムとなる光学ガラスの進歩も確実で，優良な品質の原材料ガラス製品の質的，量的，種類の増加も劇的に起こっていたのです．

カール・ツァイスが光学機械の製造を創始した工場はとても小さく，左図のように，住居兼用の建物の中の工房というようなところでした．工作機械の原動力は人力で，足踏み式旋盤や研磨機，グラインダーなどは加工者が自身の脚力で駆動するか，徒弟である若年労働者（小学校高学年の子供）が動かしていました．このような環境の工場と労働者がやがて世界屈指となるのには，「理想」という原動力があったのではないでしょうか．

初期のツァイスの工場の様子．

第１章

草創期から第一次世界大戦終了後までの双眼鏡の技術動向

（ヨーロッパ～アメリカ製品）

市販第1号となったプリズム双眼鏡の始祖
Carl Zeiss 8×20 (1894年発売)

後に双眼鏡のスタンダードモデルとなる形状，そして性能は，当時としては非常に各方面にインパクトを与えたことでしょう．革ケースも同様で，基本的な形状です．ストラップの側にある“へ”の字状の金具は，眼幅合わせのクリックストッパーをゆるめるためのものです．

手本となった外観と機能

20世紀の到来の足音が聞こえてきそうな1894年，世界で最初のプリズム双眼鏡を，カールツァイスが発売します．世界で最初の光学機器として量産され，市販されたこの機材から，プリズム双眼鏡の歩み（以下：双眼鏡と記述）が始まることになるのです．

この機材はいわば双眼鏡の元祖ともいえる物ですが，現行のポロＩ型を用いた双眼鏡と比べて，本質的，決定的な違いはありません．細部には相違点もありますが，一見しただけではすぐにわからないほど，機構，構造などが良く考慮されています．このことは，現物を手に取るほどに実感させられます．

対物レンズを納めたレンズ枠，ポロＩ型プリズムを納めた鏡体部（ボディ＝プリズムハウス），そして単独繰り出し式（IF式）焦点合わせ機構（合焦機構）を持った接眼レンズ部．これら双眼鏡の三つの重要部を合理的に配置し，個人差のある眼幅に合わせられる機構を加え，各要素部を金属で設計，製作すれば，他に正解がないほど良くまとめられていることがわかります．そこで特に注目すべきなのは，対物レンズの間隔が最大になるような設計が行われていることです．これは，双眼鏡が持つ遠近感の強調という能力を最大限に引き出すための方策です．

ピント位置の差が顕著に現れることで，人間が持つ両眼だけでは判断できない“遠近差”を，倍率分増加させるだけではありません．対物レンズの間隔の増大は，左右両眼の間隔をも増加させることから強い立体視効果が得られます．これにより左右両眼で見たときの“視差”を拡大して，遠近感を著しく強調することが可能になったのです．

プリズムの特許と双眼鏡の特許

このような正立プリズムを採用した画期的な双眼鏡の案出には，当然特許の出願が問題となります．しかし正立プリズムとしてのポロ型は，Ⅰ・Ⅱ型とも既に最初の考案者，ポロ自身によって取得されていました．

通常ならば，この時点で特許出願は見合わされることになるのでしょうが，ツァイスは双眼鏡のプリズム配置と対物レンズ間隔を関係づけました．そして正立プリズムを採用し，最大の立体視効果を生む，両眼による眼視用光学機械として特許を出願，取得したのです．

このような知的所有権の権利取得はそれだけに止まりませんでした．ポロⅠ・Ⅱ型ではプリズムに入射，出射する光線の横方向の移動量（光路の横方向偏差）は，プリズムの大きさによって決まってしまいます．ただポロⅡ型の場合は，基盤になる大きなプリズムに，同型・同大の小型のプリズム2個を貼り合わせるのが通常です．しかし，小型プリズムの片方を基盤プリズムに貼らずに光軸の出射方向に移動させると，正立システムを保持したまま，大きな光軸の横移動が可能になります（光路の横方向偏差の拡大）．

このシステムを採用した代表的な光学機器が，砲隊鏡（通称：カニ眼鏡）です．これは軍事用光学機器，つまり光学兵器で，遠近感の強調を重要視したことから案出されたものでした．この機材については，後でくわしくふれます．

外観と部材，その加工の特色

一見してわかる本機の外観上の特色は，外装に本革が使われていることです．大変に感触が良く手になじむものではあります．

ただし，本革が問題なく使えるのは湿度，温度ともに低いヨーロッパの話です．本革には吸湿性がありますから，夏は亜熱帯と化す日本では，特にカビの発生に十分な注意が必要です．それでは，他の外装仕上げで選択肢がなかったのかといえば，確かに当時はなかったのでしょう．

例えば初期のライカなど，古くからある小型カメラの多くの事例では，初期モデルはやはり本革外装でした．その後になると，化成品（ゴム関連製品→塩ビ系合成皮革）に変更されています．そのようなところからも，工業製品が生み出されるのにはそれを支える周辺技術と，その他にも多様な技術を応用した製品が市販品として充実していることが欠かせない条件なのです．

外装はこのように有機物である天然皮革が貼られていますが，骨格部，あるいは非革貼り部分は見口（目当て部分）を除き金属製です．塗装やメッキの有無と素材の違いはあるものの，本体の部材はアルミ合金，真鍮で，ネジ類やプリズム押さえの金物は鉄材で作られています．

アルミ合金が使われているのは鏡体本体のみですが，これは鋳物です．複雑な形状の中子（鋳物の中空部分を作るための別の砂型）を必要とするものの，

左右それぞれ5対からなる鏡体と中心軸金物の固定ネジ部は，同時に視軸の調整部でもあります．中心軸に対して高低方向は回転で，左右方向は箔による微調整でX-Y方向の軸合わせを可能としています．

仕上がりは良好です．一方，可動部分や細かい工作が行われている部分のほとんどは，加工性が良い真鍮材です．真鍮，鉄部材とも露出部品は塗装されており，塗装面は平面性が良く出た，上質の仕上げが施されています．

塗装に関しては，金属製部材の前処理が良いこともあって，製造から100年以上経過しているにもかかわらず，手ズレはあっても塗装の浮きはありません．

外観で必要とされるメーカー名，機種名，光学仕様は，筒状構造である鏡体に蓋をするような真鍮材の対物側と接眼側鏡体カバーのうち，接眼側カバーの方に機械彫刻されています．彫刻後，凹部にはさらに錫（あるいは半田）を流して象嵌加工されていることから，非常に高級感と落ち着きを兼ね備えています．特に1904年以前の製品では，後年のレンズの中に社名を入れたロゴマークではなく，流麗な筆記体で文字表示されていることもあって，いっそうこの印象を強く受けます．

古さを感じさせない光学性能（結像性能）

さて，実際にこの機材を覗いて見ると，8倍で口径20mmという光学仕様が，日中の使用では実に使いやすいことがわかります．また口径から導かれる鏡体の大きさ，重さなどの点からも操作性が良いことが感じられます．ただしいくら操作性が良いといっても昔の機材です．非金属を多用し，合焦機構も左右が連動するCF式（中央繰り出し式）を採用した現行品のような機材と比べることは，100年を超えた時間経過を考えていないのですから，意味がありません．

また，実感として感じることは，視野（視界）の狭さです．接眼レンズの見かけ視野は40°に達していません．そのため，現行品の広角視野機どころか標準視野機を見たことのある目には，視野が大変狭く感じられてしまいます．

ところが，その一方，視野の狭さを別にすれば，像質（結像性能）は現在の双眼鏡と比べてもあまり遜色を感じません．それどころか，現行品に多い，視野周辺での倍率色収差（視野周辺で直線状の物体が分光状態になったように見える）などはほとんど目につかず，良く見えるのは驚くべきことです．

これは結局，F値の大きい長めの焦点距離を持った対物レンズを採用した結果と思われます．そのことが，収差補正上で好結果を生んでいることになり，視野周辺での像質変化（劣化）が少なくなっているのでしょう．また，接眼レンズが比較的狭角ということも加わって，周辺像のボケの形もかなり良い形状を保っているのです．

見えない特色・プリズム

さて，F値の大きい対物レンズを装備したことをうかがわせるのが，間隔を大きく開けて設置されているプリズムです．

対物レンズをいくらかなりとも短焦点化した，後年出現するポロⅠ型プリズム双眼鏡では，プリズム

写真左下のエボナイト製見口（逆さまに置いてある）は操作上の重要部品です．回転ヘリコイドの合焦機構の指掛かり，視度表示部品，構造上のカバーでもあるため，破損が機能停止に直結してしまいます．

が設置されている部分は，鏡体内にある1枚の板状の台座（プリズム托板，略して托板）です．ところが本機の場合，托板は構造上間隔を開けた2枚となっています．従ってプリズム同士は，1枚の托板を介して接触するといった構造ではありません．

プリズムが離されたことによって，光路（光学機械内の光の通り道）の折りたたみ効果が高められ，対物レンズの長めの焦点距離をうまく鏡体に納めているのです．これも，外部からはよく見えない特色です．なお，対物レンズ越しに見れば，プリズムが離れていることはわかります．

プリズム自体で注目すべきは，側面に加工された墨塗（黒塗，黒付け）でしょう．一般的に墨塗とは，光軸に平行な部分に行われる反射低減処理加工のことで，実際に塗られるのは黒色塗料です．有機物（にかわ）を含んだ本物の墨を塗ると，カビの発生時の栄養源となってしまいます．従って，実際の加工とは違った言い方ですが，これは我が国で古くから使われている用語ではあります．

プリズム側面の墨塗は，乱反射防止のためです．これは，光学部品としてのプリズムに対する配慮といえるものですが，その押さえ方にも一定の気づかいが感じられます．

プリズム押さえは後年の機材と異なり，鏡体カバーが兼ねています．もちろん，鏡体カバーは鏡体にネジで固定されるため弾力は生まれません．本機はプリズムの90°部分の幅広に面取りされた稜線部に，コルク材の当て物が介されているので，適当な弾力で圧着されています．それもあって，鏡体カバーの止めネジ3本のうちの2本が，プリズム稜線を対称的にまたぐような位置配列になっており，加圧が均等になるように考えられています．

見えない特色・レンズ

プリズムと同様に，レンズそのものと関連加工にも，「見るため」の光学機器としての配慮があります．

対物レンズと接眼レンズの眼側レンズ（覗き玉）は，真鍮製のレンズ枠に加締められているため分解はできません．ただし，レンズ面から見ると，双方ともにレンズ周囲（コバ）には，乱反射低減のための墨塗が行われていることがわかります．また，接眼レンズの絞り位置の前には，プリズム托板から続く内部に遮光線加工≒ネジ切りを施した遮光筒が設置されています．この処置も，乱反射を大きく低減させている要因となっています．

ところで分解できないレンズ構造でも，全く情報

眼幅固定用のクリック機構は，構造を理解して使えば問題はないのですが，実際には締めすぎは多発したようです．その対応策として，ステー状の金具が付属しており，ローレットネジ部には差し込むための孔が穿孔されています．

がないかといえば，そうとは限らないものです．多少時代は後になりますが，20世紀初頭の光学機器の関連書籍に，双眼鏡自体の断面図がメーカー名表記で載せられているものがあるのです．これは，ある意味では，その時代，社会に与えた影響の大きさを表したものと見てとれるかもしれません．

その資料で興味深いのは，対物レンズの構成です．通例とは逆の構造で，第1レンズがフリント素材のメニスカス，第2レンズがクラウン素材の両凸レンズからなる2枚玉の貼り合わせです．実機の対物レンズも，レンズ面越しの観察からコバの厚さを見れば，この情報の通りということが判断できるのです．

一般論になりますが，多くの種類がある光学ガラスの硬度を比べた場合，硬度ではクラウン素材が大きくフリント素材に優ります．実用上からできてしまうレンズ面の傷を考えれば，このフリント前置式レンズ配列には疑問が残るところです．

それでは，なぜこのガラス配列を選択したかといえば，答えは残存収差低減に他なりません．同様のガラス配列は僅少ですが，天体望遠鏡の対物レンズの例にあります．これは通常のガラス配列での最良設計でも除去できない残存収差を，より低減させるためにとられた方式でした．そのことから考えれば，本機のレンズ配列の逆構造も了解できると思います．

以上はあくまでも筆者の勝手な推測です．しかし，そのようなことは考えずに実視した方が，結像性能を端的に見てとれることはもちろんです．

本機の場合，現在の光学機器では基本的といえるガラス表面の反射低減のためのコーティングという技術の効果，恩恵を受けてはいません．それでも，例えば天体のような点光源を見た場合，恒星といったポイントイメージでは，本機が示す結像は意外なほど良いイメージで感じられます．

裏腹の重要性

分解してわかった内部構造で，意外だったのが回転ヘリコイドの機構でした．これは，細いセットビスで固定されたエボナイト（材質は推定）製見口を外さなければわからないことです．本機の機構は，通例の多条ネジによるものではなく，荒い角ネジ（円筒周囲の1条の螺旋溝）と固定子（固定用コマ）から構成されています．

同時代的には，ガリレオ式双眼鏡では多条ネジはCF機構の昇降軸（中心軸部で伸縮運動する部分）で既に実用化されていたことは確かです．しかしこの構造をなぜ採用したか，決定的と考えられる理由は不明のままです．

本機の場合，このように見口は単なる目当てだけではなく，視度表示部品であり，ヘリコイドを回すための重要な指掛かりでもあります．また，その構造をカバーする重要な部品ともなっています．

もし本機に弱点があるとすれば，見口は重要度が高いにもかかわらず，強度があまり高くない化成品を採用したということになるでしょう．部品としての重要度と強度が裏腹となっていることが，さすがのツァイスでも，草創期の製品ということを示しているように見えます．

像質と光軸（実は視軸）

双眼鏡が持つ能力については，ここまで読まれた読者の方々は了解されたことと思います．その能力も，接眼レンズ間隔をいかなる使用者の眼幅に合わせた場合でも，左右それぞれの光軸が必要とされる誤差範囲に収まっている必要があります．物体が二重に見えるとか，上下にズレて見えるといったことがあっては絶対になりません．

ところで多くの光学機械のように，双眼鏡に全てのレンズの中心線が同一線上に重なっているという「光軸」が存在するかといえば，答えは一つではありません．ただ，本機には“ある”とは言えます．

それでは他の機材はといえば，通常はないと言わざるを得ないのです．例えばレンズを用いた屈折式天体望遠鏡の場合，対物レンズの中心線（＝光軸）と接眼レンズの中心線（＝光軸）は延長線上にあることから，光軸は存在しており，それは保持されています．

そこで，この望遠鏡を2本並べて双眼鏡にすることを考えてみましょう．左右の鏡筒の方向性（左右の視線方向）を合わせて平行に見えているようにするための選択肢は，次の三つがあります．

①鏡筒を並べただけで平行に見えるように，各部品の機械的精度を最大限に上げて組み立てる
②鏡筒の平行度はある程度確保し，接眼レンズを横方向に平行移動させ，見かけ上の方向，結像の中心を合わせる
③②と同様の効果を，対物レンズの横方向への平行移動で行う

以上の3方式が，実は双眼鏡の左右の視線方向を合わせる根本原理となっています．天体写真撮影に熱心な天文ファンならば，②が天体撮影時にガイド望遠鏡にガイド装置を取り付ける例の一つであることは，ご存知のはずです．

実際の双眼鏡の光学系では，この例に正立プリズム系を加えたものではありますが，正立プリズム系の適切な移動でも，左右の視線方向は合わせられます．結局は，この方式も②と同じことになります．以上の3例の中で，一般的にいわれる光軸が存在するのは①の場合だけであることがおわかりになるでしょうか．

話題を本機に戻します．左右の光学系の組み立てがそれぞれ完了して，次の段階が完成形となるわけです．それは，光軸がそれぞれ出ている二つのプリズム式正立望遠鏡の光軸に，機構上の中心（回転軸の中心）を合わせるための組み立てに他なりません．

そして，実際の眼幅合わせ機構部は，別部品から組み立てられている蝶番のような回転機構からなります．それに左右鏡体にあたる部品を，回転中心と左右それぞれの鏡体の光軸を合わせるように調整し，ネジ止めして完成されたものです．

本機のポイントイメージの良さには，こういった，本来的な光軸の維持を主眼とする構造の特色が反映されているように思えてならないのです．

かつて筆者が若い天文ファンであった頃，大先輩諸氏から双眼鏡は個体差が多いという話をよく伺ったものでした．当時，その意味はよくわかりませんでしたが，双眼鏡に深入りして以来，実感としてそのことをよく感じています．筆者は双眼鏡に関しては，“視軸あれども光軸なし”と認識しているのです．

プリズム側面など，光軸に平行で迷光防止に重要な箇所には，墨塗といわれる黒色塗装が行われています．ただし内部清掃上，プリズム側面に黒塗りされていると作業は面倒になります．

双眼鏡の代名詞・ツァイス型

このように光軸を確実に存在させ，競合他社に先駆けて最初期モデルから優れた製品を製造できたのはなぜでしょう．それは，カール・ツァイスという個人名を冠しながらも，通常の企業形態とは異なる財団を根幹とし，高級技術者養成の大学との強い絆まで持つ産学共同体だったからではと思います．特に，左右の視軸合わせが結像の低下に結びつかないような機構は，エルンスト・アッベ博士の指示があったものと，筆者は一種の確信に近い感覚を持っています．

100年以上も昔に作られた双眼鏡の，目に見える外部，見えない内部の両方を見るにつけ，強く感じられるのは，全てに最善を尽くそうとする技術者の魂です．これは，あるいは企業のプライドでもある気もします．今から1世紀の後，私たちが手にしている現行商品のうちで，いったいいくつの物がこうした評価をされるでしょうか．

1世紀以上も前，最初の市販品として生み出されたこの双眼鏡は標準形態の一つとなりました．そして製造会社名をとって「ツァイス型」あるいは「Z型」と呼ばれる，双眼鏡のスタンダードになったのです．

特許の束縛からの離脱を形にしたゲルツ社の双眼鏡

Carl.Poul.Göerz 9×20 （1890年代後半発売）

対物レンズ間隔がほぼ接眼レンズ間隔と同じという鏡体デザイン，レイアウトは，特許の呪縛から逃れるためのやむを得ない選択でした．対物レンズ間隔が増大できないことから，立体視効果向上のために選択されたのが，9倍という光学仕様です．

広がるインパクト

1894年，世界で初めて正立プリズムを用いた双眼鏡の市販品として8×20mm機の販売を開始したツァイスは，すぐに4×11mm機と6×15mm機を加え，製品のラインナップを充実させました．高い実用性能を備えた双眼鏡が，一社から複数機種，ほぼ同時といえるようなタイミングで発売されたことは，ドイツ国内外の同業他社に大きな刺激を与えました．

ドイツ国内では，ゲルツ社（C.P.Göerz），フォクトレンデル社（Voigtländer），ライツ社（E.Leitz），ブッシュ社（E.Busch），ヘンゾルト社（M.Hensoldt），シュッツ社（Schütz）などが続々と自社製品の開発，販売に取り組み始めていきます．

もちろん，同様の動きは同じ西ヨーロッパ諸国の中でも起きました．イギリスのロス社（Ross）や，フランスのクラウス社（Krauss）などといった技術力の高い会社がそれに続くことになります．

当時，光学産業が存在する国家は先進国であり，その先頭グループともいえる位置にありました．光学産業はいわば当時のハイテク企業であり，国家目的として国際間での覇権をめざす国家は，必ず光学産業を育成したのです．

中でも双眼鏡は，その特性である遠近感の強調という効果が戦場では特に発揮され有用です．そこで，広義では兵器という認識が確立してしまったことが，自国製造の要因でした．

もちろん双眼鏡はいろいろな平和目的にも有用であることは当然で，民生品としての側面もあります．ただ，双眼鏡の自国内開発，生産は兵器の国産化の要素もありました．そこで軍事的な大国をめざしていた国家は，日本も含め，いずれも第一次大戦頃までには自国内生産を始めることになったのでした．

Z型という形式名称を生み出したなじみ深い形状の機種（右）と比べると，ゲルツ社初の双眼鏡（左）の独自性がよくわかります．眼幅合わせと合焦のための操作は見た目ほど悪くはなく，意外とスムーズに行えます．

好対照の好敵手

ツァイス型，あるいはZ型とも称される外観とそれに関連した構造は，その後に行われる手直しを含めて，現在でも一つのスタンダードになっています．このことは，Z型ツァイス製双眼鏡の実用性の高さの証明でもあります．ですから後発メーカーにとっては，大きな手本でもあったのです．

しかしその一方で，ツァイスへの追随を避けて，違う発想を元にして独自色に富んだ自社製品の開発へとたどり着いた例が，少ないながらも存在していました．その少数の例を技術的な見地から分類すると，光学系と構造・外観系統の二つに分けることができます．

光学系変更型では，正立プリズム自体をポロ型ではなく，ダハ面（直交する反射面）を含む正立系である，ダハプリズムとしたものでした．構造・外観変更型の場合は，正立プリズムはポロ型を使いながらも，ツァイス型とできるだけ大きく異なるようにしたものです．

本項で取り上げるゲルツ社の9×20mmは，後者にあたりますが，話題を実機に向ける前に，ゲルツという会社について少し書いておきたいと思います．

ゲルツ社（あるいはゴルツ，ギョルツなどとも呼ばれた）は元々，同名の経営者が始めた写真機材の小売商が出発点です．そして物資の流れを遡るかのように，機材そのものの生産へと業務を拡大し，成功した企業でした．製造した製品の中で特筆しなければならないのが写真レンズで，名レンズを開発し，会社の基盤を固めています．例えば19世紀末にツァイスが名写真用レンズ「テッサー」を開発するまで，“残酷なほど鮮鋭”とまで言われた「ダゴール」は，特に高性能レンズとして世の中から高い評価を受け，広く知られていました．

会社の人員規模はツァイスに比べかなり小さく，また社業履歴も新興勢力ではありました．しかし，小さいながらも光学ガラス製造の専門工場が傘下にあり，光学製品の性能・品質評価では，ツァイスの好敵手と目される存在でした．

他にゲルツ社の各種の製品，例えば望遠鏡などといった天文用観測機材を見ると気づくことは，強いデザインポリシーの存在です．それは非ツァイスということに尽きる気がします．

そして，初期のゲルツ社製双眼鏡もまた，実用上ツァイスに匹敵する“見える”機材でありながら，見た目の外観と構造が大きく異なるという，好敵手であり好対照であるのです．

ゲルツ社製9×20mm

前置きが長くなりましたが，実視するとまず感じることは，前項のツァイス製8×20mm機同様の視野の狭さで，結像性能自体は実質同格と思われます．しかし，実視するまでに行う必要があるいくつかの操作は，双眼鏡に親しければ親しい人ほど違和感が増すことでしょう．

まずはじめに，接眼レンズ間隔を使用者の眼幅に合わせる操作では，鏡体は平行に移動します．中心軸周りに左右の鏡体が部分的に回転し合うツァイス型とは，全く違っています．

続けての合焦動作で，左右の接眼部は連動して動きます．操作自体は，左右の鏡体部を貫通するように設置されている軸を，その真ん中付近に二つ重ねられたように付けられている大きな転輪で回すのです．操作，作動は何となく望遠鏡的といえるでしょうか．ふつう，このような複雑な機構では操作感触が悪く，また作動も滑らかでないことが多いものです．しかし思いの外，実用するとちゃんと動くのは，材質の選定も含めて諸般に手抜きがなく，かつ加工精度の高いことの証明と思います．

それにしても，眼幅合わせ作動の回転軸と合焦操作・作動の回転軸が直交している機構は，あまりに突飛との印象を持たざるを得ません．

では単に非ツァイスを標榜することだけから，この機構を案出したかといえば，実際には既存の技術の応用だったのです．それはガリレオ式とプリズム式だけではない，もう1種類ある，正立接眼レンズを使ったテレストリアル（地上用接眼）レンズ双眼鏡の技術応用でした．この形式の双眼鏡は，ガリレオ式より高い倍率の機材も容易に作れます．その反面，全長が長くなり，また視野もプリズム式ほど広くできないため，プリズム式双眼鏡が市販されると急速に衰退に向かったのです．

しかし，この形式の場合，眼幅合わせの機構には，平行移動式と中心軸回転式の両方が存在していました．この2種のうちツァイスは回転式を選び，そのアンチテーゼでゲルツ社は平行移動式を採用したとも考えられます．また，平行移動式では合焦機構も左右連動ですから，このゲルツ社の9×20mm双眼鏡の

スライド式調整機能を持つ双眼鏡の例．地上接眼レンズによる双眼鏡は，きわめて全長が大きくなってしまいます．その反面，操作用リングが離れることで，操作自体はプリズム式に勝っているでしょう．

出現当時，与えられた評価は意外と高かったのかもしれません．

加えて考えられるのが，前項でもふれた左右の視線に対する軸合わせです．平行移動式では，眼幅合わせ操作軸に対して，左右鏡体の視線のズレの絶対値としての量と方向性が同じであれば，平行移動であることから擬似的に左右の両軸は合致していると考えられるのです．このことは，調整コストの低減に結びつくことになります．

その後のゲルツ社と双眼鏡製品

この双眼鏡が持つ，かなり特異な形状，構造は続くゲルツ社の双眼鏡に踏襲されることはありません

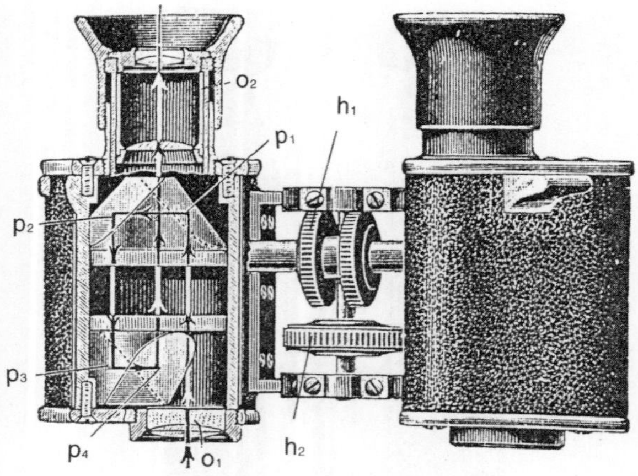

20世紀初頭に出版された光学書籍に，カットモデル状態の本機のイラストがあります．改めて説明を必要とするくらいの特異性からでしょうが，インパクトのある大きさといえる気がします．h_1が接眼部を動かす合焦転輪，h_2が眼幅合わせ用転輪です．

でした．原因として考えられるのは，構造の複雑さと加工コストの高さ，複雑さから生じる耐衝撃性の問題があげられるでしょう．また脆弱とはいえないまでも，強度の低さや，摺動部磨耗時の元状態復元機構の欠落もあるのではと思われます．

しかし，この機構は完全消滅したわけではありませんでした．第二次大戦時にドイツで軍用として作られた大型の架台装着機には，全面的に機構に改良を施し，実用化された機材がありました．また少し前の国産機にも，同様の改良を施した機材を見つけることができます．

片や，大変動に見舞われたのはゲルツ社自体でした．第一次大戦の敗戦という結果，軍需で急膨張した会社は，一転，急速な収縮を余儀なくされます．会社はほぼ全て軍需に偏向したことから，民生品への対応が大きく遅れてしまうのです．そしてついに，戦後の不況下の1926年，同様の状況となったドイツ国内のカメラメーカー3社と合併（企業合同といわれる）することになります．

そして生まれた新会社はツァイスの傘下となって，カメラ製造部門「ツァイス・イコン社」となります．こうしてゲルツのベルリンの本社工場は，イコン社のベルリン工場へと変身したのです．またゲルツのニューヨーク支社，ウィーン支社はそれぞれ独立し，カメラやそのレンズ生産といった活動を続けますが，それもやがて1970年代には消滅したのでした．

ドイツの敗戦は，結局ゲルツ社の命運を絶ちましたが，その一方で光学技術者の海外流出という思いもかけない状況も生まれます．その影響によって，日本の光学産業に新しい1ページが開かれるのですが，それは後で書くことにします．

細かく観察すると，移動するのは全体に対して左側の鏡体であることがわかります．あくまでも一般論ですが，双眼鏡では右側が基盤ということが大原則となっています．これは右眼が利き眼の人が多いということによったものと推定できます．

2軸構造の鏡体の回転をカムでリンクさせたイギリス製品 Ross 10×20 （1895～1900年頃発売）

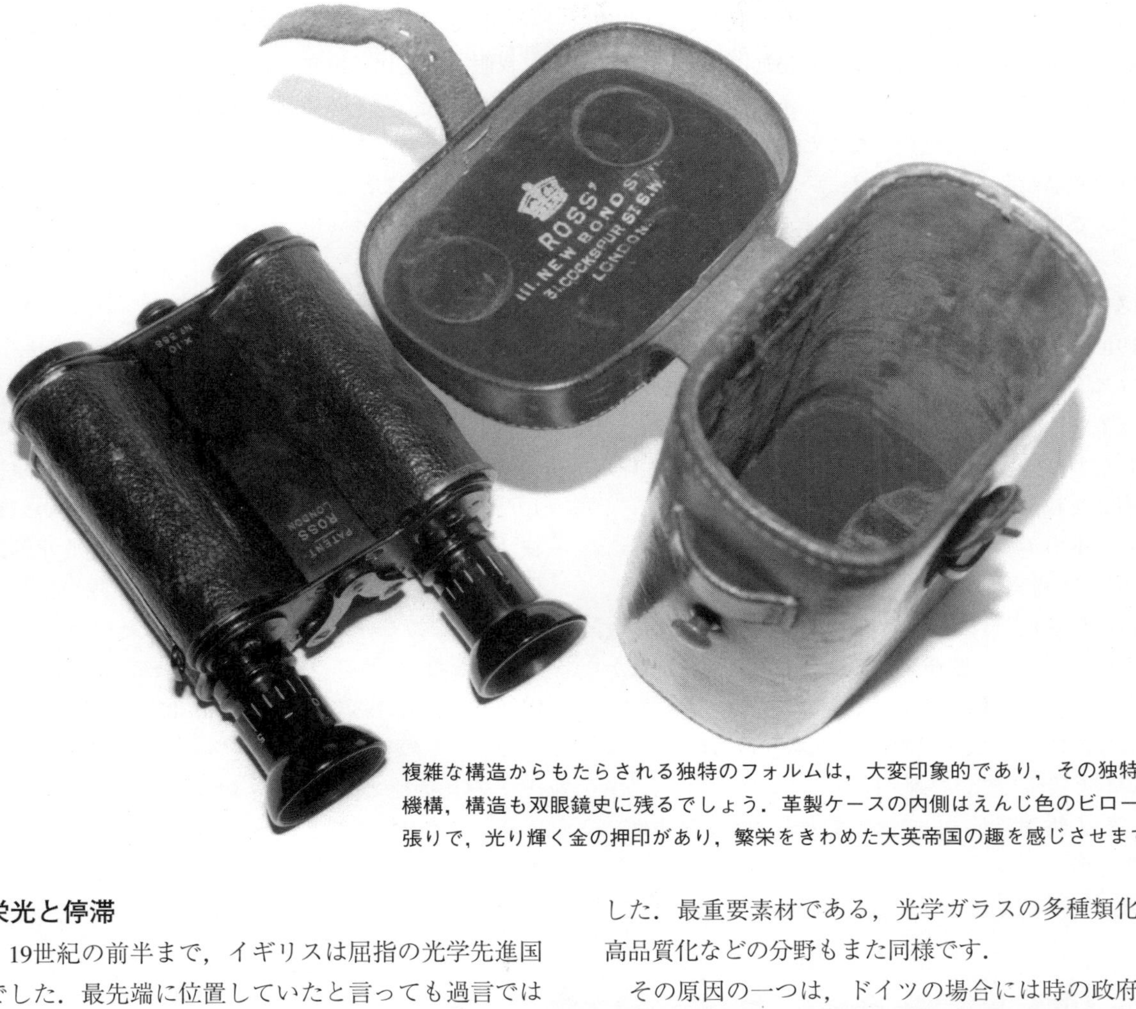

複雑な構造からもたらされる独特のフォルムは，大変印象的であり，その独特な機構，構造も双眼鏡史に残るでしょう．革製ケースの内側はえんじ色のビロード張りで，光り輝く金の押印があり，繁栄をきわめた大英帝国の趣を感じさせます．

栄光と停滞

19世紀の前半まで，イギリスは屈指の光学先進国でした．最先端に位置していたと言っても過言ではありません．例えば，色消しレンズや反射望遠鏡といった望遠鏡本体に関する発明とその製品化が代表例です．また，望遠鏡本体と同様に重要な接眼レンズでは，ラムスデン型の考案もありました．このように，イギリスを発祥の地として，その後に大きな影響を与えたものは多くあったのです．

しかし19世紀後半になると，優れた製品を生み出すために必要な光学理論（特に顕微鏡，写真レンズ）の展開で，ドイツの優位が現れ始めてきます．製品価格の低減化と生産量増大に欠かせない工業的生産技術の向上といった面でも，ドイツが優位に立ちました．最重要素材である，光学ガラスの多種類化と高品質化などの分野もまた同様です．

その原因の一つは，ドイツの場合には時の政府の重点政策による資金援助があり，しかもそれが有効に働いたことです．そして，受け皿側に桁外れともいうべき有為の人材があり，しかも有機的にお互いの活動を支えあったことによります．

ドイツの優位は確定したといっても，それは光学に関する全ての分野ではありませんでした．例えば工業的製品ではなく，製作者の個人技術が直接製品の質を左右するような，工芸技術的な面が強い大口径対物レンズや非球面反射鏡などの分野です．この方面では，イギリスには優秀な製作者がいました．

また写真レンズでは，単レンズ3枚（凸・凹・凸）

という簡単な構成でありながら，当時としては画期的性能を持つトリプレット型写真レンズが発明されています．光学機械の総合性能判定に使われるトワイマン干渉計の考案者もまた，イギリス人です．

当時，スピードの速い後発国に抜かれたとはいっても，イギリスはまだ光学技術の先進国に変わりはありませんでした．ですから，ドイツでプリズムを用いた双眼鏡が実用化されたことに対して，イギリス流の製品が開発されるのは，いわば当然のリアクションでした．

ロス社製第1号機と日本

19世紀末のイギリスで，屈指の光学工場だったのがロス（ロッスともいわれる）社でした．そのロス社で，イギリス初のプリズム入り双眼鏡の第1号機が完成したのが1895年，その時，日本はとなり合う大国，清国と交戦中でした．この日清戦争の最中，ある一人の日本海軍の技師が技術習得のため，ロンドンに滞在していました．

彼はロス社が製品見本として組み立てた，試作機ともいえるこの双眼鏡をロス社店頭でたまたま見かけたことから，半ば強引に入手してしまったのです．本人は後に，「前代未聞の代金支払いの万引きかっぱらい」と述懐しています．

この人物こそ，後に自立して光学会社「藤井レンズ製造所」を興し，日本の光学史上に大きくその名を残すことになる藤井龍蔵です．既にこの時まで，彼はドイツ製品は見ていたものの，それが入手できなかったための行動でした．そして何よりこの行動の裏には，光学機械の国産化という彼の大きな志が存在していたのです．

そして，日本にもたらされたこの双眼鏡は，やがて双眼鏡国産化に役立つことになります．この双眼鏡はその後，第一次大戦の勃発によって帰国する，彼の友人であったイギリス人に譲渡され，イギリスに帰っていくことになるのです．

ロス 10×20mm

ここで紹介している10×20mm機が，ロス社第1号機と同型かどうかは残念ながら確定できていません．

しかしロス社もまた，光学仕様に差異を持たせた機種を複数そろえて，シリーズ化していました．特に用途が軍事用の場合，防水性などの耐久力を重視した構造では，接眼部は合焦作動が連動していて利便性の高いCF式より，操作性で劣っていても単独操作型のIF式を採用する方が必須となります．従って，ロス社もまたその例に漏れませんでした．

こうしたことからラインナップされた製品系列が，口径を20mmに設定し，倍率を6，8，10，12の4タイプとしたものでした．ツァイスとゲルツではラインナップは3機種でしたから，より多くの機種のラインナップには対抗意識といったものがあったかもしれません．採用した機構とそこから受ける外観に大きな違いがあることも，同じ理由でしょうか．

口径が小さいこともあり，鏡体軸と接眼部の間隔が近いことがわかります．鏡体の断面形状なども含め，総じてグリップ感は良くありません．

資料から見る限り，10倍機と12倍機の外観上の違いは鏡体の長さの違いだけのようですから，部品の共通化といった合理性が感じられます．また，おそらく6倍機と8倍機でも，この方針は同様に堅持されていたはずです．

現物の光学部品を見てみると，対物レンズが貼り合わせであることは当然ですが，金枠に加締められているため，ガラス配列，構成は不明です．プリズムはポロⅠ型，接眼レンズはケルナー型と，ごく普通の構成から成り立っています．

接眼レンズの曲率（カーブ）は第1面と最終面が平面で，対物レンズのF値が大きい古い双眼鏡によく見かけるものです．また，接眼レンズの見かけ視野も同様に狭く40°未満です．ツァイス，ゲルツの同時期の機材と比べても，さらにわずかですが狭いように見えます．

像質については，中心部と周辺部の差は意外に少なく，地上風景だと像面の湾曲，歪曲にはまず気づかないことと思います．ただ，厳密に中心像を観察すると視野の広さ同様，若干ではありますが，ツァイス，ゲルツとの差が感じられます．もちろん比較している機材は経年変化を受け，その状況も同じではないので，厳密な評価でないことは確かです．

星像の観察では，視野周辺で像の肥大化が認められるものの，丸みは維持されており，ボケの形として目ざわりになっていません．総合的に見て，像質は良いといえるでしょう．しかし，口径に対して倍率が高めであり，射出瞳径が小さいため，日中の地上向きの双眼鏡です．

1ではなく2　特異な眼幅合わせ機構

人間の両眼の間隔は，年齢，性別，あるいは容貌自体で一定の範囲（製品として数値の表示がなくても54〜74mmとされる場合が多い）にはあるものの，個人差があります．そのため特定個人の専用品でない限り，双眼鏡では眼幅間隔調整機構が必要です．

もちろん他の両眼視用光学機械でも，製品が高度であるほどこの例に漏れません．例えばガリレオ式双眼鏡では普及品の眼幅は固定されている場合が多いのですが，高級品では調整機構が設けられることになります．このような高級品でも，例外的に調整機構を設けない代わりに，眼幅間隔自体が異なる複数の機材を販売したこともありました．両眼視用光学機械では，眼幅合わせ機構は必須なのです．

その機構を，ロス社は当初，先行メーカーのツァイス，ゲルツ社とは全く違う構造を採用しました．かつレンズ，プリズムが，像質の維持において最良位置になるような解決策を考案したのです．それが，調整軸を2軸としたこの機材でした．

現在の双眼鏡では，中心軸が一つで，その軸に対

分解を中程度まで進めると，鏡体の核となっているのが三角柱状の部品で，背面側に偏差していることなど，構造の独自性がよくわかります．三角柱が平行で対称的に向かい合うような位置にもう1本あれば，操作性はもっと良くなったはずです．この画像のみ背面と腹面を反対に示しています．リンク金具の凸部と対応する鏡体支持部の溝に注意．

して左右鏡体を折り曲げるような回転運動が行われることで，接眼部の間隔も変化する形式が一般的です．その他に，小口径の小型ダハプリズムを用いた機材に散見されるような，回転軸を二つとして，それぞれが鏡体の基本部分に対して回転するモデルもあります．

本機を技術系統で考えれば，後者の形式の大元といえるでしょうが，さらに遡ると，回転折りたたみ収納型のガリレオ式にまで遡れるのです．このガリレオ式では，ちょうど回転収納式のルーペを二つ並べたようなものでした．実際の使用時には，対物・接眼の両側（前後方向）に設けられた枠に収められている左右それぞれの本体を回転させて露出させ，実視します．この構造は携帯時のコンパクト化とほこり除けを意図していて，実用上の観点も含め開発されたものでした．

本機はこの技術を眼幅合わせ用として流用したといえるでしょう．しかし単なる流用ではありませんでした．リンク機構を設けて左右鏡体の運動を，逆方向ながら回転角度が同量になるよう，つまり連動するよう規制したのです．

そして想定ではありますが，生産工程では，左右鏡体の光学性能が最良になるようレンズとプリズムの相互位置を調整後，さらに左右二つの回転軸に対して鏡体各々の調整を行うことで，最良像の確保をめざしていたはずです．つまり本機もまた，視軸すなわち光軸となっています．

実際の構造では，対物レンズ枠そのものと，接眼側鏡体カバーに取り付けられた円形の蓋状金具が，鏡体の視軸になります．それを支えるのが三角柱の両端にある眼鏡状の平板です．

視軸調整に関しては，円形蓋状金具の移動でも多少は可能です．ただ，基本的にはプリズム座とプリズム間に金属箔を敷いて適切な傾斜を与え，視線の軸を調整する方式が併用された可能性も捨て切れません．この場合は視軸＝光軸となりませんが，調整上，この方式の方がはるかに容易です．プリズムを傾斜させるために必要とされる箔厚は，筆者の経験値では最大でも30～40μほどと思われます．

いずれにしても，この構造では部品自体の加工精度が高い必要性があります．また可動部分の円滑な作動のために各部の調整がいるなど，作りづらく，ねじれに対する抵抗力も高くできないなどの問題も内在していました．丁寧な加工，滑らかな動きで工作精度の良さを示しながら，ツァイス，ゲルツにはない独自性を発揮できましたが，それにとらわれたことで，結局は試行錯誤に終わってしまいました．

もし，この双眼鏡から何か学ぶ点があるとすれば，一義的ではありませんが，光軸と視軸の関係からもたらされる「アス」と略称される非点像についてでしょうか．双眼鏡は調整で精度を上げて実用する光学機器ですが，いくら調整可能とはいえ，精度の悪い部品（特にレンズ，プリズム）では，中心部でもアス像から逃れられません．試行錯誤に終わった機材でも要点は確実に押さえられていたと思うのです．

眼幅合わせでの鏡体の動きでは，リンク金物の動きは直線状に溝に従うということがわかります．

ライセンス許諾で生産されたフランスの双眼鏡

E.Krauss 8×20 （1900年頃発売）

フランス製光学機器，光学事情と日本

ドイツ，イギリスに続き，19世紀末，同様の光学先進国で，大国として取り上げなければならないのがフランスです．

フランス製の光学機器では，特に日本との関係が深かったのがガリレオ式双眼鏡でした．

フランス製ガリレオ式双眼鏡が日本にもたらされる端緒となったのが，徳川幕府とフランスとの関係でした．幕末に至って国防力の整備が急がれると，幕府はまずオランダ，その後フランスからと兵制や軍事技術などの導入を図ることになります．そして，ガリレオ式双眼鏡もまた，当時は軍事にも使われていたこともあって，日本に渡来することになったのでした．

一方，その敵対勢力である薩長側には英国製品がもたらされたことが，高杉晋作使用と伝えられるものが現存していることからもうかがえます．

こうして，幕末から昭和10年代頃までの長い間，有名ブランドから無名，そして無記名のものまで，品質もピンからキリというように，いろいろなものがフランスから輸入されていました．おそらく日本に輸入されたガリレオ式双眼鏡の三分の二は，フランス製と見ていいように思われます．

そのフランス製ガリレオ式双眼鏡で，ブランドで知られていたのが蜂のマークのルメヤ，錨のマークのドライズムです．昭和初期には両社のプリズム式双眼鏡も輸入代理店が確定しており，日本国内でも販売されていました．

ライセンス

さて，ここで紹介するE.クラウス社製の8×20mmですが，外観はツァイス製の8×20mm機と瓜二つで，大変よく似ています．一見しただけでは区別できないほどですが，これほどまでそっくりなのには理由があります．それはツァイスとクラウス社との間には，ある特別な関係があったためと思われます．

19世紀末の写真レンズ開発競争でも，ドイツ（中でもツァイス）の優位は確定しました．その理由に，従来にない光学的に新しい性質を持った光学ガラスの開発と，卓抜したアイデアによるレンズ設計技法の考案があげられます．

前者は主としてショット社によって行われ，後者はツァイスのルドルフによるものでした．この結果，写真レンズの開発では後発だったドイツが，わずかの間に断然先頭に立つことになったのです．そして，非点収差を実用上許容できるまでに補正した，アナスチグマットレンズ（像面が平坦で非点収差がないレンズ）の出現は，写真レンズの市場を大きく変えていきます．

特許という保護が与えられた知的所有権は，不可侵領域を構築し，考案者（出願人）の権利が保障されます．それをはるかに超越する考案を，短期間で生み出しにくくなるのは，当然ともいえるでしょう．市場で最高品質が誇示できなければ，競争が激しいほど，すぐに敗北に直面せざるを得なくなります．

このような市場原理と工業的な環境下で，クラウス社が選択したのは，ツァイスの特許の許諾使用だったのです．

その始まりはツァイスレンズ「プロター」からでしたが，ライセンス生産は引き続いて開発された名レンズ「テッサー」でも行われました．このレンズでは，オリジナルと区別するため，市場などでは「クラウステッサー」と呼ばれていました．

当時，写真レンズの設計技法，双眼鏡の光学系などの全ての情報やノウハウが，ツァイスからクラウス社へと伝えられたかどうかについて，それを明示した資料は残されていないようです．

ともかく，両社で同一光学仕様の双眼鏡が生まれた一因には，両社間で結ばれた，レンズ製造と名称使用に関するライセンスの許諾があったことは想像できる範囲内です．

総合的に見て工業化が著しく進み，突発的な需要にも応えられる潜在的生産量が向上した現在では，このようなことは見られなくなりました．しかし，かつて自社と同等同質，同名称の製品を他社に許諾を与えて生産，販売を許す，ライセンス生産ということは，それほど珍しいことではなかったのです．

一見すると，本家であるツァイス（右）と変わりませんが，細部にはオリジナル製品の改良が行われています．見口部分には，操作性の向上のための改良が行われていますが，一見しただけでは本家のものと差異に気づかないでしょう．

刮目（かつもく）

写真レンズにしても双眼鏡にしても，図面などの設計データを実際に見たクラウス社の技術者はどのように思ったのでしょうか．卓抜なレンズ設計法に感心したでしょうし，また双眼鏡も同様であったと思います．筆者の個人的な見解に過ぎませんが，外見からはわからない，双眼鏡の中心軸の構造もまた，そうだったように思います．

例えば，内外の筒状部品から二重構造となっている中心軸は，内側の軸本体は全体をテーパー状として加工されています．はまり合って回転を必要とする中心軸外筒内部もまた，それに対応する加工が行われています．このように緩みのない回転が行えるような構造に加え，それぞれの部材には中心軸外径の倍以上の大きさがある平面部が直交する形で摺動部を形成しています．

それだけでなく，摺動部には事前にクリアランスを大きめに設定し，その間には前後両端面に複数枚の金属箔を挿入することで，間隔を規制できるようにしてあります．その結果，箔の前後位置の変更で，緩みが全く感じられないだけでなく，適切な回転感触が得られる理想的な機構ができ上がるのです．

現物の構造を見れば，それほどの考案と思われない人もいるかもしれませんが，全くの白紙状態から，必要最低限の部品点数により，ここまで実用性の高い考案を生み出すのは，そうやさしくなかったはずです．きっとクラウス社の技術者も同じ思いだったのでは，と想像してしまいます．

ユーザー評価

クラウス社とツァイスの間には，このようなライセンスによるレンズ生産という関係がありました．しかし，歴史的に見ると両者の思惑とは別のところで意外なことが起こっています．それは日本で起きた代理店の広告に端を発する，本家争い，優劣論争でした．結局この事件は訴訟に発展したのですが，最終的な決着をつけたのはユーザー評価だったのです．なお「テッサー」は，アメリカのボシュロム社でも同様にライセンス生産されています．

先に登場した藤井龍蔵は，その著書『写真鏡玉』（1909年 浅沼商会出版部刊）で，大変興味深いことを書いています．

「………之等（これら）鏡玉（当時の新発明の写真レンズ）は悉く其発明を保護する為に各国の専売権（特許権）を有せり．然（しか）れども其専売権出願に記載せる所は決して正確なるものに非ずして所謂（いわゆる）誤魔化しものにして，各社何れも其要点を秘密に保ち居れり，………」（同書238ページ．括弧内は筆者注）

中心軸まわりの構造，機構は外からは見えませんが，実によく考えられた構造です．これは本家であるツァイスの面目躍如というべき箇所です．なお，中心軸外筒は本体とは別部品ですが，強固に固定されている必要があります．

似たもの同士の差

では，それぞれの双眼鏡の品質の違い，像質についてはどうでしょうか．

結果的に後発となったクラウス社には，先行社にないメリットが存在していました．それは弱点箇所の改良でした．例えば本機も原型同様，エボナイト製見口には操作箇所と構造体カバーの二つの役割が課せられています．ただ本機の場合，接眼レンズの合焦動作を行いやすくするため，ローレット部分の幅が広げられています．また，中心軸対物側に設けられていた特定眼幅にすぐ合わせるためのクリック機構を中心軸固定機構に改めているのは，軍事使用への配慮かもしれません．

中心軸関連で他に見つかる改良箇所は，目幅数値を表示するための部品，「陣笠」(上テーラー) の固定法を，外側からのビス止めとしたことです．本家のツァイスでも，最初期機である8×20mmでは内側から止めていたものを後継機ですぐに改めています．これは，最初期機ならではの特異的な組み立て方でしたが，生産効率上から改正したものと思われます．

さて，最も肝心な像質はどうでしょうか．一般論になってしまいますが，視野の中心部から周辺部にかけての像質変化，周辺像の特性などは，初期の比較的長めの対物レンズを搭載した他の機種と同様，穏やかな変化を示します．周辺像の悪化状況もあまり目ざわりにはならないものです．

ただ中心像の切れ (シャープ感) は，ツァイス8×20mmに比べると，きわめてわずかながら甘く感じます．保存履歴や現状が異なるたった一台どうしの比較に基づいた結論ですから，当然全てを推しはかれるわけではありません．しかし，歴史の流れからすれば，やはり写真レンズ同様，ユーザーの目による結論は，このわずかな差を見逃すことなく，品質の優劣に厳しく決着をつけてしまったかもしれません．

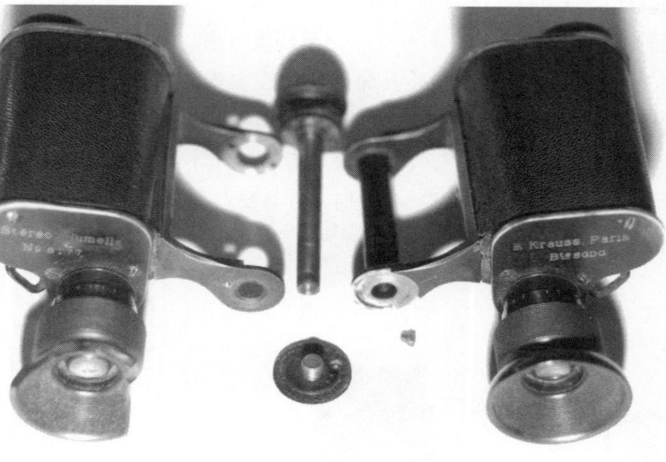

中心軸の両端は構造からいって，それぞれ組み立て上も操作上も重要な箇所に当たります．眼幅固定機構は精度良い加工のため，確実な固定ができます．

後継機種に見る西欧光学メーカーそれぞれの変化 Zeiss 6×18，Krauss 12×25，Ross 12×19

最初期の製品に続く後継機も，各社複数のモデルがラインナップされました．本項はその中からの紹介です．左がクラウス，中央がロス，右がツァイス製．これら3機種には中心軸開閉式の眼幅合わせ機構，回転ヘリコイド式の合焦機構，上下鏡体カバーがプリズム押さえ金具を兼用している構造など，技術的な共通点がかなりあります．

ここまで，4項に渡ってヨーロッパの代表的なメーカー4社の最初期の製品を見てきました．本項では，ゲルツ社を除く3社の後継機の変化を見てみようと思います．

メーカーの論理での改良

製造会社の頭文字をとり，Z型と呼ばれるタイプ（今回の場合，ツァイスとクラウス）では，後継機になっても外見上に大きな変化はありません．一方，非ツァイス型，あるいは反ツァイス型といえるロス，ゲルツでは，程度に差はありますが，機構的にオーソドックスなZ型への歩み寄りが見られます．手持ちで使う，比較的小口径の双眼鏡の眼幅調整機構は，使いやすい機構と作りやすい機構が同じだったという結論になるのでしょう．

このようにユーザーのニーズをよくとらえた製品を早くから発売することは，当然ですがメーカーに大きな利益をもたらすことになります．

これはいわば成功例ですが，かつてメーカー側が自社の発案に固執したため，市場から取り残されてしまった失敗例が，初期の国産一眼レフカメラ史上にはあります．そのメーカーの商品が，その会社の名声に実質的に追いつき，市場で評価されるまでには，新しいシステムの構築とともに10年以上の年月がかかってしまったということもあったのです．

近代資本主義経済下で，コストダウンはメーカーにとって，利潤の追求のために避けて通れません．今回の双眼鏡でいえば，ツァイスのテーラー（通称「陣笠」，眼幅値の表示部分）の取り付け方法が，ビス止め式に簡略化されています．上下のカバー部分の材質も，真鍮からアルミ（合金）へと変更され，軽量化が図られています．それに伴って従来は象嵌加工されていた社名表示なども，彫刻後にホワイトを入れるだけにして，加工数を減らしています．

これらの変更はコストダウンにかなり有効だったと思われます．しかし，この仕上げ加工の変更が，商品価格にどのように反映されたかは不明です．このメーカーサイドから見た「改良」は，ユーザーにとってはどう受け取られるでしょうか．

ユーザーへのメリット

真鍮からアルミに材質を変更することは，軽量化につながりますから，使い勝手が良くなるというメリットはあります．しかし，タイムスケールを長くとって経年変化や耐久性を考えると，必ずしもメリットとは言い切れなくなります．

アルマイト加工を除くと，現在の技術でもアルミのような金属の完全な表面処理加工技術はやっかいな問題です．アルマイト加工法のなかった当時ではなおさらのことで，塗装の剥落や地金の腐食が起こりやすいものです．耐久性に関する限り，当時の技術では真鍮素材を選ぶ方が優れていました．

結局，軽量化と引き替えに耐久性が失われてしまったのでした．皮肉な見方になりますが，「改良」が

ツァイス8×20（右）とその後継機の6×18（左）を並べてみると、外観上はほとんど差がありません．わずかにテーラー部分に違いが見受けられるのみです．なお，6×18の上カバーの塗装が完全になくなっているのは，塗装補修のくり返しで不鮮明になっていたカバー部分の彫刻を確認するため，やむを得ず筆者がはがしたからです．

3機とも中心軸の対物側端に同じようにローレット付き金具があります．クラウスとロスのものは単なるクランプ金具で，ツァイスのようなクリックストップ機構ではありません．外観上は同じでも，実際の機能はわからないこともあります．

すべての意味において改良であったことは，筆者の経験からはあまりありません．最新型は，必ずしも最良・最善とはならず，最新型はメーカーの稼ぎ頭というべき面もあるのです．

今回の3機種の内部を見てみると，プリズム側面の黒塗りや，接眼部視野環前の遮光筒の加工などの，コントラスト低下防止加工が充分に行われていることに気がつきます．

しかし，時代を経るに従って，黒塗り加工を始めとした，特殊な使用条件でしか差が現れない加工は，やがて行われなくなってしまいます．

像質については，倍率と瞳径の設定が適切なツァイスのものが良く，見え味も8×20と同じ傾向で好ましいものです．接眼レンズはいずれも2平面型ケルナーなので，クラウスとロスの12倍という高倍率では収差補正がむずかしいものです．特にロスは口径が小さいこともあって像が暗く，特徴的な鏡体の構造もグリップ感はいま一つで，昔の人も気持ちの良い使用感触は得られなかったと思います．

独自色を出すにしても，多くのユーザーの納得がなければ，存在意義を持ち得ないことが見てとれるように思えます．

現在は多条ネジによるヘリコイドも，この頃は接眼レンズ金物（接眼内筒）に切削された幅広の1条の溝と，それにはまる外筒にビス止めされた固定子による回転ヘリコイドでした．写真はクラウス製の接眼部の構造ですが，高倍率，狭視野のため，接眼筒に固定された視野環径はずいぶん小さいものです．

プリズム側面の黒塗り，視野環前の長い遮光筒は，初期のポロＩ型プリズム双眼鏡に当然のように行われていた加工でした．これは長所といえるものです．一方，上下カバーが鏡体にかぶさっておらず，プリズム押さえ金具を兼用していることは共通の欠点です．写真はロスの例で，長い遮光筒で迷光対策に気をつかっています．しかし，大幅な鏡体構造の変更のためか，外部からの視軸の調整機構は付いていません．視軸の調整は箔を挟み込んでプリズムの傾きを変えるしかなく，手間のかかる作業です．

透過光量の低減防止と自己遮蔽がないメリット
ポロⅡ型プリズムと光学機器

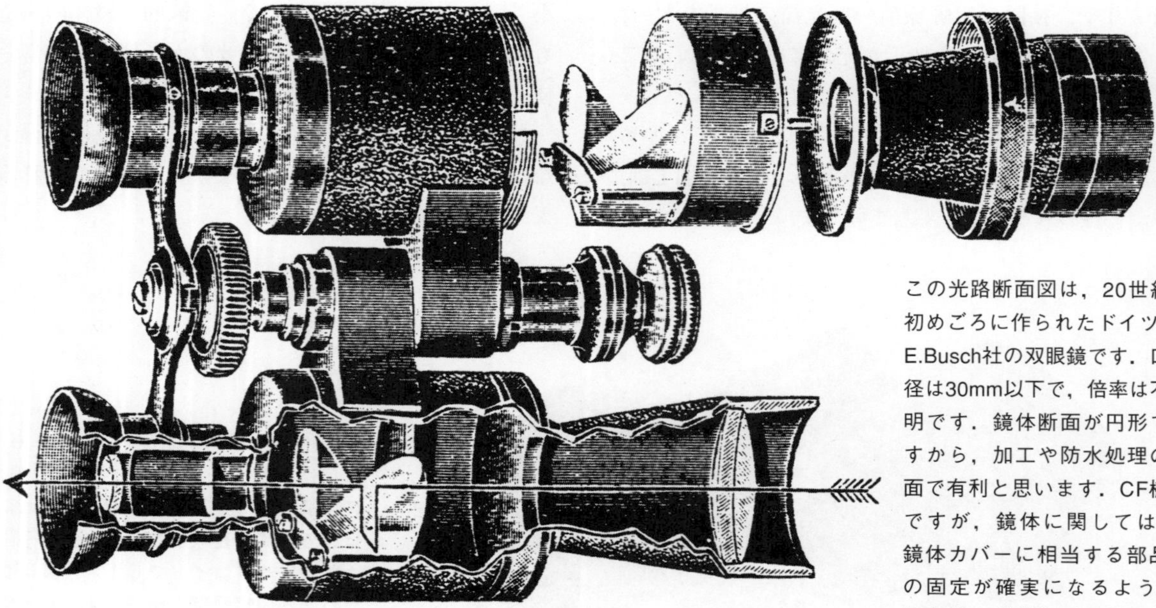

この光路断面図は，20世紀初めごろに作られたドイツ，E.Busch社の双眼鏡です．口径は30mm以下で，倍率は不明です．鏡体断面が円形ですから，加工や防水処理の面で有利と思います．CF機ですが，鏡体に関しては，鏡体カバーに相当する部品の固定が確実になるよう，耐久性を考慮しているようにも見られます．

ポロⅡ型を採用した小型双眼鏡

ここまで紹介してきたごく初期の双眼鏡は，全てポロⅠ型プリズムを採用した形式のものでした．しかし，ポロⅡ型プリズムを採用した手持ち双眼鏡が全くなかったわけではありません．

ポロⅡ型プリズムは，大きさあるいは形状にそれほど制約の多くない架台固定式，直視型の大口径双眼鏡には当然のように採用されています．しかし，小型双眼鏡に採用するには，それなりのメリットが必要です．それはいったい何でしょうか．

結論から言えば，それは空気界面がポロⅠ型に比べて半分の2面しかないことです．増透コーティングの発明以前には，空気界面を減らすことが最大の透光量増大法（厳密には維持法）でした．後にドイツやイギリスで手持ち機材として生産された軍用双眼鏡には，このメリットを生かしたものもありました．

その反面，光路の折りたたみ効果はずっと少なくなることが，手持ち機材では重要な設計上の弱点となります．また，透過面を減少させるために，基盤となる大型プリズムに小型プリズムを接着します．従って，プリズム各部分の角度誤差を組み立て時に調整で補正するⅠ型と比べて，Ⅱ型ではプリズムそのものの工作精度が十分に高くないといけません．工作精度が低いと，入射光線と出射光線が同一平面上からずれて，双眼鏡として組み立てられないことも起こりえるのです．

かつて設計技術上，ポロⅡ型の採用は透光量増大法として有効と考えられていました．この点をさらに突きつめれば，加工技術上では各光学面の研磨，なかでもプリズム反射面の滑らかさに最大の努力を必要とするものでした．プリズムの全反射に基づく反射面にはコーティングといった加工法がないため，透過光量増加をめざすならば，この点は現在の双眼鏡でも見習わなければいけないことです．

ポロII型が実現する広視野双眼鏡

ポロII型には，もう一つのメリットがあります．大口径機は別として，手持ちの小口径双眼鏡でこのメリットを生かした機種は，筆者の知る限りではきわめて少なく，例外的にしか存在しません．

そのメリットとは，プリズム自体の構造上，入射面と出射面がプリズム構造の端にあることから，周囲に光路を邪魔する突出部がなく，プリズム自体による自己遮蔽がないことです．固定式の大口径機では，収差補正上，対物レンズの口径比が大きくなりますから，広視野接眼レンズを採用する必要性は高くなります．広視野接眼レンズは外径が大きくなりますから，ポロI型では構造的に制限される場合が出てくるのです．

逆に，対物レンズの口径比が小さい場合も，同じようにポロI型では遮蔽の問題があり，結果的に対物レンズの口径比が制限されてしまっているのです．これもポロII型を採用することで解決します．このメリットがあまり注目されないのは，各社の開発の指向性が固定的すぎることに原因がある気がします．

ポロII型のメリットを最大限に発揮させる双眼鏡が，筆者が以前から機会あるごとに書いてきた低倍率・広視野の「星座まるごと双眼鏡」です．現在，これに近い製品として，ロシア製のガリレオ式双眼鏡（笠井トレーディング）がありますが，同じ倍率ならプリズム式双眼鏡の方がずっと広視野にできます．例えば，瞳径7mm，口径は30mmどまり，そのかわり桁はずれの広視野で，中心分解能よりは視野像質の均一化に徹底的にこだわったもの．コスト的には，決して安くはならないでしょうが，製品としてぜひ目にしたいものの一つです．

また，そこまで極端でなくても，例えば天体用（夜間用）として定評のある7×50mm機で，実視野10°超という魅惑的なスペックも実現不可能ではないはずです．一時期，国内メーカーの製品でそれに近い意欲的なものがありました．しかし残念ながら，生産実数を増やすことができず，結局は試作の域に終わってしまいました．

先行機はこのような残念な結果でしたが，ぜひ，それに続く意欲あるメーカーの市場への製品投入を，首を長くして待ちたいと思います．

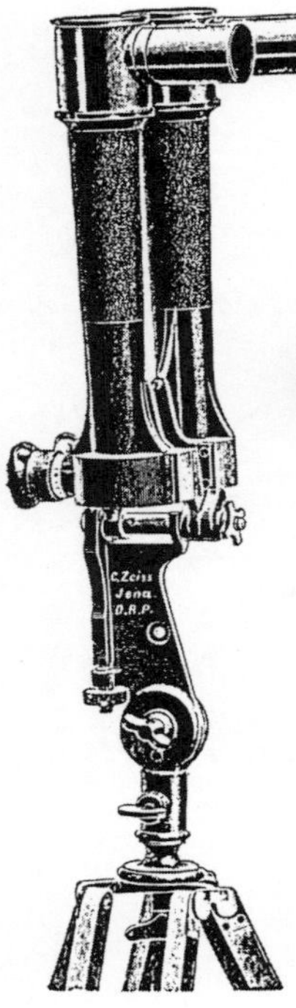

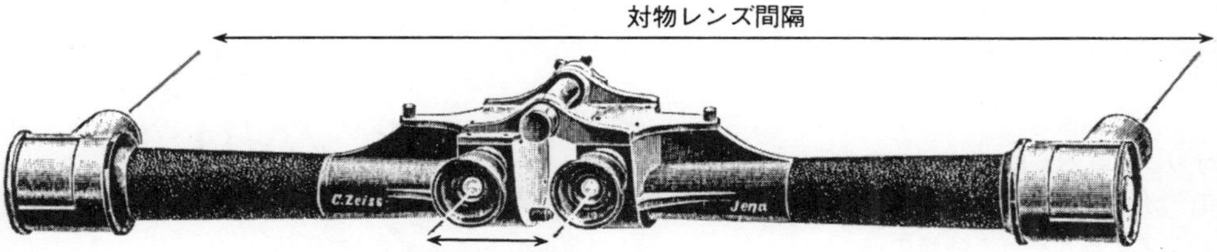

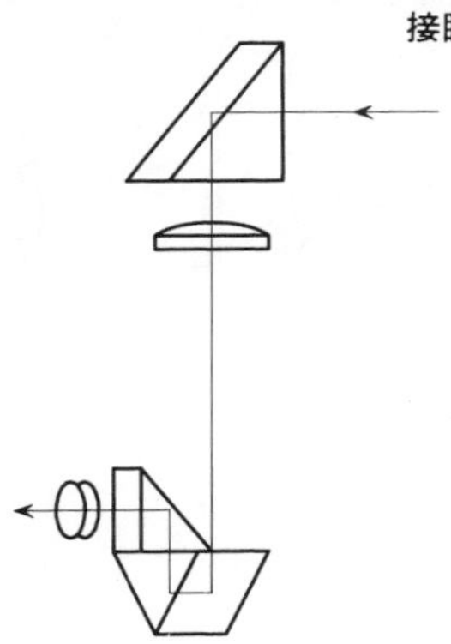

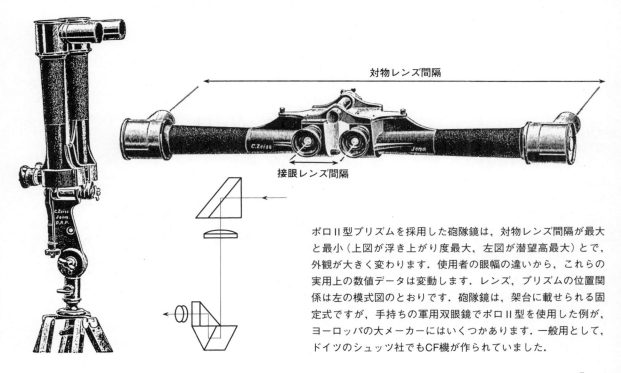

ポロII型プリズムを採用した砲隊鏡は，対物レンズ間隔が最大と最小（上図が浮き上がり度最大，左図が潜望高最大）とで，外観が大きく変わります．使用者の眼幅の違いから，これらの実用上の数値データは変動します．レンズ，プリズムの位置関係は左の模式図のとおりです．砲隊鏡は，架台に載せられる固定式ですが，手持ちの軍用双眼鏡でポロII型を使用した例が，ヨーロッパの大メーカーにはいくつかあります．一般用として，ドイツのシュッツ社でもCF機が作られていました．

ポロⅡ型プリズムの応用例

ここまで，本書ではいくつかのポロⅠ型を採用した手持ち軍用双眼鏡を紹介しましたが，やはり軍用の光学機械に，ポロⅡ型プリズムを使用したものがあります．それをここで紹介しておきましょう．

ポロⅡ型のプリズムでは，台座にあたる大プリズムから2個の小プリズムを光軸方向に分離（接着せずに間隔を広げる）することができます．この特色を活かし，対物間隔を最大限にとって，立体視効果を大きく向上させた機械が砲隊鏡と呼ばれるものです（前ページ参照）．左右の対物部を近づければ，潜望鏡のようになり，カニが砂の中から目玉を出すのに似ていることから，通称「カニ眼鏡（めがね）」とも呼ばれます．この砲隊鏡も特殊な双眼鏡の一例です．

その他の例では顕微鏡に使われることもあり，双眼実体顕微鏡にもポロⅡ型プリズムは必須ともいうべき部品となっています．さらに歴史的に見ると，かつて銀塩写真が主流であった頃には，カメラ本体やアクセサリーなどのカメラ関連製品にも意外とよく使われています．その中でも最も成功した例が，オリンパス光学製のハーフ判一眼レフ，オリンパスペンFシリーズ（F，FT，FV）でしょう．

日本は一眼レフの育ての親ともいえますが，このカメラは国産の数多くの一眼レフ中，最高の独創性を持つことで賞賛されました．

銀塩写真用一眼レフでは，ファインダーからフィルム面へと瞬間的に光路を切り替える必要から，反射鏡を使わざるを得ません（固定式のハーフミラーを使ったキヤノンペリックスや高速モータードライブカメラは例外です）．オリンパスペンFシリーズは，厳密に見た場合はポロⅡ型プリズムではないのですが，ポロⅡ型プリズムと同じ光路を持つ応用例として興味深いものです．

下の図からもわかるとおり，カメラの内部に大変巧妙にポロⅡ型プリズムがアレンジされています．この成功の裏側には，フィルムサイズ＝フォーマットサイズが35mmハーフ判という縦長サイズであることが，とても重要な要素となっています．通常の35mmフルサイズでは，こうした巧妙な構成は考案できなかったでしょう．それに加えて，シャッターもユニークなロータリーシャッターで，全速シンクロ同調（1/500～1秒・B）と出色のカメラでした．

プリズムシステムとしてポロⅠ型以上にメリット，またデメリットもあるポロⅡ型を採用した，魅惑的で出色の双眼鏡の現れる日が一日でも近いことを，期待せずにはいられないものです．

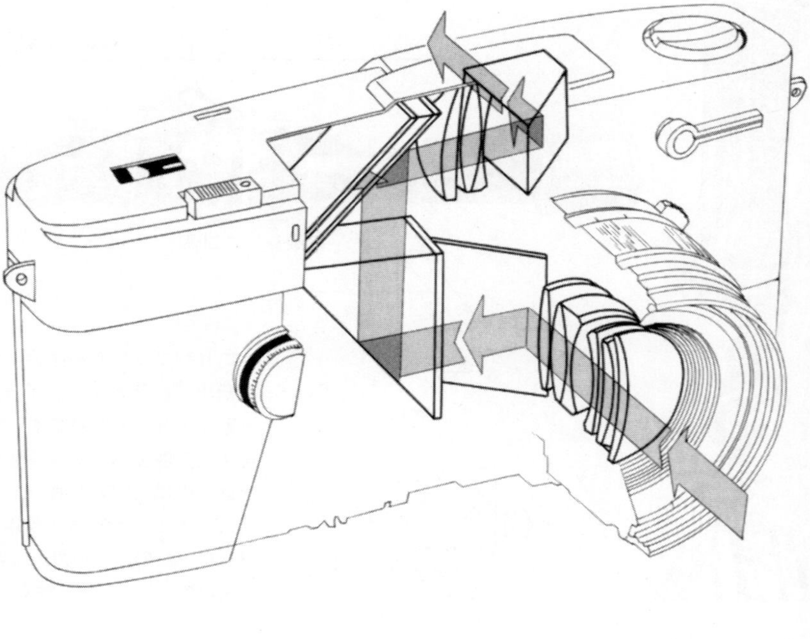

オリンパスペンFTの光路断面図．ポロプリズムファインダーシステムと称した独特の一眼レフシステムです．ポロII型の小プリズムがクイックリターンの反射鏡になっており，台座にあたる大プリズムを二つに分割して，一つをハーフミラー化して受光体を設置しています．さらに接眼レンズ中に小プリズムを挿入するなど，大変巧妙な設計がなされていますが，光路はまぎれもなくポロII型プリズムです．

ダハプリズムを初めて正立光学系としたヘンゾルト社の双眼鏡 M.Hensoldt 7×30

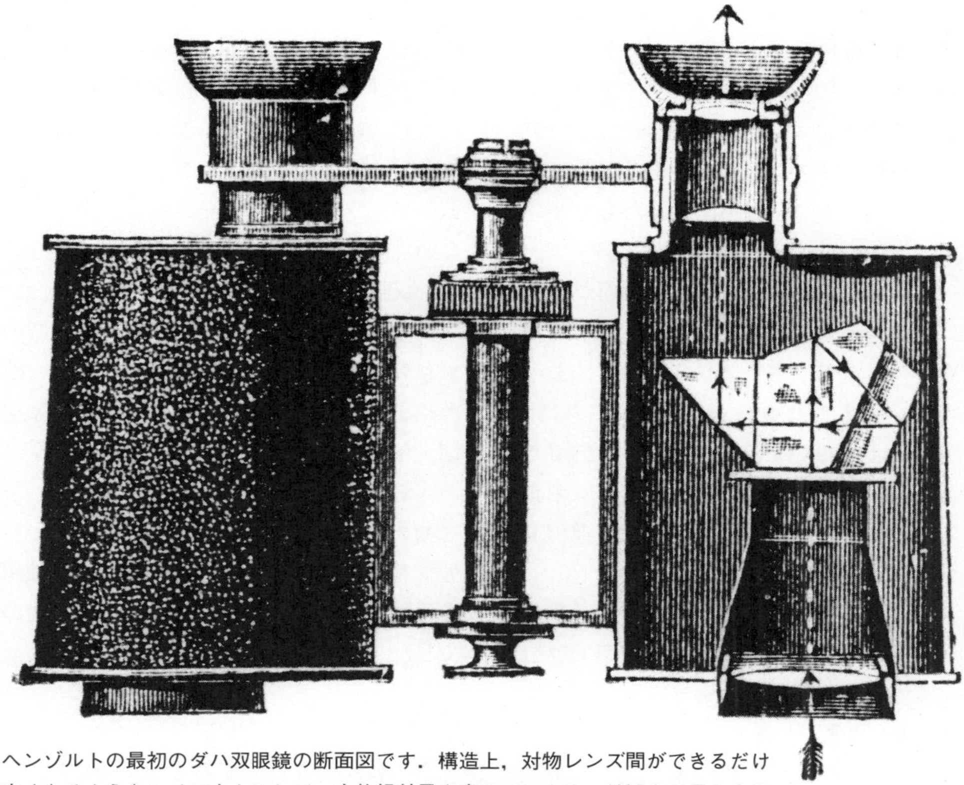

ヘンゾルトの最初のダハ双眼鏡の断面図です．構造上，対物レンズ間ができるだけ広くなるようなレイアウトにして，立体視効果を高めています．外観上の最も大きな特色は，鏡体の断面が小判形をしていることです．透過光量の減少防止のため，ダハペンタゴナルプリズムとダイアゴナルプリズムは貼合されています．
(『A.König，Die Fernrohre und Entferrungsmesser，1923』より転載)

独自性をめざして

ツァイスがプリズム双眼鏡を，商品として初めて市販したことに刺激されて，ヨーロッパの実力ある光学メーカーは，次々と双眼鏡市場に参入していきました．しかし，ツァイス製双眼鏡の完成度は高く，また対物レンズ間隔が最大となるようなポロⅠ型プリズムを採用した正立光学系は，特許によって保護され，対抗策が立てにくいのが実状でした．そのため，後発メーカーが自社の製品に独自色を出すのは大変なことでした．

当初は外観や機能に特色のあったゲルツ社やロス社の双眼鏡も，後継機はプリズム系も含めてツァイス型といわれるタイプになり，双眼鏡の主流は自ずと固定されてしまう結果になっていきます．

しかしそんな中で，あくまでも独自性を押し通し，非ツァイス的なポリシーを製品に反映したメーカーもありました．M.ヘンゾルト (Hensoldt) 社もそんなメーカーの一つです．

ヘンゾルト7×30

今から100年以上前，ライツ社があることで知られるドイツのWetzlarの町にあったヘンゾルト社は，双眼鏡発達史上で特筆すべき双眼鏡を発売しました．その7×30双眼鏡は，初めてダハプリズムを採用したものだったのです．

このダハプリズム双眼鏡は，ダハ面を含む直角五角形プリズム（ダハペンタゴナルプリズム）と直角プリズム（ダイアゴナルプリズム）を組み合わせたものでした．このタイプのプリズムシステムは，メーカーの名を取って「ヘンゾルト型」と呼ばれます．

原理的には，直角五角形プリズム（ペンタゴナルプリズム= Goulierのプリズム）と，ダハダイアゴナルプリズム（Amiciのプリズム）を組み合わせたものが出発点です．五角形プリズムのメッキを必要とする二つの反射面のうち，一つをダハ面にしたものと考えられます．

当時のメッキ技術を考慮すると，メッキ面が一つ減ったことは，大変大きな改良点でした．実用の域に達する正立プリズムが，ポロプリズム以外にようやく出現したといえるでしょう．もちろんこれは，プリズムに関しては在来技術（測量器製品）の応用ではあります．また少なくなったとはいえ，メッキ面の存在は耐久性や反射率を考えた場合，「技術進歩未だし」という感じを払拭できませんでした．

ヘンゾルト社は，これと同時期に正立レンズ系のテレストリアル型双眼鏡を，同口径，同倍率で製造しています．このあたりにも，ヘンゾルト社のポリシーが見られるような気がします．

ヘンゾルト社のその後

ヘンゾルト型ダハプリズムの出現は，新たなダハ正立プリズムシステムの開発競争をもたらしました．そして，メッキ面を必要としないダハ正立プリズムシステムが開発されると，ヘンゾルト社は果敢にも，プリズムシステムをそのタイプに切り替えてしまいます．後にヘンゾルト社がラインナップした，Jagd-Dialyt，Universal-Dialyt，Astro-Dialytといった名前のダハプリズム双眼鏡もそのタイプです．

これらにはヘンゾルト型プリズムは採用されませんでした．いわゆるダイアリート（Dialyt）シリーズとして，ツァイスで開発されたメッキ面を必要としない「アッベ・ケーニッヒ」型ダハプリズムを採用した双眼鏡を作り続けていました．

興味深いことに，ヘンゾルト社は通常のポロⅠ型プリズム双眼鏡を作ることもありましたが，それはあくまでも戦争時といった例外です．歴史的に見れば，伝統あるダハプリズム双眼鏡の専業メーカーといえるでしょう．

初のダハプリズム双眼鏡を生み出したヘンゾルト型プリズムも，その後は，塹壕などで使用する簡単な手持ちのペリスコープ（潜望鏡）に使われる程度でした．

ツァイスとヘンゾルト

さらに歴史を進めてみると，1948年，東西に分断されたツァイスの一方である東ドイツのツァイスは，画期的な35mm判カメラを発売しました．コンタックスSというこのカメラは，それまでの一眼レフが採用

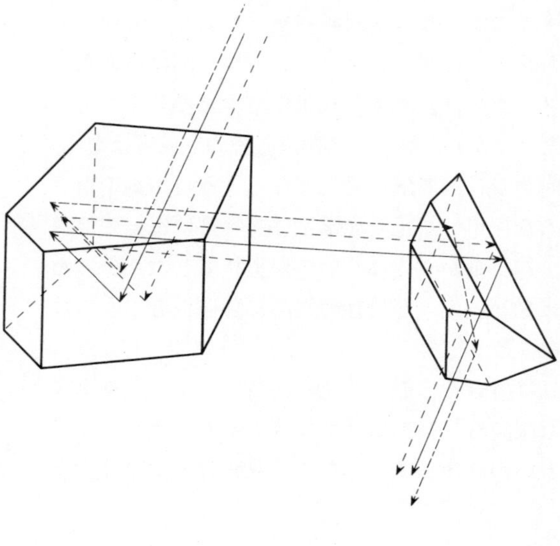

ヘンゾルト型正立プリズムの出発点となったプリズムシステム．ペンタゴナルプリズム（左）とダハダイアゴナルプリズム（右）は，どちらも古くから知られていたものです．実用化に時間がかかった背景には，生産技術上の問題があったのかもしれません．ヘンゾルト型正立プリズムではダハ面をペンタゴナルプリズムに移したことで，右側のプリズムが単なる直角プリズムになりますから，製造と調整の面でメリットが生まれます．

していたウエストレベルファインダー（上下正像，左右逆像）の使いにくさを改めるため，ダハ面を持つ五角形プリズムを搭載していました．一眼レフカメラですから，光路を瞬時に切り替えるために平面鏡も組み込まれています．

もうお気づきのことでしょう．この一眼レフシステムは，2個のプリズムを組み合わせて作られるヘンゾルト型正立プリズムのうち，直角プリズムを鏡面化したものに他なりません．

やがて，ダハペンタプリズム入り35mm判一眼レフカメラは，日本で多くの技術的な改良がなされ，35mm判カメラの主役の位置を占めることになります．そしてこのことは，カメラ生産国としての日本の地位を揺るぎないものにしていきました．

そのような状況が確立した1964年，ヘンゾルト社は西ドイツのツァイスに吸収され，ツァイスグループの双眼鏡生産部門として再出発します．そして，それにともなって，ツァイス双眼鏡の主力製品はダハプリズムタイプに移りました．ヘンゾルトの伝統ばかりか，ヘンゾルトの由緒ある名前，「ダイアリート」をも受け継いだ双眼鏡は，ツァイスのマークを付けて，世界各地の市場へ広まっていったのです．

ヘンゾルト社と，それが開発した正立プリズムシステム，その後の光学技術史を見ると，歴史の歩みの因縁というべきものを感じずにはいられません．

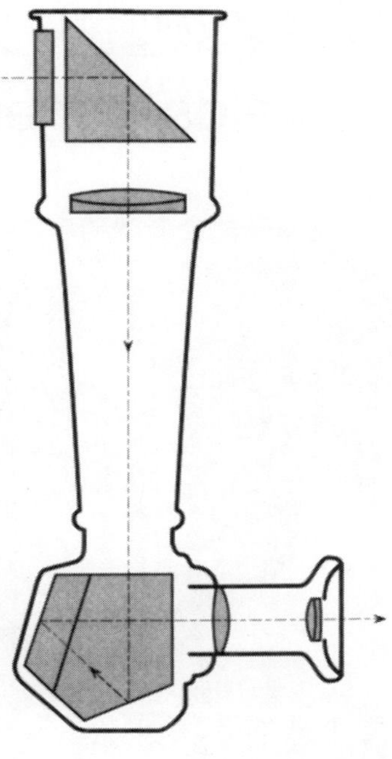

ヘンゾルト型正立プリズムは，図のような手持ちの塹壕用潜望鏡に応用されました．二つのプリズムを離すだけで，光軸を大きく平行移動できますから，このような用途には適しています．ただし，パノラマ眼鏡のように頭部のプリズムを回転させると，像の倒れ（回転）が生じるため，広い範囲を見るには観測者自身も回転する必要があります．

35mm判一眼レフカメラにとって，ヘンゾルト型正立プリズムシステムは最も適したものでした．数々の技術開発によって「ライカの壁」を乗り越えたばかりでなく，光学機器生産国としての日本の地位を高め，ついにはカメラの分野でドイツを追い抜く結果にもつながりました．日本は一眼レフの育ての親というべき国になったのです．写真は，ダハペンタゴナルプリズム付きカメラの国産市販品第1号のミランダT（1955年発売）．

強い立体視効果を求めて，
変形レーマン型プリズムを採用した双眼鏡
Zeiss Feldstecher 5×20

角型を基調として大きく横に開いた外観は，何とも独特の存在感を持っています．ケースもまた本体同様独特で，最初，これが双眼鏡のケースとは思えないほどでした．いずれも求められた要求から生まれた極限ともいえる姿です．左下にある「へ」の字型のピンは，眼幅クリック金具が締まりすぎた時に使うものです．

レーマン型プリズムの誕生

初のダハプリズムを搭載したヘンゾルト社の双眼鏡には，メッキ面が最少でも1面は必要で，このことは潜在的な弱点でした．当時，まだメッキ技術に蒸着加工は開発されておらず，裏面に保護幕（銅メッキなど）を付けた銀，あるいはクロムといった金属による裏面メッキが主流でした．そのため双眼鏡の内部環境の状況によっては，メッキ面の耐久性は大きな影響を受けざるを得なかったのです．

そこで新たな考案が行われ，ついにメッキ面を必要としない，新型のダハプリズムが案出されることになります．このプリズムはレーマン型，あるいはスプレンゲル型とも呼ばれるもので，良くも悪くもいろいろな特色を持ったものでした．このプリズムも技術的に見れば，ヘンゾルト型と同様に，既存のプリズム2種類を組み合わせたものだったのです．

プリズムの基本はアミチ型で，それに内面2回反射で像を反転させない，ウォラストン型プリズムを組み合わせたものでした．ウォラストン型プリズムは「く」の字形をしていますが，構造上好都合なのは，両者を合わせた形，つまり一体でも加工できる形状であることでした．

この特色が重要視されたのは，実は双眼鏡ではなく，火砲に付ける照準用望遠鏡の正立システムです．強い発射の衝撃でも接合部の剥離や移動といった，照準の軸がずれることがないという理由からでした．

その反面，プリズムの加工では，形状が光路の有効径に対してきわめて大きく，ダハ面が全体形状からいえば端にあって，形状成型，研磨が困難な作りにくいものでもあったのです．

そして，このプリズムを搭載した双眼鏡を生み出したのもヘンゾルト社でした．

完成形への道のり

1898年，ヘンゾルト社が作り出した双眼鏡は6×26mmという光学仕様で，当時の状況から考えてみれば，軍用を十分に意識していたものと推定できます．しかし，外観形状からは口径のわりに総体が大きい感じです．鏡体断面は，小判型形状にしてあるとはいえ，デザインや使用感からすれば，中途半端といった感じを否めない製品となってしまっています．

ところで，レーマン型プリズムにはその他にも特色があります．それはアミチプリズム部分のダハ面を，全体形状に対していくらか傾けることができることで，設計上，多少は横方向の長さを縮小できる自由度があります．ダハ面はその性質上，全反射現象が確保されていますが，ウォラストンプリズム部分が全反射が確保できるという条件で変形すれば，プリズムに対する入射部と出射部間隔をある程度限定的に短縮することが可能です．この場合，その他の条件として，ウォラストンプリズムの第2反射面と出射面を共通にして研磨面数を減らすことも行われます．この時，ウォラストンプリズムの第2面の反射光は，入射・出射光軸に対して90°とはなりません．

以上のことから，入射面と出射面の間隔を最大とするには，原型同士の形状を維持すれば良いことになります．しかしその一方で，小さくできることは，少しでも製造効率を上げられることになります．原型ではこの点に関する限り，とても作りにくいことから，高い製造効率にはなりにくいのです．

外観からの推定ですが，ヘンゾルト社はこの変形レーマン型プリズムを6×26mm機に採用したように思えます．写真のツァイスFeldstecher5×20mm機もまた同様で，変型されたレーマン型プリズム自体が持つ特色のうち，立体視効果を最も強調することを最優先する機材でした．

方向転換

このツァイスの生み出した，レーマンプリズムを搭載した双眼鏡は後にTeleplastと名づけられ，2機種がリリースされます．口径は同じ20mmではあるのですが，倍率はともに低めの3倍機と5倍機です．しかも出現時点から接眼レンズはアッベ型オルソという，きわめて特殊な仕様を持っていました．

このテレプラスト型と呼ぶべきであろう機種は，外観もまた独特です．角型断面を持ち，大きな接眼部と飛び出した対物部など，曲線で形成されることが多い双眼鏡の中では，きわめて異彩を放つ機種となっています．

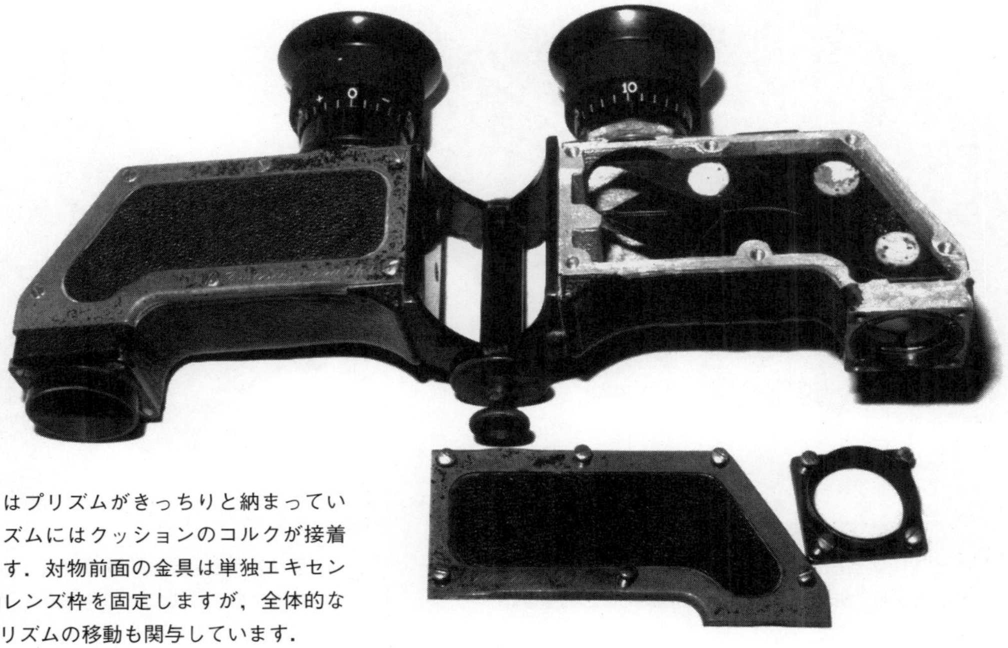

鏡体内部にはプリズムがきっちりと納まっています．プリズムにはクッションのコルクが接着されています．対物前面の金具は単独エキセン構造の対物レンズ枠を固定しますが，全体的な軸出しはプリズムの移動も関与しています．

そしてこれは何より，本機種が軍用を主眼として開発されたことの証しのように思えてなりません．

いずれにしろ，立体視効果を最大限に引き出すように設計された本機種でしたが，長命機種とはなりませんでした．その理由はプリズムの工作が難しいこと．また，第一次大戦を契機に開発された後発機種が，超広角接眼レンズを装備した高倍率機だったことから，総合的に高い立体視効果が得られるものだったためです．そのため，レーマン型プリズムの使用方向は，火砲照準眼鏡の正立系やコンパクトな高級民生機用へと大きく変わっていくのでした．

シリアルナンバーの謎

望遠鏡や顕微鏡の接眼レンズは例外のようですが，一般的に光学機械には個体識別のためもあって，シリアルナンバーといわれる番号が付加されています．筆者のように，光学機械の歴史に興味を持つ者にとっては，この単なる数字の羅列が，時として考証の重要な手がかりとなることがあります．

しかし単なる番号でとはいっても，各社付け方の基準はバラバラで，そのためなかなか事実が確定できず，かえって謎が深まることもよくあります．実は本機も参考文献から得られる情報と，現物の間に齟齬があり，製造時期の確定が困難となっています．

初期のツァイスの双眼鏡には，「Carl,Zeiss,Jena.」の文字表記は美しい筆記体で彫刻が行われていました．1904年からはレンズ断面に「CARL ZEISS JENA」の活字体文字をあしらったロゴへと変わっていますが，本機には前者の表示が行われています．従って製造時期は遅くとも1903年となるはずで，シリアルナンバーは二桁前半です．

一方，本機種が改名されたテレプラストの生産開始は1907年であり，この時期にツァイスの双眼鏡はシリアルナンバー累算式で20000台に達しています．また既述したツァイスの第1号機種で，筆者が所蔵する個体は5000番台です．そのため，推定の域を出ませんが，当初，本機種の付加番システムは，既存のプリズム双眼鏡とは別枠だったのではないかと考えられるのです．それが機種名が変えられたことで，累算式表示に改められたように現在は考えています．

ともかく，知りえた情報から歴史を再構築するという作業は，おもしろいゲームではあります．

ケースには当然広げた状態で収納します．ケースの形状も含め，強く軍用を意識した機材と思えます．

折りたたむと完全に鏡体が重なるのも独特です．この状態で収納できるケースがあっても不思議ではないくらいです．

東郷平八郎が日本海海戦の勝利を見届けた変倍式双眼鏡 Zeiss Marineglas 5·10×24

『双眼鏡発売100周年記念誌 Mile Stone』（カールツァイス発行）より転載

軍事と双眼鏡

双眼鏡の基本的な機構とそれを実現する技術は，20世紀初頭までにほぼ出そろい，一応の水準にまで達していました．そして生産性も向上し，各メーカーとも積極的に販売活動を始めます．そこで，最も重要視された販路は軍事用途でした．その頃のアジア，特に清国とその周辺地帯は，西欧列強諸国に北方の大国ロシア，そして新興勢力の日本が加わった各国の帝国主義同士の衝突が予想されていました．兵器としての双眼鏡の，有望な市場だったのです．

日露開戦直前の1904年，当時ツァイス製品の国内総代理店であった小西本店（現コニカミノルタ）は，ツァイス製プリズム双眼鏡を輸入し，日本各地の陸海軍将校へ売り込みを始めました．輸入されたのは，6倍（50台），8倍（50台），そして本項で紹介する，5·10変倍（5台）の3機種，合計105台です．

当初，双眼鏡の有用性はあまり認められておらず，手に取った将校たちの反応はあまり芳しくありませんでした．しかし，双眼鏡を持って全国をめぐった小西本店の販売員たちの努力もあって，当時としてはきわめて高価な双眼鏡が，少しずつ売れ始めます．

Zeiss Marineglas 5·10×24

1896年から1906年にかけて製造されたこの双眼鏡は，ツァイス型手持ち双眼鏡では，唯一の変倍双眼鏡です．同じ頃，ツァイスでは口径25mmの双眼鏡として5倍，7.5倍，10倍，12倍の4機種があり，シリーズ化されていました．

本機の接眼部は顕微鏡の対物レンズと同様のターレット機構であり，変倍は接眼部の回転で行います．左右の接眼部に二つずつ接眼レンズが取り付けられており，その形状から「ツノ型双眼鏡」と呼ばれることもあります．視野は，1000m先で120m（5倍時，約6.9°），70m（10倍時，約4°）と，当時の単倍率双眼鏡と同じ水準でしたが，重量は1.2kgと，口径からは考えられない重さです．なお，1904年からは口径が24mmに変更されています．

残念ながら，この後継機が製造されることはありませんでした．その理由は，ターレット変倍機構の気密性の問題と，調整・修理のしにくさにあったのではないかと思われます．

東郷平八郎と変倍双眼鏡

このツァイス製変倍双眼鏡を小西本店から購入した一人が，日露開戦へ向けて新たに連合艦隊司令長官に任命された東郷平八郎でした．そして，東郷司令長官が持ったこの双眼鏡には，こんなエピソードがあります．

開戦後，東郷平八郎にまず与えられた任務は，ロシア太平洋艦隊の無力化で，そのためにとられたのが旅順口封鎖作戦です．結果的には，完全な封鎖は成功しませんでしたが，この時，ロシア艦隊の最後尾を進む旗艦ペトロパブロフスクが，日本海軍が敷設した機雷に触れて沈没しました．

この様子は，外洋で待ち受けていた連合艦隊旗艦・三笠艦橋上の東郷司令長官を始め，司令部幕僚たちに目撃されていました．しかし旗艦そのものが沈没したのを確認できたのは，ツァイス製双眼鏡を持っていた東郷平八郎だけでした．戦艦が沈没したことを確信して語る司令長官に対し，どうしても確認できない幕僚たちは返事に窮したといわれます．

その後もこの双眼鏡は，戦場で常に東郷平八郎の身近にあって，日本海海戦の一方的な勝利で時代の英雄となった長官とともに輝かしい存在になります．歴史上，最も有名な双眼鏡といえるでしょう．そして，双眼鏡を始めとする光学機器が，軍用品として認められるようになると同時に，光学機器の国産化の必要性が説かれるきっかけにもなっていきます．

ドイツ製品の優秀性

きな臭い話はさておき，なぜ幕僚たちは旗艦を見ることができなかったのでしょうか．記録写真はありませんが，日本海海戦を描いた絵画（多分に作者の想像が加わっているでしょうが）に描かれている光学機器は，直筒式の正立望遠鏡と測距儀がほとんどです．視野の狭いこれらの望遠鏡では，揺れる戦艦上から対象を捉えることはできなかったでしょう．

また，参謀たちがガリレオ式双眼鏡やプリズム双眼鏡を手にしている様子も描かれていますが，ガリレオ式では問題にならず，当時，プリズム双眼鏡も10倍以上のものはまだ少なかったはずです．

さらに，製造メーカーによる像質の差も，かなりあったのではないでしょうか．当時の日本軍艦のほとんどはイギリス製で，それに搭載されている光学機器も当然イギリス製です．しかし，筆者が見比べた当時のドイツ，イギリス，フランス製の双眼鏡を見る限り，やはりドイツ製，特に一流メーカーといわれるものが優れているようです．

変倍双眼鏡に記されたイニシャル

最後に，東郷平八郎が使った変倍双眼鏡の，もう一つのエピソードを紹介しておきましょう．

この双眼鏡は，旅順口封鎖作戦の後（この時期は推測です）に，くもりの修理のために小西本店へ戻されました．ところが小西本店ではツァイスへ返送できず，また経験者もいないために販売店での修理もできず，店主は大変困惑してしまいました．

そこで名乗りを上げたのが，機械いじりが好きな小西本店の小僧，平岡貞でした．彼は店の奥の倉庫の中で，変倍双眼鏡をなんとか分解して，清掃後，再び組み立ててしまいました．そして，そのとき彼は，記念として，自分の頭文字のT.Hを対物レンズの金枠に入れたと後に語っています．

現在，この双眼鏡は記念艦として横須賀に保存されている三笠に収蔵されています．いつの日かチャンスがあれば，筆者はぜひ，双眼鏡の像質や機構が予想どおりのものであるかを，T.Hのマークとともに確かめてみたいと思っています．

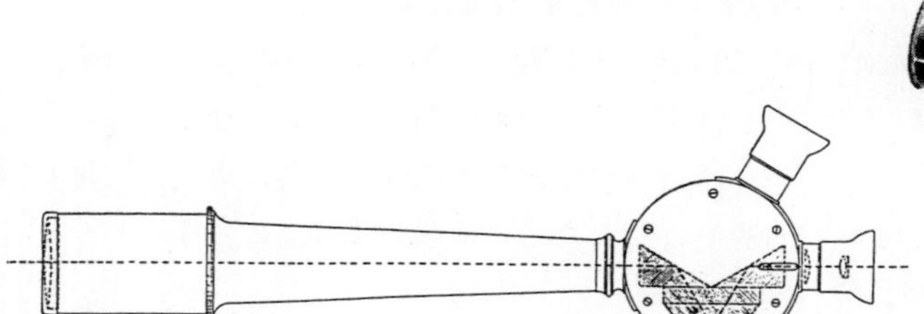

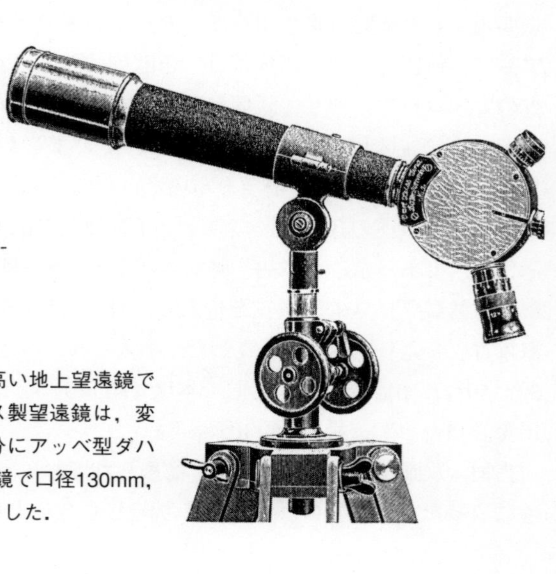

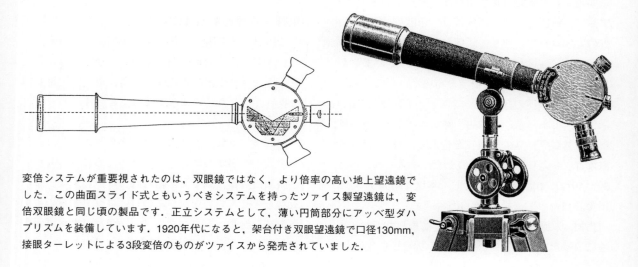

変倍システムが重要視されたのは，双眼鏡ではなく，より倍率の高い地上望遠鏡でした．この曲面スライド式ともいうべきシステムを持ったツァイス製望遠鏡は，変倍双眼鏡と同じ頃の製品です．正立システムとして，薄い円筒部分にアッベ型ダハプリズムを装備しています．1920年代になると，架台付き双眼望遠鏡で口径130mm，接眼ターレットによる3段変倍のものがツァイスから発売されていました．

噛み合わせ構造鏡体の軍事用双眼鏡
C.P.Göerz 6×20 Armee Trieder（1901年発売）

外観の特色は分離型の中心軸ですが，本当の特色は分解しなければわかりません．外装は黒色塗装と本革張りですが，革は剥がれてしまって地金部分が露出しています．

軍事専用双眼鏡の登場

20世紀最初の年に，軍用としての双眼鏡が出現するのは，20世紀の一面を象徴しているのではないでしょうか．それまでにも望遠鏡，双眼鏡が軍事用に使われることはありましたが，一般用のものを流用する程度のことでした．しかし，双眼鏡の有効性が認識されるに従って，軍事専用品の需要が高まってきたのです．生産技術が向上してきたことも，軍事専用品が現れる要因の一つでした．

本項で紹介するゲルツ社製の双眼鏡は，各部の構造が従来のものから大きく変化していて，特殊用途の専用機としての特色をよく表しています．

C.P.ゲルツ 6×20 IF

この双眼鏡の外観で，最も目につき，また特色があるのが，眼幅調整用の中心軸が貫通しておらず，前後に分離していることです．このような構造を採用する必然性は何だったのでしょうか．これはあくまでも推測ですが，中心軸の内側の向かい合った部分が，どちらも円錐型に加工されていることから，この部分を利用して他の機械へ取り付けたと考えられます．この構造なら，取り付け，取り外しの際にも，軸線が精度よく保持できたはずです．

このような構造は，双眼鏡のスタンダードな型（いわゆるZ型）を見慣れた目には奇異に感じます．実は，分離した中心軸の間に焦準転輪を設置すれば，現在のCF型双眼鏡と同じレイアウトになります．後にゲルツ社から販売されたCF機も，転輪はこの位置に置かれていました．

中心軸の精度維持は，軍事用に限らず双眼鏡にとって大変重要なことです．本機は特異な構造を採用していることもあって，特に気を配った設計・工作がなされています．同じような機構の現行品と比べると，現行品の方が安物に見えてならないほどです．

マント型双眼鏡

本機のもう一つの特色は，分解するとよくわかります．これまでに紹介してきた双眼鏡は，まず筒状の鏡体本体があり，その対物側と接眼側に，金属平板をそれぞれネジ止めしたものでした．しかし本機の場合は，精密鋳造の砂型鋳物でできた鏡体本体を，対物側・接眼側カバーがすっぽり覆ってしまうような構造になっています．そのため，「マント型（鏡体）双眼鏡」といわれることもあります．

この，部材を噛み合わせて鏡体を構成する構造を採用した理由は，やはり軍用としての性格がキーポイントとなるでしょう．これまでの双眼鏡は気密性は全くといってよいほど考えられていませんでした．

中心軸分離型ですが，対物側端に眼幅間隔固定クランプがあります．対物側カバーの内側上部にビスの頭が見えますが，鏡体外部に露出したビスはこの2本（矢印）だけです．

右鏡体のカバーを外して，本体骨格部分まで分解したところです．接眼側カバーは対物側に比べて薄く，立体的にかなり複雑な構造をしています．

それを改良した結果が，このような他に類を見ない構造になったと思われます．

また，そればかりでなく，分離した中心軸という構造的な弱点を衝撃から守るため，カバーには塑性変形によるショックアブソーバーの役割がもたされていたとも考えられます．カバーも含めて，鏡体各部の肉厚も，中心軸から離れるに従って薄くなるという，適切な強度傾斜が見受けられるからです．

歴史的・技術的な意味

最初から軍用品として生産された本機は，耐久性の向上（防水，耐衝撃）を考慮した最初の双眼鏡といえます．しかし，完全に同型で追随するものは現れませんでした．

歴史的には過渡期の製品，試行錯誤に終わった失敗作とされてしまうかもしれませんが，現在の双眼鏡と比較すると学ぶべき点は多いと思います．鏡体は全く同じ作りなのに，外装にゴムを貼り付けただけで耐衝撃性の向上をうたう機種．脆弱な構造の分離型中心軸を持つCF機，あるいは軽量化の要求から適切な強度傾斜を怠った機種………そんな双眼鏡とゲルツ6×20を比べた時，本機は本当に失敗作だったといえるでしょうか．決してそうではないと思います．いつの時代でも，優秀な双眼鏡の条件は，良い光学性能とともに高い耐久性であることに変わりはないのですから．

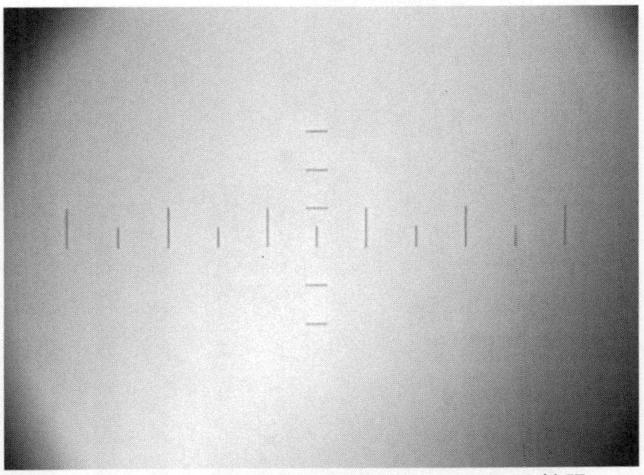

視野目盛には，数値や単位の表示がありません．接眼レンズに対して，ほぼマイナス1ディオプター（1m距離の像位置）程度に設定されています．目盛の位置は固定です．

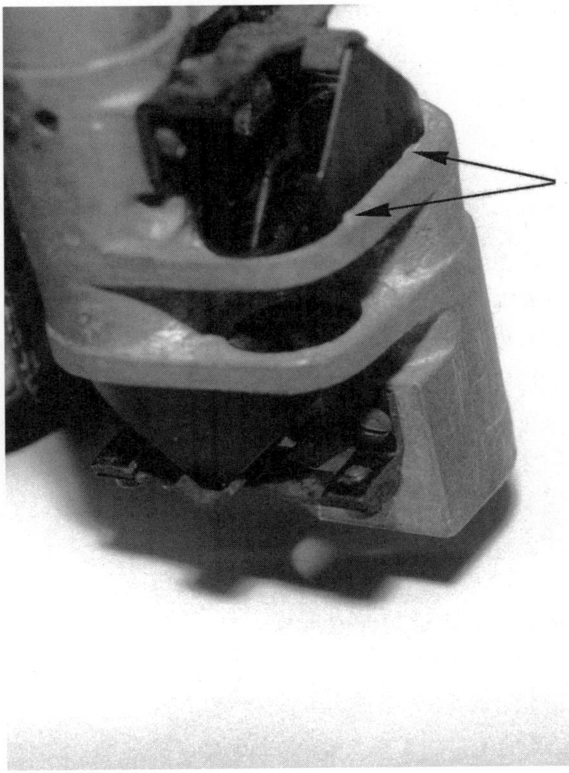

接眼レンズは2平面型のケルナーで，初期の双眼鏡によくあるタイプです．視野が狭いことを除けば，かなり気持ちの良い像質です．接眼レンズの間隔環には，弾性を持たせるように2段の溝切りが行われていますが，これは耐衝撃性を向上させるための加工と思われます．

矢印で示した出っぱりはプリズムの直交を規正するための加締め加工で，視軸出しはプリズム長手方向のスライドで行います．プリズム側面は，当然のごとく黒塗りされています．

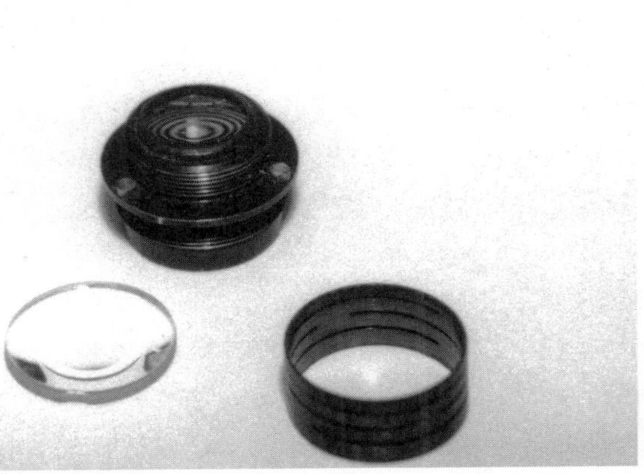

焦点目盛ピンボケ防止に直進ヘリコイド式とした双眼鏡

C.P.Göerz 7×20 Armee Trieder（1905～1910年）

ゲルツ社製の双眼鏡にしては，外観を見る限り独創的なアイデアはあまり感じられませんが，ところどころに何かしら光るものを盛り込むところはさすがです．対物レンズの金枠とプリズム押さえ金具を，三角柱の鏡体にビスで固定した独特の構造です．対物側のカバーには，一見，対物枠金具と思われるリングがありますが，これは飾りです．

続く試行錯誤

ここまでにゲルツ社の双眼鏡を2機種紹介してきましたが，いずれも独自の双眼鏡哲学といえるポリシーが強く押し出された，きわめて特色のあるものでした．しかし，机上のアイデアとしては優れた機構であっても，いざ製品化してみると，意外な盲点が浮かび上がってくることもあります．今回紹介する双眼鏡が，ゲルツ社としてはごく常識的な機構を採用しているのも，そんな理由かもしれません．

先に紹介した2機種がきわめて特異であったため，本機は一見するとごく常識的な特色のない形のように見えます．しいて外観上の特色をあげるとすると，接眼部まわりの太いローレット部分と，鏡体から中心軸部分へ向かって突き出た平板部分です．また，ストラップ止め金具が鏡体と一体化しているのも，目にはつきにくいですが，実用上からなされた改良だと思われます．

対物レンズと中心軸の間隔が最大（浮き上がり度が最大）になっていないのは，やはり従前の2機種と同じく，ツァイスの特許に抵触しないためです．特許使用を潔しとせずに，非ツァイスを貫こうとするゲルツ社のポリシーがよく表れています．

なお，本機は7倍20mmですが，同口径で6倍と8倍のものが同時にリリースされていました．一般的に，同口径で倍率が異なるシリーズ化には接眼レンズを変更する場合が多いものです．ところが，このシリーズは接眼レンズを共用し，対物レンズの焦点距離を変えているため，機種ごとに全長も異なっています．このような例は非常に少ないものです．

外観の特色は機構の特色

従来のゲルツ社のプリズム双眼鏡では，視軸出しはプリズムの長手方向のスライドで行っていました．このため，組み立て後に視軸出し作業を単独で行うことができませんから，生産効率の点から問題になったことは想像に難くありません．本機ではその点を改良し，ツァイスと似た機構を採用しています．

ツァイスの視軸出し方法は，鏡体の中心軸に対する回転と，鏡体と中心軸金物との間隔の調節（金属箔による）で行うX-Y軸調整です．それに対して本機は，鏡体と中心軸金具に平板部を設け，中心軸を含む平面での回転と箔による厚さの調整で行っています．原理的にはツァイスと同じですが，作業の手順が逆になります．平板部は金具でカバーされ，この金具は鏡体と中心軸金具にそれぞれビス止めされています．従って，調整部分は隠されています．

太い接眼部ローレットも，単に操作性の向上を図ったものではありません．これまで紹介した双眼鏡は，照準機構が全く異なるゲルツ9×20（31ページ）を除けば，接眼部の照準機構は全て回転ヘリコイドでした．しかし本機では，固定架台式の大口径双眼鏡の照準機構に使われる直進ヘリコイドを採用しています．これもまた，きわめてまれな例です．

なぜ直進ヘリコイドなのか

回転ヘリコイドに比べ，直進ヘリコイドは部品点数が多くなります．その複雑な構造や，組み立てのむずかしさを考えると，コスト面で不利になるのは

鏡体基部に設けた平板部分で視軸出しを行うこの方式は，理論上，最も良好な星像を得ることができます．しかし，調整作業のわずらわしさや精度維持の点から，過去の技術となってしまいました．もし現在の技術でこの機構をよみがえらせれば，焦点位置やその前後の中心像でアスのない，丸い星像が見られる双眼鏡が生まれることでしょう．

間違いありません．それでもあえて直進ヘリコイドを採用した理由は，本機の軍用双眼鏡としての機能にあります．

本機の接眼鏡の焦点位置には，目盛を刻んだ焦点板（焦点分画（ぶんかく））が装着できるようになっています．鏡体側に焦点板を固定してしまうと，観察対象の距

本機はレンズ面のすり傷がひどく，本来の像質は確認できませんでしたが，以前に見た同シリーズの8×20は，さすがゲルツと思わせる良好な中心像でした．

離によっては目盛にピントが合わなくなりますが，本機の場合は，対象の距離にかかわらず，対物レンズによる像と焦点板を同時に見ることができるわけです．

ところが，もしこの接眼部を回転ヘリコイドにすると，照準動作によって焦点板も回転してしまいます．一見メリットの少ない機構にも，焦点板の機能を常に発揮させるためという，必然的な理由があったのです．

しかしゲルツ社が理想を追い求めてたどりついた機構も，後に続く手持ち双眼鏡はありませんでした．生産効率の向上と軍用双眼鏡の対象は遠距離が中心という現実的な理由から，焦点板は鏡体（接眼外筒）に固定されることが主流になるのです．

第二次大戦後の，ある国産メーカーのカタログには，近距離では使えなくなる焦点板入り双眼鏡について「近距離使用時には，目盛がじゃまにならずに物体がよく見える」とあります．こんな欠点を煙にまくだけの表現を見ると，ゲルツ社が掲げた理想は，すっかり忘れ去られてしまっているようです．

では，直進ヘリコイドは現在の双眼鏡にとって無用な機構なのでしょうか．筆者は，そうは考えません．例えば，ツノ型見口を持つIF式双眼鏡への採用はどうでしょう．自由に回転する見口を顔面で固定してIF照準する現在の双眼鏡は，決して操作性が良いとは言えません．当時のゲルツ社の技術者たちは，このような使用者に優しくない双眼鏡に，果たしてどんな評価を下すのでしょうか．

直進ヘリコイドは，当時の回転ヘリコイドを採用した製品と同じく，一本の螺旋状の溝とそこに入るピン状の金物の動きを規制したものです．ピンは切り込みのある複雑な構造で，切り込みを広げることでガタが調整できます．回転止めの付いた内部の押さえリングや，見口部分に接する視度指標線など，配慮ある設計，加工です．

プリズム側面は当然のように黒塗りされていますが，意外とも思えるほど内部の艶消しは省略されています．鏡体のアルミ合金鋳物の地金が露出していますが，そこには腐食らしい痕跡は見あたりません．保存状態もさることながら，金属材質や気密状態が良好だったことがわかります．中心軸止め金具は本機では脱落しています．黒色仕上げとなっているプリズム押さえ金具は，対物レンズ枠がねじ込まれ，鏡体カバー固定の役割も果たしています．

ガリレオ式双眼鏡の製作技法を伝承したフランス製双眼鏡 W.P.H. 8×20 CF（発売年不明）

歴史的に見ると，ガリレオ式双眼鏡の機械構造的な伝統技術をプリズム双眼鏡へ応用したという点で，評価されるべき機種と言えなくもないでしょう．全体的に繊細といった印象を受けるのは，やはりフランス製だからでしょうか．残念ながら，筆者の手元には本機についての具体的な資料はなく，メーカーの正式名すらわかりません．ご存じの方はぜひお知らせください．

伝統技術を応用したフランス製双眼鏡

プリズム双眼鏡が初めて市販された時，既にフランスにはガリレオ式双眼鏡の長い伝統がありました．この伝統を支えていたのは，理論に基づいた設計技術というよりは，現物合わせ的な，経験によって導かれた技術でした．

とはいえ，18世紀にフランスで作られた単眼鏡などは，対物レンズの収差を補正する凹レンズ接眼鏡の働きがよく生かされており，現在の水準で像質を判断してもよく見えるものです．

また，光学性能以上に評価を高める理由となったのが，職人技術の高さを感じさせる優美な外観や装飾，各部品の仕上げの良さです．こうした工芸品ともいえるような製品は，現在では見られなくなってしまいましたが，第二次大戦の頃まではその優れた技法と装飾性から，フランス製ガリレオ式双眼鏡は日本にもたくさん輸入されていました．

フランス製のプリズム双眼鏡としては，先に技術力で定評のあったクラウス社の製品を紹介しましたが，これはツァイスの特許を使用したライセンス製造機でした．それではその他のフランスのメーカーでは，どのような製品を作っていたのでしょうか．その一例として，W.P.H.社の双眼鏡を取り上げてみたいと思います．

過渡的なセンターフォーカス

本機は初期のゲルツと同様な，対物レンズ間隔が最大とならないプリズム配置のため，鏡体のシルエットもまたゲルツ製のものとよく似ています．そのほか，構造上・外観上の大きな特徴としては，合焦機構にセンターフォーカス（CF）を採用していることでしょう．

プリズム双眼鏡が市販され始めた頃，製品の多くは軍用品にも転用可能なヘビーユース仕様でした．

非ツァイスをめざして独自のCF機を発表したゲルツ社でも，軍用に対応するため，機構が単純で丈夫なIF機に変わっていったのです．

CF機には鏡体だけでなく接眼部にも，蝶番のような構造の眼幅合わせ機構が必要になります．しかも，ピントリングの回転によって接眼部をまっすぐに前後させなければなりません．IF機以上に複雑な構造と高い工作技術が要求されるのは，言うまでもないでしょう．CF機構は，ガリレオ式双眼鏡を歴史的に見た場合，古くからあり，既にある程度の精密加工が行われていて，一定の技術水準に達していました．しかし，倍率がより高いプリズム双眼鏡にその機構・構造をそのまま採用できるかは，考慮を要する問題でした．実際，プリズム双眼鏡の場合，CF機の生産が伸び始めたのはIFの技術が固まった後，1910年代のことでした．

本機のCF機構は，一見すると現在と同じように思えますが，実はガリレオ式双眼鏡にかなり多く見られる構造を受け継いでいます．合焦リングを回すと中心軸もいっしょに回転してしまうのです．つまり，中心軸そのものが接眼部を繰り出すネジ部分になっており，左右鏡体の接続・開閉には関与していません．左右鏡体は，腕を兼ねた前後の鏡体カバーのみで接続されています．

長い中心軸の分だけ接眼部の繰り出し量が長くとれるため，合焦範囲が広く，近距離にもピントが合います．これは特色として評価されていたはずです．その一方で，長期間の精度の維持，特に左右鏡体の開閉時の視軸の平行度には不安が残る構造です．

各部に冴える職人技

鏡体の作りも独特です．通常はアルミ鋳物で作られる鏡体が，本機では真鍮の板金加工で組み立てられています．さらに，やはり真鍮でできた対物・接眼側カバーの止めネジを受ける板と，2枚のプリズム台座とが，銀ロウ（おそらく）を使って鏡体に見事に接着されています．職人技ともいえる，高い技術がうかがわれます．

プリズムは，通常は削り取られてしまう部分を残して矩形（長方形）のままになっており，その角の部分を2個のバネ状の固定金具で押さえています．対物側，接眼部ともに視軸出し機構はなく，プリズムの移動によって視軸を調整します．しかし，例えば同様の調整機構を採用したゲルツ製双眼鏡に比べると，調整作業の効率化を図るような機構上の工夫がありません．そのため調整と確認のたびにカバーを着脱しなければならず，調整は非常に行いにくかったものと思われます．

接眼側カバーには，左右ともに W.P.H.CO. と PRISM BINOCULAR の文字が刻印されています．MADE IN FRANCE の刻印は，不思議なことに接眼部を保持する羽根の右裏側という目立たない所にあります（右写真の矢印）．

各部品のほとんどは真鍮製で，ガリレオ式双眼鏡と同様の伝統的な作りです．旋削部品のいずれもが薄肉で，金属加工も見事です．職人技の神髄ともいえるかもしれません．接眼レンズは2平面を含むケルナー型で，平凡な構成です．

他の部分で分解するとわかる構造上の特色として，円形断面（丸ネジ）の多条ネジをはじめ，フェルトを貼った接眼外筒，プレス加工後に旋削された金属製見口などがあります．これらの点から，本機の技術系統がガリレオ式双眼鏡に色濃く由来するものであることが確認できます．

対物レンズは2枚玉貼り合わせですが，凸レンズのコバ厚はきわめて薄く，一見すると単レンズと見間違うほどです．接眼レンズは2平面のケルナー型で，見かけ視野は40°にも達していません．開き玉の押さえ環は，視野環にもなっています．

像質としては，対物レンズの焦点距離が長い分だけ，周辺像の劣化は少ないですが，視野中央の像の切れはいま一歩の感じがあります．

ガリレオ式双眼鏡から流用したCF機構，職人技で一つ一つ手作りしなければならない鏡体からは，歴史を振り返るように見れば，当時ならではの味わいが感じられる双眼鏡といえるでしょう．しかし総合的に見た場合，新しい試みが加えられたわけではありません．従来の技術の応用でしかないことから，工業製品以前の量産に向かない，伝統技術から抜け出せなかった機種，というのが当時の評価だったかもしれません．本機は良くも悪くも長い伝統を体現したプリズム双眼鏡といえるでしょう．

各鏡体カバーが鏡体を接続する腕を兼用しており，中心軸は合焦リングとつながっています．これも古いガリレオ双眼鏡によく見られる構造ですが，プリズム双眼鏡には不適当です．肉厚の薄い鏡体には本革が巻き付けられ，合わせ目は縫製処理されています．

対物レンズは延長筒を介して鏡体カバーにねじ込まれます．レンズセルはネジのリングで接眼側からレンズを固定していますが，加締め加工の多かった当時としては異例の方法です．2枚貼り合わせの凸レンズのコバの厚さは1mmもありません．眼幅固定クランプは，対物側鏡体カバーを兼用する腕を締めるだけで，中心軸そのものとのかかわりはありません．

第一次大戦時に主用されたツァイスの軍用双眼鏡
Zeiss DF 6×24 (1910年代〜)

左鏡体のカバーにはCarl Zeiss Jena，右鏡体のカバーにはDF6×24の表示があります．DFとは，Doppel Fernrohre（二重望遠鏡＝双眼鏡）の略で，ツァイスの古い双眼鏡に表示される例があります．外観的には中心軸クランプ金具を除けば既に現在の双眼鏡とほぼ同等の構造になっています．本機は同スペックの一般用モデル・Telexの軍用型と思われ，DFの型式表示だけでなく，アーム部分にも通常品にはない特別な記号“K”が刻印されています．なおTelex(IF)，Telexem (CF) は，1912年から1940年に渡って生産された寿命の長い製品でした．

双眼鏡製造技術の確立

当初は多くの試行錯誤を見せた双眼鏡ですが，20世紀に入って10年ほどの時が流れるうちに，最も合理的な機構を持った，現行品とほとんど変わらない製品が現れてきます．プリズム双眼鏡が完成度の高い工業製品として，一応の成熟期を迎えたわけです．これには，次のような時代背景が考えられます．

まず第一に，ツァイスの特許(対物レンズの間隔を最大にして，遠近感を強調するプリズムレイアウト．右図を参照）の失効があげられます．これにより，他社が自由にツァイス型双眼鏡を製造できるようになりました．そして双眼鏡の軍事的な有用性が認められることで，量産化に適した合理的な構造の製品が求められるようになったことも，大きな要因です．

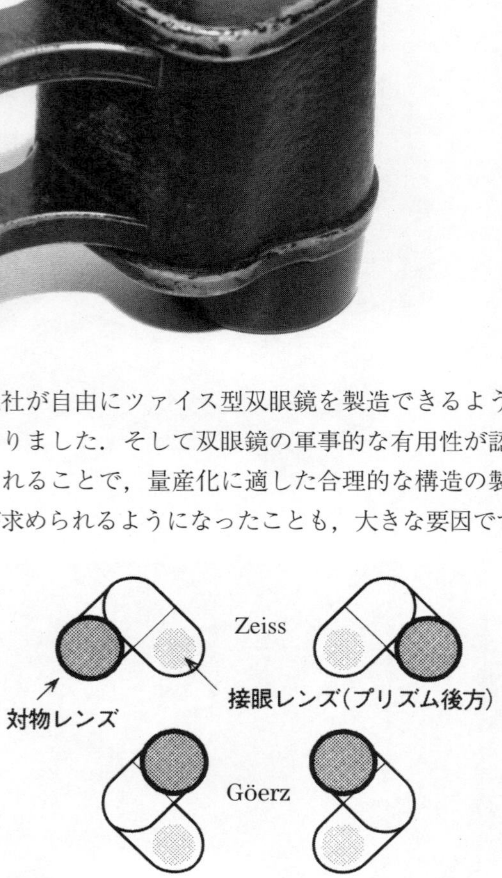

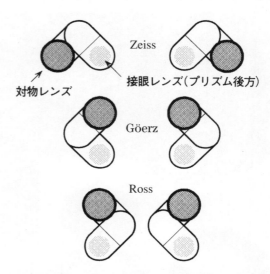

同じ眼幅値での各社の双眼鏡のプリズム配置．上から順にツァイス，ゲルツ，ロス各社の初期のモデル．

もちろん，その量産化を支えているのが工作機械の進歩がもたらす加工精度の向上，そして調整技術の向上であることは言うまでもありません．そこで，工業製品としての完成期を迎えた双眼鏡のごく初期のものとして，ツァイスDF 6×24を紹介します．

随所に見られる構造の改良点

本機の対物レンズは，ごく普通の貼り合わせの2枚玉レンズで，焦点距離が長めのもの．光学的には従来と同様ですが，その機構には大きな改良点があります．それは，対物レンズの金物部分に，意図的に中心をずらして，厚さが段階的に変化しているリングを重ねるという，ダブルエキセンリングを設けたことです．リング同士の回転によって，結果的には対物レンズを平行移動させて，視軸出しを行うようにしています．この機構は，現在の双眼鏡でも多く用いられています．

それまでの鏡体全体の傾きを調整する方法に比べると，この機構は調整がしやすく，外観がすっきりするのが利点です．しかしその反面，プリズム部分の製造精度と組み立て精度が良くないと，視軸出しのためにレンズの移動量が大きくなってしまい，像の悪化につながるという欠点もあります．この機構は，安易に採用すると双眼鏡の性能を損なう“両刃の剣”といえるでしょう．

接服部は回転ヘリコイドのIF式です．従来の方法が一条螺旋孔と固定子によるものだったのに対して，部品点数が少ない多条ネジを採用しており，量産性が向上しています．また，接眼部の抜け止め機構も，接眼部外筒と接眼合焦リングにエキセン加工したリングを設けることで，部品点数を増やさずに対処しています．なお，接眼レンズは従来と同じく平面を含むケルナー型です．焦点距離の長い対物レンズとの組み合わせですから，周辺部はともかく，中心部～中間部までの像は充分に優秀なものです．

鏡体は一見するとオーソドックスなものですが，鏡体上下のカバーが平板ではなく，鏡体との重なりしろをとって文字通りカバー状に改められており，防水性が大きく向上しています．ストラップ取付金具は，最初から鏡体と一体化して鋳造されており，これもまた，部品点数削減に一役買っています．

生産性と光学性能の狭間で

内部構造として特に注目したいのは，プリズムの位置決めのための加締め加工が，4箇所から2箇所に減らされていることです．これはツァイス特有のもので，他社での実施例はほんの少数しかありません．

加締め加工とは，プリズムを座面に置いた状態で鏡体内部（座面より一段高い）にタガネを打ち込み，わずかに生じた鏡体の出っぱりでプリズムの位置決

エキセンリング式視軸出し調整機構のため，レンズの中心と対物外側枠の中心がずれているのがわかります（レンズの黒い枠の幅に注目）．この金具は対物側カバーに確実に保持され，対物外カバーとともに鏡体にねじ込まれますから，外観，構造ともにすっきりした仕上がりになっています．

めを行うという，非常に繊細でまた面倒な作業です．打つ力が強すぎればプリズムの取り外しができなくなるばかりでなく，破損にもつながります．また弱くては，分解・再組み立ての際の精度復元がおぼつかなくなってしまいます．

事実，第二次大戦中に量産された国産双眼鏡には，4点加締め作業でプリズムに強い外力が加わり，経年変化により欠けてしまったものを筆者はかなり見ています．

この作業の簡略化は精度の復元に全く問題がないわけではありませんが，生産性の向上に大きく寄与したことは容易に想像できます．

もう一つ，生産性の向上のために省略されたものがあります．写真にあるように，プリズム側面の黒塗りが全く施されていないのです．こればかりは改良とはいえず，光学性能が生産性の犠牲になったというべきでしょう．その他のメーカーでも，第二次大戦が始まる頃には，プリズム側面の黒塗り加工は全く行われなくなってしまいます．

生産性や性能維持の点で，外観の違い以上に見えない部分に多くの変更点があるこの双眼鏡は，ひとくちに改良といってもいろいろな側面があることを教えてくれます．新型機が常に最良のものなのか．そもそも最良の性能とは何なのか．その点から本機を見直してみると，現在にも通じる問いかけを含んでいるような気がします．

プリズム側面には2箇所の削り込み（同じ側だけ．一つは隠れている）があり，加締め加工がなされています．対物レンズの焦点距離が長いため，プリズムの間隔を広くとって，光路の折りたたみ効果を出しています．

接眼部を中程度まで分解してみました．接眼外筒にリング状に出っぱっている部分（矢印）が偏心加工（エキセン化）されており，接眼ローレット枠と内部のリング状突出部とで抜け止め機構になっています．鏡体の接眼側カバーには接眼外筒がねじ込まれ，鏡体に強く固定されています．（偏心加工部外径＝接眼ローレット枠段差部最少内径）

応用性に優れた新型ダハプリズムを採用した双眼鏡

Hensoldt 6×35 Dialyt II Spezial-Jagdglas

(1905〜1909年)

現行品とあまり変わらず，古さを感じさせない形状は，メーカーがダイアリートフォルムと称した自慢の形です．プリズムの選択や対物・接眼レンズの配置から，必然的に導かれた形といえるでしょう．先に紹介した同じヘンゾルト社の6×25のレーマン型プリズム双眼鏡と比べると，プリズムの選択によって製品としての完成度や商品価値が大きく変わってしまうことがわかります．下は，一体化形状として製作された見口カバーです．

新型ダハプリズムの開発

先に紹介したヘンゾルト型のダハ正立プリズムシステムには，いくつかの問題点がありました．特に対物部の光軸と接眼部の光軸が大きく離れていることは，双眼鏡の構造設計上，大きな制約となります．この点を改良したダハプリズムシステムの開発が待望されたのは，言うまでもありません．

そのプリズムの生みの親となったのは，エルンスト・アッベです．アッベ型と呼ばれるこのプリズムシステムには，次のような優れた点がありました．

まず第一に，対物側光軸（入射光軸）と接眼側光軸（出射光軸）が完全に一直線上にあること．そして，この関係は絶対的でなく，プリズムの角度パラメータを多少変えることで，光軸の平行移動がある程度自由にできることが第二の特長です．さらに，メッキ面がなく，それでいてプリズム内の反射回数はヘンゾルト型，レーマン型と同じ4回です．その反面，プリズムが一体加工できるレーマン型に比べると，アッベ型では2個または3個に分割しなければ製作できないため，製造コストの面では不利になります．もっともアッベ型ではダハ面の前後の通常反射のプリズム部分が全く同じ形状にできますから，精度検査とその治具の加工まで考えれば，それほどコストに差が現れないかもしれません．

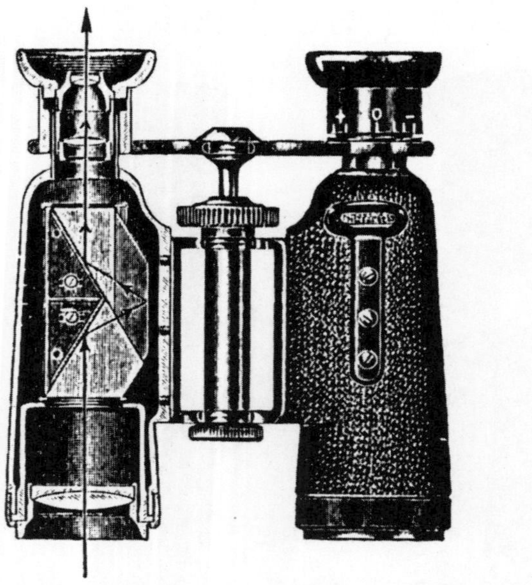

ほぼ原初形態のダイアリートシリーズ（スペックは異なる）の内部構造．光路径の変化に対応して，プリズムの対称性を崩すことができ，ケラレの防止とプリズムの小型化を図ることも可能なことがわかります．

プリズムの発想のプロセス

ところで，アッベはどのようにして，このプリズムシステムを考えついたのでしょうか．そのあたりの記録は残っていないようですが，仮にレーマン型をその出発点とすると，図のようにレーマン型を二つに分割し，入射光と出射光を重ねることでアッベ型のプリズムになります．

また，アッベがポロプリズムを独自に発想していたことは，既に紹介しましたが，アッベがポロⅡ型の正立プリズムシステムの変形をさらに推し進めていった，とも想像できるでしょう．例えば，ポロⅡ型プリズムのうち，大プリズムに乗った小プリズムの反射面の向きを変え，大プリズムの2回反射の面をダハ面に見立てれば，やはりアッベ型の正立ダハプリズムになります．

いずれの正立プリズムシステムも，光軸で切ったり，回転させたりすると他の名前の付いた別のプリズムシステムになるのは興味深いことです．

レーマン型からアッペ型へのトランスフォーム

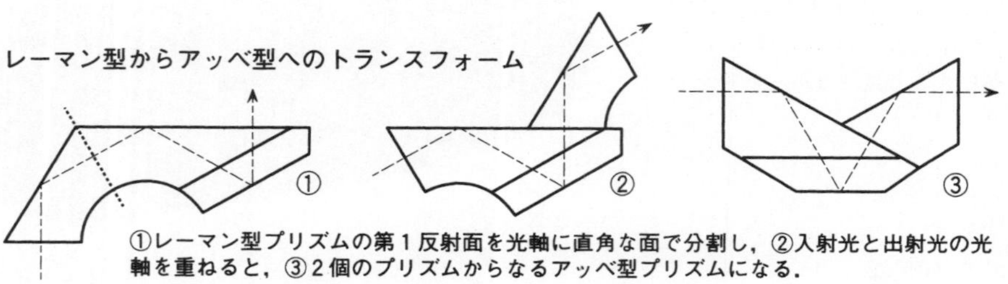

①レーマン型プリズムの第１反射面を光軸に直角な面で分割し，②入射光と出射光の光軸を重ねると，③２個のプリズムからなるアッベ型プリズムになる．

ポロⅡ型からアッペ型へのトランスフォーム

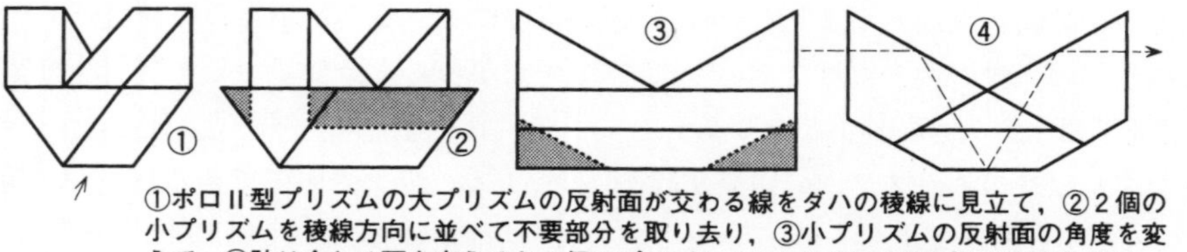

①ポロⅡ型プリズムの大プリズムの反射面が交わる線をダハの稜線に見立て，②２個の小プリズムを稜線方向に並べて不要部分を取り去り，③小プリズムの反射面の角度を変えて，④貼り合わせ面を変えると３個のプリズムからなるアッベ型プリズムになる．

アッベ型ダハプリズムの当初の考案では，2個または3個のプリズムを貼り合わせてしまうと，その形状は完全に対称型になります．しかし，実際の光学機器に使用される場合は，設計の自由度や重量の軽減などの理由から，完全な対称形に製作されることはかえって少なくなっています．

さらに，より対称性を崩し，ダハの稜線がプリズム系前後の光軸と平行でなくなった正立プリズムシステムも現れます．これは，考案者のアルベルト・ケーニッヒ（ツァイスの技術者で，望遠鏡などの発達に功績がある）の名をとって，ケーニッヒ型ダハプリズムと呼ばれています．ケーニッヒ型とアッベ型は原理的には同じですから，両者の連名でアッベ・ケーニッヒ型とも総称されます．

Hensoldt 6×35 Dialyt II

アッベ・ケーニッヒ型ダハプリズムは，ツァイスの技術の流れの中で生まれたものですが，これを初めて双眼鏡に組み込んだのは，意外にもツァイスではなく，ダハプリズム双眼鏡にこだわり続けたヘンゾルト社で，1905年のことでした．ヘンゾルト社はアッベ・ケーニッヒ型の自由度を活かし，一般品も含めて，Dialytシリーズと呼ばれる種々のスペックの双眼鏡をラインナップしてゆきます．もちろん，後に本家ツァイスでも，このプリズムを装着した機材も生産されますが，軍用かそれに近い特殊な機器に限られました．

こんなところにも，当時の高度な生産技術に対する両者のポリシーの違いや，設計のノウハウ，販売企画の違いがうかがわれ，興味深いものです．技術的に確立した堅実性を取るか，むずかしい最新技術を積極的に取り入れて，技術の底上げを図るのか．これは古くて新しい問題で，現在でも同じ悩みを持つ技術者も多いことでしょう．本機のレンズ越しに，はっきりと黒く筋を引くダハの稜線を見るたびに，困難に立ち向かった当時の技術者の労苦を感じずにはいられません．

ヘンゾルト6×35ダイアリートの対物側中心軸端にあるローレットノブは，古い双眼鏡によく見られる眼幅固定用のクランプです．アッベ型プリズムをデザインしたヘンゾルト社のマークと，当時の日本の代理店である「シュミット商店」の名前が象嵌されています．

光学製品に他国の代理店名を入れる例に，当時のいわゆる「東洋向け」といったB級商品の場合があります．「東洋向け」で有名なのはカメラ製品で，特に中国市場向けとしては「徳国製」の標記が行われていました．本機はB級商品ではなく日本向けに限定した商品で，そのことからも国内では，かなりの販売実績があったものと思われます．

アッベ型プリズムを変形したケーニッヒプリズムの例として，双眼鏡ではありませんが，距離計連動カメラを一眼レフ化するアクセサリー，「ミラックス」を紹介しておきます．レンズとボディの間に光路切替の平面反射鏡が入り，ファインダースクリーン上に像を結びます．この像をカメラの後方から覗くために使用されたのがケーニッヒプリズムです．写真手前のプリズムがそれで，Miraxのロゴがあるハウジング内に納められます．

このアクセサリーが開発されたのは第二次大戦後です．メーカーは，後に国産初のペンタプリズム付き一眼レフを発売したオリオン精機（後のミランダカメラ）で，現在の一眼レフの源流になるものです．

森と海から造語された機種名が汎用性を示す
Zeiss Silvamar 6×30

接眼部の形状の違いからでしょうか，8×30mmのデルトリンテムと比べると，同じメーカーの30mm機でありながら，受ける印象はずいぶん異なります．デルトリンテムは重厚感がありますが，シルヴァマールからは軽快感を感じ，それはそのまま実用上の特色も表しているようです．

なお，最初期型のJagdglasとそれに続くごく初期のシルヴァマールの形状は，この写真とは異なり全長は同じですが，オリオン8倍機（後述）のように鏡体は短めで，対物筒に相当する部品があるデザインでした．写真のように鏡体をできる限り延ばした形状に改良されたのは，中心軸を長くして，視軸線の変動を少なくしようとした結果でしょう．ヘビーユースのための改良ともいえます．

結合名称

1920年，ツァイスから発売された初の広視野双眼鏡は，8倍30mm，見かけ視野68°のDeltrentisとDeltrintem（それぞれIFとCF）でした．この機種が長い製品寿命を保ちえた理由を考える時，同じ口径30mmで，ケルナー型接眼レンズ（見かけ視野51°）を採用したSlivamar（IF）とSilvarem（CF）もまた成功し，長い寿命の機種として存在したこととの関連を考えなければならないでしょう．

ツァイスの製品史では，1907年に初の口径30mm機が誕生します．倍率は6倍で，名称はJagdglas，すなわち狩猟用双眼鏡というように，用途を表示したものでした．こうした名称の付け方は，20世紀初頭の頃のツァイス双眼鏡によく見られる例ですが，この双眼鏡は1910年にSilvamar（シルヴァマール）という固有名に改称されます．それと同時に同スペックのCF機も登場し，これにはSilvarem（シルヴァレム）と名付けられることになります．CF機の語尾が～emとなるのは，戦後の東独製ツァイス双眼鏡まで受け継がれた独特の命名法です．

この名称の由来については，1928年発行のツァイス双眼鏡カタログ（日本語版）に，次のように書かれ

萬　能　双　眼　鏡

SILVAMAR UND SILVAREM

シルヴァマール　倍數 6×　シルヴァレム

狩　獵　海　上　スポート用

挿畫は實物の約三分の一大

接眼鏡各個調節式　　中軸調節式

品名のラテン語Silva（森林の意）、Mare（海）が明示してゐるやうに、この二つは森林、海上での使用に最も適當してゐる双眼鏡であります。シルヴァマールは陸海軍の將校用さして殊の外好評を博してゐる型です。獨特の構造によつて視野は廣く、光明度大、映像は周邊に至る迄明確です。從つてこの双眼鏡を御使ひになりますさ、夕方等で肉眼では認め得ない遠方の物像をも、はつきり見るこさが出來ます。各種競技場での御使用には中軸調節式（繰出し式）のシルヴァレムを御勸め申します。

褐色仕上、牛皮製ケース入、負革附

光學部の特徴及び重さ

品名	倍數	接物鏡の直徑 粍	射出瞳孔の直徑 粍	光明度	視野 角度	視野 1キロメーターの距離に於ける直徑 米	双眼鏡の正味の重さ 瓦	革ケースの重さ 瓦
シルヴァマール…	6×	30	5	25	8.5°	150	約540	約335
シルヴァレム…	6×	30	5	25	8.5°	150	〃615	〃335

1928年のツァイス双眼鏡カタログによると，IFのシルヴァマールが狩猟，軍用であったのに対し，「各種競技場での御使用には中軸調節式（繰出し式）のシルヴァレムを御勧め申します」と，民生向きであることを示しています．8×30機はIF，CFともに形状はよく似ていますが，6×30機では焦点調整方式の違いで，接眼部の太さや形状が大きく異なるのはなぜでしょうか．

日独の近いスペックを持つ2機種を並べてみました．左がシルヴァマール，右が天佑6倍です．どちらもオーソドックスなポロ型であることを差し引いても，よく似ています．天佑6倍（後述）はシルヴァマールを意識して製作された双眼鏡であり，こんなところからもシルヴァマールが他社に与えた影響をうかがい知ることができます．天佑6倍の口径が32mmなのも，少しでもシルヴァマールを超えようとしたためです．

ています．「品名のラテン語Silva（森林の意），Mare（海）が明示してゐるやうに，この二つは森林，海上での使用に最も適當してゐる双眼鏡であります」

この2機種の発音をドイツ語的に書かなかったのは，その名がラテン語に由来するためですが，当時のドイツ国内ではどう呼ばれていたのでしょうか．ただ単語を連結して別の単語を生み出すところは，まさにドイツ語的であり，ドイツ国内では当然ドイツ語風に発音されていたのかもしれません．

コーティングとともに薄れた存在感

この双眼鏡カタログには，さらに続けて「シルヴァマールは陸海軍の将校用として殊（こと）の外好評を博してゐる型です」とあります．この一文が語るように，当初の用途は陸上あるいは海上での軍用でした．7×50機の普及に時間がかかったこともあり，7×50機の誕生後も，しばらくの間は6×30機が海上用双眼鏡としても重要な地位を占めていたのです．

日本の例については，後項に藤井レンズの天佑6倍と日本光学のノバー7倍の関連を書いた通り，両者は取って代わる関係にありました．しかし世界的に見ると，6×30機は各国で陸軍用双眼鏡のメインスペックとして長く存在しており，かえって，日本陸軍が6×24機（3群5枚接眼レンズ，見かけ視野60°）を採用したことの方が，世界的に見れば異例といえます．

このように，かなり高い重要性を持った6×30機ですが，それは単純に口径と倍率のバランスや，あるいは手ぶれの影響の少なさのためだけではありません．接眼レンズの構成が，空気界面が4面のみのケルナー型であったことも重要な理由の一つです．コーティングの発明以前は，空気界面の数が光の透過量に大きく作用する重要なファクターだったからです．

しかし，7×50機の普及に伴い，6×30機の海上用双眼鏡としての存在感は少しずつ薄れてゆくことになります．そして，残されていた陸軍用あるいは一般用としての存在意義に，決定的な打撃を与えたのが，コーティング技術の発明と第二次大戦後に急速に進んだ，その実用化でした．空気界面数を減らすことが設計上の至上命題ではなくなったのです．8倍の広視野機と6倍の標準視野機を比べると，実視野はほとんど変わりません．従って一般用，軍用ともに倍率が高い分よく見える8倍機に重要度が移っていったのは，自然の流れだったかもしれません．

結局，第二次大戦後には30mm機の主流はすっかり8倍に移ってしまいます．東西に分断されたツァイスの中で，旧西独ツァイスでは戦前と同じ設計の6×30機は生産されず，改良された6×30機も1950年代半ばから60年代初頭に生産されただけで消滅してしまいました．旧東独ツァイスでは，従来の名称，外観（光学設計の変更の有無は不明）でIF機とCF機がそろって生産されていましたが，これも1970年代の半ばには終了しています．現在では，6×30機で標準見かけ視野のスペックを探す方が大変なほどで，特に国産メーカーではほとんど姿を消してしまいました．

以前，あるメーカーの担当者から，「低倍率は売れませんから」という話を聞いたことがあります．確かに8倍機と実視野が同じならば，そうかもしれません．しかし，例えば天文用として考えると，より広視野のものが手ぶれに強い6倍機で登場すれば，それなりの需要があるのではないかと思われます．1907年に現れたスペックを，21世紀の現在にあえて墨守することはありません．6×30機が出現した時に与えたであろうインパクトを，現代風にアレンジした上で再現するようなメーカーの意欲に期待したいものです．もし私がシルヴァマールならば，そう言ってしまうかもしれません．

接眼部を分解してみて感じることは，部品それぞれの出来の良さです．肉厚を限界まで減らして軽量化を図り，また材質も，アルミ合金と真鍮を各部で適切に使い分けています．なお，迷光対策についても万全で，対物外枠から充分な長さのあるバッフルチューブが設けられ，さらに接眼レンズの直前の鏡体内部にも，遮光線加工されたチューブが組み込まれています．接眼部の抜け止め機構は，C字形のリング（矢印）が接眼外筒のつばの部分に当たって止まるしくみです．このリングには視度数も表示されています．

ツァイスとともに第一次大戦で
ドイツ陸軍を支えたゲルツ社の制式品
C.P.Göerz 6×24 Armee Trieder

特異な外観が多かったゲルツ社の双眼鏡も，立体視効果を最大にする，いわゆるZ型の見慣れた外観になりました．機構的には，中心軸の対物側にあるクランプに古い形状を残しています．外観や光学系の設計が一新されたこともあってか，プリズムをデザインしたトレードマークが付きました．レンズのマークにしなかったところが，ゲルツらしいといえるでしょうか．見かけ視野は40°を超え，中心像の鮮鋭さとともに，着実な進歩を示したゲルツの新世代双眼鏡といえます．

第一次大戦前，既にツァイスが軍用として製造した双眼鏡を66ページで紹介しました．それは，内部構造や外観の仕上げともに大変良くできており，現在の双眼鏡と比べても遜色のないものでした．それでは，ツァイスに対抗する光学先進国ドイツのもう一方の雄，優秀なカメラレンズ「ダゴール」で名をはせたC.P.ゲルツ社の双眼鏡はどうでしょうか．

これまで見てきたゲルツの双眼鏡は，いわば試行錯誤の連続で，総合的な完成度の点ではツァイスに一歩ゆずるものばかりでした．しかし，ツァイス型双眼鏡の特許の失効などを受けて，ゲルツでもついに，ツァイスに引けを取らない双眼鏡が登場します．ここでは，そのゲルツ社製のドイツ陸軍制式双眼鏡を紹介しましょう．

腕に押印されたKマーク

本機の外観は，それまでのゲルツの双眼鏡とはうって変わってオーソドックスなツァイス型で，既に紹介したツァイスDF 6×24とそっくりです．結局のところ，軍事用として地上像を見るためには，立体視効果が最大限に発揮されるこの形状にならざるを得ないわけですから，似ているのも当然といえるでしょう．

詳しく見比べれば相違点はいろいろありますが，それよりもまず目をひくのは，右アームに押印されたKのマークです．これはドイツ語で戦闘を意味する「kampf」の頭文字で，軍事用の光学機器と一般用とを区別するために付けられています．同種の押印は前回のツァイスDF 6×24にもありました．Kマークの付いた光学機器は第二次大戦期にもあり，例えば，軍用カメラとして使われたライカでは，シャッターの布幕にKのスタンプが押されていました．また，同じような例として，イギリス軍の場合は矢印(broad arrow)が知られています．

特徴的な視軸出し機構

オーソドックスな外観に対して，内部構造，特に視軸出しの機構には，ゲルツの独自色が出ています．ツァイスDF 6×24が採用し，現在でも主流になっているダブルエキセン環(偏芯二重リング)による対物レンズの移動ではなく，プリズムを長手方向に移動する方式を採用しているのです．既に紹介したものの中では，ゲルツ6×20 Armee Trieder (57ページ) が同じ方式を採用しています．

プリズムを押さえる2個の金具は直角三角形になっていて，プリズムの反射面にそれぞれ1個ずつ当てられ，イモビスでこの金具を押し引きすることで，プリズムのスライドと固定を行っています．エキセン環による視軸出しの場合は，専用の工具がなければ調整ができませんが，本機の方法なら，細いドライバーが1本あれば，ある程度は可能です．もし戦場という特殊な環境下で視軸が狂ってしまっても，実際に景色や星を見ながら，ある程度は調整できるわけです．おそらくゲルツ社の技術者もそのように考えて採用したものと思われます．

短焦点化で構造を簡略化

もう一つ，光学系にも大きな特徴があります．対物レンズの短焦点化がそれです．これによってポロI型プリズムの二つの直角プリズムの間隔が狭まり，プリズムは1枚の座板を挟むように置かれています．それぞれのプリズムにあった二つの台座が1枚の板の表裏で兼用されているわけです．

内部の迷光対策は充分なもので，対物枠からプリズム第1透過面までの長い遮光筒が装着されています．レンズやプリズム以外の光学部品にも，設計の

右側鏡体接眼側アームにKのマークが押印(プレス)されています．本来は黒塗り部分に白色塗料を入れたものでしたが，経年変化による塗装剥離と以前の所有者が削り落とそうとしたためか，あまり明瞭ではありません．

進歩がうかがえます．

ゲルツ社は，ツァイス社と同様に，専門のガラス工場(ゼントリンガーガラス工場)を持っていました．それに加え，光学設計技術の進歩と新しい硝材が生み出されたことが相まって，光学系が改良される原動力となったのでしょう．

ちなみに，このガラス工場で製造された光学ガラスは，ごく初期のライカに装着されたレンズ「エルマックス」に使われており，ライカの評価を高めるのに一役買っていました．しかし，ゲルツの消滅によってガラス工場は製造を中止．供給を受けられなくなったライカは，やむを得ずレンズの設計変更をしますが，エルマックスの評価を超えることはできなかったと言われています．

鏡体カバーの象嵌とKマーク以外は全く同じ外観の，軍用品と民生品(手前)．今回は軍用品の品質の方が優れていましたが，軍用品が常に優秀とは限りません．戦争時には大量生産されますから，そんな時の製品は，平時に生産された軍用品よりも品質が劣ることがよくあります．

軍用品 vs 民生品

今回の例もそうですが，軍用品として生産された双眼鏡の多くに，同じ仕様の民生品が存在します．軍用品と民生品とで品質には差があるのでしょうか．

結論から言えば，今回の例では明らかな差がありました．軍用品の方が像質がより良く，コントラストが高いのです．その原因は研磨の滑らかさにあります．レンズやプリズムに反射した光源の像を見ると，軍用品の方が像の輪郭がキリッとしていて，荒ずり段階での砂穴の除去と，滑らかな研磨に努力が払われているのがわかります．

研磨の良し悪しは，外観からは最もわかりずらいことですが，確実に像に影響を与えてしまいます．用途は何であれ，性能的には極限に近い現在の双眼鏡が，よりいっそうのレベルアップを図るには，当時に優る滑らかな研磨面を生み出す必要があります．どんなに良い光学設計も，滑らかな研磨面なくしては，その真価を発揮することはできないのです．

プリズム押さえ金具はプリズムに接する面が削られており，周辺部だけがプリズムに接触しています．この押さえ金具を押すイモビスの穴は，対物側，接眼側ともにカバーを止めるネジ穴と共用になっています．対物側カバーは対物レンズ枠で，接眼側カバーはもう一つのビスでそれぞれ固定されていますから，穴を共用している8本のネジを外せば，カバーを付けたままで視軸出し作業が可能です．プリズムの横には対物遮光筒の側面が見えます．これは内側に遮光溝が彫られた大変薄いラッパ状の金属筒で，加工技術の高さをうかがわせます．シリアルナンバーのそばにあるのは，頭文字C・P・Gを組み合わせたロゴマーク．

ドイツの名門光学メーカー・ライツ社の双眼鏡
E.Leitz DF03 6×24

6×24 IFで見かけ視野42°と，スペックや外観も，第一次大戦期のドイツ軍用として，一定水準の機能，性能を備えた標準化双眼鏡です．この機材もそうですが，良い像質を持った双眼鏡は程度にもよりますが，かなり光学面が汚れていても，何かしかの片鱗を示すことがあります．接眼部の陰になって見えていない鏡体カバーの止めネジと外側の止めネジは軸出しのため，ネジ自体が二重構造です．

個体完結

本項で取り上げた双眼鏡は，第一次大戦中にドイツ陸軍用として製造，使用されたものです．同様の製品は，本書にドイツ他社の例をいくつも記述しましたが，制式品であるため光学仕様は同一で，外観にも取り立てて言うほどの差異は見えないように感じられます．また，いずれも結像性能も良好であり，甲乙付け難く感じてしまいます．

しかしその反面，構造的に内部では各社の独自色が現れており，互換性という言葉以前の共通化にまで至っていないのは，大戦が第一次という時代背景だったからと考えられます．またそれ以上に，特定の光学機器ならではの，「個体完結」ということが，大前提として存在していたと思われます．

実は，ここで提示した「個体完結」という熟語は筆者の造語です．例えば望遠鏡類でも，天体望遠鏡では接眼レンズの交換は自由（普及品に例外はある）であり，別メーカーの接眼レンズを取り付けることも普通に行われています．一方，双眼鏡では接眼レンズを交換することはきわめて例外的であり，他社製品使用云々ということは全く存在しないのです．

これは，焦点距離や残存収差など，光学素子の諸要素が各社異なるためです．双眼鏡では，「個体完結」することによってのみ本来の性能を維持できる，ということになります．この「個体完結」という双眼鏡の特性は，第二次大戦でも変えられることなく，その後も現在に至るまで継承されています．破損修復の必要性が高い軍用双眼鏡（特に手持ち機材）でも，他社間の部品共通化の例はないようです．

ただし，第二次大戦中の実例として，多社で同一機材を生産するのではなく，唯一例外的に一社専業で単独機材の専門生産となったのがアメリカ陸軍用のM13 6×30mm BL型でした．実例は見聞していませんが，一社生産ですから互換性の確保は可能だったはずで，工業製品の戦力化の好例といえるでしょう．

「思い」と小技

ライツ社製のDF03もまた，軸出し方式はプリズムの長手方向の移動によるものでした．これと同様の方式を採用した機材には，同じ時期のドイツ陸軍用の制式品，あるいは相当品（民生化品）であるゲルツ，エルネマン社の製品（次項掲載）があります．しかし，一口に同じ方式といっても，細部には各社それぞれの考案が行われており，それは「思い」というべきもののように筆者には感じられるのです．

ライツの場合，それを感じさせるのがプリズムの押さえ金具で，加圧自体はプリズム斜面（反射面）に接した金具にネジによる押し圧を加えるものです．類型としてはゲルツ製品と軌を一にしたものですが，圧力の分散のための考慮をさらに加えた，独自の工夫を見ることができます．

それればかりでなく，ゲルツの場合には鏡体カバーの止めネジを外して軸出しを行いますが，ライツでは鏡体カバーの止めネジには，さらにネジ孔が開けられ，それがドライバー挿入箇所になっています．軸出しの際に，万一ドライバー挿入箇所の隠しネジを紛失しても，鏡体カバーの固定に全く影響がないような構造を採用しています．あえて構造が複雑でコストもかかる構造を採用したことにも，筆者はやはり設計者の「思い」を感じてしまいます．

軸出し方式はプリズム長手方向のスライドによります．これは同時期のゲルツ社と同じですが，プリズムを押す金具（矢印a）に独特の工夫がしてあり，圧力をうまく分散するようになっています．鏡体カバーの止めネジ（矢印b）が二重構造になっていることも含め，各部の構造に充分に意を尽くした作りになっています．対物レンズ枠は逆ネジを有する二重構造で，左右接眼部の位置（長さ）が同じ状態で視度表示が一致するようにしてあります．各所に小技の利いた双眼鏡です．

他にも，対物部の金物に逆ネジ部があり，接眼部の左右突出量と左右視度表示を合わせた上でのゼロ調整可能としています．「思い」だけでなく，小技も十分利かせた機材といえるでしょう．

同じスペックを有する同時代と思える3機種を並べてみました．近似した外観からはわからない内部構造の違いに，各社それぞれの特色と苦労が見える気がします．いずれの機種も，視野の狭さやコーティングの有無を除いて，像質についてのみいえば，現行優良機種とこれといった差は感じられません．

個人史

筆者の場合，ライツの双眼鏡とのかかわりは文献資料，カタログから始まったのでした．その一方，現物の入手はずっと遅れたことから，雑誌の連載時点では最適位置での記事とならず，そのことも含め，個人的に思いの深い機材となっています．

現品に先行して入手したカタログは1930年発行のものですから，第一次大戦から10年以上の時が過ぎており，その影響を製品の中に見ることができます．その一例が超広視野接眼レンズを搭載した8×30mm機で，これは実用上から汎用機といえるものです．航海用の汎用機の位置付けが確定していたはずの7×50mmはなく，代わって6×42mm機がラインナップされているのは，独自色を表すためでしょうか．

また，DF03の後身にあたるのがビノリート6×24mmですが，以上の3機種はいずれもCF合焦方式で，純然たる民生向け製品です．

その一方，手持ち双眼鏡の中で異彩を放っているのが，鏡体の材質に真鍮を採用したビノモン8×30mm IFです．カタログによれば，この双眼鏡は海上などきびしい環境に対応するため，耐食性に配慮しためての素材選択とされています．

残念なことに，筆者はこのビノモンは未見なのですが，カタログにある外観と航海用ということを考慮すると，接眼レンズ構成は透光量の減少が少ない，ケルナー型の可能性が高いと考えられます．口径は30mmですから，決して大きくありませんが，銅合金ならではのズッシリとした重量感はどう感じられたのでしょうか．

ライツ社の双眼鏡カタログ中の手持ち双眼鏡8機種のうちで，唯一，ビノモン8×30（左）は中心軸端のクランプ金具，真鍮鏡材による鏡体，IF式接眼部という軍用向きの仕様になっています．背が高く見えるのは，収差補正を考慮し対物レンズの口径比を大きくした結果かもしれません．いずれの機種も正立システムはポロI型で，広視野型の8×30一機種を除き，見かけ視野は50°以下の標準視野です．蝶型の観劇用双眼鏡・ビツール4×20（右）が特徴的な外観で目をひきます．

他に小口径機材では，蝶型のビツール4×20mmがあり，形状以上に光学仕様では少数派ともいえる4倍を選択しているのも興味深いことです．

角度の1秒

カタログ以外にも有効だったのが，非公開資料の存在です．筆者が目にしたものは，既述したカタログとほぼ同時期の昭和4年，日本陸軍の内部資料として作成された『光學兵器に用ひらるる光學部品に就て』です．この資料には当時，ドイツ国内で販売されていた手持ち双眼鏡のリストがあります．

そこには中小メーカーも含め，8社60機種が掲載されていて，CF機やメーラー型プリズム搭載機まで，

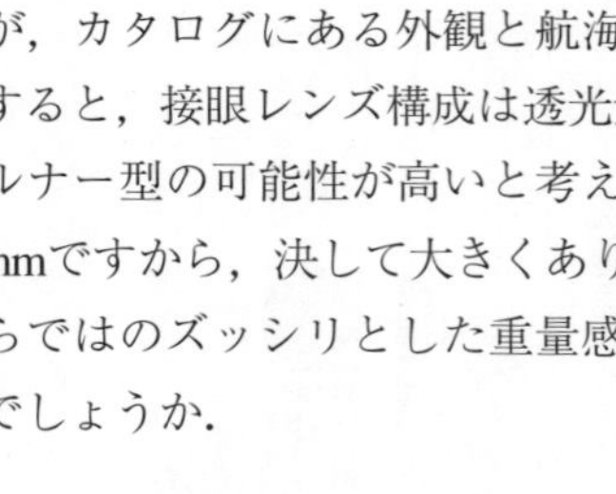

ビノリート（Binolit） 6×24 CF

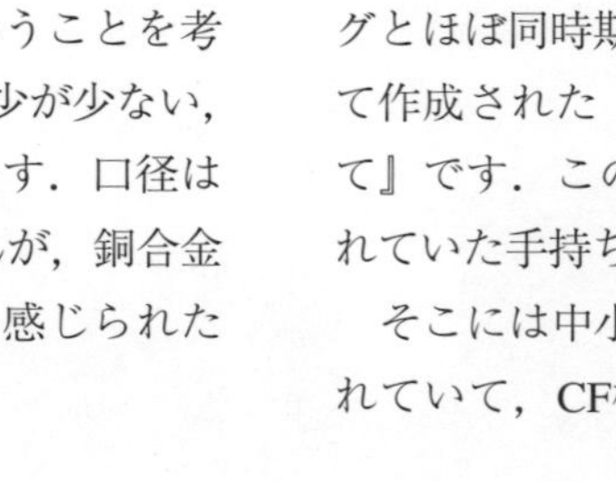

ビヌキシート（Binuxit） 8×30 CF 広角

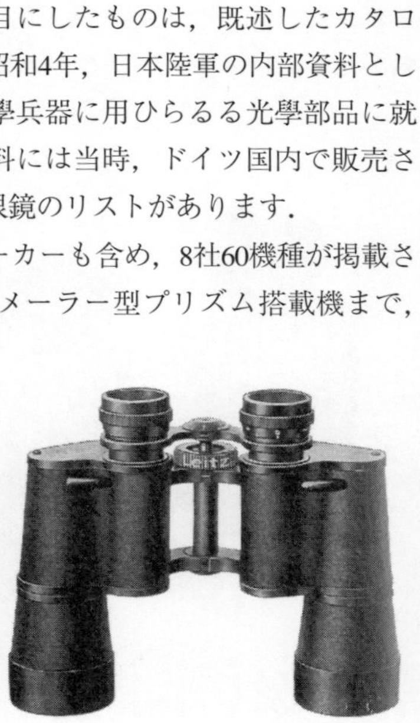

フォレスト（Forest） 6×42 CF

1930年当時のラインナップでは，広角型は1機種のみで50mm機はありません．ツァイスとは異なる方向性がうかがえると思います．

多くの民生品も含まれていますが，ライツ社の製品については全く掲載されていないのです．外国，特に西欧の光学先進諸国の技術動向に注目していた日本の軍部が，ライツ社を顕微鏡とカメラのみのメーカーと認識していたとも思えません．全周を1296000分の1（角度の1秒）に分割できる円周分割機のようなマザーマシーン的製品を製作できるメーカーの双眼鏡に言及がないのは，不思議なことです．

さらに加えれば，1930年版ライツ双眼鏡カタログの最後にあるのは，大口径高倍率の架台装架式の高角用双眼望遠鏡という，通常では一般使用は考えにくいものまでが掲載されています．しかも掲載されているのは2機種ですが，15×60mm，30×90mmという，日本の陸海軍が制式化した機材とは，俯角も含めて大きく異なっています．このことも考慮は必要でしょうが，陸軍の内部資料に現れていない原因と断言することは避けるべきでしょう．

ところで，軍用としては特異とも思えるスペックのライツ製高角型双眼望遠鏡ですが，興味深いことに昭和10年代の初め，日本に同じ光学仕様の製品が現われます．製造したのは，当時，既に屈折式天体望遠鏡を製品の中核に据えて，天体望遠鏡専業メーカーとして確固たる地歩を築いていた五藤光学研究所でした．大正末年創業の五藤光学研究所は，当初はレンズの設計，研磨に社内技術を持っていませんでした．しかし，10年ほどの間に重ねた多くの研鑽の結果，量産効率が上げにくいダハプリズムも製造可能段階に到達したということでしょう．

「ヘクトール」と「ポチ」

古いドイツ製双眼鏡について見た時，本機もそうですが，シリーズ化名より機種単独名が通常の命名方式となっています．写真レンズでも同様，ドイツではこの点で，同じメーカーでも用途などによって名称が異なります．レンズはその設計者の人柄までをも含んで，一つの製品となっているようです．

ライツ製のカメラレンズでいえば，光学設計者のマックス・ベレーク博士がその筆頭にあげられます．

本来は顕微鏡の研究者であったベレーク博士は，ライカ用レンズの光学設計にも尽力しました．その設計技法を記述した著作は邦訳され，『レンズ設計の原理』（三宅和夫訳，講談社，1970）として出版され，有名なレンズ設計の教科書になっていました．

ベレーク博士が自ら設計したレンズに「ヘクトール」という愛犬の名前を付けたことは有名な話で，自分の分身である愛犬とレンズに対する思い入れには微笑みを禁じえません．このような話を日本の光学界で耳にしないのは，残念なことです．もっとも，「ポチナー」とか「ポチノン」では商品のネーミングとして，いささか難がありますが．

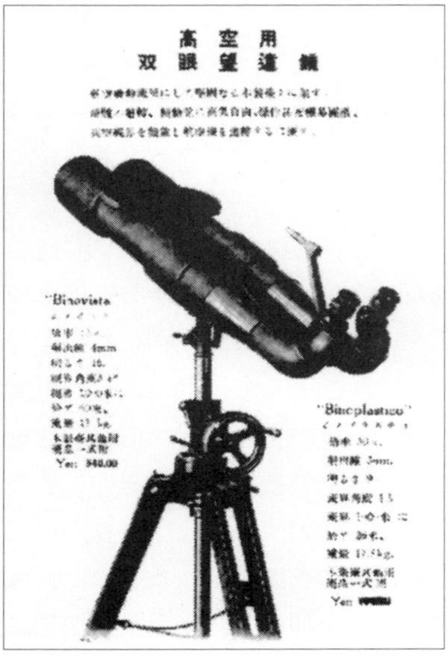

カタログの最後には，高空用双眼望遠鏡と称して15×60と30×90の2機種が掲載されています（左）．しかし，口径，倍率，実視野などのスペックは日本の軍用規格とはずいぶん差があり，接眼レンズも広視野型ではありません．昭和10年代に，30×90と同じスペックで，外観もそっくりな機種が五藤光学から発売されるのは興味深いことです（右）．五藤光学の広告にはD-2型とありますから，D-1型は15×60だったのかもしれません．Dは「DACH」の頭文字でしょうか．

こだわりの構造はムービーから!? エルネマン社の双眼鏡
Ernemann-Werke A-G 6×24

光学仕様と，中心軸を設けずアダプターで他種機械への装着を可能にする機構は，第一次大戦時にドイツの他社製品にも見られる事例です．ただ，目盛がないこととシリアルナンバーからは，戦後に軍用品を民生品に転用した可能性もありえます．

伝説の巨人

光学製品の製造業者は，時代が降ってくるほど大量消費を前提として生産することから，企業規模は大きくなることが多いようです．大企業化することは，社内に各種の余力が生まれますから良いことなのですが，反面，企業としての独自色が薄まってしまうことは，仕方のないことかもしれません．

かといって，大企業でも独自色を強く打ち出し，結果的に歴史に大きく名前を残す場合もあります．かつて1910年代のドイツで，技術と販売量で君臨していたドレスデンの3大メーカーの中でも，エルネマン社はその最たるものといえるでしょう．

エルネマン社は1889年，ハインリッヒ・エルネマンによって設立されたカメラメーカーでした．創業者のハインリッヒは最初，鍵職人として社会に出ました．しかし彼は物品販売業種の将来性に着目し，改めて商業学校で学び，1876年に妻と一緒にドレスデン市に移り商売を始めます．妻と始めた縁飾りと肌着の販売はうまくいきました．他方では当時，社会一般への普及が著しく進みつつあった写真とカメラ技術へも心を動かし，1880年には本業と並行して，カメラの販売も始めることになります．

こうしてエルネマン家では，主人がカメラ販売を行い，妻は衣料品を商うということになりました．カメラ販売はことのほか，多くの利益を生み出したことから，ついにエルネマン自身がカメラ製造へと歩み始めたのです．

鍵職人であったことは，技術的にはカメラ製造上でいくらかは有効だったはずです．しかし，彼は一から新分野に参入するのではなく，既存の技術を母体とすることを考えます．そして，ドレスデン市所在の倒産したカメラメーカーを買収し，旧経営者をパートナーとして，カメラ製造業へと大きく人生の進路を変えていったのでした．

エルネマンが始めたカメラ工場は，多少の曲折はあったにしろ順調に業績を伸ばし，生産量の増加に合わせて工場自体も2度の移転拡大を重ねます．そして1892年，従来行ってきた組立作業の製造現場をさらに拡大し，金属部品の内製化のために機械工場も新設して新工場へ移ります．会社組織の改変も行われ，母体技術を提供した旧経営者とも別れて，エルネマン社の基礎が固まったのです．

余談になりますが，この新社屋（工場設備）は直交する街路に沿うように，Lの字型の建造物で角の部分には塔が高くそびえていました．この塔は，エルネマン社が1926年に4社合併で消滅してからも，“エルネマン塔”の名前で呼ばれ，ドイツ国内ではカメラ製造の中心地としての地位を誇ったドレスデンのランドマークとして，周知される存在となっていました．カメラ製造業界の巨人の伝説は，長く生き続けたといえるでしょう．

レンズの自製化が生んだ伝説

19世紀の終わりには，エルネマン社のカメラ製品はアマチュア用からプロ用まで広がっていました．エルネマンはスチールカメラにとどまることなく，ムービーカメラ，映写機へとさらに製品の製造範囲を広げていきます．

このような順調に推移するカメラ製造で，ほかに重要な因子はレンズの供給です．そしてついに1907年，エルネマン社内にレンズ製造部門が設けられ，活動を開始します．

そして，その最も顕著に現れた成果が「エルノスター」F2レンズでした．このレンズはすぐにF1.8となり，当時，最高に明るいレンズとなったのですが，交換レンズとして供給されたものではなく，専用カメラの搭載レンズでした．明るく巨大なレンズと，従来よりは小さな感光剤フォーマット（45×60mm）だったため，誰言うとはなく「カメラボディー付きのレンズ」と呼ばれたのが「エルマノックス」でした．明るいレンズと小さな感光剤フォーマットは，その後のカメラの発達史から見れば，時代に大きく先行した存在といえるはずです．

このエルノスターの設計方針で開発の主導的立場にいたのが，光学設計の「鬼才」と謳われたルードビッヒ・ベルテレでした．ベルテレは1926年の企業合同によってエルネマン社がツァイス・イコン社に移行したため，ツァイスへと移ります．そして歴史的にはやがて明るいレンズとして一世を風靡した，ゾナーF2，F1.5の誕生へと結びついていきます．

さすがはエルネマン

エルネマン社で双眼鏡の製造が始められたのは1913年からで，時期的には第一次大戦の直前に当たります．開戦後は参戦各国の光学産業同様，軍用品の製造に終始したと思われますが，筆者所有の実機もまた，ドイツ他社の同類製品と同じような構造です．それは中心軸を設けず，アダプターによって他

プリズムを長手方向に移動させる構造は，他にもいくつもの事例がありますが，微動的な調整が可能な構造は独特で，ムービーカメラの製造の実績も加味されているようです．ただ，この個体は部品の脱落があるようで，プリズムに接する金物はビス止めされていたようです．

の機材（兵器）への装着が可能としてあることからの判断ですが，目盛はありません．

光学仕様は6×24mmで，実視野は8°強と，第一次大戦当時のドイツ陸軍仕様と同じですが，特色は外観以上に内部に存在していました．それは，視軸の調整法です．実際には，プリズムを座面で長手方向にスライドさせて合わせるわけですが，その方式自体に大きな特色があり，分解しなければ詳細はわからないことでした．

外観上からだけでは，対物レンズ部分の直径が小さく，エキセン環方式を構成するだけの寸法的余裕がないことはすぐわかりました．ただ，鏡体カバーを外した段階で見えたプリズム押さえ金具は単独の構造ではありませんでした．押さえ金具にあけられた円孔はさらに二重構造ではあるものの，最内部の金物の円形の構造は中心から外れていたのです．

つまり，この部分はエキセントリックな構造でした．押さえ金具にはめ合いとなった金物（エキセン金具：筆者仮称）には，カニ目のように2箇所の孔があります．カニ目のようにこれを回転すると，最内部の円形部（プリズム位置規制金物：筆者の仮称）がプリズムを動かすのです．ここで円運動を直線運動に変えています．

以上の構造から，プリズム位置規制金物はプリズム幅よりやや小さな幅となっており，直接プリズムに接触する部分は全反射維持のため，半円状に切削されていたのです．

プリズムのスライド方式も筆者はこれまでいくつか見てきました．技術的に見ると，構造的にもスチルカメラよりはるかに複雑なムービーカメラをエルネマン社が主力商品としていたことの証が，端的な形としてここに現されていると思ってしまうのです．

そして付け加えるならば，光学性能，見えの良さも十分エルネマンの名前に恥じぬものです．

エルネマン社の双眼鏡は，日本国内には代理店などで輸入されていないようで個体数が少なく，他の個体との見比べができないため，単一個体からの評価となってしまいます．加えて筆者の手元にある個体はプリズムの痛みが特にひどく，また破損も最悪といってよい状況です．そのため片眼側（筆者の利き眼である左眼）のみからの判断ではありますが，中心像の切れはツァイス，ゲルツなどのトップブランドに十分対抗できる水準を維持しています．周辺像の落ち込みはそれよりやや大きいようにも見えますが，良い範囲にあると思えます．

この双眼鏡の光学設計者が，ルードビッヒ・ベルテレかどうかは不明ですが，彼の作品といっても，問題にはならないはずです．

押さえ金具には取り付け用の孔だけでなく，反対側には浅い溝があり，鏡体との位置決めになっています．また上下を表す刻印もあるなど，分解でも精度復元可能のような構造は，微調整を可能とするだけではない，十分に配慮された構造です．

蝶型外観ボディの双眼鏡は近距離への対応
Zeiss Turexem 6×21CF

ほとんどデザインに変化がつけられないポロI型プリズムを用いた双眼鏡でも，ちょっとしたプリズムの配置の違いで，外観から受ける印象や操作性にはずいぶん差が現れます．このタイプの双眼鏡に対する一般的な呼び方はありませんが，筆者は何となく蝶を連想してしまいます．蝶型鏡体，あるいはバタフライタイプボディの双眼鏡といえますが，この種は比較的早く姿を消してしまいました．

双眼鏡のデザイン

いろいろな形の双眼鏡がある中で，本項で取り上げるツァイス Turexem（トゥレクゼム）6×21を見ていて，ふと思ったことがあります．

情報端末などでメールを使いこなしている方なら，そこに登場する「フェイスマーク」とか「顔文字」の組み立て方のうまさを，わざわざここで指摘する必要もないでしょう．キーボード上にある限定されたマークだけを要領よく使って，感情や状況を説明なしに瞬時に理解させてしまうという点で，デザインの神髄ともいえます．多くの人に共通認識として受け入れられているのも，その秀逸なデザインがあれば当たり前のことかもしれません．

このように多くの人に受け入れられるデザインには，必ずどこかに「必然性」が存在しているはずです．それでは，双眼鏡という機械にはどんな必然性が隠れているのでしょうか．

最初にまず，対象をポロI型プリズム双眼鏡の場合に限定しておきましょう．ポロI型プリズムは2個の直角プリズムを直交するように配置していますから，双眼鏡の鏡体は，必然的にL字形となったプリズムが収納される形になります．この鏡体の両端に対物レンズと接眼レンズを付けるのも，また必然です．

さらに，人間が両眼で覗くわけですから，両眼の間隔（眼幅）によっても規制を受けます．成人の平均的な眼幅は64mm，年齢差，個人差を考えて55mm～75mmの調整範囲をとったとすると，接眼レンズの外径は55mmが限界となります．

そしてもう一つ，外観を大きく決定づける要素が，対物レンズの間隔でしょう．大きく分ければ，対物レンズの間隔が接眼レンズの間隔より広いツァイス型（Z型）か，逆に対物レンズを接眼レンズの内側に寄せるようにしたコンパクト型の2種類が考えられます．Z型は自由度が高いのですが，コンパクト型の場合は，対物レンズの口径の大きさが眼幅を超えられないという条件も付くでしょう．かつて，いわゆるミクロン型の鏡体に50mmの対物レンズを装備した国産の双眼鏡がありました．しかし各部のレイアウトはコンパクト型でも，実際には長い対物筒を持ったとんでもないものにしかなりませんでした．

コンパクト型に求められる必然性とは

それでは，通常のZ型とコンパクト型で，光学的スペックが全く同じ場合，両者にはどのような差異が生じるかといえば，それは立体視効果の違いということになります．立体視効果は対物レンズ間隔÷接眼レンズ間隔×倍率によって表され，この数値が大きいほど，物体までの距離の差が強調されます．つまり，Z型は遠近感の差がわかりやすいという特長があるわけです．

では，それに対するコンパクト型のメリットは何でしょうか．双眼鏡で眺めた視野のイメージとして，映画などですが，円を二つ横にずらして重ねたように表現されることがよくあります．実際に，数m先の近距離を見るとそのように見えます．これは二つの対物レンズの視差によるものであり，対物レンズの間隔が狭いコンパクト型は近距離でも視差（パララックス）が少ないというのが特長といえます（理想的には，近距離になると自動的に鏡体が内向して双眼実体顕微鏡のようになるべきでしょう）．遠距離向きのZ型，近距離向きのコンパクト型というわけです．

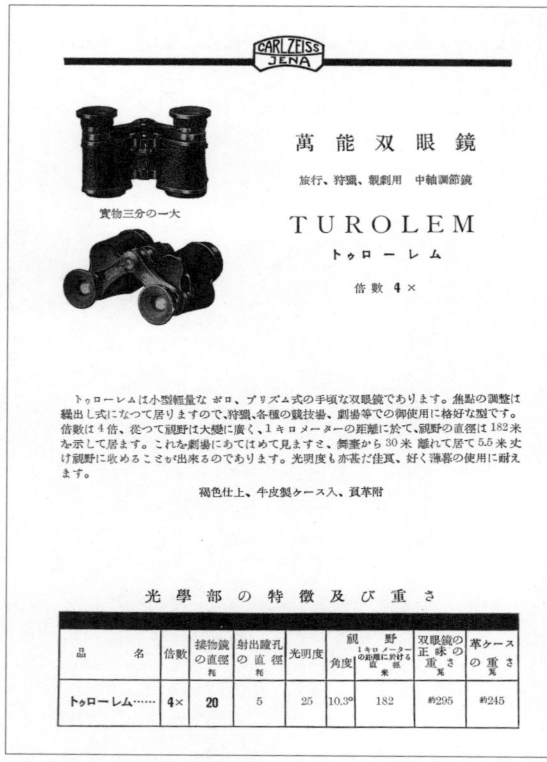

萬能双眼鏡

旅行、狩獵、觀劇用　中軸調節鏡

TUROLEM

トゥローレム

倍數 4×

トゥローレムは小型輕量な ポロ、プリズム式の手頃な双眼鏡であります。焦點の調整は繰出し式になつて居りますので、狩獵、各種の競技場、劇場等での御使用に格好な型です。倍數は4倍、從つて視野は大變に廣く、1キロメーターの距離に於て、視野の直徑は182米を示して居ます。これを劇場にあてはめて見ますと、舞臺から30米離れて居て5.5米丈け視野に收めることが出來るのであります。光明度も亦甚だ佳良、好く薄暮の使用に耐えます。

褐色仕上、牛皮製ケース入、頁革附

光學部の特徴及び重さ

品名	倍數	接物鏡の直徑 粍	射出瞳孔の直徑 粍	光明度	視野 角度	視野 1キロメーターの距離に於ける直徑 米	双眼鏡の正味の重さ 瓦	革ケースの重さ 瓦
トゥローレム……	4×	20	5	25	10.3°	182	約295	約245

同時にリリースされたツァイスの蝶型双眼鏡のうち，最後まで生き残ったのは倍率の低いトゥローレム4×21CFでした．用途，操作性によって淘汰が行われたのです．（1928年のツァイス双眼鏡カタログより）

各部分の構造や仕上げ方法には，注意して観察すると新しい手法が見つかります．プリズムの加締めは側面1箇所（矢印a）に減らされ，プリズムの押さえ金具はネジ止めではなくバネ式にされ，組み立ての簡易化が図られています．また，鏡体カバー止めのビスは，各カバー毎に一つずつ（矢印b，c）側面に設けられ，イモネジを使って外観の向上に配慮しています．

TurexemとTurolem

対物間隔と接眼間隔がほとんど等しいトゥレクゼムは，Z型とコンパクト型の中間ということになりますが，基本的にはコンパクト化をめざした機種です．姉妹機としてトゥレクゼムと同スペックのIF機トゥレックス，同口径で4倍と低倍率のトゥローレム(CF)，トゥロール(IF)の計4機種がラインナップされ，その誕生は1914年のことでした．歴史的には，ロス社の1号機と同じレイアウトをツァイス流に改良して，リバイバルしたと言えなくもありません．

しかし，1920年には6×21 IFのトゥレックスが生産を停止し，1924年にはCF機のトゥレクゼム，さらに翌々年には4倍 IFのトゥロールと，同時発売された4機種のうち3機種までは短命に終わってしまいます．4機種中，1938年までの比較的長い商品寿命を持ったのは，4倍CFのトゥローレムただ一つでした．操作性で劣るIF機と，観劇など比較的近距離の使用に向かない6倍機が脱落したことになります．

結局，トゥレクゼムはインパクトのあるユニークな外観と，大きな射出瞳を持ち，Z型よりもある程度コンパクトであったにもかかわらず，中途半端な製品に終わってしまいました．トゥレクゼムの生産が終了した1924年，ツァイス双眼鏡のシリアルナンバーは1000000を超えます．1100000に近いナンバーを刻印した本機は，その節目に存在したというだけで，双眼鏡史の舞台から退場していったのでした．

口径20mm前後のコンパクト型と一般的なZ型のポロ型プリズム双眼鏡の代表的タイプを集めてみました．この他に先に紹介したゲルツ6×20を含めると，ポロI型の鏡体デザインのバリエーションは網羅していると思います．現代の双眼鏡の大部分は後方の3タイプに分類でき，トゥレクゼムと全く同じパターンのものはありません．この形状でなければならないという必然性が低かったのが，姿を消した原因でしょう．後列左から順に，日本光学製ミクロン6×15 IF，オイゲー製オイゲレット8×19.5 CF，ゲルツ製ネオ-ユニバーサル 4·1/2×20·1/4 CF.

第二次大戦前の昭和10年代ころですが，きわめて類似したデザインの双眼鏡が日本にもありました．寸法もほぼ同じで，スペックは8×24，“出藍の誉れ”という言葉が当てはまる機種でした．くわしくは後ほど紹介します．

オペラグラスで得た栄光の伝統を継承した双眼鏡
Voigtländer 8×30 CF Nirvana

外観から受ける印象はよく言えば風格があると言えますが，同時に無骨な感じも受けます．ピントリングを回してみると中心軸自体も回転することから，オペラグラスの伝統技術を受け継いでいることがうかがえます．手慣れた技術とはいえ，典型的なツァイス型の外観とはミスマッチで，未完成な感があることは否めません．その反面，接眼部の可動部分などのガタの防止には充分な配慮がみられます．

記録より記憶に残るメーカー

スポーツの世界では「記録よりも記憶に残る選手」という表現があります．光学会社でこの例に当てはまるのが，Voigtländerのような気がしてなりません．今では，よほどカメラやレンズの歴史にくわしい人でなければ，このスペルを“フォクトレンデル”，あるいは“フォクトレンダー”と発音することも知らないでしょう．

当時のヨーロッパ社会の中心地と言えるウィーンにあったフォクトレンデル社は，歴史上初めて計算によって設計されたレンズ，いわゆるペッツファールレンズを生産したことで知られています．これは1840年（設計完了年．発売は翌年）のことで，この

口径のわりに鏡体が長いのは，ケルナー型のアイピースに対して収差補正を充分に行うために，対物レンズの焦点距離が長くなっていることと，ポロⅠ型プリズムの間隔があまり離れておらず，光路の折りたたみ効果が少ないためです．口径が大きく，設計には大変苦労したと思われますが，中心像の良さと周辺像の劣化の程度，ぼけの形や視野の広さを総合的に見る限り，設計は成功していると言えるでしょう．

ペッツファールレンズを採用したカメラ（ダゲレオタイプ）は，馬一頭より高い価格にもかかわらず，発売翌年には600台も販売されたと言われています．

世界最古のカメラ会社と言えるフォクトレンデル社ですが，1756年にヨハン・クリストフ・フォクトレンデル2世がウィーンで創業した時は，光学関係の製品はありませんでした．光学企業への変貌は，イギリスで光学関係の技術を習得した創業者の息子，ヨハン・フリードリッヒが，1807年にウィーンに光学工場を開いたことから始まります．

まず最初に名声を博したのがオペラグラスでした．フォクトレンデル社製のオペラグラスは当時のオーストリア皇帝や宰相に賞用され，イギリスではオペラグラスのことをフォクトレンデルと呼ぶほどにまでなりました．残念なことに，筆者はこの時代の製品をのぞいたことがありませんが，ぜひ見てみたいものの一つです．

そして，創業者の孫のペーター・ヴィルヘルム・フリードリッヒの時代に，ペッツファールレンズが登場します．このレンズはF3.7と，当時としては革命的な明るさで，写真技術の科学的な発展と相まって，写真の一般への普及に大きな功績を残しました．

フォクトレンデルの変遷

19世紀の終わりごろになると，光学技術の進歩によって画期的な製品が生み出されるようになります．カメラレンズでいえばアナスチグマットがそうですし，市販が開始されたプリズム双眼鏡もその一つです．フォクトレンデル社もこの流れに乗り遅れることなく，製品を開発していきます．同社初のアナスチグマット「コリネアー」や，ツァイス製「テッサー」に対抗した「ヘリアー」とほとんど時を同じくして，顕微鏡やプリズム双眼鏡も発売されました．

こうしてカメラメーカーからの脱皮をはかり，総

分解すると，技術の高さがよくわかります．接眼レンズ部品の加締めと肉薄金物の加工の良さ，迷光防止金具，必要最低限の圧力でプリズムを押さえている金具などがその例です．前後のカバーのビス穴には段差があり，ビスの頭が出っぱらないようになっています．プリズム側面には，機体番号の下二桁とプリズム位置を示すスタンプ（おそらく）が押されています．筆者もかなりの数の双眼鏡を分解してきましたが，このような例は初めてです．軸出しは金属箔の厚みでプリズムの傾斜角度を微調整する方式で，実際に筆者自身も調整してみましたが，正直言ってうんざりしてしまう作業です．

1925年頃のフォクトレンデル社製双眼鏡
（民生用・手持ち）

名称	倍率	口径	実視野	重量
Perkeo	×6	15mm	8.5°	250g
Folander	×6	24mm	7.2°	540g
Folander	×8	24mm	6.3°	560g
Nirvana	×6	30mm	8.5°	700g
Nirvana	×8	30mm	6.6°	700g
Spezial	×6	42mm	7.0°	1100g
Spezial	×8	42mm	6.4°	1000g
Spezial	×12	42mm	4.3°	1100g

フォクトレンデル社がプリズム双眼鏡を製造した期間は25年ほどですが，それほど種類は多くなく，また民生用の広視野双眼鏡はなかったようです．レンズメーカーとしても実力があった会社ですから，このまま発展を続けていたら，どんな双眼鏡を生み出していたでしょうか．

合的な光学会社をめざしたフォクトレンデル社ですが，第一次大戦時の設備投資と人員の増加が経営を圧迫します．加えて第4代当主フリードリッヒ・ヴィルヘルム・リッテル・フォン・フォクトレンデルの死去とその後継者がなかったことから，1925年には新興の化学工業会社の系列下に入ってしまいます．

この時にとられた企業再建策がカメラメーカーへの本業回帰であり，第二次大戦中の一時期を除くと，フォクトレンデル社は，もう双眼鏡を生産することはありませんでした．

しかし，その後のカメラの主流となる35mm判カメラの胎動を見逃してしまったことが後に響きます．日本のレンズ設計者が舌を巻いたF2の「ウルトロン」，F1.5の「ノクトン」，ケースレスのカメラ「ビテッサ」など，いくつかのヒット作はあったとしても，フォクトレンデルのカメラはシステムとして発展する余地が少なく，第二次大戦後に急速に性能が向上してきた日本製カメラに追いつめられてしまうのです．

その後，フォクトレンデル社は1965年にツァイスのカメラ部門，ツァイス・イコン社と提携します．1969年には合併して，ツァイス・イコン・フォクトレンデル社として意欲的に製品を発売するのですが，ここでも日本製品に押され，結局，1971年にツァイスが一般用カメラ事業から撤退．ブランドとして残っていたフォクトレンデルの名称は，カメラ関連の技術とともにローライに譲渡されてしまいます．

そのローライも，コスト削減のためシンガポールに工場を新設し，同一製品をローライとフォクトレンデルの二つのブランドで販売するのですが，昔日の栄光を取り戻すことはできませんでした．

名前は残ったものの‥‥

1981年のローライの倒産によって，フォクトレンデルのブランドは，今度はドイツのカメラ流通業者のものになってしまいます．現在でも，ドイツ国内ではフォクトレンデルブランドのカメラなどが売られているとのことですが，日本製や韓国製のOEMで，その中には何と双眼鏡もあるといいます．それらの製品から，かつてのフォクトレンデルの名前が示した輝きを感じることができるでしょうか．願わくば，そうあって欲しいものです．

一度失われたブランドの栄光を取り戻すことは，至難の技です．いくら歴史を誇っても，消費者のニーズを具体化しつつ新機能の開発によって新需要を開拓し，かつ質の高い製品を作らなければ，ブランドは守れません．コストダウンばかりめざした製品を加えてラインナップを充実させるという，いわば見かけだけの販売戦略の強化では，その行き着く末は想像がついてしまいます．

このNirvanaを見ると，そんなフォクトレンデル社の歴史が残した教訓を感じずにはいられません．かつてフォクトレンデル社が広告に使った「なぜなら，レンズがとても良いから」という言葉は，出発点であり，到達点でもあるのです．

左はフォクトレンデルVSL3-E，右がローライフレックスSL35Eです．前者のレンズはフォクトレンデルの看板標準レンズ・ウルトロンの名が付いていますが，実体は後者と同じプラナーであり，ボディもレンズも中身はほとんど同じです．フォクトレンデルの特許である縦走りメタルフォーカルプレーンシャッターが商品として実現したとき，残っていたのはブランド名だけでした．

初の見かけ視野70°を誇るツァイスの広視野双眼鏡 Zeiss Deltrintem 8×30 CF

半世紀以上の長きに渡って生産された双眼鏡ですが，マイナーチェンジ程度の変化しかありません．長く生産されたということは，優れた製品の証明になると思います．

広視野双眼鏡の登場

第一次大戦が始まると，直接，間接を問わず，戦争に必要な製品は，各国とも重点的に資源，資金，設備，人材が投入されました．もちろん光学産業も最重要産業の一つであり，特に軍需用光学機器は性能重点主義が貫かれたため，時にはコストが度外視されました．また，性能向上のための研究にも多大な努力が払われたのです．

そんな中，大戦が終結を迎えようかという1917年に，特筆すべき発明がありました．ツァイスの技術者だったハインリッヒ・エルフレによる，いわゆるエルフレ型広視野接眼鏡の発明がそれです．従来の接眼鏡では50°が限界だった見かけ視野が，一挙に70°にまで広げられるこの接眼レンズシステムは，まさに画期的な発明でした．当時の手動式計算機の能力を考えると，発明までには大変な努力があったことが想像できます．

広視野接眼鏡の研究成果は，結局は戦争に間に合わず，これを採用した双眼鏡が製品として登場するのは1920年で，8×30mm，見かけ視野70°というスペックでした．この時は，IF機のDeltrentis（デルトレンティス）とCF機のDeltrintem（デルトリンテム）が同時にリリースされています．この2機種はスペック的に大成功した双眼鏡といえるでしょう．商品寿命は長く，第二次大戦によってツァイスが東西に分断された後も，東独ツァイス（イエナ）では，大きな変更もなく生産が続けられていました．

一方の西独ツァイス（オーベルコッヘン）では，外観や性能に改良が加えられましたが，主力がダハタイプに移行したことから，この改良型は製造中止となります．現在でも，このスペックのポロI型の双眼鏡は生産されていません．

このスペックは日中の地上用途では効率よく能力が発揮されます．そのため，世界的に見てもスタンダードになっていて，商品の種類が最も豊富なスペックの一つとなっています．

もう一つのスタンダード

双眼鏡のスタンダードなスペックとして，もう一つあげられるのが，大戦直前の時期に誕生した瞳径7mmの大口径双眼鏡です．8×30mmを日中の地上用途とすると，瞳径7mmの双眼鏡は薄暮用，海上用ということになります．当初は口径が56mmや42mmのものも存在しましたが，実用上，最もバランスがとれていた7×50mmが，やがてスタンダードになります．

この瞳径7mmタイプの開発も，やはりツァイスによって始まりました．1910年に初めて登場したのは，7×50 IF，実視野約6°という比較的狭視野のスペックで，プリズムは空気界面を減らすために，アッベ・ケーニッヒ型が採用されていました．この製品は，夜間用ということでNoctar（ノクター）と名づけられました．その後，1915年にポロＩ型を採用した7×50，実視野7.1°という大スタンダードといえるスペックのBinoctar（ビノクター）が登場したため，Noctarは1919年に製造中止となります．しかし翌年に倍率が10倍に変更され，Dekar（デカール）として再登場し，1930年まで生産されました．

自然な像質とは？

このように第一次大戦中から第一次大戦後にかけてツァイスで生み出され，現在まで受け継がれているスタンダードなスペックの機械は，技術的に考えると新しい問題を生み出しました．

8×30mmで採用された広視野接眼鏡の設計，製造のむずかしさは言うまでもないでしょう．一方の7×50mmではベーシックなケルナー型接眼鏡を採用していますが，対物レンズを大口径比化しなければならず，どちらもよく似た状況だったのです．

CF機のため，接眼部の摺動部分の加工には特に意を尽くしていることがわかります．後の機種では，摩擦を減少させる工夫が加わり，同時にほとんどの部品がアルミ合金化され，軽量化が図られるようになります．なお接眼鏡の構成は3群5枚で，ゴーストができるだけ少なくなるように，各レンズカーブが設計されているようです．

それでは何が設計上の難問かといえば，双眼鏡は人間の眼が使用するものであるということに尽きます．フィルム上に像を結ぶカメラレンズの場合は，残存収差は少なければ少ないほど良いといえます．しかし，網膜上に結像した像を脳が認識するという手順を踏む人間の眼は，そう単純にはいきません．

例えば，人間の眼の場合，注視することで狭い範囲を拡大して認識することもできれば，肉眼で見わたせる範囲全域を同時に認識するという，相反した見方も可能です．

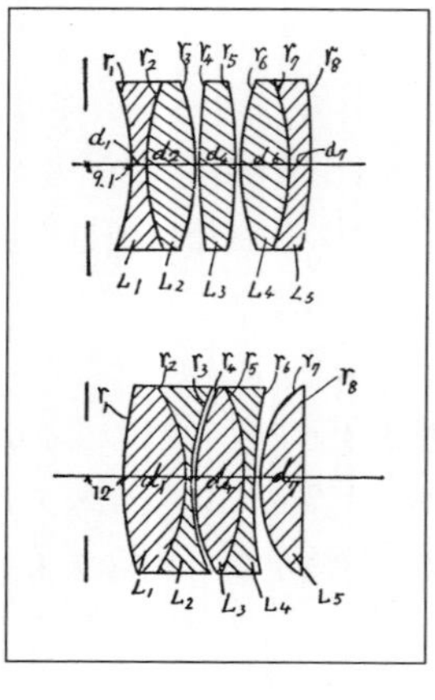

エルフレによる広角接眼鏡の例を二つ掲げます．本機は上のレンズシステムを採用しています．硝材はともにBK7とF2と，ありふれたものです．

旧来品と同様に，中心軸クランプがありますが，後にアルミ合金化（軽量化）にともなって，この機構は廃止されます．

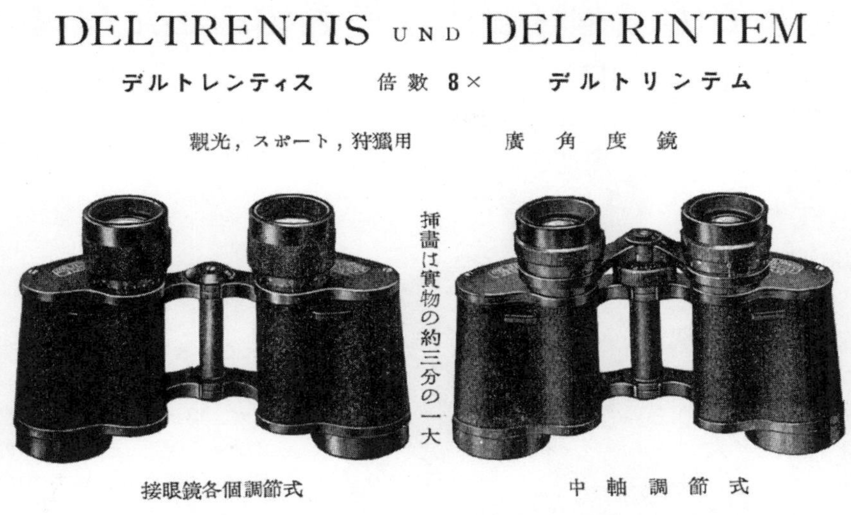

デルトレンティス8×30 IF（左）とデルトリンテム8×30 CF（右）．同じスペックでCF機とIF機を用意して，用途に応じた選択ができるようになっています．（日本語版ツァイスカタログ，1928年より）

前者の見方の場合は，一度に認識する範囲が狭いため，視線を素速く動かすことでとらえた視野全域の情報を，脳の中で組み立て直した上で認識することになります．これは双眼鏡などを固定して使用している場合に相当します．このような見方に適した光学機器では，視野内の像質は均質であることが必要です．

一方，後者の見方の場合は，視野周辺部の像の変化が肉眼の周辺像のそれと同じ傾向であることが望まれます．そうすることで，意識を視野全域に広げた状態から視野中心部へ集中するような場合でも(その逆でも)，肉眼と同じようにスムーズに認識することができるのです．注視する時は自然と視野の中心で見ようとしますから，双眼鏡を手で持って使用する場合の見方ともいえます．

筆者の経験では，後者の条件に合致した双眼鏡の方が，長時間の使用に向いています．ただし筆者は像質の均質性が高いものをあまり使っていないため，慣れているということもあるかもしれませんが．

それはともかく，第一次大戦を契機として発達した新技術によって，技術者の腕の冴えが真に問われる状況が生み出されました．そしてこれは，現在もなかなか設計技術者が気づかない問題として存在しているのではないでしょうか．

デカール10×50 IF．プリズムシステムはアッベ・ケーニッヒで，おそらく空気界面を減らすために接合されていると思われます．ノクターはデカールに比べると，全長が少し短いだけで，全体的なレイアウトは同じです．（日本語版ツァイスカタログ，1928年より）

瞳径7mmの例として，ゲルツ8×56（見かけ視野62°）を示します．接眼鏡の構造は不明です．接眼基部に焦点板の照明光導入機構が付いていることから，軍用品と思われます．

高耐久性と低光量下での最適な使用条件をめざした機種
Zeiss 7×50 Binoctar IF

「見えないところに本質がある」という格言があったように思いますが，ツァイスが作り上げたビノクター(左)，ビノクテムの2機種も，この格言に当てはまるように思えます．そして見えない本質の最大のものは，50mmという大口径機で射出瞳径が7mm超という機材そのもののまとめ方の上手さと，確信的な市場投入というべきかもしれません．その後の影響を考えれば，光学仕様に関して世界的標準を見つけ，確立した先駆的機種ともいえるはずです．

光を集めて

第一次世界大戦を契機に開発された双眼鏡の中で，超広角接眼レンズを採用した8×30mm機と並んで，後世に大きな影響を与えた機材が7×50mm機です．

最初に開発されたのが，空気界面数を減少させるため，アッベ型ダハプリズムを採用したノクター7×50mmでした．ノクターはその後，より生産性の高いプリズム仕様へと変わっていきます．

この第二次製品にあたるのがビノクター7×50mmです．この双眼鏡の接眼レンズの構成は，2群3枚のいわゆるケルナー型のため，見かけ視野50°と新開発の超広角接眼レンズ70°に比べると広くはありません．しかし70°という見かけ視野の拡大は，高性能化をめざしたとも言えることですが，その反面，現れた広角化の代償というべき問題はレンズ構成の増大でした．この違いは，ガラス表面の反射率低減加工法（増透コーティング）開発までは，透過光量に大きな差を生むことになります．

7×50mm機の開発の主因が，対物レンズに入射した光をできるだけ損なうことなく結像に結びつく，明るい光学系を生み出すためというなら，この選択は適切だったと言うべきでしょう．

特に熟慮されたのが，倍率と口径の設定だったと筆者は考えています．低光量化で使用される双眼鏡では当然，口径が大きい方が集光力に関しては優位になります．実際，プリズム双眼鏡として7×50mm機が航海用機材の定番となる以前，3倍程度で口径40mmや50mmクラスのガリレオ式双眼鏡が，「ナイトグラス」の通称で多く実用されていました．

本質的に光学系が単純なガリレオ式では，透過光量は多いものの，倍率を高くするに従って実視野は加速度的にどんどん狭くなります．増透処理がなくてもレンズ透過率の低下が少ない単純なガリレオ式では，その性質を維持したまま，同倍率のプリズム双眼鏡に劣らない実視野と大きな有効径を持つ機材は，実質製作できないのです．

プリズム双眼鏡の場合，一般的に言って，多くの経験則から倍率は概ね10倍まで高くしても実用範囲にあります．高倍率化は目標の確認しやすさを向上させますが，そこには口径の大きさに基づく重量，形状が関与してきます．特に手ブレの強い影響を受けるため，やはり倍率には実用上の上限があります．

後述しますが，日本の場合，射出瞳径を7mmに合わせた機材は6×42mm，7×50mm，8×56mmと，3機種シリーズ化で登場しています．しかし結局，実用条件から選択され，永続したのは倍率，口径，実視野が中庸値の7×50mm機でした．

ドイツ以外の諸国でも結論が同じだったことは，人類の一面の共通性をも示しているようです．この結論は実用上から得られたものですが，民生品としては，社内だけで同じ結果を得たようです．射出瞳径を合わせた機材を並べ，同時発売によるシリーズ化を行っていないことは，社内に有力な機能評価の組織が存在していたことをうかがわせるものです．

手持ちのままで使う場合，縦横に動かして実用的に使いこなせる極限の機材の大枠は，筆者の推定ですが，こうして決められていったのだと思います．それが7×50mm，実視野7.1°機でした．

黒帯

低光量化での使用が本筋と考えられたはずのツァイス製7×50mm機で，ポロⅠ型プリズム仕様で最初に開発されたのがIF機です．この機材に対してツァイスは「Binoctar」と名づけています．この名称は，双眼鏡を表すBinoと夜間を表すNoctoを合わせ，実に用途そのものを的確に示したものといえます．それは内部構造からもうなずけることですが，その前に外観に注意してみたいのです．外観上，鏡体構造など見た目はごく一般的なZ型鏡体で，特別に注目すべき個所はないように思えます．

しかし十分な観察で，それも後述する多くの国産7×50mm機（本書執筆時点で確認できた例外は2例）と比べると，鏡体から伸びる対物筒に黒帯のような部分がないことに気づきます．具体的にいえば，対物筒そのものが外部に全く露出していないのです．もちろん外周には擬革が貼り付けられ，先端部の対物レンズ部には対物キャップがねじ込まれています．

分解手順としては，光軸（視線軸）調整も考慮すれば，まず対物キャップをねじって抜き去ることになります．この状態で対物筒先端部に注目すると，対物筒の先端といった箇所の周囲にネジを切る場合に必要な寸法的余裕，「逃げ」がないのです．「逃げ」のない状態でのネジ切りは，通常，旋盤のバイト台を工作物から離すため，ネジの直径や谷部分の切り込み不良が起こります．ネジの山と谷に全く変化がなく一定の状態を維持したまま奇麗に切られているようなネジは，いくらツァイスといってもできない加工です．

このことから想定したのは，ネジ切りで逃げを必要としない構造，もしかしたら対物筒は二重なのか

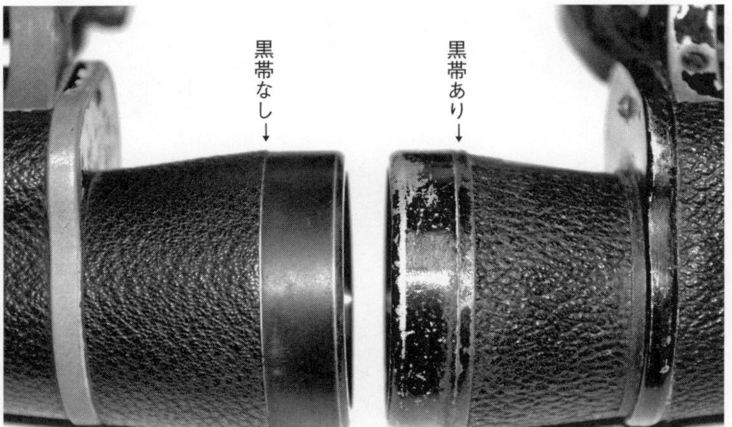

外観上の相違点と言える黒帯のないことは，あるものと並べると，はっきりわかります．通常はあるはずのものがないことこそ，構造上の複雑さを暗示しているようにも思えます．左がツァイス・ビノクター，右が一般国産品．

ということです．結論はその通りで，円錐状の筒を二重に重ね合わせたものでした．なぜ，このようなコストが上がり，工程も増える構造が採用されたのでしょうか．それには，筆者は二つの異なる方向性があるものと思っています．

ウォータープルーフとフールプルーフ

その一つは，航海用双眼鏡として必須の条件である，防水機構の確実化でしょう．

後述する同様の光学仕様の国産機も防水性維持のため，鏡体カバーの開孔部（対物部，接眼部が入れられる部分）には折り「返し」が設けられています．具体的にはいずれも内側方向に光軸と平行な筒状部分ができるような金型で，打ち抜きプレスを行います．この「返し」部分の効果が特に大きいのが対物側で，平面部の強度の維持に有効に働いています．「返し」がない場合，鏡体カバー平面部が打撃で凹入すると，鏡体にねじ込まれた対物筒との間に隙間ができてしまい，防水機能が消滅してしまうからです．

ツァイスのビノクター，ビノクテムの場合，対物側鏡体カバーの「返し」は外側に向けて行われ，その周囲には対物筒外筒がねじ込まれているのです．実際の組み立てでは，この状態の鏡体カバーが鏡体にはめ込まれ，対物筒内筒が外筒を内側から絞めて完了するわけです．この構造は複雑ですが，単純な「返し」を内側に向けたものよりも堅牢になっていることがおわかりでしょう．

以上は，本来備えている防水機能を活かすための考案ですが，その一方，別なメリットも生み出していたと筆者は考えています．それがフールプルーフ機能です．カメラなどの日本語版取扱説明書では，直訳でなく意訳され，誤操作防止機能などと表記されています．

また国産品（軍用品，一部例外を除く）を例に出しますが，国産品の場合，対物筒は単独構造で鏡体にねじ込まれていました．軍用品の場合，酷使は当然ですから，対物筒は緩み止めのため，鏡体からネジ押し式に固定されています．押しネジは単なる緩み止めですから，直径2mmほどの頭がない，イモネジと呼ばれるものが使われていたのです．しかもネジ位置は操作上邪魔にならないことと，ネジ自体の防蝕も兼ねて，油土で隠されるようになっていました．

このことによって国産機の場合，イモネジを緩めないままの不正分解が，結果的に取り返しのつかな

鏡体を分解してみると，徹底した迷光対策が行われていることがよくわかります．正立プリズムの光線透過面には，遮光線加工として溝切りが行われています．

い状態に陥る要因となっています.

なぜかと言えば，固定のためのイモネジは，対物筒のネジ部に当たるような位置に設定されているからです．緩み止めを本来の目的とするなら，当然の位置設定でしょう．しかし，わずか2mmの押しネジであっても，これを外さずに対物筒をねじって分解することは，基本構造を維持するためにある対物筒のネジ部を，再取り付けができず，機能不全になるほど削り取ってしまいます．その時に発生した切り粉は，鏡体のネジ部も磨損してしまうことで，ネジがその役割を果たすことができなくなるのです.

このような事例を筆者はいくつも見てきましたが，ビノクター，ビノクテムが採用した構造はウォータープルーフだけではなく，不正分解が簡単ではないことからフールプルーフでもあったと思っています.

つるり

内部の構造で興味深いのは，徹底した迷光対策です．正立プリズムの光線透過面には遮光線加工として溝切りが行われていますが，これは低光量化での使用を本来の目的とする機材では当然のことです.

それより驚かされるのは，接眼レンズの機械的構造です．2群3枚のケルナー型接眼レンズは，各々金属枠に加絞められて固定され，さらに接眼レンズ内筒にそれぞれがねじ込まれ固定されています．これは，国産機でも見かける構造ですから，取り立てて言うほどではないでしょう.

しかし，接眼レンズ開き玉では，その第1面の周囲に全く金属枠の出っぱりがなく，つるりといった感じでレンズ面が露出しているのです．この状態は，なかなかのインパクトを受けます．結論から言えば，凸レンズ周囲から光軸に平行な部分をできる限り減らし，予想される乱反射の根源を徹底的になくした結果がこのようになったと，筆者は解釈しています.

その反面，この構造で筆者には少し気がかりなことがあります．それは，グリスの流動によるレンズ面の汚染です．合焦機構は回転式のヘリコイドで，しかも加工精度は十分高く作られているのですが，潤動（潤滑な作動）にグリスは欠かせません．もちろん，本機にも摺動部分には充填され，潤動しているのですが，夏は亜熱帯と化す日本では，ドイツなどの寒地用グリスでは，熱によって流動化が起こりえます．その時，つるりとした感じで露出している接眼レンズ第1面は大丈夫だったのでしょうか.

機械構造上の最大の特色が，この対物筒部分の二重構造といえます．防水のために油土を必要個所に充填すると，各部材相互間の摩擦が増えて，側面からの固定用押しネジがなくても，緩みが出ることはなかなか起こらないと思います．コスト高は避けられませんが，分解まで考えたフールプルーフの構造としては，最適と思われます.

日本での例では，ノバーの初期仕様機（後述）で，寸法上でいくらかレンズ面周囲が枠状になって飛び出すよう（レンズ自体は奥にあるよう），レンズ枠が作られていました．おそらく油汚れ防止のための構造と思われます．一方，ビノクター，ビノクテムでは接眼レンズ第1面はつるりとした感じで，いずれもレンズ面が露出した構造です．この面の清掃に関する限り，枠入りレンズとして最も清掃作業が容易であることは，筆者の経験に基づいて言えることです．

孤独な先駆者

ツァイスが実用性の高い7×50mm機を開発，市販したことは，ドイツ国内だけでなく，当時の光学機器生産可能諸国に大きな影響を与えています．中でも，鏡体構造にこだわって徹底的に強度を向上させ，かつ生産効率の向上もめざして成功したのが，後述するアメリカのボシュ・アンド・ロム社でした．

一方，さらに徹底して透過光量の増大化を図ったのが，ロス社を筆頭とするイギリス勢でした．その徹底ぶりは，プリズムをポロⅠ型より空気界面数の少ないポロⅡ型とするだけでなく，接眼レンズ第1面（開き玉の第1面）が平面となるような光学設計を行い，この平面をプリズム最終面に貼り付けるといった徹底ぶりでした．

結果的には，この光学的要素の重要性の選択順位に問題があったようです．収差低減上からはレンズの曲率選択の制限の影響が大きいこと．また，合焦機構が接眼レンズ覗き玉のみの移動によることも，同様の結果で，合焦範囲が小さくなる（レンズ間空気層の厚さを変えて，焦点距離を変更して合焦）といったことから，主流にはなれませんでした．

ただし，例外的に本家のツァイスでは，第二次大戦当時，潜水艦用の特別装備品として，ポロⅡ型を採用した特殊機材を生産しています．

一方，ツァイスが作り上げた独特の構造を採用し，同じような構造の双眼鏡を生産したのは，昭和4年から昭和20年までの日本です．これは航海用ではなく，別目的でした．この二重構造の対物筒という独特な構造は，戦後に東独ツァイスで再現されていますが（普及品のJenoptemは除く），例外は比較的短命で終わっています．このことからすれば，先駆者は孤独だったと言えるでしょう．

接眼部を分解したところです．接眼レンズ開き玉では，その第1面の周囲に金属枠の出っぱりが全くないことがわかります．まさに，つるりといった感じでレンズ面が露出しています．清掃に関して言えば，枠入りレンズとしては最も清掃作業が容易な構造です．

保守的な中の進歩，英国光学メーカーの民生用＆軍用双眼鏡 A.Kershaw & Son 8×23 CF，MkⅡ6×30 IF

形状の近代化は耐久性向上のために避けては通れない問題でした．光学的にも，接眼レンズの見かけ視野が40°から50°へと増加しているのも現代化の現れの一つでしょう．同じメーカーの製品でありながら興味深いことに，同じケルナー型接眼レンズでも像質は古い40°タイプ（右側）の方は周辺にかけての均等性が高く，周辺像のボケの形状も素直で良好です．ただ中心像の像質は，新しい50°タイプ（左側）の方に軍配を上げざるを得ません．しかし周辺像については，新型の方は乱れが目についてしまいます．広い視野で周辺部まで良像化することは，現代でも達成が困難な問題であることに変わりはありません．

緊急事態

大きな天文現象が目前に迫ると，望遠鏡や双眼鏡のメーカーが活況を呈するといった話を耳にすることがよくあります．これは，平和な世の中ならではのことでしょう．天文現象ならば増産期間も短いでしょうし，増産といっても数量としてはそれほどの生産増加に結びつくことはないようです．

しかし，これが戦時体制というような国家的緊急事態だと話は全く異なります．設定された予定数量は，当然計画に基づいた数値には違いないのですが，その数値は絶対的に到達しなければならない目標になってしまいます．また，生産増加期間も勝利の日までということで，企業は平時とは全く違う方法での生産体制を，すみやかに構築しなければならなくなってしまいます．

このような光学産業にとって初めての緊急事態といえるのが，第一次大戦でしたが，その時の状況はそれぞれの国家で異なった様相を呈していました．中でもイギリスは，主戦場となったフランスなどのヨーロッパ大陸諸国とはドーバー海峡で隔てられているため，主要交戦国でありながら空襲以外，戦火を受けることはほとんどありませんでした．そこで，連合国側の中心国家として，軍事に関係する産業は画期的な増産体制に移行していくことになります．

イギリス製のツァイス製品

まず最初に行われたのが既存の工場設備の拡張で，続いて国内各所に国有民営の簡易建築の工場設備が作られます．こうした施設はレンズ製造の経験者に委嘱され，保有する技術力に応じた製品が生産されていくことになります．このような生産設備の拡張は徹底して行われたため，開戦と同時に身柄を拘束されたドイツ人でも，研磨経験者は解放を条件として生産に従事していました．

たとえば，この時期の双眼鏡でCarl Zeiss Londonと表示された製品が存在します．これは，もともとのツァイスのロンドン支店の完備した修理関連設備を母体にして，生産工場にまで設備を拡張した結果，製造されたものです．同じブランドでありながら，本来のツァイスとは関係のない，イギリスの独立した同じ名前の企業の製品でした．

戦時体制下では，このように平時には考えられないような意外なものが生産されることがあります．これも，別の意味で歴史的機械と言えなくはないのかもしれません．

速効データブック

さらにこの時期，需要の急増した小口径望遠鏡の製造のため，2冊のデータブックが一般向けにも出版されます．

当時，イギリス国内で光学ガラスを製造していたのはチャンス社だけでした．このデータブックは，同社の光学ガラスカタログの中から比較的生産量の多い一般的な硝種を中心にして，2枚玉レンズの曲率をすばやく求めることのできる早見表を計算してまとめたものです．クラウン，フリントのいずれかが第1レンズの場合に，

①球面収差が0の場合
（コマの比較量の表付き）
②クラウンレンズが等曲率の場合
最終面が平面かそれに近い場合
（コマの比較量の表付き）
③コマ収差が0の場合
（球面収差の比較量の表付き）

というような内容です．これに加えガラスの屈折率，分散係数の変化に対応するための曲率の修正表，さらにはレンズ厚の変化による焦点距離，球面収差，

8×23CFを分解したところ．中心軸をはじめ，鏡体，カバー，プリズム，遮光板といった各部品の形状，構造，加工方法などや合焦方式に違いはあるものの，ロス社の6×30機と基本的には同じ仕上がりになっています．位置規定が重要な部品には，ロス社製のものよりも多く位置決めピンが植えられていて，よりていねいな加工が行われています．形態，構造にイギリス製のプリズム双眼鏡独特の保守性が見られますが，部品加工精度自体は満足すべき出来と言えます．

Mk II 6×30 IFを分解したところ．各部分を細かく見ると，構造，機構は全てが現代風に改められていないものの，鏡体の精密鋳造，中心軸の構造というような基本的部分に大きな改良を見せています．一方，プリズムの遮光溝など，比較的簡単に改悪されてしまう箇所も，教科書通りの加工が行われています．これも保守的気質の現れと言えなくありませんが，好ましく思われる点です．

色収差，コマ収差の修正表までも含んだ，実用性の高いものでした．

そのため，掛け眼鏡製造業者のように高度な光学設計技術を持たないレンズ製造産業の生産現場でも，比較的容易に一応の水準を持つ光学機械（望遠鏡類）の製造が開始できたようです．これは生産量の拡大にかなり効果があったことでしょう．しかし，第二次大戦時には各国とも光学産業自体が大きくなり，光学機械自体もより高精度になったため，このような生産増強の手段は取られなかったもようです．

中堅メーカーの興亡

今回取り上げることにしたカーショウ社は，イギリス光学産業の中堅といったところのようで，それほど大きな規模のメーカーではなかったようです．同社に関する資料は収集できていません．ただ製品で見る限り，2機種の双眼鏡は第一次大戦後の一般民生用と第二次大戦初期の軍用品で，生産時期に10年以上の差があると思われます．さすがにこれだけの時間の経過の間には，もともと鏡体とカバーの形状，中心軸の構造に色濃く残っていたイギリス製双眼鏡の独自の保守色も，カーショウ社の場合は，時代の要求に合わせた形で変化していくのがわかります．

しかし，同時期でも大手メーカーのワットソン社の同じスペックの軍用双眼鏡では，古い形態のままの製品が生産されていました．いわば，大きな船ほど舵の利きが悪かったと言えるのかもしれません．

カーショウ社は第二次大戦後も存続して，1955年頃には Renown 7×30 CF（スペック詳細不明．超広角視野，インナーフォーカスのポロＩ型機）という新機種を開発します．それもやがて，かつての敵国勢力に駆逐されてしまったようです．

というのも，1960年代のイギリスでは，日本から輸出される双眼鏡には数量制限があったものの，同じヨーロッパ地域のEEC（ヨーロッパ経済共同体）加盟国の経済障壁は，ないに等しい状態だったからです．そこで，高級品としては西ドイツのツァイス，ライツの製品が輸入されていました．また，特に東ドイツと関係が深かったイギリスでは，ツァイス・イエナの支店のように強力で活動的な代理店があり，その製品も，コストパフォーマンスの高い優良品として輸入されていました．

こうして西と東からの挟み撃ちにあってイギリスの双眼鏡産業は衰退していったようです．もちろん何よりも，製品自体に国際的な商品としての魅力が薄かったことは，その最大の原因であったはずです．

本項はイギリスの双眼鏡産業の歩みの一端をお話ししましたが，常に国際間で競争力を持つ，魅力あふれる製品を生み出すためには，何事によらず保守的になってはいけないようです．船の大きさにかかわらず，舵の利きが速やかであることは，ぜひとも必要なことと言えるでしょう．

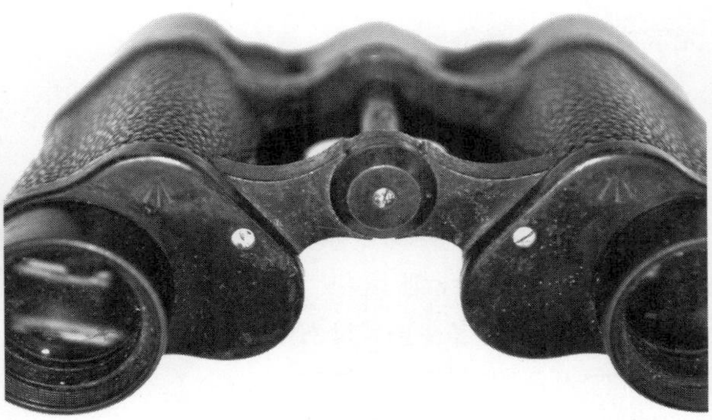

6×30の接眼側外観と対物側外観．接眼側鏡体カバーには，左眼側に形式名称と倍率，シリアルナンバーが，右眼側には目盛のスケール数値とメーカー名，所在地，生産年が細かく表示されています．右接眼側内蔵の目盛は軍用双眼鏡であることの証明です．右の写真で対物側左右それぞれの鏡体カバーにある矢印のマークは，「ブロードアロー」と呼ばれるイギリスの軍用双眼鏡に付けられる独特のマークで，藤井レンズ製造所やボシュ・アンド・ロム社から輸出された双眼鏡にも付けられていました．

隠れた問題点は次世代機案出の礎，アメリカの陸軍用双眼鏡
Bausch and Lomb　6×30 Prism Stereo

左のオリジナルと右の援英仕様とでは，被覆材の色が異なる（レンガ色と黒色）ため，ずいぶんと印象が変わります．左側はアメリカ陸軍仕様で，対物側の鏡体カバーに軍の登録番号などの表示があります．右側の援英仕様では対物側鏡体カバーにイギリス軍用を示す矢印が刻印されています．中心軸対物側にはクランプ金具と，ワンタッチで解除可能な回転制限金具が付いています．ケースはオリジナル用で，ふたには固定装置付きの方位磁石がはめ込まれています．

光学ガラスと戦争

第一次大戦が始まる頃までには，ヨーロッパの中で特に「列強」といわれた国々やアメリカなどでは，自国内で製造された兵器だけで軍備が完成する，いわゆる兵器の独立が実現していました．広い意味で兵器に含まれていた双眼鏡も，例外ではありません．性能やスペックに多少の差はあったものの，それぞれの国で独自に生産されていました．

ところが，戦争が始まって敵対関係にある国との貿易が止まると，思わぬ問題が生じます．連合国側にしてみれば，最も重要な原料である光学ガラスの供給が止まってしまったのです．

当時，光学ガラスの工業的生産は，独，英，仏の3国がほとんどを占めていました．しかし，質的にはドイツのショット社の，いわゆるイエナ・グラスと呼ばれた光学ガラスが他を圧倒しており，高性能な光学機器を生産するには，それを使わざるを得ない状況でした．ドイツは光学製品で世界を制覇する前に，光学材料で実質的に世界を制覇していたのです．

ドイツから光学ガラスが供給されなくなったことで，最も影響を受けたのがイギリスでした．自国製光学ガラスは質，量ともに劣り，種類も少なかったため，結局はフランスから輸入しなければなりませんでした．その一方で，泥沼化するヨーロッパ戦線

矢印は軸出しのためにプリズムを押しているビスの位置を示しています．下へ向いた矢印は接眼側，上に向いた矢印は対物側のプリズムの押しネジです．鏡体にあけられた8本のネジ穴には油土が充填されており，防水と外観の向上を図っています．

に派遣する陸上兵力のために，膨大な量の双眼鏡が必要とされます．これに対応するため，イギリス各地の光学工場では，企業規模を問わず増産が推し進められ，生産性の向上も図られます．しかし供給が追いつかず，ついには個人所有の双眼鏡の供出まで行われたのでした．

さらに，双眼鏡の供給元は国内にとどまらず，アメリカそして日本へと広がっていきます．アメリカでも光学ガラス素材の欠乏はイギリスと同様でしたが，新たに政府主導でガラス工場を新設することで，当面の障害を乗り切っていました．

ここで紹介する双眼鏡は，この時にアメリカから援英物資として大西洋を越えた，ボッシュ・アンド・ロム社（以下BL社）の双眼鏡と，そのオリジナル仕様というべきアメリカ陸軍用のものです．

Bausch and Lomb 6×30 IF

双眼鏡のカタログなどで，ポロプリズム双眼鏡の鏡体の構造が，ツァイス型（Z型）とボシュロム型（BL型）の2種類に分類されていることを知っている読者も多いことでしょう．Z型は，筒状の鏡体の前後をカバーでふさぎ，そのカバーに対物枠，接眼部がねじ込まれるような構造になっていますが，BL型は鏡体と対物外枠が一体になっているのが特徴です．プリズムは，鏡体とは別個の托板（座板）に調整設置され，接眼側から鏡体内に組み込まれます．

ただし，今回の双眼鏡は見てのとおりのZ型です．いわゆるBL型鏡体の出現は，1932年まで待たなければなりません．援英仕様の方は，オーソドックスなZ型の外観です．一方，アメリカ陸軍仕様は赤っぽいレンガ色をした皮革シボ状の，絶縁素材と同質感のある素材で覆われており，何ともきな臭いような不気味な感じがします．この双眼鏡の問題点は，実のところ，ともにこの鏡体にあったのです．

矢印の先にプリズムを押すビスの先端があります．プリズム座のカーブに対して垂直でないことがわかります．プリズムは光線透過面をこちら側に向けてありますが，ビスが当たる部分が欠けてしまっています．プリズム中央部には迷光防止の溝があります．基本に忠実な加工です．

プリズムの破損を招く軸出し機構

BL型のメリットの一つは，カバーが一つ減ることによる防水性の向上とされています．しかし，開発の理由はそれだけではないと筆者は考えています．

本機の軸出し機構は，長く一般的な対物エキセン環方式ではなく，プリズムを長手方向にスライドさせる方式で，原理的にはゲルツ社製双眼鏡に見られる方法です．ただし，ゲルツと大きく異なるのは，プリズムの入出射面の側面を2本のビスが直接押していることです．部品点数が減るとはいえ，とんでもない方式です．

各プリズムに2本ずつ，合計8本あるこのビスは，軸出し作業中にプリズムを歪ませる原因にもなります．さらに，鏡体に衝撃を加えたり，長期間圧力をかけたりすると，最悪の場合プリズムの破損につながり，実際に使うにはかなり気をつかうデリケートな構造なのです．この欠点を改良すべく，鏡体とプリズム托板を分けて耐衝撃性の向上を図ったものが，後に開発されるBL型双眼鏡だと考えられます．

このプリズムに発生する歪みの問題は，過去のものではありません．現行品の双眼鏡をテストしてみると，ポロ，ダハを問わず，プリズムに歪みが生じている双眼鏡は，想像以上にたくさん見つかります．何のために歪みの少ない光学ガラスを使っているのか，わからないほどです．倍率が低いからといって，決してガラスの歪みは軽視できません．星像など，本来は針で突いたようになるべき中心像を乱してしまうのです．プリズムの扱いは，決して軽くみるべきことではないのです．

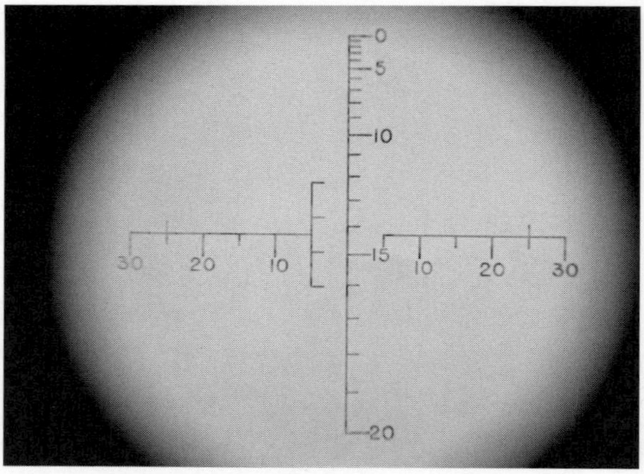

アメリカ陸軍用の左接眼鏡には，このような目盛が入っています．単位は度分秒と思われます．

この頃になると，同じケルナー型の接眼レンズでも見かけ視野がだいぶ広がり，光学技術の地道な進歩がうかがえます．右手前はツァイスのライセンスを取得して生産されたボシュ・ロム・テッサーレンズ．

小口径機に特化したドイツのメーカーの珠玉製品!?
Oigee Oigelet 3×13.5

コンパクトを前提条件とする機種で，部品の共通化を図りながらスペックに合理的バリエーションを備えたシリーズ化を行うことは，設計上いろいろ苦労があったと思われます．3倍機ではこれといった破綻もなく，像質から見ても完成度は高いといえるでしょう．一方，20mm機の場合，残念ながら形状の点では成功した機種といえないようです．しかし，その原因であるF値の比較的大きい対物レンズの採用により，像質は一定水準から外れてはいません．コンパクト化は重要な前提条件であっても，何より像質の良さに重点を置いたことは，見るための機械として当然のこととしても，苦渋の選択だったかも知れません．

言い知れぬ苦労

第二次大戦以前で光学産業が最も進歩していたドイツでは，一部ではありますが特定機種だけを生産する専業メーカーが出現していました．ダハ搭載のダイアリートシリーズで知られていたヘンゾルト社，小口径ダハ専門のメーラー社や小口径ポロ型コンパクト専門のオイゲー社といった会社です．同じ専業メーカーでも，ヘンゾルト社，メーラー社とは異なり，ダハプリズムという独自の決定的な技術を持たないオイゲー社の場合，企業規模は小さく小口径専業でした．そのため，コストダウンを合理的に図りながら，いかに機種のラインナップを増やすかということは，直接企業の死活問題に結びついていたと思われます．

そこで問題になるのは双眼鏡自体が小さいことで，常に前提条件として寸法上の制限は多かったと思われます．鏡体を共通にすることは至上命題であり，製品のコンセプトである「なるべく小型に」ということから，実際には鏡体の複数化はできない相談だったはずです．しかも製品のラインナップ化には，合理的なスペック差が要求されます．苦労の結果は鏡体を共通にした上での，口径は3種類ですが倍率は4種類という，一応4機種のラインナップでした．

4機種のうち筆者が見たのは口径を18mmに共通化した2機種以外のものです．13.5mm 3倍機と20mm 8倍機では，スペックが違いすぎるため，共通の部品は思っていたより少なく，接眼レンズも同じものではありませんでした．もしかすると接眼レンズは全機種で2種類ということもあり得るかも知れません．

興味深いのは18mm機と20mm機では口径差2mmに対して全高差が10mmあることで，対物レンズのF値は暗めのようです．ただ確実に言えることは，倍率が3倍という，現在の水準からはきわめて低倍率で，玩具とも思えるような機種でも，ガラス部品や金属部品の材質，加工は十分満足すべき出来であるということです．像質に関しても，最周辺部で多少乱れは見せるものの，コーティングの有無を問わなければ，現在でも立派に通用すると思える像を見せてくれます．

新しい動向

オイゲー社苦心のラインナップ，オイゲレットシリーズが完成する一方，ドイツの双眼鏡業界では，コンパクト双眼鏡に別の動向が現れました．技術的には1903年ゲルツ社の開発した，対物間隔の小さい，小型観劇用ポロ型コンパクトタイプ双眼鏡（2.5×15）を源流とする機種に対応し，スペック的に近似した，同じ用途向きに開発されたスマートなダハプリズム装備機種の増加でした．

比較的口径が大きいヘンゾルト社のアッベ・ケーニッヒ型ダハ製品は直接の対抗機種ではなかったものの，オイゲー社が専門とするポロⅠ型小口径機種では，ゴロゴロした形態は避けられません．それに比べ，対物間隔が狭いコンパクト型として出現したレーマン型プリズム装備機種の薄型，平型というフォルムは，斬新かつスマートで，製品としてのアピール度に優れていました．

例えばこのような小型機種では，試行錯誤を続けたツァイスを例にとると，1912年発売の完成度の高い，ポロ型プリズムの観劇用小型機テレアテール（3×13.5）は1931年に製造中止になります．ただその少し前ですが，1929年にレーマンプリズム機のティアティス（3.5×15）が発売されます．その生産は，戦時中の一時期を除きずっと継続され，戦後になると生産は分割された東ドイツ・ツァイスに受け継がれて，最終的に生産が終了したのは半世紀後の1980年という，長寿機種になっています．このティアティスにもテレアテールと同様の，金メッキ，ワニ革貼りといった観劇用としての豪華版がありました．販売期間に重複はありますが，結果的に後継機種になったと言えるでしょう．

その後の運命

それでも，良心的に製作されていたオイゲー社の製品は，後発の新鋭機に決定的には追いつめられなかったようで，日本へもある程度の数量は輸入されたようです．

その後のオイゲー社の運命を決定づけたのは第二次大戦でした．大戦中は，小口径専業メーカーのオイゲー社も他社と同様，ドイツ軍の規格に合った双眼鏡を始めとする光学機械の生産に従事しました．歴史的にみてオイゲー社にとり不幸だったことは，ドイツの首都ベルリンでも決定的な破壊をもたらす地上戦が行われたことで，ベルリンにあったオイゲ

オイゲー社はポロⅠ型機だけをコンパクト型双眼鏡，オイゲレットシリーズとして作りましたが，ツァイスの場合は機種の交替が行われました．オイゲレット3倍機の類似機種で視野が少し広いテレアーターは，スペックアップされたダハ機，ティアティスになります．実視野は13.7°から12°と減少したわけですが，高倍率化だけでなく，なにより厚みが半分程度になったことは，一般消費者に大きくアピールしたでしょう．

視軸の調整は，プリズム長手方向の移動で行う構造です．微動ができるわけではありませんが，プリズムの固定方法に改良を加えることで，より位置決めが行いやすくなっています．3倍機では，できるかぎり長い焦点距離の接眼レンズを装備するため，視度補正側の抜け止め構造が独特で，現時点では完全に分解できていません．

ー社は戦火に飲み込まれたのです．オイゲー社が瓦礫の中から再び立ち上がることはありませんでした．

そして戦後の傾向として3倍，3.5倍といった低倍率機のほとんどが姿を消していきます．同じことは，6倍までの機種でも起こります．

それでは，市場から消えてしまった低倍率機は無用なのでしょうか．極低倍機は口径は小さくても，いかなる口径の機種も及ばないような15°以上あるいは20°といったような実視野があれば，3倍以上なら一応の拡大効果が認識できます．射出瞳径も人間の限界に近いスペックなら，例えば星空観察用として十分に存在意義があるでしょう．特に，子供たちに本当の星空の美しさを納得させるには良い機械でしょうし，暗くてわかりにくい星が並ぶ星座も容易にその形を認識できるでしょう．仕様・構造は異なりますが，1998年には，国内メーカーの製品で大いに注目すべき機種が現れました．しかし，大変残念なことにピント固定機種でした．

同じように6倍機に求められるのも，やはり視野の広さに他なりません．ところが，例えば従来の6×30mm機では同口径の8倍機と実視野が同じなのです．視野の広さが同じならば，一般的にはより迫力を感じる，立体視効果の高い8倍機が選ばれてしまいます．6倍機が確実に存在意義をアピールするためには，やはり視野の広さが8倍機に比べ，圧倒的に広い必要があります．現在では，隙間になってしまっているとも言える，低倍率広視野機の新鋭機が出現するのはいつのことでしょうか．

当時代理店だった服部時計店のカタログから引用した18mm機と思われる画像ですが，この機種が何倍なのかの解説はありません．カタログの数値では20mm機に比べ，対物筒が10mm短いことであまり大きさを感じられない仕上がりになっています．同じカタログから，スペック一覧表も以下に引用しましたが，表の右端の電略は電報注文のためのもので，ファックスのなかった時代には誤発注防止の役割がありました．

品名及倍率	射出瞳孔の直径	光明度	角度	1000米の距離に於ける視野	双眼鏡の高さ	双眼鏡の横幅	双眼鏡の目方	電略
3½×15粍	3.7粍	13.69	9.4°	170米	57粍	94粍	153瓦	テハノ
3½×15〃 繰出付	3.6〃	12.96	9.25°	165〃	60〃	103〃	183〃	テハク
5 ×15〃	3.0〃	9.00	9.37°	169〃	54〃	94〃	145〃	テハヤ
5 ×15〃 繰出付	3.0〃	9.00	9.18°	163〃	59〃	103〃	185〃	テハマ

広角接眼レンズ装着の二番手となったゲルツ社の新鋭機
C.P.Göerz 8×30 Helinox

外観は昔のようにゲルツらしさを感じさせないオーソドックスなものです．長い対物筒に小指を巻きつけるようにして鏡体を保持した状態で，広視野化で太くなった接眼部を親指と人さし指で回転させることができるため，操作性は良好です．これは使用者の手の大きさによるため，操作性は各個人の主観となります．本機の外装は再塗装していますが，文字の仕上がりには不満が残っています．

追う者，追われる者

既に紹介したように，広角接眼レンズの出現は，軍事上の必要性から生まれたものでしたが，第一次大戦には間に合いませんでした．しかし広い視野をもつ光学機器は一般用としても有効ですから，他社がそれに追随したのは言うまでもありません．各メーカーは，ツァイスの特許に抵触しない，新型式の接眼レンズの開発に大変な努力を傾けたのです．

ツァイスに続いて一般用の広視野双眼鏡を発売したのは，ドイツ光学工業界のもう一方の雄，C.P.ゲルツ社でした．ゲルツとツァイスの関係は，ここまでたびたび紹介してきたのでもうお馴染みでしょう．ゲルツにとってツァイスは，常に追いつき追い越さねばならない目標でした．

しかも，19世紀末頃に頂点に達した写真レンズの開発競争以来，ゲルツには独自色の強い製品を生み出さねばならない宿命がありました．もちろんこの独自色とは，奇をてらったものではなく，あくまでも合理性に裏付けられたものでなければなりません．

先行するツァイス製双眼鏡が，合理的で完成度が高いだけに，ゲルツの技術者は相当苦心したことでしょう．結局，ゲルツ社から発売された製品は，前に紹介したツァイスのデルトリンテムなどと比べて，外見上も，またスペックからいっても，特色のない常識的なものでした．

このような苦心は，現在のメーカーの設計者にも共通であることには違いありません．外見にあまり差がなく，スペックも同じとなれば，独自色を出すには，像質や操作性などを向上させる高性能化か，コスト削減を追及した低価格化しかないのは，当時も現在も同じです．

しかし，ほんのわずかなデザインの違いと価格の

中心軸の対物側にあるノブは眼幅固定クランプで，広角接眼レンズの新鋭機であっても，古い機構も受け継いでいます．ツァイス・デルトリンテムに比べると，対物筒の長さが目立ちます．

差の中で，競合機種ばかりが増えてしまうと，消費者はかえって迷うばかりです．さらに，一つのメーカーの中で複数の製品ラインナップを持つケースが増えてきていますから，この悩みは増大する一方ではないでしょうか．

やはり他との差別化には，独自のスペックを持つ製品の開発も重要だということを改めて感じます．スペックが大きく異なれば，ライバル機種との二者択一にはならず，複数の機種を使用する可能性が高くなって，メーカーにも消費者にもメリットがあるのですから．

「プリン」と「レンズ」は…

ゲルツ社が開発した広角接眼レンズは3群5枚で，配置は違いますが構成枚数はツァイスと同じでした．収差補正のためには，当時の光学ガラス恒数（ガラスの光学インデックス）から，3群5枚のレンズ構成は必要最低限のレベルです．しかし増透コーティングの技術が発明されていないこの時代では，3群構成で6空気界面というのは，実用上の限界でもあります．こうしたきびしい条件下で設計者に求められたのが，広角化に見合った良像範囲の拡大と，レンズ曲率の適正な選択による迷光対策の2点でした．

コーティングが施されていないレンズ群では，各空気界面からの反射光を，いかに結像作用から遠ざけるかが，光学設計者の腕の見せ所です．これには，数値だけの光学設計ばかりでなく，数多くの試作と実用テストが行われたことと思われます．

では，進歩したコーティング技術を持つ現在では，このような制約は過去の話であり，設計上の自由度

対物外枠に絞りがあったり，対物側プリズムに遮光カバーが付けられているなど，迷光の処理はきちんと行われています．当たり前のことを当たり前に実行していることが，外観からは見きわめにくい品質を表しています．

金属部品の加工精度やレンズの加工状況などに，当時のドイツの一流光学会社の技術の高さがうかがえます．実際に操作してみなければわからない精度の高さは，長期間の使用を約束しますし，使うこと自体に一種の充実感を与えてくれます．

が完全に確保されているのでしょうか．天文用機材に関する限り，その答えはノーです．

かって筆者は，天体望遠鏡用の超広角アイピースで，こんな経験をしたことがあります．それは像質，スペックとも大変良好な製品で，一見したところは評判どおりの逸品でした．しかし，眼鏡を使用すると疑似恒星像のゴーストが見えたので，裸眼で確認すると，少しぼけた輝星の迷光像が，架台が経緯台だったため，追尾していない視野の中を日周運動の反対方向へ移動していくのがわかりました．単なる観望用としては許容できるとしても，二重星観測用として期待しただけに失望も大きく，結局このアイピースを入手することはありませんでした．

いくらコーティング技術が進歩していても，反射光がゼロでないことをわきまえ，試作による徹底的なテストなしでは本当の性能の確認ができないことを，光学設計者は肝に銘じる必要があると思います．そして特に，最高性能を誇るものや天文用途の製品ならば，全面ノーコートの試作機を作り，実視テストを行うことを，本書を借りて提案しておきます．

確認したわけではありませんが，外国の光学業界の諺として，「プリンとレンズの味は実際に作って，味わってみなければわからない」と言われているそうです．プリンはともかく，レンズはノーコート状態といういわば素材のままで，まず食べてみる必要があります．素材の良さは，完成品の必要条件だからです．日本に比べて長い歴史を持つヨーロッパの光学産業を，今一歩の所で追う立場なのも，完成品しか食べない日本の光学産業の詰めの甘さの現れなのかもしれません．頑張れ，日本の光学産業！

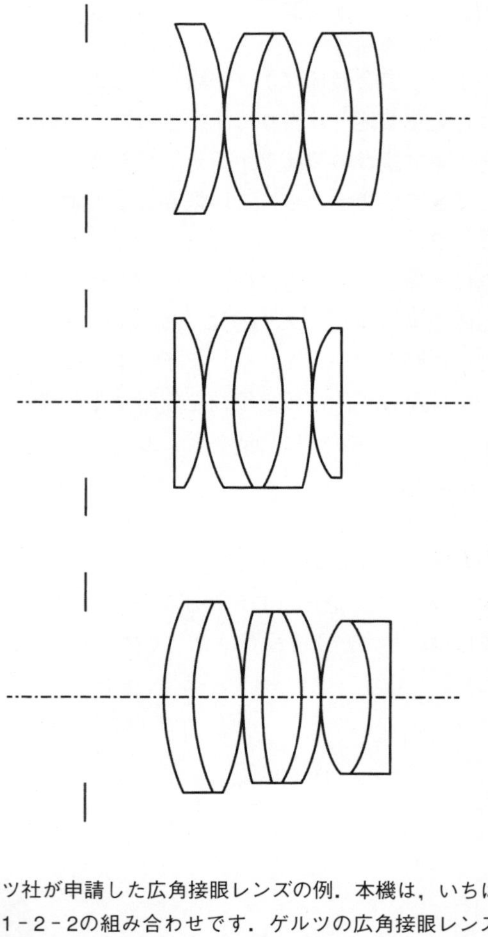

ゲルツ社が申請した広角接眼レンズの例．本機は，いちばん上の1－2－2の組み合わせです．ゲルツの広角接眼レンズの特許取得の年代は資料によって若干の差があるため，本機の生産開始年は確認できていません．また，考案者もC.V.Hofe, M.Langeと資料によって異なっています．もしかすると硝材などの細かい仕様に違いがあるのかもしれません．いずれにしろゲルツ社は1926年に消滅していますから，製造期間は短く，数も多くないと思われます．

強い独自色を設計ポリシーとしたゲルツ社末期の製品
C.P.Göerz 6×30 CF Helinox
4 1/2 × 20 1/4 CF Neo Universal

ゲルツ社のCF機として，右の6×30は末期，左の4 1/2×20 1/4は終末期の製品になります．生産時期としては10年ほどの間隔がありますが，後者は曲線を増やしたデザインで，鏡体カバー止めのビスを廃止するなど，すっきりした女性的フォルムへと変化しています．4 1/2×20 1/4は外装の傷みがひどく筆者が再塗装したもので，擬皮は貼っていません．

進化するデザインポリシー

これまでにゲルツ社の製品をいくつも取り上げてきましたが，標準的な，あるいは近代的なCF機は紹介していませんでした．そこで本項では同社のCF機を2機種まとめて見てみることにします．

その特色として真っ先にあげられるのが，ピント合わせ用の転輪の位置でしょう．前後の腕の間に設けられた転輪は，明らかに操作性の向上を狙ったものです．同じコンセプトから，現行のCF機でも同様の位置に転輪を設置したものが増えてきています．これはまさに「歴史は繰り返す」という格言どおりと言えるでしょう．

しかし，筆者はちょっと皮肉な見方をせずにはいられません．操作性に優れたこの方式に全く問題点がなければ，このタイプはずっと存在したはずで，歴史は繰り返すのではなく，連続していたはずです．しかし現実には，同時代はもちろんのこと，比較的最近（昭和40年代以降）になるまで，このようなデザインの双眼鏡は現れませんでした．

結論を言ってしまえば，このタイプの双眼鏡は中心軸外筒がないため，軸線精度の保持がむずかしく，また，中心軸部分のガタが取りにくいという欠点があります．にもかかわらず，ゲルツ社がこの方式を採用したのは，結局のところ，操作性を第一に考えた設計コンセプトを貫き，他社との差異を強調して独自色を出すためだったのでしょう．

また，Neo Universalの鏡体カバーをよく見ると，そこには固定ビスがありません．鏡体カバーは接眼部で鏡体に固定されており，ビスを廃止したことで，大変すっきりとした仕上がりになっています．その反面，カバーが変形しやすい，あるいはズレという問題は生じますが，これも差別化のために外観の美化を優先した結果と思われます．なお，この場合の軸出し機構は，同社の旧型のカバー止めビスの穴と関係のあるプリズム平行移動式ではなく，ごく一般的な対物エキセン環式に改められています．

ゲルツ社の終焉

このようにゲルツ社の双眼鏡の開発史は，常に何らかの独自色を発揮することで彩られてきました．しかし，ドイツの光学界でツァイスの好敵手として一時代を築いたゲルツ社も，ついに終焉を迎えることになります．

それは，第一次大戦によって大膨張した工場規模，ベルサイユ条約によるドイツ再軍備の制限，ドイツ戦後経済の大混乱，さらに民生用商品の新規開発の遅れなどの逆境に連続して遭遇したことがその原因でした．ゲルツ社は1926年に，政府主導のいわゆる企業合同によって，イカ社，コンテッサ・ネッテル社，エルネマン社とともにツァイスグループの傘下に入り，ツァイス・イコン社を形成します．同社はツァイスのカメラ生産部門として活動を続け，ゲルツ社はそのベルリン工場として生き続けたのでした．

このような，第一次大戦後のドイツ光学界を襲った大きな混乱は，ドイツだけではなく極東の島国，日本にも多大な影響を与えることになります．このあたりのことは稿を改めて，以降の日本の双眼鏡史の中で紹介してみたいと思います．

歴史と思い出に残る双眼鏡

独自色の強い設計ポリシーを貫いたゲルツ社の，最後の製品として登場したNeo Universalは，外観よりも内部構造に，より特異な点がある双眼鏡として歴史に残るものだと思います．

トレードマークと機種名は表記されていますが，スペックは倍率のみが表示されています．本項で採用したその他のスペックは参考文献によるものです．4 1/2倍の口径が半端なのは，倍率と射出瞳をどちらも4.5にするためでしょう．像質はどちらもなかなか良好で，特に6倍の方は現在の双眼鏡と比べてもシャープ感があります．

6×30 CF Helinox

①と②は鏡体羽根摺動部のワッシャー，⑤と⑥は接眼側，⑦と⑧は対物側のそれぞれ中心軸と締めネジ．③，④はそれぞれのワッシャーです．⑦は二重構造になっており，⑨の転輪のクリアランス調整部となっています．

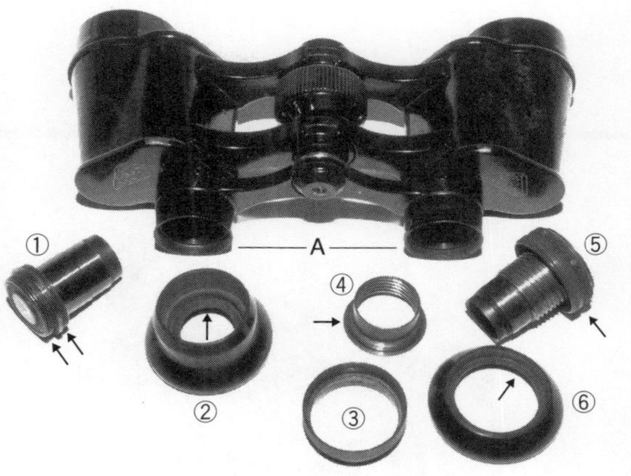

4 1/2×20 1/4 CF Neo Universal

矢印の部分が全て左ネジです．①と②は左接眼部品で，A部（接眼羽根）左側に①，②の順でねじ込んで組み立てます．残りの4つが右接眼部です．一つ一つの部品が加工しやすい形になるように分割した結果とも考えられます．

実際に本機を分解して印象に残ったのは，逆ネジ(左ネジ)部品の多さでした．例えば，前に紹介したツァイスのCF機，デルトリンテムでは，左ネジ部品は中心軸の中にある多条ネジの対物側末端の抜け止め用ビスだけですが，本機では，まずエボナイト製の見口からして逆ネジなのです．

通常，光学機器の作動部分で左ネジが使われるのは，左回転の部品などが接触する部分に限られ，部品の回転によって摩擦が生じてもネジがゆるまない，というのがその理由です．見口がこの例に当てはまらないことはおわかりでしょう．ユーザーによる分解を防止するためとも考えられますが，内部構造にも通常の双眼鏡には見られない点があり，やはり何らかの意図があったのではと思わせます．

また本機は，筆者個人としても忘れられない思い出があります．筆者が所有する古い双眼鏡は，像質の確認の意味でも，できるだけ分解して内部構造を確認し，プリズムの清掃とグリスの交換を行っていますが，Neo Universalのプリズムの加締め加工は精度が非常に高く，取り外す際のちょっとした傾きから破損してしまったのです．今でもこの小さなZ型の双眼鏡を手に取ると，そのときの悲しさと悔しさを思い出すことがあります．

ゲルツ社製民生用双眼鏡の最終品目（1926年）

名称	倍率	口径	実視野	重量
Neo Universal	4.5	20.25mm	9.0°	350g
Neo Trieder	6	24mm	7.0°	360g
Neo Trieder	8	24mm	6.4°	513g
Neo Trieder	12	24mm	4.2°	590g
Heli Trieder	6	24mm	7.0°	480g
Heli Trieder	8	24mm	6.4°	480g
Helinox（CF）	6	30mm	8.5°	660g
Helinox（IF）	6	30mm	8.5°	700g
Helinox（CF）	8	30mm	8.5°	700g
Helinox（CF）	7	50mm	6.3°	1215g
Helinox（CF）	8	40mm	6.4°	840g
Helinox（IF）	12	38mm	4.2°	820g
Perpax	10	52.5mm	5.0°	1300g
Pernox	10	45mm	4.0°	940g
Pernox	15	60mm	2.8°	1335g

※広角型は前項に掲載したHelinox(CF) 8×30のみ．他は，全てケルナー型の接眼レンズを装着した機種．

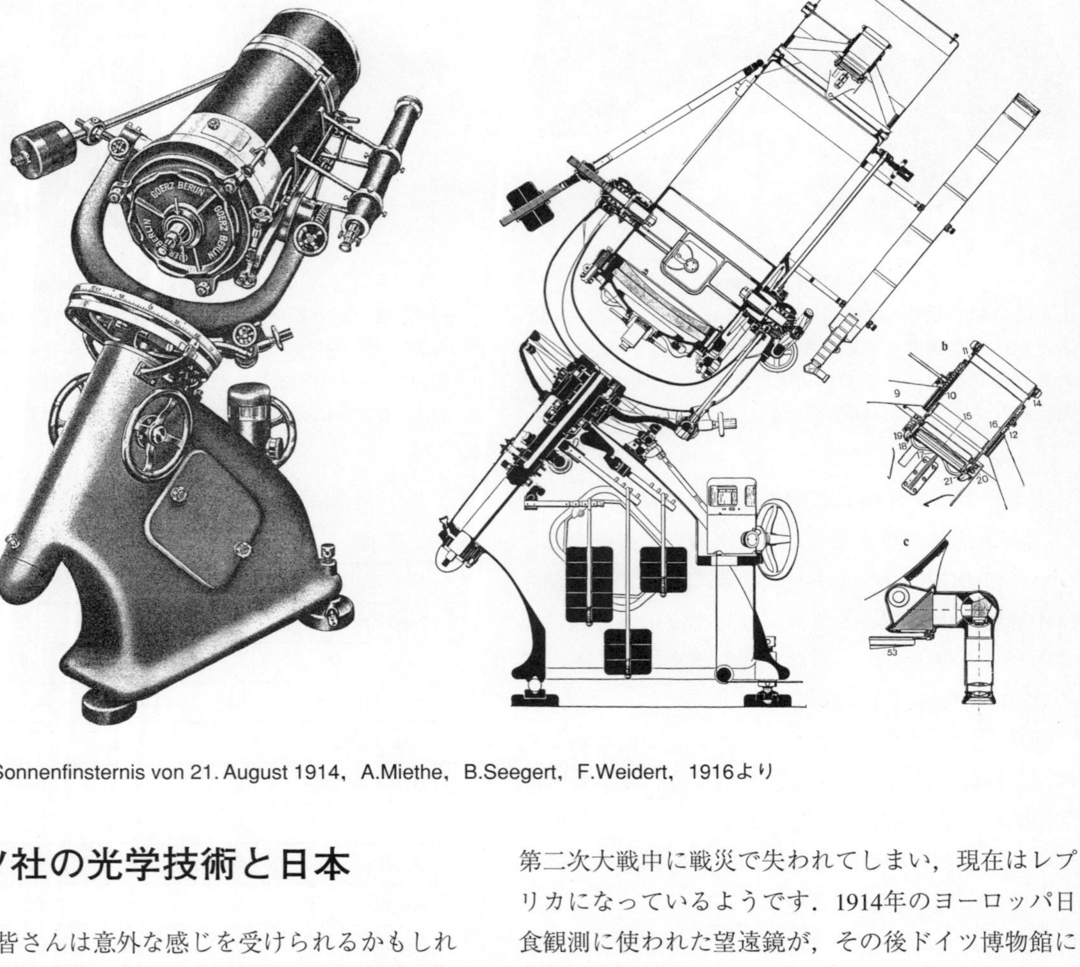

Die totale Sonnenfinsternis von 21. August 1914，A.Miethe，B.Seegert，F.Weidert，1916より

ゲルツ社の光学技術と日本

読者の皆さんは意外な感じを受けられるかもしれませんが，ゲルツの技術は系統的に日本へ到来しています．その一例として，3台の反射式望遠鏡を紹介します．この望遠鏡は，いずれもカセグレン鏡系の類型の光学系で，架台はフォーク式赤道儀です．

上の図は，1914年8月21日にヨーロッパで起こった皆既日食の観測に使われたゲルツ製の望遠鏡の外観と断面図です．右ページ左の写真は，ミュンヘンのドイツ博物館東ドームに設置されていたものですが，第二次大戦中に戦災で失われてしまい，現在はレプリカになっているようです．1914年のヨーロッパ日食観測に使われた望遠鏡が，その後ドイツ博物館に移設されたものです．

断面図を見ると，2枚の表面鏡を組み合わせた単純なカセグレン式ではなく，一部を裏面鏡として球面収差とコマ収差を除去し，像面湾曲が残存しているアプラナート系の設計になっています．口径は40cm，合成焦点距離は4000mmです．

右ページ右の写真は，日本光学工業（現ニコン）によって1922年の平和記念東京博覧会会場で公開さ

『ドイツ科学博物館案内』, 1928より

『科学画報7巻, 6号』, 科学画報社, 1926より

れた, 国産初の本格的な反射赤道儀です. この望遠鏡は口径50cmとひとまわり大きいのですが, 外観がゲルツ製の望遠鏡とよく似ています.

実は, この望遠鏡の設計者は, 生まれたばかりの日本の総合的な光学産業技術の指導者として1920年に来日した, 8人のドイツ人光学技術者のうちの1人で, ゲルツ社に在籍していました. 彼らは, 望遠鏡だけでなく, 双眼鏡やその他の光学機械のレンズ設計や機械設計, 生産技術の指導にあたり, 日本の光学技術の発達に大きく貢献したのです.

この日本製50cm望遠鏡は, 副鏡を裏面鏡として, より高度な収差補正をめざしましたが, なかなか完成の域に達しませんでした. 長らく日本光学工業の芝工場で修正が続けられましたが, 日中戦争開戦によって作業は中断され, 結局, 主鏡だけが別の用途に使われたそうです.

なお, ゲルツ社では屈折望遠鏡も製造していました. 日本が輸入したゲルツ製双眼鏡はかなりの量になるにもかかわらず, 天体望遠鏡については, その資料すら皆無と言っていいほどです.

いつか, ゲルツ社製の望遠鏡を同社純正のアイピースでのぞいてみたいものです.

日本のプリズム双眼鏡前史
―双眼鏡製造技術の欧米水準への到達―

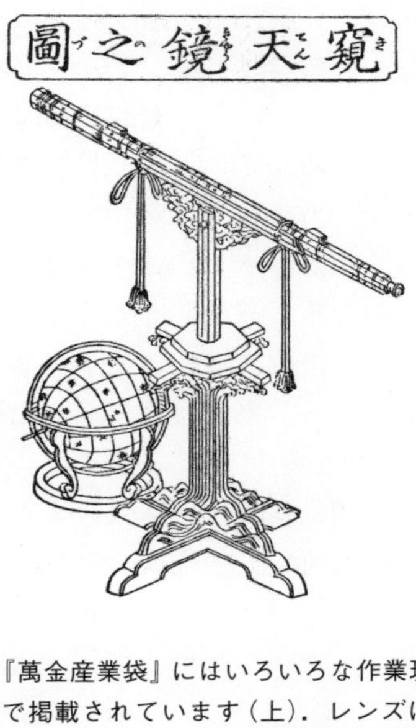

三宅也来の『萬金産業袋』にはいろいろな作業現場の風景がイラストで掲載されています（上）．レンズに関係する画像で違和感がないことから，作画者が実際に作業を見て描いたのかもしれません．岩橋善兵衛の著作『平天儀図解』に載せられている窺天鏡（下）は，多角筒の天体望遠鏡ですが，架台も描かれており，実物に即したものでしょう．

望遠鏡の渡来と研磨技術の伝来

日本に初めて望遠鏡がもたらされたのは慶長18年（1613年），イギリス国王から親書と共に，贈答品として掛け眼鏡などを加え，徳川家康に贈られたものとされています．眼鏡は静岡の久能山東照宮に残されていますが，望遠鏡は残念なことに失われ，光学仕様などの具体的な記録は残っていません．

これは完成品の渡来についての記録ですが，レンズ製造技術の伝来については，さらに確実性の低い，半ば伝説と言っていいような史料しか残っていません．西川如見の『長崎夜話草』という随筆によると，元和年間（1615～1624年），長崎の浜田弥兵衛という人物が外国に渡って技術を習得し，帰国後，同じ長崎の生島藤七へ教えた後に，日本全国へと広まったものとされています．ただし，この随筆が書かれたのは元和年間から1世紀も後のことであり，信憑性には疑問が残ります．

ただ，いずれにしろ，浜田弥兵衛が外国へ渡ったとはいっても，ヨーロッパにまで行けたとは考え難いことです．この時日本に伝わったのは当時，ヨーロッパで行われていたレンズ研磨法の全てではなく，既にヨーロッパ諸国の植民地となっていた東南アジアのどこかで，当時の日本でも技術が維持，存続できる最低限の水準まで下げた形での技術が，断片的に伝えられたと考えるべきでしょう．

徳川時代，特にその初期には親藩，譜代であっても容赦ない改易，廃絶が行われています．そのため，諸大名にとって幕府の意向に逆らうような振る舞いを見せることは，何としても慎まなければならないことでした．望遠鏡という外国渡来の珍器も，戦においては敵情観察の有用な武器となることから，大名が武器として持つことを恐れた幕府の意向もあり，国産化は遅れました．そこで，望遠鏡の需要は外国製品でまかなわれ，国産のレンズ製品は掛け眼鏡，天眼鏡などの簡単なものしかありませんでした．

国産望遠鏡の出現

鎖国体制の確立も含んで国内秩序の安定が進み，一方では経済活動の活発化が生み出す文化の熟成によって，日本にレンズ研磨技術が伝えられて1世紀ほど経つと，いよいよ国産望遠鏡が生まれることになります．作者は長崎の玉工（レンズ職人）森仁左衛門（1673～1754年）で，銘入り，漆塗りで仕上げられた豪華な望遠鏡が複数現存しています．外装の豪華さは，実用品の域を超えて芸術品の域に達しています．

光学系は，絞りで有効径を小さくした単レンズを対物レンズとし，接眼レンズは4枚の両凸単レンズを組み合わせた正立のテレストリアル型ですが，変形として3枚の両凸レンズで正立レンズとした簡易型も作られています．このレンズ構成は，江戸時代に作られた国産の屈折望遠鏡に共通する構造で，全長が長くなることから，2段以上の多段伸ばしといった伸縮式とされることも共通です．

この豪華な装飾で仕上げられた望遠鏡ですが，同時代的史料ではないものの，後に書かれた『寛政暦書（1844年）』では，舶来品に近い出来と評価されています．そのこともあってか，仁左衛門は八代将軍徳川吉宗から天体用望遠鏡の製作を命ぜられます．吉宗は自身でも天体観測を行うだけではなく，焦点面（焦点位置＝視野絞り）に井の字に糸を張る「焦点パターン」を考案するほどの，科学に理解力を持った稀有の将軍ですから，仁左衛門はさぞかし将軍の注文にプレッシャーを感じたことでしょう．

徳川将軍も八代ともなると，変動はありましたが経済活動は近世資本主義寸前ともいえる状況となり，文化は爛熟といえる状態にも至っていました．文化の中心が上方から江戸へと移ると，文化面でも出版が十分な経済活動となり，記述の対象となる分野も情報そのもの自体へと広がっていきます．

大名屋敷や旗本屋敷を詳細に記入した切り絵図（地図）が出版されるなど，江戸時代は限定的ではあるものの，ある程度まとまった形での情報が出版物となりえるほど，意外なほどに情報化社会を迎えていたことは興味深いことです．

各種の情報が蓄積し，それを系統的に整理することで知識欲に基づく読書の欲求を刺激するに足りる出版物へ結びついた例で，望遠鏡の作り方も含められた書籍が存在しています．それが三宅也来（みやけやらい）（生没年不詳）の著書『萬金産業袋（ばんきんすぎわいぶくろ）』で，序文に享保壬子之春，洛南の文言があることから，著者は京都在住

江戸時代の標準的な仕上がりとなっている3段伸ばしの岩橋善兵衛作の遠眼鏡で，黒漆塗りの部分が伸縮部です．赤漆塗りの鏡筒本体（左側の最大径部分）も含め，外装は金箔押し型による豪華な装飾が施されています．
（画像提供：富山市科学博物館　渡辺 誠氏）

で，享保17年（1732年）の出版と考えられます．

この享保年間は，天体観測も行った八代将軍徳川吉宗の治世の前半であり，享保の改革という幕政の建て直しから，町民層の社会的影響力は相対的に低下してはいました．しかし，既に蓄積されていた手工業的な製造技術を各方面に渡って集め，製品解説を行った書籍が出版されていたことは，現代の製品・技術解説書の先駆けにもあたるでしょう．

岩橋，麻田，そして国友

江戸，大坂，京都などの大都会を中心に眼鏡製造技術が広がっていくにつれ，より高度な技術を必要とする望遠鏡の製造にまで進み，大成功を収めたのが岩橋善兵衛（1756～1811年）でした．

岩橋善兵衛は，和泉国貝塚（現：大阪府貝塚市）の貧しい魚屋の家に生まれましたが，家業を継がず，独立して眼鏡レンズの製造，販売を始め，寛政5年（1793年）に窺天鏡（きてんきょう）と名づけた望遠鏡を完成させます．

この望遠鏡の出来は良く，当時の文化人たちからの評価を受けた善兵衛は，その後も精力的に望遠鏡を作り続けます．そして一閑（いっかん）張りの筒のものだけでなく，竹筒や木材貼り合わせの多角筒などの，いろいろなバリエーションも考え出しています．

私たちは，当時の望遠鏡をひとまとめに遠眼鏡（とおめがね）と呼んでいますが，当時の文献では用途別に区分していました．遠距離地上用のものは千里鏡あるいは万里鏡，近距離地上用の遠鏡と，天体用の星鏡，観星鏡，星眼鏡などと呼ばれ，接眼レンズの形式の違いによる性能差も含んで名前とされていたようです．

善兵衛は覚え書きとして『サイクツモリ帖』という製作記録を残しており，名称のサイクは細工で，ツモリは心算（つもり）と積もりの掛詞に思えてしまいます．この『サイクツモリ帖』は当時の技術の一端を伝える貴重な史料として現存しています．岩橋家の望遠鏡作りは家業として4代に渡り，明治時代まで続きましたが，その高いレンズ製造技術は一子相伝として固く守られ，他へ伝播することはありませんでした．

善兵衛作の望遠鏡を使った一人に，伊能忠敬がいますが，幸いなことに筆者には，忠敬の使った望遠鏡の一つで星を見たという稀有な経験があります．三日月状に欠けた金星も良くわかり，恒星像も良好で像質の良さも確認できました．ただし，有効径がかなり小さくて暗く，正立接眼レンズの視野の狭さに加えて鏡筒長も長く，見かけよりはずっと軽い望遠鏡でしたが，大変扱いにくかった印象があります．

善兵衛と並んで，江戸時代の二大屈折望遠鏡製作者とされるのが，麻田立達（1771～1827年）です．立達の父，麻田剛立は当時実力のある天文研究家として知られ，寛政改暦に尽力した間重富を始め，多くの弟子が輩出して，麻田流天学といわれる一派が形成されていました．父の死後，生活に困窮した病身の立達は，間重富の勧めに従って，レンズを磨き，望遠鏡作りを始めます．もともと立達は，幕府天文方からも一目置かれるほどの天体観測技術を持っていたこともあってか，立達作の望遠鏡の性能は良く，ついには天文方に買い上げられるまでになります．しかし後継者に恵まれなかった立達は，その技術を残すことができず，その技術は残念なことに彼一代で終わってしまいます．

善兵衛や立達に少し遅れて，近江国国友村（現：滋賀県長浜市国友）の鉄砲鍛冶の家に，国友藤兵衛重恭（1778～1840年）が生まれます．この国友村で鉄砲の製造が始められたのは，羽柴秀吉（豊臣秀吉）が織田信長から長浜を領地として授けられて以降とされています．しかし，江戸時代の太平な世の中では大きな需要があるはずもなく，鉄砲製造が秘匿すべき特殊な高度技術であるが故の技術維持といった苦労があったことでしょう．

技術力を必要とされていた国友鉄砲鍛冶衆の中でも，藤兵衛は発想にも優れ，気砲（空気銃），御懐中筆（筆の万年筆），玉燈（照明器具）といった器具を考案，自作しています．藤兵衛は，天体望遠鏡も江戸で見た外国製品の反射望遠鏡を基に，自身の工夫で自作したのでした．

藤兵衛が文化3年（1820年）頃，江戸で見た望遠鏡はオランダ渡りのグレゴリー式金属反射鏡望遠鏡で，この望遠鏡を見たことから，自作を思い立ちます．そして準備研究を行うなど，技術者として未経験の領域での活動を十分意識した上で実行にかかり，ついに天保3年（1832年），第1号機を完成させます．

これも幸いなことに，筆者は藤兵衛作の反射望遠鏡のうちの1台を，かなりくわしく観察できる機会に恵まれたことがあります．金属製反射鏡の鏡面は曇っておらず輝きがあり，各部構造上の金属加工技術の高さも実感でき，藤兵衛と彼を支えた，当時の技術者集団としての国友鉄砲鍛冶ならではの高い技術の製品と深く感心したものでした．残念ながら星像を見ることはできませんでしたが，藤兵衛自身が，自作の望遠鏡によって残した天体観測の記録からも，性能の良さはうかがい知ることができます．

藤兵衛の技術もまた，当時の我が国の総合的な技術から見れば卓絶したものであったのですが，藤兵衛の製作した望遠鏡は6台だけで，その技術を受け継ぐ者はなく，彼一代で終わってしまいました．

幕末 ―双眼鏡の輸入―

話は少し戻りますが，岩橋と国友に挟まれた時期，特に年号から呼称される化政期（文化～文政年間1804～1830年）もまた，江戸時代の中では，経済の発展による文化の爛熟期となっています．この時期は大都市の生活の中で，レンズ製品の存在はそれほど珍しいものではなくなっていました．日本初の印税生活者として知られる文豪，滝沢馬琴（1767～1848年）は，老齢化も加わった視力の低下に悩み，たびたび高額な眼鏡を買い直しても，視力の衰えに追いつかないことを嘆いた書状が残っています．また俳人・小林一茶（1763～1828年）の句『三文が霞見にけり遠眼鏡』は，江戸の湯島の高台で，いわば「観光望遠鏡」の営業が行われていたことを示したものです．

そして化政期が過ぎ，時代は激動の様相を示していきますが，とうとう幕末，ついにガリレオ式双眼鏡が輸入されることになります．それは主に海防という，当時の緊迫した国際情勢に対応するための方策からでした．鎖国を続ける日本に対して，来航する欧米の船舶の存在と開国の要求は，等閑としてきた国家の独立を根底から揺さぶるものだったのです．そこで徳川幕府は，海軍力の創設，整備を進めることになります．そして近代的な西洋航海術の移入と共に，オランダやフランスに対する軍艦建造発注に伴い，航海用品としての位置づけから単眼鏡のみがあった我が国に双眼鏡が出現することになります．

確実に江戸時代に輸入されたことがわかるガリレオ式双眼鏡には，幕府海軍の開陽丸艦長となった澤太郎左衛門（1834～1898年）が使用したものや，一方，倒幕勢力側には長州藩の高杉晋作（1839～1867年）の使用品が山口県の長府博物館に存在しています．

ヨーロッパでは，双眼鏡は望遠鏡の誕生とほぼ同時に出現したものでしたが，日本製双眼鏡の誕生は大きく遅れて明治時代，それも末期のことでした．

レンズを組み合わせてできる望遠鏡であれば，レンズのカーブ（曲率）と厚さを，見本品にできるだけ合わせることで，模造は同一ガラスに限り可能です．

しかし左右の視線方向の軸の平行・一致が必要である双眼鏡の製作は，当時の技術ではこなせなかったのかもしれません．あるいは日本人は双眼鏡にそれほど魅力を感じなかったのでしょうか．煙草入れの根付に小さなガリレオ式望遠鏡を組み込んだものが現存していますが，それを二つ並べるという双眼鏡化の閃きは生まれなかったようです．

「面白きこともなき世を面白く」との辞世の句を残した高杉晋作の目に，舶来の双眼鏡が見せる光景は面白く映ったのでしょうか．記録は何も残されていないようです．

万国博覧会と技術伝習

そして時代は，江戸から明治へと移ります．明治維新の大動乱が覚めやらぬ明治6年（1873年），ウィーンで開かれた万国博覧会への参加見学と技術伝習のため，ヨーロッパへの長い船旅を始めた人たちがいました．当時，殖産興業という国策の下，短期間での国内諸技術の向上をめざす政府の要望から，かなり多くの外国人教育者や産業技術指導者が日本に滞在していました．しかし，実際の生産現場を見ることのできない日本では技術者の育成には自ずと限界が存在していました．そこで，ノウハウを含めた技術全般を即効的に導入するため，各分野から人材を選抜してヨーロッパに派遣する「技術伝習」が行われたのです．長期の船旅に出かけたのは，その伝習生と引率の官吏たちでした．

伝習生の制度自体は既に旧幕府時代からありましたが，決定的に異なっていたのは，伝習すべき範囲がかつての軍事技術を中心としたことだけでなく，民生関連のものまで広範囲に渡っていたことでした．伝習生は複数の分野に渡った技術を習得するという，大きな期待を背負う立場となっていたのです．

そんな伝習生の中で，レンズ製造部門で選ばれたのが，東京・四谷で水晶玉などの祭事用玉石加工を行っていた朝倉松五郎です．このとき31歳だった松五郎は，すでに宮内省御用達として連珠製作業では世に認められた存在でした．

ウィーン万博の見学を終えた伝習生たちは，それぞれ伝習地へと向かいます．松五郎はまずウィーンのグリューネルト製造所で2ヶ月弱ほどの間，レンズ製造技術の習得を行い，その後ローマに移動して，モザイクの技術伝習も行っています．このような少人数ではあるものの，直接的な外国での技術伝習は，近代日本の産業の立ち上がりで大きな効果をもたらしています．

朝倉松五郎（左）と高林銀太郎（右）．明治6年，ウィーンで近代手法による眼鏡レンズ研磨を伝習した朝倉松五郎から，日本の近代的な眼鏡製造が始まりました．その技術を受け継ぎ高めた高林銀太郎の工場からは，後になってプリズム双眼鏡に関係する多くの人たちが輩出しています．松五郎は若くして亡くなりましたが，朝倉眼鏡店はその後『KENT』ブランドのプリズム双眼鏡を，軍の指導で測器舎へ工場を移譲するまで生産していました．工場はなくなったものの，現在でも朝倉眼鏡店は四谷に本店を構え，盛業しています．

松五郎は，ウィーンで購入した蒸気を原動力とする研磨機を携え，明治7年（1874年）に帰国します．研磨機は内務省博物局に据え付けられて，皇族の度重なる参観を受けるなど，たびたびデモンストレーションが行われています．旧来の人力による手作業による眼鏡用レンズ研磨では，1日1枚といった製造量が，研磨機の導入で一日に1ダースが可能になるほどの大変な効率化となって現れました．しかも製品の質は向上し，3種類程度しかなかった製品バリエーションも一気に50種類に増やせるなど，伝習の結果は眼を見張る形として示されています．

もちろん，向上したのは能率ばかりではありませんでした．旧来の加工法では，摺り（レンズ面カーブの作成）と磨き（摺りガラス面の透明化：艶出し）作業は分化しておらず，金剛砂，房州砂，あるいは油砥石（細微の砥石）などで仕上げ段階まで行われて

藤井龍蔵が興した藤井レンズ製造所も，創立時点ではドイツ流の技術を完全に獲得してはおらず，研磨作業は外注していました．この困難な時期に彼を支えたのが，海軍軍人であった安東良中佐（退役時点での階級）でした．安東中佐は技術者ではなかったものの，軍事上の観点から国内の光学技術の発達を何より望み，その思いを藤井龍蔵に託したのです．画像は中佐時代に取得されたビザ．ほぼ同時代である藤井レンズ創業期の外国製品の軍人向け販売チラシ，同所創業後の海軍に向けた売り込み用カタログと海軍内部の反応，機種増加のカタログの一部は，巻末の「資料編」に収録しています．

いました．そのため艶出しが未完了状態で，透明度の点では大きな遜色があったのです．しかし松五郎が伝えた外国の眼鏡レンズ製造技術では，羅紗を貼り付けた研磨板で艶出しに紅殻（弁柄，ベンガラ）を使うようになったため，研磨面の滑らかさは大きく改良されたのです．

松五郎は帰国後，弟子の育成を始めると共に，伝習で得た技術を『玉工伝習録』としてまとめ，政府に報告書として提出しますが，明治9年7月，急病で世を去ってしまいます．

松五郎が伝えた技術は，幸いにも松五郎の急逝で途絶えることはなく，特に若年ながら実力に優れた高林銀太郎をはじめとする弟子たちに受け継がれ，やがて幼かった松五郎の息子の亀太郎に引き継がれていくことになります．そして明治23年の第3回内国産業博覧会では，朝倉眼鏡店の製品として，各種のレンズ製品を出品するまでになるのですが，その中には両眼鏡というものがあり，これがおそらく国産初のガリレオ式双眼鏡ではないかと思われます．光学系の構造など，詳細は不明ですが，対物レンズは単レンズだったはずです．その理由として，松五郎はレンズのバルサム貼りも伝習してはいるのですが，肝心のバルサムについては材料としての知識は教えられず，また光学理論の教育も行われていないからです．しかし，外国製品の見本模造は可能であり，それなら，かなりの結像能力を持った製品となっていたとしても納得できることになります．

明治初期の軍と光学機械

明治維新以降，軍備の増強は進められていきますが，軍と光学機械との関係は，海軍の場合，江戸時代からの関係を継続していたといえます．日本海軍では，ガリレオ式双眼鏡は航海用の重要機材とされていたのです．それを証明するのが，現在はアジア歴史資料センターがデジタル化情報として管理している，返還文書（敗戦時点で接収され，その後返却）中の旧海軍省保管文章です．といってもこれは航海でガリレオ式双眼鏡を亡失した士官が提出した進退伺いが残されていたものですが，ガリレオ式双眼鏡が航海で定常的に使用されていることと，その実用性と重要度を示したものといえるでしょう．

一方，陸軍では明治16年（1883年），フランス・ゴーティエ社の野戦用測遠器を採用します．そして明治20年（1887年），海岸砲台用測遠器としてオードワール式を採用，さらに明治25年にはシステムはイタリアのブリチャリニー式測遠器と照準機に変えられます．この採用では，システムの一部である望遠鏡類の国産化が行われることになり，翌年，製造所として東京砲兵工廠に精器製造所が設けられ，工場技術者が研修のためイタリアへ派遣されます．このような望遠鏡類製造のための技術研修として，工場技術者の派遣は他にはイギリスへも行われていますが，習得した技術は研磨工程に限定されていたようで，光学設計技術は含まれていませんでした．この精器製造所で研磨作業に従事した技術者のほとんどは，高林レンズ製作所の出身でした．

日清戦争と双眼鏡

殖産興業と並んで富国強兵は明治時代の国是でした．最先端の軍事技術の導入は必要欠くべからざるもので，在外公館に駐在する軍人は，常に最新の軍事情報の収集，報告を職務として行っていました．

そんな中，日清戦争（1894～95年）開始2年目の明治28年（ツァイスの双眼鏡発売開始の翌年），ドイツ駐在の陸軍武官の手によって，4倍（文献上での仕様，6倍か8倍の可能性も高い）と12倍のプリズム双眼鏡が数百個まとめて持ち帰られます．この双眼鏡は前線の将校にだけ販売され，将官級の高位の軍人には12倍が，一般将校には4倍のものが販売されたそうです．

ただ，当時の資料は断片的で少なく，具体的な情報もないため，国内に現存する古い外国製双眼鏡の中から，この時に輸入された双眼鏡を確定するのは困難なことです．日清戦争は近代化が始まって以来の最初の対外戦争でしたが，交戦国である清国は，近代化も停滞状態の，傾ける老大国でした．戦闘の実状も日本が一方的に優勢であったことから，事実上，戦場での双眼鏡の有効性については，それほど決定的に軍の首脳部に認識はされなかったようです．

個人的なプリズム双眼鏡の初輸入に関しての資料は，発見されていません．現在，確認できる日本へのプリズム双眼鏡の初の到来は，この時となるか，あるいは実質的に日本の近代的光学産業技術の始祖となる藤井龍蔵が，海軍技師として英国滞在中に購入したイギリス・ロス社製のもののどちらかである可能性が高いのではないかと，筆者は考えています．

ともかく日清戦争を契機としてまとまった数のプリズム双眼鏡が輸入されたことで，将校にとっての必需品という位置づけは，徐々に固まったようです．

国産化への気運

日清戦争後の三国干渉や，日本とロシアの地政学的位置関係から，ロシアが潜在的脅威から具体的脅威となることに対して，陸軍では軍備充実の一端から，プリズム双眼鏡の装備が始められていきます．明治37年（1904年）の日露戦争開戦後，装備が始められていた外国製双眼鏡は三七式双眼鏡として制式化されます．変転きわまりない国際関係から考えれば，国家の独立を維持するための国防では，兵器の供給も他国依存となることは時に死命を制せられることすらあり得ます．そのため，兵器の独立（国産化）は国家として喫緊の要請という国産化の気運は，既に日露開戦前に起こっていたのです．

それが実際の形となる，わが国初のプリズム双眼鏡の製造は，明治42年（1909年），東京小石川所在の陸軍東京砲兵工廠精器製造所光学工場で行われています．その製造技術の大元は，朝倉松五郎が伝習してきた技術の後継者であった高林銀太郎が深めたものでした．高林銀太郎が経営する高林レンズ製作所と砲兵工廠とは，少ないながらも人的交流があり，それが砲兵工廠の光学技術の大元となっていました．

それに加えて細々とではありますが，砲兵工廠技術者の外国派遣，海外駐在武官を介しての外国技術の収集があったため，砲兵工廠の技術は結果的に高林レンズ製作所より高度化していきます．そのことから，高林レンズ製作所へ流下する形での技術伝播が起こったことで，高林レンズ製作所でもさらなる技術的発達がいくらかは起きていたようです．

技術の直輸入

国産化の気運は他にも生まれていましたが，結果的に大成功となったのが，藤井レンズ製造所（日本光学工業の前身の一つ）でした．

日本光学工業製アトム6×15．ドイツ人技術者8名の招聘は，双眼鏡製品も一新して『独式双眼鏡』と総称される機材を生むことになります．アトム6×15も最新技術から生まれた『独式双眼鏡』でしたが，同一光学仕様機ミクロンの存在が傑出してしまったため，有名にはなりませんでした．優良新製品の品種展開は，大企業でもむずかしいという例になるでしょう．（画像提供：株式会社ニコン）

海軍技師であった藤井龍蔵もまた，光学機械の国産化を考えていた人物でした．ただ，彼が他の人たちと大きく異なっていたのは，通信という手段でしたが，ドイツの光学技術を単なる知識にとどめることなく製造技術として独学，習得し，十分に使ったことでした．それに加えて，これまた独学ではあるものの光学設計も行えたこと，ピッチ研磨を本格化したことで艶が良く，精度の高い研磨面の作成ができたこと，このいずれもが従来の光学工場の技術にはないことでした．

国産化では東京砲兵工廠に遅れたものの，藤井レンズ製造所製品の質は良好で，これはやがて，性能を評価された上での国産双眼鏡の初輸出へとなって報われることになります．

しかし，藤井レンズ製造所は永続することはできませんでした．第一次大戦の戦訓から，より高度な測距儀，潜望鏡などの光学兵器が生産可能な，国策光学企業創設が求められ，結局，それは既存の軍用（海軍用）光学機器製造所を合わせる形となります．そして設立されたのが日本光学工業で，藤井レンズ製造所はその技術母体として吸収されたのです．

ここで生まれた新会社は双眼鏡類の製造では十分海軍の要求に応えることはできましたが，高品位製品である測距儀，潜望鏡の国産化は容易なことではありませんでした．そこでとられた方策が，海外から十分高度な技術を保持している人材を招聘することでした．第一次大戦の敗戦国で，光学産業が収縮状況となっていたドイツから有能な技術者8名という規模の大きな招聘が行われたのです．

先進国の文字で表せないノウハウまで含めた広範な技術伝播は，一社の専有とならず，後に戦時体制という状況下で業界全体に拡大しました．この激動期の技術拡大・深化は戦後，大きな実りになります．

眼鏡
マーク
商店名
備考
CARL ZEISS TOKYO
双眼鏡光學機械
カール・ツアイス 株式會社
麹町區丸ノ内郵船ビル
電話丸ノ内三〇六五―六
TOKO
双眼鏡光學機械
東京光學機械株式會社
板橋區志村本蓮沼町
電話大塚(86)一九九四
FUJI KOGAKU
双眼鏡光學機械
富士光學器械製作所
東京・池袋
電話大塚(86)四六八二 三三七六番
ADENS
双眼鏡
アデンス光學機械 合名會社
瀧野川區瀧野川町一七四一
電話板橋九一二五番
EARTH
双眼鏡光學機械
アース光學株式會社
東京市日本橋區橋町九
電話浪花(67)三三二〇番
KING
双眼鏡
キング双眼鏡製作所
板橋區板橋六ノ三九六
I.K.K TOKIO
双眼鏡
井上光學工業合名會社
世田谷區新町二丁目
電話世田谷
PRINCE
プリンス双眼鏡
吉田眼鏡店
本郷區本郷四丁目
電話小石川(85)二九四九

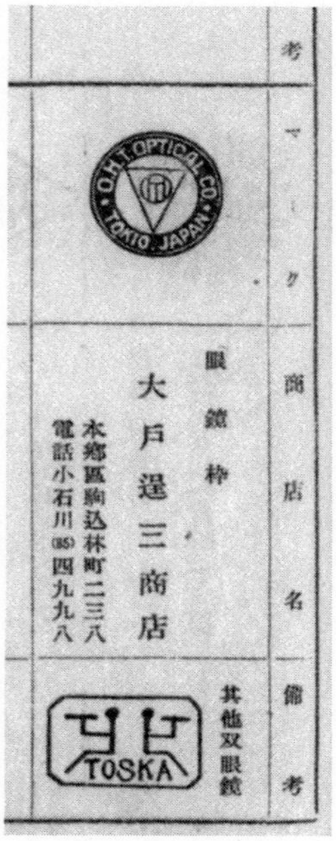
マーク
商店名
備考
O.H.T. OPTICAL CO. TOKIO JAPAN
眼鏡枠
大戸退三商店
本郷區駒込林町二三八
電話小石川(85)四九九八
TOSKA
其他双眼鏡

日中戦争が始まった昭和12年に，日本貴金属時計新聞社から刊行された『全国業界マーク大鑑』（左）には，社会情勢を受け，増加しつつあった双眼鏡製造業者が紹介されていますが，一部の大手企業を除き，多くは零細規模と思われます．中小規模の工場であるべきはずの会社がないことから，絶対的な資料とはいえませんが，業界の動向は巻末「資料編」にある官報4175号で告示された双眼鏡のメーカーとはずいぶん異なります．合併，吸収，倒産，転業など経済的変動が起こっていたのでしょう．右は，高林〜東京瓦斯電気系統と十三年式双眼鏡の両方とも製造していたことが確認できたメーカーで，OEMの可能性はありますが，高度技術の受け皿となったメーカーの例にあたると思われます．

第2章

草創期から日中戦争開始までの双眼鏡の技術動向

（日本製品）

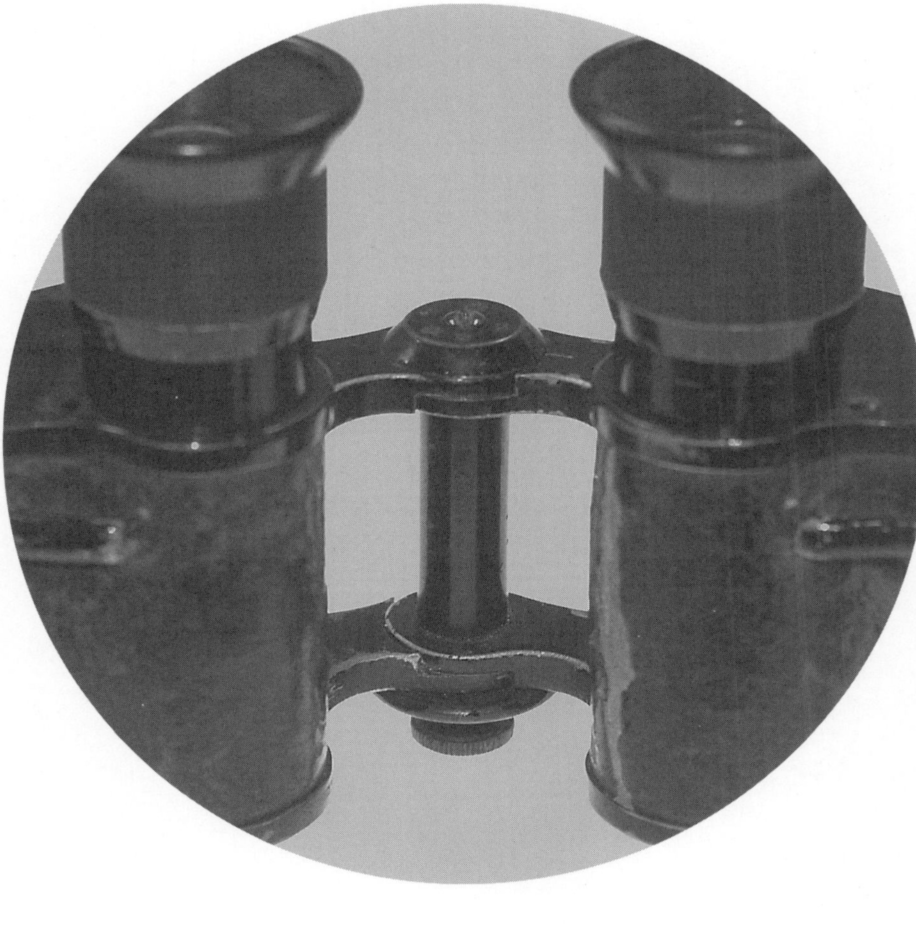

既存機種の良い点を集積した
国産初のプリズム双眼鏡
東京砲兵工廠 試製手中眼鏡（森式双眼鏡）6×23.5（口径実測）

国産の三七式双眼鏡（後述）と比べると，全体的には横幅が狭く，鏡体の羽根，中心軸クランプ金具が小さいため，華奢な印象です．接眼部の直径が大きいのは，操作性を改善し，西欧各社製の良いところを集めた結果でしょうか．像質，研磨は意外なほど良く，実視野も含め，三七式と比べ遜色を感じません．完全模倣品の三七式は既に装備されていた外国製品との互換性がありますが，本機種には互換性がなかったことが，制式化されなかった理由と思われます．

私的記録と公的記録

筆者にとっては，天文学も大変に興味のある分野です．特に宇宙の始まりを知ることは，筆者の個人的興味にとどまらず，科学のきわめて重要な課題の一つといえます．それとはあまりにもスケールは違いますが，国産双眼鏡の始まりも，筆者にとってすれば，やはり重大な興味の対象であることに変わりありません．

歴史を探る場合，事実が余すところなく正確に記録されていれば，もちろん問題ありません．しかし，記録されている事実が断片的であることはよくあります．また，記録されているはずと思われることならば，まずその記録を見つけ出し，解釈することが何よりも必要です．言葉を変えるならば，事実確認とでも言うべきでしょうか．

しかし歴史の探求では，時として，確定しているはずの事実が実際とは違う場合が存在しています．事実＝真実ではないことがあり得るのです．

国産初のプリズム双眼鏡の出現に関することもこの事例で，記録された事実≠真実に当てはめられると言わざるを得ません．具体的な例では，わが国の光学工業の草創期に，自身の個人的研究から技術を大成した藤井レンズ製造所主，藤井龍蔵の回顧録の例があげられます．経緯はともあれ，この回顧録の記載の一部が結果的にあまりにも広く流布し，記録として誤認識されてしまったものと考えられます．

藤井龍蔵の回顧録『光学回顧録』は，光学産業史に興味を持つ者にとって大変おもしろい読み物です．この書籍が出版されたのは太平洋戦争の真っ最中の昭和18年のことでした．ただし出版物とはいっても非売品で，発行者は日本光学工業株式会社産業報国会です．発行理由の側面には，大きくいえば光学兵器増産という，当時の国策，国情に沿ったものがあったといえるでしょう．

この『光学回顧録』の記述には，藤井龍蔵自身の履歴として，明治44年に正立プリズムを用いた8×20mm双眼鏡を創製したとあります．このことから，この記述が長年，わが国初のプリズム双眼鏡の誕生として広く知れ渡ることになります．

この『光学回顧録』は見方を変えれば私的な記録といえますが，その一方，やはり国産プリズム双眼鏡の創製では，公的な資料が存在していました．それが東京砲兵工廠での機材開発などを記録したもので，後に他の各分野を含んで『明治工業史』としてまとめられ，出版されています．この書籍も，明治期全体を通して，わが国が産業立国へと向かう各方面の歴史を集めたもので，その中の軍事関連分野は火兵・鉄鋼編がその該当分野となっています．

小さくても大きな目印

分野という言葉で区分すれば，『光学回顧録』は専門書的であるのに対して，『明治工業史』は全般的，総説的な書籍です．そのため，その中の記述がこれまで見落とされてきたことが，歴史の誤伝となった原因といえるかもしれません．しかも，光学機器に関しては章立てされておらず，該当記述にたどり着けなかったことがその最大の理由といえるでしょう．

その『明治工業史』の中のプリズム双眼鏡創製に関する記述自体は，あまりにも簡潔ではありますが，「明治三十八年三月（中略）プリズム双眼鏡一部の試製に着手す」と，製造研究が開始された時期が特定できる記載があります．また，「明治四十二年二月（中略）創めて観測所用方向鈑三七式双眼鏡発火機配電盤を製作す」と，実際に現物の製造を完成させた時期もわかったのです．

以上のように歴史的事実は記述されているのですが，機材そのものについては唯一，三七式双眼鏡という文言以外，全く不明のままでした．しかしその他に，唯一手がかりとなりそうなことも記述されており，それは東京砲兵工廠製のものには，製造所を示すための工廠印があることでした．

その工廠印は，一見すると三つのリングを円形に並べた三ツ輪マークのようなものです．解説によると銃弾を3個束ね，さらに中央に一つ置いたところを上から見た状態という解説があり，明治29年制定ということもわかったのです．

東京砲兵工廠で明治29年以降作られた各種機材に，製造所を示す工廠印があったということは，現物を確認するためには確定的ともいえる手がかりです．この工廠印は，双眼鏡であれば決して大きくは表示されていないはずで，表示形状としては小さいものと思われます．しかし，双眼鏡に刻印してあれば，東京砲兵工廠製双眼鏡を確定するための大きな目印となるものです．

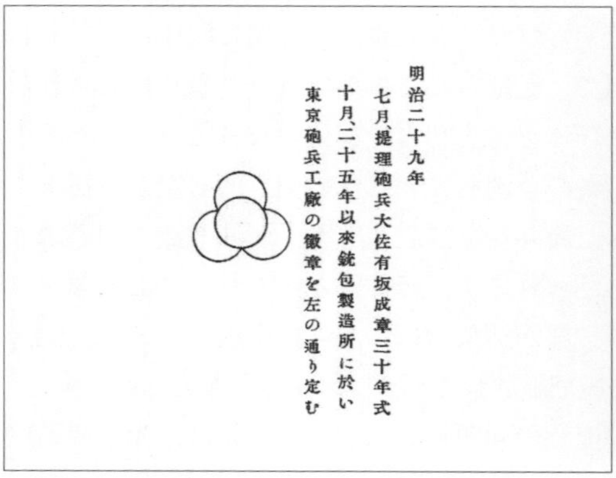
明治二十九年
七月、提理砲兵大佐有坂成章三十年式
十月、二十五年以來銃包製造所に於い
東京砲兵工廠の徽章を左の通り定む

左が『明治工業史』火兵・鉄鋼編に掲載されている工廠印です．右は実機である三七式双眼鏡にある東京砲兵工廠の工廠印で，小さな刻印でも，それが示す歴史的事実は大きいことを，筆者は後になって痛感することになります．

次項でお話しする，国産化された三七式双眼鏡が見つけられたのも，この記述があったからでした．

黒船ショック

明治時代の前，260年ほど続いた徳川幕府の体制を大きく揺るがした事件として，1853年の黒船来航を忘れるわけにはいきません．欧米列強のアジアでの植民地獲得競争が，ついに極東最東端の日本にまで押し寄せてきたのです．

この時，既に隣国の巨大な中華帝国「清朝」は，列強に蚕食されていました．日本がこの事態を避けるために必要なことは国防力，それも来航する敵艦隊を撃退できる武力を持った海軍力の充実でした．しかし明治維新直後の，社会が安定に至らない状況下では，短期間で大規模な海軍力を構築することは実際上不可能でした．国富は乏しく限りあるため，まず国防力の構築として行われたのが，海軍力の段階的増強と，陸軍力では国内の軍事上の重要地点の防御でした．

そこで，周囲を海に囲まれた島嶼国家である日本各地の海峡，港湾などの軍事上の重要地点には大型の火砲を装備した要塞が整備されていくことになります．その要塞で使用する兵器の国産化を受け持っていたのが，陸軍の2箇所の砲兵工廠でした．大阪は火砲，東京は銃器が担当でしたが，東京砲兵工廠では他にも電気機材などを開発整備していました．

明治20年，東京湾要塞で使用するため，オードワール式（応式）測遠器（距離測定器）の整備が始められます．明治25年には，さらに先進的なイタリア製ブリチャリニー式（武式）測遠機の採用によって，武式測遠機システムの国産化が，陸軍本省より東京砲兵工廠へ下命されます．この測遠機は火砲と連動しており，来航する敵艦を捕捉するための望遠鏡があることから，その製造技術の習得のため，技手（ぎて：中堅的技術職）の現地派遣が行われます．これが単にレンズそのものの製造ではない，光学機器製造技術の我が国への初めての到来となったのです．

しかし，製造技術（≒レンズ研磨技術）は伝来しても，レンズ設計技術の伝来には，まだまだ時間が必要でした．

実戦経験

明治維新後，わが国が初めて体験する大きな対外戦争が日清戦争でした．この時，プリズム双眼鏡は既にヨーロッパで製品化されていました．そこで，在独大使館付き陸軍武官がかなりの個数を調達して国内に移送し，参戦部隊に配布したことが断片的に記録されています．これが，プリズム双眼鏡の実質的な日本への伝来と考えられます．

この際，陸上戦での双眼鏡の有用性が認識されたはずですが，記録されたものを筆者はまだ見ていません．これは，火砲が未だ発達途上で砲戦距離が近いこともあったようで，中には「無駄ダマの一発も打てば土煙が上がり，敵陣の前後左右，どこに着弾したかがわかる」と豪語する前線の砲兵将校もいたそうです．従ってこの時点で双眼鏡の有用性の認識はあまり広がっておらず，有用性を認識していたのはごく一部の特定の人たちに限られていたようです．

そして次の大戦争となった日露戦争では，敵国は国内に不安定要因を抱えていたといっても，巨大で強大なロシア帝国でした．日清戦争とは異なる，準ヨーロッパ的な近代戦は，交戦中から日本に多くの軍事上の教訓を与えたのでした．それが日本の陸軍の中に，戦場での光学機器の有効性を深く認識させる要因となったのです．

余談になりますが，戦場での光学機器の有用性についての認識を持った軍人が生まれたのは，海軍もまた同様でした．ただ海軍の場合は，双眼鏡よりも砲戦に必須とされる測距儀（海軍用語で距離測定器のこと．陸軍の測遠器も実質は同じ）の有用性，重要性を重く見ていました．そのことについて活字で言及したのは，明治40年発行の海軍上等兵曹下瀬吉太郎著『軍用光学器械説明』という書籍で，実用上の経験も加えて解説されています．

双眼鏡に話題を戻しますが，実際に日露戦争でもまた，日清戦争の時と同じように，外国駐在武官（ほとんどドイツ駐在員）による外交包嚢（無検査通関）での輸入がありました．しかし，日清戦争時と異なっていたことは，既に国内にはヨーロッパ光学機器メーカーの代理店が複数生まれていたことです．そのため，日清戦争時点よりさらに多くの双眼鏡が

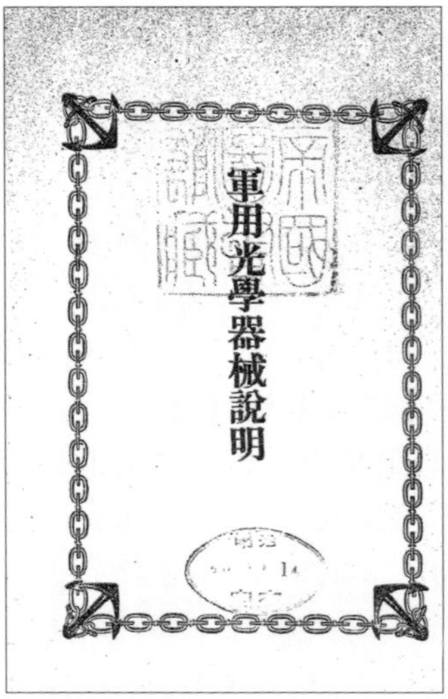

日露戦争の日本海海戦の経験をもとに書かれた『軍用光学器械説明』の表紙．本文は40頁にも満たない書籍ではあるものの，総説部分は機械構造を略述，各論部分では実用経験からの注意点を含みます．具体的で実用性が高い内容になっていることから考えれば，著者は一種の使用説明書，教科書を記述するつもりだったように思えます．しかし，結果的には残念ながら，この出版物が有効に使われたという記録はありません．(「国立国会図書館デジタルアーカイブ」より引用)

『東京模範商工品録』にある高林レンズ製作所の作業現場．専門部門別の作業現場の状況から見れば，高林レンズ製作所も当時としては決して小さな工場とはいえないものです．しかし，具体的な製品の写真がないため，残念ながら資料的価値が決定的に高いとはいえません．(「国立国会図書館デジタルアーカイブ」より引用)

前線部隊の指揮官たちに配布されたのでした．緊急輸入された双眼鏡は，直ちに前線の将校に配られたのですが，供給量が少なかったこともあり，特に高倍率機には需要が殺到したとの記録があります．

歴史上の原因と結果を勘案すると，プリズム双眼鏡の国産化のきっかけとなったのは，直接的には日露戦争だったのです．この戦争中，戦場で撮影された写真が何枚も残されています．その中には双眼鏡を持った日本陸軍の高級将校たちを写した写真もあって，彼らの手にしている双眼鏡には外観から多くの機種があったことがうかがえます．また日本海海戦で，旗艦「三笠」の艦橋で双眼鏡を手に持つ東郷平八郎連合艦隊司令長官と，幕僚たちを描写した絵画は，その時に使われたツァイスの双眼鏡とともに，特に有名なものとなっています．

この日露戦争の時に輸入された双眼鏡の大部分は6，8，12倍だったと記録されています．その中の諸外国で陸軍用，特に歩兵科用として使われているものと同じ6倍機を，日本陸軍では歩兵科将校用として制式品としたのです．その光学仕様は6倍で，陸軍所定の目盛があることが必須であり，口径は20mm程度だったようです．ただし制式化の規定に関しては，特に口径値は厳密ではなかったようです．

この陸軍初の制式双眼鏡（外国製プリズム双眼鏡）は，制定時が明治37年であったため，「三七式双眼鏡」と当時の制定方式で呼ばれることになります．日本陸軍は6倍機だけでなく，同時期に12倍機の双眼鏡も要塞砲兵用として制式化していますが，こちらの制式名称は不明です．

とにかく，このように日露戦争の間に双眼鏡類の重要性と国産化の必要性が認識されることになったのでした．しかしまだ銃砲類，銃砲弾などの製造に既存技術を総動員する必要がある戦時中のことで，技術的水準についても，軍用品としての性能，機能を備えた光学機器製造が可能という段階には，まだ到達していません．そのため，国産品生産に向けた本格的な双眼鏡の製造研究が始められたのは，日露戦争終結後の明治39年になってからのことでした．

小石川

東京都心には，江戸時代に区分された地域がいろいろに姿を変えながらも現在まで存続しています．JR水道橋駅の北側にあり，スポーツ観戦やイベント会場として多くの人を集める東京ドームと，それに隣接して対照的に閑寂な小石川庭園は，江戸時代，徳川御三家の中でも副将軍格であった水戸徳川家の上屋敷でした．

それが，明治維新後に新政府の接収を受けます．新政府はその広大な地域の半分ほどを兵部省用地とし，そこに銃砲類の研究・製作を行う造兵司を置き，造兵司はやがて陸軍の東京砲兵工廠となります．

この東京砲兵工廠の運営では，外国からの技術導入によって沿岸砲台の急速な整備を推進することも重要な目的の一つとなっていました．そこで，導入された応式，武式測遠機の全面的な国産化を推進する目的を持って，仮設精器製造所が設置されます．それは，プリズム双眼鏡制式採用年と同じ明治37年のことでした．

日露戦争終結後の明治39年，仮設であった東京砲兵工廠の精器製造所は電気機材の開発・研究も考慮して，光学工場も含む4つの工場群からなる，本式の組織へと改組されることになります．この時に建設された光学工場は，煉瓦作りの3階建てでした．工場長には，英国で眼鏡（旧軍用語で一般的には双眼鏡を含む望遠鏡類を指す）の製造技術を履修した砲兵工廠技手を任命しています．実際の作業現場の職長は，東京・四谷の朝倉眼鏡店のレンズ工場出身者を招聘し，必要とされる製造機材，素材などは職長の経験から海外調達されたものでした．

本郷と小石川

日本での近代的な研磨機を用いたレンズ製造は，明治6年，朝倉松五郎のウィーンでのレンズ製造技術伝習が出発点でした．その技術的な後継者となった高林銀太郎は，まだ限定的ではあるものの一定水準までの高度化を進めていました．それでは同時期，東京・本郷の高林レンズ製作所でプリズム双眼鏡の製造が可能であったかと言えば，答えはノーだったと筆者は考えています．光学系設計技術の有無は別として，光学機器に必要な機能，構造を持つ双眼鏡を製造するためには，他にいくつかの，高林レンズ製作所では行われていない，また保持していない技術が必要だったのです．

レンズ製造から見れば，研磨作業が終わり両面とも必要とされる曲率となってツヤが出ても，レンズ

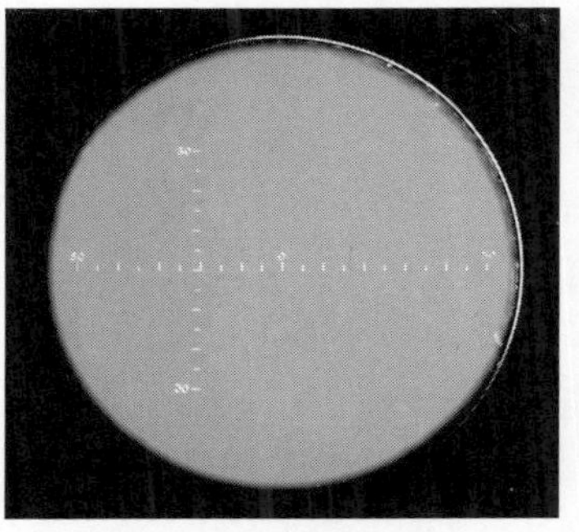

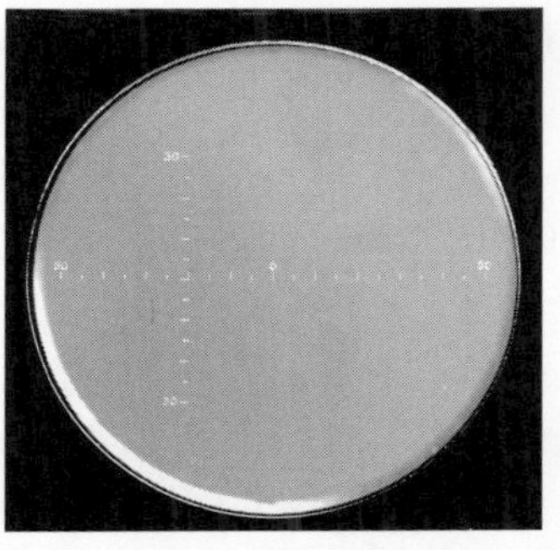

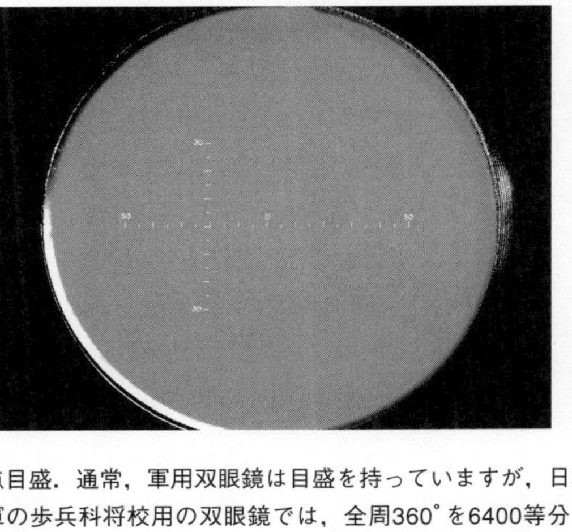

焦点目盛．通常，軍用双眼鏡は目盛を持っていますが，日本陸軍の歩兵科将校用の双眼鏡では，全周360°を6400等分した数値，「密位：みりい，ミルとも呼ばれる」で表されていました．上が森式双眼鏡，中央が国産の三七式双眼鏡，下が十三年式双眼鏡です．目盛間隔は同じですが，周囲部分は視野環で視野の広さの違いがよくわかります．文字の表示法は，文字そのものも含めて同じであることも重要な点です．

として完成したものではありません．この時は両面の曲率の中心線がレンズ自体の中心線と同じである保証がない状態です．そこで，研磨された両面を基準として新たな軸を確定し，その軸に合わせてレンズの周囲を削ることで，レンズの光学的な中心軸（光軸）と機械的な軸を一致させる必要があります．

この作業を行っていないレンズで光学機器を組み立てることは，本質的に非点収差の残った結像から逃れることはできません．そのため見えが悪いだけでなく，IF式合焦方式（回転ヘリコイド構造）では，ピント位置の違いで軸の方向性が変わってしまい，左右の軸出し（視線方向の一致）もできません．

この，レンズ自体の光軸と機械的な軸を合わせてレンズ周囲を切削することを『レンズの芯取り』と呼びます．光学機械の部品として，十分必要な精度を持つレンズの芯取り作業が日本で行われたのは，ドイツ流の技術を文献で習得した藤井龍蔵が，自身の光学工場設立前に外注先としたレンズ製造業者を指導したことが起点です．眼鏡レンズを主力製品としていた当時の日本のレンズ製造業者への技術拡散は，全くなかったと思われます．

しかしその反面，官業であった東京砲兵工廠では，在外公館に駐在する武官経由ではあるものの，文献，機材類の導入は比較的容易に行えたはずです．民業と官業間に人材の移動が起こっていたことは記録されているものの，それは技術格差を埋めるほどではなかったと思われます．

他にも技術格差の存在については，アルミ鋳物鋳造技術も同様でした．藤井レンズで最初に作られたビクトル号8倍機（後述）は，アルミ鋳物が吹ける外注先が見つからなかったことから，真鍮板の板金加工で鏡体が作られています．

金属加工関係では，他にも同様の例があります．IF式接眼部の合焦機構に用いられる多条ネジによるヘリコイドも，旋盤よりは専用機での加工のほうが効率，精度ともに上がることが一般的です．しかし，ビクトル号8倍機では一条の螺旋孔とコマ（固定子）になっています．

前述の『軍用光学機器説明』の発行年と同じ明治40年，地域的に限定されていますが東京で生産された工芸品，工業品を紹介した『東京模範商工品録』という書籍が出版されています（中山安太編，東京模範商工品録編纂所発行）．同書には，個人名の高林銀太郎で高林レンズ製作所が掲載され，その製品中にプリズム入り両眼鏡の文字があるため，プリズム双眼鏡の製品化が行われていたようにも思えます．しかし，既述した各種の技術格差の存在を考えれば，実用に耐える製品が生まれていたとはきわめて考えにくいものです．

ただ，高林レンズ製作所も技術の革新に努力していていたことは確かですので，製品拡大の方向性を示したものと筆者は考えています．さらに加えるなら，高林レンズ製作所の後身に当たる東京瓦斯電気（株）の光学工場で作られたプリズム双眼鏡（後述）を見れば，筆者の判断は間違っていないはずです．

このように，わが国で初のプリズム双眼鏡が誕生した当時，多方面に渡る技術には大きな官民格差が存在していたわけです．しかし，その状態はやがて藤井レンズ製造所が覆すことになります．

遡及探索

既述したように，東京砲兵工廠製双眼鏡の特色がわかったことから，最初に見つけることができたのが，国産の三七式双眼鏡（次項）でした．その国産の三七式双眼鏡をくわしく見ることができたことで，東京砲兵工廠製の最初の双眼鏡のおぼろげな姿も浮かび始めていたところ，新たにめぐり会った資料がありました．『双眼鏡と共に50年』と題された小冊子には，長らく双眼鏡に関わってきた著者，大木富治の若い頃の見聞として，東京砲兵工廠で最初に作られた双眼鏡に関する記述があったのです．長くなりますが，該当部分を抜き出してみます．

「そして翌年（注：明治44年），双眼鏡を製造している精器製作所（注：精器製造所が正しい）というところに見学に行った．当時，日本の陸軍が使用していた双眼鏡は日露戦争の末期に，ドイツ，フランス，イギリスから買い入れたものを軍用に供していたもので型はいろいろであった．大体において歩兵用は六倍，砲兵は八倍と十二倍を制式として使用していたが，同じ倍率でも型がいろいろでは整備がし

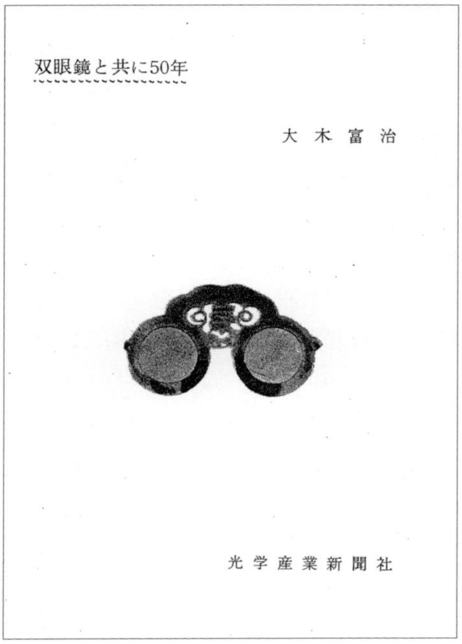

双眼鏡と共に50年

大 木 富 治

光 学 産 業 新 聞 社

使ったかと聞いてみると、どうも眼幅も視度も調節しないで、そのまま覗いたらしい。そこで今度はオペラグラスで、眼幅も接眼も固定式の単純なものを見せたら「これがよい、まことに細かいところまでよく見えるからこれにしてくれ」とのことであった。

前者の価格は一万数千円で後者はただの六百円程度のもの。精度や見えは比較にならないはずだが、使い方を知らない人々の手にかかっては、全く逆の効果になってしまう訳である。その後、双眼鏡の使用法を説明し調節した上で彼の眼に合わせてあげたが、今度は俄然P型六倍の威力を発揮した。遠近、手にとるように見え、しかも解像力が素晴らしく、すっかり喜んだ彼は価格など惜しまずに持ち帰えられたのである。

余談はさておき、機動演習ではじめて双眼鏡を手にした私は、その年に陸軍の工科学校に入学し、兵器の製造や修理の技術を習うことになった。そして翌年、双眼鏡を製造している精器製作所というところに見学に行った。当時、日本の陸軍が使用していた双眼鏡は日露戦争の末期に、ドイツ、フランス、イギリスから買入れたものを軍用に供していたもので型はいろいろであった。

大体において歩兵用は六倍、砲兵は八倍と十二倍を制式として使用していたが同じ倍率でも型がいろいろでは整備がしにくい、そこで時の所員で森秀雄という砲兵大尉が「森式双眼鏡」と名付けて設計した六倍二十四ミリ歩兵用という双眼鏡の試作中のものを見せて貰った。これは、英、仏、独の型のよいところだけを集めて作ったものだが、結局は寄せ集め設計によるもので試作の域を出なかった。だが暫定的に三七式双眼鏡として軍工場で細々ながら生産されていたようである。やがて私は工科学校を卒業し地方の軍隊に赴任す

(12)

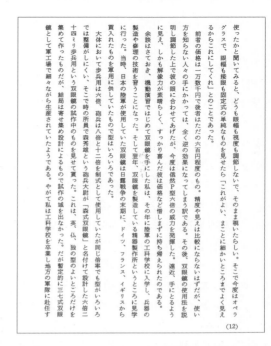

『双眼鏡と共に50年』（大木富治著，光学産業新聞社発行）の扉と，本文該当ページ（左に「森式双眼鏡」の記述が見られる）．情報の有用性は一概にその形状から云々できるものではありません．これらはもともとコピーですが，例えコピーであっても内容次第で有用度は高くなります．この文献も，コピーとしては筆者にとってピカイチの資料です．

にくい．そこで時の所員で森秀雄という砲兵大尉が『森式双眼鏡』と名付けて設計した六倍二十四ミリ歩兵用という双眼鏡の試作中のものを見せて貰った．これは，英，仏，独の型のよいところだけを集めて作ったものだが，結局は寄せ集め設計によるもので試作の域を出なかった．だが，暫定的に三七式双眼鏡として軍工場で細々ながら生産されていたようである」

以上の文章は読み方によっては資料的にはあまり有効でないと思われるかもしれません．ただ東京砲兵工廠初の双眼鏡，つまり国産初の双眼鏡に関して，有用な情報を多く含むと筆者は初見で認識したのです．それらを列挙すれば，開発担当者は森秀雄陸軍砲兵大尉．光学仕様は6×24mm．外観上は部分的に外国製品と類似，近似の形状となっているが，全体形状は独特．暫定的に制式化されたことで，目盛は内蔵必須．他種の文献との比較校訂から製造開始は明治42年，明治44年の時点でも製造継続となります．

ここまで，現物も含めて筆者が得た情報は，この文献資料を得たことで，足し合わせ，組み立て直すことができたわけです．それは，歴史の歩みを確実に遡っていく動きだったのです．結果的に見れば，この遡及という作業があったからこそ，森式双眼鏡が筆者の目にとまったともいえます．

画像処理が確定要件

ある日のこと，筆者の目は1台の双眼鏡に引きつけられました．釘づけといった方が正しいかもしれません．その双眼鏡は，外観から見ると本革仕上げで鏡体カバーは無表示．全体形状は独特でしたが細部は類似品が目に浮かぶ，何かちぐはぐな印象を与える双眼鏡でした．特に気になったのは陣笠と言われる部分で，打刻印と思われる記号が5箇所に渡って打たれているという，商品的な仕上がりとは異なったものだったことでした．

入手後，全く手を入れずに目盛の有無を確認したところ，日本陸軍仕様の目盛がありました．倍率，実視野は既に入手していた東京砲兵工廠製の三七式双眼鏡とほぼ同じことから，これが森式双眼鏡である可能性はぐっと高まったのです．ただ，今一歩の

確定情報が欲しいというのが当時の筆者の偽らざる本音でした.

そこで注目したのが，陣笠の打刻印でした．このような痕跡ともいえるものの情報確定には，いくつかの方法が考えられますが，筆者はそれを画像解析的に行ったのでした.

その結果からは，左右が「手」と「中」，下部の左側は「検」，同右側は「セ」ということは容易に判断できました．このことから，本来の名称は「手中」望遠鏡か「手中」双眼鏡，「セ」は精器製造所を表し，「検」があるため検査合格品と考えられたのでした．しかし，上の打刻印は一見では，不明というよりも断定不能でした.

そこで画像処理で明暗を反転，描写を最適化したところ，三ツ輪の東京砲兵工廠徽章に「検」の文字を斜めに二重打ちしたことが見えてきたのです.

こうしてついに，国産品として原初にあたる双眼鏡にやっとめぐり合い，そしてそれを確定できたのです．最初，暗中模索で始まった筆者の双眼鏡発展史を見つめる歴史上の遡及の旅も，こうして一応の到達点に達したものと，その時は感じました．それはまさに偽らざる実感でした.

四不像（しふぞう）

ともかく，ようやくたどり着いた国産初のプリズム双眼鏡を手に載せた時，筆者の脳裏に浮かんだ言葉は「四不像」でした．「四不像」はもともと中国に生息する鹿の一種ですが，外観上，大変興味深い生物です．その姿は，鹿のような角があるのに牛のような蹄で，馬のような顔をしていて尻尾はロバです．代表的な草食性哺乳類の特徴的な要素を混ぜ合わせた動物なのに，そのいずれとも異なるということから名づけられた生き物を連想してしまったのです.

具体的に森式双眼鏡の外観を見てみると，全体形状は口径に対して小さめです．外観自体はライツ社のDF3 6×24mmに近く，回転ヘリコイド式接眼部はツァイスの6×18，6×24mm機より太めで，ヘンゾルト社の6×26mmのようになっています．一方，中心軸対物側に装備されている眼幅間隔固定用のクランプ金物は，ツァイスと形状が近似しています．特定機材の丸写しではないことがすぐにわかることから，『双眼鏡とともに50年』にある記述のとおり，各社の良いと思われるところを集めたものとなっています.

単に物作りの点からいえば，最初に行えること，行わなければならないことをわきまえた上で，実際の作業が始められるわけですが，具体的には見本模造がその端緒となります．いかに見本に忠実に物を作るかが行えてこそ，次の段階である改良を経て，ついには独創の高みへと上れるわけです.

ところが，森式双眼鏡ではいきなり第2段階というべき改良段階から始められています．そこに筆者は設計者，森秀雄砲兵大尉の心意気のようなものを感

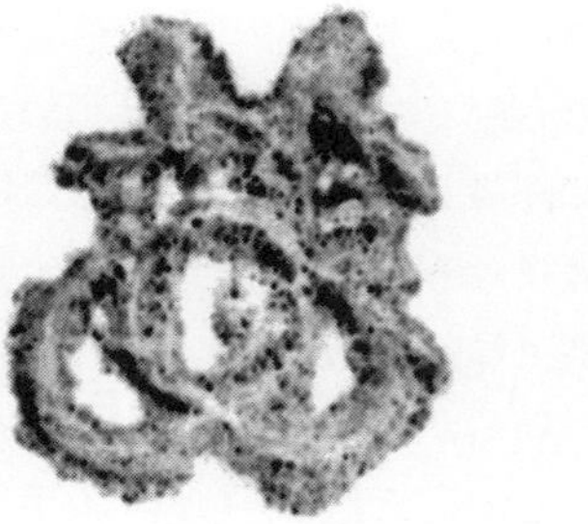

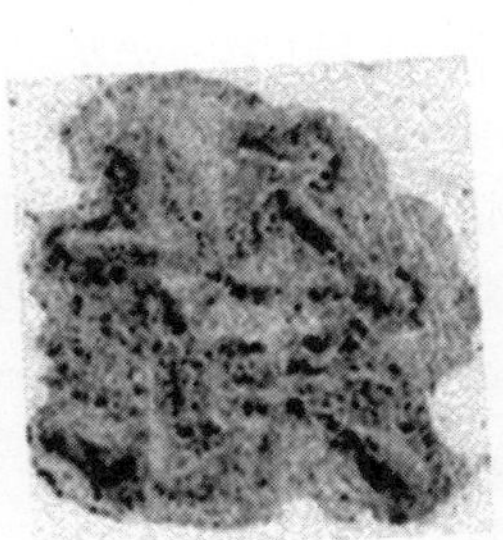

陣笠と打刻印を拡大したもの．陣笠には5箇所に打刻印があり，上の印を除く4箇所は比較的容易に文字の判読が可能でした．ただし，肉眼で判読が困難だった最上部のみは画像処理から読み取ったところ，それは東京砲兵工廠の徽章（中央の写真）に「検」の文字（右側の写真）を斜めに二重打ちしたものとわかったのでした.

プリズム座面と錫箔．鏡体にはロットナンバーや製造現場を示すと考えられる算用数字と，カタカナの「キ」の文字（矢印a）が打刻されています．プリズム座面下側中央には，視軸合わせのための錫箔（矢印b）が貼られています．

鏡体内部と打刻印．黒付けされたプリズムの頂点側面部は，鏡体と干渉しないよう切削されています．鏡体内部のプリズム最終面直後部には，迷光防止用の遮光線円筒が入れられており，見えないところにまで見えを良くするための重要な加工が手抜かりなく行われています．鏡体の端面，羽根に近い部分にある「1」の打刻印（矢印a）はロット数値と思われます．一方，プリズム押さえ金具の「1」（矢印b）の打刻印はプリズム番号です．

中心軸緊定金物．眼幅間隔固定用の中心軸緊定金物は，形状，構造ともツァイスと同じです．左が森式双眼鏡，右がツァイス．ツァイスの鏡体カバーは平板の面付けだけですが，森式双眼鏡ではプレス加工で周囲に折り返しが付けられ，鏡体に被るようになっているため，強度，防湿性とも優っています．

表尺眼鏡　ガラス配置

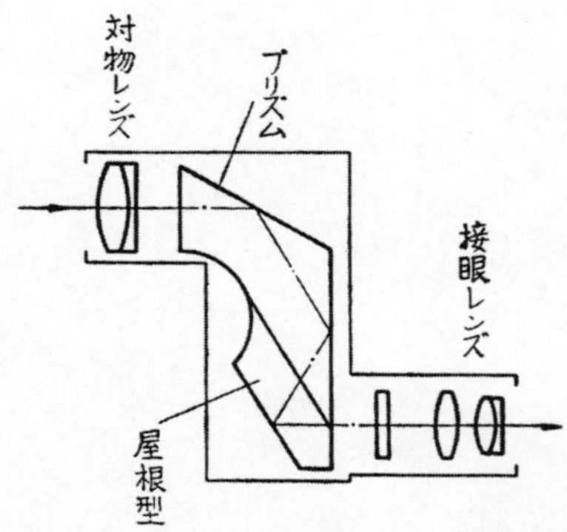

表尺眼鏡の光路図．東京砲兵工廠で初めて製造された光学機器は双眼鏡ではなく，大砲の発射諸元を入力して照準を決めるための望遠鏡である，三八式表尺眼鏡でした．光学的な特色として，正立プリズムは一体構造であるレーマン式を採用していますが，これは耐衝撃性を考慮しているからです．東京砲兵工廠では，眼鏡類の製造が企図されてから完成までに意外と長い時間がかかっています．これは当初，双眼鏡の正立システムに表尺眼鏡と同じレーマン式を考えており，製造研究に時間がかかったためとも思われます．

じずにはいれません．この心意気のようなものは彼一人にとどまらず，多くの異なる方面で日本に普遍的に存在していたことが，我が国が短時間で産業立国となる下地であったと思うのです．双眼鏡の「四不像」は生物の進化，自然淘汰とは異なる，人間の意識によってもたらされたものといえるでしょう．

道の途上

外観とその機構が，最初から第2段階となっていた森式双眼鏡ですが，対照的に技術が発展途上にあったことを感じさせるのが内部です．プリズムを収めた鏡体はアルミ鋳物で，特記するような技術条項はありません．技術的にも問題なく，無難にこなしていること自体が特記すべきことかもしれません．

鏡体には，数字と仮名の打刻印があり，「1」の数字はおそらくロット番号と思われます．製造番号は中心軸緊定金物の見えない箇所にあります．50超となっていますから，径の小さい接眼レンズなどの集合研磨を考慮すれば，光学部品は断続的に製造され，組み立ては一定規模で連続的に行われていたものと考えることができます．ただ，月産数は10～20台ほどでしょうか．『双眼鏡とともに50年』には「細々と」という記述があるだけで，生産の具体数についての言及がないのは残念です．

分解を進めていくうちに気づいたのは，レンズの加締め加工がないことです．通常はレンズ枠に加締められる接眼部の眼側レンズ（覗き玉）も，押さえ環による固定で，投げ込み式と呼ばれる構造です．これは，レンズの全面的な清掃を可能とする企図もあったかもしれませんが，レンズの固定法としては技術確立の前段階を示しているようにも思えます．

また，左右の視線の軸を合わせる方式も，プリズムと座面の間に錫箔を挟みこむ方式で，エキセン環式ではないため作業効率を高めることはできません．ただし以上のような点を除外すれば，見えも含めて機構上，機能上では問題のない出来となっています．

しかし結局，森式双眼鏡は試作の段階を抜けられませんでした．軍事用の制式双眼鏡として必要とされる既存品と同型ではなかったことがその理由です．

東京砲兵工廠では，森式双眼鏡に代わって既存整備品である三七式双眼鏡の国産化が始められていきます．この国産化の進捗を製品上から見れば，森式双眼鏡の誕生，存在は技術の確立を促したことで，決して無駄になっていないことがよくわかるのです．

既存外国製制式品の完全複製化をめざし，成功した機材
東京砲兵工廠　国産三七式双眼鏡 6×24

国産三七式双眼鏡は，ツァイス製DF6×24の完全複製化をめざした製品でした．往々にしてこのようなイミテーションは，何がしかの技術的限界，時には破綻といったことを示すことがあります．しかし，そうではないところに，筆者はある種の感動をいだきます．

順位変更

前項で述べたように，国産最初のプリズム双眼鏡は，当時，その出現を最も望み，また最大の需要者である日本陸軍が自身の手によって作り出したものでした．しかも技術発展史上から見た場合，プリズムといった重要な構成部品ですら，これまで全く生産されたことのないものです．その原理，構造を理解した上で，陸軍自身の手によって白紙の状態から始めて完成にまで至ったことは，結果的に大きなステップを乗り越えることになったといえます．製造研究が始められてから実物の完成までにかかった時間は，日露戦争があったとはいえ，意外なほど長いようにも見られます．

このことについては，筆者なりの推定と判断があります．それは，開戦後に得られた教訓（戦訓）として，火砲の命中率向上のために光学照準器を装備する必要性が，特に強く認識されたのです．それが双眼鏡の需要・供給の必要性を越えたことから，開発順位の変更が行われたのではないかということを，筆者は推測しているのです．

最初に製造された双眼鏡は，海外各社の良い箇所を集合したようなものでしたが，実際に初めて製造された光学機器は，耐衝撃性に勝る，一体化されたレーマン型のダハプリズムを内蔵した「三七式表尺眼鏡」でした．これは，火砲の照準装置であることから，もともと最初に企画された双眼鏡は正立システムとしてポロ型ではなく，レーマン型プリズムを想定していたのではないか，という推定が成り立つように思えます．もちろん，資料的な裏付けを見つけるまでに至っているわけではありません．

正立プリズムを火砲の照準器と同じ形式の双眼鏡とすれば，双眼鏡の組み立てでは必須作業であるプリズムの交差角度の調整も不要となります．その結果，生産性も向上するといったようにもともと考慮されたものではないかと推定しています．

情報探索

しかしポロ型にしろ，レンズとは全く形状が異なるプリズムを作る技術はこの頃の日本には未だない状態です．そこで行われたと思われるのが外国から

の技術導入です．外国から実際的な技術を導入する場合，最も容易なのが文献情報＝書籍などの輸入です．しかし，東洋の辺遇にあって言語，文化などが西欧と大きく異なる日本では，その資料の存在自体を見つけることから始めなければなりません．

民間企業であれば，このような場合，情報の発見に至らず，また経済性も考えて企画は中止されることも多いでしょう．しかし官業，それも軍関係機関ともなれば，組織として大きい「軍」という存在が多方面に渡って有効に動いたと思われます．外交上，在外公館には軍人も駐在員として存在していました．おそらくは，西欧，北米の在外駐在員の軍人たち（駐在武官）に，技術資料の蒐集が訓令されたのではないでしょうか．

例えば，天体望遠鏡の自作が珍しくなかったヨーロッパでは，19世紀以降になると天体望遠鏡自作のためのガイドブックがいくつも出版されていました．イギリスでは，さらに一歩進んで，接眼レンズ用の小口径レンズや高級機材に相当する光学機器のプリズムなどを自作するためのガイドブックまで現れています．内容については全ての情報が記述されておらず，例え部分的であったとしても，いくらかでも参考となるような工業的なものならば，アマチュア向け出版物も蒐集対象になったことでしょう．当時の日本の技術基盤の状況を考えれば，当時としては完全に最先端≒高度な技術を紹介した解説書よりも，このような実際的なものの方が受け入れやすいことは明白です．

しかし参考書があったとしても，最も重要な部分であるレーマン型プリズムの製作は，当初想定していた以上に難物だったでしょう．なぜなら，ダハ面が全体形状の隅に偏位しており，対称性も多くないからです．祖形形成から研磨完了までの製造用の治具，工具，測定器，測定法や参考書といった資料があったとしても，実際の作業は教科書通りに進むとは限りません．そうやさしいものではないのです．ポロ型プリズムの製造とは段違いの状況に，研磨作業者は困惑したことでしょう．研磨用ピッチの材質的な違いから，通常のピッチではきれいにエッジが立たず，研磨作業が困難なダハ部分の精密研磨では，おそらく最初の想定以上に十分な精度を備えた部品の製作は困難であったはずです．

残念なことに，筆者はこの当時製作された三七式表尺眼鏡を見たことはありません．初期のドイツ製

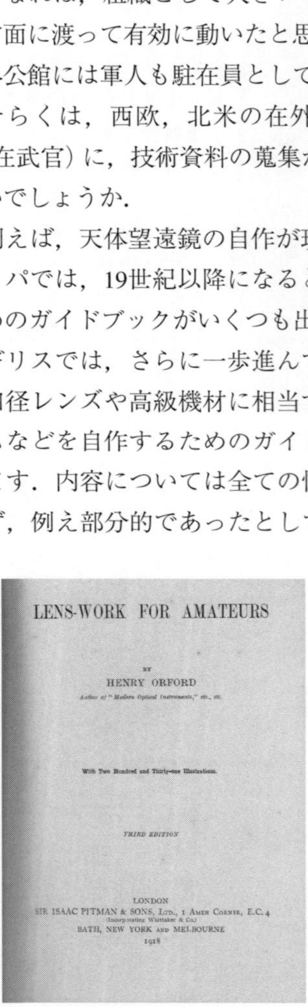
LENS-WORK FOR AMATEURS

BY

HENRY ORFORD

Author of "Modern Optical Instruments," etc., etc.

With Two Hundred and Thirty-one Illustrations.

THIRD EDITION

LONDON
SIR ISAAC PITMAN & SONS, LTD., 1 AMEN CORNER, E.C.4
(Incorporating Whittaker & Co.)
BATH, NEW YORK AND MELBOURNE
1918

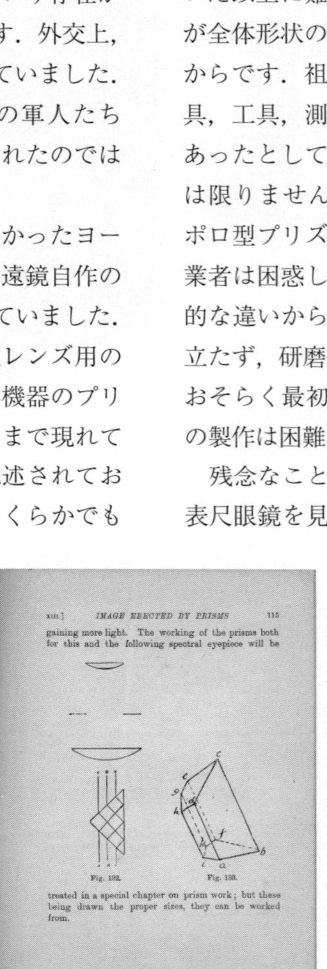
XIII.] *IMAGE ERECTED BY PRISMS* 115

gaining more light. The working of the prisms both for this and the following spectral eyepiece will be

treated in a special chapter on prism work; but these being drawn the proper sizes, they can be worked from.

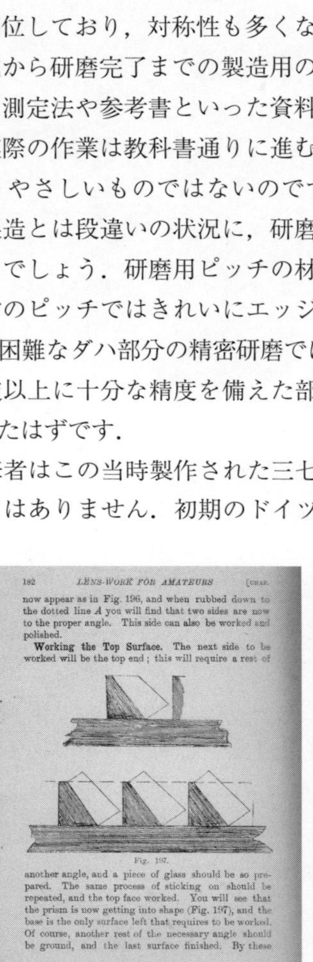
182 *LENS-WORK FOR AMATEURS* [CHAP.

now appear as in Fig. 196, and when rubbed down to the dotted line *A* you will find that two sides are now to the proper angle. This side can also be worked and polished.

Working the Top Surface. The next side to be worked will be the top end; this will require a rest of

another angle, and a piece of glass should be so prepared. The same process of sticking on should be repeated, and the top face worked. You will see that the prism is now getting into shape (Fig. 197), and the base is the only surface left that requires to be worked. Of course, another rest of the necessary angle should be ground, and the last surface finished. By these

『LENS WORK FOR AMATEURS』HENRY ORFORD著．この書籍は1910年代の初めに英国で出版され，その後改版を重ねて1950年代まで発行されています．技術基盤が発展初期，あるいは中途の場合には，完全な機械力による工業生産を指導する教科書よりも，わずかな機械力を加えた工作法を示したこのような中級技術指導書の方が，即効的で有効だったはずです（資料的な裏付けがないため，この書籍が東京砲兵工廠精器製造所光学工場で使われたとは断言できません）．
左の写真は同書の扉で，この本は第3版で出版年として1918年の記載があります．第2版は1912年であるため，それより出版年が古いはずの初版ならば，教科書となっても不自然ではないはずです．作業の実際は，ヘタウマ系のイラストで示されていて写真図版はありません．ダハプリズムへの言及（中央，P115）や，プリズム固定のための石膏詰め（右，P182）が記載されていますから，教科書的な意味は高かったはずです．

ダハプリズムの場合，一部の会社で，結果的に製品の稜線をわずかに面取り状に仕上げる加工が行われていました．同様な加工処理を，東京砲兵工廠精器製造所光学工場でもやむを得ずに行っていたように推定しています．

レーマン型ダハプリズムの製造は，初めのハードルとしてはかなり高かったといえます．しかし一応，三七式表尺眼鏡として製品化できたことは，そのハードルを乗り越えられたことになります．そのため，森式双眼鏡から国産三七式双眼鏡へと，大きな破綻なく，東京砲兵工廠で双眼鏡が作られていくことになったと思われるのです．

最良の選択

森秀雄砲兵大尉により，各社の優良箇所を合わせて，苦心の考案の末誕生した森式双眼鏡でしたが，結局，文献には東京砲兵工廠で改めて三七式双眼鏡を作ったのが大正3年とあります．森式双眼鏡の製造期間は5年ほどと比較的長かったものの，試作品の域を出ずに終わったことから，生産量は筆者は200～300台ほどと推定しています．この数値は，あくまでも筆者の個人的な判断によるものです．

確かなことは，次に東京砲兵工廠で製作された双眼鏡は，当時の日本陸軍の状況に合致したといえるものでした．それは，これまでの森式双眼鏡とは，その製造の根拠から異なっていて，製品自体の姿が証明しているように思えます．

というのも，次に東京砲兵工廠で製作された双眼鏡は，明治45年に発売されたツァイス製6×24mm機「DF 6×24　民生用品機種名：TELEX」と瓜二つの，離れて見れば全くそのものともいえるものだったからです．

軍用装備品として双眼鏡を考えた場合，単一機種化すれば操作性が同じとなり，使用法も同じですから装備した時に実用上有利となります．もちろん，用途が変われば異なる状況も生まれるかもしれませんが，世界的に見て，当時の状況下で歩兵科将校使用機とすれば，6倍という選択は当然でした．実際，6倍機は既に日露戦争中に三七式双眼鏡という制式名を与えられていました．

しかし，日本陸軍の装備としての実態は，倍率は同じであるものの統一性に欠けるものとなっていました．原産国，製造会社，口径，像質といった点でバラついていたためです．

右側鏡体カバーには東京砲兵工廠の徽章，左側鏡体カバーにはシリアルナンバーが彫刻されるようになったことで，国産三七式双眼鏡は試作品の域を脱却したものであったことがわかります．徽章の下には倍率が表示されていますが，口径と目盛の存在は表示されていません．陣笠部分に独特な書体の打刻印がありますが，判読できていません．

しかも口径を24mmとすれば，光学仕様を考えた場合，改良されて日露戦争時点よりも口径が18mm，21mmと漸増，増大化したツァイス製と全く同じになり，口径もまた世界的水準となるわけです．口径の設定でも，性能に折紙つきとなって18mm機に代わり，主力機材として相当数の配備が行われたツァイスのDF 6×24に合わせたことになります．単純に考えれば，この選択に誤りは見えません．

しかし，単に光学仕様を合わせることだけに東京砲兵工廠の担当者の意識は限定されていなかったものと，筆者は見ています．森秀雄砲兵大尉が，引き続いてこの6×24mm機の開発にかかわったかについての記録は残っていませんが，総合的に現品を見て判断すれば，その可能性は低くないと思えます．特に，像質的にも同様の水準を狙ったのではないかと思われるのは，現品とモデルとなった機種を合わせ見て，実視から得た筆者の推定です．

この東京砲兵工廠製の国産三七式双眼鏡は，結論からいえば非常に出来の良い，優れたレプリカといえます．では原型と全く同じかといえば，実視比較では，残念ながら周辺像質がわずかではあるものの，劣化の程度が多く見えます．その点を別にすれば，既述した結論に間違いはないはずです．おそらく周辺像質の悪化の主原因は，光学ガラスの恒数変動，それもごく小さな範囲によるものと考えられます．

瓜二つ

森式双眼鏡が東京砲兵工廠の徽章を打刻で刻んでいたことに比べると，国産三七式双眼鏡では，鏡体カバーに彫刻されています．このことから見ても，試作品の域を脱却したことがうかがえます．また，シリアルナンバーが鏡体カバーに表示化されたことも同様に思われます．その反面，口径数値は表示されていません．

筆者が初めて国産三七式双眼鏡を入手した時，既に入手していた母体ともいうべきツァイス製DF 6×24と比べて見ると，相違箇所の存在に気づきました．DF 6×24は近代化が進められ，鏡体カバーはアルミ化されていましたが，最大の相違箇所は対物部の構造です．DF 6×24では対物部には深絞りされた真鍮製キャップが付いています．一方，国産三七式双眼鏡は鏡体カバーは真鍮製ですが，対物部はキャップでレンズ枠全体をカバーする構造ではありません．エキセン環構造を内蔵したレンズ枠と，それを固定する押さえ環が，外径は同寸でありながら，明瞭に別部品となって押さえていることがわかる構造でした．

この時，うかつにも，技術的に判断すればツァイスでできる深絞りが，同時期の国内ではできないことから選ばれた構造と思い込んでしまったのでした．その時点では，国産三七式双眼鏡はDF 6×24の忠実

DF6×24後期型と並べたところ．似たようなものを比較する場合，二つ並べた画像として見比べることも興味深いことです．ただし，右側のDF6×24自体が変化した後なので，本来の目的に向かないものとなってしまいました．それはともかくとして，対物部の構成を除けば，非常に類似した外観であることがわかります．

な再現品とはいえないもの，と早計に考えてしまったのです．やがて筆者はそれが大きな間違いだったことに気づかされます．

というのもDF 6×24自体が変化していたからです．国産三七式双眼鏡と比べたDF 6×24は，後期型といえるもので，だいぶ後になって入手した初期型DF 6×24は，国産三七式双眼鏡と瓜二つだったのです．しかも，両機とも目盛を内蔵しており，その表示も全く同じでしたから，この初期型DF 6×24は日本陸軍の制式機材である三七式双眼鏡であることも判定できたのです．この時，人間が生産する工業製品には，同じものとはいっても変化が起こっていることもある，という得がたい教訓が得られたのでした．

環境変化

このように，外観がDF 6×24と瓜二つで，内容的にも像質でそれに肉薄した感のある国産三七式双眼鏡ですが，2箇所については先行機種である森式双眼鏡の方が優れていると思われる点が存在しています．それは，国産三七式双眼鏡の雛形であるDF 6×24の構造上からの影響です．実用上からいえば，接眼部のナナコ（滑り止めのローレット部分）の直径が細くなっていて，操作性が多少悪くなったように思えることです．

機械的構造では，森式双眼鏡では接眼部外筒が鏡体カバーの押さえともなっていました．一方，国産三七式双眼鏡ではその役割を果たしておらず，限定的な分解作業では，接眼外筒を外さずに鏡体からカバーを外すことができます（注：鏡体カバーを完全に外すためには，接眼部ナナコの分解が必要）．

このような構造から，プリズム反射面の清掃に関しては限定的ながら可能ではあります．もしかするとこの構造は，ツァイスがメンテナンスの実際上の容易化から採用した構造であったことも考えられるのです．反面，鏡体カバーの押さえとなっていないことは，弱点というべきかもしれません．いずれにしろ，本家筋のツァイスも，やがて接眼外筒で鏡体カバーを押さえる構造へと変わっていきます．

森式双眼鏡と比べて製造技術上の変化といえば，レンズの加締め作業が標準化されたことが上げられます．新規技術として接眼部の覗き玉（接眼レンズ構成で眼側のレンズ）が，真鍮製のレンズ枠に加締められるようになったことで，双眼鏡，それも軍用品としての充実度が大きく前進したように思えます．

国産三七式双眼鏡が生み出された時，国内では民間企業である藤井レンズ製造所が営業を本格的に行っており，既に国内需要のかなりをまかなうようになっていました．このことも考えれば，筆者の推定ですが，国産三七式双眼鏡の生産量は，現存個体のシリアルナンバーから2000台ほどと考えられます．

左側に国産三七式双眼鏡，右側にDF6×24を置いて，対物側と接眼側それぞれで並べると，鏡体カバーの表示を見ない限り，かなり仔細に見比べても違いが見当たらないほど瓜二つです．外観も同じですが，像の面でも同質となり得たことは，時代を考慮すれば大いに評価できるはずです．

そこに大変化をもたらしたのが関東大震災でした．明治期に建設された煉瓦作りの多くの建物と同様，砲兵工廠では3階建ての光学工場が倒壊して，作業員にも死者が出るなど，大きな被害を被ったのです．

大打撃を受けた東京砲兵工廠精器製造所は，復旧作業に入りました．しかし，結果的に復旧は限定的なものとなり，光学工場はかつての規模とはなりませんでした．その原因は二つあって，都市化の激しい小石川から東京砲兵工廠自体の移転が計画されていたこと，それに加えて，藤井レンズ製造所とその後身に当たる日本光学工業の設立と招聘ドイツ人の活躍から，軍そのものが双眼鏡を作る必然性が大幅に低下したためでした．

そしてついに，国産三七式双眼鏡の製造に終止符が打たれることになります．それは日本光学工業によって開発された新鋭機，オリオン6×24mmが，ほぼ10°という広い視野の光学仕様であり，結像性能が優秀だったからでした．陸軍は関東大震災の翌年に当たる大正13年，三七式双眼鏡に続く制式双眼鏡としてオリオン6倍を指定，新たな制式双眼鏡「十三年式双眼鏡」が誕生したのでした．

縮小された東京砲兵工廠の光学工場は，その後も製品の実際の製造よりも技術の温存を図る目的で，十三年式双眼鏡を製作しています．しかし，官業の

接眼部の機械的構造は，前作の森式双眼鏡を基本的には継承した構造で，ツァイス製と同じとなっています．製造技術から見れば，眼側の最終レンズ(ケルナー型接眼レンズの貼り合わせられた側)の固定法が加締めとなったことから，格段に向上したことがうかがえます．

通弊が現れて製品価格は大幅に高騰してしまいます．当時，日本光学工業製「十三年式双眼鏡」の120円という価格だったものが220円にもなったことが，既述した『双眼鏡と共に50年』に記録されています．

商品化

さて，話を本題の国産三七式双眼鏡に戻しますが，この双眼鏡はやがて思わぬところに登場することになります．太平洋戦争の前ですが，進捗著しい兵器開発の結果，旧式化あるいは余剰となった兵器が出現してしまいます．

それを受けて，陸軍の主導の下，民間資本を導入して設立された兵器などの特殊機材の輸出企業が「太平組合」(後に資本系統が変わり昭和通商となる)でした．この商社は，日本陸軍の余剰兵器の輸出会社だったため，英文カタログの製作を行っています．そのカタログには，国産三七式双眼鏡が，十三年式双眼鏡6×24mm機，八九式双眼鏡7×50mm機と共に掲載されていますが，限定的な品目，数量だったようです．この商社に輸出実績はあったものの，双眼鏡についての輸出記録は残されていません．

後に太平洋戦争が始まると，外国(おそらく中南米，双眼鏡ではないが輸出実績がある)に配布されたこのカタログを元に，米軍は日本陸軍用兵器の解説書を作成しています．この旧式化した国産三七式双眼鏡も，敵である日本陸軍の現用兵器との認識が，米軍には一時期はあったようです．

また戦時中，双眼鏡は恒常的に増産が求められていました．そのため，少数であったと思われますが，保管状態にあったものも戦場に送られて使用されたことは，アメリカにある程度の数量があることからもうかがえます．

比較的長期に渡って作られ続けた国産三七式双眼鏡ですが，その歴史的な意味合いは，外国製一流品に肉薄する品質を実現できたこと．そして，それを作った技術者が東京砲兵工廠の縮小によって民間へと流出し，わが国の双眼鏡産業の裾野を大きく広げたことに尽きるでしょう．この双眼鏡も，後の技術母体として我が国の双眼鏡発達史では語られるべき存在だと筆者は確信しています．

国産品市販1号として日本の光学史上記念すべき双眼鏡
藤井レンズ製造所　Victor 8×20（明治44年発売）

外観の特色として，鏡体カバーが中心軸まで伸びて羽根部をも構成していることから，英国技術の影響が見られます．最初期型の双眼鏡と同様に，防水性のない鏡体構造です．鏡体自体は真鍮の板金加工で作られています．プリズムはアルミ製の平板の鏡体カバーに固定されていて，分解清掃が容易にできる構造になっていますが，ユーザーが不用意に分解して性能を損なう場合もあったようです．引き続いて開発された型はツァイス型になり，防水性も加えられています．本機は西岡達志氏のご厚意により紹介します．

生い立ち

日本の光学産業史を語る上で決して忘れることのできない人物の一人である藤井龍蔵は，明治4年（1871年）に山口県に生まれました．日本の光学技術をヨーロッパの水準にまで引き上げるべく，国産市販第1号プリズム双眼鏡を作り出し，日本光学工業（現ニコン）の前身である藤井レンズ製造所を興した人物です．

彼が初めて接した光学機械は，生家にあったステレオ眼鏡（当時は枕眼鏡と呼ばれた）でした．この簡単な構造の装置で，2枚の写真が実際の風景のように立体的に見えたことから，幼心に大変深い印象を受けたと後に龍蔵は述懐しています．

また，生家は港に近く，船舶用品としての望遠鏡（とおめがね）を扱う眼鏡屋もありました．幼少の頃からレンズ製品が身の周りにあるといった，当時としてはかなり特異な環境であったことも，彼の後の進路に少なからず影響を与えたのでしょう．

しかし，環境ばかりではなく，彼には生まれながらレンズ関係に進むべき運命，あるいは才能があったといえるかもしれません．彼は小学生（時代を考えると驚異的ですらあります）の時に，彼の言葉でいえば「一つ飛び抜けた大望遠鏡を作らん」と思い立ち，厚板ガラスを買い求めます．そしてガラスを直径1尺（約30cm強）に切り，地元の眼鏡屋で遠眼鏡を作っていた吉井佐十郎なる人物に，対物レンズの製作を依頼するのです．

もちろん，「そんなもので眼鏡ができるものではない」と，大いに笑われてしまいますが，このとんでもないことを言う少年に，吉井は旧来のレンズ製造技術を教えることを約束します．時に藤井龍蔵11歳，彼の後の人生の進路が見え始めた一瞬でした．

龍蔵は学校帰りに吉井のもとでレンズ研磨を習い覚え，やがて全長2.5メートルを超えるような長大な遠眼鏡を完成します．彼はこの望遠鏡で月や太陽（燻しガラス＝サングラスも自作した）を観察し，太陽黒点の存在も知りました．彼がもし太陽の連続観測を続けていたら，国友藤兵衛に続く記録になっていたかもしれません．彼は続いて，メニスカス型の写真用レンズと，感光材である湿板まで手作りした自作カメラで撮影も行っています．

しかし，彼にとってより心に残ったのは，吉井が常々口にする外国製2枚貼り合わせ対物レンズの望遠鏡の像の良さと，それが国産化できないとしきりに残念がっていたことでした．やがて旧制中学に進んだ彼は，最高倍率150倍の顕微鏡も自作しています．この顕微鏡は理科の教室で役に立ち，当時の校長は彼を大いに激励したそうです．

海軍技師から光学工場の創立へ

龍蔵はその後，蔵前工業学校（東京工業大学の前身）を卒業後，海軍技師に任官します．当時は工業学校にすら実際的な光学技術が学べる学科はなく，光学技術の重要さは，海軍でもほんの一部にしか認識されていませんでした．光学関係の現場もないに等しく，彼の海軍での仕事は，もっぱら大砲や魚雷の製造・調整といった金属素材の機械加工でした．

龍蔵は，機械に対するセンスもなかなかのものでした．工業学校在学中に，寄せ集めの材料と手作業で，ミニチュアの蒸気機関を作り上げ，後には学校からの依頼で，内国勧業博覧会に同様の蒸気機関を出品するほどの腕前を見せました．こうした機械加工の経験も決して無意味ではなく，その後の光学機械の製造に役立ったようです．

もちろん海軍在職中も，彼の光学機械に対する思いが止むことはありませんでした．日清戦争中には，戦場で弾丸が飛び交う中，幼い頃に自作した3段伸縮式の望遠鏡を実際に使用してみて，兵器としての光学機械の重要性を深く認識しました．また，軍事技術習得のために派遣されたイギリスでは，光学技術の書籍の収集やロス社製第1号双眼鏡を半ば強引に入手するなど，当初の目標に向かって着々と進んでいった期間であったといえるでしょう．「光学兵器の外国からの独立」が，その本来の目的でした．

右側鏡体カバーにメーカー名として刻印されたFUJII BROS.の文字に，弟，藤井光蔵の協力が並々ならぬものであったことを感じます．鏡体カバーには鏡体固定用のネジのほかに，プリズム固定用のネジが付けられています．夏に高温高湿度となる日本の気候を考え，分解後のユーザーメンテナンスを行いやすくした構造ですが，時代的に進みすぎた配慮でした．

『写真鏡玉』（右）は本文420ページを超える大著で，一般的なレンズの解説にとどまらず，歴史などにもくわしく，著者の知識の幅広さがうかがえます．収差を錯行と書くなど，光学用語が現在とずいぶん異なるのも興味深いものです．『光学回顧録』（左）は随筆に近いものですが，資料的な価値もあります．表紙のパターンは当時のテストチャートです．

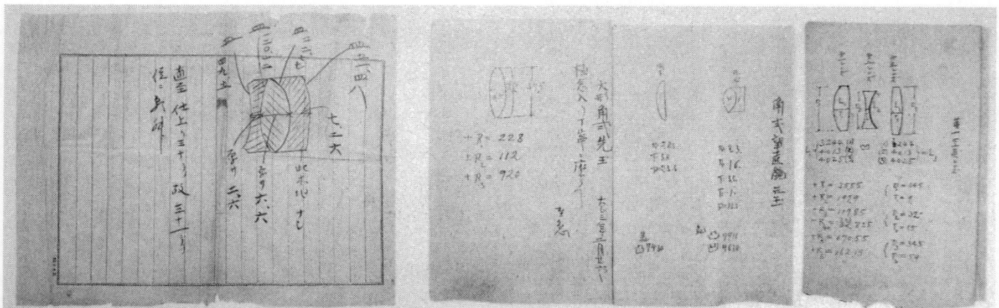

藤井龍蔵が製造現場に製造指示をした毛筆のレンズ設計図があり，上の図面はその一部である。左の図面が明治44年ごろ，中・右の図面は大正３年のものである。このほかに藤井龍蔵は，海軍技師時代に光学技術関係のメモを，藤井レンズ時代にはレンズ・金物設計図などをペン書きしたメモを残している

藤井レンズ製造所は日本光学工業（現在のニコン）の母体となったため，同社には藤井龍蔵の残した各種のメモが現存しています．（『ニコン75年史』より転載）

一方で趣味的に行っていた写真から得た，写真に関連する幅広い光学知識を，8歳年下の弟，光蔵との共著で著作物にまとめています．浅沼商会から明治42年に発行された『写真鏡玉』がそれで，これこそ，本来の光学の道へと進むための一種の決意表明ではなかったかと思われます．

その序文で，彼は「予輩ハ一般光学用鏡玉ニ就キ，其学理ト製作技術トニ関シ，多年ノ歳月ヲ費シ幾多ノ困難ヲ経テ，略（ほ）ボ其大要ノ研究ヲ遂ゲ」と述べています．さらに続けて「鏡玉ニ関スル学理ノ深遠ニシテ，前途猶（な）ホ研鑽ノ余地ノ茫々トシテ，恰（あたか）モ望洋ノ感アル」と，決してその前途が容易でないこともよく理解していました．

『写真鏡玉』を書き上げた明治41年，龍蔵はついに海軍技師を辞職します．そして，弟の光蔵の協力を得て，麻布の民家を仮工場として，光学機械製造のための研究を開始します．彼がめざしたのはヨーロッパの一流光学会社に引けを取らない製品の生産です．手始めはピッチ研磨技術の習得でした．彼自身，旧来の技術による研磨面の精度には限界を感じていたため，まずこの点から始めたのです．

翌明治42年，待望の新工場が芝区三田豊岡町（現，港区三田5丁目，慶應大学三田校舎近く）に完成します．ドイツへ注文した測定機，工作機械も到着して，徐々に工場の設備も整っていきます．その一方で，実際にレンズ製造にかかわる工員に旧来のレンズ製造経験者は一切雇わず，全くの素人から養成を始めました．まず，龍蔵自身がドイツ流のレンズ製造技術を習得したうえで，白紙状態の工員たちへ直接教えることこそが，最新技術を最も速く確実に伝える最善の方法だという信念を持っていたのです．

しかし，現実には書籍などの知識では対応しきれないことも起こります．その解決法は，ドイツの光学雑誌の質問欄でした．龍蔵の質問に対する解答は，実に親切丁寧であったそうです．後に彼は，「技術の系統を持たざる私の工場とて，（中略）私の工場の師匠は私自身で，又私の師はこの質問欄であり，又稀にあるドイツの実際の光学作業の書籍でありました」と述べています．

工場の製品は当初，彼に言わせれば「光学的な玩具」のようなものから始めましたが，軍の光学機械の修理で経験と実績を積み重ねた明治44年，日本の光学産業史上，記念すべき製品が誕生します．「ビクトル」とドイツ風に名づけられたプリズム双眼鏡の市販が開始されたのです．長年の思いがかない，ついに自分が生み出した国産初めての市販双眼鏡をのぞいた龍蔵は，何を思ったのでしょうか．あるいは，熱い目頭のせいで像はよく見えなかったかもしれません．この時こそ，日本における近代的な民間の光学工業史が始まった瞬間でした．

藤井龍蔵が海軍技師時代に撮影したセルフポートレート（一部）．全判が掲載されている『光学回顧録』での解説では，自宅和室の洋机の前の椅子に腰掛け，ロウソクの光で読書をしているような演出をしたもの，とあります．龍蔵の写真に対する才能もうかがわせます．（『ニコン75年史』より転載）

先進国機に実視性能で肉迫し，口径で凌いだ国産機
藤井レンズ製造所　天佑号 8×27

日本での使用条件を考えた独創性ある第1号機は「ビクトル」という洋風の名前でしたが，その後継機は一般的なツァイス型に変化したのに，名前は「天佑」と和風の名称になりました．この名称は，ビクトルのユーザーであった人々（ほとんどが軍人）たちからの提案によります．右側鏡体カバーにはFUJII BROS.の文字，左側鏡体カバーには，角丸の四角い枠の中に漢字の右書きで「天佑」と表示されています．スペック表示は倍率だけで，一見すると30mm機のような印象を受けます．当時の付属品としては雨覆（見口カバー）があったようですが，本機では上着（外套（がいとう）：コート）のボタンに双眼鏡を止めるための舌状の革製アクセサリーが付いています．あるいは，これはオリジナルではないかもしれません．

さらなる進歩は基礎技術から

国産市販双眼鏡としての第1号機「ビクトル」を最も歓迎したのは，一部の軍人たちでした．明治時代も終わり頃になると，兵器の国産化はかなり進み，艦艇や銃砲などの中心となるべき物品は外国の技術から一応の独立状態にまで達していました．しかし，兵器システムの中での周辺機器といえる光学機器は，相変わらず外国製品に依存していました．そこで，「兵器の独立」が完成していないことを憂慮していた軍要職にあった人たちが，国産市販プリズム双眼鏡の出現を好意的に受け取ったわけです．

しかし，軍人，民間人を問わず当時の大多数の人々は，品質に裏打ちされた絶対的な信用を外国製品（特にドイツ製品）に持っていました．そのため，まず販路の開拓に苦労を強いられたといいます．

客観的に見ると，ビクトルは過渡的な製品でした．光学的な性能については外国製品にかなり迫ったとしても，ビクトルは重量のかさむ真鍮鏡体を板金加工で成形していたため，まず操作性で水をあけられていました．また，日本の高温多湿がもたらす内部曇りの対策として，ユーザーメンテナンスを可能にした構造も，実際にはさほどメリットにならなかったはずです．

このことは，藤井兄弟もよく認識していました．ビクトルの鏡体に板金加工が採用されたのは，当時の日本の民間の技術水準では，複雑な形状のアルミ鋳物の生産が困難だったためです．

そこで，外注先の鋳物工場（鋳物の町・川口市にあり，藤井兄弟とは姻戚関係）でアルミ鏡体の製造が可能になると，早速，全面的な製品変更が行われることになります．鏡体のアルミ鋳物化は，最も合理的な構造であるツァイス型への変更と製品の多様化につながり，そしてより確実な防水構造を可能にしました．

本機は黒色塗りの本革仕上げですが，他にカーキ色のものもあったそうです．大正2年3月における価格はケース，雨覆付きで56円でした．

それまでにも，国際商品を生み出すべく外観仕上げの美化に気を配っていた藤井は，塗装加工のための吹き付け装置，焼き付け装置をはじめ，その塗料も外国から各種取り寄せたものを比較検討した上で選択していました．また，素材ガラスもショット社から輸入したり，その切断工具にダイヤモンド入りの切断装置を採用するなど，日本で初めての経験の積み重ねが，アルミ鋳物の生産成功でようやく報われることになるのです．この時までに彼が味わった苦労の一つを，塗装加工を例として『光学回顧録』の中で次のように語っています．

「実に美観と耐久性あるドイツ品の如き塗装を得んとする当時の苦心は一通りならぬ事で，吹付け室の通風も不充分で，私は毎々片脳油等（有機溶剤：筆者注）で顔を洗ったものです」

ツァイスを超えようとした天佑

鏡体のアルミ鋳物化によって，当初1機種しかなかった藤井製プリズム双眼鏡も，大正2年には6機種のラインナップが完成します．そのうちの4機種は一般的なツァイス型で，軍用を主としていましたが，残る2機種は民生向け口径15mmのコンパクト型です．

特に注目すべきは軍用を主目的に作られた4機種でしょう．光学的スペックはドイツの一流品に対抗するばかりか，口径ではドイツ製品を凌ぐ大変意欲的な製品ラインナップとなっています．

天佑号8倍は，その4機種の中の一つで，ツァイスの8×24 IFを強く意識した製品です．藤井レンズ製造所が発行した『プリズム双眼鏡の選択』（著者は弟の藤井光蔵となっています）での，自社製品紹介部分から引用してみましょう．

「カールツァイス社製軍用八倍形と外観寸法共全く同じきも揺かに大口径の対物鏡を有し，映像の平坦鮮明之に優るものなし．各要部の構造は最も精密，堅牢にして重砲兵野戦砲兵及び歩兵将校用双眼鏡として最優等品なり」

自社製品の広告部分ですから，当然誇張された表現だと思いますが，本機の像を見る限り，全くの独りよがりともいえません．

このような比較的小口径の双眼鏡では，各部の寸法拡大の許容量が小さく，外部の寸法を変えずに対物レンズ口径を3mm拡大するために払った努力は，

視野の広さのわりに，接眼レンズの構成は単純な2平面を含むケルナー型です．しかし，像質の点からは設計に大変な苦労があったことと思われます．黒塗りされたプリズムと押さえ金具の間にはコルク片が挟んであり，クッションになっています．ヘリコイドの出来は良く，粘性の低いグリスで充分です．抜け止め部分はエキセン式ではなく，視度表示部分の金具は切り欠きのあるバネ式になっていて，ローレット部分にねじ込むと外筒の出っぱりに引っかかってストッパーになります．接眼外筒は鏡体カバーの固定に関与していませんが，これは鏡体カバーを外さなければ軸出し調整ができないためで，やむを得ない構造です．

多大だったと思われます．例えば，プリズム双眼鏡の視軸出しは，偏芯金具（ダブルエキセン環）に収められた対物レンズの移動で行うのが一般的な方法です．ただし，そうするとリング部分が重なり，直径が大きくなってしまいます．接眼レンズ外筒部分のエキセン化もできなくはありませんが，視野の広さの確保や各部の寸法的な制限を考えると，これも不可能です．

残された可能性はプリズムの長手方向のスライドか，長手方向を軸にして傾斜させるしかありません．しかし，鏡体寸法の制限や拡大された対物レンズと広めの視野による太い光路のため，実現可能なのはプリズムの傾斜しか残されていないことになります（中心軸金具に対する左右鏡体全体の傾きを調節する方法は，軍用品を考えると強度に問題があり，除外せざるを得ない）．

結局，プリズムに傾斜を与える方法が採用されました．このときの方法は，現行品によくあるように，プリズム側面をイモネジで押す方式ではありません．プリズムと座面との間に挟み込んだ金属箔で，プリズムに傾斜を与えるという，最も手間のかかる視軸出し法でした．実際に行ってみると，プリズムに任意の傾斜量を与えるのは容易ではなく，厚さ10ミクロンきざみの何種類かの金属箔を，幅をいろいろと変えて用意しておかなければ作業ははかどりません．

それでは，一見すると不合理と思えるこの方法を，なぜあえて採用したのでしょうか．結論は，プリズムの歪みを避けたかったからに他なりません．イモネジの押し引きで傾斜量を調節する場合，傾斜の微調整は可能ですが，プリズムは細いネジの先端で押さえつけられます．しかもプリズムと座面部分は，プリズム長手方向の一辺でしか接していないことになります．プリズムの歪みの心配はもちろんのこと，鏡体に衝撃が加わった時はどうなるのでしょうか？

現行の双眼鏡には，外観をシェイプアップした小口径・高倍率の双眼鏡が数多くあります．その中に恒星像が丸くならないものが多いのは，プリズム各面の平坦さの欠陥だけではないと思えてなりません．原理が同じでも，扱い方を間違えると結果が変わってしまい，良くない結果を招くこともあるのです．

対物レンズ部分はレンズ径を最大限にするために，軸出し機構のない，肉薄の金具に入れてあります．鏡体カバーは対物部カバーと一体化して深いプレス加工で仕上げられており，対物枠にしっかりと入り，カバーの浮き上がりをなくしています．対物側のプリズムは，鏡体にねじ込まれた対物枠ネジ部に接するほどで，ギリギリの位置関係になっています．外部寸法を制限した状態での対物レンズの口径増大，そして光学性能の向上といった条件をクリアするための苦心を感じずにはいられません．

良像というだけでなく，工夫が詰まった超小型双眼鏡
藤井レンズ製造所 旭号 6倍

手のひらに乗るほど小型なこの双眼鏡には，いろいろと触発されたものでした．古いということだけで低い評価を下してはならないという事例です．藤井レンズのコマーシャルには軍用としての使用も好適とありますが，像質が良好な理由は，単に民生用として開発したものではないからかもしれません．なお，旭号には外装の仕上げが3種類あり，一般的な黒色仕上げ，カーキ色の軍用，そして純民生用（観劇用）として金メッキしたものまでラインナップされていました．参考資料によると，大正2年3月当時の価格はケース付きで36円でした．吊紐はオリジナルです．

思い込みと聞くこと見ること

この頃，若い天文ファンや光学機械ファンと話すとき，時の流れの速さに慄然としてしまうことがあります．筆者が光学機械に興味を持ち始めた頃は，現在では既に伝説になったような諸先生，諸先輩方が現役で活躍されていました．そして，折に触れていろいろなお話をうかがえたことは，筆者にとってたいへんな財産になっています．

しかし，望遠鏡に関しては江戸時代頃までさかのぼって話題にできた諸先輩方をもってしても，双眼鏡に関しては第二次大戦前後までさかのぼることがせいぜいでした．それも，望遠鏡に対する評価はだいたい定まっていたようでしたが，双眼鏡についてはは定評がなく，人によってさまざまに異なったお話をうかがったものです．

このことが，自分自身であきれるほどに双眼鏡に深入りすることになった原因の一つです．その頃，既に双眼鏡の歴史的な発展については，ある程度知っていました．そこで，話題に出てくる双眼鏡や，より以前のものを，自分自身の目で見て自分なりに評価してみたいと常々考えていたわけです．

ただその一方で，数十年以上前の古い双眼鏡が，製造当初の性能を維持していることはまずあるはずがないとも思っていました．案の定，手にする機会のあった古い双眼鏡は，光学面の汚れ，カビ，曇り，可動部の固着，視軸のずれなどがひどいものばかりでした．そのままで当初の性能をうかがい知ることができるものは，皆無といっていいほどです．

初めて入手したのは第二次大戦頃の国産の軍用品（ノンコーティング）でした．当時，既に消滅してしまったスペックのものでしたから，自分なりの方法で整備して実用になるか試してみたものです．その

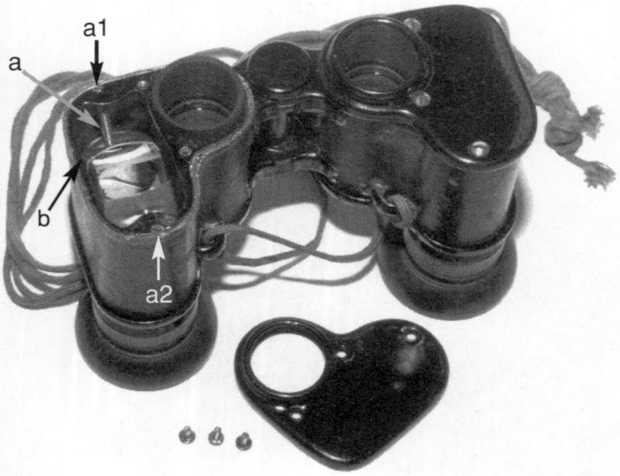

コンパクト型双眼鏡のため，視軸はプリズムの長手方向の移動によって調整します．鏡体に対して45度に設けられたイモネジ（矢印a，矢印a1 a2はネジのスリ割りあり）で，押さえ金具を介してプリズム斜面を押し引きすることでスライドさせます．押さえ金具（矢印b）は湾曲していて，プリズム反射面との間に隙間が空くようになっており，また，ネジの先が金具から外れないように凹みも設けられています．細かな，しかし当然なされるべき配慮が当たり前のようになされていて，好感が持てます．

双眼鏡は思いのほかよく見え，古い双眼鏡に対して抱いていたイメージを変化させる一つのきっかけになりました．

そして，コレクションが10台ほどになった頃，当時の筆者の感覚からいえば大したことはないはずの双眼鏡が，それまでのイメージを一掃してしまいました．その双眼鏡は手のひらに乗るほど小型軽量で，筆者の所有する中（入手時点で）では最小，最古，しかも国産品だったのです．その名は旭号，藤井レンズ製造所製の6×15mmでした．

小さな鏡体に詰まった工夫

入手したのは1980年代末のことですが，汚れや曇りで白くなったレンズとプリズムを通して見た像に，何か心をとらえるものがあったことを覚えています．シリアルナンバーは3桁でごく若く，大正期ではなく明治最末期の製品ではないかと思われました．とにかく，それまでに分解したものと同様に，長めの焦点距離を持つ対物レンズと，2平面を含むケルナー型接眼レンズからなる双眼鏡であろうと，勝手に思い込んだまま分解清掃を始めたものです．

光学面の清掃だけでなく，外装も塗装し直してしまいましたが，これはやり過ぎだったと反省しています．オリジナルの機種名部分は，塗装後に彫刻して真鍮地金が露出した部分にハンダ（おそらく）を流し込んだ，一種の象嵌加工がなされた跡がありました．筆者の補修では，塗装後に文字の幅を広げて色入れをしてあります．

ポロⅠ型プリズムが1枚の台座の上に乗っていて，間隔最小になっているのは，分解前の外観から予想したとおりで，鏡体内部に深く沈んだ対物レンズとプリズムの位置関係を見ると，対物レンズの焦点距離は短めです．いわば，第2世代と呼ばれる近代的な光学設計のものに近いことに，ちょっとした驚きを感じたのでした．

さらに接眼レンズ部分では，視野環兼用のレンズ押さえ金具を外してみると，出てきた視野レンズは思った通り平凸レンズでした．ただ，金具に加締められた眼側のレンズのようすが通常と少し異なっています．よく観察してみると，レンズ系はずいぶん厚みがあるように見え，レンズを通して金具内部の真鍮の地金の色が見えます．「えっ？」と思ったその時，レンズ面で四つの反射光が見えました．なんと接眼レンズは単なるケルナー型ではなく，3群構成だったのです（1 - 1 - 2の3群4枚構成）．

結局，分解可能な部分を全て外してみると，接眼レンズは，間隔は別にしてラムスデン型の外側（眼側の方）に貼り合わせの平凸レンズ系を置いたものでした．このタイプの接眼レンズはヘンゾルト社の特許であり，型式自体は知っていましたが，実在するかどうかは現物を見るまでわかりませんでした．しかも採用されていたのは国産初期の製品ですから，大変な驚きでした．双眼鏡に関する古い資料は少なく，断片的な情報しかなかったため，いつのまにか思い込みが生じていたわけです．

こうして，筆者の思い込みをことごとく否定した旭号の見え味はやはり驚くべきものでした．筆者が本機を入手した頃，特に視野全域の像質を均等化させた双眼鏡でない限り，普通の双眼鏡では周辺部の像の悪化の程度は大きなものがありました．特に点像である星像は大きくつぶれ，その形状も好ましいものではありませんでした．しかし旭号の周辺像の崩れ方はきわめて良い方で，星像は最外周でもぽっちゃりと丸くなるだけであり，抜けは別としてその時点の現行機種の大部分のものに優っていたのです．

この時以来，筆者の双眼鏡に対する考え方は大きく変わってしまいました．双眼鏡の性能は製造時代の新旧にかかわらず，実際に自分の目で像を見ない限り評価を下してはならないということを，この旭号は教えてくれたのです．

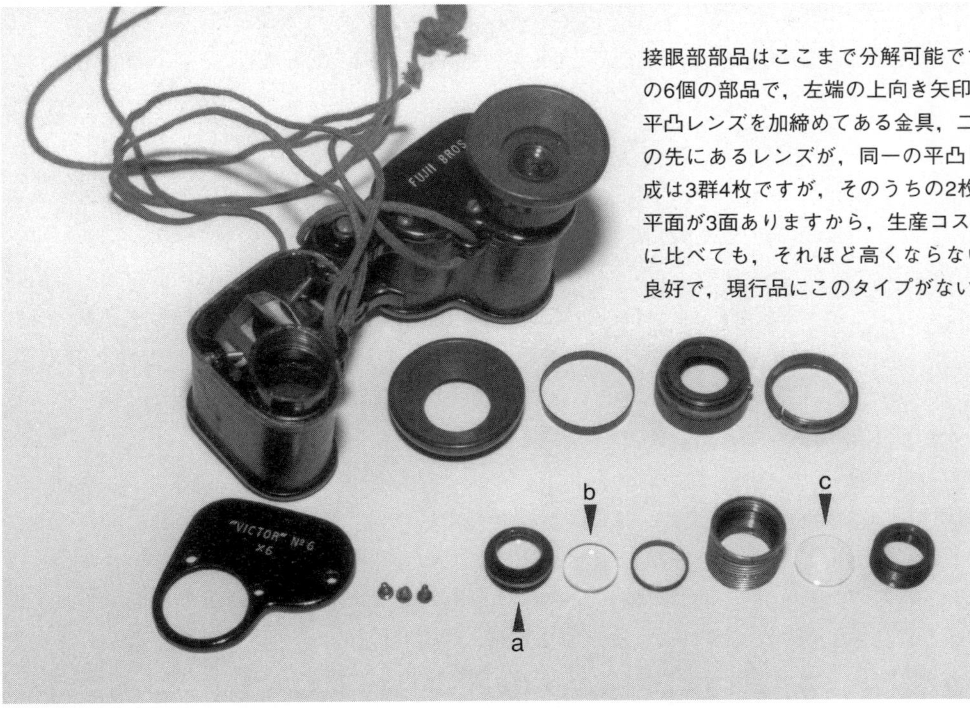

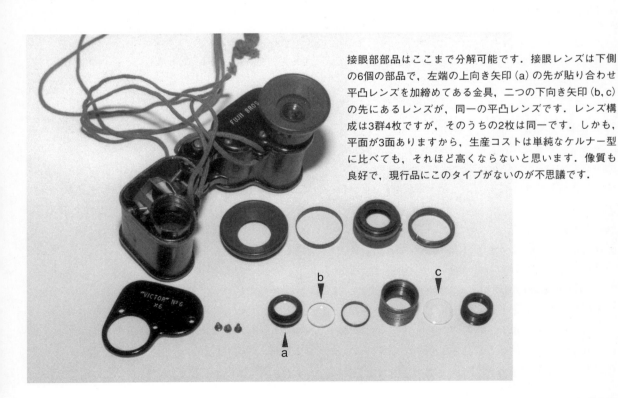

接眼部部品はここまで分解可能です．接眼レンズは下側の6個の部品で，左端の上向き矢印（a）の先が貼り合わせ平凸レンズを加締めてある金具，二つの下向き矢印（b, c）の先にあるレンズが，同一の平凸レンズです．レンズ構成は3群4枚ですが，そのうちの2枚は同一です．しかも，平面が3面ありますから，生産コストは単純なケルナー型に比べても，それほど高くならないと思います．像質も良好で，現行品にこのタイプがないのが不思議です．

国産御用達双眼鏡の先駆け，海軍採用機材
藤井レンズ製造所 天佑号 6×32

ほとんど黒一色の外装仕上げですが，白色ゴム製の平型見口が強い印象を与え，いかにも奥の一般用とは違う特殊用途を想像させます．鏡体カバーには，固有名表示もなければビクターシリーズのナンバーの表示もなく，倍率はPOWER＝6と英語表記されています．イギリス製の双眼鏡にビクターという名前があったためと思われますが，藤井レンズ製双眼鏡の鏡体カバーの表示には，一貫性があまりないようです．ただ一つ，製造者名のFUJII BROS.の文字だけは必ず表示されており，Opt.ではなくBROS.としているところに，兄弟の協力の証と，自社製品に対する誇りや自信のようなものを感じずにはいられません．

特別仕様の天佑

藤井レンズ製造所がビクトル号8×20の生産販売を開始したのは明治44年のことでした．鏡体のアルミ鋳物化の成功は生産性の向上となって表れ，2年後の大正2年の時点では，早くも6機種がラインナップされることになります．その中で最大口径の天佑6倍は，瞳径も最大であったため日本海軍から指定品の扱いを受けます．その後，夜間・航海用の定番となった7×50が大正末期に出現するまでの間，海軍士官たちに重用されました．

ヘビーユースが想定されていた天佑6倍には，一般用と異なる特殊な仕様の製品も生産されていました．それが本項で紹介する機種で，通常はエボナイトが用いられている見口が，本機の場合は白色のゴム製で肉厚な平型見口になっています．

現在の双眼鏡では，折り返しが可能な薄いゴム見口が一般化していますが，夜間にこのタイプの見口を目に当てるのは，意外と慣れやコツが必要です．うっかりして眼球にぶつけてしまった経験を持っている人もいるかもしれません．

一方，この天佑6倍の見口は，白色ゴムが夜間でも目立つので目に当てやすく，肉厚で顔に触れる面積が大きいため違和感が少なく，大変使いやすいものです．もちろん，そもそも眼鏡併用は考えられていませんし，密着性には劣る点があるかもしれませんが，実際に使用すると良さがわかる仕上げです．

裏腹の好機と危機

品質の向上と機種の増加によって，日本国内での藤井レンズ製双眼鏡は，当時の言葉でいえば「帝国海軍指定品」という扱いを受けました．そして，ヨーロッパを戦火でおおった第一次大戦は，その後の藤井レンズの運命に大きな影響を与えることになります．

日本とドイツの間が交戦状態になると，当時日本に輸入され，戦時禁制品として本来きびしく管理されるはずの双眼鏡は，いち早く業者の手によって，当時のドイツの植民地であった中国の青島に移されてしまいました．外国製の中でも特に高い評価を得，日本国内でもまだ大きなシェアを誇っていたドイツ製双眼鏡の突然の供給停止は，しかし，藤井レンズにとって好条件とはならず，逆に大変な苦境に陥ることになります．ドイツとの交戦は，ライバル製品の供給停止と同時に，原料の光学ガラスの供給停止に直結していたのです．

国内在庫品の買い入れや，輸入途中の港で滞貨状態にあった契約品の引き取りなど，可能な手段はすべて取られたものの，国内の需要は増加する一方でした．藤井レンズでは，程なく在庫の光学ガラスを使い尽くし，生産停止は時間の問題となってしまいました．そこで窮余の一策として取られた方法が，イギリスなど日本の同盟国に双眼鏡を物資援助する条件として，必要な光学ガラスをイギリスやフランスから求めるというものだったのです．

このイギリス軍需省との一種の生産委託には，藤井兄弟の弟で支配人の光蔵が交渉にあたることになります．サンフランシスコ万国博覧会出品のため，訪米していた光蔵は，見本として天佑号6倍を携え，急きょイギリスに向かいました．

交渉は，在英日本大使館付武官たちの協力も得て見事に成立しました．しかし英仏製の光学ガラスの余剰品は，まず優先的にアメリカに割り当てられたため，当初は思うように供給されなかったといいます．それでも光蔵は英国当局者とねばり強く交渉を続け，「日英同盟下の参戦国日本は非参戦国のアメリカ（後に参戦）に優先するはず」という正論が通り，硝種はかなり限定されたものの，会社存続の危機からは一応脱出することができたのでした．

後に光蔵は，この時の苦労を龍蔵との共著『光学回顧録』の中で述べています．また，当時のイギリスの検査水準に合格することは，たやすいことでは

白色ゴム製の平型見口は使いやすく，何より驚くべきことは劣化の程度が少ないことで，材質が充分吟味されていることをうかがわせます．あるいは手前にある革製の見口キャップでカバーされていたことで，良好な状態が保たれたのかもしれません．

接眼レンズは2平面を含むケルナー型で，見口部品以外に一般用との構造的な違いはありません．プリズムは座面に位置決め状態で加締められ，押さえ金具で加圧固定されています．古い双眼鏡では一般的な構造です．コストが高く，プリズム破損のリスクも加わりますが，復元性が高いため，分解後に再組み立てする時に，プリズム位置の調整作業が省略できます．ユーザーサイドで整備しやすいという点で，軍用向きといえます．

なかったとしています．そして何より，国内の光学機器に関心のあった人々は，原材料である光学ガラスの供給を外国に依存することの危うさを深く認識させられたのでした．

天は自らを助くる者を佑く

天佑号6倍に限らず，藤井製双眼鏡は軍事援助物資という形で同盟国から高い評価を受けました．しかし，より客観的な評価は，むしろ敵側からなされるものかもしれません．

やがて藤井レンズ製造所は，日本光学工業（現在のニコン）という，原料の光学ガラスの生産まで手がける世界でも稀な総合光学企業の母体となります．そして大戦終了後，ドイツ国外で自社の軍事技術の温存を図るツァイスから，共同事業の打診を受けることになるのです．

戦乱に明け暮れるヨーロッパにおいて，光学会社はとにかく自社技術の存続と向上とに努力を惜しみません．そして時には，生存のためにしたたかな方策を取ることもありました．それだけに他社の技術力を見る目はきびしかったはずで，共同事業の申し入れは一つの評価の表れと，筆者は考えています．

双眼鏡が主でしたが，第一次大戦前に日本に光学産業が芽吹いていたことは，その後の光学技術史を考えると大変な幸運であったといえます．藤井兄弟が自力で養った技術素地がなければ，大戦前後に大きく発達した光学技術をいきなり消化吸収することは，きわめて困難だったことでしょう．諺に「天は自らを助くる者を佑く」といいますが，藤井兄弟の努力を考えた時，「天佑」とはなかなか意味深いネーミングだと思えてなりません．

軍用と一般用の相違点は，外観的には見口の違いだけですが，機構的には一般用の軸出しがXY方向4本の押しビス（矢印：見える側2箇所）による構造に対して，軍用にはより安定性の高いエキセン方式が用いられています．一般用の構造は，部品製作と調整コストの低減を図ったためと思われます．

1915年にイギリス軍需省に見本として提出された双眼鏡の検査成績は，次の通りでした．

> ・ビクター双眼鏡
>
> 倍率6倍，見かけの視界51度，対物鏡径1.2吋（30mm），射出瞳孔径0.19吋（4.83mm），鮮明度微劣，色収差修正良，光明度優良，偏心環による平行度調整頗る安定，一旦プリズムを取外し，再び取附くるも調整に狂いなし，蝶番に少しく弛みあるも機構は良，エボナイト接眼に留螺子なし，ケースは極めて堅牢にして良，肩紐，首紐共に何れも革質良

（以上，『光学回顧録』より）

総合的に考えて，藤井レンズの双眼鏡に与えられた評価はかなり高いものといってよいでしょう．この直前にサンフランシスコで開催されたパナマ運河開通記念万国博覧会では，成立した商談もあったようです．きびしい世界市場に飛び込んだ最初の日本の光学製品の評価は，その後に，長く日本の輸出機械が得た「安かろう悪かろう」という評価とは，全く違ったものでした．日本の輸出機械製品が高い評価を得るようになるのは第二次大戦後のことで，そのために費やされた努力は多大でした．

陸軍用として性能を評価され，第一次大戦中に連合国側諸国に輸出された双眼鏡
藤井レンズ製造所　大和号 6倍

大和号6倍は外国に輸出された藤井レンズ製双眼鏡の中で，最も多くの国で陸軍用として使われた機種でした．資料の中には口径を26mmとしているものもありましたが，実際に測ってみると22mmです．現在ではZ型双眼鏡としてはまずない口径ですが，浮き上がり度を重視する軍用では対物レンズ間隔を広くとることは必須条件の一つでした．外装の仕上げは本革張りですが，これは，当時の日本では外装に向く擬革が入手できなかったためと思われます．実視野は7°と，6倍にしては狭い感じですが，中心像のキレの良さはなかなかのものです．像質は，当時のドイツ製の一流品に比べてもさほど遜色を感じません．外国軍隊に採用されたのもうなずけます．

気運に乗じた発展

ヨーロッパと違って第一次大戦で戦場にならなかった日本は，連合国側諸国からの需要に応える形で，軍需関係をはじめとして各産業が未曾有の発展期を迎えることになります．

藤井レンズが直面したドイツ製原料ガラスの供給停止という危機的な状況は，フランス製を中心とするガラスを輸入することで対処されました．この時のガラス材のほとんどはフランス・グレーロー社の製品です．中には，素材として税関を通過すらできない双眼鏡用貼り合わせ済み対物レンズやポロプリズムもありました．そこで関税を低く抑えるために，やむなく研磨面に紙ヤスリで傷を付けたこともあったといいます．種類や品質は，ショット社ほどではなかったものの，双眼鏡の製造に対応するガラスが入手できたことは大きな幸運というべきでしょう．

輸入されたガラス材は数トンにもおよび，原材料の欠乏による生産停止という最悪の事態は回避されました．ひとたび危機を乗り越えると，需要の増大を追い風にして藤井レンズの生産活動は着実に続けられ，工場の規模を拡大します．そして，開戦時に60人であった社員の数も，大正6年には150人を超すほどになりました．

海外からの双眼鏡需要は，生産量だけでなく種類の増加ももたらしました．相手国の双眼鏡の規格に合わせた商品開発を進めなければならないからです．当時の双眼鏡を一覧表にしてみました（158ページ）．口径は，最大の32mm（天佑6倍）から最小の15mm（旭号，櫻号）まで，倍率は6倍から8倍と，最も使いやすい適切な商品ラインナップが形成されています（櫻号3倍半は観劇用）．ただ表の中にある「〇〇特号」とそうでないものとの相違点は，指定プリズム硝材

BaK4の代替品として開発された「ガムマーガラス」を使用したためで，BaK4のように不吸湿性が担保されていないからでした．

さて，前項で紹介の天佑6倍の対英輸出量は2400個です．この輸出を手始めとして，ロシア，フランス，イギリス連邦諸国（カナダ，オーストラリア，ニュージーランド），アメリカ，中華民国と，軍用双眼鏡の輸出相手先は次々に広がっていきました．中でも今回の大和号6倍は，当時の連合国側ほとんどに陸軍用として納入された機種です．当時，日本の同盟国へ供給された双眼鏡は大和号6倍をはじめ，同8倍，日本号6倍，8倍，天佑号6倍，8倍，富士号6倍，7倍と多機種にのぼり，大正6年までに，数は1万5千個を超えていました．

供給相手国の中でも，大戦終了後まで輸入を受けたロシアは，イギリスと並ぶ大口の供給先でした．そのため，ロシア本国から技術系将校2人が製品検査のためにわざわざ藤井レンズまで出向き，完成品検査に立ち会うこともありました．その時のエピソードとして，二つほど興味深い話が伝わっていますので紹介しましょう．

ロシアと交わされた契約書は，当然同じ内容のものがロシア語と日本語で作られたわけですが，将校の一人は日本語にきわめて堪能でした．そこで，和文契約書中の間違いを指摘しただけでなく，最適な語句を自ら選んで契約書を書き直したため，同席した日本人たちは唖然としたといいます．同盟国とはいっても，10年前の日露戦争の敗北はロシア軍部に強烈な印象を残し，その後も日本の研究を深めていたことがうかがえます．

この時に行われた対露輸出用双眼鏡の試験は，見え味や視軸の平行度だけでなく，耐熱（40～60℃），耐寒（－25℃），耐振動，防水といった，各種の耐久性検査も含まれていました．防水試験は，水道水をシャワー状にして1mの距離から20分間注ぎ続けるというものです．藤井レンズの双眼鏡は，この試験で内部に浸水することはありませんでした．しかし，磐石糊（当時の水溶性接着剤）で貼られた鏡体の本革外装がはがれてしまいました．また，接眼部には防水性グリースを多量に充填したため，後の清掃が大変だったということです．

検査成績が良好であったため，その後，この試験は省略されることになります．当時の製造担当者たちは，きっと胸をなで下ろしたことでしょう．

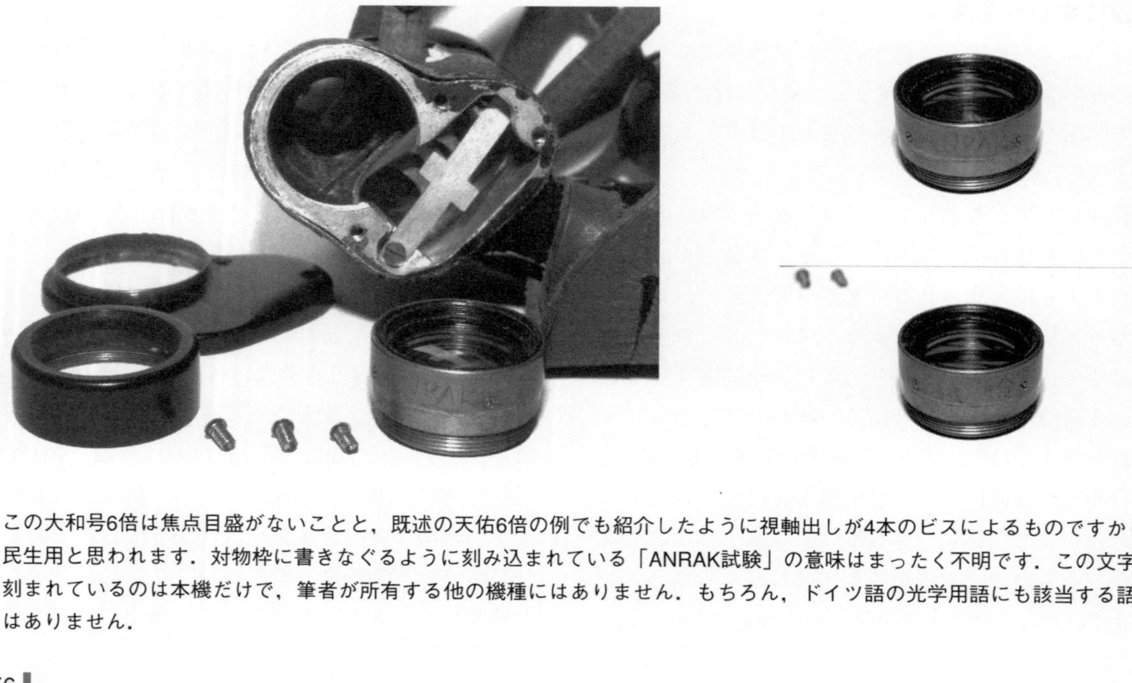

この大和号6倍は焦点目盛がないことと，既述の天佑6倍の例でも紹介したように視軸出しが4本のビスによるものですから，民生用と思われます．対物枠に書きなぐるように刻み込まれている「ANRAK試験」の意味はまったく不明です．この文字が刻まれているのは本機だけで，筆者が所有する他の機種にはありません．もちろん，ドイツ語の光学用語にも該当する語句はありません．

藤井レンズの行く末

ショット社製光学ガラスの輸入途絶は，藤井レンズばかりでなく日本の軍部，特に海軍を震撼させる事態でした．日本海軍は，急きょ自力での光学ガラスの生産研究を開始することになります．大戦の影響は，それだけにとどまりませんでした．当時完成したばかりの国産の戦艦「榛名」用としてイギリスに注文していた測距儀や照準望遠鏡までもが，輸入不可能になってしまったのです．

この難局を切り抜けるため，海軍当局は測距儀を東京計器製作所へ，照準望遠鏡を藤井レンズへと発注します．しかし，特に高い精度が要求される測距儀が，一朝一夕で製作できるはずはありません．試作・実験もなしに作られた国産初の測距儀の性能は，とても良好とはいえず，何度か改修を施すことで，ようやく所定の精度に達したといいます．

とはいえ，この測距儀は基線長1.5mの小型のもので，本命ともいえる大型の4.5m測距儀はついに製作されませんでした．

このころの海軍内部には，アメリカを仮想敵国として海軍力の充実を図る，いわゆる「八・八艦隊」案が生まれていました．アメリカ艦艇を凌ぐ性能を持った戦艦8隻，巡洋戦艦（高速軽防御）8隻を主力とする大艦隊が，能力を完全に発揮するためには，精度の高い光学機器の自国生産が絶対的な条件になっていたのです．

そのためには，経営体力のある一大光学機器製造会社が日本に生まれる必要がありました．大正6年当時，従業員数約150人で，望遠鏡月産150台，双眼鏡月産1000台の実績を持ち，好調な経営を続ける藤井レンズ製造所に，この海軍の意向はきわめて大きな影響を与えることになります．

接眼レンズは2平面を含むケルナー型です．これまで紹介してきた藤井レンズ製プリズム双眼鏡と同様（旭号を除く）の構成ですが，見かけ視野が比較的狭いため，ガラス材が異なる可能性があります．藤井龍蔵のレンズ設計は，対物レンズと接眼レンズそれぞれで収差を最小に補正する方法をとっていました．また，口径比の大きい対物レンズを用いていたため，対物レンズと接眼レンズの組み合わせがうまく適合するように替えることで，比較的容易に新機種が開発できたようです．

藤井レンズ製造所製双眼鏡（大正6年時点）

名　称	倍率	英語名称	倍率	口径	見かけ視野	価格
天佑号	8倍*	VICTOR No.1	×8	8×27	55°	56円
天佑号	6倍*	VICTOR No.1	×6	6×32	51°	56円
大和号	8倍	VICTOR No.2	×8	8×26？	51°	58円
大日本号	8倍*	VICTOR No.3	×8	8×26	51°	46円
大和号	6倍	VICTOR No.4	×6	6×22	42°	50円
富士号	7倍	VICTOR No.5	×7	7×20	50°	43円
富士号	6倍	VICTOR No.5	×6	6×20	50°	—
新富士号	6倍	VICTOR No.5a	×6	—	—	43円
旭号	6倍*	VICTOR No.6	×6	16×15	43°	36円
櫻号	6倍	VICTOR No.7	×6	—	—	—
櫻号	3倍半*	VICTOR No.7	×3.5	3.5×15	43°	42円
大和特号	8倍	VICTOR No.2E	×8	—	—	—
大日本特号	8倍	VICTOR No.3E	×8	—	—	—
大和特号	6倍	VICTOR No.4E	×6	—	—	—
富士特号	7倍	VICTOR No.5E	×7	—	—	—
富士特号	6倍	VICTOR No.5E	×6	—	—	—
新富士特号	6倍	VICTOR No.5aE	×6	—	—	—
旭特号	6倍	VICTOR No.6E	×6	—	—	—
日本号	6倍	—		6×26	42°	46円
旭号	7倍	—	—	—		
大和号	7倍	—	—	—		54円

＊印は大正2年春の時点で発売されていたもの．下段は大正2年の春以降の発売で，大正6年末には販売を停止していたもの．名称と発売時期から考えて，VICTORシリーズ番号と倍率の表示は，＊印が付いた双眼鏡以降と思われますが，機種名とシリーズ番号，スペックに規則性は見出せません．

謎解きの鍵は有効な文献と現品，「a」と「E」の意味
藤井レンズ製造所 Victor No 5a & No 5 6×21

Victor No 5a機が蝶型双眼鏡だったことは，筆者の想像範囲を越えた事実でした．写真情報を基として，通常のZ型鏡体のNo5 8倍機との比較対照，さらにはNo5a 6倍機（右）も入手できたことで確実な比較対照ができ，ついに大きな謎だったaの文字の意味が氷解したのでした．同じ6×21mm機でも，鏡体のレイアウトの違いから，受ける印象と使用上の感触は大きく異なります．

やっとわかった謎

筆者の勝手な命名ですが，鏡体や中心軸のレイアウトとデザイン上の印象から，「蝶型」としてコンパクト型の範ちゅうに分類した双眼鏡には，外国製品で一群となるものがありました．このような形状の国産双眼鏡は，数こそ少ないものの，昭和初期には既に出現していました．それでは，このような形状をした国産品はいつ現れたのでしょうか．

その答えが得られたのは，かつての筆者の連載記事を読まれた読者の熊谷 勝氏からお送りいただいた写真からでした．愛知県瀬戸市の熊谷 勝氏からは，それ以前にもお手紙をいただいていましたが，驚いたことに熊谷氏は，藤井レンズ製造所の同様の形状の機種までお持ちになっているということでした．そして，貴重な資料である実機の写真もお送りいただき，ついに筆者の二つの疑問は氷解したのです．

熊谷氏からお送りいただいた蝶型形状の双眼鏡の写真には，藤井レンズ製双眼鏡を示す“FUJII BROS”と，“VICTOR”のシリーズナンバーの5がありました．そのナンバーには，長期間意味不明だった，aの文字が付いていることが鮮明に写っていたのでした．

かつての雑誌の連載記事では，藤井レンズ製の双眼鏡について，筆者の手元にあるものだけでなく，西岡達志氏が所有されている貴重な機材も含めて連続で紹介しました．その後，筆者は通常型である，同じシリーズ番号の同倍率機種，富士号8倍機を入手できたのです．

それに加えて，お送りいただいた写真を見たことで，疑問の一つだったaの文字の謎はついに解けたのです．これは，連載当時の所有情報には確定的なものがなかったことから，大変大きな収穫となったのでした．

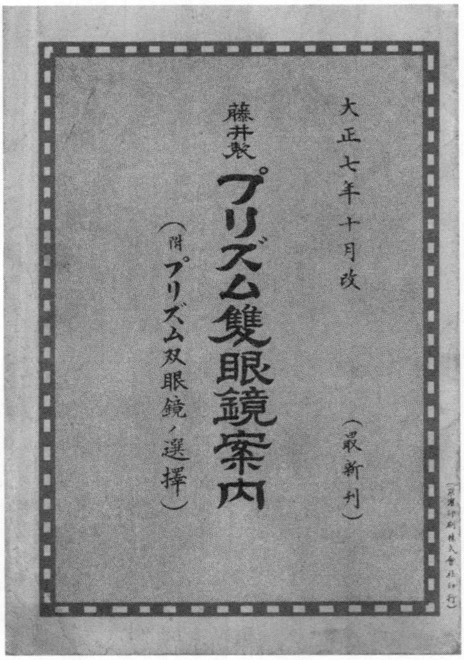

決定的に疑問を氷解させたのがこのパンフレットです．同時代的文献資料の有効性が示された例といえます．また，藤井レンズという会社の製品が評価，認知されていたことも，新会社である日本光学工業になっても藤井ブランドを継続していたことから浮かんできます．各機種の光学仕様は巻末資料に掲載しました．

ただ，熊谷氏所有の機材 Victor No 5a×8と筆者所有の機材No 5×8，その後，幸いにも入手できたNo 5a 6×21は，いずれも大正6年に発行された「藤井レンズ製造所製双眼鏡」の表にはありません．ところが，日本光学工業が設立直後に製作した同様のパンフレットには現れているのです．

藤井レンズ製造所は，営業期間の割に意外なほど製品種類が多いことも，両方のパンフレットを比較対照することで確認できました．その理由は，この時期の同社の双眼鏡では，対物レンズと接眼レンズの光学系が，それぞれ単独の収差補正で設計されていたためです．対物と接眼の組み合わせを変更することで，比較的容易に新機種を作り出せたことが，機種の多さにつながっているのでしょう．

光学系を変えずに，鏡体のレイアウトのみの変更から生み出された蝶型富士号8倍，6倍機ですが，その製品寿命はかなり短かったと思われます．当初，藤井レンズ時代からの各種双眼鏡を継続生産していた日本光学工業では，この機材の生産は長くは続けられなかったようです．

というのも，日本光学工業の設立趣旨は，軍用光学機材の国産化にありました．対物間隔がほぼ接眼間隔と同じで小さく，立体視効果の少ない蝶型は，

左側がNo 5a富士号6倍蝶型機，中央は富士号No 5通常形状鏡体機です．右は同じシリーズナンバーですが，8倍機です．通常鏡体の6倍8倍の両機種は，全くといってよいほど同じに見えますが，鏡体の腕の大きさ（太さ）は8倍機がわずかばかり大きく作られています．またａ鏡体機と通常鏡体機は，鏡体と中心軸との位置関係以外にも同様の寸法差があり，形状と強度に十分な考慮が払われていることもわかります．

軍用としてはもちろんのこと，民生用としてもコンパクト化が中途半端です．しかも合焦機構がIFなので，民生用商品としてのアピール度が低かったものと思われます．

歴史的に見ると，蝶型の双眼鏡は国産品を含め，意外なほど現れていますが，いずれも製品寿命が長期間に渡るものはないようです．やはり蝶は短命といったところなのでしょう．

プリズム双眼鏡のコンパクト化が実効を上げるようになったのは，ダハプリズム，特にシュミット - ペシャンタイプの量産性が向上した1960年代以降になってからといえます．

Eの謎

謎であった機種表示の中のａの意味が，蝶型のようなコンパクト機種を表していることは，現物とそれに関連した情報が証明してくれました．

一方，Eの表記を含む機材の存在については当初，おそらくそれはCF機構を表しているのではないか，と筆者は考えていたのです．しかし，この推定は全くはずれていたことがやがてわかりました．結局，その疑問を解いたのもまた同じものである，一冊のパンフレットだったのです．

藤井レンズ製造所は，国策光学会社として設立された日本光学工業に吸収され，その双眼鏡類生産部門となって従来の状況をできるだけ変更せずに業務を遂行していました．ところが，必須の原料である光学ガラスの供給については，第一次大戦の勃発により緊急事態となっていました．一級品であるドイツ・ショットガラス製造所製の光学ガラスは，日本が連合国側として参戦したことから，枢軸国側であるドイツからは全く輸入することができなくなっていたのです．

ショット製ガラスの国内残存品の入手も限界となったため，連合国側への双眼鏡支援輸出を行う代わりに，原料の供給を仏・英から受けることに替えたことから，緊急事態からの脱出は一応できたのです．

ドイツを敵に回したことで，光学ガラスの欠乏に悩んでいたのは，仏・英・米の諸国も同様でした．日本，米国ではこのことが光学ガラスの国産化の引き金となりますが，光学ガラス工場が既に存在し，稼動していた仏・英国でも，硝種の少ないことが問題になったのです．

プリズム双眼鏡関連でいえば，最も重要な課題はプリズム素材として必須素材である，BaK4の代用品の開発でした．Victorシリーズ機種で，品種名にEの

（写真の中と右）同口径で倍率を変えてシリーズ化されているものの，外部に現れる変更点を最小としているため，並べてみても意外なほど倍率差があることを感じさせないレイアウトとなっています．
（写真の左と中）同一光学仕様ですが，鏡体レイアウトの違いが歴然です．双眼鏡の配置は左の写真と同じです．

文字があるものこそ，この代用品を使用したものだったのです．

ガンマガラス

もともと，プリズム双眼鏡の素材としてBaK4が定番化した理由としては，分散の少ないクラウン系のガラスでありながら，屈折率が比較的高く，また耐湿性に優れ，曇りにくいという特色を持っていたからでした．その反面，製造時点での溶融温度が高く，またそのこともあって脱泡しにくい（泡切れが悪い）という特質がありました．従って，製造原価は高くなりますが，鏡体内部に封入された場合の素材としての有効性は，世界中の双眼鏡メーカーに認識されていたのです．

その優れたドイツ製のガラスに対抗できる素材の開発は，連合国側のガラス工場で実用性最優先で行われ，生み出されたのが「ガンマガラス」でした．日本光学工業のパンフレットから推定すると，光学恒数は満足しているものの，耐久性については不安要因を残しているように感じられます．大戦終了後も，このガラスは同社製双眼鏡に在庫分が限定的ながら使われていたものの，正規品ではなく特製品の扱いになっていました．

以下はこれまで述べた事実からの推定になりますが，同社のExcelシリーズ機種が在来既存機種に比べて安価なこと，あるいはAUTOCRATシリーズ機種はガラス素材の原産国がドイツではないことを示しているように思います．

世界大戦という緊急時に際し，欠乏したガラスの代用品として生み出された「ガンマガラス」ですが，歴史的に見れば，BaK4と同様品の新開発は昭和40年代の日本でも起こったことでした．このガラスは「光路用ガラス：BPG」と称され，名称も双眼鏡プリズムガラスの英字表記の頭文字から名づけられています．ここにも，歴史は繰り返すということを思い起こさせる事例が見えるのです．

同じ6倍機でありながら細部構造を比べると，意外にも違いがあります．それは接眼部の抜け止め構造で，蝶型鏡体機の方が別部品を逆ネジで止める，古い構造となっています．通常鏡体機では，新しい形式であるエキセン構造を採用しています．

藤井レンズ製品群中の最高倍率機
藤井レンズ製造所 Victor No.4 大和号 12×23

大和号12倍機は，藤井レンズ製造所の双眼鏡としては最も後に出現した機種です．当時，ドイツとは交戦状態にあったため，光学ガラス素材は主にフランス製（おそらくグレーロー社製）でした．ガラスと同様，擬革も連合国側からの輸入によったものと思われ，初期の本革，ドイツ製擬革とは異なった細かいシボとなっています．陣笠部品は欠落していますが，存在すれば，ある程度は生産量の推定もできたはずです．

最高倍率機

第一次大戦が始まり，交戦国となったドイツからの各種原料，製品の供給が止まったことは，敵対関係となった連合国側諸国に重大な影響を及ぼしました．連合国側に立って参戦した日本も，その影響を強く受けたわけですが，需要が少ないことから国産化が遅れていた製品も，国産可能なものの国産化が，この時を契機として始まりました．双眼鏡で例をあげるならば，実用性能を完備した高倍率機がそれに当たるといえるでしょう．

元々日本国内で，質的に高い高倍率機の需要があったのは陸軍の一部で，分科上，要塞砲兵と呼ばれた部隊でした．地上戦で自由に所在位置を遷移でき，またしなければならない機動力中心の小口径砲を操作する野戦砲兵に対して，堅硬な構築物内にいて，軍艦の主砲に匹敵する大口径砲を扱う要塞砲兵では，交戦距離は自ずと異なっていたのです．

従って，使用される双眼鏡の倍率も全く異なり，野戦砲兵では主に6倍，要塞砲兵で12倍というのが，日本陸軍の制式化された機材でした．要塞砲兵用双眼鏡の倍率が12倍と決められたのは，歩兵用双眼鏡の制式化と同時期で，日露戦争開戦の年である明治37年には整備が始められています．

当初輸入されたのは，入手可能な機材であれば原産国を問わなかったようです．ツァイスを始めフランスのクラウスなどの12倍機が充当されていたことが，専用目盛を内蔵した残存機材からうかがえます．

ただ，高倍率であるがゆえ，東京砲兵工廠，藤井レンズ製造所でプリズム双眼鏡の国産化が進捗しても，該当機材の国産化は，第一次大戦中にようやく実現したようです．

脱独？

それを具体的に示した資料としては，藤井レンズ製造所が日本光学工業となった直後に発行された『プリズム双眼鏡の選択』という小冊子が該当します．

同名の小冊子は，既に藤井レンズ製造所時代からあり，販促目的としてだけではなく，双眼鏡の必須知識の涵養も含めた意図から執筆されていることもうかがえる内容です．右下の掲載図はその機材紹介のページですが，仏国製光学硝子を使用との文言があることは，ドイツ製ガラス，特にショット社製品の供給がなくなったことの証明であり，対処法を示したものでもあったのです．

ところで，実際にこの大和号12倍を手に取ると，意外なことに気がつきます．外観的には倍率に比べて鏡体が比較的小さく感じることです．また，手ざわりからわかることですが，鏡体に巻かれているのは本革ではなく擬革です．その可能性として，光学ガラスだけでなく，不足していた化成品もドイツ以外の英，仏といった諸国から供給されたことも考えられるでしょう．

温故知新

本機もそうですが，時代を超越して機材を見た場合，良い高倍率機の特色には視野内の結像の均等性の高さがあると思います．もちろん機種差，個体差はありますが，「人が見る」という行為に適した像質で，特に周辺像では，多くはないもののいわばボケの良さを感じられるものが存在するということです．これには，倍率色収差の適切な補正が必須条件です．

例えば本機では，研磨面の劣化や，光路面に及ぶプリズム周囲の破損があるため，満身創痍状態ではあるのですが，天体を観察した結像状況では，視野最周辺部（見かけ視野約40°）でも星像は丸みを失わず，綺麗な形状を保ったままであることが感じられます．このようなボケの形状を示す機材は，やはり見ていて気持ち良く，天体用としては必要条件を満たしているものといえます．

双眼鏡の像質自体に均等化を主眼としたものと，そうでないものがあるわけですが，双眼鏡で天体を見る場合，観望的な使い方と発見的な使い方，あえて言い方を変えれば，見渡す場合と見つめる場合とがあるように筆者は思っています．もちろんこの2点は，市販機材の実情から見れば，背反する条件となっているようにも感じられます．しかし本来であれば，実用上の経験則を基に，適切な形を見出されて合一されるべきかもしれません．

美しく光り輝く星たちが形作る散開星団や星座の星々の並びの美しさ，面白さを堪能するような場合，つまり意識を視野全域に拡散した状態では，視野全体の均等性が高く，周辺像も点像である必要があるでしょう．

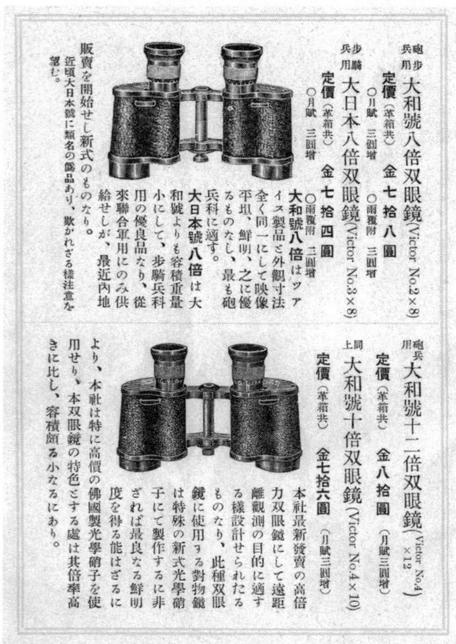
砲兵 歩兵用 大和號八倍双眼鏡(Victor No.2×8)
定價（革箱共） 金七拾八圓
○月賦 三圓増 ○雨覆附 三圓増
歩兵 騎兵用 大日本八倍双眼鏡(Victor No.3×8)
定價（革箱共） 金七拾四圓
○月賦 三圓増 ○雨覆附 三圓増
大和號八倍はツアイス製品と外觀寸法全く同一にして映像平坦、鮮明、之に優るものなし、最も砲兵科に適す。
大日本號八倍は大和號よりも容積重量小にして、歩騎兵科用の優良品なり、從來聯合軍用にのみ供給せしが、最近内地販賣を開始せし新式のものなり。
近頃大日本號に類名の僞品あり、欺かれざる樣注意を望む。

砲兵用 大和號十二倍双眼鏡(Victor No.4 ×12)
定價（革箱共） 金八拾圓 （月賦三圓増）
同上 大和號十倍双眼鏡(Victor No.4×10)
定價（革箱共） 金七拾六圓 （月賦三圓増）
本社最新發賣の高倍力双眼鏡にして遠距離觀測の目的に適する樣設計せられたるものなり、此種双眼鏡に使用する對物鏡は特殊の新式光學硝子にて製作すざれば最良なる鮮明度を得る能はざるにより、本社は特に高價の佛國製光學硝子を使用せり、本双眼鏡の特色とする處は其倍率高きに比し、容積頗る小なるにあり。

藤井レンズ製造所が日本光学工業となった直後に発行された冊子からは，藤井レンズ時代と同じ製品が継続して生産されていたことがわかります．大和号12倍機（上図下）は他機種と異なり，対物レンズのガラス材がフランス製であることが特記されています．上には藤井レンズ製造所初期からの継続製品である大日本号8倍機が掲載されていますが，需要の大部分が軍用であり，商品流通経路が異なっていたものが，一般市販品となったことも明記されています．

それと対照的で反対にあたるのが，意識を視野中心に集中して，視野の7割ほどの良像域内で，最高の結像能力としての「切れ」と「抜け」を求める場合です．例えば中央集光を示すような拡散した微光天体，銀河や緩やかな動きを伴う彗星の観察を行うような時です．このような場合，周辺像はシャープというよりは，むしろ乱れや崩れが少ない方が良く，わずかずつ視野を動かしながら微光天体の探求を行う場合などでは，柔らかで気に障らないようなボケを保った物の方が良いというのが筆者の持論です．

これについては，異論をお持ちの方もおられると思いますが，結論は読者の皆さん自身で，それぞれ求めていただきたいと思います．

ただ，確実にいえることは，現行品を見た場合，周辺像の良さで記憶に残るものがかなり少ないことです．古いものより新しいものに改良を必要とする点が存在することは，大変残念なことです．

大義

第一次大戦の影響であるドイツ製原料の逼迫を，連合国側諸国からの物資で充当して活動していた藤井レンズ製造所に，時代の大波が打ち寄せることになります．それは日本海軍の要請から，新たに生まれる総合光学企業の技術母体となることで，これは藤井レンズ自体の消滅でもありました．

独学によって一からではなく，ほとんどゼロの状況から自身，社員，会社の技量を向上させ，品質で世界に認知されるまでに至った苦労は，並大抵ではなかったでしょう．しかし，藤井龍蔵の出発点であった光学機械，特に光学兵器の国産化という大義には，新会社こそ最適との思いも生まれていたのでしょう．そしてついに，大正6年末をもって藤井レンズ製造所は日本光学工業に吸収合併され，大義の下，藤井龍蔵自身も新会社の社員となり，日本の光学産業もまた新時代を迎えることになります．

大和号12倍と日本号8倍を並べると，意外なほど高さに違いがないことに気づきますが，それは大和号12倍では鏡体内での折り返し量が大きく設定されているからです．一方，日本号8倍機も均等性の高さを前面に押し出した機種で，表示が漢字表記されているのは旧型です．新型との外観上の相違点は，機種名称を右書きで「本日」とされていること，対物側中心軸端に締め金具があることなどです．見口には，金属製の蓋金具が付けられています．これは実用新案に登録され，出来の良さも十分うかがえるものの，回転ヘリコイド式の合焦機構には不向きであったことから外されたものをかなり見受けます．接眼ナナコ部分の止めネジを隠す鉢巻状のリングが脱落している個体は，この金属製見口が外されたものです．この見口は，新会社には引き継がれていないようです．

新会社設立後の新製品は普及価格製品
日本光学工業 Excel No.5 8×19.5

外観は一見すると大和号6倍に酷似していますが，別設計されています．左鏡体カバーには“EXCEL" No.5 8×，右鏡体カバーにはJ.O.CO. PATENTと文字だけが表示され，ロゴマークはありません．シリアルナンバーは陣笠部分にあります．特に興味深いのは，日本光学会社を英訳して頭文字を取ったJ.O.CO.という社名表記です．この表記はごく短期間だったようです．筆者がこの双眼鏡を日本光学工業製と断定したのは，ニコンの社史に掲載されていた当時の英文用便箋のレターヘッドにJ.O.CO.と記されていたことと，中国へ輸出された双眼鏡にEXCEL No.4，No.5があったという記述によります．現時点では藤井レンズの製品に同等品と推定されるものは見当たりません．日本光学工業設立後もビクターシリーズは存続しており，エクセルシリーズとの関係には首をかしげるばかりです．東京計器製双眼鏡の継続製品という可能性も考えられますが，同社がプリズム式双眼鏡を製作したという事実は確認できていません．

国家の要請で生まれた光学会社

八.八艦隊実現のため，一大光学機械製造会社の設立を求めていた日本海軍内部の意向は，第一次大戦にドイツ海軍が行った無制限潜水艦作戦によって，より強くなっていきます．測距儀と同様に，潜水艦の眼である潜望鏡の国産化も，欠くことのできない条件になったのです．

この海軍の強い意向を実現させる最も早い方法は，民間会社の光学技術部門を統合することです．そこで，小型の測距儀では一応の技術水準に達しようとしていた東京計器製作所（後，一時トキメック）の光学計器部，探照灯の製造では既に確立した技術を持つ岩城硝子の探照灯部門，そして双眼鏡・望遠鏡で多くの実績を持つ藤井レンズ製造所の統合，というアウトラインが浮かび上がってきたのです．

この3社が選ばれたのは，当時の日本の実状では必然といえることです．これらの会社を別にすれば，顕微鏡の国産化は進みつつあったものの，当時の日本の光学関係会社で特筆するような技術を持つ会社は存在していませんでした．

この3社の合同に力を尽くしたのが，三菱財閥の総帥になったばかりの岩崎小弥太でした．岩崎は会社設立に対して出資もしていますが，「三菱は何をやるにしても重役会で相談して決めるのが例であるが，この度の光学会社は国家の要請に基づく事業なので，利害を超越してやらねばならない」と，その決意を示したといいます．しかし，日本を代表する光学3社の合同は，決してすんなり進んだわけではありません．会社の一部門が分離する形の東京計器や岩城硝子と異なり，藤井レンズはその名が消滅してしまうのですから，当然のことでしょう．

かといって，藤井レンズの技術は新会社にとって欠くことのできないものであり，他に代替はできません．海軍は，藤井レンズと基本的な合意に達するまで，国家的見地ということで説得を重ねました．

こうして，大正6年7月，東京計器関係者と三菱財閥の出資によって資本金200万円の新会社「日本光学工業株式会社」が誕生したのです．当初，新会社の仮本社は母体になった東京計器の本社（現在の文京区白山4丁目）に置かれました．社長は東京計器社長の和田嘉衛の兼任で，役員は全て東京計器と三菱の関係者でした．そして営業開始の準備として，予定通り東京計器と岩城硝子の光学部門の買収を完了し，新たに新興の工業地域として発展し始めていた東京府荏原郡大井町（現在の品川区大井町）に，新工場の建設と本社の設置が計画されました．

第九条

新会社設立後も，藤井レンズの買収交渉は軍を仲介として続けられ，最終的な合意に至ったのは大正6年12月のことでした．藤井兄弟は，国家的見地から買収条件を新会社に一任し，その一切は39万7千円あまりと評価されます（東京計器と岩城硝子の光学機器部門の買収額は，それぞれ21万9千円と1万4千円）．

藤井レンズ製造所の名はここに終わりを告げ，大正7年1月1日からは，日本光学工業の東京支店として従来通りの営業が始まりました．藤井レンズは兄の龍蔵が技術を担当し，弟の光蔵によって経営されていました．新会社となってもそれは変わらず，光蔵は東京支店の支配人として，引き続きその運営にあたっています．これは，好調であった藤井レンズの経営状態を変えることなくスムーズに新会社の一部門に移行させるためでした．

さらに，当初の資本金に対する買収額の割合から必要とされた増資，藤井兄弟の株主への加入，会社役員への参加などの目的から，藤井兄弟と日本光学工業の株主とによって，対等合併を目的とした名目だけの新会社が設立されます．このときに取り交わされた契約書には，大変興味深い項目があります．第4章付款第9条がそれです．

『乙両人（筆者注；藤井兄弟のこと）ハ将来日本光学工業ト関係断絶スル場合アルモ自分名義ニテハ勿論他人名義ヲ以ッテモ絶対ニ光学機械ノ製造ニ従事スルコト無ク，又右会社（筆者注；日本光学工業）ノ営業ノ妨害トナル可キ一切ノ行為ヲ為サザルコトヲ誓約ス』

軸出し機構は対物部に設けられた4本のセットビスで，従来の藤井レンズ製双眼鏡と同じです．対物側鏡体カバーには，対物カバーと締結される立ち上がり部（矢印）があり，これらによって対物枠が包まれるため，防水性も向上します．鏡体内部に艶消し塗装が施されていないこともあって，内部の金属部分は製造当時の光沢を失わずに輝いています．

藤井兄弟の技術が当時の国内の最高水準にあったことを如実に示す一文です．また，このことは次のような例からもいえます．新会社設立時に作成された双眼鏡のカタログには，わざわざ旧藤井レンズ製造所工場製であることをことさらにうたっているのです．規模は大きくとも実績のない新会社が，信頼を得るために苦心しているようすをうかがい知ることもできるでしょう．

日本光学工業の設立時点で，既に定評を得ていた藤井レンズの製品があったことは幸運でした．なかなか向上しない測距儀の技術や，多くの売り上げを望めない探照灯の生産だけでは，経営はむずかしいどころか，たちまち存続の危機に陥ってしまうことは確実です．しかし，双眼鏡の好調な販売は会社の業績を確保し，国内販売だけでなく，輸出も藤井レンズ時代と同様に行われて，配当を生み出すまでになります．

J.O.CO. Excel No.4 8×

大正7年，第一次大戦はドイツの降伏によって終結を迎えますが，まだ戦乱の火の手は地上から完全に消えたわけではありませんでした．辛亥革命後の中国は軍閥が各地に割拠し，分裂国家の様相を示していたのです．そのような状況の下，大正8年に天津の振華軍衣荘（軍需品の商社と思われます）と供給契約が成立したのが，日本光学工業のエクセル4号，エクセル5号です．

具体的な数量は不明ですが，資料によると当時の価格は4号が30円80銭，5号が24円50銭（いずれもケース付き）となっています．前項で紹介した藤井時代の製品価格に比べ，かなり安い設定になっていますが，その理由は不明です．顕著なスペックダウンが行われた痕跡は見当たりません．ただ，プリズム押さえの金具の形状が十字架状ではなく丸みを帯びた菱形であることや，内部塗装が省略されていることから，光学ガラス素材の選択も含めて徹底的なコストダウンが行われた結果なのかもしれません．

このエクセルシリーズの全容はビクターシリーズに比べてさらに情報が少なく，資料となる文献としては，厚さ4cmほどもある大冊の『四十年史』（日本光学工業株式会社発行）の中でわずかに1箇所，名称と価格が記載された2行だけです．

失われた事実を現物によって再構築する行為は，考古学そのものであるといえます．双眼鏡は土器のようにつぎはぎせずに済むので，多少は気が楽かなと，筆者は思うようにしています．

鏡体と鏡体カバーの関係や接眼レンズの構造などは，これまで見てきた藤井レンズ製とまったくといっていいほど同じです．本機を分解して特に目をひくのは，プリズム側面に記入されたメモ書きです．作業者の姓と漢数字が鉛筆で書かれているようですが，数字の意味は不明です．プリズム押さえ金具が現行品に見られる形状で，違和感を覚えます．C字型の金具（矢印）は視度表示リングで，逆ネジとなっています．

性能は藤井レンズ時代を継承しつつ，内部機構を改良
日本光学工業 旭号 6×15

手前が日本光学工業製の旭号，奥は既に紹介した藤井レンズ製の旭号です．日本光学工業成立後も，旧藤井レンズ製の双眼鏡は名称変更なく製造され続けました．右鏡体接眼側カバーには，JOICO（JAPAN OPTICAL INDUSTRY CO.）の文字を，貼り合わせレンズの中にデザインしたロゴマークがあります．最初期の製品はJ.O.CO.の文字のみ，という素っ気ないものでしたから，だいぶ光学会社のマークらしくなりました．左鏡体側のカバーには，旧藤井レンズから継承された製品であることを示す“VICTOR” No.6の文字もあります．細かく見ると，倍率表示が「×6」から「6×」になっているなど，いくつか相違点が見つかります．この日本光学工業製旭号6×15を見る限りでは，外観よりも内部構造（プリズム固定法と軸出し方法）に大きな変更がありました．気になる像質は，藤井レンズ時代の精度を引き継ぎ，良好で優れた製品といえます．

寄り合い所帯

旧藤井レンズ（東京光学工業と改組）の吸収を完了した時点で，当時の東京府下大井町（現：品川区西大井）に大井工場（現ニコン大井製作所）が新設されました．ここには，東京計器の光学機器部門の設備と東京計器内にあった本社機能が移され，それに岩城硝子の探照灯部門の設備が加わって，本社ならびに測距儀，潜望鏡，探照灯用反射鏡の一大工場としての体制が整えられます．

しかし，大井工場の滑り出しは，決して順調とはいえませんでした．探照灯用反射鏡の製造技術は，ほぼ完成の域に達しており，精度，生産量ともにクリアできましたが，軍用にしか用いられない特殊なものであったため，むやみに増産もできず，大幅な利益も見込めません．

一方，測距儀と潜望鏡の生産性は，なかなか向上しませんでした．海軍当局の求める精度も，当初は技術水準を考慮して低めに設定されていましたが，発注を受けるたびに引き上げられ，性能試験をパスするのは容易なことではなかったといいます．大井工場は，利益を生み出すどころか，場合によっては会社の存続をも左右しかねない状況だったのです．

しかし，筆者は旧東京計器系の光学技術が決定的に劣っていたとは考えていません．非常に高い精度を必要とする測距儀の生産は，まだまだ経験とノウハウの蓄積が不足していたということでしょう．

ただ東京計器の研磨技術者は，かつて藤井龍蔵が採用しなかった旧来の眼鏡生産技術の出身者でした．つまり，東京計器系の大井工場では手磨きが行われ，藤井レンズ系の芝工場では機械研磨が採用されていたわけです．設立当初の日本光学工業は，社内で技術力にギャップがある寄り合い所帯でした．

二つの旭号6×15

一方，芝工場の製品が藤井レンズ時代のままかといえば，決してそうではありません．新型の旭号を見る限りでは，外観こそロゴマークの有無程度ですが，内容的にはかなり違いがあります．

軸出し方法がプリズム部分によるのは同じですが，旧型（藤井製）では，プリズム長手方向のスライドであるのに対し，新型（日本光学製）では金属箔によるプリズムの傾斜になっています．この違いは，組み立て調整時に大きな差となって現れます．旧型の方法では，ネジによってプリズムを連続的に微動できますが，新型の箔による方法では段階的にしか傾斜させられず，かなりのコツが必要です．しかも，仮組み立てと検査を繰り返すことになります．当然，生産現場には習熟した技術者がいることが必要です．

組み立てと調整のしやすさを考えると，旧来の方法の方が優れていると思われますが，なぜ，あえて後者の方法を取ったのでしょうか．真の理由は当時の担当者に聞くしかありませんが，筆者はプリズムの動きを恐れた結果ではないかと考えています．

旧型の方法では，ネジの加圧力が直接プリズムに伝えられるわけではありません．プリズムの反射面をカバーするように設置された金具に弾性があるため，2本のネジが押す力のバランスが崩れると，即プリズムの移動につながり，意外と軸がずれやすかったのではないでしょうか．新型では，プリズム押さえ金具が多少ゆるんでも，軸のずれは生じにくく，実際にプリズム押さえは厳重といえるほどです．

「I（アイ）」を加えて

一般論ですが，プリズムの移動を恐れるあまりに押さえすぎてはいけません．過剰な圧力はプリズムを歪ませて，星など点像であるべき像を乱してしまいます．新型の旭号がとった方式の重要なメリットは，プリズムを再装着しても軸出し精度の復元性が

対物レンズは鏡体には直接組み込まず，長いレンズ筒に収めてから鏡体内に組み込まれます．対物レンズがプリズムにかなり近い奥まった位置にあるため，組み立てや遮光線加工のしやすさを考慮した構造です．鏡体とレンズ筒の加工精度の高さや，手抜きのない対物レンズ押さえ環内側の遮光線加工などは，藤井レンズ時代を継承しています．

高いことです．旧型では，プリズムを取り外す際には押さえ金具と押しネジを動かさざるをえず，再度組み立てる時には，一から軸出し作業をしなくてはなりません．一方，新型の方式では，忠実に復元すれば，軸はほぼ問題のない精度に戻るのが普通です．

ある程度の分解と組み立てに対して精度の復元性を保っていることに，目先の作りやすさではなく，息の長い工業製品を意識したことがうかがえます．JOCOからJOICOへ，ロゴマークにレンズと工業の頭文字である「I（アイ）」を加えたところに，光学産業として伸びようとする決意が感じられるようです．

一応完成した技術といえる双眼鏡と探照灯用反射鏡はともかく，問題の残る測距儀と潜望鏡のレベルアップを図るには，大胆な方法が必要でした．そして，その役割の一端を担うべき人物は，やはりあの人をおいて他にいませんでした．

内部構造の違いは接眼部にも見受けられます．藤井製では接眼ローレット金具と視度目盛金具は別の部品でしたが，日本光学製ではエキセン方式（抜け止め）に改められ，部品点数を減らしています．小さなことですがコストダウンの一例です．プリズム押さえ金具（通称，十字架）はプリズムを固定した状態ですが，写真のように湾曲しているのは，加圧し過ぎです．

旭号は新旧（右・左）でプリズムの固定法が異なることが一目瞭然です．旭号は口径が15mmと非常に小さいため，対物部に軸出しのためのエキセン環を設けることができません．そこでプリズム部分のスライドや傾きの調整で軸出しをするわけですが，調整の容易さや分解後の復元性などで，どちらの方法も一長一短があります．いずれにしても，プリズムを固定する力は，必要最小限にとどめるべきです．プリズムの押さえ過ぎで性能が低下している双眼鏡は意外と多く，恒星を見て崩れた点像を示すものは，まずこの点を疑ってみる必要があります．

極小口径といえる通常形体のZ型双眼鏡
日本光学工業 Luscar 6×20

6×20というと，いわゆるツァイス型の双眼鏡としては最小口径といってよい大きさです．実際に使用しても，成人男性の大きな手では「手が余る」といった感じです．そのためか，外観には何となく繊細さを感じます．カバーを止めるビスが少なく，全体にエレガントな仕上げになっていることも，そう思わせる原因でしょう．対物レンズが短焦点化されたためにプリズムの間隔は最短になっており，鏡体の高さも低くなって，旧藤井時代の製品に比べて近代化されています．ただ像質の点でいえば，対物レンズの短焦点化は，やはりむずかしい問題として存在しています．視野中央部（見かけ視野の3分の1）までは充分以上に良好なのですが，視野最周辺のぼけ方を星像で見ると，ほぼ同スペックの旧藤井製大和号6×22と比べてやや大きくなるのは，やむを得ないことでしょうか．とはいえ，決して悪質というほどひどくはないところに，ドイツ人設計者の苦労を感じます．

遠来のまだ見ぬ友人

光学先進国ドイツの最先端技術を日本に導入する，もっとも早くて確実な方法は，第一線で働く第一級の人材を獲得することです．この，いかにも困難が予想される仕事の適任者は，藤井龍蔵以外にいませんでした．ベルサイユ講和条約成立直後の1919年7月，この重大な任務を帯びて龍蔵はドイツへ旅立ちます．

大戦が終結したとはいっても，日本海軍の空前の大増強計画案，いわゆる八·八艦隊案の完成のためには，時間の余裕はありませんでした．しかし，ベルリン大学に学び，ドイツに知人が多い龍蔵をもってしても，ドイツの著名光学会社の実状や最新技術，ノウハウなどを，そう簡単に知りえないことは想像に難くありません．光学技術者として最適な人材の招聘も同じことです．

龍蔵はドイツ光学企業の訪問を形だけで終わらせないために，日本陸海軍軍人からなるドイツ調査団の民間人随員というかたちでドイツに入国しました．しかし現実には，このような公的な立場の活動だけでは大したことが得られないことも，また想像できることでした．そこで，彼はドイツ入国の翌日に，講読していた光学雑誌の記者を訪問し，さらに翌々日には，参考書にしていた光学技術書の著者ハレーのもとを訪れたのです．

ドイツの交戦国であった日本人の来訪にもかかわらず，龍蔵はどちらからも意外なほどの歓迎を受けました．雑誌記者は業界の情報提供者としてだけでなく，よき相談相手となりました．また，ハレーは龍蔵のため，自身の工場の製品納入先であるドイツ国立理工学研究所の光学部長との面会の労をとってくれたほどです．紹介された光学部長の対応もまた，はなはだ好意的で，助手たちとも親しくなり，藤井龍蔵のドイツ出張は最初から好調に見えました．

3から8へ

そして龍蔵は，いよいよドイツの大光学会社，ツァイス社とゲルツ社を訪問しますが，両社の対応はたいへん対照的でした．

ゲルツ社は，創立者であるC.P.ゲルツは存命だったものの，光学兵器が中心になっていた工場は，敗戦の結果，大部分が休止状態に陥り，会社の前途はどうなるか予断を許さない状況でした．それでも軍人たちとの訪問は，大いに歓迎を受けたといいます．光学工場は休止中でしたが，操業を続けていた関連のゼントリンガー光学ガラス工場ともども隅々まで見せてくれました．それだけでなく，自社の製品の写真資料も何の制限も設けずに閲覧させるという，格段の好意まで示したのでした．もしかすると光学工場の創業者という同じ立場から，親近感を持ったのかもしれません．

一方，ツァイス社とそこへガラスを供給しているショット社への訪問では，いずれも見学できたのは工場の一部だけでした．ところが意外なことにツァイスから，日本での合弁事業の提案がなされます．しかし既に紹介したとおり，日本海軍当局としては願ってもないこの申し出も，結局は条件の折り合いがつかず，ツァイスとの交渉は不調に終わりました．

ツァイスとの合弁が不調に終わったことで，龍蔵は既に光学雑誌などを通じて募集していた技術者の枠を，2～3名から一挙に8名へ大幅に増やすことにし，東京の会社首脳部の了解を取り付けます．この時のことを龍蔵は，『光学回顧録』中でこう語っています．

「吾々は如何なる犠牲を払いても，又石に齧り付いてでも速やかに我が光学技術を進歩せしめ，世界の先進国のいずれにも劣らざる光学兵器の製造を完成し，自給自足の域に達せざる可からずと深く決心し（後略）」

新たに募集枠が広がったことで，広告などの募集活動を活発に行ったことや，敗戦後のドイツ国内の混乱した状況も手伝って，志望者は相当の数にのぼりました．そして，単に技術的な力だけではなく，技術者相互の人間関係にまで気を配った人選の結果，8人の優秀な技術者集団を形成することに成功したのです．

有効口径20mmと小さいにもかかわらず，軸出し方式は教科書通りの対物エキセン環方式です．本機を分解して感じるのは，加工精度が全般に向上していることです．プリズム相互の交角位置の調整は，実視から専用測定機を使う方法に変更され，ドイツ直輸入の技術は，着実に製品精度の向上と製造の効率化に役立つことになったのです．

破格の待遇

敗戦国ドイツでの人材募集とはいっても，ひとかどの技術者を遥か遠く離れた日本に迎えるのですから，その待遇は破格でした．給与は会社の最高幹部より高額，ドイツ人専用の社宅が用意され，通勤は自動車による送迎付きというものです．このことも，募集が成功した原因の一つかもしれません．

破格な条件を提示した背景には，契約期間が5年という，ドイツ人技術者たちがもっとも不利と考えた期間だったこともあるでしょう．ドイツから長期間，遠く離れることは，進歩の速い光学技術に追いつけなくなる危険性があります．そのため，契約は1年程度のごく短期間か，あるいは逆に日本で充分な貯えができるよう10年以上の長期間，中には一生という希望もあったといいます．

ドイツ人技術者と契約を交わした後，龍蔵はヨーロッパ各国（独，仏，英，伊）の光学会社の視察，材料・機械の購入を済ませて，アメリカに渡ります．そしてブラッシャー社を訪れ，創業者であるブラッシャーから大口径反射鏡の製作の苦心談を聞きます．その後に，ウィルソン山の100インチ大反射望遠鏡を視察した後，1920年12月に大任を果たして帰国したのでした．

ドイツ人技術者たちは，翌年1月から6月にかけて来日し，各人，その持ち場で職責を果たしました．彼らはいずれも精励であったといいます．そして，いよいよ本格的に日本でドイツ式の光学製品の製作が開始されることになります．

日本光学工業に招聘された8人のドイツ人技師

氏　名	担当業務	在任期間
Max Lange（マックス・ランゲ）	光学設計	1921.1.17～1923（在任中死亡）
Ernst Bernick（エルンスト・ベルニック）	機械技師・機械加工	1921.1.24～1925.8.1
Kurl Weise（クール・ヴァイゼ）	レンズ研磨	1921.1.24～1925
Albert Ruppert（アルベルト・ルッペルト）	プリズム・平面研磨	1921.1.24～1925
Heinrich Acht（ハインリヒ・アハト）	光学設計	1921.2.18～1928.2.17
Hermann Dillmann（ヘルマン・ディルマン）	光学設計	1921.2.18～1925
Otto Stange（オットー・スタンゲ）	一般設計・製図	1921.3～1924（在任中死亡）
Adolf Sadtler（アドルフ・ザトラ）	レンズ研磨	1921.6.16～1925.8.1

対物レンズの短焦点化によって，接眼レンズも，より多様な曲面を持つケルナー型へと変化していきます．対物，接眼，プリズム系全部を通してトータルで収差を補正するという，ドイツ流の方式が導入された結果です．この時期，ドイツ人技術者によって設計された新型の双眼鏡は，社内で通称「独式双眼鏡」と呼ばれたといいます．そのようなこともあってか，右鏡体カバーには，ドイツ式にD.F.（Doppele - Fernrohre ＝二重望遠鏡すなわち双眼鏡）の表示がされているのは，大変興味深いことです．

極小機材の代名詞化をもたらした，たゆまぬ改良
日本光学工業　Mikron 6×15

戦前，ほぼ20年という長期間に渡って作り続けられたミクロン6×15mmは，戦前の国産双眼鏡を代表するものの一つと言えます．設計方針の最重要点は，徹底したコンパクト化でした．ただしそのことが影響を受けたと思われる機材の弱点までも，一時期には受け継いでしまいます．しかし，適切な改良が功を奏したことから長寿商品となることができたのでしょう．写真は2度の改良を経て現れた完成モデルで，気の利いたケースも用意されるなど，製品として高い充実度を感じます．

工具と生卵

破格の待遇の下，大きな期待をもって日本光学工業に迎えられたドイツ人技師たちは，到着早々から，各自の専門分野で力を発揮していくことになります．既に国外からも評価を得ていた藤井ブランドの双眼鏡をはじめ，製品の見直しは光学設計の段階から始まります．その製品を生み出す工作機械では，据え付け直しや機械加工法の点検と改善が行われました．金属加工法，レンズ・プリズムのガラス加工法，組み立て・調整法に至るまで，あらゆる分野についての検証が，最新式ドイツ流光学機械製造技術の実現，確立のために実行されたのです．

例えば双眼鏡の光学設計では，従来行われていた対物部と接眼部それぞれが独立した形での収差補正方式を改めています．ドイツ流に，光学エレメント全系に渡って光線を通し，トータルでの光線追跡を行い，収差補正を行うことにしたのです．

従来の方式の場合，単独補正を行った対物・接眼レンズを組み合わせたものでも，製品の質は一応維持されていました．見かけ視野が40°程度ならば，この方式でも種類の増加は可能なことから，この方式によって多くの藤井レンズ製双眼鏡が生み出されていました．

しかし，見かけ視野が50°に及ぶような接眼レンズを持つ機材では，単独の部品としてそれぞれの残存収差をゼロにすることは，実際上は困難でした．従来の開発法では，残存収差の影響が大きく現れてしまい，特に視野周辺部の劣化が大きくなることは避けられません．この点からも，ドイツ製品では当たり前となっていた見かけ視野50°を全機種で実現するためには，かつての方式をそのまま行うことはできませんでした．

光学設計の分野で指導者となったのは，8人のドイツ人技師団の中でリーダー格でもあったランゲ博士でした．彼は光学系の計算法について，実用性が高く，適切に簡略化された計算式を伝授しています．この式は，日本光学工業社内では「ランゲの式」と呼ばれ，実用性の高さから，対数表による計算で光線追跡を行っていた時代に重用されたと記録されています．

ランゲ博士はもともと，数学が専門の学者だったそうです．博士には，日本光学工業の社員が昼休みに興じていた囲碁を，来日後初めて目にして興味を持ち，短期間のうちに周囲の人々が敵わなくなるほど上達してしまったという逸話も残されています．

しかし，最も期待されていたランゲ博士は，不幸にも任期中に病没してしまったことから，代わってアハト技師がその役を引き継ぎ，光学設計を指導していくことになります．

ドイツ人技師たちの果たした役割には，形として現れにくいものではありますが，もっと基本的に重要なことがありました．それは精密作業者としての心構えというべきものでした．

精密機械の工作法が担当だったベルニック技師には，次のような逸話が残されています．着任当初，工場で日本人機械工がスパナをハンマー代わりに使ったのを見つけたベルニック技師は，目の色を変えて「こんなことはドイツでは見たことがない．精密機械工場の工具は，工場の重要な命だ」と会社幹部に訴えます．そして，「工具は赤児のごとく，また生卵のごとく，丁寧に扱わなければならない」という注意書きの掲示を要求したそうです．

藤井兄弟の弟である藤井光蔵は，その後この頃のことを回顧して，「ドイツ人技師によって，直接的にドイツ流の光学技術を導入した効果は，実に予期した通りであった」と書き残しています．

ドイツ人技師たちは，新しい環境に慣れるに従って，周囲の日本人にいろいろなことを語りました．ランゲ博士の後を継いだアハト技師は常々，「年中，軍需偏重の試作品を主とするような操業では，儲かるはずがない．ドイツの光学会社のように平和商品に主力を置いて経営を行い，いざ戦争となった時には，また総力をあげて国家に奉仕するという行き方を取らなければ，会社は成り立たない」と言っていたそうです．

この言葉の通り，時代はワシントン軍縮会議の結果，大きく流れを変えていきます．そして日本光学工業を取りまく環境もまた大きく変わり，それに合わせて商品としての平和品（民生品）の開発が進められていくことになります．従来から製造されていた手持ち双眼鏡は，再検証の結果，集約されて品種は減少することになりました．しかし，全体的な製品群（種類分野）では大きく増加しており，大口径双眼鏡や6インチまでの天体・地上兼用望遠鏡のラインナップが完成して，製品層が厚くなっています．さらに，発展し始めた国内の各産業の需要を見据えた光学測定器具も加わり，製品から見える会社の体裁も，総合光学企業らしくなっていきます．

極小化のための独特の構造で，筆者が驚き，感心したのが初期型の接眼部の視野レンズの固定法でした．周囲を均等に4分割したすり割り構造からは，バネ性が生まれることで，押し込み式のレンズ固定が行われています．合焦機構は螺旋孔式ですが，各部の製造精度が高いため，動き自体はなめらかです．しかし固定子（矢印）でもある小ビスの緩みは，時として致命的な障害となる可能性があります．

このように充実し始めた光学機器を，広く社会に示す絶好の機会が訪れることになります．それが，大正11年に行われた「平和記念東京博覧会」でした．これは，次項でくわしくふれます．

ミクロン登場

ドイツ技師団が着任したことで伝承された最新のドイツ流光学技術の成果は，顕著なものでした．それは手持ち双眼鏡に限定しても，ミクロン4×12mm，同6×15mm，アトム6×15mm，ルスカー6×20mm，ブライト8×24mm，そしてオリオン6×24mm，同8×26mm，ノバーシリーズ，ゾラーシリーズなどという新機種となって現れます．日本光学工業では，このドイツ流の光学設計技法から生み出された双眼鏡類を，「独式双眼鏡」と称していました．

ただ，これらの双眼鏡は同時に発売に至ったわけではありません．それぞれの発売に至るまでには，多少ですが時間差があったように，資料からは見てとれます．筆者の独断ではありますが，第一次大戦後の軍需縮小と不景気が重なったことで，旧型製品の在庫が滞貨となり，新製品の投入を滞貨解消まで延期せざるを得なかった社内事情も感じられます．

ミクロンVS 旭号

「独式双眼鏡」の先陣を飾ったミクロンですが，旧時代の製品で同様の光学仕様を持ち，倍率と口径が同じもの同士を比べると，対照機は旭号6×15mmとすべきでしょう．増質がその比較対照になるわけですが，総合的には優劣は大変つけ難い，というのが結論になります．

旭号は対物レンズのF値が比較的長く，接眼レンズもケルナー型の2群3枚構成に，さらに単レンズ1枚を加えた3群4枚でした．それに対して，できるだけ短焦点化した対物レンズと2群3枚構成の通常型ケルナー接眼レンズのミクロン6×15mmは，ほとんど同等の結像を示しています．このことから，ミクロンの設計にはなかなかの苦労があったものと思われます．

特に厳密な評価を行えば，周辺像の劣化の程度は旭号の方が少なく，優れています．ただ，レンズにコーティングがないため，より空気界面が2面少ないミクロンでは，中心像から中間部にかけての「切れ」と「抜け」の良さで分があるということになるでしょうか．

像質に関する限り，既に国際的にも評価を得るほどの藤井レンズの製品を性能的に凌ぐだけではなく，全体形状の縮小に必要なレンズの短焦点化をめざした，より近代的な双眼鏡を開発することは，第一線クラスのドイツ人技師にとっても，それほどたやすい仕事ではなかったはずです．

極限の公差設定

光学的な性能だけではなく，「独式双眼鏡」の先陣となったミクロンには，分解してみて初めてわかる極小機ならではの技術が内蔵されています．その目的とするところは極限的な形状の縮小ですが，特に初期製品の接眼部にその傾向を強く感じます．

具体的に言えば，IF式接眼部では既に標準的な構造として採用されていた多条ネジによる回転ヘリコイド方式を用いず，螺旋孔とコマ（固定子：半ネジの小ビス）による回転ヘリコイド式としています．

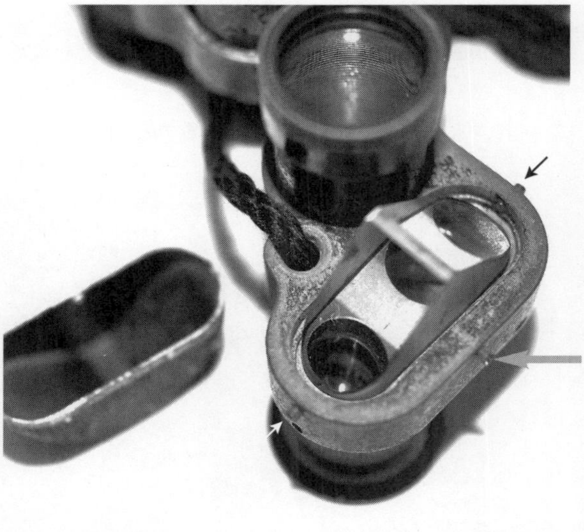

視軸の調節機構をプリズムスライド式としたため，托板でもある鏡体には，プリズムを押すためのイモネジが，移動方向の端にそれぞれ設けられています（白矢印と黒矢印）．このネジは視軸の調整と固定を受け持っているため，締め方には十分すぎるほどの注意がないと，結局，プリズムを破損してしまいます．プリズムカバーの押し込みは精度は良いものの，固定は托板側面のイモネジ1本（灰色の矢印）だけのため，カバーの変形が脱落へとつながる危険性を否定できません．

谷と山とからなるネジでは，内筒と外筒の構造体の中間部にネジの谷と山があるため，全厚は内筒＋外筒＋α（ネジの部分）となってしまいます．一方，螺旋孔と固定子から構成される構造では，外部と内部の厚さの和だけが構造上の厚みですから，ネジ部の厚さだけ，寸法上縮小できることになります．

加えて，最も独自色が出ているのが接眼部レンズの組み立て方です．眼側のレンズ（覗き玉）は通常仕様で接眼内筒に加締められていますが，対物側になるケルナー型接眼レンズの視野レンズ（開き玉）は，加締めでも押さえ環式でもなく，「押し込み式」とでもいうべき方法で組み立てられています．

接眼内筒の対物側の周囲には4箇所，光軸と同じ方向に向けて直線状の溝が90°の円周上での等間隔で切り込まれ，その内側はレンズの位置を規定するためステップとなっています．視野レンズ部分の内径は，対物側に向けて2段の段差が付けられているだけです．レンズ押さえのための押さえ環（ネジ環）を設置するのではなく，接眼内筒に設けられた切り込みが弾力を生み，バネとなってレンズ周囲を押さえているだけなのです．

必要とされる視野を確保しながら最小形状を求めれば，この構造は必然なのかもしれません．押さえ環を用いる構造ならば，レンズの有効径は押さえ環の内径によって縮小し，視野が狭くなることは避けられませんから，レンズ径を最大限にするために採用された構造でしょう．筆者は最初，この構造を目にした時，大変驚いたものでした．

この方式を採用するためには，レンズ固定をより確実にするため，レンズのコバ厚（周囲の厚さ）を多めとするだけではなく，レンズ外径と接眼内筒の該当部分の内径の加工精度をきわめて高くする必要があります．それに成功していることは，端的にドイツ流の精密加工技術が生かされていることの証明でしょう．

ただし，実際に徹底した分解作業を行うと，これほど「冷や汗三斗」という古い言葉を思い起こさせる作業となることは，少ないものです．もともと，細いすり割りが通るように，厚さを減らした針状の細線をくわえさせたピンバイスを使って，ほんのわずかずつ溝を順番に換えながら，レンズを押し出していく作業を行うことになるわけです．そのため，筆者にとっては実に実感のある言葉になっています．

素（す）

以上は内部の構造から得た知見ですが，外部にもまた，同様の方向性（設計方針）を感じられる部分が存在します．それはプリズムケースです．

下が初期型，上がその改良型です．改良型ではプリズムカバーに鉢巻（矢印）がかけられ，その中央にプリズム押さえ（固定用）のイモネジが設置されました．鉢巻のすそは折り返され，固定用のビスが付けられています．しかし，接眼部の構造はどちらの型も同じで，視野レンズは押し込み式のままでした．

ミクロンがヒット商品となったことから通称化した，ミクロン型，あるいはM型と区分される双眼鏡では，基本構造となるのがプリズムを設置している托板（たくばん）です．托板自体が即ち鏡体なのですが，その特色としては，プリズムを完全収納していないことがあげられます．プリズム周辺の空間のかなり大きな部分までを鏡体として内包していないミクロン型では，必然的にプリズムと同様の形状のカバーが必要となります．そのカバーが最小限の大きさであることから，重量，形状の最縮小化を果たしているのです．そのため，カバー自体の形状を変えてしまうと，ミクロン型の特色の多くは失われてしまいます．

実機では極限の最小性を維持するため，プリズムカバーもその設計方針に従って，押し込み（差し込み）式となっていて，外観上に固定のための構造を見ることはできません．托板（＝鏡体）には，切削により長円状のプリズム座面と差し込み部分が深さ2段に加工されています．アルミ合金製でプレス加工成型されたプリズムカバーは，そこの浅く切削された部分，つまり押し込み箇所に入れられていますが，その仕上げ精度は良好です．

実際の組立作業では，接着効果も考慮したためか，カバーと押し込み部分には油土が充填されていたようですが，わずかな痕跡しか残っていません．

カバーの組み立ては上記のようになっています．それだけでなく，托板とカバーを貫通する形で長手方向の端に当たる部分には，プリズムをスライドさせて視軸調整を行うためのイモネジが設けられています．プリズム移動用のイモネジは4個のプリズムの両端，それぞれに2箇所ずつあるため，視軸調整用は8箇所です．プリズム側面には，さらにプリズム位置固定とカバーの抜け止め兼用のイモネジがそれぞれのプリズムにあるため，全合計は12箇所と多いのです．ネジの長さも，ネジ孔に沈み込むような長さに設定されています．托板のネジ孔には，油土が痕跡隠しのため充填されているので，仕上げられた製品の美観を整えています．

ミクロンの出現当時，これを入手した人は最小の形状，重量，そして外部に見えるネジの少なささなど，実にあっさりした外観に，満足したことでしょう．設計方針の中には，外観も飾ることなくあっさりと素のように，ということがあったのかもしれません．

4と6の差

大正末期に登場したミクロンは，完全な民生品としてヒット商品となりました．その製造は，太平洋戦争の開戦によって民生用の双眼鏡製造が不可能となるまで，おおよそ20年にも渡って続けられることになります．

ミクロンもまた，ほとんどの「独式双眼鏡」と同様にシリーズ機で，光学仕様に変化を与えた4×12mmと6×15mmの2機種からなっていました．しかし製造が長く続けられたのは6倍機で，4倍機の場合，そうはなりませんでした．その原因は，やはり倍率の設定が低かったからではと思われます．

ミクロンは対物間隔が接眼間隔より小さく，光学機能的には，コンパクト型に区分される機材です．屋外使用時，つまり遠距離対象を観望する場合に，この倍率差は数値以上に実用上の大きな差となって現れたはずです．遠距離の地上目標を対象とする場合，遠近感を十分確認するためには4.5～5倍が下限となることを，筆者自身，所有する双眼鏡の改造品から経験しています（接眼レンズの見かけ視野が50°の場合のみ）．

またツァイス，ゲルツといった著名メーカーの製品でも，フィールドモデルというような屋外使用を主目的とする機材は，同様の倍率が下限値となっていました．同じシリーズ化機種とはいっても，4倍と6倍のミクロンでは双眼鏡らしい「見え方」に大きな違いがあります．それが，製品としての寿命を大きく変えたのではないかと思えるのです．

ところで筆者にとって，ほとんど事実解明が進んでいない機材で，ミクロンと全く瓜二つのものが存在しています．それは「FOTA MORGANA」という4×12mm機で，ミクロンの母体では，という未確認情報があります．残念ながら，その存在を裏付ける文献も全くなく，発売時期も特定できないため機材の名称のみの紹介になります．外国製にしても国産品にしても，上述した倍率の下限値問題からすれば，短命機種であったことだけは推定できます．

変更と変遷

長命機種となったミクロン6×15mmですが，上述した構造は初期型の特色で，FOTA MORGANA4倍機も初期型ミクロンと構造上の特色はほぼ同様です．後者に変遷があったかどうかは確認できていません．一方，ミクロン6×15mm機は20年という長期間の製品であるため，外観的にも光学仕様にも若干の変遷が存在しています．

光学的な変更は改良目的で行われたもので，それは視野の拡張でした．当初は45°だった見かけ視野は48°と段階的に広げられ，最終的には50°に到達しています．シリアルナンバーを基準として，製作時期が確実に離れていると思われる実機の比較からは，視野の見かけ上の広さから，この改良が確実に行われたことがうかがえます．

他に接眼部で行われたのは，多条ネジによるヘリコイド機構への変更でした．コンパクト化最優先から採用された螺旋孔型ヘリコイドでは，固定子は接眼部のローレット部分（ナナコ）と接眼内筒を連結する1本のビスだけでした．このビスに緩みが発生し，さらに進んでビスが脱落した時には，合焦作動上だけでなく接眼部の重要構造までもが脱落するという，致命的な問題になります．それが，ヘリコイドとエキセン構造を抜け止めとして，接眼部ナナコ内部（ローレット部分）に設けた通常構造へと変えられたのです．これに合わせるかのように，視野レンズの固定法も変更され，押し込み型からネジ環式の押さえ方になっています．

この変更によって，従来は視野レンズの周辺厚さはできる限り大きくされていたものが，厚さに制限がなくなりました．これにより，光学設計上の自由度が広がり，視野の拡大化が行いやすくなったのでしょう．小径のヘリコイド加工のためには，専用工作機械の開発は不可避だったと思われます．ただ，当時の日本光学工業は，既に軍需用精密機械の製作でも実績がありましたから，専用機の社内製作も行えたはずです．接眼部の金物の構造と工作法，レンズ固定法の変更は，総合的に見た場合，コスト低減につながったと考えて良いでしょう．

鉢巻と折り返し

初期型の各部分の構造は，上述したとおりです．実用上から言えば，プリズム自体の大きさに比べて，プリズムのスライドと押さえのためのバネが内蔵されているため，カバーは比較的高くなって托板から突出しています．そのため，カバー側面はグリップ

戦前，ミクロンがたどった変遷の最後が，接眼部の合焦機構と視野レンズ固定法の改良でした．左から時系列順に並べてみましたが，一見しただけでは改良箇所は目につきにくくなっています．しかし右の完成型では，接眼部の合焦機構がヘリコイド式となり，抜け止めもエキセン式となったことから，充実度の高い，良好な製品となっています．視野の増大化も含めて，着実な改良が商品の堅実性を高めた好例といえます．

によって加圧されやすく，変形と脱落が起きる可能性も少なくはありませんでした．メーカーとしても，この弱点の存在は市場からの反応で気づいたようで，シリアルナンバー1000番台の半ば過ぎには対応策が取られています．

それは，プリズムカバーの外側の稜線に当たる部分に，托板から立ち上がって稜線を越え，再び反対側の托板へとつながる金属製のベルトを渡し，それを托板にビス止めする方式でした．

それに従って，プリズムの押さえ方も変わります．従来は，弾力性のあるC形状断面の弱いバネがプリズム稜線とカバー間に入れられていました．それが改良によって，金属ベルトとプリズムカバーを貫通したイモネジによるものになっています．なお，プリズムカバーの内側の稜線部分にはネジ長を増すため，当金が入れられています．

この外観形状の変更は，筆者には鉢巻を巻いたように思えます．初期型のさっぱりした外観に比べ，この鉢巻がずいぶんと厳重に見えてしまうのです．

こうして，プリズムとそのカバーの固定は確実になりましたが，反面，部品点数と加工手順は増加してしまいました．また構造上のわずかな変更が，デザイン上からは大きな変化となったことから，続く形でさらなる変更が行われることになります．

それは，見方によっては鉢巻の構造を部分的に残すようにして，カバーと一体化，内蔵化したものとも言えます．プリズムカバー側面の中央部分に2箇所の切り込みを入れ，この部分を外側に折り返すことでビス止めを行うという，簡易でありながら確実な方式でした．もちろん，内蔵化されたといっても，折り返し部分には固定用のビスは残されていますから，ネジ孔作成という加工手順にはあまり変わりはありません．しかし，デザイン上からはものものしさが消えて，初期型に近いデザイン処理に戻ることになったのです．

その後，このプリズムカバー固定法は標準化します．戦後にリバイバルされたミクロンだけでなく，他社のミクロン型製品にも多用されていますから，この改良がミクロンをミクロンたらしめたと言えるでしょう．

既述したFOTA MORGANAには，このような改良はなかったようです．それが短命商品と長命商品との差なのでしょうか．あるいは改良前に製造中止となったのでしょうか．製品寿命の長短，明暗の違いは，地道な改良の積み重ねの結果ということがわかる事例だと思います．

極小形状のミクロンには，その特色に合わせて，4種類のケースが用意されていました．より口径が大きい機材と同様の飯ごう型，それに洒脱なペンケース型2種，そしてがま口型です．どれも作りは良く，品質，品位の高さが出ていますが，中でもペンケース型が重厚過ぎず，簡易に流れていないことから最も人気を集めたようです．最適のケースは消費者が選んだともいえます．

大正11年（1922年）開催の博覧会に展示された光学製品群
平和記念東京博覧会・日本光学特設館と出品双眼鏡

第三類　プリズム双眼鏡　オペラ　グラス類

本社ハ明治四十一年以來プリズム双眼鏡ヲ製造シ日本帝國陸海軍ノ御用品タルノ名譽ヲ擔ヘルノ外、歐州大戰中聯合國政府ニ多大ノ供給ヲナシ賞讃ヲ博セリ。尙ホ本社ハ遠カラズ本社獨逸技師ノ設計考案ニ成レル新式「オペラ グラス」（「レンズ」ハ凡テ高級光學硝子製）、大視野プリズム双眼鏡類ヲ發賣スベシ。

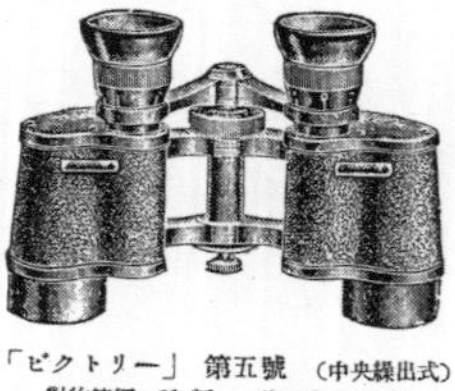

「ビクトリー」第五號　（中央繰出式）
對物鏡徑　21粍。倍率　8倍。
定價　七十五圓

日本號　八倍
對物鏡徑　26粍。定價　七十五圓
大和號　六倍
對物鏡徑　24粍。定價　七十圓

天佑號　六倍
對物鏡徑　30粍。定價　百十圓

富士號　八倍
對物鏡徑　22粍。定價　六十圓
富士號　六倍
對物鏡徑　22粍。定價　五十六圓

大和號　八倍
對物鏡徑　26粍。定價　八十圓

新富士號　六倍
對物鏡徑　20粍。定價　四十八圓

第三類　プリズム双眼鏡　オペラ　グラス類

旭號六倍　（中央繰出式）
對物鏡徑　15粍。
定價　四十五圓
旭號　六倍
對物鏡徑　15粍。
定價　四十圓
旭號　三倍半
對物鏡徑　15粍。
定價　四十圓

櫻號　三倍半
（中央繰出式。總鍍金）
對物鏡徑　15粍。
定價　五十圓

「ミクロン」双眼鏡　六倍　（實物大）

ミクロン双眼鏡　四倍
對物鏡徑　12粍。
視界　40度。
重量　20匁（75瓦）。
定價（袋入）　二十八圓
（皮サック入）　二十九圓
ミクロン双眼鏡　六倍
對物鏡徑　15粍。
視界　45度。
重量　24匁（90瓦）。
定價（袋入）　三十二圓
（皮サック入）　三十三圓

「ミクロン」號ハプリズム双眼鏡中最小、最輕量ノモノニシテ「ポケット」ニ入ル、モ少シモ嵩張ラズ「レンズ」ハ本社獨逸技師ノ苦心ノ設計ニ係リ特殊ノ高級「エナ」光學硝子ヲ使用セルニヨリ映像ノ鮮明ナルコト輸入品ニ遙ニ優レリ、「ミクロン」號四倍ノモノハ光明度強ク觀劇ニ尤モ適シ、六倍ノモノハ主トシテ野外用ニ賞用セラル、美麗ナル袋入及ビ皮製サック入ノ二種アリ。

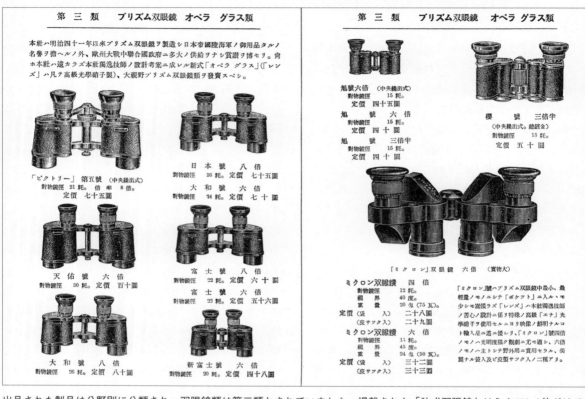

出品された製品は分野別に分類され，双眼鏡類は第三類とされていました．掲載された「独式双眼鏡」はミクロン6倍だけでしたが，そのことからも主力を担う商品との認識が会社にあったことがうかがえます．左ページはほとんど従来から継続された軍用向け製品ですが，CF機構を持ったビクトリー第五号が比較的大きい扱いで掲載され，軍縮時代の一端が見える気がします．なお，文中の「本社ハ明治四十一年以来」とあるのは誤植で，前身の藤井レンズでビクトル号8倍が誕生したのは明治43年です．

桧舞台

「独式双眼鏡」として最初に登場したのはミクロンで，その桧舞台となったのが，平和記念東京博覧会でした．会場は東京の上野公園で，現在では噴水前広場から国立科学博物館，国立西洋美術館，東京文化会館となっている，その敷地一帯でした．

この博覧会は，大正11年（1922年）3月10日から7月31日まで開かれました．各展示館は，教育，技術，衛生，地方文化（旧植民地地域も含む）など分野別に分かれ，多方面に渡っていて，主眼は一般民衆に向けた文化，技術の啓蒙に置かれていました．

展示館，すなわちパビリオンは，分野別にそれぞれ意匠を凝らして建築されました．それらの中で，唯一の事例として企業単独で一館が運営されたのが「光学館」です．この館は，わが国の光学機器製造技術の着実な進歩を，製品によって具体的に示すためのものでした．これは，改良の成果著しい日本光学工業の製品群の展示館でもあり，中でも「独式双眼鏡」として披露され，双眼鏡新製品の先鞭となったのがミクロンでした．

偶然の一致

この博覧会への同社の力の入れようは大変なものでした．カタログを兼ねた会場案内パンフレットの作成は当然で，小口径機材はミクロンだけでしたが，ドイツ流の光学設計によって一新，あるいは新生さ

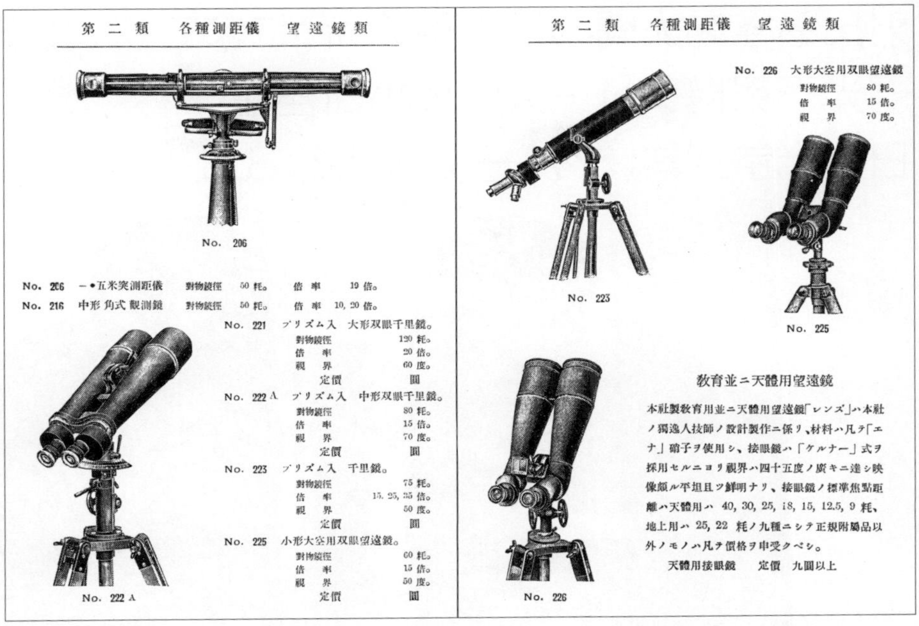
第 二 類　各種測距儀　望 遠 鏡 類

No. 206

No. 206	一•五米突測距儀	對物鏡徑	50 粍。	倍 率	19 倍。
No. 216	中形角式觀測鏡	對物鏡徑	50 粍。	倍 率	10, 20 倍。

No. 221　プリズム入　大形双眼千里鏡。
對物鏡徑　120 粍。
倍　率　20 倍。
視　界　60 度。
定價　圓

No. 222 A　プリズム入　中形双眼千里鏡。
對物鏡徑　80 粍。
倍　率　15 倍。
視　界　70 度。
定價　圓

No. 223　プリズム入　千里鏡。
對物鏡徑　75 粍。
倍　率　15, 25, 35 倍。
視　界　50 度。
定價　圓

No. 225　小形大空用双眼望遠鏡。
對物鏡徑　60 粍。
倍　率　15 倍。
視　界　50 度。
定價　圓

No. 222 A

第 二 類　各種測距儀　望 遠 鏡 類

No. 226　大形大空用双眼望遠鏡
對物鏡徑　80 粍。
倍　率　15 倍。
視　界　70 度。

No. 223

No. 225

教育並ニ天體用望遠鏡

本社製教育用並ニ天體用望遠鏡「レンズ」ハ本社ノ獨逸人技師ノ設計製作ニ係リ、材料ハ凡テ「エナ」硝子ヲ使用シ、接眼鏡ハ「ケルナー」式ヲ採用セルニヨリ視界ハ四十五度ノ廣キニ達シ映像頗ル平坦且ツ鮮明ナリ、接眼鏡ノ標準焦點距離ハ天體用ハ 40, 30, 25, 18, 15, 12.5, 9 粍、地上用ハ 25, 22 粍ノ九種ニシテ正規附屬品以外ノモノハ凡テ價格ヲ申受クベシ。

天體用接眼鏡　定價　九圓以上

No. 226

第二類は大口径双眼鏡と測距儀という，軍用品を集めた形で紹介したものでした．単眼の教育用天体望遠鏡は別として，この時期に大口径の双眼鏡（双眼望遠鏡）の基本的な形態が完成し，その後へと続いていきます．

れた軍用向きの大口径双眼鏡などが会場に展示され，新式技術の成果を誇っていました．

さらには，光学館の付帯施設として簡易型のドームも作られました．中には試作品の口径50cmカセグレン式フォーク型反射赤道儀を展示し，一般観客に天体を観望させていたことからも，力の入れようがうかがえます．ただし，残念ながらこの望遠鏡は，ドイツでは非球面作成技術が英国ほど発展していなかったことから，完成には至らずに終わりました．

かつて光学館があった場所は，現在の国立科学博物館日本館（本館）の敷地と同じでした．日本館はその平面形状が飛行機型であることから，南北に伸びた羽根に当たる展示場部分は北翼，南翼と呼ばれます．この望遠鏡が仮設された場所は，日本光学工業が作成した博覧会パンフレット兼カタログに掲載されている会場図面から判断すると，日本館南翼部分に当たっていました．

後の1973年，この南翼の屋上に，その日本光学工業製の60cmカセグレン式反射赤道儀が，太陽面分光，惑星面変化を観測目的として設置されます（この望遠鏡は，現在はつくば総合研究施設で分解保管中）．

精度は高くありませんが，博覧会の図面と現在の地図を比べ合わせると，この二つの望遠鏡の設置場所は，最大でも数メートルほどしか離れていないことを，以前筆者は偶然にも見出したことがあります．長い時間を超越した歴史上の偶然は，全く不思議としか言いようがなく，自分一人で大いに感心したことがありました．これも，歴史調査の結果ならではのエピソードかもしれません．

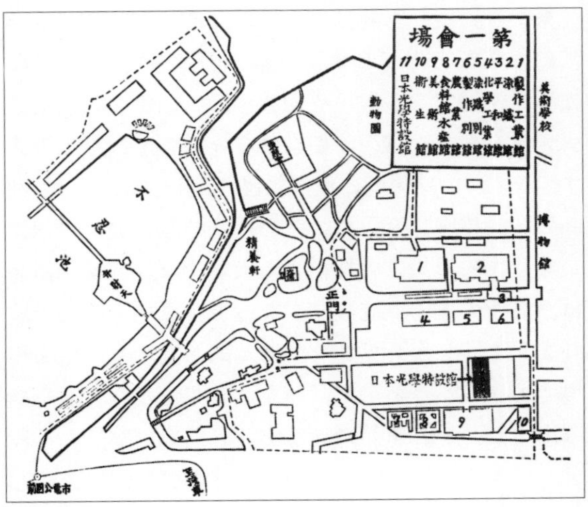

パンフレットの表紙には，概略ですが会場配置図があり，博覧会の様子が推定できます．上野公園は整備途上のため，現在ある建物の多くは当時空き地であって，博覧会の会場としては交通の便も良く絶好の地でした．当時既に，東京帝室国博物館（現：東京国立博物館）は開館していました．その側面の道路もまた，現在に至るまで使われていることから，仮設望遠鏡の位置が推定でき，一つの隠れたエピソードが見つけられたのです．

射出瞳径を人間の最大値7mmにまで拡大した弱光下用機シリーズの最小口径機 日本光学工業 ノバー 6×42 8.3°

鏡体，接眼部は7×50mm機と共通化されて，シリーズ化機種となっています．見た目は長く伸びた対物筒がないため，6×30mm機や8×30mm機の大型化機種にも見えます．入手時点で鏡体に貼られていた擬革はほとんど脱落し，歴戦の強者といった凄みすら感じられる外貌となっていたのですが，実用するため，似た擬皮を貼り直しました．

大口径シリーズ化機種

第一次大戦の影響は，光学に関連した分野でも非常に大きなものでした．日本への影響で考えれば，光学先進国であるドイツの敗戦は，急膨張したドイツ光学産業を一気に萎縮させて人員の余剰を生みます．そして，結果的に技量に優れた8人のドイツ人技師の国内招聘に至ったことで，その後の発展の端緒となりました．この技術者の大量（8人ですが）招聘は，最新のドイツ流製品となって目に見える形で現れました．しかし見えない形，即ち設計上や生産現場でのノウハウとして，いかにして優れた製品を生み出すか．それを，理論と実践のために実際の手段として示したことで，数多くの好影響を現場を中心に与えました．このことが，即効的，現実的に日本の光学技術を底上げしたのです．

日本光学工業に着任したドイツ人技師によって，それまでの技術（藤井龍蔵が外国文献を基に個人で研鑽を重ねたもの）はあらゆる面で近代化されました．そしてドイツ流のノウハウ，現場作業からしか伝えられない各種の技法を網羅した，完全なドイツ方式に変えられていきます．

また，第一次大戦を契機として開発されたものに，それまでとは異なる着目点から生み出された新型機材や，全くの新規の考案を実現した超広角接眼レンズなどがあります．これらは結局，招聘したドイツ人技師を仲介役として日本にもたらされて根づき，それを土台として，ほどなく独自の発達が始まっていきます．

その一例としてまずあげておくべきは，射出瞳径を人間の最大値とされる7mmにまで拡大した，Novar（ノバー）シリーズでしょう．この時，同時に開発されたのは，口径42mm，50mm，56mmの3機種です．接眼レンズ部分を含めた鏡体部は共通化が図られ，対物部の変更で光学上の仕様を変えるという，実際的にも優れた方式でした．

その他に新技術で注目すべきことは，超広角接眼レンズの開発です．事実からいえば，ドイツでツァイス，ゲルツが開発したのは見かけ視野70°に及ぶ，いわばハイグレードなものでしたが，日本光学工業で開発された接眼レンズは60°のものでした．これを，小口径機種では大きい方に分類される24mmあるいは26mmといった機種へ採用し，実現したものが，後述するOrion（オリオン）6倍，8倍両機種です．

しかし，この超広角接眼レンズの使用機種は，その後，ノバーと倍率・口径を合わせたような，別のシリーズ化機種の出現に結びついていくことになります．それがSolar（ゾラー）シリーズでした．

実用上からの選択

こうして生まれたのは，2系統3機種ずつの合計6機種ですが，歴史的に永続し得たのはノバー7×50mm機のみでした（形を変えた再現はありました：後述）．

ノバー，ゾラー両機種の出現に最も注目したのは，日本海軍でした．試験的ではあったにしろ，いずれもが艦艇搭載用として採用され，揺れる船上での実働状態が始まったのです．

既に日本海軍では，大正初期に，藤井レンズ製造所の製品である「天佑」6×30mm機（口径は時代によって最大32mmと多少差がある）を採用していました．これは天佑六倍機のみですが，略称の「天六」が通称化してしまい，実機に「天六」と彫刻されたものまで存在しています．このように，プリズム双眼鏡の有効性については，既に事実として幅広く認識されていたようです．

実用上からまず海軍が求めた要点は，低光量下の使用という極限に近い状況でも十分に明るい，透過光量の大きな機種でした．その観点からの選択によって，最初に脱落したのはゾラーシリーズ3機種でした．60°という超広角仕様は画期的ではありましたが，

シリアルナンバーは3桁の700番台で，他機種との比較対照から製造実数と思われます．陣笠には，海軍納入機材である「錨」とⓉの打刻印があります．右側鏡体カバーの“ノバー”というカタカナの表示は，これもまた残存数の多い“ノバー”7×50mm機との比較対照から，筆者は海軍用としての表示方式と考えています．

接眼レンズが3群5枚構成であることから，夜間使用時の透光量の少なさと，迷光も避けがたいことが問題となってしまったようです．

それというのも，日本海軍が対アメリカ艦隊戦として想定していたのは，いきなりの決戦ではない，洋上多段迎撃戦を前段とする作戦でした．仮想敵であるアメリカ艦隊は強力であり，戦力比は日本海軍：アメリカ海軍は，6～7：10という状況でした．この強力なアメリカ艦隊を撃滅するためには，艦隊決戦前の前段攻撃の有力手段として夜戦を繰り返し行い，何としても敵勢を漸減して戦力差を減少させることが必要です．その上で洋上艦隊決戦に持ち込み，最悪の状況でも，対等な勢力下で一気に最終決着をつけることが根幹戦術となっていたからでした．

この戦術が戦略的に採用された背景は，主に量的工業力を基にした国力の差だけからではありません．軍縮会議とその国際条約上からも常に対米劣勢状況から脱却できず，国家間交渉で主導的に動くことができなかった外交交渉力の弱さもあったのでした．この軍事思想はやがて，艦艇建造では数的な劣勢を性能上から補う，個艦優位の考え方に変わりました．また，夜戦を有利に行うため，大口径の双眼望遠鏡の開発へと向かっていきます．

ともかく暗夜の使用では，何よりレンズ構成枚数が少なく，結果的に「抜け」に優れたノバーシリーズが残ることとなったのです．

実用上からの選択・その後

このような経緯で残ったノバーシリーズですが，3機種が同じ評価であったかといえば，そうではありませんでした．その評価基準は，実視野の広さと，対物レンズの有効径の絶対的大きさ，つまり集光力自体の違いからの明るさだったと思います．

というのも繰り返しになりますが，筆者は天文ファンとして各種の双眼鏡を常用しています．経験上からいえば，暗い対象を見つめる場合，射出瞳径が同じである機材では大口径機，比較的明るい対象を見渡すように見る場合については，口径よりも実広角視野の広い機材というように使い分けています．言い方を変えれば，使い分けないと思うように見えないこともあるのです．

ではノバーシリーズではその中の大口径機が最も良いかといえば，使用状況がそれを許さないことも多かったはずです．艦艇，船舶では機関（エンジン）からの振動だけではなく，船自体も波にもまれることもあるのですから，倍率が高いほどその悪影響は

ゾラー 6×42mm 10°外観
（写真提供：西岡達志氏）

ゾラーシリーズは，シリーズ化機種としては不運だったと言わざるを得ないかもしれません．しかし，もう少し長い時間スケールで見ると，ノバー7×50mm機から始まった陸軍の航空機搭載用手持ち双眼鏡は広角化の途を進み，見かけ視野も50°60°70°と増していきます．その究極が，10×70mm 7°機（後述）でした．一方，海軍ではより広視野化を低倍化で実現しています．それが「機上小型手持ち双眼鏡」5×37.5mm 10°（後述）でした．こちらも広い意味でノバーの延長線上にあるものと，筆者は考えています．

顕著となります．また当然，高倍率機ほど視野は狭くなることから，それに双眼鏡自体の振動が加わった場合，目標の捕捉と監視継続には，より困難さが増すという結果は想定できるでしょう．

従って結局，実用上から最終的には中庸の徳ではありませんが，シリーズ化機の中では中間に位置する7×50mm機が，倍率，口径，実視野のバランスの良さから，最も有効な艦艇用双眼鏡として選択され，今に至るまで作り続けられていくのです．

この状況は世界の海軍，あるいは船舶搭載用双眼鏡でも同じ結果が現れていて，経験的に7×50mm機が主要機材とされています．その他，口径が異なる場合，射出瞳径7mm機は，使われていても補助的なものであり，また50mmという同口径の高倍率機材も扱いは同様です．

実機に見られるいろいろな特色

ノバー6×42mm機も，振動の影響がシリーズ化機種中最小であり，実用上から限定的だったにしろ，ある程度は有効だったためでしょう．比較的後まで（昭和一桁時代まで）は，少数ながら作られ，海軍へ納入されていたことが，実機にあるロゴマークと刻印（錨の海軍検印）から判断できます．

ところで，この射出瞳径7mmの3機種からなるシリーズは，“ノバー”あるいは“Novar”と鏡体カバーには表示されています．これは筆者の見るところ，海軍の意向か，日本光学工業が自社独自で用途を特定するための手段だったようです．

それは，実用上からの選択の結果により，永続機種となって現存個体が多い“ノバー”7×50mm機（詳細は後述）の歴史的変遷を見た場合からいえます．“ノバー”と表示されているものは，海軍用と確定できる「錨」の打刻印が付けられているものばかりです．一方の“Novar”表示のものは，例外的に海軍規格の焦点目盛を入れたものは存在しているものの，いずれにも全く打刻印はありません．

接眼レンズは眼側，対物側ともに金枠に加締められています．開玉（対物側の接眼レンズ）の取り付けでは，周囲に遮るものがない場合には，流れ出たグリス成分によって汚濁が起きることは想定可能です．その対策のため，レンズの縁にあたる金具の部分を延長してこれを防止するという，独自の改良が行われています．これ自体，我が国の状況を加味した上での光学技術の確実な定着と考えられます．

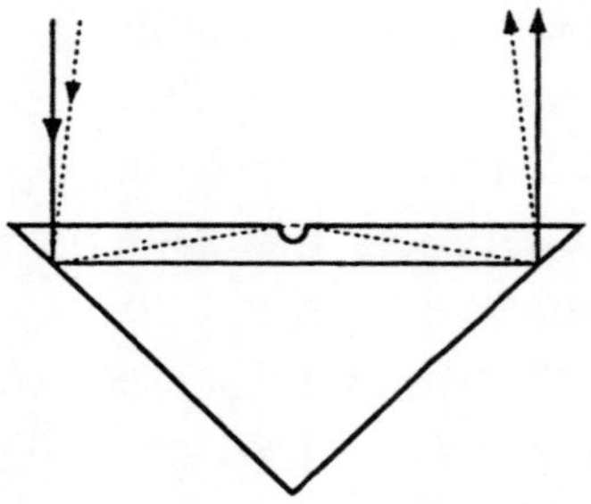

遮光のため，プリズムには図のように溝が切られています．光軸に大きな角度で斜めに入射する光線の防止に有効なためです．これは特許申請されています．

もちろん，これまで筆者が見てきた数はそれほど多いわけではありません．しかし昭和6年以前の，漢字の“光”を入れたロゴマークを付けたノバー6×42mm機には，「錨」の打刻印があります．このことから，海軍が射出瞳径7mmの機種を制式，あるいは試験的にしろ採用（試用と言うべきかもしれません）した時点で，海軍用の表示は“ノバー”であり，それがその後も継承されて終戦まで続いたものと考えられるのです．本機の製造時期が昭和6年以前と確定できることから，ノバーシリーズの出現時の状況，言い換えれば原初形態を，現存個体数が多い，後の7×50mm機よりも色濃く残していると考えて差し支えはないはずです．

内部の特色としては，レンズの押さえ方が押さえ環式ではなく加締め加工が多用されています．これは手本となったツァイス製7×50mm機同様，内部の反射低減を徹底的に追及した結果だと考えられます．つまり押さえリング内側の反射は，遮光線（細かいねじ様の刻み）と艶消し黒色塗料でも，完全防止は不可能という考え方に基づくものだと推定されるのです．金属枠に加締められたレンズは接眼内筒にねじ込まれますが，特に開玉（対物側にある接眼レンズの第1レンズ）の場合，周囲は光線の到来方向へ広く空いており，不規則反射の原因となる反射面が近くにないことで，懐が広くなっているからです．

他にも不規則反射の防止では，プリズムの透過面に遮光線のための溝切りも行われています．以上の加工からも，低光量下でいかに「抜け」の良さを維持することに留意していたかは類推できることです．

その一方，独自の改良点も見られます．上記したように接眼レンズの開玉は金属枠に加締められていることから，ツァイス製の場合，レンズ最外面周囲も完全に露出した状態です．ところがノバー6×42mmでは，レンズ面周囲がわずかに盛り上がった状態になっています．これは「油流れ」への対策と思われます．稠度（ちゅうど：固さ）の高いグリスであっても液状成分はあって，高温時には流れてしまいますから，最終的にレンズ面を汚濁してしまうこともあり得ます．その防止策として考えられたものと思いますが，独自の改良を施すということ自体，日本の物作りの神髄と言ったら言い過ぎでしょうか．

他に実用上から受ける印象では，部材に真鍮が多く使われているため，見た目以上に重く感じられるのは仕方のないことかもしれません．

像質も良く，単独の使用では満足できる機種と言えます．ただ，7×50mm機と暗夜使用という条件下で比較対照した場合，実視野の広さというメリットよりも，口径の小さいことからくる集光力の少なさから，やはり日本海軍の選択に間違いはなかったことが追認されてしまうのです．

それでも，現在の時点での技術水準といったことを加味したとしたら，別の位置づけでの存在意義があるようにも筆者には思えてしまいます．例えばシリーズ化の座標軸を変えて，6倍という仕様を共通化し，口径の設定を最大42mm，中間36mm，最小30mmとしたらどうでしょうか．例えば，高倍率では手ぶれの影響が大きい，天体などを対象とする上空視が中心の場合です．この使い方では，機能上から複雑かつ大型で重量増加を避けられない防振機能付機種よりも，ケルナー型接眼レンズならでは「抜け」の良さに加え，安価で小型軽量，手頃，手軽という切り口の，使いやすいシリーズ化機種の構築が可能ではないでしょうか．もっとも，その最大必要条件として，できる限りの像面均一化と「抜け」の良さの確保は必要ではありますが．

6×42mm 8.3°という，既に消えてしまった光学仕様ではありますが，存在意義が全くなくなってしまったことはないと，筆者は以前から，そして今でも思っているのです．

世界的に稀な口径24mmの広視野接眼レンズ採用機
日本光学工業 Orion 6×24（前編）

オリオン6倍は鏡体の高さが低く，独特のフォルムを持っています．一見無骨なようでいて，繊細な印象を受ける部分もあります．ただ，軍用としては機構上，機軸間が短いため，視軸の変動事故は多かったようです．筆者は，古い機材ではあるものの，像質の気持ち良さからノーコーティングのオリオン6倍を現在でも実用しています．見え味の良さに加えて6倍，実視界9.3°の光学仕様に捨てがたいものがあるからですが，現代風の改良後継機の登場を願わずにはいられません．

オリオン現る

大正11年（1922年）も押しつまり，冬の星座の雄「オリオン」の星たちの光が天空で一段と輝きを増す12月，新型双眼鏡の生産が，日本光学工業の芝工場（旧藤井レンズ製作所）で始まります．平和記念東京博覧会の案内書で，発売を予告されていたその双眼鏡は6×24，8×26の2機種でした．単純に口径と倍率だけ見れば，藤井レンズの時代にもあった，当時としては標準的な手持ち双眼鏡といえます．しかし，これまでの国産双眼鏡と最も異なることは，新考案の3群5枚レンズ構成による見かけ視野60°（設計値）の広視野接眼レンズを装着したことでした．

当時，第一次大戦には間に合わなかったものの，ドイツでは既に見かけ視野70°の広視野双眼鏡は存在していました．そのため，世界的に見ればこの程度の口径と倍率では，60°という見かけ視野では特筆に値しないと思われるかもしれません．確かに，ツァイスやゲルツが開発した広視野型双眼鏡は8×30mmで実視野8.5°前後と，現在でもスタンダードな仕様になっているほどです．また，その結像性能も良く，その完成度の高さをうかがえます．

しかし，国産初の広視野型双眼鏡（見かけ視野で）の光学仕様がそれより一回り小型であったとしても，大きな意味でのレイアウトの面で，小型化は決して

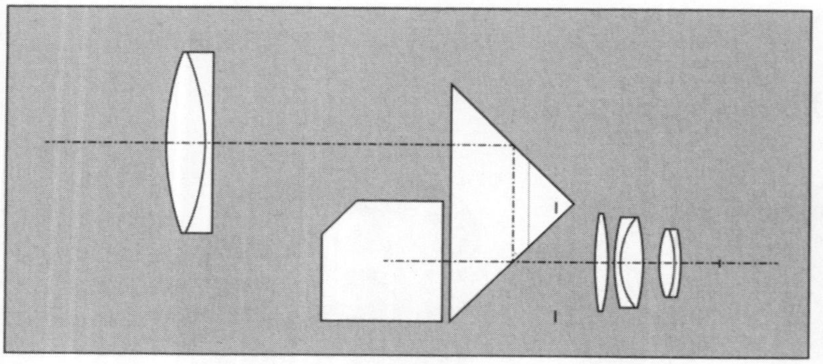

オリオン6倍の光学エレメント配置図．図は左鏡体のもので，右鏡体は焦点絞り位置に目盛板（焦点分画）が固定されています．2個のプリズムも，光路遮蔽しないように稜線部分の端が斜めにカットされています．（芦田静馬著『レンズの設計と測定』より）

メリットになりません．レンズ・プリズムや金物の設計，つまり光学仕様を満足させ，構造上も十分な強度を持った上での全体構造の設計という面では，むしろデメリットになります．特に，8×30に比べて各部に余裕が少ない分，まとめ上げるには大変な努力が必要です．その点からも，実用上から小型化が必須とされる軍用双眼鏡で60°の広角化を実現したことは，やはり画期的なことでした．

設計の苦労は，実際にこの双眼鏡を「分解・組み立て」てみるとよくわかります．例えば，接眼側にある第1プリズムは光路に対応して対物側の第2プリズムより大きくなっていますが，その反面，鏡体は接眼側の方が絞られた形状になっています．そのため接眼側プリズムでは周囲に空間的な余裕がほとんどなく，組み立てには非常に気をつかわなければなりませんし，通常の双眼鏡にはないコツも必要です．

それよりも重要なことは，製造作業（実際の組み立て）もまた，決して行いやすいものでないことです．プリズムの位置決め・固定は定石通り周囲4箇所の加締めで行われていますが，実際の作業現場では

分解して特に感じるのは，各部品の寸法的な制限の多さです．接眼外筒がねじ込まれる鏡体部分は大きく切り欠きされており，固定を確実にするためにセットビスがあります（矢印）．このビスは目につきにくく，これを外さずに分解したために修復不能になったものをよく見かけます．「光軸に直交するビスに要注意」は筆者が得た教訓で，分解のコツの一つです．接眼レンズは1－2－2の組み合わせですが，最終レンズは接眼内筒に加締められていて分解できません．

相当の熟練者でなければ，おいそれとは行えなかったはずです．筆者はいくつかの同型機の補修で，この加締め作業を行ったことがありますが，胃が痛くなったことをよく覚えています．

それでも，この相当手間のかかる双眼鏡の生産は，当初6×24mmが月産300台，8×26mmが月産150台として始まり，それぞれオリオン6倍，オリオン8倍と名づけられたのでした．

オリオン6倍と日本陸軍

この新型双眼鏡を，最も期待をもって迎えたのは日本陸軍でした．戦術上，諸外国の軍隊に比べてより接近戦をとらざるを得ず，またそれを得意とした日本陸軍にとって，特に6倍のオリオンは注目の対象となったのです．倍率・大きさなどは，従来の国産三七式双眼鏡や大和号6倍などと同様でした．しかし，外国製30～24mm機より広い，9.3°という視野を持つオリオン6倍は，欧米人に比べて小柄な日本人の体格などを考え合わせても，まさに最適なものでした．

ところで，見かけ視野60°の接眼レンズで6倍の光学系を作ったのに，どうして実視野が9.3°になったのでしょうか．それは，軍用品としては必須条件である目盛（焦点分画：しょうてんぶんかく）を視野に入れたからでした．ガラス板に腐食加工（ガラスのエッジング）された目盛は，標準的には対物レンズの焦点位置にありますが，実際には接眼レンズの構造に組み込まれ，接眼外筒内側の接眼レンズの視野環に取り付けられます．取り付けに十分余裕のある寸法では，必然的に視野環は狭くなってしまうのです．この点にも，構造的に極限まで絞られたオリオンの特性が見えています．

ともかく，画期的な広視野を持つ新型双眼鏡オリオン6倍は，日本陸軍の技術審査部での審査の結果，大正13年に制式双眼鏡として採用が決定しました．審査に比較的長い時間がかかったのは，大正12年の関東大震災の影響があったのかもしれません．

新型のオリオン6倍も従来の制式品が6倍（三七式双眼鏡）であったことから，同様に制式六倍双眼鏡，通称「制六」と呼ばれることもありました．また，大正13年に採用されたことから「十三年式双眼鏡」

寸法的に余裕がないのは対物側も同じです．鏡体内にはめ込まれたかのようなプリズムは，対物外枠ネジとの接触を避けるためにカットされ，プリズムを押さえる十字架も接眼側とは異なる形状になっています．鏡体バーに立ち上がるネジ部は，対物外枠カバーとの接続部分で，鏡体と対物枠を合わせた四つのパーツが相互に固定を助けることで，強度を向上させています．さらに防水効果のある油土を充填して耐久性も確保するなど，きわめて合理的な設計と精度の良い加工がなされています．

24mmクラスで6倍，実視野10°（公称）と，当時，世界的にも例のない双眼鏡開発の中心となった砂山角野（すなやますみや）．（日本の光学工業史編纂会編『日本の光学工業史』より）

とも称されました．特に兵器採用の年次表記が性能をうかがわせるものであるため，後の時代ほど「十三年式双眼鏡」と呼ばれることが増えたようです．

戦時体制化する以前，昭和一桁時代前半頃までは，制式採用とはいっても，部隊単位の装備品という位置づけからの制式化でした．当時の全ての陸軍将校が購入，使用を義務づけられていたわけではなく，個人購入で使用する場合は制式品を使うことが望ましいという程度であったようです．

設計者・砂山角野

オリオンに採用された広視野接眼レンズが特許として成立したのは，製品の出現よりはずっと後の，昭和5年（特許87139）のことです．考案者名は，設計部長（特許公告当時）であった砂山角野（すなやますみや）となっています．オリオンの誕生に，この人物は欠くことのできない存在でした．

平和記念東京博覧会の案内書には，「本社ハ遠カラズ本社独逸技師ノ考案ニ成レル（中略）大視野プリズム双眼鏡類ヲ発売スベシ」とあります．日本人技術者たちは，短期間でよくドイツ流の技術を吸収・消化していました．技術的な助言はあったとしても，実際には，ほぼ日本人の手でオリオンが作り出されたと考えてよいと筆者は思っています．

事実，砂山角野が設計部長に就任した大正14年頃には，当初の会社設立の目的であった測距儀・潜望鏡などの軍用光学機械の国産化は一応の完成をみています．例外こそありますが，性能もヨーロッパの一流品と充分比肩できるまでに急速に進歩しているのです．ドイツからの技術導入がこれほどまでに成功した要因に，受け皿であった日本人技術者たちの努力と高い資質があったことは間違いありません．

光学設計の中心的存在であった砂山は昭和12年，在職中に50歳で突如亡くなりますが，日本光学在職中に考案した特許は成立46件，実用新案8件と，大変才能にあふれた人物でした．しかしその経歴は異色で，電信技手に就職後，物理学校（現 東京理科大学）を経て，東大理学部物理学科で長岡半太郎の指導を受けます．長岡門下では，山田幸五郎（元東京電気大，米ロチェスター大学教授．複数の光学会社の技術系重役も歴任．光学関係著書多数）と並び称されるほどでした．山田が秀才型とすれば，砂山は天才型の人物といえるかもしれません．

新たに立ち上がろうとする企業には，天才型の人物は必要不可欠といえるでしょう．日本の企業の中では，個人の存在はとかく見失われがちで，表に現れることはあまりありません．しかし，砂山角野と，彼が中心になって生み出したオリオン6倍は，歴史的に見れば日本の光学工業史上に燦然と輝きを放ち，忘れることのできない存在になっているのです．

外観を近づけるために接眼部が別設計された オリオン6倍の“兄貴分” 日本光学工業 Orion 8×26

外観デザインと操作性をできる限りオリオン6倍と同じにしているため，外観はいかにも兄弟機といえる仕上りになっています．像質も同様の設計方針がうかがえますが，6倍機は中心像の切れ込みがよく，8倍機は像面の歪曲，湾曲の補正が少し良いように思います．兄弟機といっても光学的には別個の設計で，外観を6倍機に近づけるのに苦労したことでしょう．6倍機の実視野の広さは現在でも有用と思われますが，8倍，実視野7.5°の本機は，現行品と比べて特に目新しいスペックではありません．

オリオンの兄弟

神話の上ではオリオンにまつわる話がいろいろあるようですが，兄弟はいたのでしょうか．双眼鏡のオリオンには兄弟機がありました．それが，8×26mmと倍率を上げて同時に口径を増した，オリオン8倍と呼ばれるものです．

生産が開始されたのはオリオン6倍と同時で，やはり軍用として使われました．ただし，こちらは制式採用とはならなかったようで，制八や十三年式双眼鏡乙型などといった呼び名はないようです．

兄弟機であるオリオン6倍と8倍を並べてみると，意外なほど外観寸法に差がありません．対物枠カバーと鏡体カバーの間にある対物筒は，オリオン6倍機にはないものですが，短いながらも周囲には擬革貼りされた部分があります．そのため外観上の相違点として目をひきますが，対物キャップを含めた対物筒の部分は，実寸法上それほど長いわけではありません．この部分と形状が若干相違する見口の長さを加えても，全体の高さは，8倍機の方が7mmほど高い程度となっています．

しかし両者をよりくわしく観察してみると，実はかなりの相違点が見つかります．一般的に考えられることは，低いコストで製品のラインナップを増やす方法として，真っ先にあげられるのは部品の共通化です．双眼鏡の場合，接眼レンズあるいは対物レンズとそれに関連する金属部品を変更することで，シリーズを完成させることになります．こうした例は現在に限らず昔からいくらでもあって，藤井レンズの時代にもありました．

では，オリオン6倍の接眼レンズや鏡体を共通部品として，8倍を作るとどうなるでしょうか．鏡体から突出する対物筒の長さは「接眼レンズの焦点距離×

倍率の差」だけ必要です．オリオン6倍の接眼レンズの焦点距離は約16mm強であるため，対物筒の長さは30mm超程度になるはずです．

また，倍率が高くても射出瞳径が大きかったり，あるいは見かけ視野が広い場合には，それに応じて大きなプリズムを使用しないと，光路中でケラレが発生することもあります．従って，部品の転用は無制限にできるわけではありません．

結局，操作性や携行性の観点からコンパクト化を重要視すると，接眼レンズの共通化は除外しなければならないわけです．

オリオン8倍の場合，対物レンズはもちろんのこと，接眼レンズも見かけ視野を60°に保ったまま別設計されています．外観や寸法，レンズ構成は似ていても，光学的には意外と似ていない兄弟といえるでしょう．

その一方，両機とも見かけ視野は同じ60°なのですが，接眼レンズの焦点距離が違うため，視野絞りとそこに焦点分画（目盛板）を設置した場合の光学的な状況には違いが生じます．6倍機では見かけ視野が狭くならざるを得ないのですが，8倍機では焦点分画の有無にかかわらず，見かけ視野60°から導かれる7.5°の実視野が保たれています．

震災のもたらしたもの

製品の品質は，生産ラインに流れ始めてから多少時間をおいてからの方が，安定するといわれます．オリオンがちょうどそのような時期を迎えた1923年（大正12年）9月1日，関東地方は大地震によって大きな被害を受けます．

当時，オリオンを生産していた芝工場（現在の港区三田）も例外ではありませんでした．一応の生産再開までのブランクこそ，被災から25日間と短期間で済んだものの，最終的に復興が完了するまでに，生産現場の混乱は2年余りに及びました．震災は大きな影響を与え続けたのです．

震災の影響は，別な方面からも波及してきます．当時，日本陸軍の東京砲兵工廠（現在の東京ドームの辺りにあった）の中には光学工場（精器製造所）があり，軍用光学機器の研究と生産が行われていました．しかし，この工場の被害は甚大で，焼失した工場では製品群の復旧生産は再開されませんでした．旧来の生産品である国産三七式双眼鏡，三七式表尺眼鏡，三八式砲隊鏡などの生産は，日本光学工業に向けられることになります．

その反面，光学兵器製造技術の維持，温存の観点から，機械・設備を限定的に復旧し，新たに新型で

接眼レンズは眼側のレンズの大きさだけでなく，曲率も異なっています．左の8倍機が凹面，右の6倍機が凸面になっていることが，反射光からわかるでしょう．この違いは，8倍機の接眼レンズを短焦点化しながら，収差補正の適正化とアイポイントの延長も考慮した結果と思われます．

オリオン6×24，8×26のスペック（『四十年史』による）

名称	倍率	有効径	実視野	射出瞳径	明るさ	高さ	幅	重さ
オリオン6倍	6×	24mm	9°20′	4mm	16	93mm	153mm	450g
オリオン8倍	8×	26mm	7°30′	3.2mm	10	100mm	153mm	490g

あるオリオン6倍を模造的に作ることになります．しかし，利潤を発生させる必要がない官営工場だったこともあるのでしょうか，官製の十三年式双眼鏡の製造原価（販売価格ではない）は日本光学工業製品の3倍を超えていた，ということも伝えられています．

また，日本海軍が海軍造兵廠（東京・築地所在）で行っていた光学機器・光学硝子の研究と生産は組織変更に伴って既に中止が決定されていました．これがたまたま震災の時期に重なったため，これをきっかけに陸海軍の光学関連の技術者と技術は日本光学工業に吸収されます．特に国内での光学硝子の研究は，海軍出身の技術者も加わって，日本光学工業に一元化された形になりました．

日本の光学技術の最先端が集中することになった日本光学工業でしたが，実情からいえば，軍縮と震災というダブルパンチによって経営は危機的な状況となっていました．その難局を打開するため，組織の変更なども行われましたが，業績はなかなか向上しません．

そして震災の翌年，会社幹部として生産現場で指導的な立場にいた藤井龍蔵は芝工場技術長を辞任し，弟の光蔵も芝工場支配人の役職を退きます．その後も，藤井兄弟は取締役の肩書きで，会社幹部として日本光学工業に在職しました．しかし兄弟が協力し，努力してきた光学機器の生産の第一線からは，ついに身を引くことになったのです．

その時，藤井兄弟の心には何か去来したのでしょうか．それは肩の荷を降ろした安堵感でしょうか．それとも志半ばで現場を離れなければならない寂しさでしょうか．

新型双眼鏡のオリオン6倍，8倍という兄弟機が登場するかたわらで，日本の双眼鏡の生みの親，藤井兄弟の第一線からの引退と，歴史は流れていきます．そして，この震災を挟む激動の期間に，日本の双眼鏡史を語る上でオリオン同様，欠くことのできない新星が現れるのです．

接眼側の鏡体カバーを外すと，前項のオリオン6倍との違いがさらにはっきりします．オリオン6倍の写真と見比べてみてください．実視野の違いが，接眼外筒をねじ込む部分の余裕に表れています．プリズム側面の黒塗りは，筆者が施したものです．

ケルナー型接眼鏡を装着したオリオン6×24の隠れた兄弟
日本光学工業　Polar 6×24　8.3°

ポーラーの部品は，接眼部以外はオリオン6×24mmと共通です．接眼レンズ構成がケルナー型でオリオンより狭く，直径が小さいことから，外観はオリオン以上にエレガントな印象です．

試作品とシリアルナンバー

人工物である双眼鏡などの機材の歴史を調べる時，同時代的な文献でもあるカタログ，あるいは自社の来し方を回顧し，将来展望を示すことも多い社史は，重要な手がかりであることは言うまでありません．

その一方，商品ではない試作品といった位置づけの機材では，時としてやむなく現品が唯一の資料となってしまうことも稀ではありません．中には量産試作ということで，実質的に量産品に等しい場合もあります．そのため，切れ切れにしか見えない事実から歴史の全体的な流れを見きわめるのには，いろいろと困難があります．

ところで，一般的には工業製品であって，動的機能が製品に付加されている時には，製品にシリアルナンバーが付けられることが通例となっているようです．筆者は天文ファンなので，天体望遠鏡を例にとれば，普及品は除き，鏡筒本体と架台には付加番されていることが普通です．一方，重要な部品に変わりはないはずの接眼レンズは，これまでシリアルナンバーが付けられたものを見た記憶はありません．

経験的に例外もありますが，一般論として考えれば，動的機能を持つ工業製品にシリアルナンバーがある時は，少なくとも量産試作品以上の製造規模があったことの証明になっていると言えるでしょう．そして付加番されていること自体，メーカーでは製品記録を残していることの現れであり，ユーザーにとっては自己所有品を確定するための必要事項でもあります．

シリアルナンバーを付ける意味合い

シリアルナンバーの重要性は，以上の通りです．ただし，時としてシリアルナンバーが実態と離れて付けられることもないわけではありません．

その実際例として，筆者の記憶に強く残っているのが，ある雑誌の記事に載った製品です．それは，国産35mm判一眼レフカメラの創生期である1950年代の末，写真機材を取り扱う月刊商業誌に，ある著名メーカーの新製品一眼レフが，技術解説記事という扱いで掲載されたものでした．記事内容は別として，挿画にあったカメラボディのシリアルナンバーは桁数の大きい，しかもランダムなもので，見方によっては好評で大量生産されているような印象を与える数字でした．ところが，実際にはこの機種は量産試作の段階で終わっています．例えば，このカメラがもし将来，研究対象になった場合，基本情報としてこの記事と画像があることを知らなければ，結論は当然違ってくるでしょう．

他に表示法としてあるのが，桁数が多くても西暦年を頭位置に付けて，桁下がりのように付加番することも国内外でみられることです．特に旧ソビエト～ロシア製品の場合，生産年の確定では非常に重要なデータとなっています．

これに似た例が，捨て番システムです．第1号機であっても1から始めず，桁上に切りの良い適当な数を事前に加えることがあります．カメラでは，この方式の方が実際には多いようにも思えます．

片や国産品では，十三年式双眼鏡の例があります．第二次大戦中に生産されていたものの多くが，製造会社，表示数は異なりますが，ある時期一斉に，数千，一万，場合によっては10万という数が加えられ，大きな桁上がりが行われたことがうかがえるのです．これは，戦場で敵に拾得されることが増えたことが原因でしょう．同一製品のシリアルナンバーの解析から生産数量が推定されれば，戦力自体を把握されてしまうのを防ぐ狙いがあったものと思っています．

シリアルナンバーの持つ情報をどう理解するかで，結論が大きく変わってくることもあり得ることは，確実といえます．

現物の例外的存在が，時に全体像を誤って見きわめさせた例もあります．戦場での拾得物品から使用兵器を確定する作業は，いずれの国でも行われています．例えば第二次大戦中，アメリカ軍が作成した日本陸軍の使用兵器の解説書では，八九式双眼鏡（7×50mm 7.1°：後述）の中で，唯一，例外的に8×56mm 6.3° を生産していた榎本光学精機の製品が，標準装備品として記録されています．限られた情報から，片寄らずに全体像をつかむことは，なかなかむずかしいことでもあるのです．

存在の確かな証

前置きが長くなりましたが，筆者が“POLAR 6×24 50°”と象嵌表示された双眼鏡を入手したとき，まず何より戸惑ったのは，その存在そのものでした．というのも，日本光学工業が刊行した『四十年史』という大冊の社史の中には，第二次大戦前の双眼鏡についても，かなり詳細に機種と仕様の記述があるにもかかわらず，ポーラーについてはその存在すら全く書かれていないからです．

本機の左側鏡体カバーに表示されているロゴマークは，大正末年から昭和一桁前半期に日本光学工業が使用していたものです．コーナーキューブの中に漢字の「光」を丸くデフォルメしたようなマークです．これは製造者確定の重要因子というだけでなく，製造時期推定にもかかわってくるものです．

右側カバーの“POLAR”は，全く文献上で見たことがない機種名でした．ただ，3段に渡って右側鏡体カバーに表示されている機種名，倍率と口径，そして見かけ視野の50°という表示法からすれば，確かに日本光学工業製の双眼鏡です．同社製の他機種との比較から，その製造時期は昭和3～5年の間と，かなり確実に確定できるのです．

オリオン6×24mm機と接眼部を外して比べると，相違点が取り付け部分のネジ径の違いのみということがよくわかります．

これは，大正末年から昭和一桁後半期と製造時期がわかっている，同社のオリオン，ルスカーという製品と比べることでわかります．ロゴマークの変更，光学仕様の表示の変化が，時系列として確定できることによっているのです．

そして，左側鏡体カバーのロゴマークの下に表示されている2200番台半ばのシリアルナンバーからは，限定的にしろ正規の量産品であった可能性が見えるのです．同時代のノバー6×42mm，ロゴマーク自体の変更から，時代が少し後の昭和6年以降に生産されたことが確かなブライト8×24mm（後述）では，シリアルナンバーは3桁です．捨て番はおそらく加えられていないことから，ポーラーの場合も生産実数を表示したものと考えてよいものと思えます．

兄と弟

ポーラーは，口径と倍率が十三年式双眼鏡として陸軍に制式採用されたオリオン6×24mmと同じですが，部品も多くは共通です．唯一の違いは接眼レンズ部です．鏡体の接続部分のネジ径が，ポーラーで採用されているケルナー型接眼レンズの見かけ視野に合わせて小さくなっているだけです．60°という見かけ視野を持つオリオン6×24mm機のスペックダウン機種というだけではなく，共通部品の多さからいえば，兄と弟ともいえるでしょう．

また見方を変えれば，藤井レンズ製造所が製作し，日本陸軍だけでなく第一次大戦時に日本が所属していた連合国側諸外国に輸出された「大和号」6×24mm機の，最新ドイツ技術によったリニューアルとも見てとれるかもしれません．その位置づけであれば，国内的には十三年式双眼鏡の代用となり得ます．また，輸出の可能性も考えられたでしょう．

しかし，確実なことはわかりませんが，総生産数は最大でも5000台には遠く及ばないものと推定されます．生産自体も，昭和一桁時代に終了してしまったものと考えられます．オリオン6×24mmの約10°という広い実視野がもたらす存在感は強烈だったからでしょうか．

時代が進み，戦時体制化が顕著になると，他社ではポーラーと同じ光学仕様機が，十三年式双眼鏡の代用機として生み出され，かなり多く使われることになります．その設計方針はポーラーとは異なり，既存機種と部品共通化を図ったものではなく，全く独自な設計から生み出されたものでした．

ポーラーがもし，その時代まで存続していたら，部品の共通化率の高いことは生産力の向上に大きな役割を果たしたはずです．しかし，歴史の舞台からポーラーは短期間で退場しました．その存在自体も文献類には残っておらず，現在まで，ただ1台の実物がその詳細をわずかに伝えているのみです．

接眼レンズ部の構成はケルナー型です．覗き玉（眼側レンズ）は2枚の貼り合わせレンズで，当時の定石通り金枠に加締めて固定されていますが，加工は丁寧で見ていて気持ちの良いものです．実視でも結像状況は良好です．視野周辺では多少は変化が起こりますが，実用上も許容範囲にあり，これも見ていて気持ちの良いものです．

幻に終わった第2国策光学会社の双眼鏡
東京瓦斯電気工業 A. No.3 8×20

外観形状としては，口径のわりに鏡体が長く，また見かけ視野も40°ほどであるため，古いタイプの双眼鏡といえるものです．右鏡体カバーにあるAとNo.3は他の個体でもあることから，機種分類の表示と思われます．左鏡体カバーにある羽根のようなロゴマークは初めには付けられていませんでした．光学仕様で表示されているのは倍率だけで，表示箇所は陣笠です．A以外の表示機は未見ですが，もしBあるいはCが存在し，そしてNo.1であるなら，日本海軍の指定品だった天佑6倍と同じ可能性があります．

2番手との遭遇

日本光学工業株式会社に続く，いわば2番手としての総合光学企業として，日本海軍の期待を背負った会社に，東京瓦斯電気工業株式会社がありました．通称「瓦斯電」と呼ばれたこの会社は，海軍関係の光学設計者の入社などもあり，海軍から受託した測距儀は一応の完成をみました．

しかし，東京瓦斯電気工業製の双眼鏡が存在したかどうかを確認できる資料は不完全な文献情報しかなく，また，現物についても推定の域にすら達していないような状態でした．

ところがある時たまたま，ふと見かけた古ぼけた双眼鏡に目がとまったのでした．一番目をひきつけられたのが，左側鏡体カバーに彫刻された，羽ばたく鳥の羽のようなマークと，社名の省略表記と思われるT.G.E.Coの文字でした．その古い形態とT.G.E.Coの表記は，画像情報のみならず，光学仕様のデータもない，東京瓦斯電気工業製双眼鏡を疑わせるのに充分なものでした．

こうして，瓦斯電製双眼鏡の現物（その時は，と思われるもの）の入手はできたものの，文献資料などでもこの特徴あるマークの確認ができない状態が長く続いていました．この状況が決定的に変化したのは，天文だけでなく，乗り物にも深い知識を持った友人から得た情報でした．

もしかしたら，筆者に乗り物関係のくわしい知識があれば，解決はもっと早かったのかもしれませんが，そうではありませんでした．知識豊かな友人に恵まれることや，連載記事の読者の皆様から各種の情報をご提供いただいたことは，歴史を記すものにとって大変にありがたいものと痛感しています．

AとNo.3

東京瓦斯電気工業株式会社は明治43年8月に創設され，現代的な区分でいえば，産業機械，車両などの重機械・電機製品中心の大手メーカーでした．民生用品はあったものの，個人単位で購入できるようなものはほとんどありませんでした．

大型精密機械の製造で実績を有する瓦斯電に当時，眼鏡工場としては最も先進的な技術を持った高林レンズ工場を吸収させる．そして光学的技術さえ付加すれば，先行する日本光学工業に短期間に匹敵し，国産測距儀の製作が順調に推移する—．海軍の当局者がそう考えたのも，第一次大戦中という当時の状況下では無理からぬことでした．

2番手としての総合光学企業設立の背景には他にも，装備品も含め，海軍の艦艇建造計画一切を統括する海軍艦政本部内の部局同士の主導権争いがあったことも，断片的ですが記録されています．

主力製品となるはずの測距儀に比べると，双眼鏡に関しては，会社の光学製品としての海軍側の重要度はそれほど高くなかったようです．そのため口径，倍率では既存の日本光学工業ほど多くの製品展開はなかったものと，現物を目にするまで筆者は考えていたのでした．

しかし，実際に現物を見てみると，右側鏡体カバーにあるAとNo.3の表示は，それまでの考えの転換を求めてきているような気がしてきました．

本機と同様の，古いタイプの同じ光学仕様の機材は，瓦斯電製の双眼鏡以外に，無銘機，Star，Mikado，Elephant，Toska（大戸逞三商店）があります．いずれもほぼ同一の外観であり，プリズム材質が青板ガラスで，プリズムの傾斜で軸の調整を行うところも一緒です．瓦斯電製も含め，それぞれ高林レンズ工場の技術を引いたものと思われ，昭和初期まで生産されていたもようです．

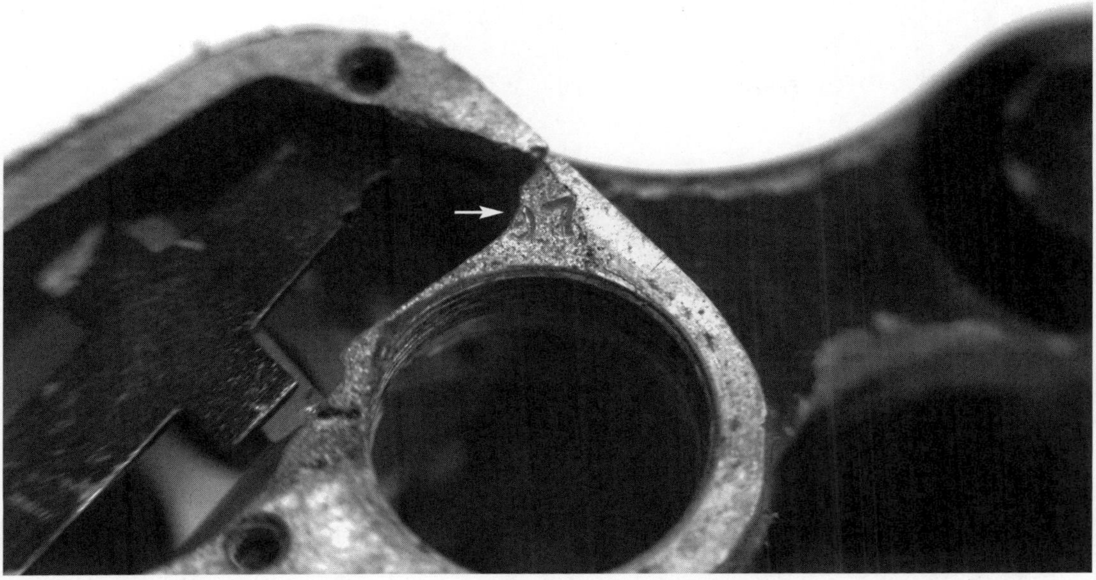

接眼側鏡体カバーを外すと，プロダクツナンバーと思われる97（矢印）の数字が見られます．本機は，鏡体カバーにロゴマークが付けられている後期型ともいえるものですが，対物側鏡体端面には2の打刻印があることから，おそらく生産数量は最小限200台程度になるのかもしれません．

上列・中列が接眼部品，下列が対物部品で，精度の差を見きわめやすい接眼部品も特別に問題点はありません．対物枠は軸出しのエキセン機構を持たないため，厚みはあるものの，外寸的には小さめです．

現在，瓦斯電の後身のうちの一社である日野自動車に資料として保存されている自動車に付けられた，羽ばたく鳥の羽のような独特の東京瓦斯電気工業のマークです．筆者にとっては，きわめて重要な情報となった写真です．（撮影 / 野地一樹氏）

自由な想像が許されるなら，Aは口径による分類を表示し，最小口径の20mmシリーズを表したもの．No.3は倍率の違いをシリーズ化し，同口径ならば，倍率の高い機種の分類に相当するものではないか．もしそうであるなら，瓦斯電製双眼鏡の全体像は，意外なほど製品のシリーズ化が図られた製品群だったのかもしれません．口径で一回り大きいはずのBの存在は当然でしょうから，それだけでも最低6機種はあるはずです．昭和3年に中村要によって製作された15cm屈折赤道儀のファインダー用に使われた対物レンズは，瓦斯電製の口径40mmレンズでした．このことも考慮すれば，10機種ほどの製品は生産されていたとも考えられます．

それではなぜ現存する製品が少ないのでしょうか．それは，光学設計技術者の絶対数が少なく，しかも人材が測距儀設計に重点的に振り向けられたことで，双眼鏡の性能の向上と増産を結果的に妨げたからだと思われます．また，確固とした評価を受けていた藤井レンズ製造所の製品群を引き継いだ日本光学工業とは，品質，生産量で大きな差があるはずです．そして何より本業と兼業の違いもあったのでしょう．

その後，第一次大戦中から戦後にかけての軍拡は，ワシントン軍縮会議が成功し，軍縮条約が発効したことで180°転換してしまいました．そのため，先行の日本光学工業ですら存続の危機を迎えることとなって，瓦斯電と光学機械との接点は，結果的に短い間だけで終了してしまっています．

歴史の面白さ

瓦斯電の光学工場は短期で廃止され，光学技術者達は散らばります．その後，戦前の光学企業の増加にはこれらの人々がかかわることもあったようです．

そして光学と関連の途切れた瓦斯電は，その後，航空機部門が日立航空機となるなど紆余曲折を経て，最終的には日野自動車へと合流することになります．ただ光学と関連の切れた時期は，いくつかの資料を当たってみたのですが，確定はできませんでした．

ところが，その過程で全く別の興味深いことがわかったのです．大正末期，外国製の天体用対物レンズを輸入し，国産の機械部品と組み立てて天体望遠鏡として販売していた大坪商会という会社が，鳥取市に存在していました．

大坪商会は，一時は東亜天文学会の会報「天界」誌上に続けて広告を出すなど，活発な活動も見られました．しかし，西村製作所，五藤光学という専業メーカーの出現で，ほどなく天文業界からは消えることになってしまいます．判明した事実とは，同社のその後が電気製品販売店への転身だったことです．

本項では，歴史のほんの一点というような短期間に双眼鏡を生産した瓦斯電の歴史をたどりました．そのことで，光学と全く関係がないように思われる電気の関連資料から，望遠鏡組み立て販売会社の大坪商会の意外なその後が判明したのです．たまたま目にした事実が連係する，歴史の不思議さや面白さを強く感じるのは筆者だけでしょうか．

製品の変遷が見せる光学工業技術確立への歩み 勝間光学器製作所 Glory 8×20，Glory 6×24 9.3°CF

Gloryブランドの8×20mm機は，技術系統から見れば瓦斯電製品と同じで，特別に取り上げるべき特色はありません．しかし同じGloryブランドでも，6×24mm機は見本模造であったとしても，原型にないCF機構を加えていますから，独自の考案が加えられていたことになります．このような些細なことでも，積み重ねることで，発展への原動力になったといえるでしょう．

同時代

大正6年といえば，第一次大戦の終息前にあたります．その当時，連合国側の一員として参戦していた日本では，実際の対独軍事行動だけでなく，連合国側諸国への物資供給という経済の活発化で，社会は少しずつですが変化を始めていました．

この年，光学産業史上では，特に海軍が必要とした光学兵器の国産化のため，日本光学工業が誕生していますが，これは官主導の産業育成です．一方，民間でもその動きに影響を受けたかのように，光学企業の創立といった動きが起こってきます．

視野を少し広げて光学産業全体で見れば，この年から翌年にかけて，高級顕微鏡の国産化をめざした高千穂製作所（現オリンパス），戦後に国産一眼レフカメラで覇を唱えた旭光学工業（現リコーイメージング）などが生まれています．また，双眼鏡関連で言えば，勝間光学器製作所も大正6年の誕生でした．

勝間光学器製作所を東京市小石川区原町（現：文京区白山）に設立したのは，勝間貞次です．勝間はもともと，ほど近い場所にあった本郷区弥生町（現：文京区弥生）の高林レンズ製作所で修行して，その後独立したのでした．

高林レンズは，既述したように東京瓦斯電気工業の光学部門として吸収されました．その瓦斯電の光学部門もまた，当初の設立目的でもあった，海軍が求めた測距儀の国産化は未完成のまま推移したため，消滅を迎えています．

このように物は完成しませんでしたが，人材は生まれていました．国産双眼鏡の歴史を見る時，技術母体の基礎として，高林 - 瓦斯電系につながる人たちが少なからずいたことが見えてくるのです．

移転と発展

今では住所表示も白山と変わり，すっかり高級住宅街となった元の小石川原町ですが，大正一桁時代には意外なほど機械工場が存在していました．

201. 7倍プリズム雙眼鏡.

圖 365.（精　工　舍）

マグナ7倍（倍率）50 mm（對物レンズ）は廣角度雙眼鏡の中にて最も視野廣く且明るいものである.

圖 365. 7倍プリズム雙眼鏡.

その機能は夜間，薄暮，雨天に使用して，良く發揮されナイト・グラス（夜間鏡）と稱せられる.

東京光学機械設立直前の出版物に載せられている服部時計店発売の双眼鏡には，手持ち機材では大口径にあたる7×50mm機があります．同書に紹介されている双眼鏡は，他に日本光学工業製品しかありませんから，同時期の国産品としては，品質を認知されていたと言わざるを得ないでしょう．（『最近の精密機械』昭和6年発行より）

例えば，光学機器部門が日本光学工業の一部となった東京計器製作所の工場も，小石川原町にありました．設立当初の日本光学工業の登記上の本社は，その東京計器製作所に置かれていました．

大正初期といえば，東京の町自体が小さく，その周辺地域には工場が多くあったのです．その当時の東京の周囲を回っていたのが山手線でした．従って，山手線はまだ小さかった東京の周囲を回る産業路線であり，その南側と北側は，特に工場の多い場所であったのです．

しかし，東京という都市の発展に伴って，状況は大きく変わり始めることになります．例えば，南側の浜松町（港区）にあった榎本光学精機製作所は，蒲田（大田区）へ移ります．また北側の勝間光学器製作所は，大正9年，小石川の原町から豊島区池袋（当時：北豊島郡西巣鴨町）へ，新工場の設立と共に移転しています．

自立

勝間光学器製作所では，製品にGloryのブランドを付けて市場へ送り出しました．しかし，当初の製品は瓦斯電時代と変わることはなく，プリズム材質も青板ガラスが使われていました．

それでも，素早くはなかったでしょうが，品質の向上をめざした動きがあったはずです．それが服部時計店へのOEM双眼鏡の供給となって現れたと思われます．

服部時計店というよりSEIKOといった方が，企業イメージをとらえやすいでしょうが，もともと同社は時計の輸入販売から始まりました．その後，時計そのものの製造へ，そして精密機器の販売へと業務を広げていきます．

その中に，測量器が中心でしたが，光学機器の取り扱いもあったのです．双眼鏡類では，ツァイスを始めとする高品質な製品や，主にフランス製品でしたが経済性に優れた輸入製品を中心としていました．しかし，顧客の需要には，価格がより低減な国産品指向もありました．それに応えた製品を服部時計店へ供給していたのが，勝間光学器製作所でした．

この服部時計店との関係を持ち得たことで，工場の自立が果たせたわけです．服部時計店が持っていたMagna，Monarchというブランドを付けた双眼鏡を作っていたことは，やがて勝間光学器製作所自体を大きく変えてしまうことになります．

技術母体

勝間光学器製作所に起きた重大な変化というのは，かつてあった第2国策光学企業の設立の動きが再び行われた際に，その技術母体となって消滅したことでした．

この時に生まれたのが東京光学機械（株）ですが，以前あった瓦斯電の事例と異なり，その動きを主導したのは陸軍でした．服部時計店が持っていた測量器工場と勝間光学は，服部時計店の資本の元に合同して新会社が生まれたのです．東京光学機械は，その資本系列から，服部時計店の持っていたMagna，Monarchというブランドを継承し，さらに社外技術を加え，大きく発展していきます．

CF機構化に伴って接眼レンズ枠を適切化する必要性が生まれますが，摺動部であるIF用金物の周囲（矢印）を研削して対応しています．ただ，加工は手作業で行われていたようで，真円度は良くありません．資料には光軸の調整で鏡体をねじる話がありますが，今一歩，町工場からの脱却には至っていないようです．

CF機構で緩みなく円滑に接眼レンズ枠と接眼羽根を動かすためには，摩擦発生箇所を減らす必要があります．写真は戦後の製品例ですが，眼幅合わせ運動の方向性に合わせ，接眼外枠の一部を加締めるように加工して凸出（矢印）させています．

6×24mm機のCF化で残念なのは見口の長いことです．後身の東京光学機械の同型機では修正されています．レンズ面が見口端面より勝間製（左）の方が深いことがよくわかります．

しかし，技術の核であった勝間貞次取締役工場長は，新会社が構築しようとしていた社風とは違う，職人気質を持った人物でした．また，病気となったことから，その後に退社してしまうことになります．

病気が癒えて後，勝間貞次は会社再興の思いを基に，新たな勝間光学といえる富士光学機器製作所を豊島区池袋に設立します．新会社は，旧勝間光学器時代に比べ，製品には双眼鏡だけではなくカメラも加えています．東京光学機械での経験が製品の方向性の拡大となり，新たな製品の誕生に結びついたものといえるでしょう．

こうして，富士光学機器製作所は拡大し，商号も富士光学工業と改めるのですが，再興した双眼鏡のブランドはGloryではなくReagelでした．富士光学も，光学兵器製造では重要な企業でした．製品の種類はそれほど多くないものの，海軍用の直視型15×80mmも製造するなど，八光会（陸軍八光会）所属会社として，その求められた任務を果たしています．

さらに，歴史を後の時代までたどれば，富士光学では第2工場が板橋区板橋に作られるほどの発展となります．ところが，終戦という未曾有の事態で光学産業が縮小した結果，富士光学は二つに分裂し，本社工場は旧名である勝間光学となって双眼鏡製造を再開し，現在に至っています．分社の形となった大成光学ではカメラ製造を指向したものの，夢を果たせず，ついにコニカの系列企業となったのでした．

勝間光学器製作所にかかわる歴史は，以上のように推移したわけです．時系列的に製品の変遷を見た場合，たとえ完全なオリジナル製品ではなくても，何がしかの独自の考案を加えていたことが，結局は企業と技術の独立に良い影響を大きく与えていたと見るのは，筆者だけにとどまらないと思います．

時代幅はあると思いますが，昭和一桁中頃までは，多少の相違点はあるものの，同じような8×20mm機が民生用品として販売されていました．それが大きく変わることになるきっかけは，日中戦争が起こったことでした．軍用双眼鏡を作るため，努力を重ねた会社が生き残り，双眼鏡産業の基盤を固めていったと言えます．

中堅メーカーが作り出した十三年式を元とする性能拡大機 井上光学工業 HELL 8×26

デザイン処理によって外観が整えられ，口径拡大機種という印象を持ちません．またシリアルナンバーや会社の所在地の表示，そして本革を貼った仕上げといい，機種開発以降，あまり遅くなっていない時期の個体であることをうかがわせます．

遡上

双眼鏡そのものから見える光学技術史は，それを生み出した企業の発展，変遷と重ね合わせなければ，なかなか全体像をうかがえないものだと思います．

少ない例ですが，双眼鏡の販売店から始まり，やがて双眼鏡そのものの製造へと，業種，業態を変化させたのが井上光学工業でした．それはあたかも流通の流れを遡るようです．業種は多少異なりますが，明治初期から写真用品の輸入販売を行っていた小西本店が，次第にカメラ，レンズ，感光乳剤製品へと自社製造品目を広げていき，やがて，感光材料からカメラまでを製品とする小西六写真工業（現コニカミノルタ）となったことは，よく知られた例です．富士フイルムも，ほぼ同様といえるでしょう．

筆者には業種，業態は異なるものの，光学機器全般の発展史から，井上光学工業と写真機材メーカー両社の変遷が二重写しになって見えてしまうのです．

井上光学工業での遡流の原点は，藤井レンズ製造所でした．創業者の井上秀は，藤井レンズ製造所で双眼鏡と出会い，その後独立して，やがて独自の道を歩んでいくのでした．

広告媒体

独立したといっても，井上秀にできることは限られていました．もちろん，いきなり藤井レンズ製双眼鏡，あるいはそれを継承したごく初期の日本光学工業製のような双眼鏡製品を生み出すことはできませんでした．

そこでまず彼は，双眼鏡を中心とした輸入品販売業を始めるのですが，取り扱い双眼鏡はドイツ製品に限定していました．ほどなく，その中から見本模造が容易な少数の製品を選び製造して，その販売を輸入品と合わせて始めたようです．

この時期の井上秀商店の活動で，筆者が興味をひかれたのが，販売店の設置場所と広告方法です．店舗が置かれていたのは国会議事堂近くのビルでした．場所柄で言えば商業的な盛り場ではなく，立法，行政，司法という国家運営の枢要な部門に所属する人たちが多くいるところでした．

また，広告も商業雑誌に目を向けるだけではありませんでした．日本政府が発行する『官報』という権威ある出版物に，長期かつ連続的に，小さなスペースながら掲載し続けたのです．

いずれもその効果のほどは，今となっては確定できませんが，国産品愛用運動や，準高級品ならばという業務用途が中心の購入層などに支えられたようです．その後は順次製品を高度化し，昭和5～6年頃までには，十三年式双眼鏡という陸軍の制式双眼鏡と同じ光学仕様機まで生産機種を増やしていました．

ただし初期製品は，実際の口径は25mmと少し大きくなっています．そのため厳密にいえば同等品ではありませんが，実質上同様品といって良いでしょう．

また会社創業当初，輸入元の一つにドイツのゲルツ社がありました．同社が1926年の企業合同の結果，ツァイス・イコンというカメラメーカーに変わったことで実質的に消滅したことも，井上光学自社での双眼鏡製造開始に影響を与えたかもしれません．

HELLからORIENTへ

井上光学が用いた商標は「HELL」で，ドイツ語でMrの意味で敬称的な意味合いもあります．もしかしたら，品質で敬称されたいことから付けられた名称でしょうか．製品には観劇や女性用として有用な6×15mm機も最小口径機として用意するなど，総合的な双眼鏡製造業，それも手堅さを加味した企業構築をめざしていたようです．

筆者が大変に興味をひかれるのは，製品のラインナップが確実に把握できる昭和15年の『官報』4175

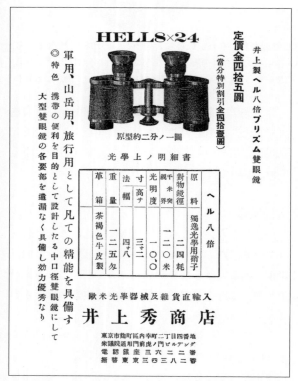

昭和2年に発行された初期のカタログには，個人商店だった時代が偲ばれます．カタログを見ると，取り扱い品をドイツ品中の優良品と実質の高い廉価品，それと自社製品に区分けして，異なる需要にうまく対応していたことがわかります．

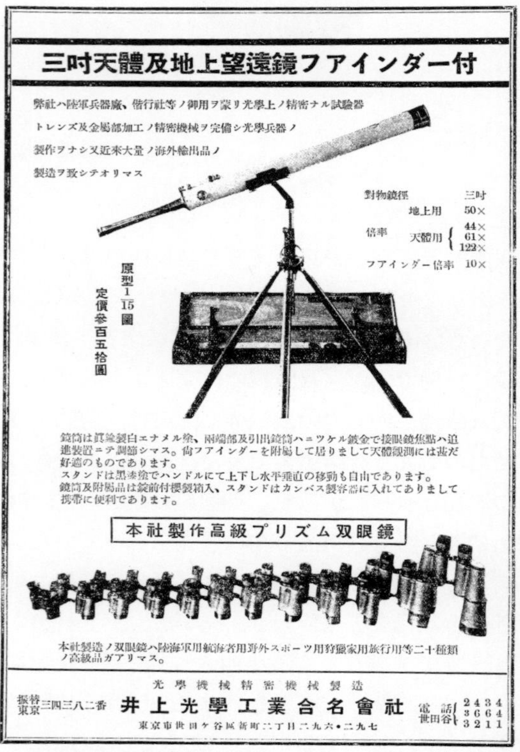

「官報」掲載の広告は小さいスペースのため，連続性で効果を狙ったものでしょう．一方，商業雑誌には天体望遠鏡にまで広く品種を増やした本格的な広告を掲載しています．これは，科学愛好者の読者が主な『科学画報』の広告です．

号（昭和15年12月5日付）に載った広告です．これからわかるのは，20×50mm機（実視野不明），16×40mm機（実視野不明）という大口径高倍率機をそろえただけではありません．かつての海軍の定番機種でありながら，7×50mm機の出現でその座を譲った，6×30mm機（実視野8.5°）まであって，品揃えが低需要機種にまで及んでいることです．

6×30mm機は，戦前の我が国ではそれまでの経緯から，衰微機種ともいえる状況となっていました．ただ，需要がなくなったわけではありません．接眼レンズ構成が透光性に優れたケルナー型ということから，7×50mm機の代用品という位置づけで，ごくわずかながらも需要は存在していました．輸入機のツァイス6×30mmCF機シルヴァレムと6×30mmIF機シルヴァマールが制覇しきれなかった国内市場を，井上光学工業と岡田光学機械工業の2社が分け合う形であったといえるでしょう．

その生産は長く続けられました．終戦間近になって7×50mm機の増産が間に合わないことから，その代用として海軍に臨時に採用された㊣マーク付きの30mm機は，多くが8倍機（広角接眼レンズ機だけでなくケルナー型機も含む）でした．しかし井上光学では8倍機だけでなく，6倍機も含められています．

他には，6×30mm機に東京光学機械の「ERDE」がありました．こちらは実視野が11.5°で，形状が同口径機に比べてきわめて大きいことから，全く別個の存在でした．同機については後項でふれます．

またHELLという商標も，多少の変遷を経て，最終的にはORIENTに確定されます．昭和が二桁を迎える頃には，軍の要望に応えられる技術を持ち，十三年式双眼鏡の主要メーカーの一つに数えられ，さらに製品は天体望遠鏡にも及びます．この頃には榎本光学精機製造所と並ぶ中堅メーカーとしての地歩を固めていました．その時，会社組織も株式会社となり，世田谷区新町2丁目に工場が設けられていました．

ところで，余談になりますが，ORIENTではなくORIENTALと表示された双眼鏡も存在します．こちらは，中村商会という商社が販売していたもので，鏡体の刻印（E.K）は，榎本光学精機製造所の製品であることを示しています．

対物延長筒基部には，鏡体カバーの折り返し部分がはまるようになっています．この“返し”部分外周（矢印）にねじ切りがあることから，左の十三年式24mm機の部品の転用がわかります．

拡張の見本

十三年式双眼鏡に続いて開発されたのは8×26mm機です．それに合わせるように商標は，新しいという意味のドイツ語を加えて，NEUEHELLに変更されました．ただ，先行者の日本光学工業のオリオン6倍，8倍とは多少異なり，開発は接眼部を共通にしたままで，対物レンズ部に短い延長筒を設けたものでした．外観の処理も，対物部先端のキャップ部分の長さを増やしているため，オリオン兄弟機よりもかえって兄弟機種としての方向性が強く見えます．

口径の増加では，通常は像質にその影響が現れるものですが，増加量が少なくうまく処理されていて，違和感はありません．

これは製造上からも大きなメリットとなったはずです．分解すると，接眼側の鏡体カバーには24mm機に必要とされるねじ切りされた部分が残されていますが，実質的には“返し”となって強度向上に役立っています．この部分は隙間に油土が充填されて，延長筒基部の溝部に組み合わされます．そのため，外観上には現れず，多機種化では実質的な工程数の低減につながっています．

戦前の我が国の双眼鏡では，十三年式を基礎とし，対物部分を変更して8倍とした例として26mm機，30mm機，32mm機（一例）といった性能拡張機種が生まれます．その先駆的な役割を担ったのが，このオリエント8×26mm機でした．

合わせレンズの中に「ORIENT」と表示した商標は，こうして，井上光学に不可欠のものとなっていました．しかしそれも戦時期，戦況の深刻化で変更されることになります．変わって表示されたのは，家紋の“引き両”すなわち㊀で，○の中にある＝の中にI.K.Kと表示したものでした．

商標表示の変更以上の変化が，やがて井上光学に起こります．終戦近くになり，社長の井上秀が老齢を理由に社長職を退くことになると，軍部は重要な双眼鏡メーカーである井上光学に対して，個人企業からの脱却を求めてきたのです．

企業としての重要度，規模などが似ていて，井上光学とよく比較されるのが榎本光学精機製作所です．その榎本光学の動向と，同じような変遷をたどり，社名を昭和光機製造と改めた同社は，終戦まで軍の期待に応えていくのです．そして戦後，オリエントブランドの双眼鏡の製造を再開しますが，その行き先は東洋にとどまらず，広く世界に向いたのでした．

NEUEHELL6×24mm（左）とORIENT8×26mm（右）．合わせレンズの中に，「ORIENT」と表示した商標は，井上光学に不可欠のものとなりました．対物部分を変更し，8倍として性能拡張機種とした例の，先駆的役割を担った双眼鏡といえます．

流通ブランドを表示した双眼鏡の先駆例
白木屋百貨店 Shirokiya 8×21.75（口径実測）

外観，形状から受ける印象は，表示が抑制的なことで落ち着きがあり，商標と相まって，いっそう古風色が感じられます．鏡体カバーの刻印は左側に伝統の商標，右側には社名と所在地が英字で彫られています．一方，光学仕様は倍率の数値のみが陣笠にあるものの，口径の表示もなく，またシリアルナンバーもありません．

王者

歴史の進展につれて物事は変化していきますが，それは宿命のようでもあります．常住不変の無いことは，仏教の教義にとどまらないようです．

例えば光学機器に関して，あくまでも筆者の個人的な感覚ですが，その販売方式にもずいぶん変化が起こっているように感じられます．カメラについてもその感を強く持っています．昔の専門店あるいはデパートでの販売から，それまで短縮できなかった日本の商品流通経路に大変革を巻き起こした量販店やネットショップ・通販などでの販売とその影響を，筆者はかなり具体的に見てきました．

1970年代の話ですが，この時期を境に，豊富な品ぞろえで流通の王者として君臨していたデパートの地位に，退潮の気配が見え始めることになります．デパートすなわち百貨店が流通の王者の地位を獲得したのは，大正時代の中期でした．明治末期には，一部の老舗呉服商の百貨店化は始まっていました．それ以降，第一次大戦による工業化と好景気により，都市の中に中流階層が増えて消費は増加し，その消費動向を捉えたことで完成した形になったのでした．

百貨店が流通の王者であったことの証明の一つが，百貨店商標を付けた双眼鏡の存在といえるのではないでしょうか．ただ，そのような双眼鏡で現存する製品はわずかで，存在が確認できたものは，「三越」のガリレオ式と「白木屋」のプリズム式のみです．両者とも，江戸時代に創業した呉服商であり，共に東京日本橋に本店を置き，伝統と格式を誇る百貨店中の輝ける存在でした．

しかし，歴史，経済の変遷とは残酷なものです．三越は伊勢丹とホールディングスという形で合同し，現存でも盛業していますが，白木屋は戦後の“昭和元禄”と呼ばれた空前の経済発展，消費拡大期の前に消滅してしまいました．

実機から見える技術系統

本機は「SHIROKIYA」という，当時としては先端的な表示と共に，江戸時代から変わらずに使われていた商標を付けた双眼鏡です．刻印には「TOKIO」ともあります．

これは店舗所在地である東京の表示です．TOKYOとされていないことから，ある程度は製造，販売の時代確定のための重要な手がかりとなります．というのも，東京をTOKYO以外で表示することは，昔はかなりあったからです．明治初期には，TOKEIの例（公文書でも例がある）があります．また，その後，昭和一桁期までは，少ないもののTOKIOとされていることもありました．双眼鏡の場合では，井上光学工業製のものにもその例を見ることができます．

実機の外観，構造などから受ける印象でいえば，技術系統は，高林 - 東京瓦斯電気工業系にきわめて近いということです．歴史の流れでは，先行の日本光学工業と同様に東京瓦斯電気工業（通称：瓦斯電）に課せられた，海軍用測距儀の国産化のもくろみは，軍縮もあって頓挫します．結局は瓦斯電の光学工場は廃止され売却されて消滅してしまい，歴史の影に隠れてしまいます．数少ない資料から断片的にわかることは，売却先は眼鏡製造業者だったようです．ただ，結果的に双眼鏡製造技術は温存されたようで，同一の技術系統と見られるものは，ブランドは異なりますが，同時代的にいくつか存在しています．

それは，具体的にいえば口径20mmクラスで倍率は8倍という，固定的な光学仕様として見えてきます．光学構造的な特色としては，レンズ系はツァイスからの見本模造の可能性もあり，接眼レンズは平面多用型です．視軸調整機構は，微調整が容易な偏芯環（エキセン環）式ではなく，微調整が困難な上に手間もかかる，金属箔を座面とプリズム間に挟み込む，プリズム傾斜式が採用されています．

そして何より決定的に品質を左右してしまったのは，プリズム素材が青板ガラスであったことでした．

プリズム素材としての青板ガラス

この双眼鏡は同時期，他社の製品状況から考えて，民生用であることは間違いないと思います．それは，プリズム素材に青板ガラスを使用していることからも判断できることです．そのため，像は青系統の着色と共に見え味に切れが少なく，抜けも芳しくないという欠点があります．軍用では，見え味の良さが最優先されることから，合格とはならない品質です．

光学品用ガラスと違って窓ガラスなどに使われる青板ガラスは，通常，脈理，歪などの除去は意識して行われていません．また青の着色（実際は緑色系）は，鉄イオンの存在から発色します．光学ガラスはできる限り無色透明を追求され，製造されています

技術全般で見れば細部に多少の改変はありますが，高林 - 東京瓦斯電気系統に属する双眼鏡です．それを最もよく示しているのが，一体構造の対物枠と中心軸固定装置です．

(光学恒数を満たすため，やむを得ない帯色もあります)．世界的に双眼鏡の需要が増えた第一次大戦時，我が国では一部のレンズ業者が，同様の青板ガラスを素材としたプリズム双眼鏡を製造しました．連合国側へ輸出していたことも記録されています．

時代が下がっても，レンズやプリズムといった光が透過する光学素子に青板ガラスが使われた例が，いくつか存在していました．筆者の知見した限り，我が国ではカメラレンズの例として，黎明期の35mm判一眼レフカメラ「ミランダT-1」用標準レンズZUNOW 1.9/50の最終レンズ（7番玉）があります．

また天体望遠鏡対物レンズでは，五藤光学研究所製D=60mm，F20という長焦点アクロマートレンズの凸レンズがあります．双眼鏡では，後項で紹介する陸軍制式九三式4倍双眼鏡（最後期型）の対物レンズの凸レンズをあげることができます．ただ，いずれも実際の検査では着色が少なく，脈理，歪みもわずかな良品を選択使用していることは，実用上からもうかがえる性質ではあります．

以上の例を前提として一般論化すれば，レンズ厚さが薄く，使用倍率が低ければ，着色は別として青板ガラスでも実用できないわけではないと思います．

しかしプリズム，特に双眼鏡の正立系として使われるものでは，レンズに比べて光線透過長がとても長くなります．そのことで大きな影響を受け，像の悪化から逃れることができなくなってしまうのです．

そして時代は，このような双眼鏡の存在を認めなくなっていきます．なぜなら双眼鏡の用途として，圧倒的に軍用が増えていくからです．

思わぬ変身

流通の王者の百貨店であっても，事が軍用品となれば，やはり軍装品商の専門性には適わなかったはずです．日中戦争開始以降，百貨店での双眼鏡販売の事実を筆者は確認していません．そして流通の王者の受難の時期が到来します．太平洋戦争開戦以降，物資不足は百貨店の存在そのものを危うくしていくのです．白木屋では，大森支店（現在のJR大森駅山王口前）も時勢の波に洗われて営業を休止し，ビルのみが駅前にかつての栄光を残していました．

いったん切れた双眼鏡と白木屋の関係でしたが，ここで思わぬ形でつながりができることになります．それは空きビルの工場化で，購入者は日本光学工業でした．かつての百貨店は，開戦で需要が急増した双眼鏡の専門生産工場として生まれ変わったのです．元白木屋大森支店が，思わぬ形で変身した日本光学工業大森工場は，終戦まで海軍用双眼鏡の重要な生産施設として，多大の活動，寄与をしていくのです．

歴史とは細かく見てみると，意外な事実が浮かび上がり，何とも興味深いものです．

プリズム座面は2段で離されており，F値の大きい対物レンズを採用していた古い形式の双眼鏡によく見られる構造です．色調は薄いものの，プリズムは青板ガラスのため，像質は好ましいものではありません．成形加工が良いため，材質選定が悔やまれます．

数少ない家紋ブランドは忠君愛国のシンボル

菊水マーク（メーカー不詳）8×22.5（口径表示なし実測），同ガリレオ式 3×26

プリズム式では左側鏡体カバー，ガリレオ式では接眼羽根部左側に菊水マークが彫刻されています．楠木正成の菊水紋は，正しくは16弁菊花の半分が見えているもので，そのうちの2弁は流水に半分隠れていて，見えるのは9弁です．それを14弁とし7弁で表したのは，工作上の理由からでしょう．プリズム式双眼鏡は高品位製品という認識が一般化していたためか，国内でガリレオ式製品と合わせて同時販売している例は，少数派です．構造が単純なガリレオ式は，比較的見えの良いものも多くありますが，菊水マークの製品も同様で，簡単なレンズ構成ながら切れを感じさせる良い像です．

シンボル

いろいろな双眼鏡を見ていると，メーカーのロゴマークについて考えさせられることがあります．

双眼鏡はレンズ製品で，もともとはヨーロッパから伝来したものです．従って，ロゴマークはレンズやプリズムという光学素子をデザインに取り込み，英字を加えたものが多いことも，国内外の製品を問わず当然といえるでしょう．

その反面，英字ではなく漢字を加えたものも小数ですが存在していました．例えば，日本光学工業が大正の終わりから昭和5年頃まで使っていたロゴマークなどです．それは，コーナーキューブのような形をしたプリズムの中に，漢字の“光”を丸くデフォルメした上で，真ん中に置いたものでした．

それに代わって使われたのは，プリズムに前置された凸レンズ中に“日本光斈”とストレートに社名を表し，さらに当時の通称を英字でプリズム下部に「NIKKO」と重ねて表示したものでした．この“斈”という文字は，他に全くといってよいほど見ないものです．これは旧漢字である“學”の略字体の一つで，現在制定されている常用漢字では，別の略字体である“学”が使われています．ロゴマークへの漢字使用は，やがて反英米的な社会情勢が増すにつれて，少しずつではありましたが増え始めます．

ところで，私たちの身の周りで日常的に使われるマークの類に，家紋があります．家紋は長い日本の歴史の中で培われてきた素晴らしいデザインの結晶だと思います．ただ双眼鏡を始めとして，工業製品に使われることはあまりないようです．これは会社を組織として考えれば，個人経営でない限り，家を表す家紋が会社そのものを表すことに向いていないといえるのかもしれません．

筆者がこれまで双眼鏡で見てきた家紋と思われるロゴマークは2例です．広く伝統に裏打ちされた家業に見られる商標までを含めても，わずか合計4例です(商標は白木屋と三越)．

具体的に家紋の例をあげれば，中堅メーカーの井上光学工業が後期に使った，丸に引両「⊜」もその一つです．ただ，「＝」の中に社名の省略表示I.K.Kを加えていますから，厳密にいえば，家紋そのものの表示ではないことになります．

もう一例が，本項で取り上げる“菊水”を表したものです．メーカー名の省略表示もないことから，家紋そのものだけという，珍しい例となっています．

ところでこの“菊水”の家紋ですが，筆者は本機入手以前には，漠然とそのマークを付けた機材の存在，特に軍用双眼鏡としての存在を信じていました．それは，“菊水”の家紋は単に一つの家の象徴ではなく，歴史的に我が国の南北朝時代の武士で，天皇の絶対的忠臣と称えられた楠木正成の存在が重なっているからなのです(菊水紋は，後醍醐天皇から下賜されたという)．

菊水紋は，帝国陸海軍が使用する双眼鏡としては，まさに最適なマークであるはずです．しかし実際に現品を入手して意外な感じがしたのは，このマークを付けた双眼鏡は，軍用品としての品質に届かないものだったことです．これは一種の驚きでしたし，また同じマークを付けたガリレオ式双眼鏡の存在も，別次元での驚きでした．

統計資料

菊水紋を付けたプリズム式とガリレオ式双眼鏡のメーカーを確定，あるいは推定させる範囲であっても，何がしかでもメーカーに関係するような資料は，残念ながら現在まで目にしていません．

しかし，メーカーといった重要な資料が欠落していても，国産プリズム式双眼鏡の場合，レンズの曲率や細部構造などから，推定の範囲ながらある程度は製作年代の推定が可能です．その観点から見ると，菊水マークの双眼鏡が製作されたのは，遅くとも，昭和一桁時代という範囲までは絞り込めるのです．

問題はその先です．実際のメーカーを確定するための最良の資料は，代表的な同時代情報であるカタログ類です．たとえ同時代的でなくても，信頼性の高いことが裏打ちされているのであれば，「述懐」といった傍証など，いくらかなりとも情報があれば，

プリズム双眼鏡の方は鏡体デザイン上，少数派と言える対物側と接眼側の寸法差の小さいストレート型です．外観からわかるレンズ面の曲率は，平面多用型でないことと，中心軸に眼幅間隔固定用の締め金具がないことから，いくつも存在する8×20mm仕様機でも，比較的新しいタイプの可能性が考えられます．

おおよそのアウトライン的な外貌は見えるはずです．

その一方で，情報として同時代的でありながら，時にその内容に重要事項が欠落しているため，取り扱いを間違えると，かえって全体像や細部を見誤ってしまうのが「経済統計」です．経済統計は事物の全体像を把握するため，具体的な社名や製品が資料的に現れることは稀です．数値を中心に抽象化した情報で，状況やその変化を示していますが，抽象化したため，後の時代から行う考証には，情報の偏り，あるいは不完全な情報となってしまうのです．

我が国では，古くは明治末期の農商務省時代から経済上の統計調査が行われ，公刊されてきました．

大正中期以降，国内で光学工業全体が発達し，経済的影響が大きくなり始めると，商工省（農商務省の組織名称改変）の調査項目には光学製品製造業が現れます．さらに望遠鏡・双眼鏡，顕微鏡，カメラなどの製造品目の細分化と工場規模（人員数や総売上額，一人当たりの時間単位の生産額）というように，調査項目も細分化されます．そして情報の精密さが向上したようなデータが集められ，公刊されていたのです．

しかし，社史や業界史という，限定的ながら具体性に優れた他の情報との比較検討からは，統計調査では情報の収集手段が明示されていないことも含め，偏りが感じられてしまうのです．

以上のようなことから，経済統計はメーカー自体の動向や製品開発といった，筆者が最も必要とする情報ではありません．たとえその情報を参酌しても，実体の把握については隔靴掻痒感を免れないと感じてしまうのが，筆者として偽らざる心境なのです．

時代背景

メーカーは確定できないものの，昭和一桁時代の製品と思われるプリズム双眼鏡には，製造技術上からある方向性が見えるものです．

それはもともと眼鏡レンズ製造を基本技術として開業したレンズ製造業者が，同業者間の競争の結果，収益増を図り，会社の経営を安定化するため，外国製品の見本模造を行うようになったことです．つまり，自社従来品に比べて高品位製品の製造を行ったのが，双眼鏡製造の始まりという業態です．やがて，模造対象は国内製品へと変わって高級品に及びます．そして一応の技術蓄積を果たした後，光学設計技術が加わったことで，ついにメーカーとしての地位が確定し，堅実な双眼鏡製造業者となっていくのです．

しかし，眼鏡レンズ製造業者がこのような変貌を遂げ，成功へと進み双眼鏡メーカーとなるためには，その時点での社会情勢が大きく関係していました．この例としてあげられるのが，既述した高林レンズ製作所です．時代が少し早すぎたため，このレールにうまく乗ることができず，単独の会社としては，存続が断絶してしまったのです．

ただし，高林レンズ製作所は国策に基づいて東京瓦斯電気工業に吸収合併されていますから，すでに述べた状況と全く同じではありません．会社内部の一組織の消滅の結果，そこから外界に飛び出して，高林系の技術を受け継ぎ，発展させていった人たちは，まさにこのレールの上を邁進したのです．

細部の特色から見える技術系統

見本模造という観点で，昭和初期当時の双眼鏡を各種見比べると，元になったものが複数存在していたことが，レンズ面の曲率の違いからわかります．大別すると，それは平面を多く用いたものと，それと異なる曲率が自由に選定されているように見えるものです．菊水マークの双眼鏡は後者にあたります．

筆者がこれまで内部まで見た国産の同時代製品と思われるものは，Star，それと外観は同一でも表示のないもの，Universe，Butterflyの4機種です．これらが前者に相当し，Mikado，Elephantの2機種は，菊水マークと同じように，レンズの曲率選定に制限がないものでした．

製造上からは，平面多用型の方が生産性も高く有利なはずです．それとは異なる型を採用したことは，わずかですが，技術的進歩が起きていたことを感じさせるものです．

そして，その全てが口径は20mmクラス（最大径22mm：表示による）であり，倍率も8倍でした．このことは，見本模造が特別な例外ではなく，この方式での双眼鏡製造業者の増加をうかがわせるものです．

また，鏡体デザインは実際のレンズ製造現場とは別だったようです．それは，外観が同一でも異なるブランドが他にもかなり存在していること．また，鏡体デザインの細部の違いまで加えると，レンズなどのガラス製品の製造と鏡体などの金属鋳物製造，そしてそのいずれもが接眼レンズの合焦機構に多条ネジを採用していること．これらから，生産段階の分業化が行われていたことも推定が可能なのです．

既述した各種ブランドの双眼鏡と，菊水マークの製品を比べると，レンズ面の曲率の違いだけでなく，鏡体デザインもまた異なっています．具体的には，菊水マークの製品は，対物部から接眼部へかけての鏡体外観に絞りが少なく，側面が示すラインは平行に近いものです．そのため，同時期の同様な仕様の国産機の中でも異例なものにあたっています．

その一方，菊水マークの双眼鏡も含め，既述した模造により製造されたと思われる機材のいずれもが，プリズムの材質は光学ガラスではありません．そのため，実視状況は芳しいものではありません．

ところが反面，菊水マークのガリレオ式双眼鏡では，対物レンズは貼り合わせの2枚玉，接眼レンズは単一の凹レンズです．構造上に特色はないのですが，これが意外なほど良く見えて驚かされたものです．

試しに既述した機材のプリズムを，光学ガラス製のプリズムと交換してみました．すると程度に差は生じますが，いくつかのものは見え方が各段に向上したのです．その中に菊水マークの双眼鏡も含まれることから，素材が不自由でなければ，良い評価を得られたはずです．

実視上からは以上のような状況ではあるのですが，技術進歩に今一歩の感じがあることは，隠しようのない事実です．しかし筆者には，今一歩感があること自体に，見方を変えれば将来への展望に発展性という言葉が見えているように思えてならないのです．

内部構造はプリズム間隔を大きくした古いタイプで，軸出しはプリズムの左右方向のスライドによっています．接眼部は，特に薄肉金属部品の加工がうまく行われていることがわかります．基本的な技術は獲得された状態ですから，もう少しの進歩が積み重なれば，双眼鏡メーカーとして技術の確立を果たしたはずです．

ツァイスと同じ二重構造の対物筒を採用
日本陸軍制式八九式双眼鏡 7×50　7.1°

一見しただけでは海軍用7×50mm機と見分けがつかないのが，陸軍制式八九式双眼鏡です．しかし，対物筒外部の前後2箇所に細い帯状の塗装部分がなく，対物キャップ以外の対物筒全体が擬革貼りになっていることが，外観上，唯一の識別点となっています．

同名異体

日本海軍が大正の末に，当時は大口径であった7×50mm 7.1°機を制式品として採用したのは，暗夜でも能力が発揮できる双眼鏡を求めていたからでした．

一方，陸軍では歩兵科将校の個人装備としては，6×24mm機が大正13年に制式採用されていました．ただ陸軍の一部には，野戦砲兵などの部隊装備品（砲兵科将校の個人装備品の場合，8×26mmあるいは8×30mm 7.5°機）にも，夜戦使用の能力が高い双眼鏡が必要との論議が起きていました．

そして昭和4年，光学仕様は海軍用と同じである，7×50mm 7.1°機が陸軍でも制式品として採用されることになります．当時の兵器採用年次表記法に基づき，皇紀の下2桁を付けて，八九式双眼鏡として採用されたのです．

陸軍での採用に関しては，その細部の仕様は海軍用とは異なり，目盛は十三年式双眼鏡と同じ横十字架型でした．それに加え，実は意外な「強化」という改良？が行われていたのです．

構造強化

筆者は，ずいぶん以前から双眼鏡の歴史に興味を持っていました．ただ，文献に文字だけで表された，この改良を示した“強化”という言葉が，具体的にどういうことなのかについては，長い間わかりませんでした．ただ一つ，何となく気になっていたのは，ツァイス製の7×50mm機ビノクターとビノクテムが対物筒部を二重構造としていたことでした．この造りづらい構造を国産品が採用していたということは，考えにくいことでした．

ところが，たまたま目にした軍用と思われる7×50mm機は何か，外観上独特の印象を持たせるもので，それはツァイス製と似た外観をしていたのでした．もしかしたら，という予想は結局当たり，対物筒の構造はツァイス製7×50mm機と同じ二重構造だったのです．

ツァイス製にならって対物筒部を二重構造とした陸軍制式八九式双眼鏡は，海軍用として量産されていた7×50mm機の外観上の特色である，対物筒先端・根元2箇所の帯状の塗装部分がありません．このことが外観から受ける印象を異にさせていたのです．

近似と類似

それでは，陸軍制式八九式双眼鏡がツァイス製のIF機と全く同じかといえば，そうではありませんでした．寸法上，陸軍制式八九式双眼鏡の方が対物筒部の直径が大きく作られているのです．構造的には類似の形態ではありますが，寸法上では近似といえるほどには合わせられていなかったのです．

この寸法上の違いが，どの程度強度向上に役立ったかは疑問の残るところです．ただ，海軍の制式品と並べると，外観，寸法のいずれにも違いがあることがわかります．構造上の基本であるネジ寸法のシステムの違い（海軍はインチ，陸軍はミリ）から，陸海軍用の区別をより確実にするため，7×50mm機も含め，陸軍用双眼鏡には“JESねぢ”の表示が行われています．しかし，それも戦争末期には，生産効率向上のため省略化されていくのが歴史の現実でした．

未だ見えない歴史変化

陸軍用7×50mm機は，装備品としては中心的な機材ではなかったことから，海軍用7×50mm機よりも生産数，現存数がずっと少ないのが実状です．そのため，この独特の構造が終戦まで継続して採用されていたかどうかは，現在でも筆者にとっては疑問として残っています．

さらに加えるなら，陸軍が光学産業界に影響力を駆使するために結成させた八光会（陸軍八光会）の各社は，いずれも八九式双眼鏡を生産していたはずです．ただし，数少ない現存品からはそれを確定できないままでいます．また，文献資料と現存品から，榎本光学精機製作所では光学仕様に違いのある8×56mm 6.3°機も，八九式双眼鏡として独占的に作られていたことも判明しています．

いつもながらのことですが，点々と残る事実を再構成して，虫食い算のような歴史のパズルを解いていくことは短時間ではできない，このことを八九式双眼鏡もまた感じさせる事例となっているのです．

内部構造，各部分の作りは海軍用（初期のノバー）と同じで，ツァイス製品の影響を強く感じます．

対物キャップを外しただけでは構造が二重になっていることはわかりにくいですが，キャップ固定用のネジ周辺の状態を詳細に観察すると，構造が一体ではなく二重であることがわかります．

外部対物筒は鏡体カバーにねじ込まれ，さらに内側の内部対物筒が鏡体にねじ込まれることで，挟み込まれた状態となり，安定度が大きく増します．東京光学機械製品の場合，内部対物筒部はさらにイモネジ（矢印）で押され，確実に固定されています．鏡体カバーの固定ネジも，海軍用より増やされています．

対物キャップを含め，対物筒周りの寸法は，原型となったツァイス製より大きく作られています．上が東京光学機械製品，下がツァイス製．

造船技術の源流が英国のため，海軍はインチネジでしたが，陸軍は仏独の軍事技術を導入したため，ミリネジでした．鏡体カバーに“JESねぢ”（JESはJISの母体）という表示があるものは陸軍用機材と断定できます．構造だけでなく，ネジ自体も陸海軍ばらばらでは，「総力戦」という言葉も掛け声倒れにならざるを得ませんでした．

八光会の中で金属部品の精密加工に優れた日本タイプライター精機製作所は，双眼鏡そのものの製造だけでなく，加工用冶具製作で八光会加盟会社を支えていました．東京光学機械製（左奥・右上）と並べると，寸法など全く同じことがわかり，八九式双眼鏡の標準形態がわかります．他に，鏡体羽根部に乾気充填孔のネジがないことも海軍用機との違いです．

八　九　式

倍率	八倍
對物鏡徑	五六粍
視界	五〇度
射出瞳孔徑	七粍
光明度	四九
千米突視界	一一〇米
高サ	二〇〇粍
幅	二〇六粍
重量	一一八五瓦

遠距離展望に最適のもので砲兵科に採用されて居る優良品です。

2228

2228　**八　九　式・八**　倍背負革紐付革サック入 ……………………………… 150.00

測量機販売会社である三笠商会のカタログにある8倍の八九式双眼鏡．
左側鏡体カバーには，榎本光学精機製作所のロゴが見えます．

測高機付属を目的にした特異な形状の対空双眼鏡
日本陸軍制式九十式3米測高機付属 照準用双眼鏡10×50 5°

円筒断面の構造体から下垂するのに適したような光学部品のレイアウトとデザイン形状には，かなりのインパクトを受けます．黒色チリメン塗料で仕上げられた一種独特の外観には，実際に初めて現物を手にした時には驚かされました．光学的仕様は，口径50mm，倍率10倍です．各種データを表示してあるはずの銘板が脱落していて，口径，瞳径は実測したのですが，その後に得た情報で正しい値と確認できました．ただし，メーカーだけはまだ推定の域から出ることができず，確定していません．

非対称

筆者はいつも，いろいろな双眼鏡を数多く見たいと思い，また幸いなことに見てきたとは思います．それでも本項で取り上げる機械は，その中でも特に変わった形状のものの一つにあげられます．この機械は，表示されている文字が漢字で，日本語特有の使い方から国産品であることは確実でした．ただ，当初は資料になる文献はありませんでした．

外国メーカー製できわめて形状のよく似たものは，外国文献の翻訳書に掲載されてはいましたが，この国産品との関係は不明でした．文献的な情報の入手よりも現物の入手が先になったことで，とても気になる存在でした．もちろん文献的な情報にも興味はありましたが，最も気になったのは，その特異な外観は当然として，内部の光学部品が対称的な構成となっていないことでした．

双眼鏡は両眼で見ることを目的にした光学機械です．ただし，光学系の中間に，目的・用途に合わせた焦点板，目盛などが片側に入ることもあるため，光学系は厳密には左右対称でないこともあります．しかし，対称性からのズレといってもその程度です．光学系を構成するレンズ系やプリズムは，左右での収差状況を変動させないため，同じ構造，言い換えれば対称であることは，当然のことになります．

ところが本項で取り上げた機械は，外観自体も，また外観からすぐ判断できるように，光学系の構成も対称ではないのです．鏡体は一体構造化していますが，このような構造の固定架台式に多い双眼鏡は，一般的に正立系プリズム，あるいは菱型プリズムによる光路の並行移動を眼幅合わせに使っています．そして，この部分の回転で，左右接眼レンズ部分の間隔を眼幅に合わせるわけです．

一般的にこの動きは，一体化鏡体を持つ双眼鏡の場合，左右おのおのの回転はそれぞれ反対方向への回転となり，通常では連動しています．本機のように眼幅合わせの回転運動が，片方の接眼レンズ部分だけで行われ，眼幅合わせで左右接眼レンズを結ぶ中心線に傾斜が発生するような機械の現物に出会ったのは，これが初めてでした．

資料からの再構築

外国文献の機械は架台がありましたが，入手時，本機には架台は付いていませんでした．また耳軸のようなものもありません．90°を少し越える光軸の傾きと，円筒形の構造物にぶら下がるのに適応したような全体のデザイン，そして取り付け箇所のような部品の存在．それは，この双眼鏡が何らかの機械の構成要素の一部と思わせるものでした．

このような固定架台式双眼鏡では，本来なら現物には銘板などの貴重な情報源が付属しているものですが，本機では欠落していました．これでは，用途，メーカーなどは憶測，類推の範囲から出ることはできません．しかし，その用途だけは外国文献と，鏡体内部に透明を含む4種のフィルターを内蔵している

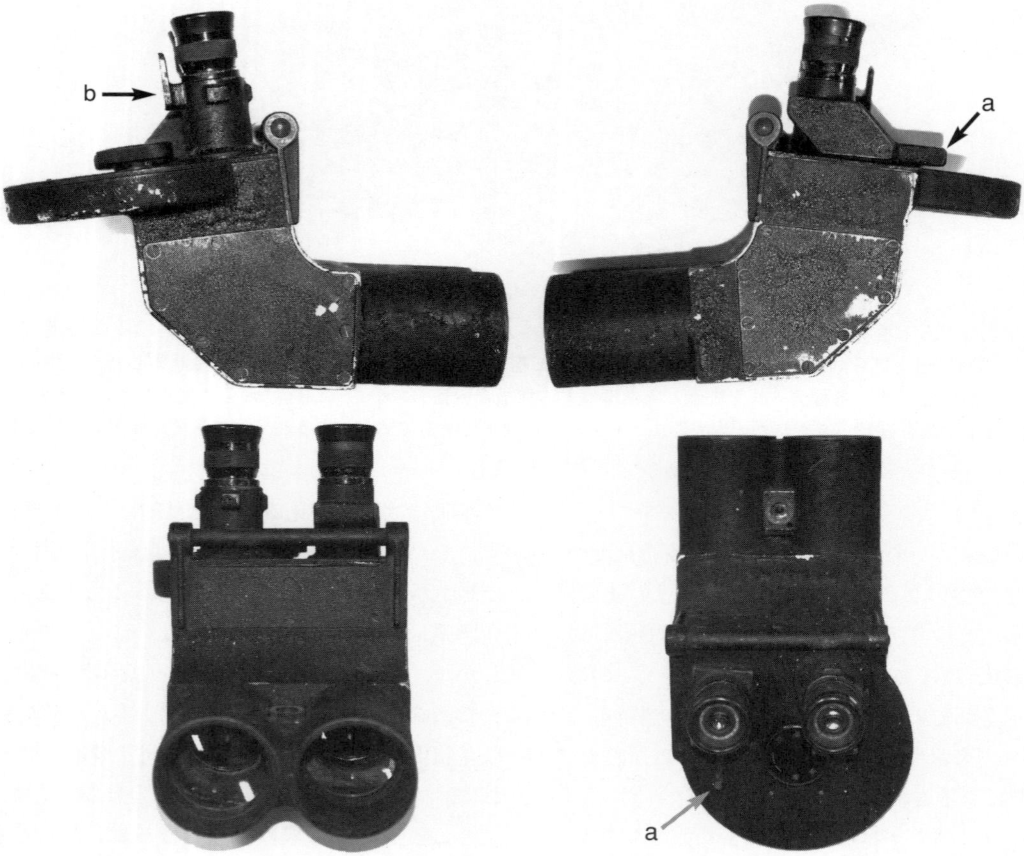

双眼鏡としての基本的な構造は，2枚レンズ貼り合わせの対物レンズとケルナー型接眼レンズに，アミチ型（光軸偏角90°のダハプリズム）に近い形状のタイプのダハプリズムを用いた，正立光学系を組み合わせたものです．ただ，側面から見ると光軸の偏角が90°でないことがわかります．菱形プリズムが収められている部分から，下方に向かい棒状に伸びているのは，操作性を向上させるための指掛かり（矢印a）です．右接眼部下側の平坦部分（矢印b）には，内蔵されている焦点板の照明装置が取り付けられるようになっていました．片側のみに菱型プリズムが用いられているため，外部からは見づらいですが，対物レンズは鏡体に対して前後になるような位置にあります．
接眼部分が取り付けられている鏡体の一部が半円形に突出したような構造になっているのは，正立プリズムの直後に，回転式で交換できる4種類のフィルターを内蔵しているためです．大きめのハンドルには，無，橙，緑，黄の漢字が表示されています．

ことから，軍用に違いないと思えたのです．

そしてその後，ついに事実を確認できる情報を入手することができました．それは昭和9年，陸軍技術本部第一部測機班が作成した内部資料でした．これまでも何回か参考資料としてきたものです．今回の機械で直接参考になったのは，この『各種測機概説』という文献にたまたま偶然挟まれていた，もともとは全く別の資料と思われる1枚の印刷物です．それは，別の内部資料の本の1ページと思われる写真でした．

その写真には，3米基線測高機の名称が付けられ，予想通り，円筒形の本体の下部からぶら下がるように左右に設置された，2台の本機と同じ双眼鏡が写っていました．結局，この写真がどんな資料に含まれていたのかは，現在でもわかっていません．裏面には4米基線測高機の写真が印刷されていますし，二つの綴じ穴があけられていますから，内部資料に違いはないでしょう．

同じ名称の機械は『各種測機概説』にもありましたが，外観写真は正面からのものでした．照準双眼鏡の対物部分は写ってはいましたが，その独特な全体形状をうかがえるものではありません．また各種データも記載されておらず，この情報からだけではまだまだ不足でした．

しかし，こうして形式名称が判明したことで，ついに手がかりが得られたわけです．そして，その他の資料から，この双眼鏡をめぐるいろいろな情報がつながっていくことになります．

2590年

特異な形状の対空型双眼鏡を照準望遠鏡として2機も装備した，九十式3米測高機が日本陸軍の制式兵器として採用されたのは，昭和5年でした．九十式というのは，この年が皇紀では2590年にあたることからです．明治時代には，形式名称表記法は元号の年代を採用していました．ところが，15年と短かった大正時代を挟んで昭和を迎えたため，混乱が予想されることから変更された表記方式でした．

この時期は，航空機に関連した技術革新が著しく，軍事上からも航空機が新たな脅威となることは，かなり確実視されていました．そのため，対航空機用

附圖第一　3米基線測高機

手書きのカーボン複写，生写真の貼り込みで製作された『各種測機概説』という資料の中に，それとは直接関係ないと思われる，印刷されたこの図版1枚が挟まれていたことが疑問を解明する鍵になりました．『各種測機概説』には正面から見た写真がありますが，双眼鏡の詳細はわかりません．測高機は航空機の高度と地上距離を測れる光学機器です．写真の機械では，測定可能範囲は800〜50000m，照準用双眼鏡は左右に2機（矢印）装備され，その担当者2名と合わせて，合計3名で操作しました．測高機というのは，地上距離のみを測る測遠機とともに陸軍で使われた名称です．

眼幅合わせの菱形プリズムは左側にしかありませんが，右側には焦点分画（レチクル）が装着されていることで，空気界面の数は左右で同じになります．眼幅合わせプリズムが片側だけということの原因の一つに，空気界面の数を合わせる何らかの必要性があったのかもしれません．菱形プリズムのある左側の光学系では，左右の光路長を合わせるため，対物レンズの位置は右側鏡体（写真では左側）に比べ奥にあります．

光学兵器として，高性能測高機の開発が求められたのです．

機械としてのアウトラインは陸軍によって決められました．ただ，第一次大戦以後の軍縮体制はまだ存在していた時期でした．また，陸軍の製造部門である陸軍工廠も縮小状態であったため，陸軍が直接設計から生産まで関与することはありませんでした．詳細な設計から試作，製造までを行ったのは，日本光学工業です．昭和初期，国内にはこのような高精度な光学機器を一貫して研究，開発，生産できる場所は他にありませんでした．

実際の設計では，第一次大戦での敗戦の結果，軍事光学技術の新規開発を禁止されていたドイツから，陸軍が研究のため輸入したツァイス製品が参考にされました．このことで，大戦の結果，進歩した技術が直接良い条件で導入できたのです．さらにそれに日本光学工業独自の考案が加えられたことと陸軍の要望も十分取り入れられたため，九十式測高機には十分満足すべき機械という評価が与えられています．

その後，航空機が兵器の主力になった第二次大戦中は，日本陸軍の重要光学兵器の一つとして量産が企図されました．しかし，複雑な構造で部品加工，組み立て調整に高い精度を必要とするため，増産は容易ではありませんでした．実際，大戦末期には生産簡易化のために，高度と距離表示変換装置を高度のみの表示に簡略化して，照準双眼鏡を一つに減らしています．また，望遠鏡である測高機本体の2段変倍（12倍，24倍の両端ズーム変倍）を24倍のみにして，内蔵フィルター5種類も1種類にするといった量産簡易化の方策すら講じられました．

昭和19年，日本光学工業（株）の生産量が最高に達した時期でも，年間生産可能数は300台で，必要数に達しませんでした．他社への生産発注には，高度な生産技術が必要です．そのため，生産が行われたのは日本光学工業（株）大井製作所と第二次大戦開戦後に製造を始めた陸軍の生産部門，現在の埼玉県さいたま市大宮にあった東京第一陸軍造兵廠大宮製造所の2箇所だけでした．

自負

九十式測高機の照準双眼鏡は既述した通り，複雑で特異な形状です．九十式測高機の原形といえる，参考にされたツァイス製品は，付属照準望遠鏡は国産機のものと異なる構造の比較的単純な構造の対空型でした．本項で取り上げた特異な形状の双眼鏡も，これに類似したものはツァイスにありましたが，それは専用架台を持った独自の光学機器でした．

結局，日本陸軍の高度な要求に対して，九十式測高機はツァイスのオリジナル設計から離れた，独自なものになりました．照準双眼鏡もオリジナルより

光学系の割に大きな正立プリズム，回転円盤に装着されたフィルターといった内部の機構は，通常の50mmクラスの双眼鏡はもちろんのこと，固定架台の大きな口径の機種でもなかなか見ることのできない機構です．その外観だけでなく，内部構造にも機材としての特異性が現れています．製品単価についての資料はありませんが，口径80mmの固定架台の機種とあまり変わらないかもしれません．

は口径，倍率は別にして，より複雑な構造，機構をもつ特異形状のツァイス製観測用双眼鏡を手本として製作され，取り付けられることになったのでした．九十式測高機は，別々の光学機材の合体から生まれたと言えるかもしれません．

それにしても，生産コストの高い，特異な形状の照準双眼鏡を装備する必然性がどこにあり，なぜ選ばれたかは不明です．ただ，内蔵された回転円盤に固定式フィルターを装備した対空型双眼鏡は，陸軍関係者に，国産の新型測高機が原型にも勝る性能と実用性の高さを持つことを，強く感じさせたことでしょう．そして，機材としては世界的に見て最先端に立った，との自負を抱かせたのかもしれません．光学兵器に最高性能を求めるのは当たり前かもしれませんが，どこかに光学機材に熱中しやすい日本人的マインドがあるのではないでしょうか．

資料の価値

ここまで，かなり特殊な形状と構造を持つ対空型双眼鏡を取り上げてきました．先にも書いた通り，これが九十式測高機に付属する照準用双眼鏡であることがわかったのは，『各種測機概説』という内部資料と，それに挟み込まれていた別の印刷物の1ページを入手することができたからです．この文献は，事実確定作業上，大きな役割を果たしました．

この『各種測機概説』は，赤い色で「陸軍」の文字と罫線の入った縦書き原稿箋に，カーボン紙を使って手書き複写された文章と生写真が貼り込まれた，いわゆる内部資料です．資料作成当時に試作されていた機材も含まれていますが，情報としては，それほどくわしいものではありません．

ただ貴重だったのは，これが内部資料そのものであったことです．資料作成当時の状況が，その後の余計な情報の混入による誤りもなく知り得たことは収穫でした．しかも，筆者にとって興味深く貴重だったのは，この資料には本来の情報とは異なる別の価値ある情報が付け加えられていたことでした．

それは，後で付け加えられたと思われる，ボール紙で作られた表紙に墨で書かれた「光学兵器写真」という題名と，所有者と思われる「大木専務」の文

ツァイスで製作された，原形となった架台付きの機材です．こういった生産性の上がりにくい複雑な機材を二つも照準用双眼鏡として装備することに固執したことは，単に軍用機材として軍関係者が高性能化をめざしたというだけでなく，日本人の国民性にも関係があるのかもしれません．歴史的に見ると，世界の最先端にいる必要がある軍事技術については，進んだ他国製品を国産化するといった方法が，新規開発より手っ取り早いということで，多くの国で行われていたようです．

外観の特殊な形状に眼を奪われがちですが，注目したい箇所として，眼幅合わせを行いやすくするため，菱型プリズムのケース部分から伸びたように設けられている指掛かり（矢印）があります．この考慮は，眼幅合わせ動作を著しく助けるもので，一部の現行品の手持ち双眼鏡にも応用したい事例です．古い機材でもよく考えられている機構はあるもので，現行品が全ての面で過去の製品を凌ぐ時代はいつ来るのでしょう．

字があること．また裏表紙見返しに貼り込まれた，赤いスタンプが押され，第四課戸塚検査係と表記のある「社内名称略称表」という製品一覧表が付いていることです．

結論から先に言いましょう．この資料は満州光学工業株式会社の関係者の持ち物だったのです．満州光学工業（株）は，太平洋戦争前に，既に泥沼化していた日中戦争に対応するため，陸軍の強い要請により日本光学工業（株）の全額出資と技術移転によって旧満州国奉天市（現中華人民共和国遼寧省瀋陽市）に創設された会社です．資料としては20ページほどの一冊の薄い文献でしたが，資料作成時期以降の光学工業の内部情報もわかることから，筆者にとっては重要な文献になっています．

一般的に言えば，後の時代に加えられた情報は，まず別扱いする必要があります．当時の事実と異なる余計な情報などは，取り除いていかなければなりません．ただ，稀なことではありますが，後で付け加えられた情報自体にも価値がある場合があります．

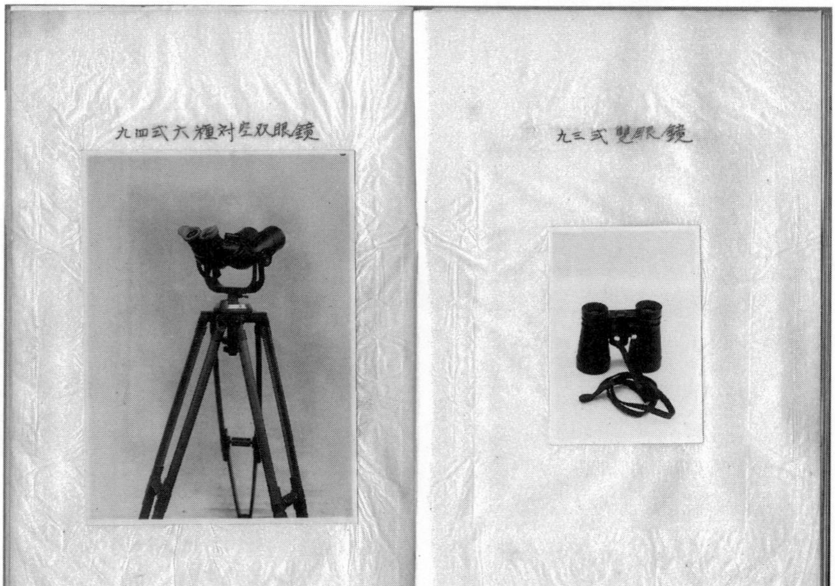

元の資料そのものの情報は，当然ですが後に混ざり込むことがある余計かつ誤った情報がないため，貴重です．しかし，こういった情報が手に入ることは稀で，入手できたことは幸運と言えます．この資料は，カーボン複写の手書きで製作されていることから考えて，十数部あるいはどんなに多くても数十部しか作られていないはずです．軍との関係は深かったといっても，民間にあったことが現在まで存在した大きな理由でしょう．陸軍にも当然保存されていたでしょうが，敗戦とともに焼却処分されたことと思われます．双眼鏡については，写真のようにその他の機種も載せられています．

光学兵器写真と表紙に別書きされた『各種測機概説』も，筆者にとってはその希有な例にあたります．そして，時期の異なる二つの情報が合わさったことで，また別の日本の光学産業の歴史の一断面を見ることができるようになったのです．

双眼鏡の定義

九十式測高機付属の照準用双眼鏡は，内部資料が入手できたことで，現物だけではわからなかったこともわかるようになりました．しかし，資料自体もなく，また現物があっても多くの部品が失われているなど，全体像がよくわからないような機材も筆者の手元に存在します．

それは，シュミットプリズムを用いた，光軸偏角45°の10×70対空型望遠鏡（下）です．本体には製作会社の東京光学機械株式会社の名称とマーク，さらに「射光機番号 富士No.503」という文字も刻まれています．富士電気という会社は照明機材関連のメーカーで，戦前から存続しています．この機材も，非対称型測高機照準用双眼鏡と同様，防空システムの中に含まれる探照灯（サーチライト）機器の付属品と考えられます．

しかし，文献として詳細を記述したものはなく，結局，機材自体の細部が判明したのは，連載記事掲載以降ずっと後のことで，状態は悪いものの部品欠落がほとんどない別固体を入手できたからでした．

高高度の目標と近距離の画像情報を合わせて両眼視するため，一見，口径の異なる望遠鏡を並置した双眼鏡に見えますが，実は望遠鏡（本鏡）と顕微鏡（側鏡）が合体した特殊な機材です．中央部に，顕微鏡に前置された90°光路偏角のためのプリズム（矢印a）があります．望遠鏡部分には伸縮型フードと起倒式照門・照星が付けられています．眼幅合わせのための菱形プリズムが付けられているのは，左側の側鏡だけです．

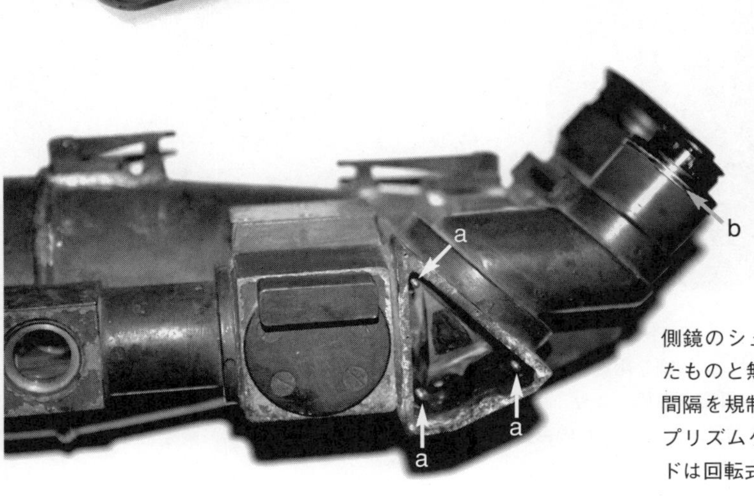

側鏡のシュミットプリズムは，位置規制の金具が付いたものと無いものの2枚の平板に挟まれる形です．その間隔を規制するのは3本の長ネジ（矢印a）で，先端部がプリズムケース内にわずかに見えています．ヘリコイドは回転式で，抜け止め機構はエキセン式（矢印b）です．

この探照灯システムの付属する望遠鏡は一見，構造的に口径の異なる望遠鏡を2台，眼幅合わせが可能となる機構を組み込んだ上で，双眼鏡としたものに見えます．しかし，実態は全く異なり，双眼視する機材ではあるのですが，右側の主望遠鏡（本鏡）は上空を見るものなのに，左側の付属望遠鏡（側鏡）は真横を見るものでした．

しかもこの側鏡は主望遠鏡より小さい（プリズム先端部の有効径18mm）ものの，正立系はシュミット型ダハプリズムです．加えて側視しても結像に反転が起こらぬよう，先端部にはペンタゴナルプリズム（二つの反射面に要メッキ加工）が配置されているという手の込んだ光学機器だったのです．

さらにくわしく実視してみると，この機材は口径と倍率の異なる2台の望遠鏡を並べて双眼鏡としたものではなく，側鏡は長作動の顕微鏡・拡大鏡で，主望遠鏡共々十字の照明機能付き焦点目盛を内蔵したものでした．その作動距離は200mm強あり，本来は明視距離である250mmに設定されたかもしれません．

いまだにこの機材の実用状況の画像資料に接してはいません．そのため推定の域を出ませんが，音源探知を目的とした集音機器から出力された情報を表示したブラウン管などと，実像を合わせて両眼視することで，目標である航空機に光線を投射するシステムの眼がこの機材といえるでしょう．

本機は双眼鏡そのものではありません．しかし，遠距離と近距離の異なる画像情報を組み合わせてみるための機材であるなら，側鏡に切り替え装置を加えて，時には本来の双眼鏡としての遠距離両眼視機材，時には遠近別情報の脳内情報結合用両眼装置であったとしても，これもまた双眼鏡といえなくもないかなと，密かに筆者は思ってしまうのです．

軍用の大型双眼鏡よりも口径の小さい軍用機材に，特殊な用途に合わせた機構を付加したものが多く見られるのは，興味深いことです．左の測高機付属照準用双眼鏡では，目盛は右側にあり，照明光導入孔も一つです．右の探照灯用望遠鏡では，左右ともに十字型の目盛があり，同一光源を二つに分割してそれぞれの目盛を照明光導入孔から照らします．両機とも防水構造で，導入孔には平面ガラスがはめ込まれています．

陸軍の意向で創設された第2国策光学会社の双眼鏡 東京光学機械 Magna 6×24 9.5° IF＆CF

軍用として開発された十三年式双眼鏡を生産することは，陸軍の意向から誕生した東京光学機械にとって必須のことでした．技術母体であった勝間光学の時代から継承された製品ではありますが，技術向上に伴って再設計された光学系となったことで，優良機材と呼べる性能に到達しています．その民生化品であるCF機は，光学系だけでなく，機械構造各部の再設計も行われ，従来の製品の欠点を解消することに成功しています．

時計とレンズ

日本の光学製品として初めて企画，設計，製造にマスプロダクツの手法が導入されたのが，日本陸軍制式九三式4倍双眼鏡でした．日本光学工業がその設計に苦心していた頃，その発注元であった日本陸軍の内部では，ある別な動きが起きていました．それはその頃，すでに技術的に大きく発展していた日本光学工業に対抗でき，より陸軍の意向が強く反映できる，新たな大資本の総合光学企業の創設でした．

もともと日本光学工業の創設は，日本海軍が必要とする測距儀などの高級光学兵器の国産化を目的としたものでした．その設立後，会社を取り巻く環境には大変化がありました．それは陸軍の光学兵器製造部門である陸軍東京砲兵工廠精器製造所が，関東大震災によって壊滅したため，日本光学工業が陸軍用製品の製造も担当するようになったことでした．

しかし，日本光学工業の製品はあくまでも海軍用が主体だったため，陸軍の要求に完全に応えることはできませんでした．そこで，陸軍内部に生まれたのが，陸軍のための総合光学会社の創設という動きだったのです．

ただ事実上，全くゼロからの新会社の立ち上げは不可能でした．そのため，かつての日本光学工業の創業と同じように，ある程度実力を持つ，既存の光学会社を基にしての新会社の育成が図られることになります．そして選ばれたのは，セイコーブランドの時計で有名な服部時計店精工舎でした．

海と陸

現代の視点では，この選定は意外にも思われるでしょう．しかし当時，服部時計店の製造部門である精工舎では，測量機械を製造し，服部時計店の販売網で販売していました．時計を中心とする精密工作技術は，機械構造上，高精度な加工が必要とされる軍事関連製品の製造にも応用され，製品は陸海軍に納入されていました．

服部時計店は，測量機だけでなく双眼鏡類の販売も行っていました．専属の関連光学会社としては，双眼鏡業界で中堅ランクにあった勝間光学機械製造所が，直系の外注先となっていました．そのため，新会社設立のための一応の条件は確保されていたのです．また，陸軍側で新大規模光学会社設立の主導的立場にいた人物は，技術顧問として服部時計店と関係がありました．このことも，選定に関して会社の状況把握，判断に影響があったと思われます．

この陸軍側からの働きかけに対して，服部時計店では当時の社長の決断で，新総合光学会社の設立に積極的に協力することが決定しました．そして，服部時計店の資本により勝間光学製造所を買収して，その人員，技術，設備を継承し，これに精工舎の測量機械製造部門の技術，設備を譲渡して加えます．

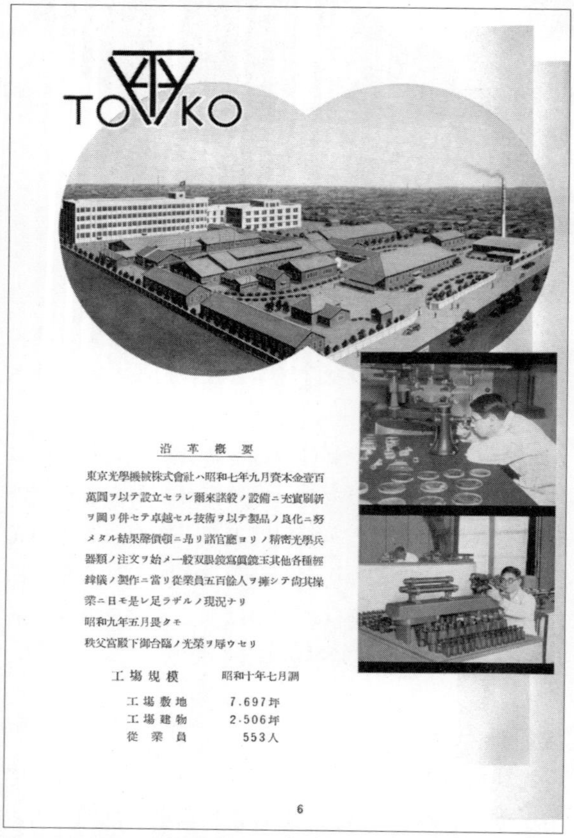

昭和10年発行の服部時計店光学部作成の双眼鏡カタログは，巻頭に東京光学機械の会社紹介があります．続く見開きページには十三年式双眼鏡が掲載されていますから，陸軍将校向けともいえるものです．外国製品に比べて，東京光学の製品の扱いは大きく，工場規模の紹介や検査作業状況も，製品紹介に先駆けて掲載しています．

こうして，昭和7年（1932年），新会社である東京光学機械株式会社（現：株式会社トプコン）が誕生することになったのです．この年は日本陸軍の大陸出先組織であった関東軍の策謀によって，中国東北部に満州国が誕生した年でもありました．

歴史的に見れば，戦後の財閥解体を迎えるまで，東京光学機械は服部時計店と資本関係を含め，強いつながりを保ち続けました．そして日本の敗戦まで，陸軍，また海軍の要求に十分応えることになったのです．

板橋村

東京光学は創立当初，東武東上線北池袋駅近くの旧勝間光学の二つの工場で，総員88名で操業を開始します．製品も，旧勝間時代を引き継ぎ，まず双眼鏡の生産から始まりました．しかし，工場は第一と第二に分かれていたため効率は上がらず，技術的にも勝間時代の技術を継承したままでした．そのため創業当初は，製品も現品模造はできても，光学設計能力がないため，陸軍からの高度な要求には対応できませんでした．

そこで，新会社の基礎の確立のため，技術面で優れた人物が集められることになります．産業経験者としては，先行する日本光学工業出身者が人員数では多くを占めました．また軍関係者としては，戦後にカメラ研究家として活躍する，愛宕通英（おたぎみちふさ）といった人材を陸軍から，やはり戦後に光学研究者・教育者として東京電気大学教授になる山田幸五郎を海軍から迎えます．さらに人材獲得だけでなく，生え抜きの技術者を養成するため，大卒新人の育成につとめるなどの努力も払われました．

そして，会社設立の計画段階からの念願であった設備の完備した新工場の計画も，創業早々，実施に移されました．その新工場は板橋区蓮沼町に建設されます．選定された理由は他の候補地に比べ，地形が比較的低湿度な高台で，遠望がきき，光学機械の調整に好都合だったからです．また陸軍の購買業務が行われていた赤羽（現：東京都北区）にも近いということもありました．

その後の歴史を見ると，東京の西北部にあたる板橋を中心とした地域一帯は，昭和30～40年代を最盛期として光学産業が集中することになります．その基点ではないものの，傘下に関連企業が多い大規模工場の東京光学機械が板橋に本社工場を置いたことは，少なからぬ影響を業界全体に与えたものと推定できます．

この板橋の高台に誕生した新工場は，当時地元では「100万円の工場」と呼ばれました．広漠たる一面の畑地の中にこつ然として出現し，屹立する鉄筋3階建ての新工場は，新興の意気に燃える新光学会社にふさわしいものでした．ただ，肝心の製品のレベルアップは陸軍の思惑通りとは行かず，そうたやすいものではありませんでした．

遼遠

板橋の台地に新装なった近代的な工場へと，本拠を移した東京光学機械でしたが，当初の技術水準はまだまだ低く，町工場だった勝間光学時代とあまり変わったものではありませんでした．逆に変わったのは，中国大陸で拡大する戦火の原因を作った日本陸軍でした．

創業当初の製品は，勝間時代に生産されていた双眼鏡をそのまま継続していました．ただ，大資本を背景にした総合光学産業の創業に期待する陸軍からの要望は，双眼鏡の生産だけではありませんでした．そのため，技術的にはかなり高級であり，一面では測定機の役割を持つ，各種光学兵器の修理，製造，そして独自の技術開発を期待されての試作が，陸軍から発注されていくことになります．

しかし，陸軍の寄せる期待とは異なり，当時の実状については，創業時代の東京光学機械社長は後に以下のように述懐しています．「創業当時の製品は，極めて程度の低いものであって，優秀な外国製品を見るたびに，はたしていつになったら，かかる製品ができるであろうかと心を痛めたのであった．(中略)

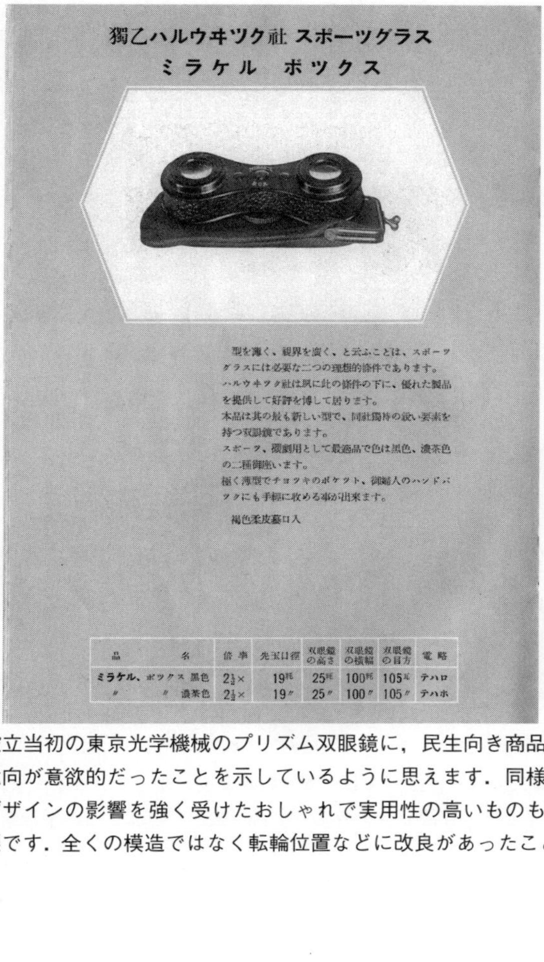

設立当初の東京光学機械のプリズム双眼鏡に，民生向き商品が少なからず見受けられることは，会社設立の動機以上に職員の意向が意欲的だったことを示しているように思えます．同様に旧来のガリレオ式双眼鏡も大きく改良され，ヨーロッパ製品のデザインの影響を強く受けたおしゃれで実用性の高いものも登場していました．左が原型と思えるもので，右が東京光学機械製です．全くの模造ではなく転輪位置などに改良があったことがうかがえます．(服部時計店光学部，昭和10年版カタログより)

優秀な光学兵器の製作などは前途遼遠であると思われていた」というのが，まさに偽らざるところだったようです．

技術的には前途に光明が見えていたわけではありませんが，まだ民生品が中心となっていた営業は，比較的好調な滑り出しでした．双眼鏡は勝間時代のままでしたが，工場設備の一新と新しい工作機械の導入，精密加工技術に優れた服部時計店測量機工場の合流が，結果的に品質向上を招いたようです．

強い絆

設立3年後の昭和10年に服部時計店光学部が発行した双眼鏡カタログには，外国製品も含めた手持ち用機材が，オペラグラスも含めて掲載されています．これを見ると，東京光学機械の会社発展（技術向上≒製品展開）の様子が製品上からうかがえますから，興味深い資料といえるでしょう．

このカタログは，資本系列で親会社ともいえる，服部時計店の光学部が発行した双眼鏡専門カタログです．製造は東京光学機械，販売が服部時計店光学部という，民生向き商品が分業的に流通していたことも，一面の実情として見える気がします．

内容として特筆すべきは，巻頭の位置に，会社の沿革，概要までも含めて，東京光学機械製プリズム双眼鏡が優先的に置かれていることです．このことからも，両者の強固な関係が見えてきます．

当時の東京光学機械は，東光と通称され，それがまたTOKOという一種のブランドでした．ただし，双眼鏡の名称は，同時に掲載されているツァイスのように，固有名が機種別で付けられているものではありませんでした．このカタログでは，同じTOKOブランドの双眼鏡でも，マグナ（Magna），モナーク（Monarch）という二通りの名称で製品群が区分けされています．そしてモナーク名のものには付けられていない「高級」というフレーズが，マグナの名称を持つ機種には付けられています．

ところが，同じ服部時計店光学部発行の昭和7年版双眼鏡カタログにも，数こそ違いますが，やはりマグナ，モナークという名称を持つ機種が掲載されているのです．このカタログは，時期的には東京光学機械創立の直前にあたります．

実はマグナ，モナークという商標は，東京光学機械設立前，既に勝間光学の製品にも使われ，服部時計店が登録，保有していたものでした．東京光学機械創立後もこの商標は軍用，民生用を問わず，服部時計店を経由した東京光学機械の双眼鏡には付けられています．しかし，軍に直納された手持ち双眼鏡各機種，その後開発される8cm，12cmといった固定式架台装架の双眼望遠鏡には，付けることはありませんでした．

旧勝間時代の6×24mmCF機（右）に比べ，再設計された機材では見口の寸法が改良され，瞳位置が適正となっています．また，光学系も再設計されたことは，同様に見比べると実感としてわかります．接眼レンズ枠の摺動部（矢印）の加工も，手作業が行われるといったことはなくなりました．

東京光学機械の技術が確立するにつれて，大規模総合光学メーカーの双眼鏡の商標として，マグナ，モナークの名は世間に知られていくようになります．販売者が持つ商標が，あたかも製造者のもののようになったこの関係は，両者の強い絆の現れでしょう．

必須製品

陸軍の制式品であった6×24mm，接眼レンズ見かけ視野60°仕様の十三年式双眼鏡は，旧勝間光学時代から「マグナ」の名称を付けて生産されています．この双眼鏡の製造継続と，その品質を一定水準以上に確保することは，陸軍の意向が設立の直接要因であった東京光学機械にとっては，避けることのできない事柄でした．

東京光学機械の技術，特に設計技術が確立，向上して以降，光学設計の見直しは当然行われたことと思われます．これに関した事実で，興味深いことがあります．それは，勝間製「マグナ」にあったCF機が一時的に姿を消したことです．実際，上述の昭和10年の服部時計店のカタログには，6×24mm 9.5°機はIF機しか採録されていません．ところが，別の販売店である「鶴喜 岩崎眼鏡店」発行（発行年記載なし：昭和9～13年，掲載他社の履歴から推定）の国産双眼鏡カタログには復活しています．これを見ると，実際の機体も勝間時代の製品と比べ，像質，見口の寸法形状に改良が行われたことがわかります．

マグナ6×24mm IF機で技術確立後の製品と思われる，シリアルナンバー5桁の製品2台を，実際にオリジナルにあたる日本光学のオリオン6倍と比べて見ると，見え味に関して遜色はまず感じられません．外観についても，鏡体カバーの彫刻文字，ロゴ以外は，かなりよく観察しないと相違点はわからないほど似ています．これは十三年式双眼鏡の特色といえるもので，小口径でありながら見かけ視野60°を確保するため，寸法上の余裕をできるだけ残すことなく無駄を省いた結果に他ならないからです．

像質も，同様に一見した程度ではその差を見つけられません．ただ，かなり厳密な比較をすれば，色調の若干の違いと最周辺像の変形形状の違いがわかります．しかし，これは同一会社の同一製品におけ

同じ十三年式双眼鏡といっても細部を比較すると相違点が見えるものです．日本光学工業製品とでは，わずかながらもビス孔の位置が違っています．内部容積のわりにプリズムが大きい十三年式双眼鏡では，それぞれの会社で行われた独自設計によって，最適化という条件から違いが現れたものといえます．

る個体差といってもよい程度のものです．

カタログ等の文献資料から比較すると，東京光学機械製品の場合は実視野9.5°で，日本光学工業製品の9.3°とは若干異なります．像質と同様，この違いは実視しても一見してわかるわけではありません．接眼レンズの3群5枚という基本的な構成は同じなのですが，各面の曲率にはわずかな違いがあります．例えば蛍光灯など直線状の物体の，接眼レンズ最終面からの反射像を見れば，この違いに気づくことでしょう．

これは，東京光学機械独自の光学設計だからということだけではありません．社内で素材の光学ガラスの生産ができる日本光学工業と，専業光学ガラスメーカーから素材光学ガラスの供給を受けなければならない東京光学機械では，素材ガラスの光学特性（光学恒数）の違いから，設計も独自にならざるを得ないという事情もありました．

似たもの同士を比べる場合，並べて見ることは，僅少差を確認するための重要な作業です．東京光学機械と日本光学工業の同じ十三年式双眼鏡を並べると，鏡体のビス位置が微妙に違っています．

この原因は，内部容積に対して，プリズムを限界近くまで大きくする必要性からくることは当然です．他にも，鏡体の部分的な必要厚みの設計上の違い，各部品の製造公差の設定値など，設計上の違いが形となったものともいえます．いずれにしても，このわずかな違いが，結果的に意外なほど機械加工工程や組み立て作業，さらには分解にまで影響を及ぼすことが多いものです．

動向

この昭和10年版カタログにあるのは，6×24mmの他に，高級品に区分されるマグナブランドとして，いわゆるエルフレ型広視野接眼レンズ採用機である8×25mm 7.5°と8×30mm 8.5°の2機種，それにケルナー型標準視野接眼レンズ採用機2機種として7×50mm 7.1°，12×30mm 3.5°の合計5機種が載せられています．そのいずれもが，何らかの形で軍事用として存在し，その製造を行うことは，東京光学機械にとって当然の動向でした．

接眼レンズ構成は，IF機とCF機は同じで1－2－2の3群5枚構成になっています．決定的に異なるのは，IF機では最終レンズは加締め加工されていますが，CF機の接眼レンズは金物に加締め加工されることなく，投げ込み式といわれる通常の方式で組み立てられていることです．加締め加工の良い点は水密がより確実になることと，レンズ枠のレンズ面からの突出がないため，清掃が行いやすいことで，軍用向きの工作法です．

この中で12×30mm機という，現在でも高倍率に分類される双眼鏡があります．まだ確定はできませんが，この機種は，宗谷海峡，津軽海峡，対馬海峡，東京湾といった軍事上の要地にある要塞地帯を守備する陸軍将校（要塞砲兵）が装備した，「制十二」といわれた双眼鏡の可能性があります．「制十二」は，日本光学工業でも生産されていたことは，同社内で作成された満州光学工業重役用資料にも掲載されています．詳細は不明ながらも，存在は確実ですが，他に資料がなく，見かけることもない幻の双眼鏡となっています．

また，動向という言葉でくくれば，東京光学機械は，創業期からカメラといった民生品開発にもかなり意識を向けていました．ごく少数ながらも，民生用カメラは「ロード」という機種名で一般用として市販されています．このことは，軍出身ではあるものの，カメラにも造詣が深い愛宕通英といった人たちが技術顧問となっていたことの結果といえます．同様のスペック機が，軍需光学企業として先行する立場だった日本光学工業で開発されたのは，太平洋戦争後のことです．その点では，東京光学機械は社会的な動向にも意外と敏感だったといえるでしょう．

やがて当時の日本が戦時色を強めるにつれ，会社での軍用品の生産量と生産率は，社会の動向に従うように急増していくことになります．

要塞という限られた用途に向けた双眼鏡だったためか，12×30mm機の現存数は少ないようです．一般論になりますが，12倍でケルナー型の接眼レンズでは，実用上，視野の狭さが欠点に見えたはずです．これは，暗夜でも透過光量を減らさないためのやむを得ない選択でした．

他にも合焦機構の違いから，構造上でCF機とIF機には相違点があります．CF機の場合，合焦機構の多条ネジがあるため，中心軸を細くすることができず，中心軸外筒も太くなってしまいます．中心軸自体もガタツキ防止とガタ取りのため，テーパー状に加工されますが，その方向性は逆となっています．中心軸の締めネジの設置箇所も，同様にCF機が接眼側，IF機が対物側と反対にあります．画像でカニ目となっているのがその締めネジですが，それぞれ反対の位置関係です．

軍用から民生用品まで行われたグレード化とシリーズ化
東京光学機械　Monarch 8×24 CF（蝶型），Queen 8×21 CF，Renox 6×25 8° IF

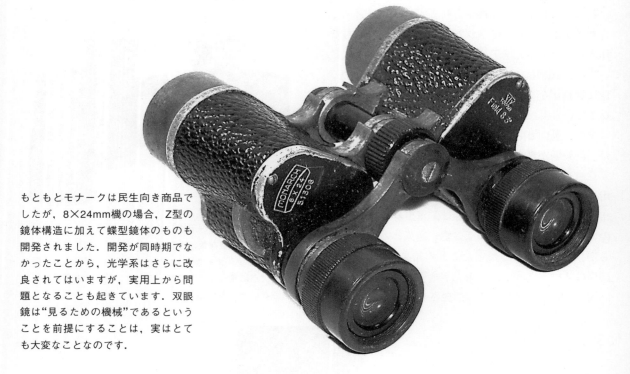

もともとモナークは民生向き商品でしたが，8×24mm機の場合，Z型の鏡体構造に加えて蝶型鏡体のものも開発されました．開発が同時期でなかったことから，光学系はさらに改良されてはいますが，実用上から問題となることも起きています．双眼鏡は“見るための機械”であるということを前提にすることは，実はとても大変なことなのです．

グレード別商品展開

東京光学機械の設立には，服部時計店が資本の面で大きな役割を果たしていました．設立時点での出資全額は服部関係者によるものでしたから，現在でいう系列企業でした．

資本系列ということだけではなく，服部時計店の影響は，東京光学機械製双眼鏡の商品展開にも見ることができます．それはグレード差を元にシリーズ化を図る，ということで行われていました．それが端的に現れたのが「MONARCH」でした．

既述したマグナシリーズは最上位に位置しており，主に軍用向き機材でした．しかし，その中で唯一，例外的だったのが，陸軍制式十三年式双眼鏡をCF化した6×24mm 9.5° CF機でした．

次のランクがモナークで，民生向き仕様のため，見かけ視野60°，あるいは口径50mmといった機材はありませんでした．しかし特定の点を除き，十分に価格水準以上の品質となっていました．

太平洋戦争開戦前は，陸軍士官の任官予定者は，自費で双眼鏡を調達しなければなりませんでした．そのため購入資金面，あるいは品薄という市場状況から，やむを得ずモナークのIF機を購入して，陸軍将校の個人装備品とすることも多々あったようです．

光学仕様からいえば，モナークには広角接眼レンズを装備した機材はありませんでしたが，全く次元の異なる，別の決定的に異なる点がありました．それは内部構造そのものというより，加工法の違いでした．その違いを具体的にいえば，プリズム位置規定のための加絞め加工の有無に他なりません．モナークのプリズムは，プリズム押さえ金具の圧力だけで鏡体に固定されていたのです．

軍用光学機材では観測，測定上の測定精度維持の目的から，軸線の変動防止は結像性能と同様に重要視されていました．そのため，プリズムの加締め加工は，わが国初のプリズム双眼鏡である森式双眼鏡(既述)から必須の技術として行われていました．

加締め加工は，位置規定のためのプリズム固定法としては確実である反面，作業は勘と経験を必要とします．そこで，この加工の省略は原価低減の点で大きく功奏したと考えられます．

内部構造というより加工法では，マグナシリーズと大きな差があったモナークでしたが，光学性能，結像面でも，マグナを凌ぐほどのものもないわけではありませんでした．

引き換え

モナークの位置づけは，光学仕様上ではマグナに続くものであることから，やむを得ず不向きなCF機種でも軍用となった事例があります．それも鏡体が通常デザインである，Z型鏡体を持った，対物レンズ間隔が最大となるものでした．

この，シリーズ化機種としてのモナークの中で，唯一，遠近感の強調という，プリズム双眼鏡創生時点での目的とは異なる仕様から生み出された機材があります．それが，対物レンズ間隔≒接眼レンズ間隔とされた蝶型の8×24mm機です．

機種のシリーズ化ということから生まれた蝶型鏡体の本機の出現は，東京光学機械，あるいは販売店のカタログを見比べてみると，昭和10年以降のことと思われます．現代的な分類からいえば，遠近感が最大値とはならないコンパクト型（その形状よりはプリズムの配置法によって）になるはずのもので，開発意図もおそらくそれに違いないはずです．しかし，時代の趨勢からいえば，軍用にならない機材は淘汰されていくことになり，短命製品だったと考えられます．

ところで，この蝶型のモナークですが，その形状に目を奪われるのは当然かもしれません．しかし，

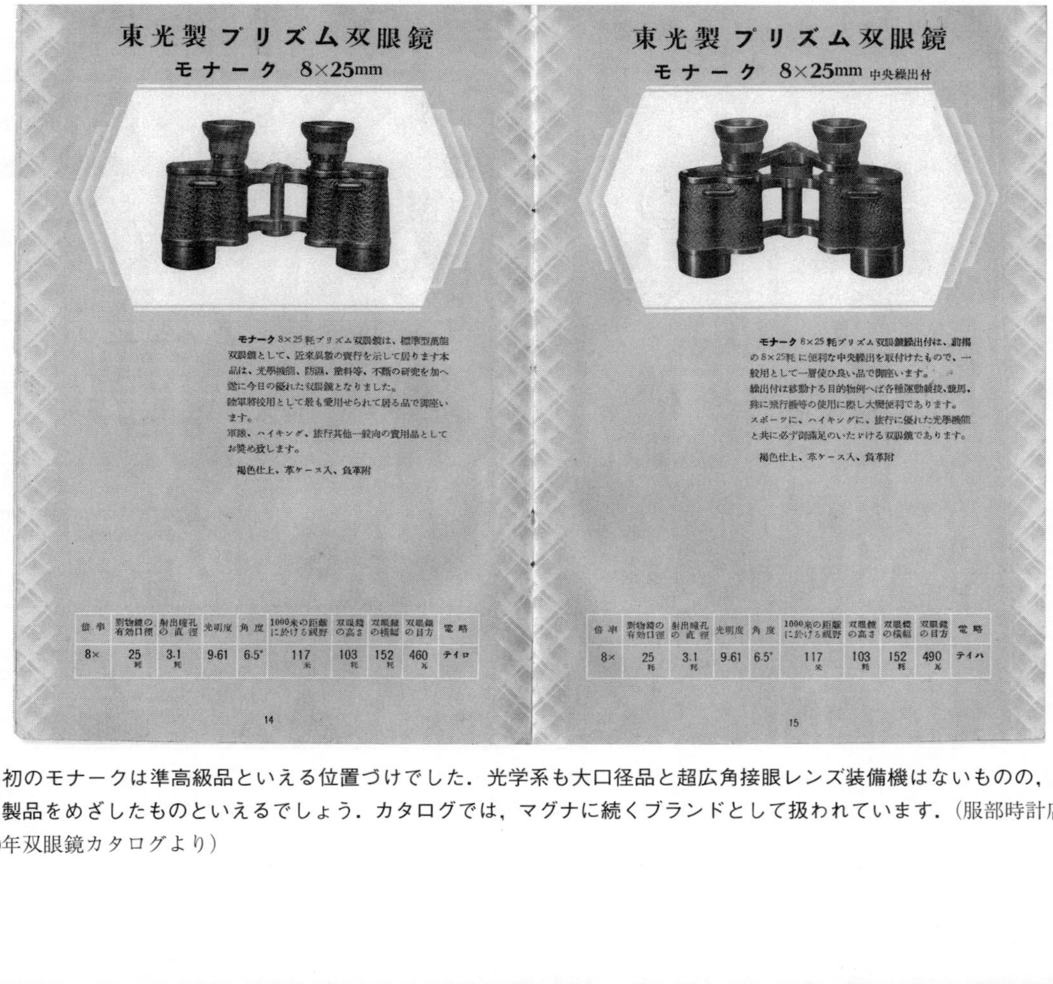

出現当初のモナークは準高級品といえる位置づけでした．光学系も大口径品と超広角接眼レンズ装備機はないものの，実質に優れた製品をめざしたものといえるでしょう．カタログでは，マグナに続くブランドとして扱われています．（服部時計店発行，昭和10年双眼鏡カタログより）

実視からでしかわからない特色も存在しています．それは，主に像質に関してなのですが，非常に対照的である特質があることです．

まず良い点からいえば，像質の良質像域の広さがあげられます．中心像質が広く維持できていることは，良い機材の条件として当然ですが，見かけ視野50°クラスの2群3枚ケルナー型接眼レンズで，多少甘く見ても，視野の7割ほどまで良質像域が達している僅少例です．

しかし，この特質の犠牲にもなってしまったといえるのが作動距離の短さです．決して長くない筆者の睫毛でも，瞬きするたびにレンズ面を掃く感じがしてしまいますから，実際的な使用感は好ましいものではありません．まして，眼鏡着用時は問題外となってしまいます．

光学性能上からいえば，設計的には成功例といえるはずの見え方です．そこに実用上の問題も含んでいることに，人間が見るための機械である双眼鏡のむずかしさがあるのではないでしょうか．

ただし，この特色は蝶型のモナークに関するもので，通常のZ型鏡体のモナークを筆者は見ていません．見口の形状からいえば，光学系は同じでない可能性があるように見えます．

他にも，このモナーク8×24mm機の特色を構造上から見た場合，寸法形状の極小化，構造の簡易化を見ることができます．前者の例は，対物レンズ部分にエキセン構造を設けて軸出し機構とするのではなく，プリズムの移動によっているのですが，これは後者の例ともいえるでしょう．

また，視度差の調整は右接眼側で行いますが，構造は多条ネジではなく螺旋孔と固定子（実際は半ネジの無頭ビス）という，簡易構造を採用しています．エボナイト製見口と一体化した同材質の接眼ナナコは，構造部のカバーにもなっていることから，破損は機能喪失に直結してしまいます．

このように普及品化をめざした構造のため，精度低下も懸念されるところです．機械構造上に簡略化がないわけではありませんが，その機械加工精度については，十分に商品グレードを高めていると思います．

表記軍用双眼鏡價格ハ定價ノ二割引ト相成
陸軍納最低價格ト御諒承願度候

東京光學機械株式會社特約店
千葉市要町一一三番地
軍装品商
陸軍御用達　神尾忠次郎
電話千葉一、〇五二番
振替東京四〇四〇六番

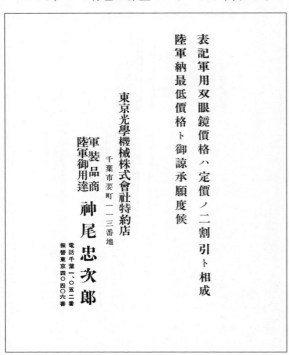

陸軍軍人に向けた双眼鏡販売方法には，士官任官前（士官学校生徒）に各地の部隊で行われる実習時に，軍装品商と呼ばれる販売業者が売り込みをかけることもありました．これは実際に配布されたチラシで，東京光学機械製品のみを扱っていることから，販売業者はメーカー別に系列化していたことをうかがわせるものです．（千葉市軍装品商，神尾忠次郎双眼鏡チラシ）

向き不向き

このように時代の趨勢からいえば，モナークシリーズは民生品化したものも含んでいたことから，普及的な軍用品としては不向きでした．

そこで登場したのが，軍事使用が可能なプリズム加絞め加工を行いながらも，廉価品である「RENOX」です．レノックスは，光学仕様上からはケルナー型接眼レンズとされているため，視野こそマグナ6×24mmに比べて狭いものの，実用性の高さから好評を得たようです．実際，目盛を内蔵した軍用品をよく見かけます．

ところで，このレノックスという商品名は，シリーズ化を前提としたものではなく単品用だったのです．名称は社内公募によるものでしたが，もともとはカメラ向きのネーミングでした．

レノックスと同時にロードとミニヨンという2点の提案も，同じ目的で採用されています．その中で，ロードは戦前期に少数製作された自社製のカメラに付けられました．そして直系の系列会社として設立された岡谷光学機械（長野県岡谷市，昭和19年設立）が戦後，カメラ製造に向かい本格的に使うという，興味深い来歴があります．一方，ミニヨンは戦後，東京光学機械の35mm判小型カメラに使用されますが，短期的に終わっています．

レノックスという名称がカメラから双眼鏡に移されたことには，時代的な背景もあったと思われます．でも，公募3点の中では，やはりレノックスが最も双眼鏡向きのネーミングと思ってしまうのは，筆者だけでしょうか．

部品から見えてくるもの

双眼鏡を機械部品の集合体として観察した場合，その加工精度を端的に表しているのが，加工途上の金属部品（未塗装品）と思います．普通，この状態は製品完成前の一時だけですから，なかなか製造現場以外で，この状態で部品を見ることはできません．

ところが，そのような部品を集めた「金属部品モデル集合体」というようなものが，筆者の手元に存在しています．なんらかの目的のため，金属部品を一そろい集めたものではとも思われます．しかし，

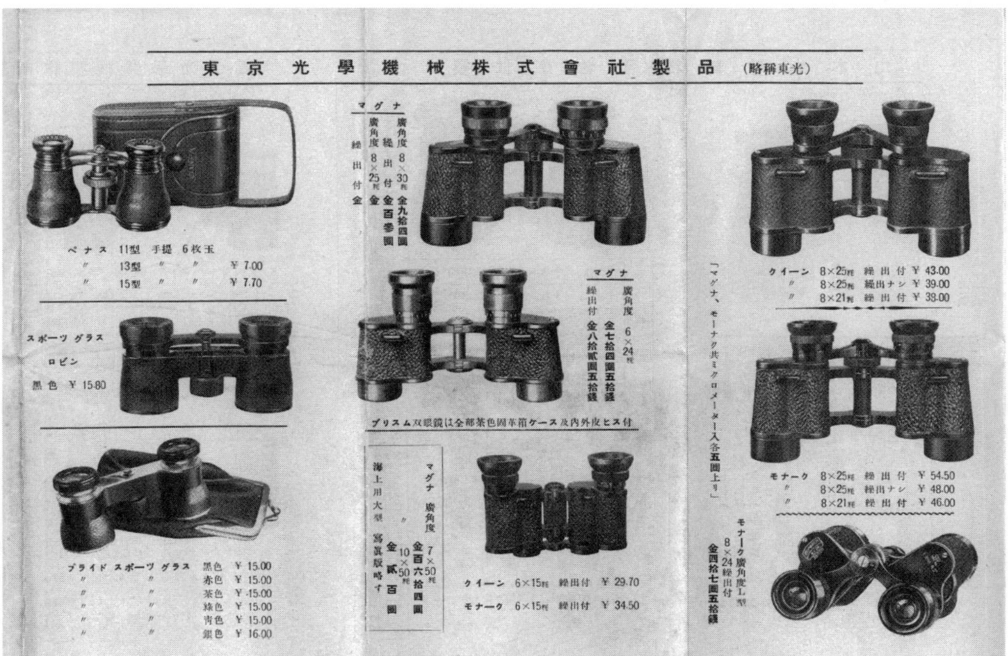

双眼鏡の流通・販売経路が確定した時代に，最も確実な双眼鏡販売を行っていたのが眼鏡商でした．老舗の看板は信用度を表しており，双眼鏡の取り扱いも多業者多品種でした．これは昭和10年過ぎ頃に銀座の老舗眼鏡商・鶴喜 岩崎眼鏡店が発行した双眼鏡カタログ（チラシ）です．軍用向きだけでなく，軍装品商が取り扱わない民生用品である蝶型モナークも掲載されています．

蝶型モナークでは，左右視度差の補正機構を多条ネジのヘリコイドではなく，螺旋孔と固定子による簡易型としています．エボナイト製の見口は，接眼レンズ部品の接眼羽根部への固定と視度差合わせの両面の役割を持っているため，重要部品です．固定子はプラスネジで止めてありますが，これは筆者が行った修理によるもので，オリジナルではありません．

展示用としてケースに並べられて完成されたというようなものではありません．当初は，機種の判定もできない，最低限の機械加工だけ行われた金属部品の単なる集積でしかありませんでした．

表面は未塗装で地金のままですから，情報となる文字の彫刻もありません．結局，有効径や外観形状などから東京光学機械製の「QUEEN」8×21mm CFであることがわかったのです．

この未塗装品という完成部品でないことが，かえって機械加工の精度自体や以降の加工手順などを明らかにし，完成品からは得にくい情報を得ることができたわけです．いわば，見ることのできない双眼鏡が見せてくれた，筆者にとっては大きな技術上の収穫でした．

この金属部品集合体から見えたのは，行われている機械加工の精度が良好で，普及品といった位置づけに起因する精度低下や不良などは全くないことです．さすがに，軍の精度欲求に合わせた製品を供給し，満足させていた会社のものであったということです．

例えば，合焦作動は転輪の回転で昇降軸を動かす一般的な構造ですが，グリスの必要性は潤滑のためだけでよく，充填力の強いグリスでは動きが硬くなりすぎるほどです．

通常，このような加工途上の部品が1台分（不足品もある）そろって出てくることは，稀有なことのはずです．おそらく，展示用としてケースに並べられるはずのものだったのでしょう．

完全にそろってはいない部品セットなのですが，筆者にとっては当時の技術水準を雄弁に語る，貴重な資料となっています．

同一メーカーの別ブランドのZ型，同じ蝶型のツァイス製品と並べてみると，見口周囲とレンズ面の高さの違いが最も少ないのが蝶型モナークで，これはレンズ面と眼球の距離（作動間隔）の少なさを示しています．作動間隔はできるだけ大きい方が良いのは当然で，良像領域の拡張の犠牲となってしまったと言ったら，言い過ぎになるかもしれません．

陸軍用 Renox 6×25 8°

陸軍士官用双眼鏡を個人で購入していた太平洋戦争開戦前，視野が若干狭いことを除き，品質の実質的な高さで好評だったのがレノックスでした．このレノックスも軍用であったため，見口も欠落するなど満身創痍というべき状態になっていますが，右眼側には目盛が入れられており，それを示すScaleの表示が鏡体カバーにあります．

軍用向けとして考慮されているため，レノックスのプリズムは加締め加工されています(矢印)．また，軸出し機構もエキセン環式であり，軍用としては実用限度以内の製品となっています．

Queen 8×21

メーカー関係者以外の人物が，部品完成直前の製品群を見ることはないはずです．加工作業としては塗装だけ済んでいない金属部品の集積ですが，そのことがかえって部品の出来をわからせてくれるため，筆者にとっては良い資料となっているものです．当初は製品の判断ができませんでしたが，結局，いろいろ見比べた結果，東京光学機械製のクイーンということがわかりました．

定番機種の国産第1号機として記念碑的な双眼鏡
東京光学機械　Magna 8×30　7.5°→ 8.5°

マグナ8×30mm機は光学的には既存の国産6×24mm機の一部を基本とし，その発展型ともいえるでしょう．ただ各部分の形状，寸法などは，先行機種のツァイス製デルトレンティスにならっています．国内では，陸軍の一部で制式使用され，他社製品も含めて同じ仕様の機材が数多く作られました．現在の製品から見れば，真鍮製部品が多く，とても重たく感じられます．

定番機種の出現

東京光学機械の母体になった勝間光学機械の時代から，既に当時としては超広角視野である，見かけ視野約60°の接眼レンズを装備した双眼鏡（6×24 9.5°）が製作されていました．

総合光学産業をめざした新会社は，創業すること自体が，先行大メーカーである日本光学工業との差別化を図らなければならない―．それが企業経営上避けては通れない重要な問題だったと思われます．そして，その解決策となったのが，対抗会社にはない特色を備えた機材の開発でした．それも，製作が困難でなく，商品としては一般用途にも使用可能で，購入者から見ても手頃な倍率と口径という製品の開発です．

こうした条件下で生まれたのが8×30mm，実視野7.5°という双眼鏡でした．手持ち機材として，当時の一般用としては最大口径と思われる30mmで，また同様に超広視野に相当する見かけ視野60°の接眼レンズを装備したものです．

ところが，創業当初の技術水準は旧勝間光学時代と同じでした．創立50周年を記念して発行された社史には，創業当初は設計能力がなかった，と明確に記されています．そこで新会社の技術的な立ち上げを短期間に確実に行うためにとられた方法は，光学設計，機械設計などに優れた技術者を，今風にいえばヘッドハンティングして集めることでした．その一例が，技術部長となった人物は日本光学工業出身だったことです．また技術顧問といった役割についた人たちには，陸軍の技術関係者の名前を見ることができます．

その結果，何とか一応の態勢ができ上がることになるわけですが，集められた技術者は，やはり日本光学工業出身者がその多くを占めていたようです．いずれにしても，移動してきた技術者たちは新会社の発展の礎を築くため，新しい居場所でその能力を十分発揮したといえます．

こういった段階で，マグナ8×30mm機も開発されたのでしょう．一方，勝間光学機械の時代から生産されていた6×24mm機の光学性能も，改めて設計し直されたようです．6×24mm機は，地上風景ではあまり差は感じませんが，天体像では像の切れに確実な進歩の跡が見られます．

なお，マグナ8×30mm機の光学系で正立プリズムと接眼レンズは，既存の6×24mm機からの流用と見ることができます．接眼レンズの構成は対物側から1 - 2 - 2の3群5枚で，もともとは日本光学工業で大正時代に開発されたものです．同じ構成の接眼レンズは，国内各社で小さな設計変更を加えられながら，その後も長く生産が続けられていきます．

少し長い歴史スパンから見た場合は，この3群5枚構成で見かけ視野60°の光学系の完成度が高かったことがわかります．しかし，使用硝材を変えることなく性能的に超越する新構成レンズの開発は，実質的に困難でした．従って，口径30mm機にこの構成の接眼レンズを採用することは，現実的には当時最善の方策だったといえます．

世界的な技術水準で見た場合，第一次大戦末期にハインリッヒ・エルフレによって開発された，3群5枚で対物側から2 - 1 - 2構成の見かけ視野70°型は，ツァイスの一部の双眼鏡の接眼レンズになっていました．ツァイスの場合，30mm機の例では，6倍機はケルナー型接眼レンズですが，8倍機は見かけ視野70°のエルフレ型になっていて，実視野は同じ8.5°でした．これは実際的かつ巧みな品種増加法で，その後の日本でも，ほぼ同様の方法で機種の増加が行われた例があります．

一方，会社創業開始後，東京光学機械が開発した30mm機はマグナ8倍，実視野7.5°のものだけでした．この時，実視野が同じで倍率が異なる姉妹機がなぜ同時に開発されなかったのでしょうか．その理由は，日本陸軍の将校用双眼鏡は，標準装備が歩兵科の6×24mm，砲兵科が8×30mmという口径を異にする2系統があったためです．そのため軍用としての需要が，30mm機開発時点で8倍機以外になかったからでした．

この東京光学機械製の8×30mm機は，鏡体のデザインも本格的なものです．既存の6×24mm機の対物部の拡大と延長という，安易な品種増加法を採用しない本格的な新機種だったことも，大きな特色です．この延長部分がないことが耐久力を増加させ，機材としての安定性を向上させています．さらに技術力が向上すると，見かけ視野はついに70°に到達することになるのですが，それは昭和10年の時点で達成されていました．

この時から現在まで，視野角に多少の差はあるものの，国産の8×30mmで広角接眼レンズを装備した機種は，各メーカーそれぞれが，主力製品の一つとして長く生産を続けています．東京光学機械が開発したマグナ8×30mm機は，定番機種の国産第1号機として記念碑的な機材であるばかりではありません．見かけ視野の広さでも初めて70°に到達したことも，記念碑に記録されるべき出来事です．

その証明といえる事実が存在します．それは，太平洋戦争が始まり双眼鏡の需要が急増したことから，軍事用として需要が大きい陸軍用6×24mm機，海軍用7×50mm機と並んで8×30mm機の図面3機種分が，軍からの強い要望によって光学産業界に公開されたことでした．前2者は日本光学工業，8×30mm機は東京光学機械のデータだったのです．

この図面公開があったことで，光学設計上は独自に6×24mm機の鏡体を元に延長対物筒型8×30mm機を製造していたメーカーも，形状的には東京光学機械製8×30mm機と同一化していくことになるのです．

6倍30mm機と8倍30mm機

ところで，もし接眼レンズをケルナー型に交換し，実視野は同じままで6倍機を製作したとすれば，どうなるでしょうか．覗いた印象でも実用上も，視野の狭さを感じるかもしれませんが，マグナ8×30の6倍機化は実現できないとも思えません．しかし，この時点でこのような機材が出現することはありませんでした．

日本では6×30mmという機種は，実用上から不動の地位にあるといえる8×30mm機に比べ，軍事上の関係からも影響を受けて，生産に消長があるように見えます．国産機の歴史上，最初の出現は大正期初めの藤井レンズの時代で，8倍機よりずいぶん早く，日本海軍用や第一次大戦中の英国陸軍用として生産されました．その後，7×50mm機の海軍採用と第一次大戦の終結で，いったん国内のメーカー品はほとんど見当たらないような状況になります．

ただし，たった一例ですが，画期的なものも生まれていなかったわけではありません（後述）．しかし，これは接眼レンズ構成が2群3枚ではなかったため，残念ながら当時の技術環境，すなわち増透処理のない時代では，その特色を十分発揮できませんでした．

6×30mm機の次の出現は，第二次大戦後に日本に駐留した外国軍隊の装備に合わせての生産で，新たな光学設計のもと，国外への輸出品も増加しました．主力製品になるといったことはありませんでしたが，量を減らしながらも比較的長く生産は続きました．しかしそれも，21世紀を迎える前，とうとう消滅しました．新世紀を迎えて以降，現在では6×30mm機の国産品は見かけることもなくなったようです．

結局，その原因は立体視効果にあると思われます．同じレイアウトの双眼鏡では，倍率が高いほど立体視効果は大きくなります．しかも倍率が高く実視野が同じならば，像の迫力は倍率が高いほど優るわけですから，当然かもしれません．また同じ原因で，

ほぼ同時期の東京光学機械の製品でも，機械的構造では接眼部分に大きな違いがあります．30mm機は全投げ込み式でレンズが金枠に入れられているため，完全分解が可能です．一方，6×24mm IF機（十三年式双眼鏡）では，最終レンズのみは金枠に加締められていて完全に固定されていますから，完全分解はできません．実用上からいえば，レンズ最終面からの金枠の出っぱりがなく，ユーザーの清掃はきわめて容易です．投げ込み式は，製造面とメーカーメンテナンス上からは，組み立てと分解が容易であるため別の視点でメリットがあります．この両方の良い点を併せ持った構造も，既存機種を超越した光学仕様と同様，今後の新製品に期待したいところです．

対物レンズ間隔が小さいダハ機材の方が，ポロ型に比べ，より高倍率にできるのでしょう．

今後再び6×30mm機が現れる時があれば，その機種は8倍機に対して，圧倒的な広視野の持つ像の迫力で凌駕する以外に，存在理由はありません．良像範囲が視野全域に広がり，手ぶれの影響を受けにくい倍率で，圧倒的な実広視野と30mm以上の口径を持った双眼鏡は，極限的な機材といえるはずです．このことは，筆者と親しい天文仲間の間ではよく話題になることがあります．実際，このような比較的低倍で圧倒的広視野の双眼鏡の出現を待つ人は，ことのほか多いのに驚かされます．

飛躍

東京光学機械は創立以降，豊かな経験を持った人材の獲得の成功で，技術陣はある程度は充実してきました．しかし，会社創立の原動力になった日本陸軍からの製品に対する要求は，初めは会社の思惑を越えるほど強いものでした．納期の厳守や精度の要求は厳重で，これは陸軍の期待の裏返しともいえるでしょう．当初は，なかなか製品検査で合格になることは少なかったと記録されています．

それでも，徐々にではありますが，陸軍の期待に応えられる製品を生産できるようになり，その過程で技術的水準を大きく上昇させる製品が生まれます．それは陸軍の技術指導のもとに開発された，社内呼称でKKSと呼ばれた高射機関砲照準具でした．これは単純な光学機器ではなく，光学機械とアナログ式計算機を組み合わせた機材ですが，大きさにも制約があるなど，難物といえるものでした．

この機材の完成で，陸軍からは一応の評価を受けることになりますが，まだまだ光学設計などの技術者の数は不足していました．そこで採用された方法が，新人の社内育成でした．ただ，国内では当時，光学設計の教科書として使えるような実用的な出版物は刊行されておらず，各種の文献資料を社内でまとめるなどの苦労がありました．

このような地道な努力はやがて結実し，新人技術者の社内育成が進むにつれて，全般的な技術も陸軍の期待に十分応えられるように進歩していきます．そして戦前には，既に設立の経緯と現状から誰言うともなく，海の日光（海軍用品が主である日本光学工業），陸の東光（陸軍用品が主である東京光学機械）と併称されるまでになっていったのでした．

左は昭和4年に陸軍で作成された『光学兵器に用ひらるる光学部品に就て』という内部資料で，右はそれを東京光学機械が技術者育成用の教科書として昭和9年に複製したものです．原本は和文タイプで作成されていますが，複製は謄写版刷りで，表紙には固有ナンバーが押されています．適切な情報を社内に根づかせ，技術母体化できたことは，社内技術向上の足がかりとなった事例ともいえます．

軍需光学企業としては珍しい民生用双眼鏡
日本光学工業 Bright 8×24 CF

軍用機材がほとんどだった戦前の日本光学工業製双眼鏡の中で，CF機構を持ったブライトは，唯一，確実に民生品としての位置を示した機種でした．接眼部の見口は片方が欠落しているため，他機種からの転用品で交換し代用補充しています．下に置いたものが本来の見口です．

満を持しての登場

現在，市場にある双眼鏡は，左右のピントを同時に合わせられる中央繰り出し式(CF式)が大多数です．一方，単独繰り出し式（IF式）は，きわめて過酷な環境で使われることが想定される業務用といった，特殊用途向きに限定されてしまっています．

かつて，双眼鏡の用途のほとんどが軍用であった時代には，気密・防水性で優るIF式が基本的な双眼鏡の合焦機構でした．合焦方式がCF式を採用していることは，民生用品としての位置づけを表していました．

もちろん，例外はあります．例えば我が国では，プリズム双眼鏡が陸軍将校の自費購入品であった第二次大戦前，十三年式という名称で制式化されていた光学仕様機が購入できずに，やむなくCF式を入手し，軍用とした士官候補生もいたとのことです．

また，下士官用の制式品として陸軍に採用されたのが，九三式4倍双眼鏡（ガリレオ式）です．これは，対物レンズ最終面にある目盛を読むため，右側接眼レンズの上半分に半月状に付けられた凸レンズの位置を変えることができないという構造上の制約があったためです．コスト上の観点から行われた徹底的な生産合理化では，部品点数が多い直進ヘリコイド構造も採用不可能という，技術上のいろいろな制約から導かれた当然の帰結でした．

省みれば，日本のプリズム双眼鏡の製品史では，初のCF機は藤井レンズ製造所の桜号3.5×15mm機から始まります．この機材は対物間隔＜接眼間隔という，観劇など室内使用を目的した近距離主用のもので，フィールド（屋外）用ではありませんでした．

フィールド用のCF機の登場は，少数ですが，藤井レンズ製造所時代に既存機種からの転用例が既にあります．同社が日本光学工業となった直後に第一次大戦が終結を迎えたため，さらにCF機構化での民生品も加わり，結果的には機種が増えていきます．

その後，ドイツ人技師の指導からいわゆる「独式双眼鏡」が出現すると，これまでのCF機は一新されて絞り込まれることになり，新たな機種が生み出されたのです．それがブライト8×24mm機で，接眼レンズはケルナー型であることから見れば，ポーラー6×24mm機の高倍率機種でもありました．

設計時期についてはノバー，オリオン，ルスカーと同じ頃だったようですが，資料からの推定では発売はかなり遅くなったようです．それは東京光学機械設立後，昭和7年以降のことと筆者は考えています．

これは，機種のシリーズ化といった販売上の方策が，後発の例としてうまくいった東京光学機械に対しての，民生向け対抗機種と筆者はブライトを見ているからです．

ブライトならではの特色

ブライトでは民生用をうかがわす特色が，細部を見ることから確実に判断できます．

外観上で見れば，左右の接眼部を連動させて動かすための転輪と昇降軸といった構造は，特段とりたてて言うほどのことはなく，ごく当たり前の方式になっています．ただ，ブライトはその内部に独特の特色があって，それは分解によってしか，うかがい知ることができないことなのです．

双眼鏡の内部構造は，対物レンズ越しに観察すると，いくらかはわかるものもあります．しかし，ブライトの対物部の後部には，内部にネジ状の刻みを設けた対物遮光筒があります．その遮光筒は，プリズム座面にまで達するように延長されているため，外部からは全く内部を見ることはできません．

分解を始めると部材が単独になることから，部材

オリジナルの見口はエボナイト製で，高さが低くて肉厚が薄く，機械加工での再現を躊躇しているため，代用品を付けてあります．シリアルナンバーが1000番台の個体では，見口の形状が代用品と同じように変えられているため，筆者の個体では代用品が一時的ながら本格品になっています．

それぞれの自重自体を感じることができます．同口径のオリオン6×24mm機など，軍用機種では鏡体カバー，対物キャップなどは強度がアルミに優る真鍮製であるのに対し，ブライトではアルミ製となっています．そのため，他の真鍮製鏡体カバー機種のように，彫刻後に半田を流す象嵌風の仕上げは行えず，彫刻痕に墨入れ（白色塗料入れ）とされています．

他に鏡体カバーで特色と思えることは，対物側は軍用品では通常の構造とされる，立ち上がり部（プレスの返し部）周囲にネジ部を設けた方式であることです．対物キャップは対物外枠ではなく，対物側鏡体カバーにねじ込まれており，民生品ながらも軍用機材の強度重視という良い点が踏襲されています．

また部材では，対物レンズ枠や対物レンズ外枠は真鍮製となっているのですが，もしかすると同時期のオリオンの作りも同じようになっていた可能性があり得ます．

筆者が所有している個体は，昭和10年以降であることを示す，ロゴマーク下にTOKYO NIPPONとある，併示式表示法です．時系列的に他機種も含めて見た場合，小口径機種ではわずかですが，部材のアルミ化が進められていたこともうかがえるものです．

4点と2点

分解を進めていきプリズムが見えると，側面に2本の短い筋状の彫り込みが見えます．これこそブライトならではの内部構造なのです．これは構造というより，第二次大戦前の国産機で唯一（筆者の知見上）行われた特異な加工法です．

ポロⅠ型プリズムでは，像の反転はプリズムの交差角度（直交交差）を測定しながら180°の反転を行います．実際上プリズムに製造上の誤差があるため，双眼鏡鏡体への組み込みには，固定加工と同時に，交差角度の測定を行う必要があります．また調整後，プリズム位置を固定するための方策が必要です．

現行品の場合，プリズムの位置固定ではその多くのものが，長円形となっているプリズム周囲のカーブした部分に，できるだけ均等になるよう，接着剤などを4箇所に盛り上げて付けられています．

このような加工法が通常化する以前，通常行われていたのは，たがねで打刻した痕跡が盛り上がることを応用した技法です．これは，プリズム座面の必要とされる位置にプリズムが動かなくなるように固定する，「加締め」と呼ばれる工作法でした．この工作法はうまく行えばプリズム自体も動くことがあり

対物レンズ外枠の内側に遮光筒が付けられ，プリズム座面に届くほどの長さになっています．

ません．また，清掃などでプリズムを着脱しても（方向性は変えない），組み立て精度に復元性があります．そのためポロI型を用い，エキセン環方式で視軸を合わせるZ型鏡体の軍用品では当たり前の技法でした．

しかし，この工作法は常にプリズムの破損というリスクを含んでいます．そのため非常に手がかかり，高度な技量と勘も必要とする，双眼鏡製造上の大きなネックでした．

我が国では，この工作法は確実な工作法・組み立て方として第二次大戦後も続けられます．その後，接着剤の種類が増えて，ガラスを金属に確実に固定できるようになる，昭和30年代半ばに至るまで行われていました．

一方，ドイツでは1920年代初めにツァイスがその改良方式を考案します．それが2点止め法（筆者の命名）だったのです．

実際の加工では，プリズムの組み立てで内側になるプリズム側面の一方の側に，座面に対して垂直な短く浅い筋状の切れ込み2箇所を平行に作っておきます．その切れ込みに対して，加締め作業をたがねで行うのです．

この作業では，プリズムは打撃力が強くても押さえ圧が少なければ横方向に逃げられますから，打撃による欠けやひびといったミスを避けることができます．また切れ込みに合った打撃痕であれば，精度の復元力も失うことはないといった，きわめて有効な工作法でした．

実用上の可能性で考えれば，強い衝撃が加わった場合にプリズムが動き，交差角度あるいは軸線がずれたりすることも想定されます．筆者の知見から言えば，実際に軸線がずれたものは，鏡体自体が外力で変形し，それが軸のズレとなって現われたものです．もしもプリズムが動くような衝撃を受けた場合では，鏡体が割れたり，プリズム自体が破損するはずです．

試験的工作法

以上のように長所の多い工作法だった2点止め法は，結局，日本では主流となることはありませんでした．それは，軍用品として確実さの点で見れば，プリズムの移動が起こりえることから，耐久性の点で問題視されたためでしょう．ブライトが試験的にこの方式を採用していることと，同じ工作法を継承

プリズム側面（内部の広い方に向いた片面）にある平行する2箇所の線条（矢印）が，加締めのために刻まれた溝です．

した後継機種が生まれなかったことは，この時点でのブライトは試作機と量産機の中間的存在ということを示していると思われます．

以上のように合焦機構にCF式を採用して，民生品として誕生したブライトでしたが，時代の大波は，その基本的存在意義を大きく変えていくことになります．それは合焦機構のIF化という，軍用向けへの変身でした．

時期は確定できませんが，昭和15年末の『官報』では，ブライトの合焦方式は「接眼式」と記載されていることから，IF化はそれ以前に既に完了していたものと思われます．

民生品から軍用品へとブライトは変身を余儀なくされましたが，それは日本の光学産業自体の姿でもありました．昭和16年12月8日（日本時）に太平洋戦争が始まると，制式化された双眼鏡への生産集中が行われます．しかしIF化されたとはいっても，そこにブライトの姿はありませんでした．

時代とは合わなかったことから，筆者はブライトの生産総数を最大2000台ほどと考えています．その後，日本光学工業では形を変えて，8×24mmCF機でケルナー型接眼レンズ機種が生まれています．その先駆となったブライトの存在は，決して小さいものではなかったとも思っています．

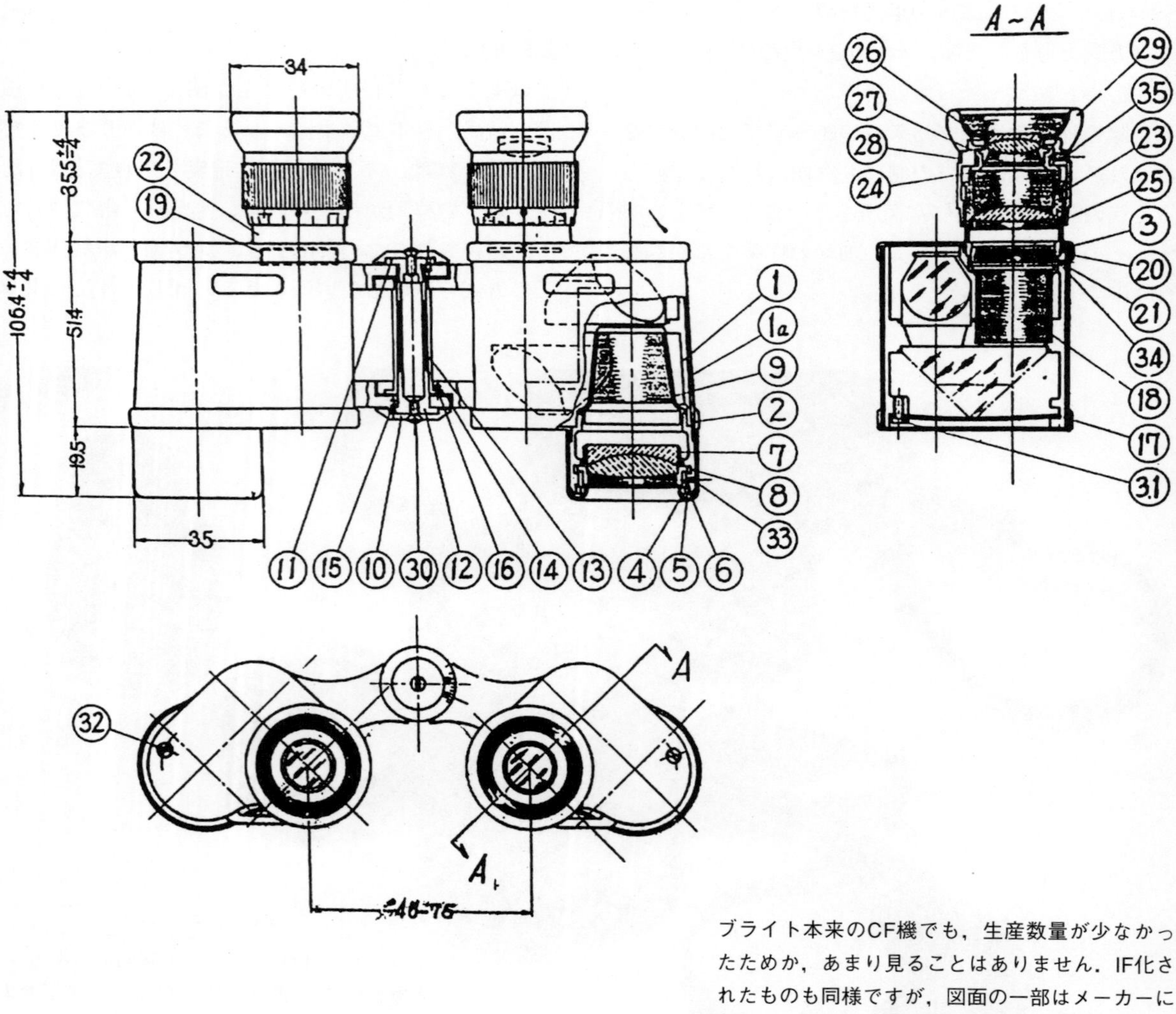

ブライト本来のCF機でも，生産数量が少なかったためか，あまり見ることはありません．IF化されたものも同様ですが，図面の一部はメーカーに現存しています．（資料提供：株式会社ニコン）

既存機種の最小限の手直しから生まれた緊急開発性能拡張機
榎本光学精機　8×32　7.5°　Meibo（明眸）

「MEIBO」は緊急対策から生まれた双眼鏡でした．その名は後に機種名からブランド名へと広がりました．対物部の変更で，8×30mm機が容易に作り出せることを証明したことから，戦前の双眼鏡製造業界では同口径同類機発生の先行者となりました．

小回り

これは一般論になりますが，会社規模が大きくなればなるほど，内部の意思決定に時間がかかることから，種々の対応が遅くなるのは仕方のないことではあります．もちろん企業規模にかかわらず，機敏な対応はきわめて重要なことです．ましてや，事が軍事上のこととなれば，一刻の猶予もないはずです．

韓国併合によって，既に日本の施政権下にあった朝鮮半島と大陸部の国境線では，昭和一桁時代，辛亥革命以降の中国本土の動乱により，国境線の監視業務は治安維持のために重要度を増していました．

朝鮮半島の植民地統治を行っていた朝鮮総督府では，国境線監視のために8倍の双眼鏡を必要としていました．ただ，装備するためにはいくつかの条件があったようで，既存機種からの選択ではなく，榎本光学精機製作所に対して緊急対応を求めたのです．

納期一ヵ月以内という逼迫した状況下で榎本光学精機が選んだ方策は，既存機種である十三年式双眼鏡の倍率と口径の拡大化という実際的なものです．これは，接眼部と鏡体部は十三年式双眼鏡とできるだけ変えないことで，対物部のみを変更して緊急要請に対応するものでした．

最大の変更箇所は対物部で，口径は32mmとして外国製も含めた同様光学仕様機より口径を多少なりとも拡大化しました．一方，レンズ口径の増大で延長する焦点距離に対しては，対物筒を新製してあたかも7×50mm機のような形状としたのです．

このような緊急対応で製作された8×32mm機でしたが，製造関係者の予想に反して，見えが良いことから，実用性能は高く評価されたのでした．そこで榎本光学精機では，通常の製品として量産することになります．その機種名として選ばれたのが，「MEIBO」＝明眸（メイボウまたはメイボー）でした．榎本光学精機の生み出した「MEIBO」は，その後，同社のブランドとして確定し，光学性能の良さから陸軍の砲兵科（野戦）将校の手持ち機材としても採用されていきます．

また，このように対物筒を新製して8倍化した双眼鏡は，十三年式双眼鏡が作れるメーカーなら，比較的容易に製品化することができます．そこで，その他のメーカーでも口径は30mm機のみですが，後に続く形で多数生み出されることになります．緊急対応から生まれた双眼鏡でしたが，明眸が与えた影響は少なくはなかったのです．

時代を超えて

双眼鏡にくわしい人なら，フジノンがかつて富士写真光機だった頃，その双眼鏡製品に「MEIBO」の文字があったことを覚えておいででしょう．

歴史的には，榎本光学精機製作所は眼鏡レンズ製造業から始まった個人企業でした．太平洋戦争末期，榎本社長の老齢引退を契機として富士写真フイルムに買収され，姉妹会社富士写真光機となり，業界大手としての確固たる評価と地位を築きます．その後，さらに商号を富士写真光機からフジノンに改めます．そして，2010年に富士フイルム（現社名）の光学デバイス事業部門として統合され，現在に至っています．

かつての富士写真フイルムによる買収の背景には，陸軍の強い意向がありました．それは中堅の存在であった榎本光学精機製作所を，大資本の企業ならではの経営の安定，技術開発力の向上という，地位向上を企図したものでした．そしてそれは見事に成功したといえるでしょう．

さらにくわしく来し方を見れば，榎本光学精機は創業の地，浜松町から蒲田へ移って技術も向上し，中堅の位置を確保します．やがて，陸軍の造兵廠（陸軍東京第一造兵廠の光学関係部門）が移転していた大宮の隣接地に分工場を作ったことで，技術交流

「MEIBO」の評価は像質の良さに基づいたものであったとのことですが，接眼部も操作性が向上するように，見口の形状も含めて変えられています．寒冷地では手袋装着が当然のこととなりますが，通常の細い十三年式双眼鏡よりは，「MEIBO」（左）の方が合焦動作は行いやすく感じます．

も頻繁に行われます．先にも書いたように，大戦末期に富士写真フイルムによる買収を経て，富士写真光機となり，大規模，重要なメーカーとして終戦を迎えます．蒲田工場は戦災で消滅しましたが，大宮に本社と工場を移転して，現在も明眸の末裔たちは生まれているのです．

接眼レンズは金枠に投げ込み式で入れられており，加締め加工はされていません．接眼部は肉厚の真鍮製で，ローレットは直線状になっています．ここも十三年式双眼鏡と異なる点ですが，接眼ナナコを接眼レンズ枠に固定するイモネジの隠し方が，十三年式あるいは砲兵用8×30mmとも違う，本機種独得のエボナイト製見口によるものとなっています．

この「MEIBO」にはシリアルナンバーが表示されていません．通常の商品化(当然軍用)がされていますから，この個体は国内に残されていた試作品だったかのもしれません．右眼には目盛がありますが，対物レンズの焦点距離の変更に対応したものとなっています．

陸軍将校の親睦団体名をブランドとした将校用双眼鏡 Kaikoshaブランド 6×24 (角度表示なし) N.KとK.T

太平洋戦争の開戦まで，陸軍将校は双眼鏡を私費で購入装備しなければなりませんでした．兵科（軍事上の専門別）では，歩兵科，騎兵科などの将校は6×24機を標準装備としていましたが，品質が確保され，価格も安定していたKaikoshaブランドの十三年式双眼鏡の存在は，双眼鏡購入の際に大きな助けになったはずです．

官業から民業へ

大正13年に陸軍が制式双眼鏡として採用した6×24mm機は，実視野10°弱と，当時の技術水準で考えれば画期的な機材でした．制式化されたことで，軍用品として必要とされる目盛を内蔵した製品の製造を最初に開始したのは，開発メーカーである日本光学工業と，陸軍東京砲兵工廠精機製造所光学工場（東京小石川）でした．

東京砲兵工廠では，既にツァイスの6×24mm機を完全複製した国産の三七式双眼鏡の製造が行われていました．しかし，大正12年の関東大震災によって壊滅的な打撃を受けており，一旦は双眼鏡の製造から撤退していたのです．その後，徐々に施設・設備の回復が図られていましたが，それは完全復旧ではなく限定的なものとされていました．復旧が限定的にしか行われなかったのには，民間企業でようやく光学工業技術が確立し，外部調達が限定的ながらも可能となりつつあったことも要因となっていました．

明治時代に海外からの技術移転を企図して始められた官業も，産業の裾野が広がり，同業種間だけでなく，異業種間での技術交流が可能となったこともあって，民間移行が起き始めていたのです．

日本光学工業の技術的発展は，確実な情勢でした．その一方，中小または零細規模の光学企業であっても，技術上からは十三年式双眼鏡の製作可能なメーカーもごく少数ながら現れ始めるのも，この時期の特色でした．それでは，東京砲兵工廠がなぜ十三年式双眼鏡の生産を行ったかといえば，それは技術の温存にあったためでした．この時，製造図面が開示されたかどうかは不明ですが，三七式双眼鏡の国産化を例に考えれば，見本模造によったとしても製品の品質は悪くなかったはずです．

拳銃，軍刀，双眼鏡

この時代，陸軍将校をめざした士官候補生が士官に任官する時に必要なものの中に，私費で購入しなければならない高額な装備品がありました．双眼鏡も，拳銃，軍刀とともにその三つあるうちの一つに数えられていました．

裕福な家庭の出身であれば，規格通りの十三年式双眼鏡の私費購入には問題は起こりません．しかし，出身家庭の経済力は人それぞれであったため，時により倍率，口径は同じでも，実視野の狭い低価格の双眼鏡を購入する例が多くあったようです．また双眼鏡の購入に際しても，実物を展示している販売店は，いわゆる老舗の大店といったところしかなかったため，実際に入手するのも大変だったそうです．

そこで，士官候補生の制式品双眼鏡の購入を容易かつ安定的にする目的で行われたのが，陸軍の外郭機関で陸軍将校の親睦団体である偕行社（陸軍偕行社）による斡旋販売でした．偕行社が制式双眼鏡の扱いを始めたのは，日中戦争が始まり，日本が軍国化への道を加速し始めた頃でした．

文字表示

偕行社で陸軍将校の個人携帯用として販売された双眼鏡で確認できている機種は十三年式のみです．他に陸軍で将校の個人携帯用双眼鏡として装備されたものに砲兵用の8×30mm（野戦砲兵）がありますが，Kaikoshaブランドのものを見たことはありません．他に要塞砲兵用としては，12×30mm（12×35mm）が明治末期から装備されていました．こちらは施設装備用の意味合いが強く，また必要個数も少ないことから，実質的には官給だったかもしれません．

さて本機の左鏡体カバーですが，プリズムを思わせる台形の中に，「KAIKOSHA，6×24」と表示されています．しかし，なぜか十三年式双眼鏡の大きな特色である実視野についてはどこにも表示されていません．またプリズムの下にあたる部分にはレンズを思わせる円弧があります．レンズのコバにあたる部分にはアルファベット2文字があって，これが実際の製造会社を示すものではないかと考えられます．

文献によれば，偕行社が双眼鏡の販売を始めるにあたって入札が行われました．最初に入札に参加したのは日本光学工業，榎本光学精機製作所，勝間光学製作所の3社でした．この時代は，まだ軍拡に至る前の時期であり，偕行社の発注量自体も少ないことから激烈な競争になって，落札価格は制式採用時に比べ，大幅に低落していったとのことです．購入希望者にとって，この現象は大いに歓迎すべきものであったことは確かですが，製造会社にとっては製作

実際の製造メーカーを示していると思われるレンズコバに刻まれた文字で，筆者がこれまで見たものは，ここに示したN.KとK.Tだけです．しかし，同じK.Tと表示されているものでも，仔細に見比べると彫刻文字の字体に差があり，加工技術も同じ会社と思えないほど差が見えます．いずれの個体でも光学性能は良く，結像性能は良好といえます．

原価の低減が絶対的命題となりました．受注獲得のためには，時として実質上，ダンピングということもあったようです．

その後，勝間光学製作所は陸軍の要請で服部時計店の資本によって設立された東京光学機械（昭和7年設立）の技術母体となって吸収されたことから，会社としては消滅します．代わって，偕行社への納入は東京光学機械へと引き継がれていきます．また，高品位の光学兵器の生産が急務となった日本光学工業は偕行社への納入から手を引き，その後，東京光学機械も同様の経過をたどることになります．そして太平洋戦争の開戦によって十三年式双眼鏡が官給品（私費購入も可能）となり，個人購入が行われなくなるまで，偕行社への納入は，榎本光学精機製作所が独占する形になったといわれています．

N.KとK.T

以上のような経過から，実際の製造会社を表示しているはずのレンズのコバ部分のアルファベットについて，筆者がこれまで見てきたものは唯一の例外がN.Kで，他は全てK.Tでした．もっとも総数が20～30台程度では，筆者が考えているある推定を導くには，あまりにも少なすぎる数ではあります．

偕行社ブランドの双眼鏡に付けられたシリアルナンバーは累算式でした．欠番の有無は不明ですが，捨て番はあった場合でも最大1000であり，1000番台の若い数値にN.Kがあって，これは日本光学工業製であると考えられます．一方，省略表示がK.Tに該当する製作会社は見つかりません．これを東京光学機械製とした場合には，T.Kとなるはずなのに，K.Tではひっくり返すことの必然性に疑問が残ります．

歴史的にその後の経過を見てみると，勝間光学製作所は東京光学機械に吸収されて一旦は消滅するのですが，経営者であった勝間貞次はしばらくの後，独立して富士光学工業を設立します．この会社も，双眼鏡製造では実力を認知されていました．偕行社の入札に参加していたことは，文献には現れていませんが，十分に考えられることです．

そこで筆者が考えていることは，勝間貞次自身の何か特別な思いがあり，偕行社納入の双眼鏡に会社の頭文字F.Kでなく，自身のイニシャルを入れたのではないかということです．また可能性としては低いですが，東京光学機械が受注した十三年式双眼鏡の生産を，前記の事情も含め富士光学に再外注した結果，二重表示になったのではないかということです．

いずれも少ない現物からの筆者の勝手な想像ではあります．歴史的に見ていえることは，偕行社ブランドの十三年式双眼鏡の製造で入札からもたらされた原価低減ということが，その後の各社の同機種製造で大きく影響したことだけは確かな事実でしょう．

右側の鏡体カバーには，星と桜を組み合わせた偕行社のマークが彫刻されています．マークは細かく複雑で，彫刻痕には半田で象嵌処理されており，彫刻～象嵌加工は大変面倒だったと思います．

顕微鏡メーカーの出色双眼鏡
高千穂光学工業（現オリンパス）6×24 9.3°

陸軍の制式双眼鏡だった6×24 9.3°（メーカーによっては9.5°の表示もある）は，有名無名を問わず多くのメーカーで生産されましたが，像質に関してはメーカーの実力が端的に現れています．陸軍の選択した光学メーカー各社は，当時から既に優秀な技術を持っていましたが，八光会として結束し，さらに技術の向上を図っていきます．高千穂光学工業の制式双眼鏡も，さすがに八光会の構成会社だけあって，同様な仕様の機材の中でも性能は指折りです．

育成計画

日本政府の「事変」という表現とは裏腹に，中国との戦闘状態は泥沼化して，本格的な戦争へと激化していくことになります．そのため東京光学機械の創業開始で，一時的には達成されていた陸軍の光学兵器の需要も，すぐに不足状態に陥る恐れが濃厚になってきました．そこで陸軍では，それぞれの会社が持っている技術力を考慮の対象とし，将来的に発展が見込める企業を選択しました．そして半ば強制的に光学兵器を発注することで，技術力を向上させ，軍用光学機材の供給元を増やすような政策を推し進めることになります．

もちろん，こういった企業の多くは民生品が生産の中心でした．そのため双眼鏡類はまだしも，測遠機，測高機などの光学測定機具，あるいは内部構造に複雑な機械的計算機構を持った軍用光学機材などでは，軍の高い精度要求に応えることは簡単ではありませんでした．この時，陸軍によって選択された光学会社は8社で，陸軍八光会という名称の下に結束して，相互間で技術の向上を図ることになります．

八光会構成各社は当時，会社規模では別格の日本光学工業，東京光学機械に続く業界では中堅といえる存在でした．陸軍の思惑の中には，技術的に高度化し，複雑な機械的計算機構を内蔵したような光学兵器の生産を，別格規模の大手光学企業に集約することがありました．従ってそのための業界内の環境整備といった意味合いも存在していたのです．

以上のように，光学企業の中から技術力で選定し，各社を八光会へと画定したのは陸軍でした．八光会はその後12社へと増えます．そして，戦争の進展とともに各社とも海軍との関連も深め，海軍用の光学兵器の生産にも従事することになっていきます．

八光会12社

八光会を構成した12社は当然ほとんどが光学メーカーでした．双眼鏡関連では，富岡光学機械製造所（戦後，大船光学機械を分離し，本社は後に京セラオプティクス），井上光学工業（後に昭和光機製造），榎本光学精機（戦時中に富士写真光機に改組，後にフジノン→富士フイルムが吸収），旭光学工業（後にペンタックス，現リコーイメージング），大和光学研究所（戦時中に精機光学すなわち現キヤノンが吸収），富士光学（後に勝間光学，大成光学に分裂），玉川光機（後にフジノンが吸収）です．顕微鏡関連では，高千穂光学工業（現オリンパス），八洲光学工業でした．また全くの異業種からの参入では，森川製作所（レントゲン機材），日本タイプライター精機製造所（タイプライター），東京芝浦電気製作所＝東芝（電気製品）の3社がありました．

異業種からの参入社の中で，森川製作所，東芝の場合では，直接，間接を問わず，既に存在していた軍との関係が光学機材生産のきっかけになりました．一方，関係のなかった日本タイプライターは，時局下，主力製品の生産縮小への対応がきっかけでした．自社工場が日本光学工業の芝工場に隣接していたことから行った日本光学工業への生産協力の申し入れが，軍の意向によって本格的な双眼鏡生産へと拡大していったのです．

八光会12社は，少々の変動はあるものの，敗戦を迎えるまで，特に軍用双眼鏡，望遠鏡類の生産に大きな役割を果たしました．

異業種からの3社を除いた各光学会社のほとんどは，その後分裂，吸収合併といった変遷を辿ります．結果的には，別格の大手2社と共に戦後の日本の光学産業の核となって，日本の光学界に隆盛をもたらすことになります．その理由はいろいろあるでしょうが，確かなことは，各社それぞれが技術的な確実さと独自性とを兼ね備えていたからだと思われます．

一方，異業種からの参入社は，敗戦により本来の業務に回帰することになって双眼鏡との関係は断たれました．ただ，東芝は写真器材の生産販売ということで，戦時中とは違った形で光学業界との関連が保たれ続けていきます．

高千穂光学工業の双眼鏡は，製作時期によって，ブランド名のオリンパスのロゴマーク入りのものと，戦時中だけ使用された社名と同じ，TAKATIHOのロゴマーク入りのものがあります．6×24機にはオリンパスのマークが彫刻されていますが，本来あるはずのシリアルナンバーが入っていないことは，試作品の可能性をうかがわせます．一方，下の7×50機は無塗装状態ですが，これは前所有者が行った過剰な塗装改修によって固着した部材を分解するため，筆者がやむを得ず行った溶剤への浸潤処理によって剥落したものです．レンズの貼り合わせも剥離しましたが，これは復元再加工しています．

過当競争

当時，八光会各社を中堅といった位置に確定させたのは，各社が持つ技術的な確実さと独自性でした．例えば技術的な確実さは，本項で取り上げたオリンパス6×24 9.3° 機からも見てとることができます．また独自性では，当時，既に各社とも国内の市場で十分に通用する何らかの商品を持っていました．

ところで本項の高千穂光学工業製双眼鏡は，陸軍の規格に合致している十三年式双眼鏡と呼ばれるものです．多くのメーカーにより同一仕様の機材として生産されたため，外観は全く同じですが，像質に関しては製作会社によって多少差があるように思えます．

高千穂製品は，中心部の切れ，抜けは十分に良く，周辺部での変形も同一仕様の機材の中では少ない方です．当時のことですからコーティングはありませんが，像質からいえばきわめて実用性が高く，優良機材と言える双眼鏡だったことがよくわかります．

筆者は，軍用として同一仕様で生産された全てのメーカーの製品を見たわけではありません．それでもやはり，八光会構成各社の製品では，少なくとも像質，あるいは機械加工精度のいずれかの点で好印象を受けることが多いものです．

光学機材の生産で，直接，像質の良否に関係するレンズ加工は，原設計にどれだけ忠実に製作されるかで光学性能は決定的に左右されます．本来の顕微鏡生産で培ったレンズ製造技術は，当時，既に高い評価を受けていた写真レンズ「ズイコー」の生産で一層の磨きがかけられ，双眼鏡のレンズ加工にも遺憾なく発揮されていたのでしょう．

他にも筆者は，同社製海軍用双眼鏡7×50 7.1° の対物レンズのバルサムを貼り直したことがありますが，接合面の曲率は見事なほどに一致していました．その製品の仕上がり状況から，加工精度について，強い印象を受けたものです．

高千穂製作所として創業したオリンパスは，同様に顕微鏡製作から始まって世界的なブランドに到達したツァイスを目標としていました．創業当初は，東洋のツァイスたらんことを標榜していましたが，これは特定の一社の事例ではありません．同じようにツァイスを目標とした例は，他にも国内光学企業ではいくつもあったのです．

当時，まだ規模の小さかった日本国内市場では，これでは過当競争になるのは当然と思われるほどの状況でした．しかし，この向上心と戦時中の軍需の増加が，各社の存続，発展を後押しします．そして結果的に技術力を蓄える期間となって，戦後の世界市場への参入と競争のための原動力となったのです．

量産機ではなく，試作機といった可能性をさらに強く感じさせるのが，当時の軍用双眼鏡には不似合いな豪華な仕上げの革ケースです．本体と蓋には革巻き金属製のタガが付けられているのも希有な例ですが，底部にロゴマークが押印されているのも不思議といえます．

目盛を内蔵し，徹底したコスト削減によって生まれたガリレオ式軍用双眼鏡 日本陸軍制式九三式4倍双眼鏡 4×40 10° 日本光学工業製造

一見かんたんな構造のガリレオ式双眼鏡ですが，この機材の誕生の裏には，多くの技術的考察と歴史的なエピソードが隠れています．

仮想敵

昭和6年，中国大陸では日本陸軍の一部の軍人らの策謀から，いわゆる満州事変が勃発します．当時，既に陸軍士官（主に歩兵科・騎兵科）は大正13年に制式に採用された十三年式，あるいは制式6倍，略して制六と呼ばれた6×24 9.3°のスペックを持つ双眼鏡を装備していました．

ところが，実際の戦場では，士官が装備している双眼鏡で発見した目標を指示しても，双眼鏡の装備のない下士官，兵にはその目標を発見，確認することができないといった事例が多く起こっていました．

そこで戦場での最小集団の長として兵の直接指揮に当たる下士官にも，双眼鏡を装備させたいという要望が，光学兵器に関係する将校を中心として急に高まってきました．この要望はすぐに実現化に向かって動き出しました．そして，陸軍内部の予算担当部門に対して，予算要求が行われたのです．それは，やがて戦端が開かれる可能性が高いと思われていたソビエト軍に対して有利に対抗するには，双眼鏡が絶対的に必要，という理由を根拠としていました．

しかし当時，日本光学工業製の陸軍制式に合致した十三年式双眼鏡（制式6倍双眼鏡）は，1台が80円以上と高価でした．しかも，軍拡に転じて増員が図られつつあった下士官全員に同等品を装備することは，

当時の陸軍の予算上からはできない問題でした．そのため陸軍の予算担当官は，この予算不足を理由に，下士官への双眼鏡装備の要求を実現不可能と拒絶したのです．

そこで要求側は当初の要求を少し変えて，まず装備可能な価格設定を引き出す，いわば条件闘争の形に持ち込んでいきます．そして交渉の結果，ケース付きで上限30円という価格ならば装備可能という結論が出されます．この価格設定は要求側からの強い申し入れで，当事者間での約束という形になります．

この価格は予算担当者の思惑では十三年式の半分以下ですから，却下と同じことです．約束自体も，実行性のないもののはずでした．一方で，要求側は双眼鏡のくわしい仕様にあえて言及しませんでした．

交渉では予算担当者にとって双眼鏡即プリズム式の観念がありました．ところが，要求側の直接交渉担当者は，4倍のガリレオ式双眼鏡を装備品とすることを考えていたのです．このようなガリレオ式双眼鏡を，戦場で指揮に当たる下士官に配備した例は，既に第一次大戦時点のドイツでも行われていました．

要求側の担当者は，目盛入りでケース付き，完成期間半年でという条件の下，価格設定30円の双眼鏡の新開発を予算担当者に逆に提示します．そして，完成後の装備品化の確約を取りつけてしまうのです．

ベルトコンベヤー

この逆提案された形になった条件の裏には，予算請求の説明担当者が日本光学工業の技術者たちと行っていた事前の研究がありました．ガリレオ式双眼鏡として価格は42円まで下がっていたのです．しかし，予算担当者が提示した30円という価格は当初，会社関係者には到達不可能な値段に思えたのでした．

それでも初回発注量を1万個としたうえ，工作数の削減のため，鏡体はダイキャスト製造，機械加工もダイキャスト化可能な部分は徹底的に置き換えられていきます．そして，外装も擬革貼りではなく粉体混入の塗装仕上げに簡略化し，価格は37円まで下降しました．

一方，新しい考案としては，ガリレオ式双眼鏡でありながら，目盛が読める光学系が開発されました．これは接眼凹レンズの対物側に半月状の凸レンズを部分的に貼り合わせ，対物レンズ最終面（平面）に

本機はガリレオ式によく見られる眼幅調整機構省略機ではなく，ガリレオ式では高級品にあたるものです．中心軸対物側にある転輪で動く接眼部羽根には，メーカーロゴマーク，光学スペック，眼幅数値などが簡略化された形でダイキャストの浮き彫りで表示されています．本来，九三式双眼鏡は陸軍から支給される官給品でしたが，私費購入希望者には，丸の中に私の文字を入れた彫刻マーク付きの専用品が渡されました．私費購入品には十三年式双眼鏡と同じ㊙のマーク（矢印）がありますが，ダイキャスト加工です．

彫刻された目盛を読み取ろうとするものでした.

厳密には，目盛の読み取りと視野全域の両眼視は同時に完全に行うことはできません．それでも一応，実用的には他には例を見ない，目盛の読める特異なガリレオ式双眼鏡が誕生することになったのです.

そして，さらにいっそうの価格の低減には，組み立て構造をネジ1本に至るまで徹底的に解析し，原価計算を行って合理化しました．組み立て作業にはベルトコンベヤーを導入し，作業工賃の低い素人作業者を採用して量産化効率を向上させたのです．そのため，価格はついに最終的に，目標直前の31円まで下がることになります.

しかし，双眼鏡本体でのコストダウンは，これが限界でした．そこで，残りはケースを布製にして，生産もケース専業メーカーから加工賃の低い馬具メーカーに発注することで，ついに予定金額の30円に到達したのでした.

こうして，光学系には画期的な技術が発揮されたわけではないものの，当時としては破天荒な，徹底したコストダウンの結果生み出された4倍のガリレオ式双眼鏡は，昭和8年に日本陸軍に制式採用されます．この年が皇紀2593年にあたることから，九三式4倍双眼鏡と命名されることになり，その後，この双眼鏡は第二次大戦終結まで，日本光学工業が陸軍用に一手に納入を続けます.

軍用として生まれたことは，めでたくはないでしょうが，販売価格を当初設定して，徹底的にコストダウンした光学製品が，初めてベルトコンベヤーから流れ作業で誕生したのです．これは日本の双眼鏡の歴史だけでなく，日本の光学産業史上でも特筆すべきものでした.

やがて，民生用光学機器の花形になる普及品のカメラが，同じように価格設定を重要な設計要素としてベルトコンベアーから生み出されるのは，昭和30年代に入ってからのことです．メーカーは日本光学の好敵手になっていたキヤノンで，その機種は一世を風靡し，当時の普及品カメラ業界の地図を塗り替えてしまったキャノネット（初代）でした.

視軸の調節機構は，本機では接眼レンズ部分にエキセン環構造が設置されています．軸出し機構の設置部分としては例が少なく，戦後東京オリンピックを考慮して開発された同社のプリズム双眼鏡，ルックシリーズに見られるくらいです．右側接眼レンズの内側に接着された凸レンズ（矢印：凸レンズの切断面）は，本機入手時点で剥離して内部を転がっていたため，レンズ周辺に小さい欠けがかなりできています．カットされたレンズの貼り直し作業は，当初の予想よりは意外なほど行いやすいものでした.

裏面史

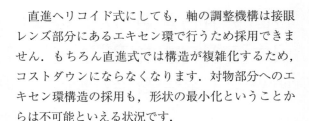

このような経緯で誕生したガリレオ式双眼鏡ですが，興味深いことに陸軍側の関係者で中心となった山口一太郎という将校は，光学機械にも造詣が深い人物でした．山口は，カメラメーカーとして産声を上げたばかりの精機光学研究所（現キヤノン）を，個人的に指導していたといいます．

この人物は後に起きた二・二六事件の首謀者の一人とされ，有罪（有期刑）となりますが，獄中では特別待遇を受けて，光学設計を行っていたそうです．

一方，日本光学工業側で改良係という役職でコストダウンの中心となった白浜浩技師は，第二次大戦後に同社の社長を勤めることになります．

限定要因

この双眼鏡は軍用品ですが，他の軍用プリズム式双眼鏡と構造・機構上から大きな違いが存在しています．それは合焦機構がCF式とされていることです．接眼レンズは凹レンズですが，対物レンズ最終面にある目盛を読むため，右側の凹レンズに貼り付けられた半月状の凸レンズの位置は，回転させることができません．回転ヘリコイド式にすると目盛を読むことができなくなるためです．

直進ヘリコイド式にしても，軸の調整機構は接眼レンズ部分にあるエキセン環で行うため採用できません．もちろん直進式では構造が複雑化するため，コストダウンにならなくなります．対物部分へのエキセン環構造の採用も，形状の最小化ということからは不可能といえる状況です．

このような限定条件を満たすためには，CF式の採用は合理的といえるでしょう．限定条件を超えるためには，防水機構を採用できなかったのです．

また，通常のプリズム双眼鏡と同様な中心軸構造も採用されていません．しかし，左右鏡体と接眼羽根の中心軸に相当する部分には，緩いテーパー状に加工された箇所があり，前後方からの締め付けができ，緩みのない眼幅合わせができます．中心軸部分もまた，構造・加工方法も含めて十分な考案が行われているのです．

必要事項を満たした上で価格をいかに下げるかは，現在でも大切な商品開発の基本原理です．この九三式4倍双眼鏡は，ガリレオ式のため，双眼鏡としては地味にも見える機材ではあります．しかし，光学工業史だけでなく，裏面史といったことにもいろいろな事実を持った，歴史的に華やかな背景のある機材ともいえるものでしょう．

対物レンズは有効径40mmの2枚レンズの貼り合わせです．目盛を入れるため最終面は平面になっていて，金属枠に加絞めて固定されています．撮影時の反射光で目盛がかすかに見えています．金属枠は，鏡体に設けられたピンで確実に位置決め（矢印）されていますが，これはともに目盛の回転を予防するために必要な加工でした．光学設計上からの制約は多かったでしょうが，像自体は良好です．戦況が厳しくなった戦争末期には，材料不足から対物レンズのクラウン系素材の代用品として，青板ガラスが用いられています．本機の光学的スペックの実視野10°は十三年式双眼鏡に合わせたもので，目盛の表示も酷似しています．ただし，接眼レンズから眼球が離れてしまう眼鏡使用者にとって，本機もプリズム式双眼鏡の例にもれず，視野は狭くなってしまいます．

夜間使用も考慮した，陸軍の広角対空型双眼鏡
日本陸軍制式九四式六糎対空双眼鏡
旭光学工業合資会社製造（現リコーイメージング）

口径6cm，10倍，実視野6°というスペックは限界に近いですが，手持ち双眼鏡として存在してもおかしくないものです．固定架台を持つことで大きさ，重量の制約がないことから，結像性能は十分追求されています．対物レンズは2枚玉ですが，手持ち双眼鏡の一般的な構成の貼り合わせ型から，よりF値が大きい分離型となっていることで視野周辺領域の像質はかなり改良されています．ゴム製の見口は欠落しています．

発端

プリズムシステムを用いて専用架台に装架された，近代的な単眼の直視型正立望遠鏡は，我が国では大正時代の初めに作られました．製造したのは，当時国内では東京計器製作所とともに数少ない技術水準を持つ光学機器メーカーであった，藤井レンズ製造所です．こういった望遠鏡は，当時「千里鏡」とも呼ばれ，少数でしたが日本の陸海軍に納入されていて，大砲の照準用に使われました．資料的には確認できませんでしたが，双眼化が行われたことは確実といっても間違いないでしょう．

そして藤井レンズ製造所では，陸軍用として当時のハイテク光学機器であったパノラマ眼鏡（めがね）を完成させることになります．これは，水平方向の全周を回転しながら観察しても，結像に回転，反転がなく，しかも接眼部の位置，方向にも変化がないという，望遠鏡に分類される火砲照準用機材です．

この機材はドイツで発明され，発展したもので，像の反転，回転を防止しつつ正立像を結ばせるというものです．プリズムを用いた光学系の構成には2種類あります．プリズムの構成が簡単なものは，プリズム相互の運動関係がきびしく規定され，プリズムの運動が構造上簡単なものは，ダハ面を持ったプリズムが必要という対照的な関係にあります．

当時は，ダハプリズムを採用したシステムが主流になっていました．藤井レンズ製造所でも，一応はダハプリズムの製作技術を保持していました．しかし，いくつも作った中から，必要精度に達したもの

だけを選ぶという，低い効率のものでした．

そして始まった第一次大戦では，日本が属していた連合国側のうち，軍事，軍需物資に窮乏した各国からの要求で，藤井レンズ製の手持ち双眼鏡が総数15000台という，まとまった規模で輸出されました．さらには直視型固定架台の正立望遠鏡が同じように送り出されることになります．文献的な資料としては残っていませんが，当時は対空型の双眼鏡さえもフランスに輸出されていました．これに関しては，かなり昔にその実物をフランスで見かけた人から，直接話を聞いたことがあります．

このように日本の対空型双眼鏡出現の直接の原因は，外国からの注文でした．それは第一次大戦期に航空機の能力が著しく向上し，戦力として飛行船や気球も含め，実用段階に達したからでした．敵航空機による偵察行動の排除，あるいは航空機からの攻撃に対する防御，迎撃，航空機の敵味方の識別などにできるだけ早く対応する必要に迫られたからです．

当然水平視使用も可能で，長時間の上空観察でも使用者に身体的苦痛を与えることなく，動きの早い航空機の発見に対応できることも求められました．そのため，対物光学系と接眼光学系の位置関係が，ある角度を持った，対空型双眼鏡の重要性が認識され始めたのでした．

技術の直輸入

後の時代，架台装架型の双眼鏡の接眼レンズ構成は60°広角型になります．藤井レンズ製造所時代は，広角接眼レンズの開発以前で，接眼レンズ光学系は50°のケルナー型でした．また生産に関しても，対空型双眼鏡生産技術のうちでも特に難しい正立光学系

日本陸軍が制式採用した2機種の対空双眼鏡．6cm機，10.5cm機とも接眼部の光軸偏差が90°より小さいのは，観測姿勢のまま頭を動かさずに上方が見られる限界角度を考慮したためです．これは目標物体を視野内に導入，確認することを眼球だけの運動で可能にし，頭部の移動を加えた2挙動を避けたものといえます．指向角度が水平以下でも観測可能にする目的もあるでしょう．（『各種測機概説』より引用）

同じ対空型でも，九十式3米測高機付属の照準用双眼鏡（10×50機：既述）の鏡体が一体型なのに比べ，口径1cm増加でも鏡体がユニット分割構造になっているのは，金属部品機械加工をできるだけ行いやすくするためと考えられます．国産の口径6cm以上の対空型双眼鏡は，鏡体部分に必ず基本となる部分はあるものの，完全な同一形態ではありませんでした．本機では，ダハプリズムを収めた屈曲した金物が基本部分です．

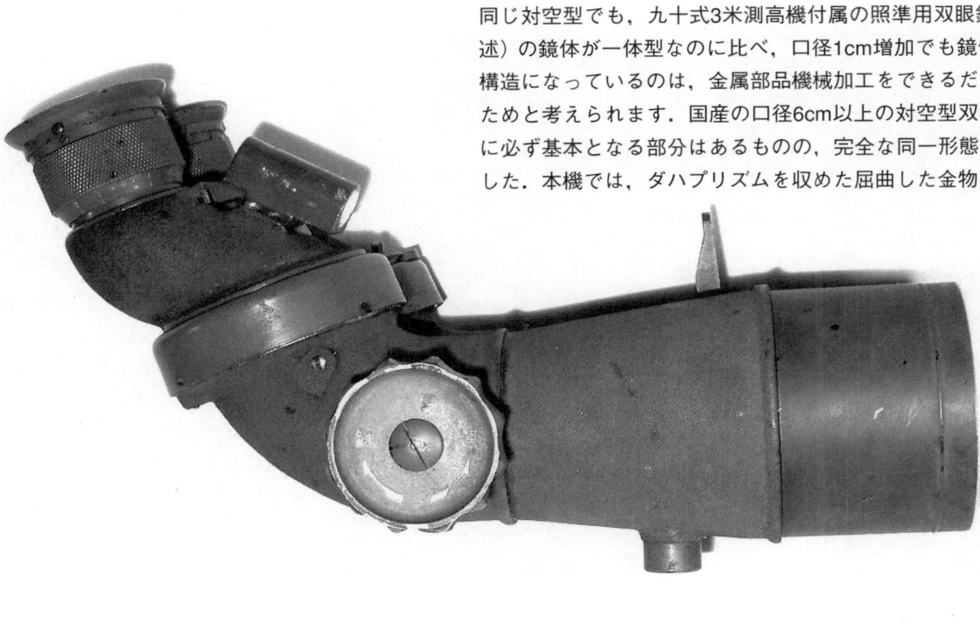

のダハプリズムは，パノラマ眼鏡と同様，数多く作ったものの中から良いものを選び出していました．

この状態を打開して生産性が大きく向上することになるのは，藤井レンズ製造所を後継した日本光学工業による，実務に長けたドイツ人技師8人の招聘でした．適材といえる人材招聘が，直接ドイツの最新技術の導入を可能にし，日本人技術者の努力，創意工夫が，最新技術の受容を可能にしたのでした．

その後のダハプリズム生産技術の向上には，初期の技術的目標でもある高級精密光学機材の艦艇搭載用測距儀の国産化といった，大きな目標達成も大いに関連していました．そして関東大震災の頃までには，後に日本海軍の主力双眼望遠鏡となる口径8cm，12cmの直視型，高角型が完成しています．

一方，軍事上の重要拠点に構築された陸軍の要塞では，他の陸上戦力より戦闘距離が離れていて，部隊の人員，装備には移動がありません．そのため比較的口径の大きな単眼鏡を中心とする望遠鏡類が，主としてドイツから輸入され装備されていました．

また，通常の移動しての戦闘，野戦を任務とする部隊では，固定架台を持った直視型の双眼鏡よりは，通称カニ眼鏡と呼ばれる特殊な双眼鏡の方が必要で，重要視されていました．このカニ眼鏡は大きな立体視効果を持ち，塹壕に潜んだままで目標を観測できる潜望効果を併せ持っていたからでした．

その後，日本の陸軍部隊に対空型の双眼鏡が装備され始めるのは，昭和一桁時代になってからでした．

充実

最初に陸軍の要望に沿って製作された陸軍用対空型双眼鏡は，倍率15倍，口径105mm，実視野4°，仰角70°の光学性能でした．その試作と，日中戦争開始以降の同業他社の生産参加までの期間に生産を行ったのは，当時，業界最大手の日本光学工業でした．この対空型の双眼鏡は1929年（昭和4年＝皇紀2589年）に日本陸軍の制式兵器となります．そして当時の命名方法である，皇紀紀元の下二桁の数字によって，八九式十糎対空双眼鏡と命名されました．表記は十糎（センチ）ですが，有効径小数点以下の数字を切り捨てて，簡略化したものでしょう．

その光学性能の特徴としては，当時の資料『各種測機概説』に「高射砲隊ニ用ヒ遠距離及夜間薄暮ニ於ケル目標ノ発見識別及射弾観測ノ用ニ供ス．特ニ夜間薄暮ニ於イテ其効果大ナリ」とあります．そしてその後，「機関砲隊ニ於イテ用ヒ航空目標ノ発見竝偵察ニ使用スルモノニシテ夜間及薄暮ニ於ケル観測効果大ナリ」ともあります．ということで，倍率10倍，口径6cm，実視野6°，仰角70°という機材も生み出され，九四式六糎対空双眼鏡として昭和9年に制式採用され，充実化が図られていきます．

国産軍用対空型双眼鏡は一般にフォークマウントで，このマウント基部に型式表示のプレートが付けられているのが普通です．ダハプリズムを収めた鏡体の基本部分にある眼幅合わせ動作で，両接眼部が連動して反対方向へ動く機構をカバーするための金物には，旭光学工業の会社名の省略表記AOCoの文字をプリズムの輪郭で囲んだ通称・あおこうマークが刻まれています．右側にある筒状の金具（矢印）は，焦点分画を照明する電球の挿入金具です．

この2機種の対空双眼鏡の射出瞳径が，いずれも人間の標準的な瞳の限界値7mmか，それに近いのは，特に夜間使用を重要視していたからです．

こういった双眼鏡は対航空機防衛システムの眼に相当するものと，当時例えられていました．これは，システム自体を人体に見立てたもので，アナログ式のコンピュータと言える指揮装置までが，頭脳としてシステム構築されていました．

このように高度化されたシステムの一端としての対空型双眼鏡は，その後，開発メーカー以外の光学会社各社も，日米開戦までには生産に加わっていきます．光学系の設計を行い，ガラス部品，金属部品を所定の精度に加工，組み立て可能だったのは，企業規模にかかわらず確固とした技術力を持っていた会社でした．そして，そのほとんどがその後，何らかの光学機器の歴史に残る製品を製作しています．

九四式六糎対空双眼鏡のメーカー，旭光学工業合資会社もその典型的な例といえます．同社は戦後，旭光学工業株式会社として，ペンタックスブランドの一眼レフカメラで，世界に大きく飛躍することになるのです．

バリエーション

1934年（昭和9年＝皇紀2594年），高射機関砲部隊用として日本陸軍に制式採用された九四式六糎対空双眼鏡は，1945年に日本が敗戦を迎えるまで，高射砲部隊が装備した口径105mmの八九式十糎対空双眼鏡とともに，一定以上の技術力を持つメーカーで生産されました．ただ，筆者がこれまで目にしたメーカーロゴは，いわゆる大企業の大手筋と，実力ありの中堅どころに限られています．

九四式対空双眼鏡と八九式対空双眼鏡はその後，同時期ではありませんが，小規模な変更を加えられてバリエーションが増加します．これは対空双眼鏡が従来の高射砲，高射機関砲部隊だけでなく，その他の部隊にも装備拡充されたからでした．九四式対空六糎双眼鏡は航空部隊の飛行場での監視用としての九八式対空六糎双眼鏡，八九式十糎対空双眼鏡は気球部隊の所属の編成替えによる変更で，百式十糎対空双眼鏡となります．原形の機材との相違点は，焦点分画（レチクル）とフォーク式架台の形状で，実質的にはほぼ同一機材といえるものでした．

しかし同じ口径6cmの対空双眼鏡でも，九八式は

単独で架台に装架された日本陸軍用の対空双眼鏡としては，口径60mmと最小です．対物レンズ，接眼レンズ，正立用ダハプリズム，眼幅合わせの菱型プリズムといった光学系の構成をはじめ，焦点分画照明機構，眼幅合わせプリズムの連動機構，伸縮式フードなど，各部分の機構はほとんど105mm機と同じです．口径の割に手間のかかる機材だったと思われます．架台はフォーク部分も脱落していますが，専用のアルミ製コンテナは残っています．このランドセル型のコンテナにはフォーク部分も本体から外すことなく収納できます．

東京光学機械が主に生産を担当し，生産に参加したメーカーも生産量も九四式より少なかったようです．制式化された機材といっても，各社製品の相違箇所の資料は残っていません．正確な事情は今となっては想像するしかありませんが，装備する部隊の違い，必要量に差があったことだけは確かです．

回転と直進

第二次大戦終了までに生産された国産軍用の架台装架式双眼鏡は，日本海軍で使われたものも含め，かなりの種類になります．本項で取り上げた旭光学工業製の九四式六糎対空双眼鏡には，筆者が今まで見てきたこれらの双眼鏡とは，構造的，機能的に決定的な相違点と思われる箇所が存在しています．

九四式対空双眼鏡の最大の特色といえるのが，架台装架式双眼鏡としては少数派ともいえる，接眼部の回転式ヘリコイド構造です．抜け止めのエキセン構造も手持ち機材と同じです．とはいっても手持ち機材と異なり，見口部分は自由回転が可能で，この部分は機構的には直進型と同じです．ゴム製見口は他の機体で見ると平坦な形状で，ツノ型ではなかったようです．見口基部の回転リングは確実に接眼レンズ枠と固定できるよう，手持ち機材の固定法とは違う止め方です．

一般的には防水機能を持ち，架台に装架された大口径双眼鏡では，接眼部金具の回転によって接眼レンズ構成が光軸上を移動し，合焦作動が行われます．この方式では接眼レンズの構成自体は回転することがないため，直進ヘリコイド式と呼ばれ，遮光性を高めたツノ型見口でも問題なく対応します．また，防水機能を確保するため，通常は構造的にレンズ枠と接眼外筒との接触箇所を，シリンダーとピストンのような摺動（しゅうどう）状態になるように設計，加工されます．

この方式とは対照的なのが，同じ単独繰り出し式でも，回転ヘリコイド式と呼ばれる方式です．これは接眼レンズ構成自体も接眼部金具の回転と同様に，多条ネジによる回転で光軸上を運動して合焦作動が行われるものです．旭光学工業製九四式六糎対空双眼鏡も，固定式の双眼鏡にもかかわらず，この構造になっています．IF式の手持ち双眼鏡の接眼部構造としては一般的で，多条ネジが使われますが，螺旋孔とピンによったものもあります．多条ネジでないものは，ごく初期の双眼鏡では比較的多く，また第二次大戦前でも使われた例があります．

それにしてもなぜ，特に耐久性を重要視する大型の双眼鏡に，単独繰り出し式とはいえ，回転ヘリコイド式を採用したのでしょうか．確実に言えることは，現物合わせ加工が多い大口径型の直進ヘリコイドよりは生産性に関しては良いと思われることです．実際，外観・寸法に大きな違いがなければ，いくぶんかは回転ヘリコイド式の方が移動量を多くできます．理由としては多少薄弱かもしれませんが，その他の理由が浮かばないことも確かです．

貴重品

今回は旭光学工業の製品で，話題がヘリコイドになってしまいました．ところでベテランの天文アマチュア，特に望遠鏡自作ファンには，旭光学工業とヘリコイドから必ずと言っていいほど連想する製品があります．それは，カメラのレンズマウンドがネジであった時代，接写用品として販売されていた，「ヘリコイド接写リング」です．

焦点の筒外引き出し量を，できるだけ減らしたい短焦点ニュートン式反射望遠鏡の接眼部には最適の製品で，また精密なピント合わせにも適したため，特に望遠鏡自作派にとっては貴重な存在でした．筆者も自作のニュートン反射10cmF5，15cmF6の接眼部には現在も使用していますし，屈折望遠鏡の接眼部にも取り付けています．惑星面，二重星といった対象の観測では，微妙なピント合わせも可能になり，とても貴重なアクセサリーになっています．

当時，その他の国内カメラメーカー数社からも，ヘリコイド機構を持った接写リングが発売されていました．それらの中でもペンタックスのヘリコイド接写リングが優れていたのは，M42あるいはプラクチカマウントとも呼ばれる，割合簡単に機械加工を行うことが可能な「ミリネジ」であったからです．また，内径も比較的あって，全長の割に移動量が多いという特色もあったからでした．さらに当時は，他社の屈折望遠鏡の接眼部のいくつかはこれと同じネジが採用されていたため，容易にアイピースアダプターが装着できたことも，大きなメリットでした．

厚みの割に移動量が大きいのは，マクロレンズと同様，多条ネジ同士の組み合わせによるものだからです．通常レンズの多条ネジと一条ネジの組み合わせより，同じ厚さでも大きな移動量が確保できます．通称として，前者をダブルヘリコイド，後者をシングルヘリコイドと呼ぶことがあり，ダブルヘリコイドでは直進移動が一般的です．シングルヘリコイドの場合は，合焦回転リングの移動量はほとんど意識せずにすむ量です．しかしダブルヘリコイドの場合は，合焦回転リング自体も全体の移動量の半分ほどは移動せざるを得ません．

マニュアル合焦機材では機種にかかわらず，十分精度を確保した上で操作感触を向上することが望まれます．しかし，精度の確保とその長期間の維持に対応できる製品の生産は，やさしいものではありません．人間の操作感触というのは，取りとめのないものですが，それを満足させるには確固とした技術しかないようです．

大口径では珍しい回転ヘリコイドを備えた旭光学工業製九四式対空双眼鏡は，光学系の良さだけでなく機械部品の加工，組み立てに当時から評価されていた技術力が十分うかがえる出来に仕上がっています．メーカーにとって，高い技術力はやはり何にも勝るものです．その真価は，やがて到来する一眼レフ時代の幕を開いていくことになります．筆者は，この機材からは「栴檀は双葉より芳し」といった言葉を思い浮かべます．

MF一眼レフ用接写リングで，ヘリコイド機構がある国産部品の中，3社の4製品を例にとって見てみると，シングルヘリコイドのものは全体がクロームメッキされたミランダカメラ製（前列右）だけです．その後ろのキヤノン製のFDマウント用，左側前後のアサヒペンタックスのネジ用，Kマウント用はいずれもダブルヘリコイドで，移動量が大きくなるような構造です．直進性を保つには，リング部品のボディマウントとレンズマウントが，厚み方向にスライドするような構造である必要があります．前列左のネジ用機材の場合は，内部中央部分の薄肉リング（矢印：内側の直進構造部分は未分解．内部移動筒は直進運動規定環と組み合わされた状態）に90°間隔のガイド用長円孔があけられ，直進運動維持専用部品としてその役割を果たしています．

恐れ多い機種名称を採用した国内外の双眼鏡
E.Bush 8×26 Stereo-Bislux Tenno
日本製 8×21 Mikado（メーカー不詳）

左がブッシュ社製8×26，右が国産の8×21．右の国産機は，これまで紹介してきたメーカー不詳の機体とほとんど同じ構造で，特色らしい特色はありません．左鏡体カバーの三角マーク（プリズム？）の中の×8，Mikadoの表示も目立たず，地味な印象です．左のブッシュ社のものは，対物部分を延長したようなシルエットで独特な雰囲気があります．眼幅目盛も変わっていて，通常とは反対にテーラー（陣笠）に指標，右側腕に目盛が刻んであります．像質は共にプリズムの腐蝕があるため，確実なことは言えませんが，ブッシュ社のものはやはり光学先進国ドイツの製品であることを思わせます．

名は体を表す？

現在の国産双眼鏡のネーミングを見ると，ほとんどが洋風無国籍といえるでしょう．世界市場を考えれば当然のことです．性能には関係ないネーミングの良し悪しも，販売実績には大きな影響を与えるのですから，メーカーの苦心は想像に難くありません．双眼鏡に限らず，自動車業界などでそれは顕著ですが，永く残る好ネーミングを作り出すのはなかなか困難なことです．

かつて，ネーミングの粗製乱造とも言える時代が，第二次大戦後すぐの日本のカメラ業界にありました．愛好家の間では有名な話ですが，一つ紹介しておきましょう．

当時，国内のカメラメーカーは現在のように大工場を抱える企業ばかりではなく，家族だけで操業しているような町工場（四畳半メーカーと呼ばれた）からなる小規模な製造業者もたくさんありました．四畳半メーカーのカメラ製造法とは，すなわち部品業者から仕入れた各種パーツを，二眼レフカメラに組み立てることです．そうして，わずかなパーツの違いだけでさまざまな機種を作り出し，そのたびにネーミングを変更していったのです．そのため，国産二眼レフのブランド名にはAからZまでの頭文字が全て存在するといわれています．

同じ頃の国産双眼鏡も，おそらくこれに近い状態だったと筆者は考えています．ただし，カメラほど当時の製品が残っていないため，推定の域を出ないのが残念です．

ネーミングには従来からある何らかの名称や言葉をそのまま使い，それが表す（内在する）権威を借りるような例もあります．筆者は「あやかり型ネーミング」と呼んでいます．この例でまず浮かぶのが，スイス製高級腕時計と同じブランド名を持つ双眼鏡です．ブランドの知名度を利用した商法で，双眼鏡に限らずいろいろな製品で見られます．

これらの「あやかり商品」は，ほとんど取るに足りない品質であることは確かなようです．良い品質の製品ならば堂々と独自のネーミング，ブランドで勝負すべきですし，またできるはずです．あやかり商品は，品質が低いがゆえに高い知名度にあやかる必要があるわけです．

このような，あやかり型ネーミングの例の極致と言えるのが，今回取り上げた2機種です．

MikadoとTenno

この二つの製品の発売時期は，内部や光学エレメント各部分の構造などから，日本の時代でいえば，どんなに新しくても昭和10年以前と思われます．「Mikado」は雅語としての意味や響きがありますからともかく，「Tenno」は問題にならなかったのでしょうか．当時としては不敬罪に該当する恐れすらありますから，最もインパクトを受けたのは購入者だったかもしれません．

この頃の社会的背景を考えると，大正時代の一時期，大正デモクラシーが高揚したごく短い時期にしか存在が許されなかった双眼鏡かもしれません．

ところでこの双眼鏡は，ドイツのラテナウ市にあった眼鏡製造で有名なエミール・ブッシュ（E.Bush）社の製品です．見口には当時の日本の代理店であるシュミット商店の名が白く刻印されています．既に取り上げたヘンゾルト社製双眼鏡も，この会社が扱っていたものでした．

シュミット商店は，後にライツ社のカメラ，ライカの取り扱いも始めます．第二次大戦前の時点で，既に日本でのライカの保有台数がアメリカに次いで世界第2位だったことの背景には，同社の大きな働きがありました．

シュミット商店は，アマチュア・カメラマン同士が2大カメラの優劣を争うことで始まった「ライカ・コンタックス論争」の時に，「ふり懸かる火の粉は払わねばならぬ」と題した小冊子を出版したことでも知られています．当時としては過激な題名を付けて積極的に論争に加わってしまうあたりに，一風変わった社風を感じてしまいます．ひょっとすると，ブッシュ社製の双眼鏡のネーミングは，実のところは代理店側から持ち込まれたのかもしれません．

しかし，当時の日本人にとっては恐れ多い名称のこの双眼鏡は，古い文献資料に見かけたことはありませんから長続きせずに終わったものと思われます．ネーミングには，親しみやすさも重要な要素というわけです．ネーミングの親しみやすさといえば，例えば天文愛好者なら天文に関するものといえるでしょう．そして，冬の夜空に燦然と輝くオリオン座をその名に持つ名双眼鏡も登場することになります．

右の国産機のマークは，経年変化もあってはっきりしません．ブッシュ機でもそれは同じですが，その代わり見口外側に彫刻された「SCHMIDT SHOTEN TOKYO」の文字が強く自己主張しています．

内部構造に特色があるのはやはりブッシュ社のもので，鏡体のダイキャストの肉厚の薄い部分の出来や，内部，プリズムの塗装など手を抜くことなく仕上げられています．プリズムの押さえ金具を固定するネジ穴部分は切り欠き状（矢印）になっていて，組み立て時の工作のしやすさと事故防止を図っています．この金具にはクッションが貼り付けてありますが，プリズムへの加圧量ができるだけ少なくなるようにしてあります．プリズム双眼鏡の本質がよく考えられ，それに見合った加工がされています．

国産機も加工自体は決して悪いとは思いませんが，やはりブッシュ社製は接眼部にも特色があります．回転止め機構は，接眼外筒のつば状の部分に止まるビス（矢印）が回転部に1本ねじ込まれているだけで，他に例のない構造です．ビスを外すだけで分解でき，内部の清掃はたやすいのですが，ユーザーが不用意に分解してしまうことも多かったのではないでしょうか．接眼レンズの押さえ金具が視野環を兼用しているのも珍しい構造ですが，これは例がないこともありません．
右の国産機のストッパーは，オーソドックスなエキセン構造です．ブッシュ社製品に比べて優れているところがあるとすれば，接眼外筒が鏡体カバーのストッパーを兼用していることでしょう．強度も気密性もこちらの方が有利です．

カタログは製品史だけでなく，歴史全体をも映し出す資料
昭和10年代初期の双眼鏡カタログ

軍人會館酒保部ノ使命及方針

1. 在鄕軍人會及會員ノ需用品調辨ノ代理機關ニシテ各位ノ便宜ヲ圖ルヲ主眼トシテ居リマス
2. 取扱品ハ信用アル製造元ト特約シ精選シタ品ヲ出來得ル限リ安價ニ迅速ニ調達スル樣努メテ居リマス
3. 取扱品ノ大要
   將校軍裝品一般，在鄕軍人會用品，青年學校用品
   教練用具劍術防具，防護團用品，防空防毒器材
   國防婦人會用品，出征將兵慰問用品，其ノ他家庭日用品
4. 取扱案内御申越次第送付ス

財團法人
軍人會館酒保部
東京市麹町區九段一ノ五
電話九段(33)2000・4101—4108
振替口座東京八四四八七

左の軍人会館酒保部作成のカタログは，ページ数自体は多くないものの，一部色刷りで，当時としては格の高さを見せていたものと思います．下の「鶴喜 岩崎眼鏡店」のカタログは，両面印刷単色刷りの1枚ものです．民生向けであることから高級品からお手軽品までを含み，幅広い商品構成であることがうかがえます．いずれも方向性は異なりますが興味深い資料です．

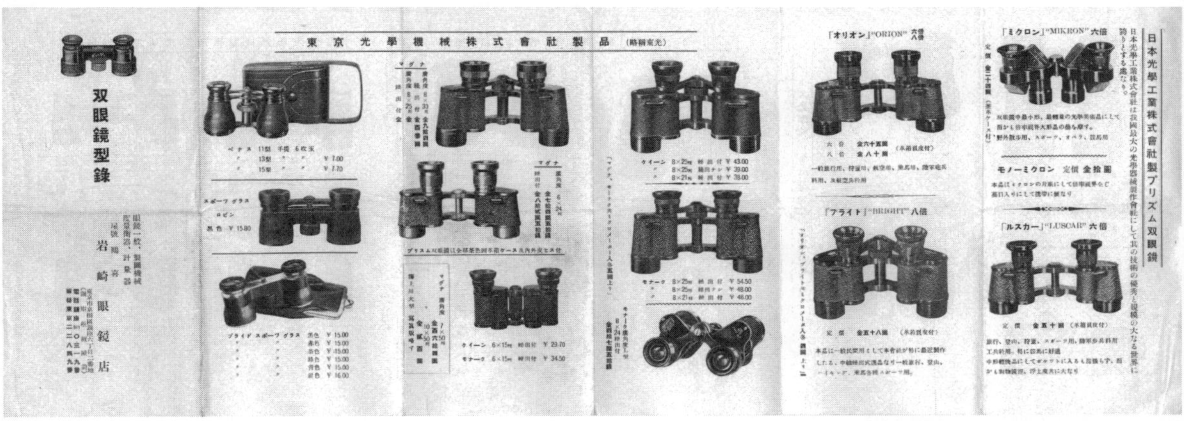

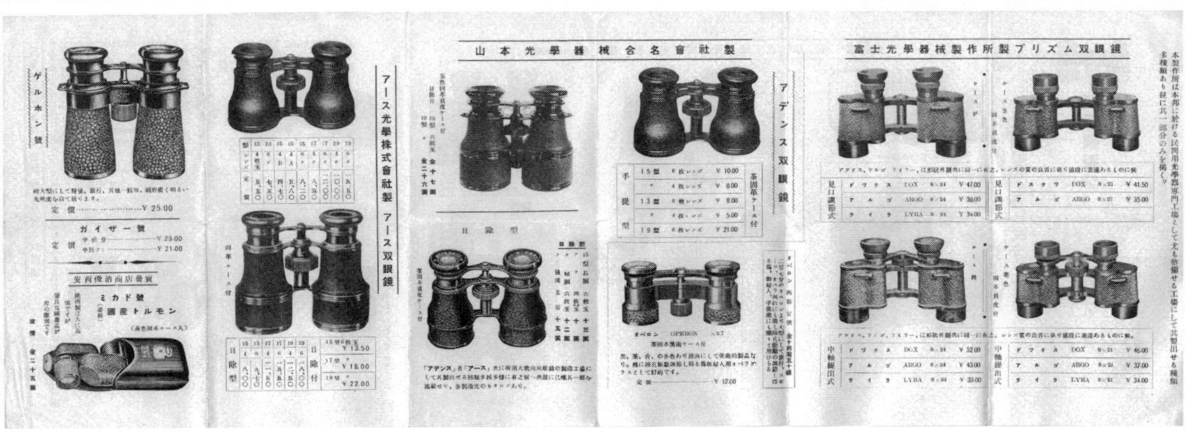

将校用カタログ

陸軍将校の場合，太平洋戦争の開戦によって双眼鏡は個人購入品から官給品になりました．それ以前，双眼鏡は士官学校生徒から陸軍将校に任官するまでの間に個人購入すべき装備品でした．その購入についてのきっかけといえるのが，士官学校在学中の現場研修（下士官として本籍となる部隊＝原隊に短期派遣される）中の軍装品商からの接触でした．

こうして双眼鏡の個人購入が行われることになります．その後に再購入の必要が起こった場合，多く利用されたのが，偕行社という陸軍将校の互助組織の購買部（酒保部と呼ばれた）でした．

2011年の東日本大震災の結果，営業を中止した東京の九段にある九段会館は，かつて軍人会館と呼ばれ，各地の陸軍部隊駐屯地にあった偕行社の本部が置かれていました．その軍人会館酒保部が発行した双眼鏡カタログは，個人購入時代の陸軍将校が持つべき機材を最も端的に示したものといえます．

推薦品

軍人会館の完成は昭和13年ですから，このカタログの発行はそれ以降，昭和16年末までの間ということになります．取り上げられている機種（すなわちメーカー推薦機種）は，もちろん制式品である十三年式双眼鏡6×24mm 9.5°，あるいは8×30mm 7.5°機が中心です．ところがこのカタログには，意外なほど普及品ともいえるケルナー型接眼レンズを装備した標準角視野機が載せられています．

ワゴー
6 × 24粍

型態比較的小型にして對物鏡口徑大なる爲め光明度、最も高く、倘視野の廣い事は他の双眼鏡の追隨を許さぬ程傑出して居ります。

歩兵、騎兵、工兵、輜重兵科用

倍率	對物鏡の有効口徑	射出瞳孔の直徑	光明度	角度	1000米の距離に於ける視野	双眼鏡の高さ	双眼鏡の横幅	双眼鏡の目方
6×	24粍	4粍	16.00	9.5°	170米	92粍	148粍	433瓦

ワゴー
8 × 30粍

對物鏡口徑大にして鏡筒長き故視界大きく鮮明にして倘ほ重量も輕く、持ち易く遠距離用として好適であります。

砲兵、航空兵科及海上用等

倍率	對物鏡の有効口徑	射出瞳孔の直徑	光明度	角度	1000米の距離に於ける視野	双眼鏡の高さ	双眼鏡の横幅	双眼鏡の目方
8×	30粍	3.75粍	14.05	7.5°	135米	112粍	165粍	458瓦

— 6 —

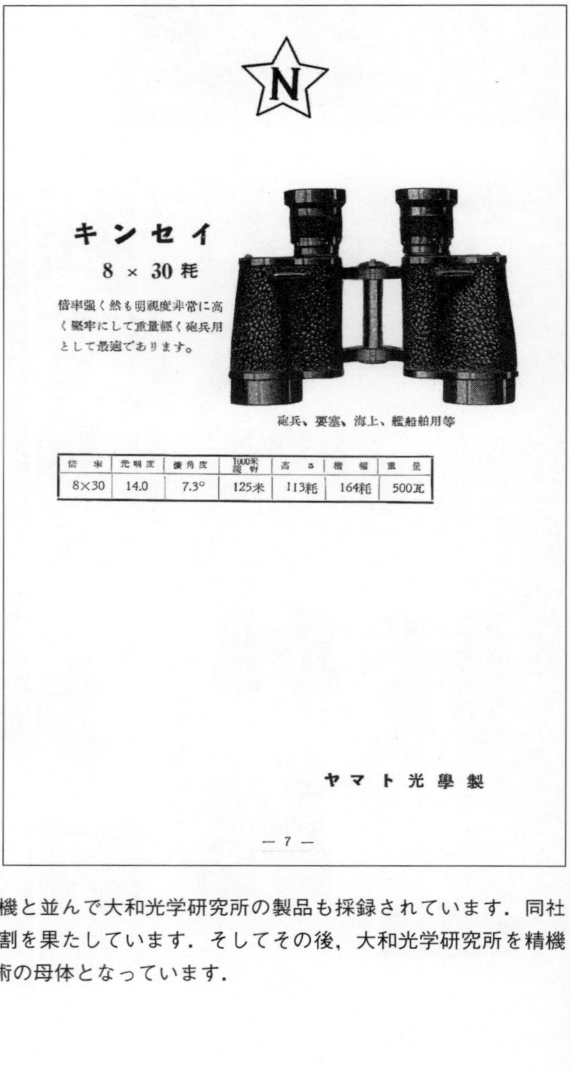

キンセイ
8 × 30粍

倍率強く然も明視度非常に高く堅牢にして重量輕く砲兵用として最適であります。

砲兵、要塞、海上、艦船舶用等

倍率	光明度	擬角度	1000米視野	高さ	横幅	重量
8×30	14.0	7.3°	125米	113粍	164粍	500瓦

ヤマト光學製

— 7 —

軍人会館酒保部作成のカタログには，東京光学機械，榎本光学精機と並んで大和光学研究所の製品も採録されています．同社もまた，実績としては，陸軍の求める光学兵器の生産に大きな役割を果たしています．そしてその後，大和光学研究所を精機光学工業（現キヤノン）が吸収合併したことが，キヤノンの研磨技術の母体となっています．

また掲載メーカーは大手，中堅に限られ，ブランドとしての信用度の高い製造会社に限定されていることは，現実的といえるでしょう．とはいえ，国内最大手である日本光学工業製の双眼鏡がないのは，同社が自他ともに認める海軍系の会社だったからでしょうか．

そして，このカタログが軍用双眼鏡のみを紹介していることの証明が，合焦方式にCF機構を持つ機材がないことです．

老舗のカタログ

それと対照的なのが，「鶴喜」の商号で知られる老舗，岩崎眼鏡店が作成した双眼鏡カタログです．採録されているメーカーは日本光学工業，東京光学機械といった大手をはじめ，軍人会館酒保部のカタログにもある中堅の富士光学工業などです．製品としてはCF機構機も含まれているだけでなく，専業メーカーのガリレオ式まで載せられています．そうしたことから，このカタログは，当時の光学産業史の一断面を今も明らかに見せてくれています．

カタログ類は通常，商品購入以降は紙くずとなることが多いものですが，時代を経ると歴史の証人となることもあるように思えます．今から数十年前のカメラや双眼鏡，望遠鏡などといった光学製品のカタログですら，現在でもお持ちの方は意外と少ないのではないでしょうか．筆者にとっては双眼鏡そのものだけでなく，カタログなどの関連情報も貴重な資料なのです．

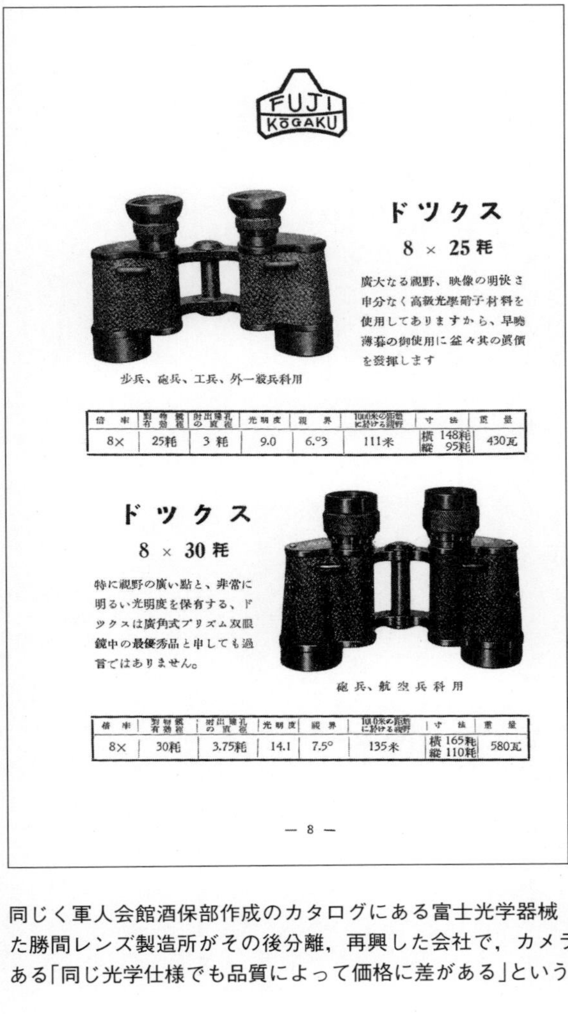
FUJI KŌGAKU

ドツクス
8 × 25粍

廣大なる視野、映像の明快さ申分なく高級光學硝子材料を使用してありますから、早曉薄暮の御使用に益々其の眞價を發揮します

歩兵、砲兵、工兵、外一般兵科用

倍率	對物鏡有効徑	射出瞳孔の直徑	光明度	視界	1000米の距離に於ける視野	寸法	重量
8×	25粍	3粍	9.0	6.°3	111米	横 148粍 縦 95粍	430瓦

ドツクス
8 × 30粍

特に視野の廣い點と、非常に明るい光明度を保有する、ドツクスは廣角式プリズム双眼鏡中の最優秀品と申しても過言ではありません。

砲兵、航空兵科用

倍率	對物鏡有効徑	射出瞳孔の直徑	光明度	視界	1000米の距離に於ける視野	寸法	重量
8×	30粍	3.75粍	14.1	7.5°	135米	横 165粍 縦 110粍	580瓦

— 8 —

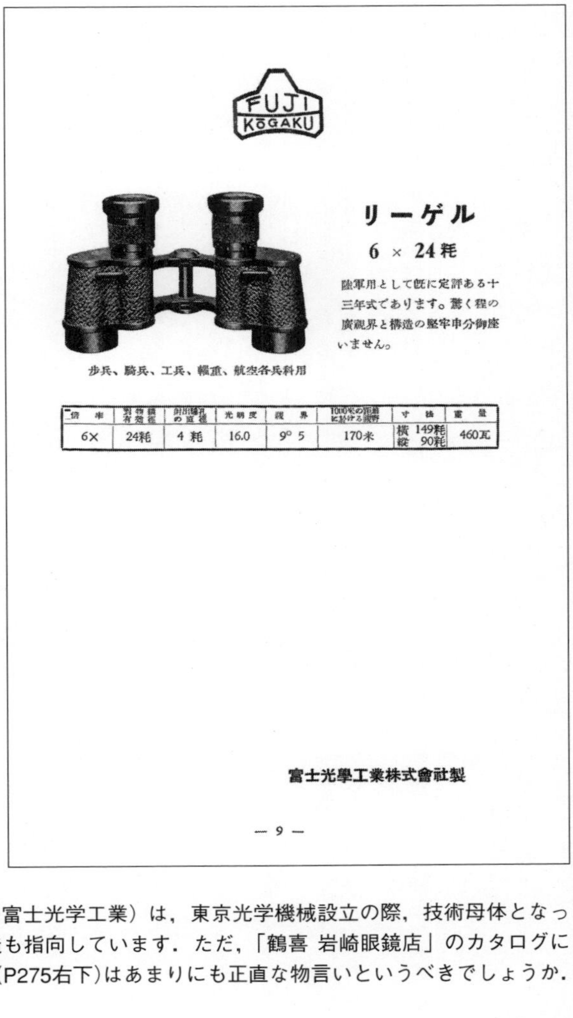
FUJI KŌGAKU

リーゲル
6 × 24粍

陸軍用として既に定評ある十三年式であります。驚く程の廣視界と構造の堅牢申分御座いません。

歩兵、騎兵、工兵、輜重、航空各兵科用

倍率	對物鏡有効徑	射出瞳孔の直徑	光明度	視界	1000米の距離に於ける視野	寸法	重量
6×	24粍	4粍	16.0	9° 5	170米	横 149粍 縦 90粍	460瓦

富士光學工業株式會社製

— 9 —

同じく軍人会館酒保部作成のカタログにある富士光学器械（後の富士光学工業）は，東京光学機械設立の際，技術母体となった勝間レンズ製造所がその後分離，再興した会社で，カメラ製造も指向しています．ただ，「鶴喜 岩崎眼鏡店」のカタログにある「同じ光学仕様でも品質によって価格に差がある」という記載(P275右下)はあまりにも正直な物言いというべきでしょうか．

第3章

1920年代後半～第二次世界大戦開始までの双眼鏡の技術動向

（ヨーロッパ～アメリカ製品）

自社開発のダハプリズムを採用した平型双眼鏡 J.D.Möller Tourix 6×22

鏡体が複雑な八角形になっているのは，プリズム形状をそのまま反映しているためで，デザイン的には未完成な印象を受けるかもしれません．本機は6×22 IF機でTourix（トウリクス）という名称ですが，参考文献によると，ほぼ同じ外観で8×24 IF Tourox（トウロクス）があり，またそれぞれに，接眼部移動によるCF機，TourixemとTouroxemの合計4機種がありました．CF機の場合，接眼部を支える腕の部分を接眼側の鏡体の形状に合わせ，シルエットをIF機と同じにしていますが，デザイン的にも構造的にも危うい印象を受けます．

新型式のダハプリズム

1923年，ドイツのWedelにあったMöller（メーラー）社で新型式のダハプリズムが発明されました．当時，既に双眼鏡に用いられていたヘンゾルト型，レーマン型，アッベ・ケーニッヒ型プリズムがいずれも4回反射であるのに対し，その新型プリズムは6回反射と反射回数が多いのが特徴です．外観的には，一見するとヘンゾルト型とよく似た形状です．ダハ面を含む五角形プリズムと三角形プリズムを貼り合わせて一体化しており，各反射面と光軸との角度は充分に全反射が保持されるような設定がなされています．

ヘンゾルト型プリズムは，90°，45°といった高い精度にしやすい角度を含んでいるのに対し，メーラー型プリズムではプリズム各面の角度は複雑です．側面以外の全ての面が反射，透過に関与するため，製作には手間がかかり，コスト高になるであろうことは，容易に想像できます．特に，2個のプリズムの貼り合わせ面は，光線に対して垂直ではありませんから，この部分の貼り合わせは空気界面の減少という意味だけでなく，絶対的に必要なことです．

それでは，なぜこのような形状のプリズムを新たに開発する必要があったのでしょうか．それはヘンゾルト型プリズムの改良，すなわち，メッキ面の追放を意図したからに他なりません．現在でこそ実用性の高い光学面のメッキですが，当時はまだ真空蒸着法は発明されていません．そして，当時の技術である還元法による銀メッキでは，メッキ面に保護処理加工を施しても，耐久性には自ずと限界がありました．また，メッキ厚を高い精度で均一にすることも困難であったのです．

平型双眼鏡への最適化

近頃，各双眼鏡メーカーのカタログを見ると，小口径機の一部に平坦な形状のコンパクトな双眼鏡を見つけることができます．コンパクト化が双眼鏡の携帯性，使用感の向上に大きく関与するのは，今も昔も同じです．そして，携帯性に優れる双眼鏡として，同じようにフラットな形状をした平型双眼鏡が，一つの看板製品となった時期があるようです．メーラー型プリズムは，この平型双眼鏡に最適化をめざして開発されたプリズムでした.

ポロプリズムは，その原理上，平型には向きませんから，平型双眼鏡のプリズムシステムは，ダハプリズムにならざるを得ません．レーマン型プリズムでは，光軸がプリズムによって大きく横に平行移動するため，超小型双眼鏡には向いていました．ただ，眼幅がある限定された範囲にあるため，口径の大型化には限界があります．一方，入射光軸と出射光軸がほとんど同一線上にあるアッベ・ケーニッヒ型プリズムの場合，対物間隔と眼幅はほぼ同じですが，全長が長くならざるを得ません．そのため，こちらもコンパクト化をめざすには不向きです．

このように製品として成功するには，口径とダハプリズムの型式には強い関連性があることがわかります．メリットはあっても，製作は決して容易ではないメーラー型プリズムは，当時の2cm超クラスの平型コンパクト双眼鏡（対物間隔が接眼間隔より狭い）に最適なプリズムとして採用されたのです．

メーラープリズムの行方

メーラー型プリズムは，当時の光学技術の弱点であったメッキ面の撤廃に成功し，小口径双眼鏡用のプリズムシステムとして脚光を浴びるかと思われました．ところがメーラー社以外に実際に製品化された例は数えるほどしかありません．プリズム型式の開発とほぼ時を同じくして，ツァイスから発売された2機種（6×18 CF，8×24 CF），そして第二次大戦前のイギリス製（メーカー不詳．6×22 CF Stereoxem）がある程度です．そして，第二次大戦を契機として，この型式のプリズム双眼鏡はメーラー社独自の製品になってしまいます．（いずれも後述）

その原因はいろいろ考えられますが，やはり金属の真空蒸着法の開発が決定的な要因といえるでしょう．メッキの膜厚制御が容易になり，また耐久性の向上は商品寿命の長さに直結し，それまで実用性に乏しかった商品の評価を大きく高めることになりました．

そして真空蒸着技術の確立にともない，ダハプリズムの主力となった型式がシュミット型です．メッキ面の問題さえなければ，プリズムの角度が直角の整数分の一のため，加工・検査がしやすく，精度が出しやすいのが，シュミット型プリズムの製造上の特徴です．また，プリズム内の光路長・光路直径に対して容積が比較的少なく，重量の軽減，材料費の低減が図れることも，メリットとしてあげられるでしょう．

口径や見かけ視野に若干差がありますが，ほぼ同じ口径，倍率ということでオリオン6×24と並べて置いてみました．ポロI型と平型双眼鏡とでは，鏡体の大きさ，厚さにずいぶん差があることがわかります．なお，写真右端の単眼鏡は同じメーラー社の5×15 Theatour（テアトール）で，こちらはレーマン型プリズムを採用しています．この双眼鏡版（5×，3・1/2×）も発売されており，口径によってプリズム型式を最適化していることが見てとれます．

これに加えて，プラスチック材料の進歩による鏡体の軽量化は，小口径平型コンパクト双眼鏡の対物間隔＜接眼間隔という関係式を根本から変え，プリズム型式の制約を取り除く結果となります．そして，同型式のプリズムが各種の双眼鏡に使えることで，さらなるコストの低減につながります．

こうした相乗効果によって，シュミット型プリズムは，現在ではダハプリズムの代名詞ともいえるほど主流のタイプとなったのです．

第二次大戦後，メーラー社は意地で開発したような8×32 CF Maroxの発表を最後に，双眼鏡の舞台から退場し，プリズム型式も歴史上のものになってしまいます．独自性を発揮することに対して敬意を払うのはやぶさかではありませんが，やはり歴史の流れを見る総合的な目は必要不可欠ではないでしょうか．過去の一切をクリアーにする決断を下す蛮勇も，時には必要なことかもしれません．

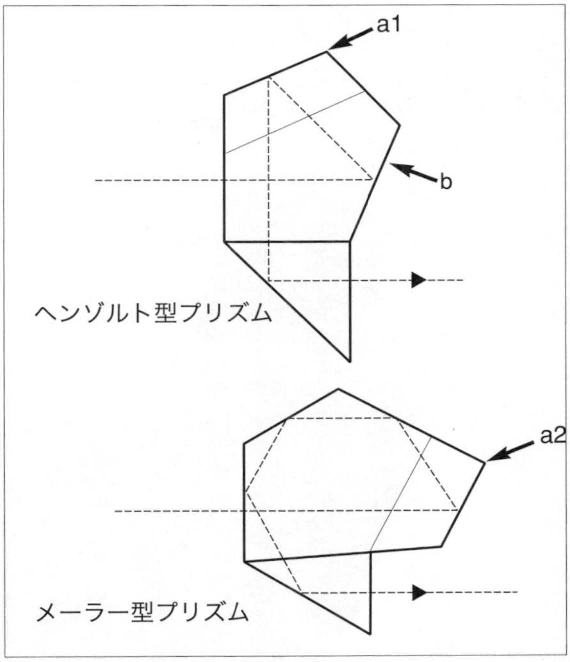

実機のメーラー型プリズムは，上の図とはやや異なり，光路直径の減少に伴って三角プリズムの厚さを減らしています．さらに当時の接着剤の力不足を補うため，補強のガラス片を貼り付けて接着面積を増やしています．強力な接着剤がなかった時代に接着加工が絶対に必要だったプリズムは，やはり時代に適応していなかったともいえるでしょう．a1，a2はダハの稜線部分，bはメッキを必要とされる反射面です．

現代の平型双眼鏡が平行スライドで眼幅を調整しているのに対し，当時の平型双眼鏡は中心軸を持つ折り曲げ式でした．携行時には平型でも，使用時には逆V字型になるのが特色といえます．筆者は使用時の形態から，あまりきれいな表現ではありませんが，「鼻かみ型」と冗談で言っています．

メーラー型プリズムを採用したツァイスの平型双眼鏡
Zeiss Telita 6×18 CF

プリズムの改良に伴って外観デザインも向上したテリータは，鏡体の開閉動作が鳥の羽ばたきを連想させます．このデザインはやがて姉妹機にも引き継がれ，さらに別のプリズム型式を採用した従来機のリニューアルを促すことになります．改良テリータの出現は，一つのエポックメーキングとなったのです．

最適化への方策

高度な製造技術が必要なメーラー型プリズムを，開発者であるメーラー社に続いて双眼鏡に採用したのは，光学界の巨人ツァイス社でした．ツァイス社がまず最初に生み出した双眼鏡は，6×18 CF機でTelita（テリータ）と命名されます．発売時期は1925年と，メーラー社とほぼ同じといってよいほどです．よりスペックに変化を持たせた姉妹機も発売していますから，この新方式のダハプリズムシステムを，かなり有望視していたといえるでしょう．

前ページで示したメーラー型プリズムの光路図で，プリズム外形に素直に従って鏡体を作れば，メーラー社のトウリクスになってしまいます．このプリズムの第1透過面を基準にして，最も単純に鏡体をデザインすれば，プリズムはほぼ正方形の鏡体に内包されてしまうことがわかります．後者のデザインを採用したのがテリータの初期型で，筆者は写真でしか見ていません．しかしこの初期型は，正方形をした左右の鏡体，接眼側に埋め込まれるように設けられた転輪と，デザイン上からも，また操作性からも，未完成の製品といわざるを得ない仕上がりです．

そこでプリズム各面の役割と位置を見直し，いわばプリズムシステムを最適化して再登場したのが，ここで紹介するテリータの後期型です．この改良は，初期型の発売時には既に企画されていたようで，改良機の出現は初期型の発売の翌年，1926年でした．この結果，光学的なスペックは同じでありながら，新旧型でデザインは大幅に変わり，操作性も大きく向上しました．さらにシリーズ機として8×24のCF機，Tulita（トゥリータ）もリリースされ，平型双眼鏡の中でもニューデザインのテリータ，トゥリータは，完成度の高い双眼鏡となったのです．

筆者は，このニューデザインの2機種を見るたびに，また使うたびに，鳥の翼と羽ばたきを連想してしまい，新たに「翼型双眼鏡」と呼びたくなります．

特許問題

一眼レフカメラのオートフォーカス化が本格化した1980年代後半，オートフォーカスカメラの基本ディテールを巡って起こった日米間の特許紛争は，光学機器の歴史上でも有名な出来事の一つです．この問題の原因に，特許とその適用範囲について日米間に認識のずれがあったことは確かでした．結局その結果として，日本側の各カメラメーカーがきわめて多額な代償を支払うことで決着を見ました．

訴訟を起こしたアメリカ側メーカーの経営状態が，訴訟前の一時期は良くなかったこともあり，当時，一部の関係者からは，その時にこの会社を買収しておけば，という嘆きともぼやきともつかない言葉が出たといわれます．

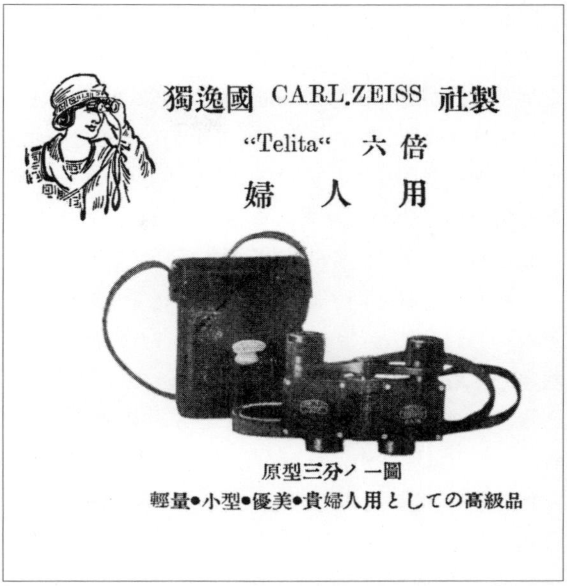

初期型のテリータのデザインは長方形でした．後期型のようにプリズム形状に合わせられていないため，デザイン的には今一歩に見えます．新規開発製品が国内市場にあまり時間をおかずに登場していたことを示す資料です．(『井上秀商店独逸製プリズム双眼鏡パンフレット』昭和2年版より)

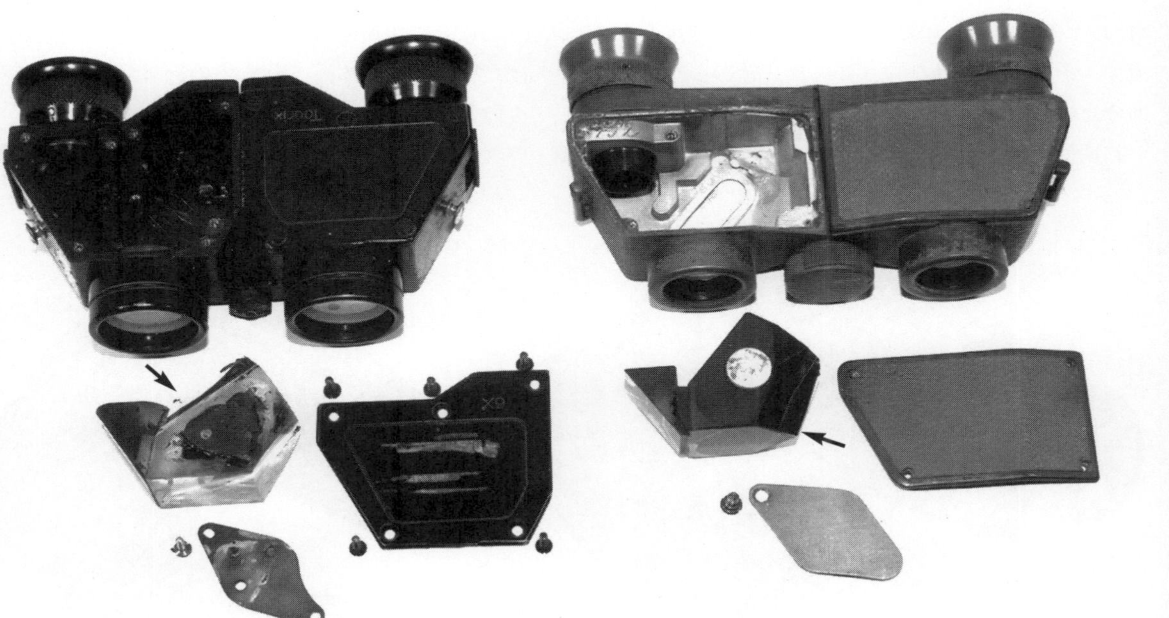

前項で紹介したメーラー社のトウリクス(左)とテリータを並べてみました．プリズムのダハ面(矢印)の位置の違いがわかるでしょうか．ダハ面を焦点位置に近づけるのは，光学的に見て好ましいことです．またダハ面が中心軸側に近づいたことで，鏡体のデザイン上でもメリットが生まれました．内部構造や加工の仕上がりも，ツァイスに軍配が上がります．なお，右のテリータは赤茶色で仕上げられており，シリアルナンバーが切りのよい数字の近くであることから，記念モデルの可能性があります．

国際間の出来事ではありませんが，メーラー型プリズムを巡って特許問題が起こったことがあります．ツァイス社が売り出したTelitaのプリズム型式に対して，メーラー社が特許権侵害訴訟を起こしたのです．

メーラー型プリズムを文章で表現すれば，「三角形と五角形の二つのプリズムを貼り合わせ，一組のダハ面と四つの反射面で6回の反射を行い，プリズムの入射軸と出射軸が同一線上にない正立プリズムシステム」ということになるでしょう．これだけ条件を限定しても，メーラー，ツァイス両社のプリズムにそっくりそのまま当てはまってしまうのですから，訴訟の行方は明らかになったも同然です．

特許紛争の調停，和解には，いつの時代も手間と暇と金がかかるものですが，ツァイス社がとった対抗策は，巧妙かつ決定的といえるものでした．メーラー社の株式の過半数を取得してしまったのです．関連会社化によって特許権侵害問題の沈静化に成功すると同時に，メーラー社のダハプリズムを中心とした技術を吸収したともいえるでしょう．

第一次大戦後の苦境の中で，ドイツにおける光学企業の系列化の動きといえば，ゲルツを始めとする，4社の大合同によるツァイス・イコン社の誕生が有名です．それだけではなく，メーラー社のような例もあったのです．

初期型のテリータは，ステノタール 5×12 IF（レーマン型プリズム）と同じ1925年の発売です．プリズム型式，合焦方式に違いはありますが，基本的なデザインは同じでした．それが1926年の「翼型」テリータの出現によって，ステノタール自体もデザインが翼型に改められ，スペックもより観劇に向いた倍率へと変化していきます．いわば平型双眼鏡が翼型へとリニューアルされたのです．

こうして翼型双眼鏡は，ツァイスという巣から羽ばたいていきます．これまでの行きがかりや，その後のドイツとその周辺に起きたことを考えれば，この羽ばたきは猛禽類のものだったような気がします．

本体同様，革ケースもシンプルな中にお洒落な感じがします．ケースに収めた状態では折りたたみ式のカメラのような印象を受けます．包装用の紙箱は現存している例はあまりありませんが，ファーストユーザーは紙箱を開けたとき，さぞかし心ときめいたことでしょう．

姉妹機であるテリータ（右）とトゥリータ（左）は，使用頻度の高い日中用に限定して射出瞳径を3mmとしています．また，通常視野のケルナー型接眼レンズを採用して，光路直径を大きくとれないプリズムシステムに対処するなど，設計の巧妙さを感じさせる完成度の高い双眼鏡といえます．

ツァイスのメーラー型プリズム採用のシリーズ化機種 Zeiss Turita 8×24 CF

鏡体を開いて平らにし，接眼部を繰り入れた収納時のトゥリータは，メーカーが平型双眼鏡とわざわざ呼称した印象的なシルエットになります．前項のテリータと同様，使用時にはこの翼が羽ばたきを始めます．

民生用最高級双眼鏡

前項で紹介したTelita（テリータ）が，翼をイメージさせるフォルムに姿を変えた2年後の1928年，同じデザインポリシーを持つシリーズ化機Turita（トゥリータ）8×24 CFが発売されます．ただし，シリーズ化機とはいっても，部品を共通化したり寸法を比例的に変更したものではありませんでした．単純なスケールアップをしなかったのは，光学的に制約の多いプリズム型式を採用しているためで，実質的には白紙状態からの新設計といえるでしょう．

テリータの改良からトゥリータ発売までの2年間というブランクは，このための試行錯誤に必要だった時間なのかもしれません．

開発に時間をかけ，充分に完成度を高めた新商品が直ちに投入される場所は，メーカーにとって重要度の高い，大きな利益が期待できる市場ともいえるでしょう．

トゥリータの登場した1928年，ツァイスの在日本法人「カールツァイス株式会社」は，新版の日本語版双眼鏡カタログを発行します．このカタログは，多方面に渡るツァイス商品の中の「手持ち双眼鏡類」というべきものを掲載していますが，商品構成力の高さと巧さをうかがい知ることができます．

これによると，双眼鏡は大きく三つのグループに分けられます．一つ目が，使用条件が民生用に限定されているCF仕様機のグループ．二つ目が，典型的なツァイス型で構造上の制約が少なく，スペック的にも民生・軍用を問わず幅広い用途があるため，CFとIF両方の仕様が用意されているグループ．そして，主としてハードな業務用が中心と考えられ，スペックにも特徴のあるIF仕様のグループです．さらに，IF式双眼鏡を分割してしまったような単眼鏡類も多数含まれています．

付属している別刷りの価格表（1928年10月1日付）によると，純民生用双眼鏡であるトゥリータの価格は140円です．8×30 CFの広角双眼鏡デルトリンテムの135円を上回り，商品ランクとしては民生用双眼鏡中で最高級の位置にあったことがわかります．

軽やかさを増す翼

民生専用品として光学性能だけでなく，デザイン的にも翼形あるいは平型双眼鏡として完成度を誇り，時代のホープと見られたこともあったトゥリータとテリータには，弱点も存在しました．それはプリズムの構造だけではありません．通常のポロＩ型タイプに比べて接眼レンズ部分を支える接眼羽根が長く，しかも接眼部が鏡体の端にあるため，引っかけたり，ぶつけたりして羽根金具の曲がり事故が起きやすいことでした．

特にトゥリータはテリータに比べて羽根がさらに10mmほども長いため，デザインや操作性の完成度の高さの裏には，意外とも思える弱点があったのです．

発売から15年後の1943年に生産が終了するまでの間に，テリータには目につく変化と目につかない変化がありました．目につかない変化とは，部品材質の変更による軽量化です．当初は真鍮であった対物枠，エキセン環，エキセン環押さえ環，飾り環が，段階を経てアルミ合金へ変更されていきました．

そして，目につく変化とは見え味の違いです．当初は中心部が最高の解像力を示し，周辺部との差が大きい「見つめる」タイプの双眼鏡でした．それに対し，後のものになると，周辺部の像質の向上にも重点を置いた「見渡す」タイプへのごくわずかな変化があるような気がします．レンズ構成に目につく変化はありませんから，製造上の個体差や光学ガラスの変動のために，たまたま筆者の眼にそう映るのかもしれません．しかし，ごくわずかな良像範囲の増加と周辺像質の向上には，部品のアルミ合金化による操作性の向上と，何か関連があるように感じられるのです．

このほんの小さな出来事が本当ならば，次の時代に起こることの前触れとして，「見渡す双眼鏡化」へのほんの小さな羽ばたきが，この時に始まったのでしょうか．

トゥリータ(左)とテリータ(右)
民生品中で最大口径ではないトゥリータが価格的には最高だったことは，改良メーラー型プリズムの製造コストの高さの証明といえます．技術的には製造可能だったかもしれませんが，国産品に同様の製品がなかったことは，ドイツの光学技術の優位を深く一般大衆に印象づけていたことでしょう．筆者は，一度だけ，このプリズムを貼り直したことがありますが，高い技術が必要であることを痛感しました．

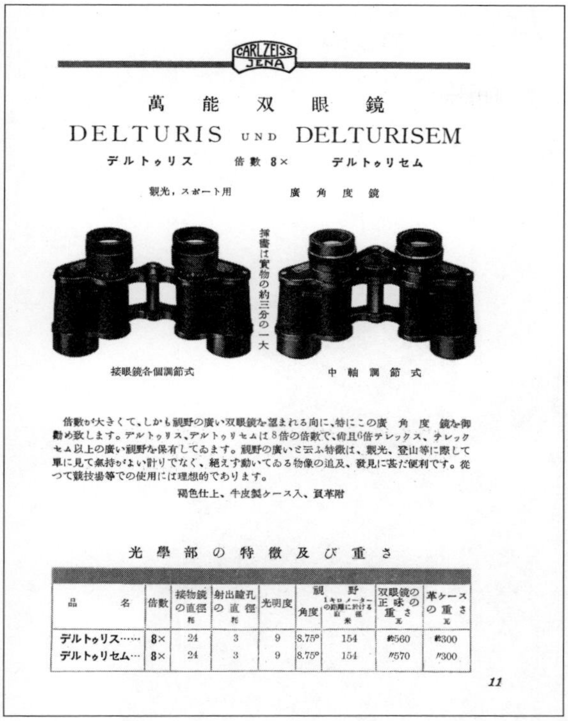

CARL ZEISS JENA

萬能双眼鏡

DELTURIS UND DELTURISEM

デルトゥリス　倍數 8×　デルトゥリセム

観光，スポート用　廣角度鏡

倍數が大きくて、しかも視野の廣い双眼鏡を望まれる向に、特にこの廣角度鏡を御勧め致します。デルトゥリス、デルトゥリセムは8倍の倍數で、尚且6倍テレックス、テレックセム以上の廣い視野を保有してゐます。視野の廣いと云ふ特徴は、観光、登山等に際して單に見て氣持がよい計りでなく、絶えず動いてゐる物像の追及、發見に甚だ便利です。從つて競技場等での使用には理想的であります。

褐色仕上、牛皮製ケース入、負革附

光學部の特徴及び重さ

品名	倍數	接物鏡の直徑 粍	射出瞳孔の直徑 粍	光明度	視野 角度	視野 1キロメーターの距離に於ける直徑 米	双眼鏡の正味の重さ 瓦	革ケースの重さ 瓦
デルトゥリス……	8×	24	3	9	8.75°	154	約560	約300
デルトゥリセム…	8×	24	3	9	8.75°	154	〃570	〃300

11

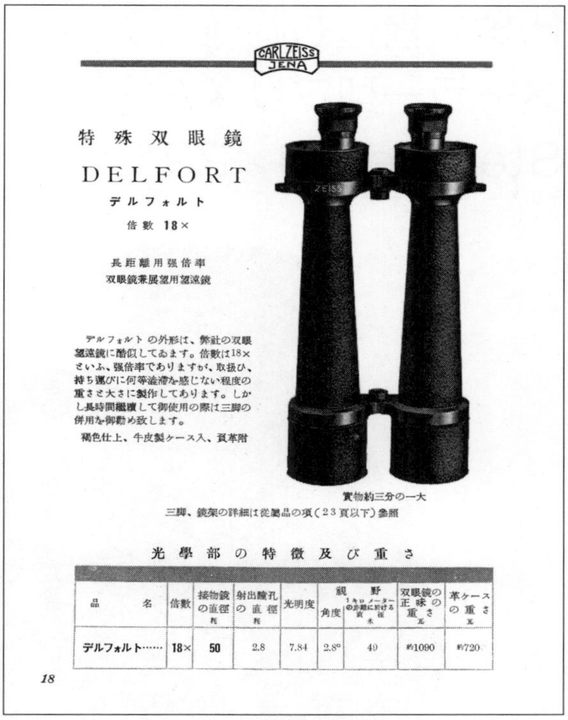

CARL ZEISS JENA

特殊双眼鏡

DELFORT

デルフォルト

倍數 18×

長距離用強倍率
双眼鏡兼展望用望遠鏡

デルフォルトの外形は、弊社の双眼望遠鏡に酷似してゐます。倍數は18×といふ、強倍率でありますが、取扱ひ、持ち運びに何等澁滯を感じない程度の重さと大さに製作してあります。しかし長時間繼續して御使用の際は三脚の併用を御勧め致します。

褐色仕上、牛皮製ケース入、負革附

實物約三分の一大

三脚、鏡架の詳細は從屬品の項（23頁以下）参照

光學部の特徴及び重さ

品名	倍數	接物鏡の直徑 粍	射出瞳孔の直徑 粍	光明度	視野 角度	視野 1キロメーターの距離に於ける直徑 米	双眼鏡の正味の重さ 瓦	革ケースの重さ 瓦
デルフォルト……	18×	50	2.8	7.84	2.8°	49	約1090	約720

18

本書では，1928年の日本語版ツァイス双眼鏡カタログは何度も参考文献として使い，また一部を掲載しました．本項では，製品一覧表の中から，これまで紹介しなかったもののいくつかを紹介しましょう．下の表は定価表からの抜粋ですが，用途別にすると3グループに分類でき，口径40mm超クラスが業務専用だったこともうかがえます．1928年の時点で口径24mmクラスのポロI型双眼鏡には，標準視野の6倍機と，標準視野機と同じ実視野で広角接眼鏡を採用した8倍機がありました．それぞれCF，IFの仕様の違いで合計6機種ありましたが，やがてCF仕様の民生用6倍標準視野機のSporturに集約されます．口径では，やがて30mmクラスが製品の主流になっていきます．一方，当時手持ちでは最大口径，最大倍率のポロII型プリズムを用いたDelfortは，ポロI型プリズムに型式変更してTelar(IF)，Telarem(CF)に変化していきます．

1928年当時のツァイス双眼鏡のラインナップ

品名	倍率口径	実視野	定価
テレアーター	3×13.5 CF	13.7°	84円
テリータ	6×18 CF	8.3°	119円
トゥリータ	8×24 CF	6.3°	140円
トゥローレム	4×20 CF	10.3°	90円
テレックス◎	6×24 IF	8.5°	88円
テレックセム	6×24 CF	"	100円
シルヴァマール	6×30 IF	8.5°	113円
シルヴァレム	6×30 CF	"	125円
トゥラクト◎	8×24 IF	6.3°	94円
トゥラクテム	8×24 CF	"	106円

品名	倍率口径	実視野	定価
デルトゥリス◎	8×24 IF	8.8°	108円
デルトゥリセム	8×24 CF	"	120円
デルトレンティス◎	8×30 IF	8.5°	124円
デルトリンテム	8×30 CF	"	135円
ビノクタール◎	7×50 IF	7.3°	170円
デラクティス◎	8×40 IF	8.8°	160円
デカール◎	10×50 IF	5.0°	212円
テロナール◎	12×40 IF	4.2°	160円
テルゼクソール◎	16×40 IF	3.2°	160円
デルフォルト◎	18×50 IF	2.8°	225円

(『ツァイス双眼鏡』日本語版カタログ(1928年)より．◎印は同スペックの単眼鏡があったことを示す)

印象も構造も同様にクラシカルな英国製品
メーラー型プリズム採用の平型双眼鏡
Sterioxem 6×22 CF（メーカー不詳）

ステリオクゼムはメーラー型プリズムを採用して平型双眼鏡を重要なコンセプトの一つとしながらも，立体視効果を低下させないために，大きな犠牲を払うことになってしまった機械でした．ストラップ取り付け部分は対抗機種であろうトゥーリックスなどと同じ構造になっており，外観デザイン的にも，とてもクラシックな感じを受けます．

メーラー型プリズム双眼鏡のコンセプト

これまで紹介してきたメーラー型（改良メーラー型）プリズムを採用した双眼鏡3機種に共通するコンセプトは，平型・コンパクト型ということでした．しかし，対物間隔を接眼間隔よりも狭めたこれらのコンパクト型は，本来の双眼鏡が持つ，ある意味で最大の眼目というべき大前提を放棄することで成立しています．

その大前提とは，見かけ上の遠近感の誇張です．浮き上がり度といわれるこの数値は，倍率×対物間隔÷接眼間隔で求められます．倍率が高いほど，あるいは対物間隔が広いほど，左右像のパララックスの差が大きくなって遠近感が誇張されます．例えば，直線状鏡体のダハ型双眼鏡と一般的なツァイスタイプのポロ型双眼鏡では，倍率が同じならば後者の方が遠近感の差をつかみやすいのです．言い換えれば，直線状鏡体のダハ型双眼鏡の場合は，ポロ型に比べて倍率を高めに設定しないと，より顕著な遠近感が得られないことになります．

低倍率の双眼鏡がなかなか一般消費者に受け入れられないのは，単に物体が大きく見える方がいいというだけでなく，強調された遠近感による強い立体視効果が暗黙のうちに求められているからかもしれません．

逆転の発想

平型双眼鏡で立体視効果を高めた実例としては，ツァイスのテレプラストがあげられます．しかし，レーマン型プリズムは横方向に長く，その両端に光路の入口と出口があります．そのため，同じレーマン型プリズムを用いたステノタールがきわめてコンパクトな双眼鏡であるのに対して，テレプラストは口径のわりには大きな形状になってしまっています．

では，ヘンゾルト型やメーラー型プリズムではどうでしょう．これらのプリズムは，プリズムの端に光路の出口はあっても，光路の入口がプリズム中央にあるため，口径25mm以下クラスではコンパクト型として充分に良好な設計が可能です．しかし，対物間隔＞接眼間隔とするために，単純に左右鏡体を入れ替えると，対物レンズの外側にかなり大きくプリズムが張り出すことになります．以上のことから，コンパクト化という点でもまたデザイン的にも成功とは呼べないのは明らかです．

そこで考えられたのが，左右鏡体の入れ替えではなく，対物部，接眼部に対してプリズムの位置関係を入れ替えてしまうという，逆転の発想でした．

得たもの，失ったもの

この発想の逆転を行った双眼鏡がここで紹介するステリオクゼム 6×22 CFです．メーラー型プリズムをかたどったメーカーロゴマーク様の刻印や，British Madeといった刻印があるにもかかわらず，メーカー名はどこにもなく，詳細は不明です．

鏡体を開いた状態では，平型双眼鏡そのものです．ただし，使用時には他の平型双眼鏡と異なり，折り曲げ角度が通常のツァイス型と同じ程度で，立体視効果もツァイス型と同じですから，使用する上で違和感が少ないことは明らかです．これらのことから，メーラー型プリズムを採用した双眼鏡としては当初の設計目標をクリアしているようにも思います．

しかし，このステリオクゼムの逆転の発想には，大きな落とし穴があったのです．それはプリズム内における光路直径の変化です．光路の直径は対物部から接眼部へ向かって通常小さくなります．口径に対して比較的倍率が高く，標準見かけ視野の接眼レンズを装備しているメーラー型プリズム双眼鏡では，特に光路直径の減少率は大きいといえます．この状況でプリズムを最適化することなしに，設置方向を

機種名と思われる「Sterioxem」の名前と倍率表示は，接眼部支持腕部にあります．鏡体内側の目立たない部分には，メーラープリズムにSCPの文字をあしらったロゴマークがありますが，メーカー名はありません．その一方で，中心軸対物側にある合焦転輪にわざわざ「British Made」と表記がなされ，何かちぐはぐな印象を受ける機械です．中心軸とそれが貫通する鏡体の穴は，ガタつき防止のためにテーパー状になっているのが一般的ですが，本機は単にストレートに仕上げられていて，経年変化に対する方策が何らとられていません．

逆転させることが正解であったかどうかは，もうおわかりでしょう．

コンパクト型と立体視効果の強調を両立させようとしたステリオクゼムは，正当な光学設計ならば，小口径化か，さもなくばプリズムの大型化を迫られることになります．しかし，そのことなしにあえて6×22というスペックにしていることから，本機は，メーラー社のトゥーレクゼムに対抗する製品だったのかもしれません．

本機はCF仕様ですから，メーラー社と同様にIF仕様機が存在し，固有名の語尾変化がツァイスやメーラーと同様ならばステリオックスとなるはずです．しかし現在のところ，ステリオクゼムとそのメーカーに関する資料は手元に全くなく，ただ双眼鏡のみが歴史的事実として筆者の手元に存在しているだけです．

ステリオクゼムが立体視効果と口径22mmを得た一方で，失ってしまったものがあります．それは射出瞳の形状です．射出瞳は，双眼鏡に正対した場合は必ず円形でなければなりませんが，本機の射出瞳は円形の一部が遮蔽されてアルファベットのDのようになってしまっています．しかも，鏡体の厚みの限界まで対物レンズ径を増大させた結果，視軸調整はプリズムの移動方式にならざるを得ません（この点は，メーラー社のトゥーリックスと同じです）．光路直径の減少の影響を受けやすいステリオクゼムは，プリズムの位置によってさらに射出瞳の形状が悪化する可能性があるのです．

真ん丸は必要不可欠の条件

立体視効果と引き替えに射出瞳の変形という代償を払わざるを得なかったステリオクゼムは，点光源でないものでの中心像は，意外にもまともな像質を示します．しかし，双眼鏡として成功した機種ではありませんでした．プリズム内の光路減少に対する認識や，開発コンセプトの優先順位，あるいは競合機種への誤った対抗策など，原因はいろいろあるでしょう．あるいは，変形した射出瞳の形状は，当初から織り込み済みであった，いわば確信犯的な製品だったかもしれません．

真ん丸な射出瞳は，対物レンズに入射した光をむだなく通し，点像のような対象物の結像性能を低下させないためにも必要不可欠の条件です．程度は少なくても，射出瞳が真ん丸でない双眼鏡を意外と目にします．あなたの双眼鏡の射出瞳は真ん丸になっていますか？

左右の射出瞳の形状は，いずれもD字形になっているのがわかります．しかも，視軸合わせをするためにプリズムを移動したことで，左右ともに二次的な遮蔽（上側）が発生しています．左側の射出瞳の中に見えている黒い点は，メーカー以外の者が不用意に視軸を調整した際に，ダハプリズムのダハの稜線が鏡体内部に当たって破損した部分です．トゥーリックスでも見られる事故ですが，トータルな設計の良し悪しと素人修理が，意外なところで重大な障害をもたらす例です．

メーラー型プリズムを採用しているステリオクゼムとトゥーリックスを並べてみると，プリズム形状に合わせた鏡体から，プリズムが反対位置に設置されているのがわかります．しかし，この逆転の発想は成功を収めませんでした．

プリズム自体の出来はトゥーリックスと似ていて，メーラー社から供給された可能性も否定できません．メーラー型プリズムに何ら改良を加えることなしに反転設置したため，最初に光線が透過するプリズム面の大きさが不足し，射出瞳がケラレてしまいます．写真からも対物レンズの中心とプリズム第1透過面（第1反射面も含めて）の中心がかなりずれているのがわかるでしょう．

シェイプされた外観のヘンゾルト製ダハプリズム双眼鏡
Hensoldt Jagd-Dialyt 6×42 CF

既に紹介したヘンゾルト社の製品から約30年後のもので，改良箇所は少ないものの，よりいっそう贅肉をそぎ落としたシャープな外観です．口径のわりに細身の印象を受けるのは，対物筒先端部に軸出し機構がないためです．構造からいっても，先に紹介した機種といい，ヘンゾルト社の双眼鏡は筆者にとってなかなか手ごわい相手です．

本機では表面の擬革が完全に脱落しているため，鏡体全面に縞模様が見られます．これは擬革の付着力を向上させるための溝で，当時の接着剤があまり強力でないためにこのような加工を施したと思われます．擬革の両端にあたる金属部分は，外側からかぶさるような構造になっており，細かいところにまで配慮されています．

ヘンゾルト社のポリシー

ここまでに，4項に渡って1930年頃の口径30mm以下クラスのダハプリズム双眼鏡を紹介してきました．それでは，口径30mm超クラスのダハプリズム双眼鏡には，どんな製品があったのでしょうか．

当時，軍用などに各社で例外的に作られていた製品はありましたが，やはりこのクラスは特殊な製品といえます．そして，この口径30mm超クラスのダハプリズム双眼鏡を一般用に供給するメーカーとして，独占的ともいえる地位を築いていたのが，ライツ社と同じWetzler（ヴェッツラー）市にあるHensoldt（ヘンゾルト）社でした．

同社がダハプリズムを双眼鏡に採用したのは古く，これまでに2回紹介してきました．同社は当初，自社の名称で呼ばれるプリズム型式を採用していました．それを躊躇なくアッベ・ケーニッヒプリズムに改めてしまったことは，自社開発のプリズム方式に固執したメーラー社とは大変対照的です．

アッベ・ケーニッヒタイプのダハプリズムは，当時の技術ではいろいろと問題の多かった金属メッキによる反射面が存在しません．そのため透過光量の低下が少なく，また，プリズムの接着も必要としないことから，耐久性にも優れています．ヘンゾルト社は，ポロⅠ型に匹敵するメリットを持つこのダハプリズムを，口径30mm以上のさほどコンパクト化を追求しなくともよいクラスに採用します．そして，プリズムと鏡体を共通化することで，充実した製品ラインナップを完成させます．

時代は少し進みますが，第二次大戦がヨーロッパで始まる直前の1938年のヘンゾルト社のカタログを見ると，この時期が平和な時代の最後の，最も製品ラインナップが完成度を高めた時期であることをうかがわせます．

アッベ・ケーニッヒプリズムを共通化したとみられる製品は，口径30，42，50，56mmと4クラスあります．倍率は30mmが6倍と8倍で一般用途向けです．それに対して，42mm以上のクラスではプロユースを考えていたと思われる瞳径が7mmになる倍率設定を始めとして，適切なバリエーションをそろえ，合計11機種がラインナップされています．なお，接眼レンズの見かけ視野はいずれも50°で広角タイプのものはありません．

この中で例外的に思えるのは，口径7×56mmのNacht-Dialytでしょう．射出瞳径は8mmで，統計上の人間の最大瞳径を越えています．これは振動の多い使用状況を考慮して，瞳への入射光のケラレを防止するためで，機種名からしても夜間航海用といった特殊なプロユース仕様です．

余談になりますが，射出瞳径が7mmを超える双眼鏡は射出光量が無駄になり，メリットはないと言われます．しかし，瞳径には個人差がありますし，筆者の経験からも，一概にそうは言い切れないと思います．

時代を映す鏡

ヘンゾルト社のカタログによると，ポロⅠ型プリズムを使った双眼鏡もラインナップされています．口径は24mm（6倍，8倍）と30mm（6倍，8倍，12倍）で，8×30mmのみが広角タイプです．また，その他にも4×40mmのガリレオ式双眼鏡やライフルスコープ，さらに顕微鏡4機種も含まれており，光学機器メーカーとして確固たる地位を築いていたことがわかります．

ここで注目したいのは，ダハプリズム双眼鏡の専業メーカーとして評価されていたヘンゾルト社が，ポロ型双眼鏡を手がけている点です．その時代は，筆者には結果論的に不幸な時代，あるいは来るべき不幸の予兆を示していた時代のように思えるのです．

7×50機（左）も6×42機（本機）と共通部品をできるだけ多くした構造でラインナップされています．またポロⅠ型の8×30 CF機（右上）はSport-glasの名称ですが，ガリレオ式のGalyt（右下）やDialyt各機とともに，軍用にも転用できる仕様になっています．（ヘンゾルト社1938年版カタログより）

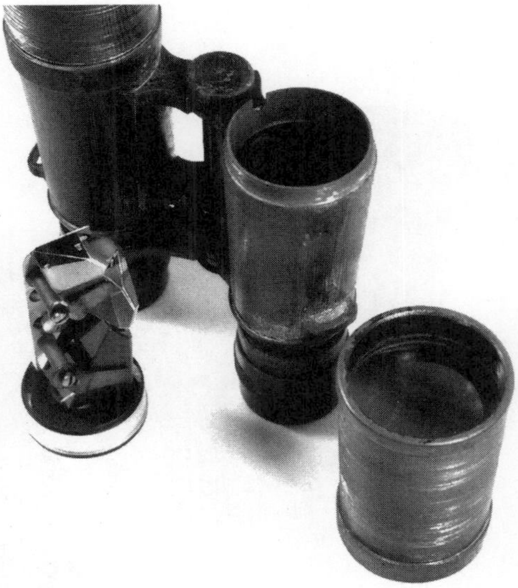

正立プリズムは二重構造の台座に乗せられていて，個別に調整されます．プリズムには位置決め用の穴が開けられていて，分解・再組み立てにも一応の精度の復元性があり，また，この台座は鏡体にしっくりとはめ込まれます．左右の視軸もこの部分で調整しますが，その作業は決してたやすくなかったと思われます．金属部分の肉厚は必要最小限といえるほど薄く，見かけ以上に軽量で，操作感は見え味とともに良好です．

このカタログが発行された時代は，まだ世界的な大戦は始まっていなかったものの，ヒットラーに導かれたドイツ第三帝国の野望は，国際的な緊張感を作り出し，一触即発の危機をはらんでいました．このような時に，軍用品として適合する双眼鏡を生産しないわけにはいきません．ヘンゾルト社は，古くは第一次大戦期にもポロ型双眼鏡を生産しています．また，戦後も冷たい戦争と言われた東西対立の時期に，西ドイツの軍用として，やはりポロ型双眼鏡を生産していたのでした．

時代を映す鏡という言葉がありますが，ヘンゾルト社のポロプリズム双眼鏡は，平和でなかった時代を映し出していたのかもしれません．しかしその後，時代は大きく変わり，ヘンゾルト社も現在はツァイス・グループの一社として，新しい時代の要請ともいえる，自然環境へ配慮して脱鉛，脱砒素といったことにまで考えをおよぼした双眼鏡の生産にあたっています．時代の要請を良くも悪くも反映してきたヘンゾルト社の双眼鏡は，もの言わぬ時代の語り部なのかもしれません．

Dialytシリーズのラインナップ（1938年版カタログより）

名　称	倍率×口径	1000m先視界	幅×長さ	重さ
Sport-Dialyt	6×30	145m	10×14cm	290g
Sport-Dialyt	8×30	125m	10×l5cm	310g
Jagd-Dialyt	6×42	150m	11.5×17.5cm	500g
Jagd-Dialyt	7×42	145m	11.5×17.5cm	500g
Marine-Dialyt	7×50	128m	12.5×20.5cm	610g
Hirsch-Dialyt	8×50	120m	12.5×21cm	610g
Gebirgs-Dialyt	10×50	95m	12.5×25cm	630g
Tele-Dialyt	16×50	50m	12.5×25cm	640g
Nacht-Dialyt	7×56	115m	13×23cm	685g
Nacht-Dialyt	8×56	115m	13×23cm	685g
Nacht-Dialyt	10×56	100m	13×23cm	685g

30mm機は日中用の一般的なスペックですが，それ以上のクラスは軍用も含めたプロユースとしての位置づけがうかがわれます．いずれもCF仕様なのは民生用途重視と思われますが，非常事態にはIFに改造することも考えられていたかもしれません．

第二次大戦期まで，実用的なダハプリズムは3タイプが存在していたことになります．アッベ・ケーニッヒ型（右側のプリズムユニット），メーラー型，レーマン型（左側）です．現在では，シュミット・ペシャン型がダハプリズムの主流ですが，アッベ・ケーニッヒ型とレーマン型はもう一度見直されても良いのではないかと思います．前者を採用した新製品も少ないながらあり，新しい動向として興味深いものです．レーマン型は口径20mm以下の極小クラス向きですが，写真のツァイスTheatis 3.5×15（左）は，1929年に観劇用として発売され，第二次大戦後も旧東ドイツのツァイスで1980年代まで継続生産されていました．

堅実さを示すドイツ中堅総合メーカーの製品 Rodensutock Lumar 6×27

スペックとしては6×27で，接眼レンズは見かけ視野40°強ですから実視野も広いとはいえません．ただ，構成枚数の少ないケルナー型ですので，ノーコートの製品にしてはコントラストは意外なほど良く，中心像の見え味は時代を考えれば良好です．これには各種迷光対策がうまく功を奏しているだけでなく，各研磨面の仕上がりが十分滑らかなことも反映していると思われます．第二次大戦後，ローデンストック社は主に写真レンズを主力に大きく発展しますが，その原動力の一端を見たような気がします．

中堅メーカーの製品

先に紹介したツァイスのデルトリンテム8×30は，当時の最新，最高の技術を惜しみなく注ぎ込んだ，大手メーカーならではの製品といえるものでした．一方，既に取り上げたメーラー社のダハプリズム双眼鏡や，オイゲー社のポロプリズム双眼鏡は，特定の分野に製品を絞りこみ，企業規模の小さい双眼鏡専業メーカーとしての立場を踏まえたものでした．つまり，今の言葉でいうところの「特化した製品群」だったといえるでしょう．

それでは企業規模がその中間に位置していたメーカーはどうだったのでしょうか．その例の一つが，やはり製品をダハプリズム双眼鏡に特化した，ダハ型双眼鏡の専業メーカーともいえるヘンゾルト社です．また，それとは対照的なのが，同じ中堅ではあるものの，総合光学メーカーとして位置づけられるライツ社です．

当時のライツ社の主力製品は顕微鏡ですから，同じ肉眼用光学機械として双眼鏡に製品を拡大していったのは当然の成り行きといえなくもありません．ライツ社は精密小型カメラにも進出し，大成功を収めます．その反対に，カメラレンズを出発点に双眼鏡へと製品を拡大していったのがローデンストック社で，これもライツ社とは好対照になっています．

製品の種類といった具体的な商品展開について見てみると，1930年代の半ば，日本に輸入されていたライツ社の製品は種類が多いことがわかります．それに比べ，ローデンストック社ではプリズム双眼鏡は1種類しか販売されていません．専門の代理店を持つライツの場合と，ツァイス製品をはじめ複数メーカーを取扱う代理店では，メーカー間やメーカーと代理店間の微妙な力関係が，このような形になって現れたのかも知れません．

ところが意外なことに，プリズム双眼鏡7×21 CF機レマール1機種に対して，ガリレオ型は2銘柄3機種が販売されています．しかもこのガリレオ型機は，世界的にもなかなかの販売実績があったようです．少し時期をさかのぼる1920年代末の別な資料によれば，ドイツ本国ではプリズム双眼鏡は6×21機から8×50機まで，7銘柄13機種が販売されていました．その後，6×21機は同じ銘柄のまま7×21機に変更されたようです．

この変更は，外観などをより現代風（当時として）にした改良のようです．これは，8×27 IF機ルマールの実物とレマールのカタログ情報を比較してもよくわかります．

対物レンズ部分にエキセン環式の軸出し機構を設けなかったのは，鏡体寸法を抑えたまま，できるだけレンズ径を大きくしたかったからでしょう．その結果，軸出しはプリズムの長手方向の移動になりましたが，押さえ金具を含めてプリズム関連の金具には特筆するような構造がとられているわけではなく，比較的少ない部品点数で作り上げられています．一方，プリズム自体には深い遮光溝と黒付けが行われていて，十分意を用いた仕上げと言えます．このような迷光対策を忠実に行うことは，通常時にはほとんど差は見えないものの，極限状況でこそ真価が発揮されることが多いのです．

レマール7×21は1930年代の製品ですから，外観は部分的にはクラシックなところもありますが，大手メーカーの水準に達したと思われます．付属の革ケースは従来のはんごう型に比べ，意外なほど新しさを感じます．この形のケースの採用には，当時のコンパクト型双眼鏡の影響があるようです．

中堅たる所以

ルマール8×27機の外観を見て最初に目につくのは，見方によってはCF機構と見誤ってしまうこともある中心軸のクランプ機構です．この機構は1920年代を最後にほぼ消滅してしまいますが，この機構があることが，外観から受ける印象をクラシカルなものにしているのかも知れません．

これは余談になりますが，歴史的に見るとほぼ同じ外観で，特定眼幅位置がノッチで固定できる機構もありましたが，これもやがて消滅してしまいます．こちらは暗黒下での眼幅合わせが大変楽にできる良い考案で，天体用双眼鏡にはぜひ欲しい機構ですが，リバイバルした機材は出現しないようです．あるメーカーの技術者の話では，コストダウンの追求はきびしいようで，社内のコンセンサスを得られないとのことでした．小さなことですが，歴史は決して進歩する方向へ流れるだけではないことの一例に思えてなりません．

内部構造で特色があるのは軸出し機構で，プリズム長手方向の移動によって行われます．ゲルツ社製品のように結果的にネジによる微動ができ，調整が容易といった機構ではなく，オイゲー社のオイゲレットシリーズとほぼ同じような簡潔な作りです．

同様に内部観察からわかるその他の特色としては，プリズム自体に意外と思えるほどの注意が払われていることです．まず第一は，プリズムの透過面中央に加工された遮光線溝です．この加工は内部迷光のカットに有効で，光線状況次第ではコントラストの高い結像に必須の条件となることもあります．普及品ランクの製品で見かけることは希有で，高級品ですらしばしば省略されることがあるものです．しかし，光学機械の教科書に忠実な，良心的な製品には省略は許されないはずです．

次の特色としては，プリズム周囲に加工された黒色塗装です．この加工も歴史的に見るとやがて省略されてしまう作業で，プリズム双眼鏡の開発者であるツァイスですら1900年前後の早い時期に省略してしまいます．一方，当時としては中堅メーカーであるローデンストック社が，1920年代末まで頑固に加工作業を続けたことは，中堅の「堅」は堅実の「堅」ということになるでしょうか．

あるメーカーの関係者の話では，この加工は意外なほどコストに影響するとのことです．そのため，加工の省略も理解できないわけではないのですが，現代の蒸着技術で同様の効果が得られる処理ができるような気もします．現状の過激ともいえるコスト削減環境の中でも，このような地道な加工工程ができることを願わずにはいられません．

見えないところにも手をかけて見えを良くする．そういった地道な作業が正しく評価されることが，物作りの原動力につながることだけは，確かなはずです．

左はガリレオ式で2.5倍のエルヂス観劇用で，3.5倍のアダール（中央・右）が屋外・一般用といった位置づけのようです．なお，アダールには眼幅合わせ可能の機種（右）も用意されていました．

接眼部の回転で3段変倍システムを実現したフランス製双眼鏡
Lemaire Luminous Stereo 6.8.10(変倍)×25

変倍機構を収めた大きな接眼部が，独特の外観と雰囲気を醸し出しています．CF式合焦式なのは接眼部の回転が変倍機能となっているための必然性からで，IF式合焦方式の採用は無理なことがわかります．鏡体の外装には本革が貼られており，このことも外観の印象に影響を与えています．

応用

一口に双眼鏡とくくられていても，大別して2種類の形式があります．ガリレオ式（テレストリアル正立接眼レンズによるものも含む）とプリズム式では，求められる機能によって，細部の構造はずいぶん異なったものにならざるを得ません．

本書は，基本的にプリズム双眼鏡についての技術発達を記述したものです．ガリレオ式双眼鏡については，鏡体構造分野の既存技術の応用例としてフランス製機材を，また国産機にも少数言及しました．

ガリレオ式双眼鏡の場合，既存技術の応用例が少ないことの原因の一つとして考えられるものとして，ガリレオ式双眼鏡自体の技術発達が少なかったことがあげられます．しかし，それでも中には，少数の製品例ですが，変倍機能を持たせたものが存在しています．

それはガリレオ式ならではの構造によったもので，接眼レンズは単独の凹レンズであることから，レンズ自体を交換することでできた機能でした．具体的にその構造は，レボルバーにした平板に回転中心から等距離（中心を合わせて）に焦点距離の異なる凹レンズを複数配置したものです．そして平板の回転で倍率を選定するという，顕微鏡のコンデンサーレンズの変換方式と類似した構造を採用したものでした．

もちろん各接眼レンズは単レンズですから，倍率自体の設定も，3.4.5あるいは4.5.6というような狭い範囲にとどまります．また変倍動作を行えば，改めて合焦動作を必要とするものでした．ただし，倍率自体が低いことと変倍範囲が小さいことから，実用上は眼の順応力によって，この点はあまり問題にはならなかったと考えられます．

発展

ところで望遠鏡類全般では，接眼レンズの差し替えなしで変倍という機能を持たせた始まりは軍用品です．第一次大戦期に，特にイギリスでは接眼レンズの構造に新機軸を加えて，実用性能に達した製品が生み出されています．ただし，当時の技術では変倍範囲自体が小さく，また変倍によって収差の変動，焦点移動が起こります．そのため実質的には，良好な結像で，かつ合焦動作なしで使える倍率は選択的であり，最大と最小とその間の1箇所といったものでした．実際に連続的に変倍（焦点変更）が可能となるのは第二次大戦以降のことで，複雑化したレンズ構成で，透過面に反射を低減させるためのコーティングができるようになってからのことです．

イギリスで作られていたような第一次大戦時に生まれた軍用の単眼鏡の場合，変倍機構は通常，接眼レンズのレンズ間隔を変え，対物・接眼の相互間隔の変更によったものでした．接眼レンズは3群からなる構造で，変倍によってレンズ位置と間隔も変わります．レンズの必要とされる位置への移動は等量ではなく，複雑な変動量であるため，位置規制は相互に回転する嵌め合いの円筒カムと，それに掘られた位置規制溝によって行われるものでした．この位置規制溝は，当然ですが連続はしているものの，円筒に対しての傾斜角が変動します．実質的には不規則な形状となって，工作精度が端的に影響してしまう，部品加工上も組み立て工程上でも厄介な部品でした．

そしてまた，視野の広さも接眼レンズの焦点変更の影響から変動せざるを得ませんし，最大見かけ視野も40°以上にはできませんでした．

変倍は3段階で，接眼部全体の回転で低倍率側での繰り出しが大きくなります．繰り出し量が大きいことで，左右の連動がなくても左右での異倍率選択ということはなかったはずです．この時，直径の小さな接眼部のレンズ孔ではレボルバー式に回転するレンズ板が見えますが，カム孔が現れるのは仕方ないことでしょう．実視野は6倍時で6.3°，8倍時で5.3°とカタログにあります．左接眼が最低倍率，右接眼は最高倍率状態です．

技術史的に見ると，このレンズ相互間の位置変換による焦点距離の変更方式は，やがて光学設計とレンズ素材の発達によって，多くのレンズ群を複雑に動かしても焦点移動を起こすことのない，無段階変倍へとつながっていきます．この実用性能を高めた製品を開発したのが，アメリカのズーマー社でした．同社が売り出した製品がいわゆるズームレンズです．この焦点距離可変レンズは，その後「ズームレンズ」として社会一般に認知され，類似製品の代名詞となっていきます．

変倍への意向から起きた移行

話題が先走ってしまいましたが，歴史を戻しましょう．プリズム双眼鏡で変倍という機能を初めて採用したのが，ツァイスの5・10×25mm（既述）でした．日露戦争で起こった日本海海戦の決定的勝利から，使用した連合艦隊司令長官の東郷平八郎とともに，歴史上最も有名な双眼鏡となったものです．

変倍機構は，顕微鏡の対物部のような円座のレボルバーに二つの接眼レンズを設けて，その回転で倍率を選択するものです．手持ち双眼鏡では僅少例（同様の製品の実例は，戦後の輸出向け国産機に存在します）ですが，架台に載せられた大口径双眼鏡では少なくありません．

しかし，この方式も，手持ちの小口径機の場合，実用上からいえば問題を含んでいました．大きさ，形状に限度のある軍用双眼鏡では，実用品としての必須条件である気密，あるいは水密といった機能維持とレボルバー式変倍機構は，そのままでは両立させることができませんでした．また接眼部の位置が変倍で変わることから，日中ならばともかく，使い慣れていないと暗夜などでは接眼部に眼球をぶつけてしまうといった事故が起こっていたと思われます．加えて，レボルバーのクリックが摩擦で損耗してしまうと，固定位置がずれるといったことも起こったかもしれません．

従って，有名にはなりましたが，この接眼部レボルバー式手持ち双眼鏡は，継続製品とはなっていません．

そして，しばらくの時を経て，フランスの代表的双眼鏡メーカーとして有名なルメア社から，2機種の3段階変倍という意欲的な製品が生み出されます．しかし，その基本技術は本業の一つであるガリレオ式双眼鏡から導かれた，意外なものでした．

鏡体構造も，細部に注目するとドイツ流とはかなり違った構造であることがわかります．その一つが中心軸（昇降軸）の固定法（抜け止め）です．ドイツ流では末端ネジ止め式が主流ですが，本機では中心軸の首の部分をカラー（矢印）で止めてあり，このカラー部品自体が鏡体の対応部品にネジ込まれています．

ハヒフヘホ

物事の基本を表す言葉として，何とかの“いろは”という場合があります．“いろは”が基本を表すならば，筆者にはその延長線上に“ハヒフヘホ”という言葉があります．

それは“ハ”は“ハー”ですが，これは想定外の事実からの驚きであり，“ヘ”“ホ”もまた同様“ヘー”“ホー”です．つまり，この後の二つは強い感嘆詞であり，驚愕と感心が合わさったものですが，その割合の違いからの表現差となっています．“ヒ”と“フ”は“ヒィー”“フー”です．文献ではうかがい知れない構造を推定しながらの分解作業が，まさに“ヒィー”の状況で，何とか先が見えてやっと“フー”と息をつけることになります．もし“フー”でなく“フ”であれば“フ，フ”という会心の笑みになるのですが，それは稀有なことになります．

ともかく，古い双眼鏡の分解作業は，白刃の上を素足で渡る思いがするものです．それではなぜそれを行うかといえば，当然のことですが，本来の結像性能を確認してみたいからなのです．それに加えて，分解清掃と再調整でいくらかでも機能が戻った双眼鏡は，それ自体が何か長い時を経てきたことを誇るように存在感を改めるのです．その改まった姿を見るたびに，いくばくかの達成感を感じることもまた，何よりもその要因なのかもしれません．

もっとも口の悪い友人からは，清掃作業で内部は綺麗になっても，外部には手垢がついて，それで光っているんだろう，と揶揄されることもありますが．

いずれにしろ“ハヒフヘホ”を感じてしまうことは，一時期よりは減った気がしています．しかし，その慢心を見事に打ち砕いたのが，このルメア社の3段変倍機だったのです．

食わず嫌い

実体験がないのにかかわらず，見かけだけで好き嫌いが生まれるのは，煩悩の塊（鬼？）である自分自身を振り返った時，当然かも知れません．

ルメア社の3段変倍双眼鏡の存在を知ったのは，かなり以前に入手した戦前の服部時計店のカタログでした．他に掲載されている機材は，生産国を問わず，いずれもが商品として完成された形状を持ち，完成度の高さがうかがえるものでした．

ところが，ルメア社の3段変倍機は，接眼部の形状も何か垢抜けした外観ではなかったように感じたことから，特別に興味をひくこともなく，いわば食わず嫌いの状態だったのです．ところがたまたま実機を入手してみると，その機構，構造は，それまで観念的に抱いていた想定とは全く異なるものでした．

変倍機構は，単にレンズ間距離の変化のみで行うのではなく，かつて行われていたガリレオ式変倍機構を一部踏襲し，それにレンズ間隔の変更を加えたものだったのです．

驚きはそれだけではありませんでした．ケルナー型接眼レンズの覗き玉（眼側のレンズ）を交換して

通例では見口はエボナイトで作られているものですが，本機では見口に相当する部分には重要な変倍機構を内蔵しており，全て金属製です．内部には3種類の貼り合わせ平凸レンズが丸い平板に組み込まれています．変倍作動では，平板が光軸に平行に植えられた3本のピンと連続的に噛み合って回転し，レンズの選択が行われるとともに接眼部の全長も変わるという，非常に複雑な動きが行われます．しかし加工精度が良好で，素材も良いことから作動は円滑で，クリックも心地よく効きます．

焦点距離を変化させ，変倍としているため，視野環が同じ位置，同じ大きさでは正常に視野を確定することはできません．そこで本機では，カメラレンズのような虹彩絞りとして大きさを変え，また適切な位置への移動を円筒カムで規制するという，外観からは筆者にとって想定できない機構を内蔵した驚くべき代物だったのです．

実際に分解に取りかかり，内部機構が見えてきた時，古い諺である“百聞は一見にしかず”という名言が頭の中を駆け巡っていました．

千慮の一失

このような構造は，かつてのガリレオ式変倍機構と，当時開発が始められていたレンズ間変更による変倍機構を組み合わせたものです．計算に多くの時間と手間を必要としたレンズ設計を，少しでも手軽にすることで，実用的な製品を生み出す方向性を確立したものと考えられるかもしれません．

そして，その実現性を確保するためには高い工作精度を必要とします．実際に実機の細部を見ると，実に念入りな工作が行われていることがわかります．部品位置の固定のため，セットビスが多く使われていますが，直径が小さいだけでなく，使用箇所で微妙という言葉のとおり，0.1～0.2mm程度の長さの違いを持っているのです．ネジ径は1.4mmほどですが，実に滑らかにねじ込まれ，きっちりと固定されます．

変倍機構の円筒カムも，部材が真鍮であることもあって，ピンの動きはガタがなく滑らかで，基本技術の高さ，確かさをよく表しているものです．

全く個人的な感想ではありますが，ドイツ製品が工業的であるならば，ことフランスのルメア社のこの製品は，工芸的だと思われてなりません．

このように，双眼鏡の構造からいえば，大変興味深い製品です．しかし，実用上から結像性能もそれなりではあるのですが，総合的な実用性では合格に達していないことにも気づきます．

というのも，変倍機構がIF式合焦機構のような接眼部全体の回転によるため，視度差を調整する機能自体を接眼部に置くことができないのは仕方ないことですが，どこにも設けられていないのです．そのため，倍率を上げるほど，左右両眼視での総合的な結像性能には今一歩という感じが強くなってしまい

嵌め合いの円筒カムは二重構造であるばかりでなく，さらにその内側には，虹彩型で直径可変式の視野絞り機構もあります．内側にあたる円筒の案内孔は，この絞り機構の作動も規定しています．絞り羽根は10枚構成ですが，やはり完全な円形にはならず，多角形に見えますが，ギザギザ感はそれほど気にはなりません．

ます．隔靴掻痒と言うべきか，せっかくの精密加工が生かしきれていない点が出てきてしまうのです．

視軸の調節はプリズムの左右移動であり，対物部にはエキセン環がなく視度調整部を付けられるはずですが，それがありません．まさに，千慮の一失と言うべきでしょうか．

しかし，レンズ設計上の制約が多かった時代に，曲がりなりにも一応実用性能に達した変倍双眼鏡を生み出した努力は，評価しなければならないでしょう．移りやすいものの本質が美であるならば，独特の外観も与える印象を変えるかもしれません．筆者とは感性の全く違う若者は，どう感じるのでしょうか．多少ですが興味はあり，聞いてみたい気はしています．

変倍作動の途中では，接眼見口から内部のカム孔（矢印）が見えることになります．変倍でも替わることのない物体側の接眼レンズの第1面，3組の接眼レンズそれぞれの最終面，そして対物レンズ最終面はどれも平面です．レンズ面の曲率選択は，結果的に変倍機構，鏡体構造以上に量産性に目を向けたような出来になっています．

鏡体羽根間に合焦動作をするための転輪が設けられているため，鏡体羽根部分には中心軸外筒はありません．眼幅合わせのために必要な鏡体中心軸部分も，構造は独特です．通例では，右側羽根部は中心軸外筒と堅固に組み合わされて基本部分を形作り，その部分が左側羽根部によって挟まれるような構造になるものです．本機では単純に右羽根が接眼側，左羽根が対物側となっていて，一方向からの締め付けで固さ調整を行うだけです．その一方，中心軸内部には転輪のガタ取り機構があり，転輪の固さの調節が行えるようになっています．小技の冴えは接眼部だけではありません．

救国の双眼鏡は敵製品の上質模造機
ソビエト社会主義共和国連邦製 (製造工場不明) 6×30 8.5°

旧ソビエト製光学機械には製造年が表示されるのが通例で，手前側が第二次大戦中の1941年製，後ろが大戦後の1947年製です．いずれも倍率と口径は表示されていますが，視野に関しては無表示です．1941年製の物には，ソビエト軍用を示す星を戴く鎌とハンマーのマークと製造工場のシンボルマークがあり，右眼側に目盛があります．1947年製のものは製造工場のマークが異なり，軍のマーク，目盛もありません．

仮想敵の姿

いわゆる日本の帝国主義的膨張の方向が，北進論から南進論に変わっても，日本陸軍の最大の仮想敵は，対米関係の悪化までは旧ソビエト連邦でした．

史上最大の口径を持った変倍式双眼望遠鏡や艦艇搭載用を越えるような大口径双眼望遠鏡の製作も，主戦場と予想される旧満州地区やモンゴルの大平原地帯での，その仮想敵との戦闘を想定して生まれてきたものでした．

ところが，現実に敵である旧ソビエト軍が，光学兵器を含め，どのような軍備を備えているのかは不明でした．特に共産主義計画経済の優位性を唱えるプロパガンダは，さらにその真の姿を見きわめにくいものにしていました．

そして，日本にとってその姿の一端が不幸な形で見えたのが，ノモンハン事件と呼ばれる日ソの軍事衝突でした．この戦闘は，まもなくヨーロッパで始まる本格的な戦争の姿を予想させるものでしたが，光学兵器の優位性が直接戦闘の勝敗を決める決定的な原因になることはありませんでした．

戦闘が停戦協定の樹立によって終了した後，戦闘から直接判明したソビエト軍の装備などの情報は当然解析されたと思われます．その後，独ソ戦が始まってからは，ドイツ経由でかなり具体的にソビエト軍の情報が収集されたことは確実です．ソビエト軍の光学兵器の情報も当然あったことでしょう．

カメラ好き

広大な旧ソビエト地域に光学工業が生まれるきっかけになったのは，ロシア革命以前，サンクトペトロブルグに王立窯業研究所が創設されたことでした．そして徐々に光学機械の国産化が図られていきました．一方，民間でも製品が現れ始めるものの，その中心になったのはカメラでした．

帝政時代から大きな陸軍力を誇っていたロシアが，光学機材の面で遭遇した危機は第一次大戦でした．大戦前に，主にツァイスを中心とするドイツ製品に大きく依存していたため，開戦によりドイツという最大の供給元を失ったのです．そこでロシアは，やっと生まれたばかりの日本の藤井レンズ製双眼鏡までも輸入して，急場をしのぐこととなります．

そして革命により社会体制は大きく変貌し，計画経済のもとでソビエトの光学産業は発展を始めます．かつて，ロシアの首都サンクトペトロブルグには，ツァイス，ゲルツの支社，分社がありました．また，革命以降ソビエトによって吸収されていく周辺の独立国中には，バルト海沿岸のラトビア共和国のように，首都リガにも一定の技術水準を持つ光学工場が存在していました．従って発展の助力となった要因が全くなかったわけではないようです．

ところで，世界的に見て光学機材の中でもカメラ，特にバルナック型ライカと通称されるカメラは，光学産業が存在していた国では，全くのデッドコピーや多少の変形を加えた型など，多くの類似機，類型機が製造されました．旧ソビエトでは，早くも1930年代には，その類似機をウクライナ共和国ハルコフのフェド工場とモスクワ近郊の工場の2箇所で生産していました．驚くことにFEDという名称の語源は，後にKGBとなる諜報組織の創設者の氏名の頭文字をそのままつなげたものでした．

旧ソビエトでは，このように早い時期からカメラの生産が行われていました．ただ民需として国内に需要が多かったとは考えにくく，外貨獲得の手段として輸出を企図したにしては，貿易等で積極的に動いた形跡は見当たりません．国内へのプロパガンダ，情報の管理統制に必要としたのでしょうか．

意外とその実，ロシア人の国民性はカメラ好き，写真好きなのかも知れません．第二次大戦以降には，冷戦下でもデッドコピーだけでなく，さらに独自の考案を加えていて，カメラの機種数は意外に多くの種類が生産されていくことになります．

だいぶ以前のことですが，旧ソビエトを「隠れたカメラ大国」と評した写真関係者がいました．ベルリンの壁崩壊以降，カメラの現物を直接手に取れるようになって，筆者もそのことを強く実感しました．すでに文字・画像情報だけで興味を持っていた何台かのカメラを，筆者は思わず半ば興味本位に入手してしまったこともありました．

光学大国

カメラは民生品的要素が強い製品ですが，双眼鏡の場合，そうは言えません．

旧ソビエト製カメラは，1970年代中頃，日本国内の共産圏専門商社によって少量輸入されましたが，双眼鏡は正規の輸入はなかったようです．たまたま偶然ですが，筆者の場合，東西冷戦の末期，国内で7×50mm IF式7°強（実視野の記憶は曖昧ですが）のソビエト製双眼鏡を実視したことがありました．

外観，形状は伝統的なIF式のZ型のものです．販売業者の説明によれば，ソビエト空軍で使われていた

光学系の構造は，手本と考えられるツァイスのシルヴァマール（左）と同じケルナー型接眼レンズです．像にごく薄い黄緑系の着色がありますが，像質的にシャープさではそれほど遜色を感じません．重量では真鍮部品が多く，ツァイスの500gに対して700gと重くなっています．金属部品は生産の簡易化による減少だけでなく，固定強化のための増加も行っています．苛酷な自然環境での戦闘という極限状況下でも，できるだけ実用性を低下させないように意図されているようです．

もので，旅行者が持ち出したとのことでした．周辺像はともかくとして，中心像の切れや抜けの良さは非常に強く印象づけられました．

当時，筆者は同じスペックのN社製の国産品を既に持っており，性能には十分満足して使用していたため，わざわざ買い替える必要は感じませんでした．しかし，めったに見られぬ物と思い，友人のO氏にお出ましを願い，像質の確認をしました．場所を変えた上で像質から受けた印象を話し合ったところ，全く同じ結論でしたが，彼も筆者もこの双眼鏡を入手しませんでした．

中古品であってもなかなか高価であったことや，メンテナンスの問題，日中のため天体によるテストができなかったことなどはあります．しかし，今考えても確実な理由は出てきません．その後も，時々この双眼鏡の話が出ることがありますが，入手しなかったことで余計に青い鳥現象になっているのかもしれません．

旧ソビエト製双眼鏡は，ベルリンの壁崩壊以降，民生品の7×50mmコンパクト型，7×40mm軍用品を入手しましたが，かつて見た青い鳥は見つけられませんでした．

さらにその後，友人の西村有二氏のロシア土産として，本項で紹介した第二次大戦期の6×30mm機の恵贈を受けました．第一次大戦当時のスペックが6×24mmですから，口径は一回り大きくなり，実視野もほんの少しですが広げられています．

光学的構成に特記するようなことはありませんが，手本といえるのはツァイス製6×30mm IF機 シルヴァマールでしょう．周辺部での低下，帯色傾向などを除き，中心部から中間部にかけての像質を見れば，かなり良くできたコピーといえるかもしれません．

ロシア革命後のソビエト政権は，結局，社会の停滞と非効率などによって崩壊を迎えます．しかし，望遠鏡・カメラ・光学系としては，マクストフ型，超広角レンズのルシノフ型，一眼レフ・スポルト等，先駆的で独自性を持った製品が生み出されたのは，旧ソビエト時代でした．

1970年代初期には，8×30mmで見かけ視野が90°を越える超広角視野双眼鏡までもが開発されるようになります．これもやはり，光学大国の何よりの証だったように思えるのです．

旧ソビエト製の光学機械は通常，製造年が表示されています．左が戦時中の1941年，右が戦後期の1947年製ですが，41年製機には戦意高揚のためもあってか，国章が大きく表示されています．47年製機では国章に変わって，製造工場を示すロゴマークがあります．

伝統的な構造構成を継承したイギリス・ロス社の双眼鏡
Ross 6×30 Stereo Prism Binocular

一見しただけでは，昔のロス社の製品に比べ，ずいぶん近代化された印象を与えますが，基本的な鏡体構造部分にガリレオ式双眼鏡の影響が見られます．スペックは6×30で，少しずつですが，主力製品の口径が時代の変遷とともに大きくなっています．接眼レンズの見かけ視野もケルナー型ですが45°に達しています．レンズの曲率は以前の40°時代と同じで，対物レンズの曲率とともに平面をできるだけ採用した，いわゆる作りやすいタイプです．従って像質としては，最外周で古いタイプに比べ落ちるものの，口径，見かけ視野の拡大化の影響は意外なほど少なく，ガラス材の適正な選択が行われたものと思われます．

国民性の反映

「国民性」という，漠然とはしていますが何となく説得力を持った言葉があります．工業製品である双眼鏡についても，1930年代頃までは，一部のものではありますが，国民性のようなものを感じられる製品があります．そして，その国民性を最もよく現じていたのがイギリスの製品だったと思われます．

伝統的，あるいは保守的といったイギリスに対する国民性のイメージを特に色濃く現していたのが，本項で紹介するロス社の双眼鏡と思えます．もちろん，それが当時の全てのイギリス製双眼鏡に当てはまるわけではないのですが．

ロス社の双眼鏡については，既に双眼鏡黎明期であった当時としても特異な形態，構造の機械として紹介しました．この機械についていえば，国民性というよりは，いかに非ツァイス的な独自色を出すか，という目的が全ての点で優先してしまい，結果としてアイデア倒れに終わってしまったとも言えます．

結論として，合理性の少なさが製品の評価を決定づけたとも言えるでしょう．ロス社の双眼鏡はその後，一応はいわゆるZ型鏡体構造に近づきます．最終的にはZ型に発展するものの，いわば過渡期にあたる時期に出現した製品の鏡体構造は，まだ完成の域に達したとは言えないものでした．イギリスでの時の流れはゆっくりとしたものであったように思えます．

この過渡期に現れた双眼鏡の鏡体構造は，既に紹介したW.P.H 8×20やビクトル8×20と同様の，鏡体カバーの延長部分が中心軸を支える構造でした．この構造は，ガリレオ式双眼鏡では古くから行われている，いわば標準的な作りでした．ただ，ガリレオ式に比べ倍率が高めになるプリズム式双眼鏡では，構造的に起こるねじれと中心軸との関係，再組み立て時の精度の復元性という問題があります．そのため一時的に採用されたとしても，比較的短期間に本来のZ型鏡体に改められてしまうことが普通でした．

ところが，ロス社以外でもかなり多くのイギリスの双眼鏡メーカーでは，第二次大戦が始まる頃まで，伝統的なこの構造のプリズム双眼鏡が作り続けられていたのです．もちろんこのような問題点も，部品加工精度の向上でかなり救われるのでは，と思えます．いずれにしても本当の理由については，当時の関係者に直接聞かなければならないでしょう．とにかく双眼鏡にも国民性は現れることがあるようです．

適切な素材の選択

初めてこの機械を手にした時，実はちょっと驚きを感じたことがありました．それは，中心軸部分に鉄錆の発生があったからです．ビスなどの小物部品は別にして，双眼鏡では通常外部に露出する部品に鉄材が使用されることは，第二次大戦中の国産品の固定架台式双眼鏡といった，ごく一部の例外を除いてまずないと言えます．

もちろん当初は塗装処理されていますから，問題は起きなかったでしょう．しかし，長いタイムスケールで耐久性を考えた時，この場合の素材の選択が適正であったかどうか，大きな疑問が残ります．耐久性には機械的強度と化学的安定性を同時に考えなければならないことは重要なことで，物理と化学の両面からのアプローチが必要です．化学的な事柄では，原料成分としては同じで，分析的には同じに見えても，結果的

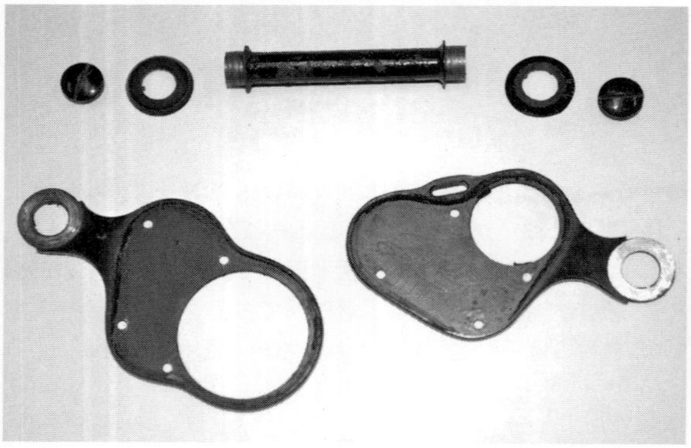

中心軸と鏡体カバー，中心軸は単に1本の鉄製のパイプで，通常のZ型のIFタイプが内部にテーパー付きの二重構造，CFタイプではさらに転輪機構のために四重構造となるのに比べ，大変に簡単な構造です．テーパー部分は，中心軸のガタ取りのために設けられていますから，本機のような構造では磨耗による緩みを吸収することができません．組み立て加工上，精度保持のため必要箇所にピンと受けが設けられています．鏡体カバーは厚い真鍮板製で，フライス加工で鏡体との接合部分を掘り込んでいますが，刃物の加工痕が渦巻く波のように残っています．この面は直接防水機能に関係ありませんが，意外に荒い加工なのには驚かされました．しかし，その他の加工は塗装も含め，大変良い出来で，ロス社本来の技術力をうかがうことができます．

に違いが現れることはあることです．これに関連しては，次のような話も伝わっています．

とけなかった謎

第二次大戦中に沈没した日本の潜水艦を引きあげた時，その中から双眼鏡が発見されたことがあったそうです．潜水艦で使われた双眼鏡ですから防水型の7×50機でしょうが，見つかった複数個のうち1個を除いて，他の双眼鏡のアルミ合金部品はほとんど海水によって腐食溶解していました．

しかし，ただ1個だけはかなり原形を保ったままの良い状態でした．調べてみると，この双眼鏡はドイツ製でした．その後，興味を持った技術者が素材を化学的に分析したところ，原料としては国産双眼鏡のアルミ合金と全くと言ってよいほど同じだったそうです．下された結論は，分析精度以下の微量添加物の可能性はあるものの，おそらくはダイキャスト技術（精密金型鋳造技術）上での熱処理の違いによるもの，とされています．見えないところにこそ，真の技術格差は現れるものかもしれません．

これから求められるもの

素材の適切な選択は重要なことで，長期間に渡り，初期性能を維持するためには当然必要となります．しかし，これからは製品として最善の選択ということだけでなく，消費者の手から離れ，製品としての寿命を終わった後までも考えに入れた設計の必要性が生じてくるでしょう．

双眼鏡といった比較的小さなものでも，リサイクルできる物質を採用して，最後にゴミにならざるを得ない物質の量と種類を最小限化する，それは避けては通れない命題になる日も近いはずです．素材として優れた機能を持つ，非金属複合素材に代わり，ハイテク系の素材ではなくリサイクルしやすい金属で作られた伝統的な双眼鏡，カメラといったものが，再び主流になる世の中が来るのかもしれません．

対物カバー部分の分解．鏡体カバーが中心軸支持体でもあるため，内部の清掃には必ず新たな調整作業が必要で，精度維持の点からは大変困った構造といえます．軸出しは，オーソドックスな対物エキセン方式ですが，エキセン環の調整範囲を越えた誤差が新たに生じることもあり得ます．このような全体の構造に対して，各部品単位で見た場合，例えばプリズムには遮光溝加工や遮光板があったり，確かな金属部品の加工精度など，アンバランスが目につきます．

強度と気密性維持に優れた鏡体の双眼鏡
Bausch & Lomb 7×50，Universal Camera 6×30

1932年にボシュ・アンド・ロム社によって開発された新しい構造の双眼鏡は，従来型の弱点を大幅に改善しました．そのため外見的には大きく重くなりましたが，製造当初の状態を長く保持できることで，苛酷な環境下での使用に最も適した双眼鏡になりました．写真の7×50機は1943年製のアメリカ海軍用のもので，その後，コーティング加工と同時に内部清掃が行われているため，現在でも充分実用可能な状態にあります．右の小型機は，ボシュ・アンド・ロム社製のものとほとんど同じ仕様のアメリカ・ユニバーサルカメラ社の6×30機で，第二次大戦中，アメリカ陸軍用として作られたものです．

新発想の双眼鏡の登場

1932年，アメリカの光学メーカー Bausch & Lomb社（ボシュ・アンド・ロム社，以下BL社と略記）は，全く新しい着想の下，従来の双眼鏡の弱点を克服した，新しいポロⅠ型プリズム双眼鏡の開発に成功します．その最も重要な点は，耐久性の向上でした．

これまでのいわゆるZ型と呼ばれるタイプの双眼鏡は，鏡体は対物側，接眼側それぞれにカバーがあり，対物枠，接眼部品で，鏡体にネジで締め付ける形でカバーが取り付けられていました．しかし鏡体カバーの厚みは1mm程しかなく，鏡体の対物枠を固定するネジ部分は全周にはありません．このネジ部分が部分的（欠き切り状）であるため，各接合部分に気密性を確保するための粘土状の油土（あぶらつち）が充填されていても，対物側鏡体カバーの変形は，即気密性の崩壊につながる重大な問題でした．

もちろん構造上，強度向上対策は行われています．口径40mm以下機のように，対物枠が直接鏡体にねじ込まれる機種では，鏡体のカバーに対物外枠（対物キャップ）がねじ込まれるようにネジ山部分が設けられていて，一体化する構造が一般的でした．また，口径40mm機以上のように，対物レンズ枠が延長筒

(対物筒) 先端にある機種では，鏡体カバーに折り返しのような部分を設け，強度の向上と，対物筒との接合面積を増やすことは当然のことでした．

このような対策は，部材の厚みが同じでも比較的強度が上がる小口径機では有効でした．しかし大口径機，あるいは小口径機であっても軍用双眼鏡として苛酷な状況下で使用される機種では，決定的な対策にはなっていませんでした．

アイデアの原泉

双眼鏡の内部環境の保存，言い換えれば気密性の確保といった点は，すでに古くから考えられていたことでした．市場に出現したばかりの双眼鏡では，鏡体と鏡体カバーとは単にビスで平面的に固定されただけでしたが，やがて鏡体カバーは鏡体におおいかぶさるような形になり，接合面積が増やされます．

一方，別なアイデアも出現します．既に紹介した，ゲルツ社の6×20mm機では，マント型鏡体という形によって改良を図っています．しかし，マント部分(外装) の厚みが不十分で，接合部分が長く，鏡体の強度はあまり向上しておらず，結局はアイデア倒れに終わってしまいました．

鏡体の構造から見た場合，単純な機械加工で最も精度の向上が望めるのが，既に紹介したヘンゾルト社のアッベ・ケーニッヒ型ダハプリズムを用いた，6×35ダイアリートのような構造の双眼鏡です．鏡体はそれぞれねじ込みだけで組み立てられていますから，加工精度が上げやすくなります．ネジ部の接合が完全に確保されていれば，比較的容易に気密性の保持ができるのが大きな利点です．

しかし，プリズムシステムの外観が不規則で，光軸の平行シフトがあるポロ型では，話はそう単純ではありません．かつて，ポロII型でこのような鏡体構造を採用した例は，エミール・ブッシュ社の製品に見られたことは既に紹介しました．ただ，これをそのままポロI型機，しかも大口径機に応用するのはかなり困難です．

このようなことを考えたうえで，各々の条件を最適化すればどうなるか．最も強度的に弱い，対物筒と対物カバーの接合部分をなくすためには，対物筒，対物カバー，鏡体の一体化という結論が導き出されるのは必然ともいえるでしょう．対物筒部分まで含

7×50機も6×30機も基本的な構造は同じです．接眼部は鏡体カバーと接眼外筒が一体化された構造で，鏡体本体とはラバーシート(矢印)をはさんで組み立てられ，防水性能を確保しています．プリズムは座板(托板＝たくばんとも呼ばれる)上で鏡体本体とは別個に調整，組み立てられています．鏡体カバー，プリズム座板のビス，合計8本をはずすことによって，分解が簡単に行え，対物レンズ最終面までの清掃が可能になることは注目すべきことです．しかも，再組み立てでも本来の精度の回復が容易に行えることも，従来構造の双眼鏡より優れた点です．

んで一体化された鏡体では，気密性の向上に鏡体強度の向上が伴っているのです．

しかし，鏡体から二つのカバーのうち一方（対物側）を取り除く形になったことで，従来行われていた鏡体内部でのプリズム位置固定作業は行えなくなってしまいました．

メリットの必然性

でも，これは大した問題ではありませんでした．ヘンゾルト社の例では，外から見えない特色として，プリズムは鏡体とは別個の台座の上で組み立てられ，鏡体に組み込まれていました．

このような構造，製造法をポロⅠ型双眼鏡に応用することは，これまで行われていた，空間的に余裕の少ない鏡体内部でのプリズム位置決め固定加工，加締め作業から解放されます．これにより部品破損の防止，加工作業の容易化，といったメリットも生まれてきます．このことはコストの低減にも直結していますから，作りやすい，低コストの製品の生産という点でも，この改善は大きな進歩をもたらしたのでした．

もちろん，この改善策に欠点がなかったわけではありません．外形の大型化，重量の増加といった点です．しかし結局，強度と気密の保持という関連した条項を優先すれば，BL鏡体は必然の形と言わなければならないでしょう．

BL型双眼鏡の歴史的位置

この新しいタイプの双眼鏡は，やがてアメリカ軍に採用されます．アメリカの他のメーカーも，同じ仕様で生産を始めることになって，アメリカの軍用双眼鏡を一新してしまいます．

世界的に見ても類似の構造を持つ双眼鏡は，時期こそ異なっているものの，各国で生産されています．Z型鏡体の本家であるツァイスですら，第二次大戦期の潜水艦（Uボート）用双眼鏡はBL型になっていました．歴史的な波及効果から考えれば，おそらく開発メーカーの意図以上の影響を与えたと言えるでしょう．

しかし本家のアメリカでは，BL型というよりアメリカンタイプと呼ばれることの方が多いのは，何か皮肉な感じがしないでもありません．日本では，BL型双眼鏡が光学技術に関する書籍でくわしく紹介されたのは1940年のことでしたが，日本製品が世界市場に送り出される商品として花開くのは，戦後しばらく経ってからのことでした．

座板（托板）にはピンが植えられていて，鏡体本体との位置固定が確実に行えるようになっています（矢印）．プリズムの固定法は従来型のものに比べ，押さえ圧力を少なくすることと，押さえ方の方向性にも注意が払われています．座板は黒色アルマイト加工されていて，プリズムカバーと同様，内部迷光対策になっています．プリズムカバーのうちで接眼側は，組み立て時のスリ傷防止の意味合いの方が強いと思われます．

接眼レンズの構成は7×50も6×30と同様，第1面が平面のケルナー型で，レンズの押さえ環は視野絞りにもなっています．眼側のレンズには防水性確保のため，油土が充填された痕跡(貼り合わせレンズの周辺)がありますが，油土自体の使用は従来型と大きく異なり，きわめて限定されています．接眼部分ストッパーは鏡体カバーの接眼外筒部分にねじ込まれ，その内径が接眼レンズ枠の多条ネジ部分との直径差で働きます．

対物部分の改善個所は，固定金具のネジリングで直接対物枠を押すのではなく，回転防止のため凸出部分を設けたスペーサーと防水用ラバーシートを介して締め付ける構造になっていることです．従来構造では，横方向からのセットビスで回転防止を行っていましたが，締め付けによる対物枠の回転(視軸の変動)が起こりやすかったため，組み立て調整は意外にコツのいる，手間とヒマのかかる面倒な作業でした．

「なで肩」デザインはマント型鏡体の復活，アメリカ軍用双眼鏡
Wollensak 6×30 M5

接眼側カバーをなくした「なで肩」の鏡体デザインは，実用上も手に優しく，武骨なデザインがほとんどな軍用双眼鏡中では異彩を放っています．独特といえば，外部部品各所に部品番号と思われる数字が表示されていることで，部品供給をスムーズに行うためと考えられます．

意外なリバイバル

第二次大戦前の1937年には，いわゆるZ型の鏡体に比べ強度的に優れ，生産効率も悪くないボシュロム型（略してBL型）鏡体が既に製造されていました．ところがこの年，同じアメリカ合衆国ニューヨーク州ロチェスター市にあったウォーレンサック社から，大変意外な構造の鏡体を持つポロ型プリズム双眼鏡が生み出されます．それは20世紀が始まってすぐ，ドイツのゲルツ社によって生み出された，マント型構造を持つポロプリズム双眼鏡のリバイバル製品といえるものでした．

しかもさらに意外なことに，決して強度的にBL型にかなうはずがないにもかかわらず，リバイバルされたマント型構造の双眼鏡は，アメリカ陸軍に軍用双眼鏡， M5型として制式に採用されたのです．双眼鏡本体には特許番号が表示されていますから，特許が成立しているのは確かでしょうが，どの点が特許として認められたのでしょうか．

ただ，同じ光学的なスペックを持つBL型鏡体の双眼鏡と並べてみると，サイズ的には高さ，幅はあまり変わりがありません．しかし，厚みがBL型の3分の2程度しかないことと，接眼部側の鏡体デザインが「なで肩」になっていることもあって，コンパクトな印象を与えます．

実用上からも鏡体が手にしっくり収まって，手に優しい感じがします．同じ軍用双眼鏡でも，BL型が武骨な印象を与え，いかにも形態が用途を暗示しているのとは対照的な感じです．

勝者イコール敗者

現在ではウォーレンサック社の名が語られることはほとんどないでしょう．しかし，かつては日本でも大判カメラ，蛇腹カメラのレンズメーカーとしてけっこう知られた存在でした．他にも，ガリレオ式双眼鏡「バイアスコープ」は，外観デザインが他のものと異なり，メカニカルな印象を与え，雑誌の代理部を通じて手頃な価格で販売されていました．

しかしこの時代，昭和初期の日本では，プリズム双眼鏡はドイツ製品が舶来品としては最上等とされ，輸入量の大部分を占めていました．その他の国では，フランス，イギリス製品も多少は輸入されました．ところがアメリカ製のものは，ウォーレンサック社，BL社を問わず，正規に輸入業者の手によって輸入されたことはないようです．

プリズム双眼鏡に関する第二次大戦前の日米関係は，藤井レンズが行った輸出が例外的で，その関係も後の時代に比べると大変薄いものでした．

ウォーレンサック社はその後，意外な役割を果たすことになります．第二次大戦が始まる頃には報道用，軍事用カメラとしてライカタイプカメラの実用性，重要性は高まっていました．ところが，ライツアメリカ支社では大戦前，レンズの在庫が底をついたのにもかかわらず，本国からの補充は望めない状況になってしまいました．そこで，ライツアメリカ支社は，ウォーレンサック社にレンズの生産を委託するのです．

ウォーレンサックはその後，1947年まで，ヴェロスチグマットレンズ4種類を開発，生産します．しかし，ライツ本社の復旧が進むと，1950年代初めにはライカマウントレンズの生産は停止してしまいます．そして，この頃になると，大戦前には考えられなかったほど，光学製品の分野での日米関係は深くなっていました．

ただしこれはあくまで日本からの一方通行でした．東西に分割されてはいたものの，もともと潜在力の

鏡体内部のプリズム台座にあたる部分が，生物でいえば骨格に相当し，鏡体は皮膚に相当するといえるでしょうか．台座部分と鏡体は，精度良く組み合わされています．ただしここはグリップ力の加わる部分ですから，変形の恐れを考えれば，油土は充填されているものの，最良の構造とはいえません．なおプリズムの位置決めは，台座とは別個の金枠によるのは既述のBL社7×50と同じで，台座にはピンで位置規制が行われています．ところが中心軸外筒は単なる挟み込み式で，各部材の加工精度が良好なため，逆に意外に思えます．

あるドイツと新興勢力日本の挟み撃ちは，アメリカの光学産業を生き残りのため，民生品から軍用品へのシフトを選ばざるを得ない状況へと，追いつめていったのでした．

シュミット光学系を用いた軍事偵察用光学系を製作していたウォーレンサック社は，1960年代，他社に買収されます．そして3M（スリーエム）グループの傘下に入り，伝統ある看板を下ろすことになります．

バイアスコープはガリレオ式双眼鏡でありながら，メカニカルでスポーティーなデザインには，プリズム双眼鏡と同様のポリシーがあるようです．そのため，消費者へのアピール度も高かったようです．

「なで肩」はトレンド

構造的にはゲルツ社と同じマント型ですが，アメリカ陸軍M5型双眼鏡の外観上の特色は，鏡体接眼部側を絞った，「なで肩」ということです．構造は似ていても，単なるリバイバルに終わらず，形状が大きくなりやすいポロ型プリズム双眼鏡の解決策としての「なで肩」デザインの開発は，かなり有効なコンパクト化の手段になるでしょう．

口径があまり大きくないものならば，BL型と逆に，対物側からの組み立て構造にすれば，コンパクトで強く，しかも耐久性に優れた双眼鏡を生み出すこともむずかしいことではありません．逆BL型の構造を持ち，BL型の利点を生かした上でのコンパクト化は，堅牢な構造としなやかな外観という，一見相反する特色を同時に兼ね備えた双眼鏡を生み出す可能性を秘めていることになるのです．

鏡体を覆っていたマントを外すと骨格部分が見えてきます．骨格とマントは精度良く加工されていますが，固定を確実にしているのは，鏡体カバーと接眼部にあるリング状の金具（矢印a）です．この金具を取り外さないと分解は不可能です．鏡体カバー固定ネジ（矢印b）を受ける金物（矢印c）はビス状ですが，内側にネジがある二重構造で，プリズム押さえ金具（矢印d）の固定も兼ねています．

◀Zeiss 8×20

(20世紀初頭の製品例)

(1990年代の製品例)

▲ニコン 8×32SE・CF

「なで肩」双眼鏡の例．肩を落としたデザインの双眼鏡は，既に20世紀初めに出現していました．しかしその後は長く忘れ去られていましたが，再び現れるのは1990年代になってからでした．現代の製品では，隠れたトレンドとして，少しずつ増えつつあるようです．やがては，ポロ型双眼鏡のデザインの主流を占めるようになっていくのでしょうか．

このようなアイデアを持った機械は，1960年代，既に現れていました．そして最近では，コンパクト性に優れたダハタイプ双眼鏡への対抗策として，この流れが着実に大きくなっていることは，年代を追って見ていけば確認できるでしょう．

ポロ型プリズム双眼鏡のトレンドの一つとして「なで肩」が増えつつあるのを，もし当時の関係者が見たらどうするでしょうか．きっと，先見性に胸を張るかも知れません．ただし，肩はいからせないでしょうが．

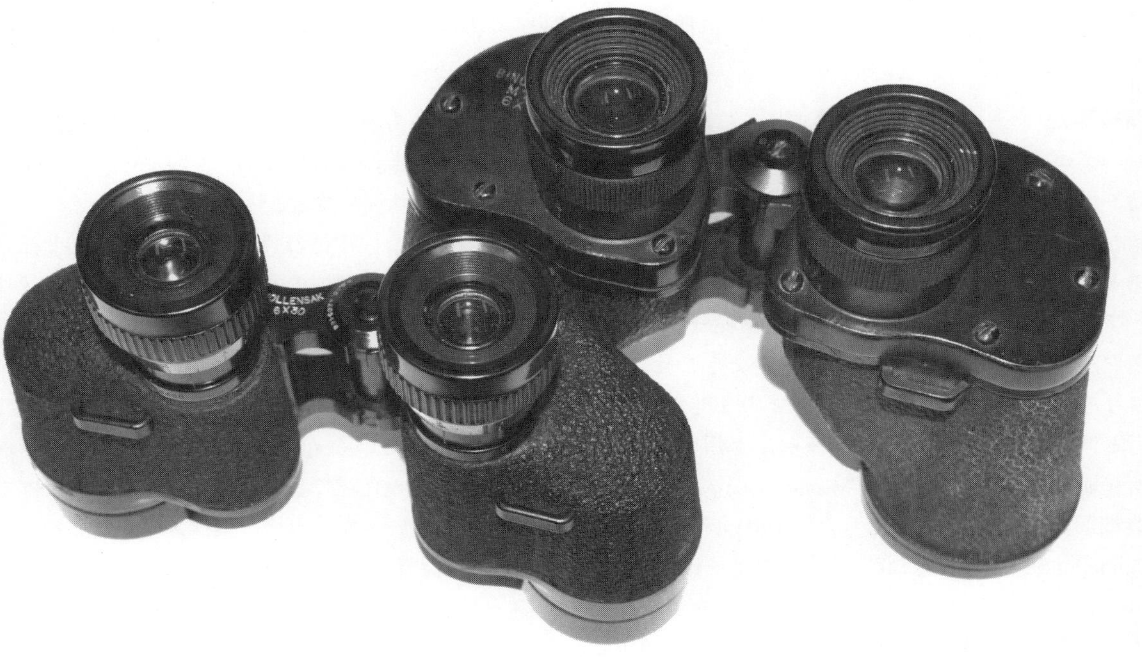

ウォーレンサックM5とBL型M13A1はともにアメリカ陸軍用双眼鏡ですが，同じ光学仕様であるにもかかわらず，受ける印象はずいぶん異なります．なで肩であるためもともと小さく感じるのですが，BL型と並べると，いっそうそれが強調されます．

アメリカの機械メーカーが手作りした試作プリズム双眼鏡
The I.S.Starrette 6×30

古風な感じを与える外観ですが，一見しただけでは，通常のZ型双眼鏡との相違点は見えてこないでしょう．しかし細部の観察と，そこから導かれる分解への手がかりによって行った分解から見えてきた事実は，実に興味深いものでした．本来はあるべきシリアルナンバー，実視野表示が明記されていないことも，この双眼鏡の位置づけを示しているように思えます．

新規製品

本業が確立している製造業種の企業に余力がある時，従来の製品の延長線上とは少し離れたところに新しい製品を生み出す試みが行われることは，ままあることです．

アメリカの機械メーカーThe.I.S.Starrette社（以下：スターレット社）でも，時期は確定できませんが，プリズム双眼鏡が作られたことがありました．もともと同社はアメリカマサチューセッツ州にあって，所在地の地名を冠したAthol Machine Companyという，機械部品類の製造会社でした．1905年にはLaroy Sunderland Starretteに買収されて，社名を改めます．スターレットは経営の才と技術力に恵まれていたようで，その後，機械部品類の製造業者として順調に業績を拡大していきます．

しかし，スターレット社が作った双眼鏡は現存が確認できるものは6×30mm機だけです．文献上にもこの事実の記録は皆無であり，現品のみがわずかにそのときの状況を推定させるのみです．

筆者は，この機材の製造時期を1930年代と推測しています．その製造の背景には，同時代，アメリカの他社で作られた同じ光学仕様の機材の存在が色濃くあったように思っています．

もちろん時代的にはその少し後，第二次大戦では，6×30mm IFという光学仕様の機材はアメリカ陸軍用双眼鏡の正規仕様でした．そこで光学会社だけではなく，新規参入する電機，機械メーカーなどで大量生産が行われることになります．しかし，その中にスターレット社の名前はなく，同社は戦時中，あくまで機械製品の供給でアメリカ陸海軍の要求に応えていったのみでした．そのことから言えば，本機は試作段階で終わったことを強くうかがわせます．

試作機ならではのつくり

本機は一見したところ外観はZ型であり，合焦方式が単独繰り出し式であることは明白で，これだけでは取り立てて言うほどではありません．しかし，実際に本機を手に持つと，その重さに驚かされます．また，鏡体の外装が擬革貼りとは異なっており，何か混ぜ物を加えた塗料で仕上げられています．

日本，あるいはドイツという枢軸国側の軍用双眼鏡では，第二次大戦末期，物資の欠乏から外装に塗装仕上げ，それも混ぜ物を加えた例は多々あります．しかし，本機の場合はそれとは混入物質が異なっており，何か気泡が抜け出た溶岩の表面を思わすような感じです．

また外観上，その他の特色としては，対物部分が長く，鏡体の外観からうかがえる断面形状も凹部がわずかで，ごろっとした感じです．以上の細部の印象から言えば，デザイン的には古い感じを与える仕上がりとなっています．

外観から見て構造を把握するということ

双眼鏡の機構構造を確認するため，あるいは内部清掃のためにも分解作業は避けて通れません．その前に，徹底的な観察は必要です．全体構造と細部の組み立て方を十分認識し，止めネジ（横方向からのセットビス：隠されていることも多い）の位置も把握しておくことは，絶対に必要とされる分解手順の第一歩です．

その点から見た場合，本機の軸出し機構は対物部のエキセン環によるもので，一般的な構造であることは即断できます．ただ，鏡体カバーの止めネジは対物側にしかないことで，何か違和感を持ってしまいます．それよりも，対物レンズ越しに見えるレンズ直後，それも鏡体の外側方向に向いた位置にある止めネジ（丸頭ビス）の存在は，固定方向が光軸方向であることで，より一層その感じを強くさせます．

そしてこの感じを決定的に確定させるのが，やはり対物レンズ越しに見えるプリズムの固定法です．プリズムは，鏡体とは独立した托板に乗せられており，プリズムは稜線部分だけでなく側面にも固定金具が掛かるという，全くBL型と同じ方式ということが見えます．

つまり本機は，プリズム部分に関しては，分解せずに外観からの観察だけで，通常のZ型とは異なっていることが見てわかるのです．これは，筆者にとっては大変に意外と言うべきことでした．その反面，プリズムの固定法は托板上で調整，固定するBL型の

対物レンズ枠を外し，さらに鏡体カバー固定ビス3本を外すと，プリズムが托板に乗せられていることが確認できます．そして同口径機材に比べてかなり重いことの理由が，鏡体は薄板の真鍮を蝋付けで形成されていて，機械構造を形成するためのネジが内部に切れないほど薄いため，鏡体カバーの固定法がビス止め（矢印）を選択せざるを得なかったこともわかってきます．

メリットがアメリカでは広く認知されていることの実証でもあり，納得できることでもありました．

分解から見えてくること

以上の観察を基に分解実行となりますが，分解は対物側からか，接眼側からかで大きく分かれます．本機の場合は，構造が通常のZ型と異なるようなので，対物側先行で行いましたが，接眼側も一部，容易な部分があり，結果的には同時平行となりました．

対物枠のネジ込みには，側面からの固定ネジ（セットビス）はなく，単純に外せました．この状況で再度，できる限り内部構造の把握を行うことは大事なことで欠かせません．これは，イメージした構造が現物と同じであることの確認の積み重ねが，結局，完全分解への最短コースであると筆者は確信しているからなのです．

そして，いくらか見えてきたことは以下の通りです．対物レンズ枠の外周にネジ部分があって，この部分が鏡体カバーの内側ネジ部にねじ込まれて固定されます．このねじ込みは通例とは違っていて，カバー自体の鏡体への固定に関連していません．鏡体カバーの固定は外部にある丸頭ビス2本と，対物レンズ越しに見えた丸頭ビスの合計3本のみで行われているだけです．このように現品の観察から考察してみると，部品固定を部品相互間の位置関係とねじ込みから規定するという，合理的な双眼鏡構造は採用していません．それも，かなりかけ離れた構造ということがわかってきたのでした．

決定的な差異

こうして分解を進めていったわけですが，構造上の特質はプリズムを托板ごと外したことで，さらに明らかになりました．それは，この双眼鏡の生い立ちを彷彿とさせるものだったのです．

分解前の状況でも，この双眼鏡が口径，形状にかかわらず非常に重たく感じられたことは既に述べました．その原因は，鏡体がアルミ合金の鋳造ではなく，比較的薄い真鍮板の蝋付けなどから形成された，いわば手作りに近いものであったからでした．

従って，本来なら鏡体の鋳造で形成されるべき中心軸部分の鏡体羽根，紐掛け用の孔部，そしてプリズム托板，鏡体カバーの取り付け用突出部などは，全て後付け部品です．部材は，使用箇所を考慮して真鍮とアルミ合金が使い分けられています．全体的には，小数量を暫定的に作るため，手工技術（必要部分は当然機械加工ですが）で作られていることを如実に示すものでした．薄い真鍮板で鏡体が構成されている以上，内部の必要箇所へのねじ切り加工は

プリズムは托板に乗せられていますが，交差角度の位置調整ではワイヤーを介して皿ネジでプリズムを押し，位置決めの微調整を行っています．ワイヤー（矢印）の断面は直角二等辺三角形になっていますが，この方式はBL社で行われていたものでした．この点からも，他機種からの部品流用が見えてきます．

行いたくてもできないことです．そのため，対物レンズから見える位置に，鏡体カバー固定用のビスがあったのです．

接眼部もまた独特の構造です．分解作業上で思い出されたのは，プリズム双眼鏡創成期の，例えばツァイスの8×20mmといった機材でした．このようなごく初期のプリズム双眼鏡は，接眼外筒部の内周や内筒（レンズ枠）外周部に多条ネジを切る専用機の開発前の製品であったようです．合焦機構は多条ネジによるヘリコイドではなく，接眼外筒部には接眼レンズを収めた内筒から突出しているピンが入るための孔が螺旋状に切削され，微動機構（合焦機構）となっていました．本機もまたそれと同じだったのです．その一方，接眼ナナコ（ローレット掛けされた部品）の固定法は，内筒の眼側端面に光軸に平行なビスを設け，その頭をピンの代用とした独特のものでした．

必要性が低いため，あえて分解はしませんでしたが，接眼部の取り付けも鏡体と蝋付けされている可能性があります．通常の部材，構造とはかけ離れていること自体が，試作機としての存在を確固たるものとしています．

一方，プリズムの托板への固定法はボシュ・アンド・ロム社（ボシュロム：BL）の方式と同じでした．そこで，ガラス部品とそれに直接組立精度などで関連する金属部品は，既存の，おそらくはBL社の製品を流用しているものと推定されます．

試作機ならではの存在

天体望遠鏡やそれを並べて双眼化した双眼望遠鏡は，自作することは結構あって，決して稀なことではありません．ところが，口径が小さい通常の手持ちプリズム双眼鏡では，光学部品の交換で行う改造（筆者は自家加工したことがあります）はあっても，鏡体からの自作は聞いたことがありません．

しかし本機は，会社製品とはいっても，実質的に手持ち用プリズム双眼鏡を手作りしています．歴史的に見て，同時代的な要素と前時代的な要素が共存している，実に希有な存在です．

アメリカの機械メーカーが，多分ほんの数台手作りしたプリズム双眼鏡が，なぜ日本に出現したのか，それがわかれば，流転の物語が書き上げられるかも知れません．しかし本機は何も語らず，ただ歴史の一断面を伝えるばかりです．右側鏡体カバーにはCOATED OPTICSの表示があります．アメリカでも，実用的なコーティングが行われるようになったのは第二次大戦中期ですから，この表示が示す非同時性も，また謎をいっそう深めるばかりです．

接眼部の分解作業では，部品の切削などを行わずに分解できるのはここまでです．合焦運動を規定する接眼部に植えられたピンも外すことはできません．完全分解できないことも，試作品という状況を強く示していると思われます．

時代に先行するコストダウンを1920~30年代に実施したフランス製品
Colmont Mima 8×25 CF, 10×40 CF

技術的に双眼鏡を観察するのは，外観を見るだけでは不十分とわかっていますが，いざ実際に分解してみると予想を裏切られ，いろいろ驚かされることがあるものです．ここで紹介するコルモン社の2機種もその例の典型です．良い意味で驚かされるのは望むところですが，コストダウン要求が強く求められている新しいものほど，こういったことが少なくなっているような気がしてなりません．

星の文人と仏蘭西製双眼鏡

1930年代，フランスの光学産業は独自の発展を遂げていました．プリズム双眼鏡に関しては，ドイツ製品に品質では今一歩の感があっても，ドイツ製，イギリス製とはまた一風異なった，独自色のある製品群がありました．特に当時の日本市場を見る限り，ガリレオ式双眼鏡の分野で，フランス製品は大きなシェアーを占めていました．

生涯に多くの星に関する著作を残した野尻抱影は，最大作といわれる『星三百六十五夜』の4月30日の項目の中で，「父の遺愛の蜂のマークの双眼鏡は，生涯私の手許から離れることはないだろう」と書いています．この蜂のマークのガリレオ式双眼鏡は，フランス・ルメヤ社の製品で，錨のマークのドライズム社とともに有名でした．

ガリレオ式の4面と少ない空気界面は，光量の損失を最小限にとどめます．そのためノーコーティングでは50%程しか光量が透過しないプリズム式に比べ，ガリレオ式の明るい視野は，天体用としては大きなメリットになっていました．

この時代の天文書で，観測機材としての双眼鏡について触れているのは少ないのですが，中村要の『趣味の天体観測』では，このような理由から，変光星などの観測に薦めているのはガリレオ式双眼鏡でした．中村要が天体観測機材としてプリズム双眼鏡を重要視しなかったのは，おそらく彼が光学機器の限界に近い極限等級の天体にまで観測対象を広げたかったからだと思われます．

しかし，それとは対照的な話もあります．例えば，野尻抱影の『星座めぐり』にはこんな文があります．抱影と同じ早稲田大学出身の相馬御風が「大事大事のギョルツ（ゲルツ）のプリズム双眼鏡」で，すばる（プレアデス星団）を初めて見た時の印象と感動が，コラムとして載せられているのです．

分解してわかること

当時，日本市場にはルメヤ社の変倍プリズム双眼鏡といったものも入っていましたが，もちろん他社製で未入荷のものもありました．その中で，ここで紹介するコルモン社の製品には，意外な驚きを感じてしまいました．コルモン社の製品が日本に正規に輸入された形跡は確認できていません．コルモン社は，既に第一次大戦時にはフランス軍用双眼鏡を生産していましたから，決して技術力のないメーカーではなかったはずです．

しかし実際に現物を手にして驚いたことは，当時の感覚，技術動向としては行き過ぎとも思われるコストダウン的な加工が多く見受けられることです．製品としては1920年代のものと思われる8倍25mm機のミーマでは，対物レンズ越しの内部の観察でプリズム部分に黒色塗料の部分的な塗り付けが見られます．そして分解してわかったことは，思ったとおりプリズム部分による軸出し（長手方向の移動）でした．しかもプリズム押さえ金具の固定法はネジ止めではなく，最近の普及品に見られる両端を溝にはめ込む方式だったのです．

現代風のコストダウン法を1920年代の機械で見たことはちょっとした驚きでしたが，最も驚いたことは，接眼レンズがなんと同じ曲率の平凸単レンズ3枚で構成されているのです．このようなレンズ構成の双眼鏡は見たことも覗いたこともありませんでした．光学設計上に相当の苦労があったというより，実機ではプリズム間隔を広げた，双眼鏡としては長焦点対物レンズタイプですから，結果として像質は「Fの長いのは七難隠す」ということになったのでしょう．

時代の先駆け

そして1930年代の機械と推定される10倍40mm機では，接眼レンズの見かけ視野が70°の広角型に進化しています．このレンズ構成は3群4枚で，当時の標準的な3群5枚といった広角接眼レンズとは違うタイプなのは興味深いことです．このレンズタイプは戦後の国産双眼鏡に出現しますが，これも分解して初めてわかったことです．ある意味で，時代の先駆けと言えるかもしれません．

それと，外観から現代風を感じるのはロゴマークです．一見すると，1960年代に洪水のように欧米諸国へ輸出された，メーカーが確定しにくい国産品のような印象を受けます．

そしてこの印象をより確定的にしているのがスペック表示です．鏡体カバーには10×40と表示され，

ルメアのマーク

ドライズムのマーク

蜂のマークと錨のマークは日本では同じ代理店が扱っていましたが，競合したかどうかは不明です．蜂のルメヤ社製（図版左）の方がグレードとしては錨のドライズム社製より高級で，対物レンズ，接眼レンズがそれぞれ3枚貼り合わせの高級品もありました．両社製とも外観は伝統的な形状で似ており，屋外用のものには対物部分に引き出し式のフードがあります．スペックはルメヤ社の場合、2.5×27から5.0×55までの7タイプがあり，観劇用民生品から夜間，業務用までをカバーしていました．しかし，このマークはどう見ても蜂より蝿でしょうか．

一方，ドイツ・ハルヴィクス社製（図版右）のガリレオ式双眼鏡は，口径は小さいものの斬新なデザインで，当時ドイツであったバウハウスといったデザイン運動の影響があったのかも知れません．このような斬新さを感じさせるドイツの製品は，第一次大戦の敗戦から甦る新興ドイツ勢力を連想させ，次第にフランス製品を圧迫していったようです．ルメヤ社は多種類のガリレオ式双眼鏡を生産することで，透過光量の多い明るい光学系の需要に応え続けていたようにも思えます．

外部から計測すれば対物レンズの有効径表示に間違いはないのですが，なんと対物枠の内側の有効径は35mm程度しかないのです．このあたりにも，かつてのなにやら怪し気な国内メーカーの作る，良からぬ商品を見る思いがしてしまいます．像質に大きな問題点をあまり感じられないだけ，正規に表示が行われなかったことは残念にも思えます．

結局，コルモン社製品が正規に国内に入ってこなかった原因の一つには，こういったことで代理店のなり手がなかったからかもしれません．そのことが問題製品の国内流入の防波堤になったのでしょうか．

昨今，声高に叫ばれる規制緩和によって，現在では国産双眼鏡の検定は行われなくなりました．しかし，このことで怪し気な製品が国内外市場で横行し，知識に乏しい消費者が被害を被ることがないように願わずにはいられません．消費者自身が防波堤とならざるを得ない状況は，当時に比べて幸福な時代とは言えないでしょう．

写真上は8倍25mm機で，接眼レンズが全く同じ形状の平凸単レンズ3枚で構成されているのは例がありません．下の10倍40mm機も，広角接眼レンズが3群4枚構成と，独創性を発揮しています．ところが対物レンズ金枠が内側で絞られたようになっていて，実際の口径は35mm程度しかないのは理解に苦しむところです．プリズムの押さえ方といい，ロゴマークといい，戦後作られたB級（C級以下？）の質の悪い国産品を見ているような錯覚に陥ってしまいます．ただ，像質は意外にもそれほどひどくはありません．

精密機器王国・スイスの軍用双眼鏡
Kern Alpin160 6×24

ケルン社はもともと測量機器のメーカーとして，スイスの小さな町，アアラウで19世紀末に創業したといいますから，伝統ある光学会社といえるでしょう．外観を見ただけでは，双眼鏡自体にあまり特色があるとは感じられませんが，軍用双眼鏡に必須な焦点板が左接眼に装着されているのはほとんど例がありません．カバーにはメーカーロゴと，機種名と思われるAlpin160の表示がありますが，数字が何を表しているのか不明です．またD.v.Dの表示も同じです．形状も通常のツァイス型に比べ，一見ほとんど変化はありませんが，細かい部品の軽合金化が完全でないため，大きさのわりに重く感じてしまいます．

技術的独立を重視したスイス

激動の歴史を刻んできたヨーロッパ列強の間(はざま)で，スイスは長らく永世中立という，実現困難な国是を掲げてきた国家です．第二次大戦後長い時が過ぎ，東西の冷戦構造が崩壊して21世紀となった現在でも，この国是は不変のようです．

国際政治上の独立は，軍事的独立と同じ意味を持っていました．そのため，兵器としての重要度が高かった双眼鏡のような光学機器の国産化による技術的独立は，スイスの場合も日本と同様，強く実現を求められていた事柄でした．

実際，スイス国内には，既に19世紀の終わりに，測量用のセオドライトなどの製品が一応生産できるケルン社などの光学企業が操業を開始していました．ただ，双眼鏡自体の国産化はかなり遅れたようで，スイス軍が最初に採用したのは，定評あるツァイス製の6×24機でした．この機種は，軍用双眼鏡としては既に一部の北欧諸国でも使われていたものでした．

やがてスイスで国産化新しい双眼鏡は，軍用品として統一性を維持するため，6倍24mmというスペックを変更せずに生産されました．

双眼鏡とカメラレンズ

ケルン社はその後，軍用双眼鏡としてスペックを現代化した8×30機の生産に携わります．そして第二次大戦後には独特の焦準機構を採用した7×50 CF機，FOCALPINを開発します．この双眼鏡は，対物レンズ枠を動かすため，テコの原理を応用したレバーを鏡体中に内蔵した機構でしたが，構造に無理があったため，製品としては成功しませんでした．

一般にケルン社の名前が知られるようになったのはカメラレンズからです．同じスイスにあるピニオン社が生産した35mm判一眼レフ，アルパに標準レンズとして採用されたカメラレンズの評判からでした．

根源的なつながり

いわば国策で作られた双眼鏡が，どういう経路で筆者の手元にたどりついたか定かではありません．

特に本機に限ったことではありませんが，筆者はよくその双眼鏡がたどった来歴を想像してみることがあります．このように各種外国製双眼鏡が，数は少ないものの現実に日本国内に存在するかげには，おそらく在外公館に勤務した，駐在武官といわれる軍人たちの存在があったものと思われます．

彼らの重大な任務の一つは，軍事上の専門知識を持った上での各種情報の収集でした．光学機器としての重要度が高かった当時，各国軍隊で使用される双眼鏡も当然，その情報収集の対象になっていたはずです．可能な限り現物も購入されたことでしょう．

ではなぜ，日本とは緊迫した情勢になる可能性がないと言えるようなスイス製品ですら，収集の対象になったのでしょうか．それはやはり，時計産業に代表されるスイスの精密加工技術の一端を，双眼鏡という光学製品の中の機械加工技術から調べるといった目的もあったのかもしれません．

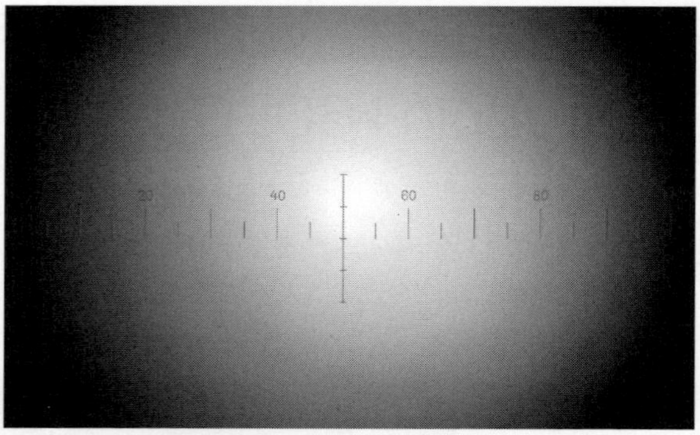

目盛のパターンは初めて見たタイプです．数値の単位は，全円周を特定の値に分割（国によって異なる）したものと思われます．型式名の数値もこれに準拠したものかもしれません．本機の場合は軍用と考えて間違いないでしょう．

明確な証拠は残っていませんが，こういった地道な情報収集が，その後の日本の光学産業に与えた影響は，決して少なくはないと筆者は思っています．そして精密工作機器の一大生産国でもあるスイスと日本の光学産業とのかかわりあいは，製品自体より，その製品を作り出すためのマザーマシーンの供給先として，より深く，強い関係があったのです．

内部を見て印象的なのはプリズムの加締め加工法です．一般的な周囲4箇所で行う方法ではなく，ツァイスで行われていたプリズム側面2箇所溝位置固定法を加味した，独特の3点止めといえる方法で加工されていることです．けっこうデリケートなプリズムの固定法としては，最もプリズムに外力がかからない側面2箇所法には及ばないものの，位置の安定性，再組み立て時の復元性では周囲4箇所法に比べて同等で，組み間違えの可能性が大きく減少している分だけ優れています．単に模倣に終わらず，独自の考案を考え出したことは，高く評価しなければならないでしょう．

接眼側構造で特徴的なのは，抜け止めの構造です．製品の製造時期は，部品点数の削減が可能なエキセン構造へと，接眼部の視度表示環とローレット部分の抜け止め構造が変化していく時期に当たります．本機の場合，構造的には古い機構に属するものの，接眼外筒のストッパー部分をバネ製のCリング(矢印)で別部品にしています．この方式は部品点数は増えるものの，エキセン方式で起きる，精度不良による接眼部脱落といったことはありません．また旧来方式の視度環自体をCリング化したために必要だった繁雑な加工手順からも解放されますから，独自性の発揮が見事に実を結んでいると言えます．

接眼部品を見ると仕上がりは良好で，加工技術の確かさがうかがえます．対物レンズの固定法は加締めですが受ける感じは同様です．レンズ構成は2枚玉アクロマート対物にケルナー型接眼と，標準視野双眼鏡の例に漏れませんが，視野はケルナー型にしては充分広く，50°を越えています．像質は，端的に言ってかなり良い印象です．

ツァイス製の同じスペックを持つDF6×24と並べると，接眼部が細く鏡体の絞り方が大きいツァイス製の方が，気持ち小さく感じます．重量的に軽い方が良いのは当然ですが，操作性からは接眼部には適正な太さが必要です．鏡体も絞り過ぎてしまうと，プリズム周辺に空積が少なくなってしまい，加締め加工，組み立て加工の作業がむずかしくなってしまいます．単純な比較では，6倍24mm機の場合，操作性では今回のケルン社の機体の方に軍配が上がります．

コストダウンに徹したフランス製見かけ視野70°広角双眼鏡
Colmont Maxma 8×30 CF

外観を一見した程度では，くせ者といえるコルモン社製双眼鏡の特色は見つかりません．ただ，先行ドイツ製品に対抗するための接眼レンズの広角化でも，そのポリシーともいえるコストダウンは確実に行われています．対物レンズのF値は，既にふれた同社の8×25機Mimaは長焦点型でしたが，本機ではより明るくなった現代に近いタイプで，向かい合ったプリズムは相互の間隔を空けずに台座部分に設置されています．このような近代化とは別に，コストダウンを目的としてあっさりと省略されたのが転輪の視度表示線で，以前，同社製品から受けた印象を再確認しました．なお，接眼羽根部の止め金具と陣笠は脱落しています．

設計の最重要点

最初，ドイツで開発された広角接眼レンズを装備した双眼鏡も，1930年代になると，それほど特殊な機材ではなくなってきます．ドイツ国内では，巨人ツァイスに対抗したゲルツ社をはじめ，ライツ社といったビッグネームが後に続きました．広く世界的に見ると，当初広角接眼レンズの開発を重要視したのは，ほとんどの光学先進国が集まる西ヨーロッパの中でもフランスと，光学の世界では辺境ともいえる日本だけでした．

第一次大戦の終結によって，再び国際市場が活発化しても，なおドイツ製品は優位に立っていました．フランスのメーカーにとってはドイツへの対抗上，広角接眼レンズ装備の双眼鏡の開発は，越えなければならない大きなステップでした．特に，最重点のレンズ設計については，ドイツ勢の厚い特許の壁もあって，たやすいものではなかったはずです．

それでも，当時の日本では最も知名度が高かったフランスのメーカー・ルメヤ社だけでなく，いろいろな意味で特色のあるコルモン社などでも製品化が完成しているのは，やはりフランスは光学的な大国の証明ともいえるかも知れません．そして，日本の市場では最もよく知られていたフランスのメーカー，ルメヤ社の製品の場合，広角接眼レンズ装備の8倍の24mmと30mm機，2機種が投入されています．

そのほか，光学的に大国と呼んでいいイギリスやアメリカでは，広角接眼レンズを装備した双眼鏡の登場は，先行した国家のメーカーに比べ，かなり遅れることになります．これはおそらく，同倍率の場合の広角化による空気界面の増加がもたらす透過光量の減少を考えたためでしょう．拡大効果（倍率）より明るさ（透過光量，射出瞳径）を優先したものといえます．この問題の解決には，増透コーティングの発明を待たなければなりませんでした．

苦心の光学設計

日本ではほとんど知られていないコルモン社の製品については，既に2機種を取り上げましたが，いずれも外見からは想像のつきにくい，なかなかのくせ者でした．本項の製品は，時期的に両者の中間にあたる物と思われます．やはり分解してみると，製品から感じられる特色には，同一メーカーの製品ならではの特有の印象を受けてしまいます．

結論からいえば，それはコストダウンということなのですが，それが最も現れているのが接眼レンズの構成であるといって良いでしょう．本機の場合，接眼レンズの見かけ視野は70°超ほどありますから，当時の技術水準から考えると，光学設計には，作動距離といった前提条件なしでもかなりの苦労が必要だったはずです．しかも，レンズ設計には先行ドイツ光学産業の特許の厚い壁があります．さらに徹底したコスト削減化製品は，社風ともいえることですから，全ての条項を満足した製品を誕生させるための努力は，並大抵ではなかったはずです．

そしてその結果は，独自構成の3群5枚型広角接眼レンズの開発として現れます．注目すべきことは，レンズ構成で，曲率の単純化と共有化を目的としたようです．最終面が平面で，比較的視野の広くない普及品的なケルナー型の後方に，さらに同じようなケルナー型接眼レンズの眼側のレンズだけを，方向を変えずに加えた設計でした．

レンズ素材は別にしても，3群5枚構成でも平面を含み，貼り合わせレンズの凸空気界面側曲率を同じにした構成は，製造原価の低減にけっこう効果があったと思われます．

設計の自由度

本機の場合，光学部品のコスト削減は，材料コストは別にしても加工コストではそれなりの結果が出せたといえるかもしれません．一方，機械部品については疑問が残ります．各部品の機械加工精度自体については決して劣った印象は受けないのですが，機械としての構造には疑問の箇所が存在します．

結論からいえば，本機の場合，光学性能は一応合格ラインに達しているとはいえるものの，機械構造では成功を収めた機械とはいえないでしょう．一般的にはポロＩ型プリズム双眼鏡の構造，機構などの機械的な要素で，合理性を求めれば求めるほど，総合的な構造では，結局，Z型，BL型，あるいはM型といった類型に帰結せざるを得ません．

3群5枚70°広角接眼レンズは，平面の採用や貼り合わせレンズの曲率の同一化といった手法で当初の目標をクリアーしています．像質は中心では合格ですが，視野周辺に向かって像の劣化が始まるのは類例機種より少し早く，周辺での劣化の程度も若干大きいようです．1－2の構成のケルナー型の外部に，さらにケルナー型の眼側レンズを付加したタイプの現物に出会ったのも初めてです．ただ，よく観察すると，かえって加工工程が多いような部品もあるのに気がつきます．左右接眼支持部と中心軸で構成される関節構造部分（矢印a，b）が，複雑かつ完全な挟み込みになっています．一般的な構造でも，ここは厚みが半分程度になる，強度的に問題の起こりやすい箇所ですが，それがさらに3分の1程度に薄くなってしまっています．強度低下と機械加工工程の増加，繁雑化にはどんな目的があったのでしょうか．また，見えにくい位置にありますが，六角の星形の中央にCの文字のあるマーク（矢印c）にはどんな意味があるのでしょうか．

また部品単位でも同様です．軸出し機構のエキセン環や中心軸のテーパー構造，それに関連した転輪位置といった，当たり前となっている部品構造にも，合理性から導かれる必然性があります．機械構造といった一見，設計上自由度がかなり存在すると思われる分野でも，独自性の発揮には思わぬ限界が存在しているようにも思えます．しかし，それでもさらに細かく見れば，改良の余地が全くないわけではありません．

最近も実感したことですが，ちょっと目につきにくいような小さな改良でも，意外なほど操作性に影響を与えることがあるものです．かといって操作性だけを最優先で追求すれば，構造上の無理に目をつぶるといったことになってしまいます．実用上からメーカーに寄せられるユーザーの意見と，それに応えるメーカーの改良といったことが積み重なって，平凡に思える機械も，やがて非凡な製品に進化していくことは確かでしょう．とはいっても，出発点を間違えていないという必要があります．

現実には，なかなかメーカーにはユーザーの声は届かないようです．ユーザーには良い製品を見分けられる目が必要なように，メーカーは出発点を間違えずに，その有意義な声を聞き分ける耳が必要なのかもしれません．

鏡体中心軸部分は本機の場合，外筒部分（矢印a）は鏡体羽根部分に挟み込んだだけで全く固定されていません．このような構造では，ねじれなどの外力に対して弱く，耐久性や復元性が問題になります．

本来であれば，中心軸外側（矢印b）と外筒内側は同じテーパー状にして，磨耗によって隙間が広がってガタが出ても，左右鏡体接触面の間の金属箔のスペーサーをテーパーの細い方の接触面に動かすことによって，調整，復元が可能になっています．外筒は組み立て初期に右鏡体（例外は希有）に完全に一体化するよう固定され，中心軸は左右鏡体を組み上げることで，最終的に左鏡体に固定されます．調整可能で堅牢な構造こそが，長い使用を約束できるのです．

この時代，変倍機能を備えた機材はほとんどが，レンズによる正立システムの地上用単眼望遠鏡で，プリズム双眼鏡は稀でした．図版はコルモン社と同じフランスの有名メーカー・ルメヤ社の製品で，別項で詳述していますが，現代の製品と違うのは，変倍比が小さいことです．通常の製品より空気界面が多くて設計の自由度が高く，しかも構成枚数が多くズーム比の大きい接眼レンズが実用になるのは，光学設計に初期のコンピュータが利用されるようになり，増透コーティングが実用できるようになった第二次大戦後のことです．（図版出典：『服部時計店光学部双眼鏡カタログ』，昭和9年版）

レンズ構成と倍率・口径設定にイギリス独自色を示す広視野機 Ross Stepnada 7×30 CF 9.5°

中口径の30mm機材ですが，アイポイントが短いため見口の高さが低く，それが余計に外観的に横幅の大きさを強調する結果となっています．幅と直径が十分にある中央転輪は，耐久性を別にすれば，鏡体の大きいことをカバーして操作性を向上させています．ケースは伝統を引き継ぎ，内装がえんじ色で高級感がありますが，横幅が高さの倍は確実にあり，きわめて横長の印象です．

引き金

双眼鏡の機能を考えると，大別した場合，二つになるのではないかと筆者は考えています．その一つが細部を拡大して見る機能，見つめることを主眼とする機材です．他方，それとは相反するのが，広い範囲を一時に観察する機能，見渡すということを主眼としている機材です．

もちろん，この機能を適切に按分しているのが市販機種ですが，この機能のいずれかを強く主張したものを軍用機材に多く見ることができます．

一般論として言えば，第一次大戦最末期に見かけ視野が70°に達する超広角接眼レンズが開発されて以降，見つめるための機材であっても，見渡す機能は大きく拡大，進歩したと言えるでしょう．これ以降，民生品であっても8倍以上で見かけ視野70°という超広角接眼レンズを採用した機材は徐々に増えつつありました．独，仏，英という西欧諸国の製品では，それほど珍しいものではなくなっていました．

一方，実視野では民生品の場合，当時10°に達するような実超広角視野機材として存在していたのは，主に低倍率の室内観劇用で，ガリレオ式も含めて，オペラグラスと総称されるものでした．このような用途のプリズム双眼鏡の場合，倍率は5倍以下であり，接眼レンズの構成はケルナー型が通例となっていて，オルソ型のものが例外的に存在していました．

この時期，日本の製品では見かけ視野70°の壁は越えられない状態でした．ただその中でも，世界市場に乗り出してはいなかったものの，異彩を放っていたものがありました．それは，6倍でありながら見かけ視野60°型の接眼レンズを採用した日本光学工業のオリオン（軍用としては陸軍の十三年式双眼鏡）に代表される製品の存在でした．

第一次大戦に関連して超広角接眼レンズ，あるいは大口径最大射出瞳径の双眼鏡（7×50mm 7.1°）の開発，製品化で，ツァイスの製品ラインナップは鉄壁の構成を誇っているかのように見えていました．

しかし，その穴を狙うように，イギリスの代表的双眼鏡メーカーの一つであるロス社から1933年に発売された製品がステップナダ7×30mm 9.5°でした．見かけ視野は70°に達してはいませんが，同じ30mm機材の中でも，より一般的であった6倍見かけ視野50°といった製品に比べ，倍率と実視野で十分に優位性を保つものでした．また8倍見かけ視野70°機に対しても，より広い実視野を持っていることから考えれば，大きく遅れをとることはない存在でした．

ステップナダは，実視野を別にすれば特別な機材とはいえないでしょう．しかし，その見渡すことと見つめることの両立を，当時としてはかなりの程度突きつめた存在でした．

この機材はその後，西欧ではツァイスが口径，倍率，実視野という，双眼鏡の光学仕様全ての面でそれを凌駕したデルター（IF機），デルタレム（CF機）を生み出す引き金になったと，筆者は考えています．

ツァイスのデルターとデルタレムは，8倍40mmという中倍率，中口径でありながら，非球面の超広角接眼鏡を用いて実視野で10°を超越した機材です．この2機種は，第二次大戦までの双眼鏡の製作技術の頂点を示した機材といえます．技術的に見つめれば，そこにはツァイスの意地もまた見えるような気がしています．

それと違った答えの存在は，世界的に見渡すと日本で出ていました．それは東京光学機械のエルデ6×30mm 11.5°で，ステップナダの応答機種として生まれたものと筆者は考えています．エルデはステップナダと同じ30mmという中口径でありながら，見渡す機能を最大限に発揮した国産機の一例（他は軍用航空機搭載用の特殊品）でした．ただ，開発に関しては軍からの要請はなかったようで，同時期国内他社製で同様の光学仕様機種も確認できていません．

しかし，エルデの開発にステップナダの影響があったことを最もうかがわせるのが接眼レンズ部品です．接眼レンズのレンズ構成は異なりますが，組み立て作業を容易にするための構造上の配慮に，同一の方向性が見てとれるのです．

ステップナダでは鏡体カバーがアルミとなり近代化され，重量も大幅に軽減されています．鏡体羽根の中央に大きな転輪を設け，操作性の向上をめざしていることも一面では近代化ですが，中心軸を持つ機種に比べ強度的には優れたものとはなっていません．本機は過去に不正分解と部品紛失があったようで，入手時点で大きな遊びがあり，市販品のワッシャ（b）の挿入でかなり改善されました．対物側陣笠（d）の取り付け部である締め金具（c）の締め付け方の調整は，最も重要です．締め金具の位置固定には陣笠（d）も介在していますが，本機では位置固定を確実にするため，鏡体羽根部と締め金具（c）の間に，さらに金属箔（矢印）を挟んでいます．

右と左

以前から興味を持っていたステップナダですが，実物を手にしてみて，すぐに意外な点で驚きました．

通称Z型と呼ばれる，伝統的なCF型のポロプリズム双眼鏡を所有されている方ならご存じのことでしょう．このような機材では，両眼の視度差の調整は，右接眼部で行うはずです．

この右側に操作部分が設置されるのには，利き手が右手という人が大多数ということが大きな原因としてあげられます．手だけではなく，眼にも利き眼というものがあります．手ほど片寄ってはいませんが，やはり右眼利きが全体の6～7割を占めています．

ところが，ステップナダでは視度調整は左眼側にありました．部品の組み立て違いということも考えられるため，念のため左右接眼部を十分観察してみたものの，左右の交換はできない作りでした．ロスのCF機は，他に見たことがありません．そのため，この機種の特色かどうかは不明ですが，いずれにしろ視度調整部左側設置の必然性は見つかりません．設計者は左利きだったのでしょうか．

本機は，操作性を重視せざるを得ない鏡体デザインによってCF機となっています．ただし，合焦転輪の位置を羽根中間部としたため，鏡体構造の一部に必要強度に達していない所が生じている可能性があります．本機は該当しませんが，伝統的なZ型構造の双眼鏡の場合，中心軸外筒は前後に分かれた右鏡体羽根部と強固に固定されて，眼幅合わせのための回転運動部分の基盤を構成しています．つまり蝶番のような構造となっているのです．その中心軸外筒の内部はテーパー状に加工されています．それに対応するようにテーパー加工された中心軸本体（中心軸外筒に回転可動で嵌め合い）は，前後の左鏡体羽根部を締め付けるようにして，その間にある一体化している右鏡体羽根部を挟みます．さらに左右の羽根それぞれが接触する隙間には薄い金属製ワッシャーが設置されています．このワッシャーの前後移し替え，あるいは枚数の増減で，中心軸外筒内部と中心軸の回転に緩みを感じさせない，潤動な操作感触と磨耗対策が得られるようになっています．

このような中心軸の構造では，厳密にいえば右鏡体部と左鏡体部とでは強度に差があります．基準となる右鏡体の方が，外力による塑性変形には，より対抗します．筆者の経験からは，視軸が狂ったものの大部分が，左鏡体側に主に原因がある場合の頻度

接眼レンズの構成は独自の3群4枚です．組み立て作業を容易にするため，レンズ間隔を規定するスペーサーは，組み立て時にレンズとスペーサーを積み上げるようにしても崩れにくいように工夫されています．cの内側は視野のケラレを防ぐためテーパー状（レンズ2側＞レンズ1側）となっており，bの内側には貼り合わせレンズ2と単レンズ1の外径を考慮したステップ（長さ＝レンズ間隔）があります．dは単なるリングですが，レンズを反転積み上げ式に組み立てる時には，意外と引っ掛かり防止効果があり，思いのほか有効に働きます．組み立ての最後はレンズ押さえ環aで締め付けるわけですが，押さえ環の溝切りは広く，専門性の高い工具を必要としません．

の方が大きいように思えます．同じに見える双眼鏡自体にも左右の差が存在し，右側が基準なのです．

しかし僅少ですが例外もあります．筆者が最初に見た鏡体左側に中心軸外筒を持ったものは，1970年代後半のドイツ・シュタイナー社製Z型7×50mmで，他には本書の最終項目に登場する10×50mmです．

4枚レンズ

その他にステップナダが意外だったのは，接眼レンズの構成でした．見かけ視野70°ではオリオンのような1 - 2 - 2，デルトリンテムのような2 - 1 - 2あるいは1 - 3 - 1といった3群5枚を予想していました．ところが清掃で分解すると，現れたのは3群ではあったものの1 - 2 - 1という意外な4枚玉でした．しかも，レンズカーブは平面かそれにきわめて近い面が1群と3群にありました．硝材の選定をはじめ光学設計には，コスト低減といった独特の方向性を保持するための苦労が多かったでしょう．

実用してみると，こういった独特のレンズ構成のため，結像状況は中心では像質に相応の尖鋭感があるものの，周辺部では糸巻き型歪曲と像面の湾曲が目につきます．また天体の結像では，例えば同時期のツァイスの8×30実視野8.5°デルトリンテム（CF），デルトレンティス（IF）に比べれば，星像が劣化し始めるのは多少早いように感じられます．これは結像性能からすれば一見劣るように考えてしまいがちです．ただし，見かけ視野がほぼ同じということよりは，実視界が異なることからすれば，即答的に優劣を言えないこともあるかもしれません．

しかし量的なことを除外すれば，最周辺部の変形は質的には良好といえます．中心とは異なるものの，比較的良い状況のピント位置が存在していることから，レンズ構成と時代背景を考えれば，一応の評価は得られたはずです．

近代化の波

しかし，現実にはそうはなりませんでした．ステップナダは戦後1950年頃までは生産されていたため，コーティング加工処理品も存在していますが，歴史的には軍用機材とはならず，後継機種の出現はなかったようです．その原因の一つには，操作性こそ向上していますが，構造的には脆弱になりやすい，鏡体羽根の中央に転輪を設けた合焦機構があったように思えます．鏡体が特に左右に大きく広がった型となる実広角視野機の場合，操作性の観点が重要視されることは当然です．しかし，羽根中央に合焦転輪を設けることは，機械的強度を保持させる中心軸外筒が設置できなくなるという重大な弱点が生まれることを，閑却するべきではありません．左右鏡体が構造上強固にできていることは，ねじれに対して，大きな抵抗力を内在しているからです．

羽根中央に合焦転輪を設けたことは，構造強度を別にすれば，きわめて保守的であった英国製双眼鏡にも近代化の影響が出てきたものと考えられます．かつての英国製双眼鏡の多くは真鍮製鏡体カバーであり，構造的には鏡体カバーの一部をことさら延長した形で羽根としていました．そのため内部清掃は行い難く，分解後の精度復元の保障が危惧されるようなことも多々あったのです．それが，鏡体カバー構造の通常化と部材のアルミ合金化によって軽量化も進みました．近代的な製品へと大きく変わっていったことが，目に見える形で現われたのです．

しかし，時代の変革はより大波でした．かつて隆盛を誇ったイギリスの光学産業自体が衰退を迎えるのは第二次大戦終結後から，それほど時間が経過した後ではありませんでした．その原因は，ドイツ（東ドイツも含む）の高級品の到来と，価格以上の品質を持った製品の大量生産が可能となっていた日本の光学産業の発展とに，左右から挟撃されたようなものでした．1970年代初頭，西欧諸国で最後まで日本製双眼鏡の輸入制限を行っていたイギリスにも，貿易自由化によって日本製品が急増します．

そして全く独自に日本で設計，製造された，ステップナダと同じような構成の4枚レンズで見かけ視野70°という構成の接眼レンズを持つ双眼鏡も渡っていきます．しかし，その後継者と思われた日本製品ですら，時代の要求に応えられなくなったかのように，やがて衰微してしまいます．歴史は繰り返すと言いますが，時にはかなり異なった形ということもあるのかもしれません．

接眼レンズ非球面化は透光量減少防止・デルトリンテム非球面型 Zeiss Deltrintem 8×30 CF 改良型

初期型に比べ，大幅な重量軽減も行われた素材改良＋非球面型機は，第二次大戦以前の双眼鏡技術の頂点を示した機材といっても過言ではないでしょう．光学的なスペックこそ同じですが，実質的には全くの新型といえるものです．像質も旧型に比べて，透光量が増えて明るくなり，視野周辺での像面湾曲，歪曲の量が大幅に減少して改良の成果が見られます．星像では，旧型機の場合，周辺部で多少翼型になるものの，最周辺部で持ち直して真ん丸になります．一方の改良＋非球面型機＝新型機では，良像範囲は一回り広いものの，最周辺部への落ち込み方は少し大きいといえるかも知れません．新型機の像の最周辺部の変形の程度は，旧型機の周辺像と同じ程度ですから，一般使用だけを考えれば，コーティングさえあれば現代でも十分実用できるでしょう．

見えにくい改良

8×30mm広視野機の先駆となったデルトリンテムは，既に取り上げました．本書の母体となった連載記事執筆直前まで，この長寿機種は大きな変化なく作り続けられてきたものと考えていました．しかし，改良点が他になかったのかといえば，現物によって初めて確認することができた，驚嘆すべきことが行われていました．しかも，この改良は声高に呼ばれることもなく，静かに実施されたのでした．

では，本項のデルトリンテムの改良の最重要点は何かといえば，それは接眼レンズの構成変更を主眼とした光学系の設計改良でした．

そして，決定的に重要な改良点はもう一つありました．しかも手持ち双眼鏡では，何よりも前にまず感じられる，本当の第一印象に相当することでした．

航空機と双眼鏡

実際に本機を手にしてまず感じるのは，意外とも思えるほどの軽量機という印象です．試しに付属品なしで本体重量を実測してみると，旧型のデルトリンテムの約620 gが新型では約410 gになっていますから，なんと30％もの大幅な減量が行われたことになります．このような大幅な軽量化が行えた原因は，許される限りの部品の徹底的なアルミ合金化と贅肉部分の削減でした．

従来の複合部品が一体化され，結果的に体積が減少し，また部品自体の点数も減少していることは，専用加工機の進歩によるものと思われます．このようなことも最終的に重量の減少につながっています.

旧型では，開発完成時点で材質として疑問の残るものは避けて，耐久性の維持を十二分に考えた結果と思われますが，積極的な部品のアルミ合金化は行われていませんでした．アルミ合金化による軽量機の出現は，新設計接眼レンズ搭載の新型機に先行しています．いずれの改良も1930年代に行われたことは，時代的背景が第二次大戦前の多少なりとも平和な期間だったからでしょう．

この時期，アルミ合金化による製品の軽量化は，デルトリンテムだけではなく，先に取り上げたトゥリータなどの他機種でも行われていました．ただ，トゥリータの場合の軽量化は段階的に行われているのですが，デルトリンテムの場合が同様であったかは，確認できていません．

デルトリンテムの改良が完了するまでの時間的な経過は10年あまりですが，考えなければいけないのが時代的な背景です．この時代，最先端技術の一つに航空機産業がありました．ジェットエンジンの開発，完成までには，ほんのあと少しの時間が必要でした．しかしプロペラ用エンジン関連の技術，中でもダイキャストの金型技術や合金素材の発達には，目を奪われるものがあったのでした．

結論からいえば，違う分野の最先端技術が大いに進歩したからこそ，やがて共通性のある基礎的技術として，その他の方面にも大きな影響を与える結果になったといえるでしょう．大空を高く早く，より遠くへ飛ぶ航空機が双眼鏡を軽くしたのです．

意外な明るさ

重量が大幅に軽減され，軽くなった改良機では，覗いた時に感じる第一印象も軽やかになったといえるかもしれません．旧型機では，像質の色調は長波長の透過比率が高い，温調傾向を示していました．新型では全くニュートラルになって，現行機種と比べても遜色を感じないと思われます．それではこの点で旧型が劣るかといえば，光線状況にもよるので，結論はそう簡単には出ないと思われます．

とにかく，細かい色調の違いに対しては，最終的に個人個人それぞれの好みが優先されることになるでしょう．新旧比較で2機種の差は，この程度のわずかなものです．

改良機を覗いて次に感じたのは，像の明るいことです．時代的にいえばレンズ面の増透コーティングの実用化以前ですから，理屈の上からは明るく感じられることなどあり得ないはずです．感覚的にその

ダイキャスト技術の進歩は，鏡体の強度を保ちながらの薄肉化といったような効果をもたらしました．また，金属加工技術も見事な仕上がりです．某国産カメラのフィルムガイドレールの仕上がりを見た写真家が「神々しさを覚える」と言ったことがありましたが，初めて軽量化機の内部を見た時によぎったのは，この言葉でした．軽量化機の光学系は初期型のままでしたが，さらに光学系を改めたものが改良型になります．

ような見え方になるのは，おそらく色調に片寄りがないことも原因の一つと考えられます．

また本機の場合，カビの痕跡はあるもののレンズ，プリズム各面の状態が，驚くほど良く保たれ，当時の優良な研磨面の仕上がりも実感できました．こういったことが，見え方に大きく影響しているものと思われます．

一方，外観からは，接眼レンズの構成が大きく変更されたことがわかりますから，どのような変更が行われたのかは大変興味のあることでした．そして，分解の結果は驚くべきものでした．なんと，全体の構成枚数は，眼側レンズ周囲の黒塗加工のため不明ですが，対物側は完全に1枚，眼側が最小でも3枚の貼り合わせの2群からなる，いわゆる逆アッベオルソ型といえるものになっていたのです．

このような構成で70°の視野が確保できるのは，文献によれば1934年にツァイスが特許を取得した非球面接眼レンズの光学系があります．この基本的なデザインを適切に最適化して応用したものでしょう．

いずれにしろ旧型に比べ，空気界面が2面少ないのですから明るくて当然といえます．戦後，ツァイス分割以降の旧東ドイツで作られた同名機のモノコート機とマルチコート機や，戦後のモノコート加工の国産6倍30mmケルナー型機の3機も，参考として加え，実視比較して見たことがあります．像の明るさでは東独マルチ機には水をあけられるものの，モノコート機にはほぼ対抗できるようです．また国産機には同等か，それ以上のような印象を持ちました．

非球面新型機の意外な明るさについては，現在より滑らかさの高い紅柄とピッチ盤を使用した当時の研磨法と，透過面の減少が考えられます．

昔は良かった？

今回の事例にも見られるように，プリズムの反射面のように直接仕上がり状態を感知できる研磨面は，残念なことに最新即最良，最高とはいえない感じがします．その後，生産の効率化をめざした技術革新で，光学製品の相対的価格は圧倒的に下がりました．製品ランクでは普及品から格安品までがそれに対応した技術で製造されているのは好ましいことです．

その反面，フラグシップモデルというような最高級品は，それに対応した技術で製作はされているのでしょうか．「昔は良かった」などという言葉が死語になるよう，技術，製品で最新即最良，最高というものの存在も，消費者の選択の幅を広げる意味からあってしかるべきではないでしょうか．

デルトリンテムという機種名を持つ機材は第二次大戦後も東独ツァイスで生産が続けられました．軽量化機以降，改良機から東独機まで外見的な変化はほとんど見られないものの，左の初期型機と中央の非球面改良機では，金型から新しく設計し直されています．接眼レンズに注目すれば，接眼レンズの直径が変動しており（一旦変更後，戻る），光学系はかなり変遷があったことがわかります．右は東独ツァイスの1960～70年代の製品で，高級品を示す独特のマークが右接眼側鏡体カバーにあります．

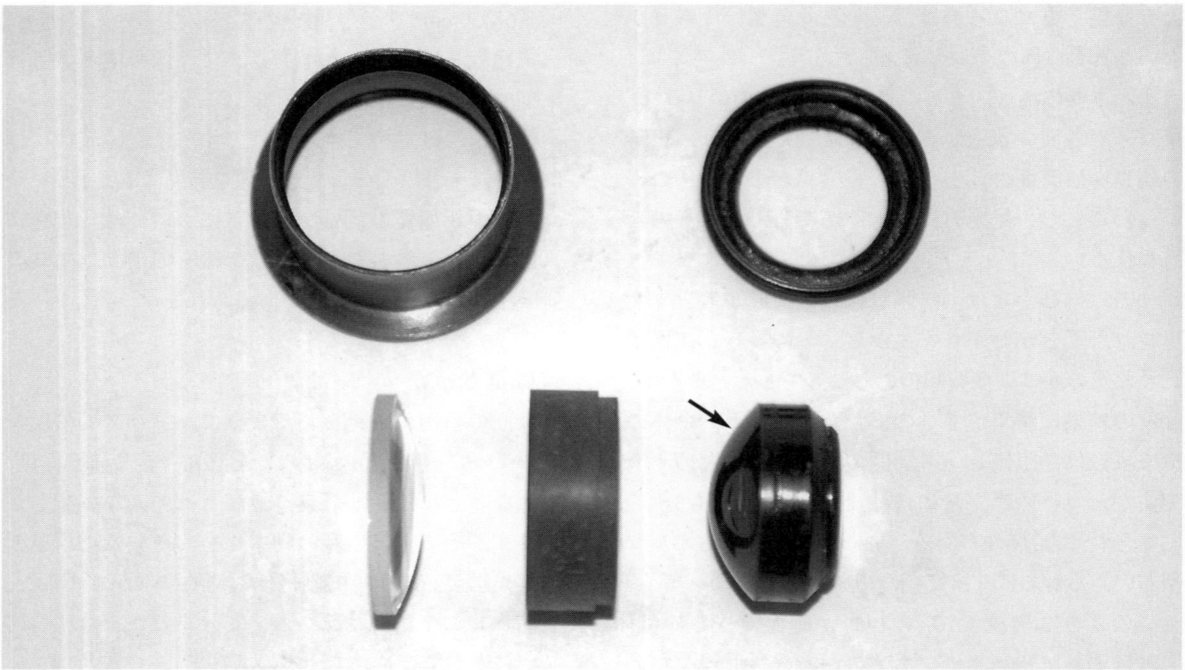

本機の見かけ視野70°の接眼レンズの構成は，意外にも単純な2群です．対物側は比較的薄い凸系メニスカス単レンズが1枚，強凸面のある厚い眼側レンズは周囲が黒塗されているため正確な構成は不明ですが，面取り加工箇所から判断すると3枚貼り合わせのようです．2群構成の広角接眼レンズには，国産の夜間使用を主目的にした大口径機に2－3の2群5枚の例があり，一方，広角4枚構成の例はいくつかあるものの，レンズ間の空気間隔は2箇所かそれ以上空けられています．本機の1－3の2群4枚構成では，初期型の2－1－2の3群5枚に比べ，同程度の収差補正でも格段に困難になります．ところがレンズ1枚分と空気間隔1箇所の減少にかかわらず，対物レンズは反射光から判断すると，曲率は初期型と同じですから，接眼光学系の設計は大変特殊なものと考えざるを得ません．特に接眼レンズ第3面（矢印）は，非球面と考えるべきです．
時代的には，既にアッベ型オルソを逆構成にした70°広角非球面接眼レンズの設計が行われていることもあり，本機の強い凸面に非球面の導入はなかった，と簡単に言い切ることはできません．そして戦後の東独生産機には，この接眼レンズ構成は引き継がれてはいないのです．

1930年代半ばにツァイスから発売された非球面接眼レンズ採用機，Deltar 8×40 IF 11.2°で，倍率を除いて本機の全ての意味からの拡大機種になります．さすがに実超広視野機だけあって外観形状には独特の迫力があります．横幅は通常の7×50機より一回り大きく，重量もほぼ同じで約1kgあります．開発の中心人物はルードヴィヒ・ベルテレで，見かけ視野90°というのは70°型の再改良機と思われます．本来は軍用のものですが，非常に高価なうえ，巨大な鏡体による操作性の悪さと生産性の悪さが災いしたのか，製品寿命は数年と意外と短いものでした．

見た目以上に新機軸を導入したイタリアの双眼鏡
San Giorgio 6×30（1940年製造）

このサン・ジョルジュ社6×30双眼鏡は，本来の光学産業先進国であるイタリアが生み出した，目につきにくい先進性を持った異色の機械です．しかし一見現代の機械に見える外観からは，特にとりたてて言うほどの特殊性は見つかりません．この機械は1937年頃に登場したのでした．本機の右鏡体カバーには1940の数字が刻印されていて，製造年を表わしていると思って間違いないでしょう．同じ右の接眼部には，ガラス板はないものの，焦点目盛板が装着されていた痕跡があり，イタリア陸軍で使われた双眼鏡と思われます．

イタリア人の不思議な状況

光学の歴史を振り返ってみると，特に双眼鏡という正立タイプの望遠鏡の歴史については，イタリア人の活躍は特筆しなければなりません．

まず何といっても最初にあげなければいけないのはガリレオですが，正立光学系に不可欠のプリズムシステム考案者として名前を残したポロもそうです．また，同じく直角プリズムの反射面にダハ面を導入して正立化を完成させたアミチ，あるいは有効光路径が構成全体に対して小さいため，正立光学系としては評価されなかったプリズムシステムの考案者，アストーリもイタリア人です．

しかし，製品としてのイタリアの光学機器は，特に我々がアジアという地域にいることもあってか，なじみが薄いというのが実状です．それでもシュミット・カセグレンのフォーク式赤道儀やマクストフ・カセグレン，あるいはベーカー・シュミットカメラといったイタリア製の高級光学機器の広告が，一時期，雑誌などの紙面を飾っていたことは，光学産業変動の時代とはいえ，ちょっとした驚きでした．

そしてまた，正立光学系の発展に関しては，歴史的に見てもあれほどイタリア人の活躍があったにもかかわらず，イタリア国内には世界的に著名な双眼鏡メーカーは思い当たりません．そして，双眼鏡を生産したメーカーも少なかったようです．これは，とても不思議な状況といって良いでしょう．

ここでは，日本にはなじみが薄いイタリアの，第二次大戦当時のイタリア陸軍用の双眼鏡を見てみることにします．

見た目と内部

かつて筆者が習った世界地理ではイタリアは南北で産業形態が大きく異なる国家ということでした．今回取り上げるサン・ジョルジュ社もその例にもれず，北部工業地域のジェノバ市にありました．残念ですが，同社についてのくわしい情報は不明です．その他に双眼鏡メーカーとしては，フィレンツェ市にオフィシナ・ガリレオ社があります．

同社は望遠鏡も生産していて，筆者は同社の58mm屈折経緯台のクラシックな伝統的構造の真鍮製鏡筒だけを持っています．真鍮板を丸めて銀蝋付けした鏡筒は，工業製品よりは工芸製品といった出来で，イタリアの産業技術の特性と一断面をよく表わしています．

同社は双眼鏡も，第二次大戦後，1960年代までは生産していました．その頃，日本で外国製双眼鏡を調査した報告書に7×50機が取り上げられています．そのほかにイタリアに双眼鏡メーカーが存在したかどうかは，残念ですが情報の収集ができず，現在も不明です．

いつも書くことですが，メーカーの技術力はその製品を分解して本来目にふれない箇所を見ることによって最も良くわかります．このサン・ジョルジュ社の製品，6×30機でもそれは同じで，第一印象からは鏡体の丈が低く，全体にポッチャリとしたような感じを受けたものです．低くなった高さからは近代性は感じられるものの，当初はそれほどの特色ある機械といった印象は受けませんでした．

しかし，分解してみて初めてわかったのはかなり意外なことでした．まず気づいたのはダイキャストの加工です．素材の原料配合は不明ですが，薄肉仕上げは当時，最先端技術を示していたはずのツァイス製双眼鏡に優るとも劣らない，肉の薄さと地肌の出来の良さを示しています．

対物レンズの短焦点化によって光路直径の変化は大きくなりますが，光路直径を確保して従来通りにプリズムを設計したのでは，不要部分が多くなって重量が増加してしまいます．その対策として不要部分のカットが行われますが，こういった加工を施したプリズムを使用した双眼鏡が一般市販品として出現するのは，日本では1950年代後半のことです．第二次大戦前の機械にそのような加工部品を見るのも，ちょっとした驚きでした．

正解は4

しかし，それ以上の驚きは接眼レンズ構成でした．外観から，接眼レンズの最終面が弱凹なのはわかりました．そして見かけ視野から勝手に，構成はケルナー型で，双眼鏡用の短焦点対物レンズに対応した変形ケルナー型だろうと思っていたのです．ところが実際に分解すると，接眼レンズの金物の対物側から最初に出てきたレンズは貼り合わせでした．続いて金属製のスペーサーリング，そしてまた貼り合わせレンズが現れたのです．

結局分解してわかったことは，接眼レンズの構成はケルナーあるいは逆ケルナーといった2群3枚型ではなく，2群4枚の変形プローセル型だったのです．それではなぜ，接眼レンズにケルナーではなく変形プローセル型を採用したのでしょうか．

それはおそらく，当時でも少しずつではありますが進行していた，対物レンズの短焦点化といった技術動向に対応して，周辺像の改良を図ったものでしょう．そして，その成果は決定的ではないにしろ，ある程度は現れています．

半分だけ当たった予想

実はこの双眼鏡で筆者がごく個人的にうれしく，また複雑に思うことがあります．それは接眼レンズの構成として，天体望遠鏡用にあったものは双眼鏡用としてもあるだろう，という筆者の密かな予想が当たったことでした．ケルナー型は，天体望遠鏡用接眼レンズとしてごく一般的なもので，それより高級な接眼レンズは，3 - 1の2群4枚型のアッベ型オルソと，2 - 2の2群4枚型のプローセル型オルソが一般的でした．アッベ型オルソを接眼レンズに採用した双眼鏡は既にありましたから，プローセル型オルソを接眼レンズに採用した双眼鏡もあるのではと筆者は以前から思っていたのです．

それが，このイタリア製6×30機で実証されたわけです．ただ多少複雑な感じが残るのは，それはおそらくドイツ製の機械であろうという予想がはずれたことでした．とうとう現物によって確認できた予想も，半分ははずれたわけです．予想が当たったうれしさはあるものの，やはり改めて重要と感じるのは，現物で歴史を実証する必要性です．

本機の場合，実際に分解してみると当初の予想と異なり，接眼レンズが2群4枚の変形プローセル型と呼べるタイプのレンズ構成だったことは意外でした．レンズ構成は空気界面の曲率がそれぞれ異なり，対称性を崩したことで対物レンズの収差補正をしています．他に目につく特色として，貼り合わせレンズのために厚みがあるせいか，レンズのコバ塗りは，省略されることが多いプリズムに近いほうのレンズにまで行われています．接眼部は視野環を外せば接眼レンズを取り出すことが可能な構造になっていて，右眼側の視野環には焦点板が付けられる構造になっています．

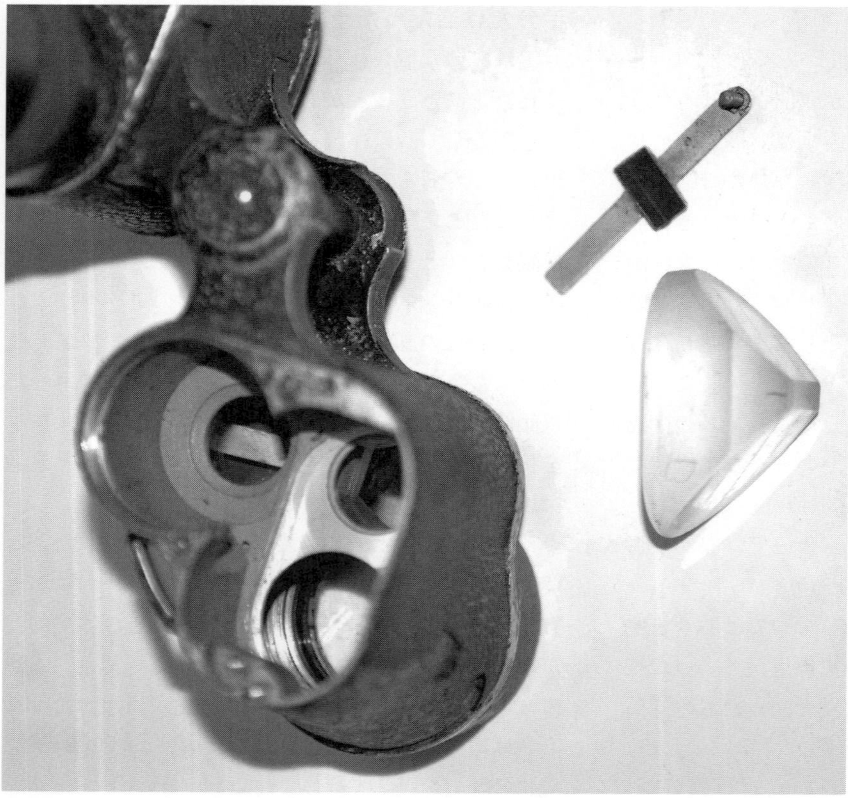

鏡体のダイキャストの仕上げは，材質は別にして肉厚も薄く，スは目につくものの仕上がりは良好です．部材も中心軸やビス類，見口，プリズム押さえといった小物部品を除いて，アルミ合金素材が多く使われており，口径の増大化による重量の増加をできるだけおさえています．いわば，素材的にも現代に近い双眼鏡といえるでしょう．

素材的に見て1940年代は曲がり角に当たるといえるでしょう．それ以前の1930年代までは金属製であった遮光筒(矢印)も，本機ではプラスチック化されています．外見的には地味ですが，細かく見ると，意外にもその後に一般化する技術を時代に先駆けて採用した，隠れた先駆者と呼べるかもしれません．

非金属のエボナイトで鏡体形成・ドイツの小型双眼鏡 Harwix Mirakel 3.5×13 約12°，7×18 約6°

鏡体素材にエボナイトを積極的に採用した双眼鏡です．このことは，重量の軽減を果たした上で外観デザインに強い独自性を発揮し，コストの低減をも導くことになったはずです．基礎的素材の発展，改良という外的な要因は当然としても，ハルビィクス社がガリレオ式双眼鏡は製造していたものの，本来小さな会社であり，ミラケルが最初のプリズム双眼鏡で全力投球した結果でしょう．写真の3.5倍機と7倍機では，鏡体部とケルナー型の接眼レンズが共通のように見えますが，接眼レンズ部は異なっています．

積極性と消極性

プリズム双眼鏡の歴史を振り返ると，量産化された双眼鏡の鏡体は，砂を型にして溶けた金属（ほとんどはアルミ合金）を流し込んで作る砂型鋳物から始まりました．その後は，技術革新によって金属ダイキャストで製作されるように変わっていきます．

そして現在の双眼鏡では，高級機ですら樹脂系非金属素材が大幅に導入されるようになってきました．「エンジニアリングプラスティック」とも総称される樹脂系非金属素材は，適切な強度を維持した上での重量の軽減，造形の自由度の高さなどの特質を持ち合わせています．

それには第二次大戦以降の新素材の発明と発達があったわけですが，光学機材へ非金属材料が導入され始めたのは，第一次大戦後のことです．この頃には，エボナイトボディの初心者向けボックスカメラがいくつも現れ，写真，カメラの普及に大きな役割を果たしていました．

しかし，特に当時の双眼鏡を取り巻く環境を考えると，そこには手荒く扱われることが当然予想される軍用機材的な側面が色濃くありました．エボナイトは，耐衝撃性などの点から見れば，決して強固な素材ではありません．強度的には金属と大きな差があったことから，双眼鏡での使用は接眼部の眼当て部分に限定されていました．

一方，民生用小口径機材では，そのような制約はあまりありません．しかし従来の構造，機構のままでのエボナイト化では，部材としての肉厚が限定的です．そのため，製品強度の確保が難しく，結果的に商品価値の維持も困難といった状況が存在していました．

そのような状況下，鏡体構造の適切化とデザイン処理で独自性を表した上，積極果敢に部材のエボナイト化を進め，シリーズ化した小型双眼鏡「ミラケル」を生み出したのが，ドイツのハルビィクス社でした．その出現は，第二次大戦開始直前の1930年代後半のことです．この頃のドイツ産業界自体は，第一次大戦敗戦の痛手から立ち直り，技術革新とデザイン性向上で大きな高ぶりを示していたのも，本機種出現の背後にあった技術的一因と思えます．

反面，日本の場合，双眼鏡へのエボナイトの積極的採用は第二次大戦末期のことでした．それも金属資源の枯渇の対応策としてでした．既にアルミ鋳物から鋳鉄鋳物に変更されていた15×80mm海軍用双眼望遠鏡の鏡体材質の，さらなる変更素材としての採用だったのです．このことは，結果的に量産試作で終わってしまうのですが，それには出発点がドイツほど積極的でなかったことも大きく関係していたと思われます．

「もなか」とその中の餡（あん）

ハルビィクス社で行われた発想の転換は，鏡体構造の最適化を目的としていました．アルミ鋳物の鏡体に，金属板からプレスで成形したカバーをかぶせるという従来の構造から，鏡体は対物側と接眼側にできるだけ同じ形状で二等分割した形に一変させるというものでした．

しかし実際上，鏡体を同一形状にするといっても，対物側と接眼側ではプリズムと各レンズの位置関係があります．また，鏡体にも中心軸があって左右が存在するため，結果的にはエボナイトを成形するための鏡体の型は四つ必要でした．

本機は，デザイン上では十分な考慮が行われています．対物部，接眼部の取り付け箇所と，インジェクションしたストラップ取り付け金具部以外は，同様の外観を持たせてあります．しかも外装は素材のままにしてあり，擬革，あるいは本革を貼り付けるといった従来の方式を放棄しています．

通常，エボナイト素材そのままでは摩擦が少なく，操作性の上からは薦められたものではありません．しかし，本機種はプリズムの斜面に相当する鏡体部分の一部を削り取る形に成形してあります．親指を鏡体の下側部分に当てれば，自然に人差し指と中指はこの成形部分を挟むようになるため実用的であり，なかなか巧みに弱点を補っています．

素材の持つ適性を考慮したのは外観だけではなく，

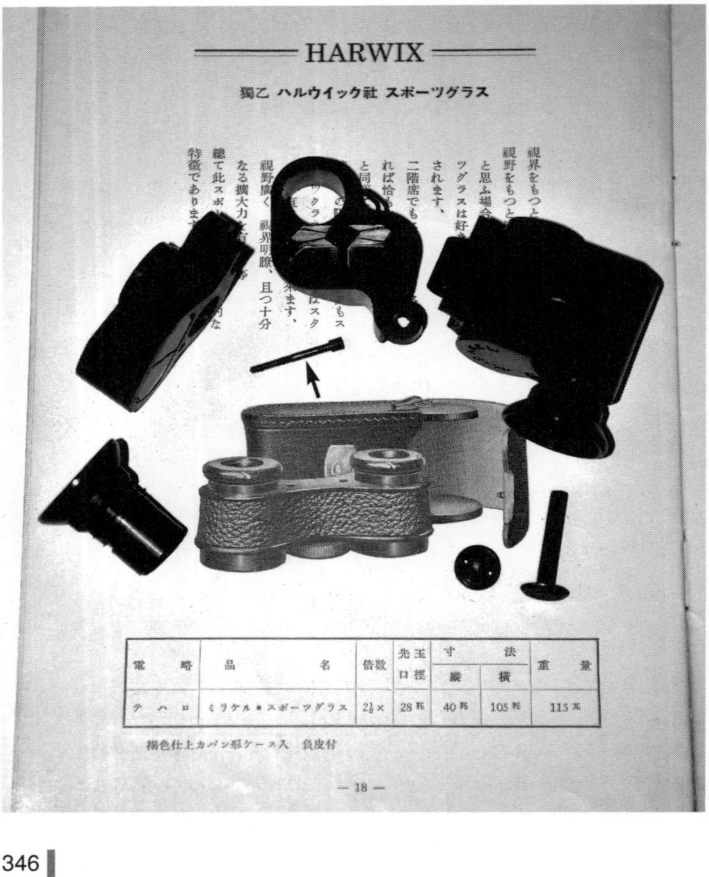
HARWIX

獨乙 ハルウイック社 スポーツグラス

電略	品名	倍数	先玉口徑	寸法		重量
				縦	横	
テハロ	ミラケル＊スポーツグラス	2½×	28粍	40粍	105粍	115瓦

褐色仕上カバン形ケース入 負皮付

— 18 —

鏡体部は前後がほぼ同じ形になるようにデザインされていて，プリズムは内部に埋め込まれるように設置されています．プリズム周囲に隙間はほとんどなく，側面自体の精度も正立システムの精度に直結してしまいます．鏡体前後の締結は長いビス1本（矢印）で行われます．3.5倍機では，鏡体組み合わせの位置決めのためのものは何もありませんが，7倍機では接合端面に合わせ基準となる凹凸部が設けられています．下にあるのは，同社のガリレオ式双眼鏡を扱っていた服部時計店の昭和7年版双眼鏡カタログです．

内部構造もまた独特です．一般的には小型機の場合，プリズムと金属鏡体の隙間は少なく，もしもエボナイトで強度的に金属素材に匹敵するように部材の厚みを増せば，当然隙間はなくなってしまうはずです．そして事実，本機の場合はそうなっているのです．

鏡体前後がほぼ同じデザインで，ポロⅠ型プリズムを内部に埋め込んだ独特の形状と内部構造を初めて見た時，筆者が連想したのは，餡の入った和菓子の「もなか」でした．

傾いたピラミッド

本機のようにポロⅠ型プリズムを，それぞれ個別に前後鏡体の中に隙間なく埋め込む構造では，実質的にプリズムを180°反転正立系にする調整ができません．そのため通常の場合に比べ，プリズムの製造誤差の許容範囲はずっと小さくなります．

ポロⅠ型を正立系としたプリズム双眼鏡では，一般論として，光学素子としてのプリズム自体に製造上からある程度の角度誤差が存在することを容認しています．その上で，その誤差を鏡体内への組み込みという工程の段階で吸収する必要があり，実行されているのです．

例えば対物レンズ越しの内部観察で，プリズムの中央部のどちらか片側に金属箔が挟まれていることがわかる機材があります．これは，プリズム座面にそのままプリズムを置いただけでは，左右それぞれの光軸（厳密にいえば視線の方向軸）が中心軸と調整可能範囲以上にずれることを防ぐための加工です．金属箔を挟むことでプリズムを傾けて，左右の視線の軸が中心軸と合わせられる範囲にまで精度を上げているのです（主としてエキセン環式の場合）．

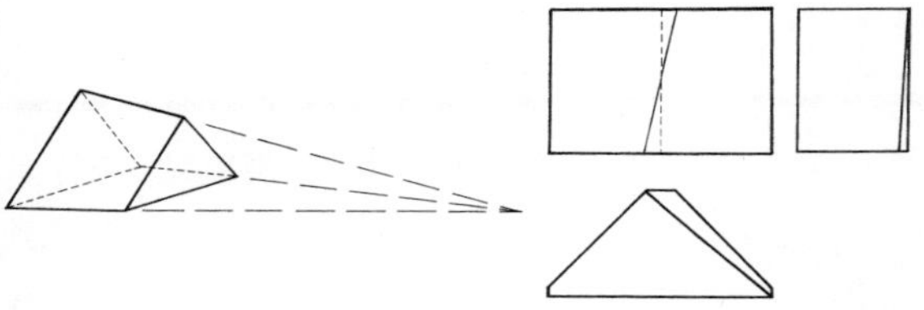

図はピラミッド誤差を模式的に描いたものです．直交する面が作る稜線（実際は面取り加工されて無い）が，稜線に向かい合う面と有限距離で接触してしまうことを表したもので，誤差無しでは接触しません．右図では，光線が直接関与する面に角度誤差が無く，左図と同じ形のプリズムを，稜線の上の方から見たものです．側面同士は並行になっていますが，稜線と側面は直角になっておらず，側面の加工が重心を通り，紙面に垂直な軸を中心として回転したようになった場合です．

さらにプリズムの製造誤差を考えた場合，側面を90°の交差角度で合わせても，像が180°反転することが確保されているわけではありません．製造誤差の存在を容認している以上，時には180°を超えたり足りなかったりするため，直交調整は，左右の視線を中心軸に合わせる以前に必ず行うべき調整なのです．

このように通常ポロⅠ型プリズムでは，直交するはずの面（反射面）でも30秒角程度の角度誤差があったりします．またプリズムの実際の透過面と理想面が分（角度の）オーダー以上の角度誤差で傾いていたりもします．この誤差をピラミッド誤差と呼びます．これらを組み合わせた状態（鏡体内での組み立てが完了した段階）で，正立システム前後での光軸合わせと像の反転精度が必要条件を満たすように調整しなければなりません．

これは鏡体とプリズム，プリズム同士の組み立てを，多少傾いているピラミッドの基礎部分に詰め物をして，真っすぐに建て直すような作業といえます．その作業を，手持ち双眼鏡の鏡体内部で行っていると言い換えられるかもしれません．

ところで筆者の場合，古い双眼鏡に多く接していますが，このような古い双眼鏡で，筆者なりに行うチェック作業があります．それは対物レンズ，接眼レンズを外した倍率1，つまり肉眼の観察で，反転状態にある遠景を見るチェックです．これは不正分解，組み立て間違いを見分けるための欠かせない作業になっています．

これはどういうことかといえば，中心軸と左右鏡体の四つの端面が直交している場合（加工精度が理想的に良い場合），尖塔の先端など遠距離の同一目標に対しては，正立プリズムで反転した左右それぞれの像は上下差なしで水平に見えるはずだからです．ただし端面加工の精度が低く，中心軸に対して直交せずに傾いている場合は，例外となってしまいます．

また鏡体のプリズム座面の切削加工で，素材の加工機への設置精度が低い場合は，座面自体が機軸，あるいは対物レンズ，接眼レンズの軸に対して傾いていることも起こり得ます．実際，プリズムが十分に所定の精度に達していても，金属箔が使われることもあって，この場合は既述とは異なった状態となり得ます．

「プリズム」双眼鏡

本機のようにプリズム位置の直交調整を廃止するには，通常の場合と比べ，光線と直接関連する三つの面の相互の角度関係だけでなく，側面（光線の透過・反射に直接関与しない面）でも，透過・反射面との角度の関係の精度を十分高める必要があります．

ところで，実際にピラミッド誤差のあるプリズムを使い，正立系を組み上げる場合には，プリズムを鏡体のプリズム座面に対して傾けます．古くは，金属箔などをプリズムと座面の間に挟み，プリズムを短径方向に傾斜させることが通例でした．そして，さらに直交調整を行い，最終的な左右の軸出し（軸合わせ）は対物レンズと接眼レンズを装着し，対物レンズのエキセン環機構で行うものでした．

その他に左右の視線の軸を合わせる方式には，プリズムの直交調整後，対物，接眼レンズを全て装着した状態で，プリズムを長手方向に滑らせる方法も存在しました．この場合，プリズムの傾きの調整はスライドという作業で吸収されることから，座面に金属箔を敷くことは行いません．

また，プリズムを傾けて左右の視軸の調整を行うことも可能で，特に安価な双眼鏡によく見られる方式です．実際には，プリズム側面をネジで直接押すことになります．調整作業がセットビスの押し引きだけで行えることから，熟練作業者でなくても作業能率が高くなり，製造効率上の観点からは良いのですが，この方式には困った点が存在します．というのも，プリズムは交差角度の調整を完了した時点で位置固定のため，接着剤で周囲を数箇所（大体四隅に相当するところ），点状に止められます．そして，稜線部分からは押さえ金具で強く座面に圧着状態で加圧されています．この時点で，横方向からセットビスの先端で点状に圧力が加えられればプリズムに歪みが起きないほうが不思議です．この調整方式を採用した双眼鏡では，合焦状態の恒星像など，本来は点像となるべきものの再現性に問題を起こしやすい（中心像でもアス化する）ことや，像質に個体差を生じさせる大きな要因の一つになり得ます．

ともかく，面構成角度の精度があまり高くないプリズムを組み合わせても，軸の調整はかなりの程度できることは確かです．ただし，光路中でのガラスと空気の長さに違いが生まれていることを軽視してはいけないようです．

ミラケル両機種の場合，中心領域での焦点とその前後の結像変化状態は良好です．それは，プリズム保持方式とプリズムの加工精度自体が高く，必要条件をともに満たしていることの相乗効果ともいえるでしょう．

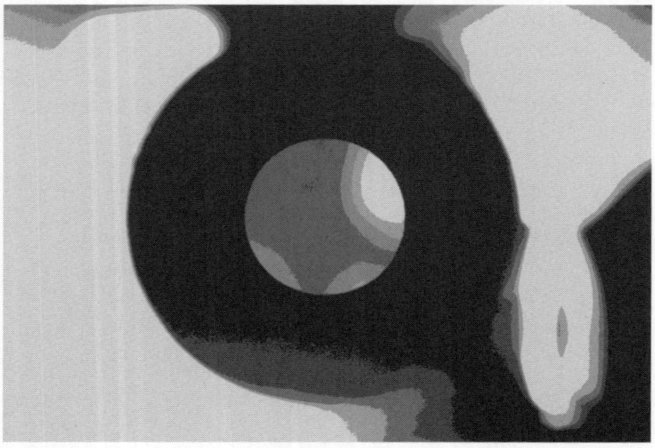

プリズム側面をビス1本で押し，視軸調整を行うとプリズムには歪みが発生するなど，悪い影響が出てしまいます．これは実際に発生した歪みを偏光で写したもので，ポロＩ型のため，歪みは交差したX状になっています．（画像提供／松本陽一氏）

第4章

日中戦争～第二次世界大戦終焉までの双眼鏡の技術動向

（日本製品）

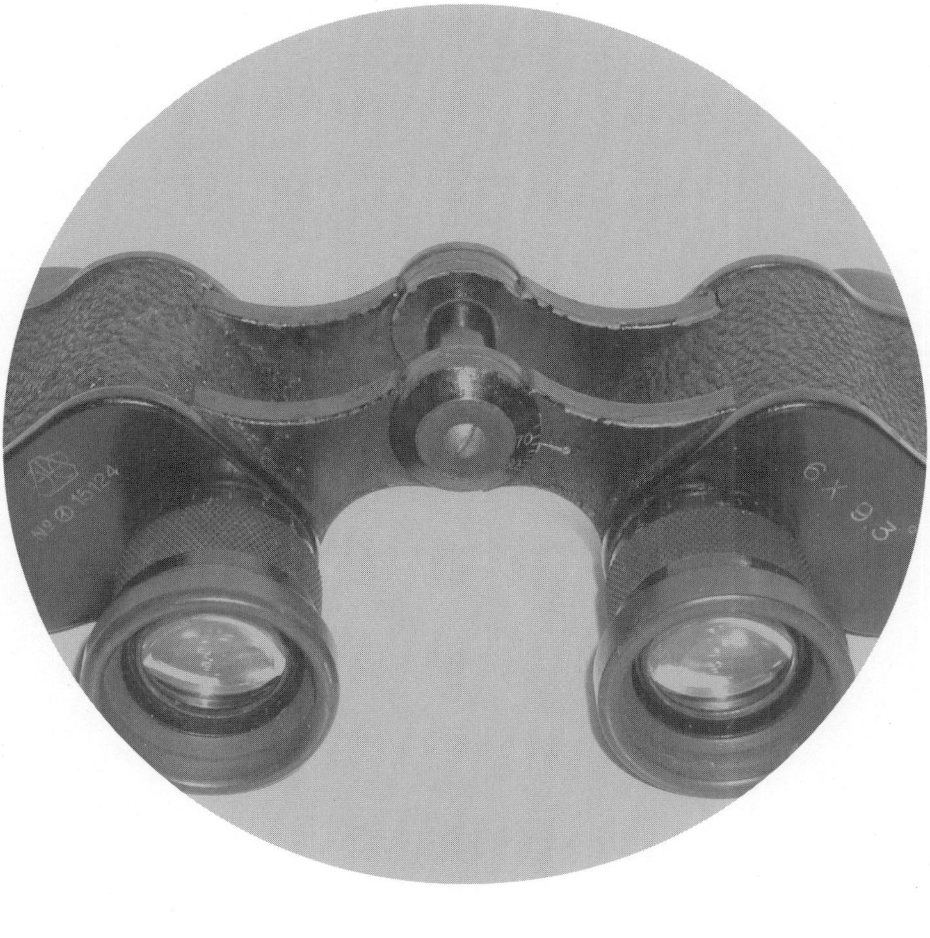

満州国に設立された日本光学工業直系現地法人の製品
満州光学工業　日本陸軍制式双眼鏡 6×24　9.3°

満州光学工業は，日本光学工業の直系関連会社ですが，製品仕様では原型であるオリオン6倍と比べ，機種名と口径は表示されていないことが相違点です．光学仕様の表示法には違いがありますが，光学系では構造も全く同じであり，像質に遜色を感じることはありません（表示が異なる完成外注品は除外）．操業期間から見れば，満州光学工業の製造量は多く，飛び番はかなりあるようですが，実数で30000台超と筆者は推定しています．左側は初期の個人購入品で，㊙マークがシリアルナンバーの902の前に表示されています．その後の生産ライン区分化を経て，右の終戦間近機ではシリアルナンバーの表示は103000を超えるまでになっていました．収納ケースは満州光学工業製品ではズック（布）製で，製造年月が刻印されています．ただし，戦後に入れ替えられたものもあり，製造時期確定の有力情報と即断できません．

表裏

1988年11月の最初の日曜日，私は所属している日本天文研究会の例会へ出席する途中，たまたま1台の古ぼけた小さな双眼鏡を目にしました．それが国産の陸軍制式十三年式双眼鏡であることは，古い書籍を見ていたため，すぐにわかりました．

興味半分で手に取り対物側から内部を見てみると，外観同様に汚れだけではなく，レンズ面，プリズム面のいたるところにカビの痕跡もありました．しかし，既に所有していた機材（7×50，9×63）では経験したことのない広視野像には，何か心を強くひきつける力があったのです．コーティング加工もありませんでしたが，迷ったものの結局は入手してしまいました．

実はこの時，実用価値を疑われるような機材を入手した理由は，さらにもう一つあります．それは，左鏡体カバーにある刻印によるものでした．そのマークはレンズとプリズムを組み合わせたと思われる中に，一文字だけ大きく漢字で「光」と入っており，その光という漢字に強い印象を受けたのです．また，マークの全体形状にも強く心をひかれました．

このマークは，初めて見たものでした．しかし，プリズムとレンズの前後の位置関係を反対にすると，光という文字を別にすれば，既に所有していた7×50で見慣れた日本光学工業（現ニコン）のロゴマークと同じになります．日本光学工業の社史『四十年史』は既に目を通しており，このマークは日本光学工業ときわめて強い関係を持つ満州光学工業のものではないかとの確証を，瞬間的に持ったのです．そして振り返れば，この出会いが，その後の筆者の双眼鏡遍歴の出発点となってしまったのでした．

教訓

口径こそ小さいものの，それまで実見したことのない6倍9.3°という広い実視野の製品です．直ちに手を入れて，光学面をきれいにしたうえ，良い状態で実用してみたい，星を見てみたいという願望を抑えることができませんでした．そして早速分解に取りかかりましたが，この時，双眼鏡というものが分解ということを考慮していない光学機器ということに改めて気づいたのでした．気づかされたとも言っていいでしょう．

経時変化により，防水資材として充填されている油土は，柔軟性を失って固化していました．そればかりでなく，あたかも接着効果を持つようになっていて，鏡体とカバーあるいは鏡体カバーと対物キャップとを固着してしまったりもしていました．

こうした本来は柔軟性を持つはずの物質が経時変化した場合，溶剤の使用や部分的で適切な加熱などによる除去と清掃，同様物質の再充填で対応できることは想像できました．実際，そうような方法で分解も進捗したのです．

しかし，この双眼鏡の分解で得た最大の教訓があります．それは双眼鏡の場合，分解で最も注意すべきは光軸に直交する方向のセットビスの有無を必ず確認すること．そして，そのネジが存在する場合は，まず何を置いても，このネジを外すことの重要性でした．この機材に手を入れることで筆者が得た最も重要な教訓は，まさにこれでした．これもまたその後に続く，一つの出発点となっています．

この時，はやる気持ちを抑えきれずに，鏡体部に設けられた接眼外筒固定用の1.4mmのネジの存在に気づきませんでした．そのまま，うかつにも分解を始めてしまったのです．

結局，このような不十分な組立状況の観察が元で，セットビスの先端が押していた接眼外筒のネジ部分は，無理やり分解したため，ネジ山がかなり潰れてしまいました．ネジ部分を目立てやすりで復元することも容易ではない状態になってしまったのです．分解時点で接眼外筒ネジの緩み方への観察（感触の認知）があれば，気づいたはずの構造でした．やむなく，潰れたネジ部分を目立てやすりで何とか削り直し，やっと再組み立てが可能な状態に戻しました．

これは，注意深い観察があれば避けられた失敗でしょう．手荒く扱われる軍用双眼鏡で，指先による回転運動が行われる部分には緩み防止用固定ネジが設けられる必然性があるはずです．このようなことに気づく想定力が必要なことも痛感しました．また，

通称イモネジと呼ばれるセットビスには頭がないため見つけずらく，また経時変化による固着，強度低下でのすり割部分の破損などが起こりやすいため，正しい分解の大きな妨げになります．分解前の潤滑用界面活性剤の浸潤は当然です．通常の方法で分解ができない場合は，まず手作業で超硬工具によってセットネジ中心にそれよりやや細めの穴を貫通させ，部材を押さえているセットネジ先端部を完全に除去してしまう必要があります．そして分解完了後は，タップでワンサイズ大きいネジ穴を開け直さなければなりません．ドライバーの先端でセットネジの位置を示しましたが，わかりやすくするためかなり緩めた状態にしてあります．

失敗を取り戻すために旋盤加工技術の必要性も感じました．旋盤加工はやっとここ数年で，何とかねじ切りや摺動部，回転部の現物合わせが一応はまがりなりにできるようになりました．かつての失敗が取り戻せる可能性がいくらか出てきたことは，多少の進歩と気分的には立ち直っています．

その他にも完全に分解してしまったことで，プリズム傾斜調整のために座面（プリズム固定位置）に付けられていた小さな紙片（本来は錫箔）の重要性は身に染みました．また左右像を合致（視軸の一致）させるためのエキセン環と呼ばれる構造とその機能は，十分に納得することができました．

そして，このエキセン環方式では，対物レンズと接眼レンズの光軸が同一線上にないこともわかりました．つまり，対物レンズと接眼レンズが同一線上にある，天体望遠鏡でいわれる光軸というものは，双眼鏡には存在しないということが，よく理解できたのです．

そこで思い出したのが，ある望遠鏡の解説書にあった双眼鏡の特色についての記述です．それには，双眼鏡には例え同一機種であってもそれぞれ像質に個体差があり，良い機材（天体用）は特に選択する必要があるということが書かれていました．このことも，実際の分解作業からうなずける事実でした．

日本と満州

日本と中国が戦争状態に入るずっと前から，日本陸軍の一部では旧ソビエトを仮想敵として，動向を注目していました．その旧ソビエト軍に対する軍事力増強のため，日本の軍事勢力圏にあった満州（中国東北部）地区に光学工場設立の要望が生まれていました．その後，いわゆる日華事変以降にこの要求はきわめて現実味を帯びてきます．

そしてついに昭和13年，日本陸軍の要請に基づき日本光学工業が資本金の全額を出資し，満州国の現地法人として満州光学工業株式会社が，当時，満州最大の工業都市奉天市（現：瀋陽市）に設立されることになります．この会社の設立の要因には，日本陸軍の大陸での当面の軍事行動に基づく勢力拡大に応じて，戦線からある程度近距離に光学兵器の製造，修理が可能な一大光学工場を設けたいという，陸軍中央部の切実な要望があったからでした．また満州に駐屯していた陸軍の部隊である関東軍としては，軍事力で作り上げたばかりの満州国に産業を育成して国家としての実態を作り，対ソ防衛ラインの前衛とする戦略がありました．この2点が，会社設立を後押しする力となったのです．

満州光学工業株式会社に求められたことは，日本光学工業で製作されているものと同じ陸軍用光学機材の製作，修理を，地元住民も含めた生産ラインで行うことです．これは，当時の陸軍の「現地自活」方針にも沿ったものでした．

満州での新会社の設立にあたって，出資金は全て日本光学工業の取締役以上7人の高級幹部が名目上の出資者となりました．新会社の人員構成は，幹部職員の管理職，技術者などの枢要，重要な人材も日本光学工業出身，出向者で，実質的に会社創業時点では日本光学工業株式会社満州工場でした．ただし，大きな違いは，在外国の企業ということから工員として採用した人員には，地元住民（満州国民）も多く含まれていたことです．

操業に先立って，「満系工員」（当時の表現）は日本国内の日本光学工業の工場で長期の研修が行われています．その後も工員として現地住民の採用，教育は続けられました．また在留日本人子弟も採用され，その実技研修はともに満州光学工業本社内に設立された工員養成所で行われることになります．

会社設立は昭和13年でしたが，実際に十三年式双眼鏡の新規の生産が始まったのは昭和15年でした．意外に時間が必要だったのは，準戦時下で，しかも国外の工場であったことです．そのため，最低限の工場設備，最小規模の人員は比較的早く手配が完了したものの，その後の人材獲得，工場建屋などの設備拡充，工作機械，機械工具，測定治具などの国内からの調達，移送が大幅に遅延したのでした．これには，まさに会社設立の要因ともなった旧ソビエト軍との軍事衝突であるノモンハン事件の勃発も影響していたのです．

こうした準戦時下で，日本国内と同様に物資・労働力の調達に強い統制がかけられた状況下でも工場の拡充は進められていきます．太平洋戦争が始まった昭和16年末には工場規模（床面積比率）は創業時の2倍に拡大され，人員総数も1000人弱となって，日本国内の光学企業でいえば中堅上位の規模となりました．製造品目も6級兵器と分類されていた十三年式双眼鏡から，より高品位な5級の野戦軽測遠機へと陸軍の期待に添うように高度化し始めます．

『概況書』という報告書

満州光学工業は，国外（外地）に設立された機密性の高い軍需企業でした．またその終焉も，旧ソ連軍による占領と日本の敗戦という混乱によったことで，その実状を記録した資料はほとんどありません．これまでは，日本光学工業が設立40周年に際して発行した『四十年史』に10ページに渡って記述されている記事が，比較的容易に見ることができる，唯一ともいえる資料でした．ただ残念なことに，この資料は戦後記述されたものであり，同時代的とはいえないものでした．

しかし最近になって，満州光学工業が昭和18年6月に60部限定で作成した『概況書』という内部資料を入手することができました．

この文献はB4判和文タイプ印刷で，総ページ数100（空白頁も含む），折り込み図版（附表）11葉からなります．会社の業務状況の報告書ではあるのですが，通常とは異なり，配布先は出資者＝株主ではなかったのです．その内容も単なる会社の現状報告に止まらず，増産のための社内行動などを軍との関係の下，自己分析の結果に基づいて記述しています．また，自己努力だけでは解決できない問題点に関しては，軍に各種の配慮を求める記述も多々見られます．

従って，配布先は当然のことながら，陸軍の担当部署の担当官と，ごく一部の会社幹部宛てであったことは想像に難くありません．そして発行部数も60部と限定されていることも表紙に記載されていて，配布先の人名と個体ナンバーまでが載せられている，当時は極秘扱いの資料でした．その資料がなぜ現在まで存在しているのかといえば，この概況書の受取人である満州光学工業株式会社会長は，日本光学工業株式会社顧問でもあり，東京在勤だったことが，破却や没収を免れた原因と思われます．

この資料によれば，十三年式双眼鏡の生産が開始されたのは昭和15年半ばになってのことでした．満州に駐屯していた日本陸軍の関東軍奉天兵器調達部（部署名称は執筆時点での推定）からは早速，「奉調二五〇」の注文番号で十三年式双眼鏡7000個の注文がもたらされ，これが生産業務の口火となりました．

太平洋戦争開戦時には，総従業員数は1000名に達しようとしていました．この頃には，十三年式双眼鏡や測遠機といった光学兵器の新製だけではなく，

リペア作業は，単に光学系の清掃だけで済まない（済まさない）場合もあります．本機は，入手時点で鏡体部外装の擬革と塗装が完全に剥落していたため，鏡体のみの再塗装と近似仕様の擬革の再貼り付け処置を行いました．中心軸筒とカバーは再塗装せず，塗装時に固定ピンを外し一旦分解，再組み立てしています．内部補修ではプリズム交差角度が許容限界だったことから，加締め作業を伴う交差再調整も実行し，両処置とも思いの外うまくいったことで実用機にしました．ただ，塗装後の焼付け処理を省いたため，酷使磨耗から地金の露出が起きています．

朝鮮半島，満州という確定していた日本の勢力圏と，最前線でもある中国大陸に展開していた各陸軍部隊（朝鮮軍，関東軍，支那派遣軍）の光学兵器の修理，調整も始められていました．翌年の昭和16年度の十三年式双眼鏡の受注は「満調一四一七」の注文番号で1700個（発注部署の名称変更は組織改変によるものと思われる），さらにその翌年度の昭和17年度には「満調五二一」の950個．『概況書』が作成された昭和18年には，確定した受注数量は「満調一〇三」の1700個ではありますが，同一年度中にさらに7000個の受注が予期されていました．この数値は軍の担当部署から確定的な状態で内示されたと思われます．

以上のような注文に対して，記述されている生産実績の変化は，興味深い変化を示しています．15年度分の完納は17年8月，16年度分の完納は17年11月，17年度分は18年2月完納と，急激に生産実績が向上しているのです．また生産実績の向上に呼応するように，見込まれる注文数も増しています．この見込みは原料・資材の配給とも関連しており，軍による資材の給付率までが記載されていて，確定的な状況で発注内示があったこともうかがえるのです．それ以降の資料はありませんが，結果的には，内示数量は確実に発注，生産されたものと考えられます．

『概況書』からは，この生産力の大幅な向上の原因についても推定可能とさせる事実が記載されています．それは昭和17年5月に行われた技術指導でした．この指導は，陸軍造兵廠の大串技師を団長として，日本光学工業関係者も含めた人たちによる広範囲に渡るものでした．ここで諸種の勧告が行われたことが，好結果となったものと考えられます．

しかし，人員規模に対してこの程度の生産規模の増大は，陸軍の期待に応えていませんでした．そこで陸軍では，新たに陸軍の生産施設である造兵廠や関連工場から技師格の人材を7名，技能に優れた工員7名を第一次の人材導入として送り込みます．これは，技術者不足に苦しむ満州光学工業からの希望でもあったのです．中でも腕利きの人材は，製造部長職へ就任しています．

ともかくこのような人材の移籍＝供給が可能となり行われたことは，関東大震災で大被害を受けて，一時縮小した陸軍造兵廠の光学兵器製造部門がその後，トップと担当の人材に恵まれたことが，要因の一つです．そして軍備拡大化の結果，技術，人材，生産規模などで当時の国内大手光学メーカーを凌ぐほどの状態になっていたからできたことでした．

さらに『概況書』には生産活動の円滑化を図るため，現地での素材調達先，あるいは加工外注先の育成利導にも苦心していたことが記述されています．一方，ガラス材はごく例外的に陸軍から供給を受けたい旨の記述もありますが，結果的に日本光学工業から供給で賄われていたこともうかがえます．また，特に満州という地域性から，現地は金属素材自体の加工産業は存在しているものの，金属部品の精密機械加工の委託先はきわめて限定されていました．

その状況，さらには究極の目標として『概況書』は「資材ニ於テモ加工作業ニ於テモ極力大陸在住ノ下請ヲ利導培養シ，ヤカテハ当社ヲ中核トシタル強固ナル工場群的生産機構ヲ確立セント企図シアリ」としています．つまり，既に日本で活動していた日本光学協力会と同様の，企業ピラミッドともいえる組織を大陸で構成しようとしていたのでした．

終焉

しかし，こういった増産対策も，加速度的に悪化していく戦況下では生産量の伸びは大きくならず，戦局の好転をもたらすことはできませんでした．『概況書』には空襲対策が既に記述されていますが，昭和19年に入り満州地区への空襲が行われています．また，その後のドイツの敗戦などによって決定的に悪化した戦局下では，動揺した地元住民出身の工員を引き止めることができませんでした．その穴を埋める形で，在留日本人学徒の勤労動員が行われたり，空襲を避けるために一部の機械設備が移され，分工場として活動を開始しています．

しかし結局，昭和20年8月9日，旧ソビエトの対日参戦と8月15日の日本の無条件降伏によって，製品と機械設備類は全て進駐してきた旧ソビエト軍に接収され，満州光学工業は短い歴史を閉じたのでした．終戦とその後の混乱の中で，再び日本の土を踏むことがなかった日本人の関係者も数人いたそうです．

こうして，満州光学工業は終焉を迎えましたが，歴史的には続きがあります．1956年，民間経済訪中団の一員として南京を訪れた五藤齋三（天体望遠鏡，プラネタリウムメーカー五藤光学研究所社長：当時）は，光学の専門家として南京儀器廠を見学します．教育用顕微鏡月産8万台という，そこの工場で使われていた研磨機は，旧ソビエト軍によって接収された満州光学工業のものでした．

また，陸軍造兵廠から満州光学工業へと赴任した鎌倉泰蔵製造部長は，戦後日本に戻り，双眼鏡メーカー・鎌倉光機を創設します．同社は現在中国にも工場を設け，OEM製品の供給元として世界的に大きく発展しています．

一つの会社は終息を迎えましたが，その後への影響は，筆者の双眼鏡熱も含めて続いているのです．

シリアルナンバー

以上，述べたように満州光学工業は旧満州地域や中国，朝鮮半島に駐屯していた日本陸軍のために，光学兵器を生産していた会社でした．

ところが，意外と思われるほど，満州光学工業で生産された双眼鏡は日本国内，アメリカにも残っています．ノモンハン事件以降，格段に増強された関東軍は，当時精強百万関東軍などと吹聴されました．しかし国策が南方進出に変わり，北方では対ソ静謐維持方針が確定します．次第に戦局が悪化していく太平洋戦争の推移につれ，関東軍からは次々と兵力が抽出されることになります．そして，フィリピン戦線への増強，本土防衛のための移動などが多く起こったのでした．そのため満州光学工業製双眼鏡は，日本だけではなく，アメリカにも残されています．これはおそらく，アメリカ軍によってフィリピン戦線で収得されたものだと考えられます．

ところで，これまで筆者が見てきた満州光学工業製十三年式双眼鏡はそれほど多いわけではありませんが，シリアルナンバーから興味深いことがわかります．ナンバーは，数値で分類すると900番台から25500番台末までの累積数値のものと，大きく離れて100000台初期にかけてのものに大別できます．このうち，前者にあたるものではシリアルナンバーの数値のみ表示したものと，数値の前にNo.が付けられているものがあります．No.の印字があるものは，さらに数値の前に㋑の文字も付けられています．

以上のことから，筆者はシリアルナンバーが5500以降の時点で，製造ラインに大きな変更が加えられたと考えています．また㋑の他に◯で囲われた文

製造ライン区分時期の製品には，ロゴマークと文字の表示法にかなり相違点が存在しており，ロゴマーク自体と表示位置も微妙に違っています．結論からいえば，左の2台は社外完成品，右の2台が完全社内製品です．画像では示していませんが，この4台の十三年式双眼鏡の右鏡体カバーに表示されている6×9.3°の文字サイズが，左側2台が半角に対して，右側2台は全角で，彫刻加工は加工機に設置された母型に従うため，区別が可能なのです．外注決定前の初期製品では，文字表示は全角でした（タイトル画像参照）．左端機には㋑の文字がありますが，これは日本国内製品と製造ラインとを当初同一視していたためで，より確実に区分するため，左から2番目の個体では㋑の表示を停止したものと考えられます．

字については，狙撃用照準眼鏡で㊁があることから，十三年式で他の例を探していたところ，㋺のものが入手できました．

こうしたシリアルナンバーの変化を現物から読み解くと，製造開始から7500番台ほどまではナンバー数字のみの表示で，私費購入品には，それを示す㊙マークがナンバーの前にあります．900番台の機材が存在していることで，捨て番は多くても500と考えられ，おそらくは実数が表示されていたのでしょう．

それを過ぎるとナンバー表示は数字だけでなく，No.の記号も数字の前に付けられるようになります．それと共に，数字に前に㋑，㋺の区分記号がさらに付けられるようになりますが，これは生産ラインの区別と思われます．現存するものは圧倒的に㋑のものが多く，これは熟練度が高い日系作業者の生産ライン，㋺は満系作業者（当時の用語）によったものでしょう．㋑の数字は従来からのシリアルナンバーを継承していますが，㋺の場合は枝番的に重複していたものと考えられます．この表示が行われるようになると，私費購入品の区別も国内同時期の製品と同様，中心軸端の表示へと変わります．

この生産ラインを区別していた時期で，㋑の表示が行われている最も新しい番号は25500番までの存在は確認しています．ただし，その一連の番号の中には例外的に㋑の表示がないものがあります．これは，日本国内の他社へ完成品外注されたもので，生産ラインの区別を必要としないことからの表示でしょう．また，㋑の表示があっても，文字が半角で表されている場合，これも満州光学工業の表示法とは異なるため，同様に完成品外注によるものと考えられます．

その後の変化として見つかることはナンバー数字の桁上がりで，100000番台の製品が現れるようになります．㋑，㋺と表示された最終がいくつなのか全く推定の域を出ませんが，当時の状況から，おそらく㋑のものでは30000番台には達していないものと考えるべきでしょう．続いて表れる，数字の桁数が6桁の製品では㋑，㋺という表示はなくなります．

以上のいろいろな変化は，製造効率向上のための作業現場の変更が何回か行われ，それが表示法に現れたものと筆者は考えています．

字体

以上に記述したのは，表示されているシリアルナンバーからの推定です．それに加えて，表示されている文字の字体そのものにも記述されていない事実が潜んでいるように思います．

満州光学工業製も含めて旧日本陸海軍用の双眼鏡では，表示されている文字は彫刻加工されています．部材が真鍮製の場合は原則として，その彫刻で彫られた溝に，半田を流して象嵌仕上げされています．

彫刻作業では，文字あるいは社章（ロゴマーク）は原版から縮小される形になり，部材は治具で固定されます．従って，社章，文字の字体は同じであり，位置も変わらないはずです．

ところが，満州光学工業の社章が表示されている十三年式双眼鏡でも，文字の字体あるいは位置に違いが認められるものがあり，これは外注で製造されたものと考えられます．直接的な表現ではありませんが，『概況書』には「第七 設備竝改善 四，検査業務の概況 （八）東京下請眼鏡類ノ検査」の項目に，「日本光学，東一造（東京第一陸軍造兵廠：筆者注）ニ於テ検査ヲ実施シアルモ尚満州光学支店（日本光学工業本社内：筆者注）内ニモ検査係ヲ設ケ業務ノ敏活化ヲ期セントス」とあります．

従って，外注品は完成品，もしくはほぼ完成品の状態で納入されたのでしょう．その外注先の技術系統の違い（特に字体の違い）が，表示文字の違いとなって現れたものだと考えられます．

総数

現在では，満州光学工業製の双眼鏡の生産台数を確定することは，もはや不可能になってしまったと言えるかもしれません．しかし本項で記述した事実から，満州光学工業で生産された十三年式双眼鏡は，30000～35000台ほどになるのではないかと，筆者は考えています．もしそうだとすれば，この数は決して少ない数ではありません．特に，製造期間が昭和15年半ばから昭和20年8月までですから，平均すれば年間6000台になります．満州光学工業は軍用双眼鏡製造に関する限り，実績上，有力なメーカーの一つだったと言えるでしょう．

単発複座艦載機用に空技廠が開発した低倍率機
海軍航空技術廠（空技廠）設計　日本光学工業製造
日本海軍制式機上手持ち双眼鏡 5×37.5 10°（口径は実測値．表示なし）

実視野10°を確保するため，プリズム材質にはより高屈折率のものが必要です．また形状も大きくなるため，本機種の外観は威圧的です．射出瞳径が7.5mmと，肉眼の限界値より大きく設定されているのは，航空機の振動で機材に動揺があっても，射出光が必ず瞳に入ることを必須条件としているからです．

空の上への試行錯誤

第一次大戦では補助的な役割であった軍用機も，その後急速に性能を向上させていきます．日本海軍の内部では，昭和10年頃，航空機で使用する手持ち双眼鏡への需用が起こっていました．

当時，海軍には航空機の技術開発・審査を担当する海軍航空技術廠（通称，空技廠）という組織が海軍横須賀航空隊に隣接してありました．そこで早速，空技廠の関係者は，現場である航空隊の意見聴取を始めることになります．既存の海軍の航空基地の中でも，屈指の規模がある横須賀海軍航空隊は，機上用手持ち双眼鏡の開発を実際に希望していました．ところが，「低倍率・小型軽量の双眼鏡」といった漠然とした要望の提案はあったものの，それはあまり具体的な事柄ではありませんでした．

そこで，空技廠では，搭乗員にとって違和感なく使用できる，飛行帽の上から頭に固定するゴーグルタイプ3種類と，比較の意味合いを持たせた双眼鏡タイプ1種類の，合計4種類の試作を概略的に決定しました．そして，航空隊からの要望を加えた具体的な試作品の設計と製造が，日本光学工業に発注されることになります．

しかし，でき上がってきた試作品の実用テストでは，当時飛行眼鏡式と呼ばれたゴーグルタイプでは倍率，視野のいずれもが過小でした．結局，光学性能的には5×35mm 10°の双眼鏡形式のもの以外は，全く実用性に乏しいものでした．また，機構的には双眼鏡型のものも含め，いずれも機軸（中心軸）が短いことによる光軸（視軸）の変調が多く，結果的にはどれも採用されませんでした．

航空機搭載夜間用手持ち双眼鏡

こうして，海軍での航空機搭載用手持ち双眼鏡の開発はいったん頓挫します．しかし昭和12年，今度は同じ海軍の航空部隊でも，航空母艦に搭載されていた艦隊航空部隊からも同様な要求が出されることになります．

その要求とは，夜間捜索・視認（偵察・接触）用として，航空母艦搭載用単発複座機の狭い機内での使用に適した双眼鏡の開発でした．航空機搭載用双眼鏡として既に使用されていたのは，ノバーという機種名が通称化していた航海用双眼鏡 7×50mm 7.1°でした．しかし震動が多く狭い機内では，形態，倍率ともに過大で満足できるものではありませんでした．

こういった要求に対し，空技廠では従来の経験を踏まえて新規に開発を始めました．今回は，光学設計，機械設計，そして実機試作までも空技廠内部で行われることになります．

昭和という時代を迎え，日本の軍国化が進展するのにつれて，再び軍内部には光学兵器内製の要求が現れ始めました．陸軍の造兵廠，海軍では工廠といった軍の生産機関では，光学設計も可能な技術将校，技術者の育成が図られていきます．特に空技廠では軍用機専用の光学機材の開発，審査も業務であったため，内部には光学を専門とする部署と，試作程度の工作が可能な工場設備も設けられていました．

機上手持ち双眼鏡の試作が空技廠内部で完成したのは，昭和13年のことでした．

下請けは大企業

双眼鏡として総合的な設計を行ったのは村田美穂技術少佐（当時），レンズ設計を担当したのは中島豊槌技術中尉（当時）です．ともに戦後も光学に関わりを持ち続けています．特に中島海軍技術中尉は，光

単独合焦式の接眼部は，大型の固定式双眼望遠鏡と同じ構造，機能の直進ヘリコイドになっています．一般的に，双眼望遠鏡類では気密性を確実にするため，精度を確保しやすいシリンダー構造を採用しています．本機種も同様なのは，気圧変化の大きい機上用双眼鏡としてのことでしょう．

学技術者として双眼鏡との縁を強く保っていた人でした．血縁関係はないですが，筆者と同姓でもあることから光学的業績には大いに興味を持っています．

ところで光学的な性能に関しては，後に関係者の述懐で，「口径比の大きなレンズであったため，周辺のディストーションがやや目立ったが，全般的に収差は少なく見え味の良い眼鏡であった」とあります．

本機は，2枚合わせの対物レンズと2群3枚のケルナー型接眼レンズという光学構成で，5倍，10°という低倍で広視野の機材です．筆者は特にその光学性能に基づく実用性（天体用としてですが）について，現物を入手する以前から大変強い興味をもっていました．また，像質についての具体的な事柄も文献で熟知していたため，入手後早速手を入れて，実際に像質を観察してみました．

その結果は，文献に記述されている以上でした．視野周辺部75%より外側では歪曲，湾曲，倍率色収差が見えてはいますが，天体像を見てもその実量は決して現行品と比べて多いという値ではありません．そのため，コーティングこそありませんが，筆者は天体用の双眼鏡の一つとして，現在も限定的ですが実用しています．

このように書くと，読者の皆さんは分解，調整が順調にできたと思われるかもしれません．しかし，接眼部の分解は難事でした．接眼外筒を鏡体から分離するのに，延々と一ヵ月ほどかかったこともあり，この機種もまた，筆者には強く記憶に残る双眼鏡になりました．

さて，話題を開発経緯に戻します．試作品は早速，航空部隊で倍率・性能が似ている既製の射出瞳径が7mmである6，7，8倍の双眼鏡（7倍機のみ伝統的に口径が50mmであるため，射出瞳径はやや大きい）と比較実験されました．6倍，8倍の双眼鏡は，おそらく海軍内に残存していたノバー6倍，ノバー8倍も含まれていたものと思われます．そして，機上用双眼鏡としては，本機種が昼夜を問わず最適との評価が与えられた結果，量産が発令されます．

しかし，量産開始当初，まだ航空兵力は軍事的には補助的な地位であったことから，生産は空技廠の光学工場だけで行われました．この時点では第二次大戦中期以降の大消耗戦状況にもなっていなかったこともあって，空技廠だけの生産でも必要量を確保することができていたようです．

その後，戦争の推移に従い要求量が増えると，民

筆者が使っている機材は日本光学工業製のものです．左鏡体カバーにはメーカーロゴとシリアルナンバー，それに戦時増産態勢の証明でもある製造精度下方修正変更後を表す㊮の文字を入れたマークがあります．一方の右カバーでは，彫刻されている空技廠の文字は削り取られたようになっています．文字が削られたのは戦後のことでしょうが，以前の使用者の戦争に対する思いが現れているようにも思えます．

間の日本光学工業，東京光学機械にも生産が下命されました．さらに富岡光学機械製造所，高千穂光学工業（現：オリンパス），昭和光学（横須賀海軍工廠専属工場，井上光学の後身の昭和光機製造とは別），昭和17年以降は，東芝甲府工場とその直系の光学会社，東亜光学も生産に参加していくことになります．空技廠自体でも，大戦末期に，空襲を避けて横浜・伊勢佐木町の松屋百貨店に疎開した光学工場で生産が続けられ，敗戦を迎えたのでした．

本機は開発，試作を担当した軍内部の工場，それに確固とした技術力を誇る光学会社，量産技術に優れた大資本とその傘下の企業に生産が集中されています．このことは，同じ手持ち双眼鏡といっても，初めから重要機材であり，その重要性の高さがますます増大したことの現れのような感じを持ちます．

戦後，大企業が双眼鏡販売のため，中小メーカーを下請けとして双眼鏡の供給を受けることは，枚挙に暇がないほど多いことでした．しかし国家も生産し，増産には大企業を下請けとして生産された双眼鏡は本機のみです．その用途も含め，この点からも我が国の光学産業史でもかなり特異な存在の双眼鏡といえると思います．

実視野10°

ところで筆者の場合，何で古い機材で星を見ているのだ，という質問をよく受けることがあります．その最大の理由は，現行機種にはない特色を重要視しているからなのです．

筆者の双眼鏡の使用状況で比重が高いのは，都会地の光害下の天体観望会での使用です．夜空とはいえ明るい天空の中に星座を形作る星を見つけ，天体相互間の位置を確認するためには，経験上，実視野10°はゆずれない一線です．それに加えて，口径も大きいことという要素もあります．筆者のこの目的に合致するためには，ノーコーティングであるものの，実視野10°，それも良好な像質をできる限り広い範囲でという，多大な要求を叶える本機種は希少な存在です．

当時，実視野の広い本機種も光学設計は大変だったはずです．これは，今でも本当に見え味に優れた双眼鏡を生み出すことを考えれば，変わってはいないでしょう．しかし，本機種が生まれてから既に長い時間が経っており，技術は格段の進化を遂げているはずです．本機が，私にとって歴史的機材となる日の一日でも早いことを祈っています．

本機種の後継機として戦後登場するのが，実視野を狭めずに倍率を引き上げて，より一般向きの商品としたもので，7×35mm，実視野10°超クラスの機材です．一時期はいろいろな品質のものがありましたが，現在，全くの絶滅状態になった一因には，鏡体が大きいことも考えられます．並べて置くと機上用双眼鏡に大きさが似ていることがわかりますが，戦後の後継機種原型の設計者は，同一人物の可能性が高いと考えられます．

戦前の国産機で実視野11.5°に達するレコードホルダー
東京光学機械　Erde 6×30　11.5°

高さに比べて，大きく横に広がった外観は，実広視野機の特徴ですが，エルデではそれが特に顕著に現れています．開発時期が確定できていないのは残念ですが，もしかすると第二次大戦前，ヨーロッパで開発された実広視野機の影響があるかもしれません．光学仕様にいくらか違いはありますが，英国ロス社のステップナダはその最たるものでしょう．

衰退機種

双眼鏡の歴史を見てみると，時代の推移，欲求の変遷によって，はかなく消えてしまった光学仕様があります．日本の場合について言えば，その一つに6×30mm機があげられます．

特に現在の状況下で，遠近感の強調効果の維持も考慮するなら，正立プリズムシステムのダハ化の増加傾向から見て，必然的に高倍率化は避けることができません．これも，6×30mm機が減少した原因の一つでしょう．かつては，そのほとんどが8×30mm機と実視野が同じだったことも，また同様に要因となってしまったと思われます．

では，その昔はどうだったのでしょう．双眼鏡が光学兵器とされていた時代の我が国でも，原因は異なっていましたが，現象の上では似たようなことは起こっていました．

プリズム双眼鏡の国産化が始まり，特に民間企業である藤井レンズ製造所から，性能的にも外国製品に引けを取らない製品群が現れます．このことで，日本の陸海軍では，組織的にも個人的にも国産双眼鏡の使用を推進する動きが起こります．

特に日本海軍では，航海用双眼鏡として藤井レンズ製の天佑号6×30mmを大正初期からかなり積極的に採用し，それまで使われていた大口径のガリレオ式双眼鏡はお役御免になります．その天佑号6×30mmも，後継会社である日本光学工業からドイツ流の光学設計技術に基づいて製作された，より大口径で夜間使用上優位であるノバー7×50mm 7.1°が出現すると，主役の座をゆずることになります．

こうして一時的には軍用品の主役となっていた6×30mmでしたが，主役の座を交代したことから，日本光学工業では昭和初期に生産を終了してしまいます．

その日本光学工業から受け継ぐといった形で生産を始めたのが井上光学工業で，同社の設立者は藤井レンズ製造所出身でした．また他にも，岡田光学で6×30mm機は生産されていましたが，共に8×30mm機の姉妹品という位置づけでした．

その原因としてあったのが，陸軍将校用の十三年式双眼鏡の存在です．一般論として，欧米諸国では第一次大戦当時，6×24mm機（実視野8°程度）のものが，陸軍戦力の一方の主力であった歩兵科将校の標準的な装備でした．しかし，既に第一次大戦中から口径増大化の動きがあって，6×30mm機（実視野8.5°程度）は，大戦終了時点で国際的には主流の装備になりかけていました．

ところが日本では口径の増大による重量，価格の増加が懸念され，それが要因となって6×24mm機が大戦後も引き続き装備品とされていました．その状況に変化が起きたのが，広角接眼レンズを用いた機種の出現だったのです．光学仕様で変わったのは，口径ではなく実視野だったことから，第二次大戦前の我が国では6×30mm機は既に衰微した状況でした．

11.5°

その状況に大きな変化が生まれたのは，東京光学機械で光学設計技術が確立された後のことでした．設立当初は設計，製造技術のいずれもが未発達と，東京光学機械は自他共に認めていました．それが，着実な技術の進展によって，ついに6倍という低めの中倍率でありながら，口径30mmクラスで実視野11.5°に達する新鋭機を生み出したのです．

この光学仕様で注目するべきことは，倍率における実視野の広さです．観劇などに使われる3.5倍程度の小口径低倍率機を除けば，戦前国産機のレコードホルダーでした．

しかし残念ながら，この優れた光学仕様も同時代的には評価されることはありませんでした．製作者自身の資料（社史）にも，その開発，発売年などについてのくわしい情報が残っていません．これも社内外での当時の評価の現れといえるかもしれません．

同倍率の十三年式双眼鏡，同口径の8×30mm機，そしてプリズムサイズが近い7×50mm機とエルデを並べてみました．エルデの光学仕様に基づいた外観，寸法の特異性がよくわかります．光学仕様を追求し過ぎたことが，同時代の評価を受けられなかった原因でしょうか．

評価されなかった原因は何でしょうか．そこには既存の，陸軍で制式採用されている十三年式双眼鏡6×24mm 10°弱機（生産者によって，実視野表示は9.3°または9.5°）の存在があると思われます．

これは筆者の感覚上からの表現ですが，十三年式双眼鏡の光学仕様に比べると，口径で一回りの拡大と実視野で二回り以上の拡張感があります．その結果，十三年式双眼鏡の全体形状と比べて三回り以上の巨大化と感じざるを得ない外観，寸法になってしまったこともあげられると思います．

光学的には圧倒的な進化も，軍用品として容積，重量を軽減したい携行品となると，きびしい制限が働くということでしょう．

反面教師

エルデ6×30mm 11.5°機は外観が特異であるだけに，同類の広視野機である十三年式双眼鏡と外観上のみの比較を行いがちです．しかし外観だけでなく，内部構造も細部に渡って種々の特色を持っています．

本機の特色の多くは，小型機で広視野という十三年式双眼鏡ならではの特性からもたらされた弱点を受け，その補正に努めたということができるでしょう．また構造上からは，東京光学機械が国産化の先鞭をつけた8×30mm 7.5°機の一体鏡体型からの技術的教訓もあるように思われます．

小型で作り込む機材である十三年式双眼鏡では，実用上から視軸の変動が起きやすいことがわかっていました．これは小型化，軽量化のために，やむを得ず部材の肉厚の減少が図られたからでした．手荒く扱われる軍用品では，部材増厚による強度向上を図りたくても，十三年式双眼鏡では余裕がほとんどありません．そのため，実効ある対応を行いにくいのが実態でした．

一方，エルデでは外寸上に極端な制限を加えることなく，部材増厚，形状拡大を行っています．例えば，鏡体は脆弱になるおそれのある羽根部も含め，口径30mmクラス機でなく，口径50mm機ほどに大型化されています．また接眼部も同様で，8×30mm機

接眼レンズ部の構造は，レンズの曲率も含めて生産簡易化の傾向を示しています．合焦部品部の抜け止め機構も十三年式のようなエキセン構造ではなく，古い様式である逆ネジが切られたOリング状の止め環によるものです．部品点数は増加してしまいますが，確実性は既存機種よりずっと向上しています．

以上に直径を大きくしてあり，操作性は見た目以上に良くなっています．

プリズムも広視野化のため，大きくしています．寸法的には7×50mm 7.1°機のものに比べて，横幅で1mmほど小さいだけですから，口径に比べてかなり大きいことがわかります．それにも増して，鏡体が大きくなったことから，製造現場ではおそらくプリズムの位置決めのための加締め作業も，隙間が少ない十三年式双眼鏡に比べて，ずっと行いやすいとの意見があったはずです．

以下は筆者自身が得た経験からの類推です．残念なことに，筆者が入手したエルデはきわめて程度が悪く，両側の対物キャップが欠落しているだけではなく，不正分解も行われていました．そのため四つある全てのプリズムが程度に差はあるものの欠けるなど，結像に大きく影響を与えるほど破損していました．やむなく，廃品の同社製7×50mm機から抽出したプリズムを摺り加工で寸法を合わせ，全く新たに組み立て調整しました．これは，形状寸法が近似していて，反射面が原状と同じ空間位置関係でなければできない作業です．実際上も，もともとはプリズムは50mm機用のものを転用していた可能性が高いものと思われます．

組立作業全体で見れば，一部限定的ですが簡易化が行われています．特に記しておきたいことは接眼レンズの構造です．十三年式双眼鏡の場合，眼側の最終レンズは枠に加締められる構造が一般的で，レンズ枠自体が接眼部内筒となっています．その外周には多条ネジを切ってあることから，レンズと間隔環を接眼内筒に組み込む作業は，あまりやりやすいものではないのです．

一方エルデの場合，レンズ枠は接眼内筒とは別個の部品から構成されて二重筒のような構造となっています．レンズと間隔環が組み込まれたレンズ枠はさらに接眼内筒に入れられた上，最終的にレンズ押さえ環で締められ，接眼内筒に固定されます．このレンズ押さえ環がレンズ枠と接眼内筒の固定金具であるという共用構造と，レンズは全て投げ込み式であることから，実際上，接眼部の組立作業は十三年式双眼鏡に比べるとずっと行いやすいものです．

接眼レンズの組み立て方を見た場合，方向で分析してみると，エルデと十三年式双眼鏡では逆転しているように見てとれます．エルデの接眼部の構造ならば，レンズ構造内部の清掃でも，時には部分的分解だけで済むこともあったでしょう．

接眼レンズに関して，他に特徴的なのは，レンズ曲率の選択が上手いことです．3群5枚の構成ながら平面が二つあり，また十三年式双眼鏡の接眼レンズ（全面中2面）ほど強い曲率も持っていません．こういった曲率の選択の上手さから，レンズ研磨効率も向上していたはずです．

ただ，接眼レンズのアイポイントは見かけ視野70°ということもあって短いことから，レンズ面が汚れやすいことを考慮する必要があります．特に，最終レンズの押さえ金具はその構造がレンズ面から盛り上がっているので，レンズ面の清掃の点では，十三年式双眼鏡の方が結果的に優れています．

天体用に使ってみたいエルデの像質

見かけ視野70°から得られる印象は，驚嘆すべきほど広くはないにしろ，やはり好ましいものです．

色調は全体的に偏りがなく，中心部では当然ながら良い結像を示しますが，いささか軟調の印象を持ちます．これは，筆者の入手個体の接眼レンズ最終面に小傷が多いことによるものかもしれません．

周辺へかけての像質変化も，見かけ視野の広さからいえば少ないと感じられますが，最外周部では落ち込みの程度がやや増加するように見えます．歪曲は糸巻き型ですので周辺へ向かって増加するものの，全体的な見え味の印象は十三年式双眼鏡と似ています．最外周部の変化も含めれば，筆者の好みの像質ということができます．

エルデの語源は，ドイツ語の「ERDE」によるものかどうかはわかりません．「ERDE」には地上という意味があるとしても，例えば天体用として，現代の技術を総動員したエルデが出現しないでしょうか．口径が30mmでは小さいと言えなくもありませんが，6倍11.5°の仕様は魅惑的であり，市場を見渡しても見つからない“見渡す双眼鏡”としての復活を，ぜひ望みたいものです．

光学技術者集団を受容した医療機材メーカー製陸軍用双眼鏡
森川製作所　かとり（香取）号 6×24　9.5°

光学的仕様は，「十三年式」あるいは「制六」と呼ばれた日本陸軍の規格に合致した機材です．実視野表示が9.5°というのは，技術的な系統としては東京光学機械系と思われます．他業種からの参入ですが，像質は良好で，技術者集団が工場運営に有効だったことの証左でしょう．機種名の「KATORI」は，武神である香取神宮からとられたもので，上側の初期のものにはありますが，対米英戦開戦後，双眼鏡が官給品となった時点前後で省略されて，表示は下側のものでは倍率と実視野だけになります．

集団就職

第二次大戦前，日本の双眼鏡製造業界が軍需によって大きく拡大した時期に，他業種から参入したメーカーの例はいくつも数えられます．森川製作所もその例の一つです．

しかし，森川製作所で製造された機材がこれまでのものと違う点は，良く見えることが長く継続するための，見えない工夫が行われていたことでした．この工夫をお話しする前に，森川製作所と双眼鏡とのかかわりから始めることにします．

森川製作所は元々レントゲン機材のメーカーで，双眼鏡製造に業務を拡大する時点でも，既に本来の業務では実績を積み重ねていました．特に戦前は，結核の特効薬であるペニシリンの開発以前だったため，有効な治療手段がない結核への対応策は，早期発見と隔離療養が何よりも重要でした．そのため，レントゲン機材メーカーは，国民の健康維持にきわめて重要な役割を果たしていたのです．また国民の健康維持は，軍部の健兵政策の根元でもありました．そんな時，光学機器とは縁遠かった森川製作所に，光学工場の創設を持ちかけた手島安太郎という人物がいました．

手島は日本海軍の技術将校で，光学兵器に深く関係していました．彼は在職中，手がけた研究を完遂するため，既に海軍を早期に退役（予備役編入）していました．その研究が一段落したことで，彼は千代田製作所という顕微鏡メーカーに技術顧問の形で迎えられることになります．ところが，会社の経営方針と合わず，ほどなく退社を決意することになってしまいます．

しかし，彼の退社は彼一個人の問題に終わりませんでした．会社に不満を持つ光学関係の従業員のほとんどが彼と行動を共にするという，思いもかけない局面を迎えます．当初，彼一個人の再就職先での問題ということが，集団の再就職問題へと拡大してしまったのです．

一般論として，単なる寄せ集め集団の再就職では，その中に指導的な立場にある人物がいたなら，その人の苦労は並み大抵のことではなかったでしょう．しかし，技術者の集団，それも現場作業に熟練した技術者をも含む集団ということは，日本の光学産業の軍需膨張期では結果的に追い風となりました．

もちろん適当な資本家の援助の下，全くの新会社設立も考えられなかったわけではありません．ただ，経営的な安定性と従業員の将来も勘案する必要があります．それには，既存の実績ある他業種メーカーでの業務拡大を方策として，専門家の集団という形で再就職することがより有効でした．

そして，つてをたどり出会ったのが，レントゲン機材のメーカー，森川製作所だったのです．

社長と面会した手島は，具体的数値をあげて光学産業への業務拡大の有効性を力説します．旋盤20台と研磨機15台があれば，最初一ヵ月の試作期間の生産量は50台であっても，順調に推移すれば二ヵ月めには150台，三ヵ月めを迎える頃には350台，そして10ヵ月後には月産量は500台に達すると説明したのです．さらに手島は，もし目標が達成できない時は，終身無償で会社で働くとまで追い討ちをかけます．

その結果，昭和13年12月，森川製作所には新規に光学工場が新設され，やがて当初の計画以上の生産量を達成することになります．その影には，たまたま海軍を離れることになったレンズ研磨の逸材といわれた人物，同じく機械加工の名人といった人材の確保ができたことも巡り合わせとしては幸運でした．

手島は光学工場長として，新規事業をうまく軌道に乗せることに成功します．

日中間の戦闘の激化に伴う軍需の増加は，平時の経済を準戦時状態へと移行させていきます．経済形態の変化，統制の強化に連動して，光学関係会社は同業者の団体組織「大日本光学工業会，通称：大光工」を組織します．そして原料素材，消耗品などの融通を図り，安定的な生産活動をめざしていくことになります．

さらに，兵器製造業社の団体として組織された「兵器工業会」中の光学産業関係会社が，同業社間で結束することで，兵器工業会の中に分科会として「光学兵器部会」が生まれます．こうして光学機材の全般的な増産活動を図っていくことになります．

その一方，日本陸軍は軍用光学機器の生産増強に関する意向から，既存の双眼鏡メーカーをより高級，高度な光学兵器の生産へと移行させます．そして，双眼鏡自体の生産量もさらに増加させるため「陸軍八光会」を結成させます．

森川製作所も他業種からの参入で，しかも資本規模も決して大きくないのにかかわらず，八光会では重要なメンバーとなったのでした．

こうして，まず生まれた双眼鏡は，陸軍の規格に合致した十三年式と呼ばれる6×24 9.5°（森川製作所の表示）でした．軍用ということから，機種名には，武神である香取大明神に因んで「かとり」号と命名されることになります．また，引き続いて生産された8×30mm 7.5°機は，同様に鹿島大明神に因んで「かしま」号と命名されています．

見えざる敵との闘い

光学機器の専門家として海軍在職中の手島の経歴には，大きな特色がありました．それは，光学機材本来の能力を低下させる，レンズ，プリズムの研磨面に発生するカビ（黴）の研究を行ったことでした．

気候が湿潤な日本の場合，大気中にカビの胞子は当たり前に浮遊しています．また寒冷な北ヨーロッパでも，浮遊するカビの胞子は皆無ではありません．内部が気密となっていても，気密の破綻などの環境変化によって，カビは目覚めることになります．

わが国では，軍用光学機材に発生する曇りとカビに関して，既に明治末期から光学機材を扱う軍人の中で，数は少なくごく初歩的とはいえ，ある程度の研究的な動きが見られていました．しかし，それまで行われた調査では，研磨面に発生するカビと，それを餌に光学機材の内部で増殖するダニを，専門的見識を持った上で研究解明に当たった者はいなかったのです．

光学兵器は通例として内部に乾燥空気を充填し，気密構造とされます．ところが，気密状態が破綻して通気が起こると，温度，湿度という環境条件によってカビの発生が起こります．また，時に気密状態の破綻が大きい孔で起きた場合，内部に発生したカビを餌として，ダニが内部に侵入し増殖することも，決して少ない事例ではありませんでした．

手島が光学機材の内部に発生するカビとダニ（当時の名称はレンズダニ）の調査を始めたきっかけは，大正8年，海軍造兵廠で測距儀の保管，調整などの補修業務のマニュアル整備にあたることになってからでした．測距儀だけでなく，倉庫内で保管されている多くの光学機材を調査するうち，その多くが曇りやカビの被害を被り，中には機材内部にダニの繁殖が確認できるものまであったのです．

危機感を深めた手島は，海軍中枢に警告を発します．しかし，適切な予防方策の策定は，気候が低温乾燥のヨーロッパ諸国の文献から得ることはできませんでした．結局，調査研究には自身で当たらなければならないことになります．

海軍の高級技術将校とはいえ，防カビ対策という専門外の研究は，なかなか簡単に深めることはできませんでした．手島が本格的に研究を始めたのは，予備役となり海軍を退いた後の昭和5年からでした．海軍では手島を直ちに海軍技術研究所の嘱託として，東京帝国大学農学部で虫の研究，あるいは伝染病研

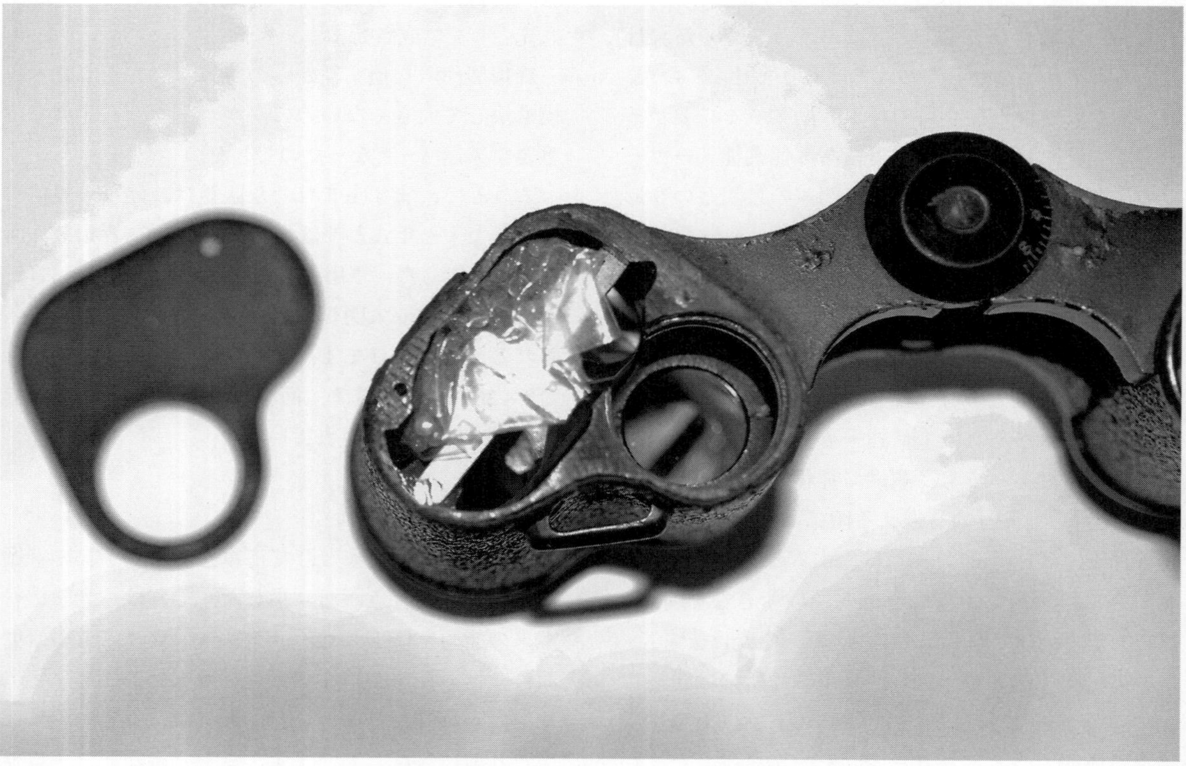

内部に十分な空間が存在すれば，交換可能な乾燥剤やカビ除け剤の封入も考えられます．プリズム形式によらず鏡体形状が絞られたものでは，口径にかかわらず考慮外です．十三年式双眼鏡も内部に余裕が少ないですが，筆者はカビ除け剤を別包装で小分けし封入しています．一般論として，ダイキャストであっても「ス」はないわけではありません．現行機種では，鏡体が金属製であれば，「ス」から充填した乾燥空気が抜けないように，樹脂の高圧浸潤を行う方が実際的かもしれません．

究所でカビの研究といったように，国内の最適と考えられる機関に派遣しました．開始以来16年に渡り，彼は独自の研究を進めていくのです．

その研究の一端が，カビ発生の危険温度，湿度の範囲としていわれる温度18℃～34℃，湿度70％以上という数値なのです．この数値は，わが国で発行される光学機器の取り扱いに関する文献には，必ずといっていいほど出てくるデータです．データの確定には，一人の研究者の長い時間をかけた地道な観察，研究があったのでした．

森川製作所にこのような人材が加わったことで，同社の双眼鏡には，内部に乾燥空気の充填という通常の方法以外の処理法も行われることになります．それは内部に存在するはずで，未発芽のカビの胞子を殺菌するために，フォルムアルデヒドガスによる燻蒸処理を行うことでした．

この燻蒸処理法は特許出願されて成立することになり，森川製作所製の双眼鏡の一大特色となります．しかし残念なことに，十分その成果に科学的検討が加えられることは，日本の敗戦，森川製作所の光学機器製造からの撤退などで行われることはありませんでした．

ただ，戦後15年以上も経過した頃，手島は個人的に森川製作所での防カビ処理の効果を見ています．そしてその効果はやはり歴然でした．ごくわずかに発生しかけたカビの痕跡は存在するものの，本格的な発芽育成に至ることなく死滅しており，処理の効果は十分に発揮されたと記録しています．

カビの害についていえば，被害は双眼鏡だけに止まりません．光学機器一般に発生するカビは，今も続く問題に変わりはないのです．森川製作所の例に止まらず，終戦前から乾燥空気充填だけでは防カビ対策として不足なのは知られていました．また大戦中には，過酷な使用環境から，より積極的な対策が

実機の内部をくわしく観察すると，防カビ処理が有効だったことがわかります．プリズム面には少々カビの痕跡が見つかりますが，接眼レンズ間にはないことから考えれば，処理の効果はある程度長期間継続していたようです．部材はアルミ化が進められています．

施されたこともないわけではありませんでした．米軍も南太平洋戦線では双眼鏡に発生するカビの被害を受けています．

現状はどうでしょう．昔に比べれば生産現場の空調は完備し，浮遊する胞子も減ったはずです．しかし，クリーンルーム内で人手に全く触れずに製品が製造されていない限り，カビの胞子は存在します．そして，乾燥空気という環境が発芽に適するように好転するまで，双眼鏡内部で静かにひたすら発生の時期を待っているのです．

筆者はこれまでかなりの数の双眼鏡を分解して，内部清掃を行ってきています．再組み立て時には，できる限り市販の粒状カビ除けを袋ごと，あるいは別包に小分けして内部に封入していますが，やはりカビ除けに効果があることは確かです．現行のJISでは，双眼鏡の防水機能について規定されていますが，防カビについても規定が加わるように望んでいます．

1-2-2と2-2-1

森川製作所の双眼鏡で，さらに歴史的に注目しておきたい事実が存在します．同社で双眼鏡の製造が順調に滑り出してしばらくした頃でしょう，全く文献，記録には残っていませんが，一つの試みが行われていました．それは生産性の向上を企図したものでしたが，改変箇所はよほど双眼鏡にくわしく外観観察に優れた人でも見逃す可能性が高いものでした．筆者の場合も，この相違点については分解前に軽い違和感を感じていたものの，最終的には完全分解してわかったことでした．

終戦まで，ほとんどが軍用として多くのメーカーで作られた見かけ視野約60°を持った双眼鏡の2機種である6×24mm機と8×30mm機は，接眼レンズの構成が，光路順に1（両凸単レンズ）- 2（貼り合わせレンズ）- 2（貼り合わせレンズ）となっています．ところが，この形式の接眼レンズは，レンズ面のカーブ

接眼レンズ改変型（中央）は原型型（左側）と比べ，外観上での相違点はほとんどないといえます．筆者も改変型を分解して構造を確認するまで，全く相違点に気づきませんでした．右側はレンズ構成は原型型と同じですが，生産簡易化（投げ込み式）と，部材のアルミ化が進められた標準型とでも呼ぶべきでしょうか．原型型では，眼側最終レンズは加締められています．

(曲率)はそれぞれ異なっているばかりでなく，強い曲率の面（湾曲度の大きい面）があるなど製造現場からいえば決して作りやすいものではありませんでした．特に第3群の第1レンズ（接眼レンズ構成では第4番めのレンズ）は両面とも強い凸面で，一面の研磨皿で同時に磨けるレンズ枚数は3～7枚ほどでした．曲率の緩い面では同時研磨数（直径にもよります）が20～30枚ということからすれば，量産上の大きな隘路となっていました．

森川製作所光学部の技術母体は，顕微鏡メーカーでした．そこで，双眼鏡の改良で新発想に基づいて行われたのが，接眼レンズ構成の見直しであり，量産性が期待できる新しい構成を生み出しています．それが，従来の光線通過順である1－2－2の3群5枚から，同数ではあるものの反転状態ともいえる2－2－1への移行でした．この変更は筆者の所蔵品ただ一つでしか確認できていません．シリアルNo.3243の個体は改変型ですが，3004と3347は従来と同様であることから，実質的に試作で終わったものでしょう．

これに関連していると思われるのが，鏡体カバーの表示です．当初は「MORIKAWA KATORI」だったものが，改変型では「MORIKO KATORI」となっています．この表示は改変と同時だったと思われますが，構造を旧型に戻しても，変わった表示はそのまま継続されています．

それでは，このレンズ構成の改変は，改良にはならなかったのでしょうか．生産性の向上という観点からすれば，非常に大きな進歩ではありました．しかし，総合的に判断した場合，特に結像性能からは合格とはならなかったはずです．中心像に変わりはなくても，周辺での像質は旧型に比べると落ち始めが早い（より中心に近い）ことから，結果的に良像範囲が狭くなってしまったのでした．

歴史的に見れば，同様の考案は昭和30年代にもありました．しかし，結果的に像質の点からは市場から歓迎されず，歴史は繰り返す形となっています．

指定品

米英との戦端が開かれた当初，日本陸海軍は破竹の勢いで勝利を重ね，戦線は遥か南方へと拡大していきました．その戦捷に冷水を浴びせる形となったのが，昭和17年4月18日，本州東方洋上に接近したアメリカ海軍航空母艦ホーネットから発進したB-25爆撃機16機による，初めての本土空襲でした．この攻撃は全くの奇襲となり，戦果自体はそれほど大きくはなかったものの，開戦前から予想されていた空襲の危惧は改めて現実となったのでした．

遡れば昭和14年以降，軍部の主導もあって，政府は防空体制の確立に向けて法整備を進めています．実行機関としては，財団法人大日本防空協会が設立され，日本各地には監視哨が置かれます．そこに，退役した軍人（在郷軍人），消防士，警察官，学生（旧制大学～旧制中学）などを動員して，防空監視が始まっていました．

その監視哨で行う活動の教本として，防空協会で作成されたのが，『防空監視用双眼望遠鏡の選定，保存竝に使用法』という全文30頁強（挿図も含む）の小冊子です．これは昭和18年1月15日の発行ですが，以前に出版されていた『双眼望遠鏡ノ選定，保存竝ニ正シキ使用法』の増補版で，本土初空襲を受け，改訂，増刷，配布されたようです．

その教本の中では，陸軍用として増産されていた6×24mm 9.5°機と8×30mm 7.5°機の監視用機材としての機能優劣判定が行われており，6倍機の光明度と実視野の広さの優位性が述べられています．実際の機種選定では，一級品の購入を勧め，また内部燻蒸されて防カビ効果を持つ森川製作所製の双眼鏡が，防空協会の主要な斡旋品として勧められています．

こうして陸軍将校用だけでなく，防空協会の指定品となったことで，森川製作所はいっそうの増産に努めることになります．しかし，軍事上からは光学兵器よりもレーダーの優位性によって，目視による防空監視の限界がさらけ出されることになります．

そして，やがて始まる超大型爆撃機B-29による無差別焼夷弾爆撃と港湾に対する機雷封鎖は，我が国の交戦能力を制圧します．そして，生産設備の集まった都市を廃墟として交通を遮断し，多くの人命が失われていきました．その結果，急速に日本の交戦力は減殺され，ついに敗戦の日を迎えることになるのです．

多方面での軍需産業育成の中で重要視された出版物の役割
第二次大戦終結までの双眼鏡・光学関連書籍

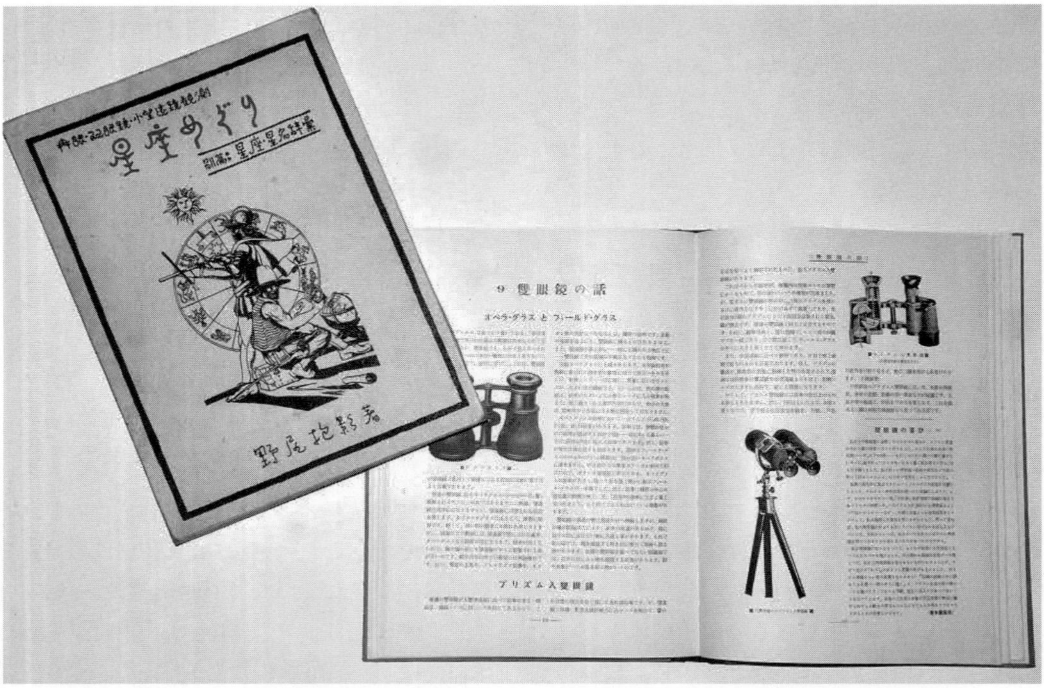

戦前発行の書籍で天文と双眼鏡を同時に取り扱ったものはほとんどないようです．観望のためのガイドブックということで，『星座めぐり』では，透過光量よりもプリズム式ならではのメリットに言及しています．書籍としての特色は，装丁と星図上に見られる筆者独特の手書き文字書体で，野尻作品でも独特の色合いを醸し出しています．復刻を願いたいところですが，星座の境界線，天文現象の項目の更新など，問題があります．

書籍の役割

読者の皆さんは，かつての電話帳のように分厚い本書を手にとって，どう思われるでしょうか．既に雑誌連載当時より，多くの友人たちからは，デジタル化してみたらという助言がいくつも寄せられていました．その頃から現在まで，出版界の動向など，大変な過渡期となっていることだけは確かな事実です．今後，出版という事業がどのように変化していくかも目が離せないことでしょう．

ともかく，かつては紙に活字を印刷した媒体が，情報伝達の重要な手段でした．双眼鏡に関する邦文書籍が現れたのも，第二次大戦前のことです．使い方については限定的なものの，ある程度はくわしく，かつ不特定多数の読者を対象としたものなら，それは天文関係の書籍から始まったといえるでしょう．

相反する評価

筆者は天文の歴史にも興味を持っています．天体観望という実用性から，双眼鏡について書かれた最初の書籍といえるのが，天文随筆家として一世を風靡した野尻抱影の第2作である『星座めぐり』です．

この本は昭和2年，英語関係の出版物で著名な研究社から出版されたものです．ただし，科学系の天文書ですから，同社の出版物の傾向とは大きな違いがあるようにも思えます．実は当時，野尻抱影は研究社で月刊誌『英語青年』の編集に携っていました．雑誌中で星座案内の記事も執筆していた野尻抱影による，肉眼，双眼鏡，小望遠鏡による実際的な天体観望ガイドブックといえる内容の本だったのです．

同書の前書きには，著者である野尻抱影が愛蔵していたマックレディーの著作，『A Beginner’s Star

Book』を元にしていることが書かれています．そして本文では，観望用機材である双眼鏡，望遠鏡について，ガイドブックの定石通り初歩的な知識が述べられています．

双眼鏡に関しては，ガリレオ式，プリズム式の両方ともに筆を及ぼしています．特にガリレオ式については，自身の経験から，前書きの中で特に弾んだ文章で回顧していることが印象的です．その後の著作にもたびたび登場するのですが，特にフランス・ルメア社のガリレオ式は，「父の遺愛の蜂のマークの双眼鏡」と書かれています．これは，実際に抱影がいろいろな時と場所で使ったからでした．

また，プリズム式双眼鏡については，機材の解説「双眼鏡の話し」の中に，コラムとして青木素生の「双眼鏡の喜び」を載せています．文中では，すばる（おうし座の散開星団M45，プレアデス星団の和名）を見たくて購入した双眼鏡を，“ファーストライト”としてすばるに向けた時の，心躍る思い出が回顧されています．当時のことですから，プリズム双眼鏡は高額商品です．しかも，軍事用などといった強い実用への志向，意思がなければ，よほど経済的に恵まれていない限り，おいそれと手に入れられるものではなかったはずです．そのため，このコラムは，多くの読者に文字上の感動は与えられたでしょうが，実感を持てた人たちは限られていたはずです．

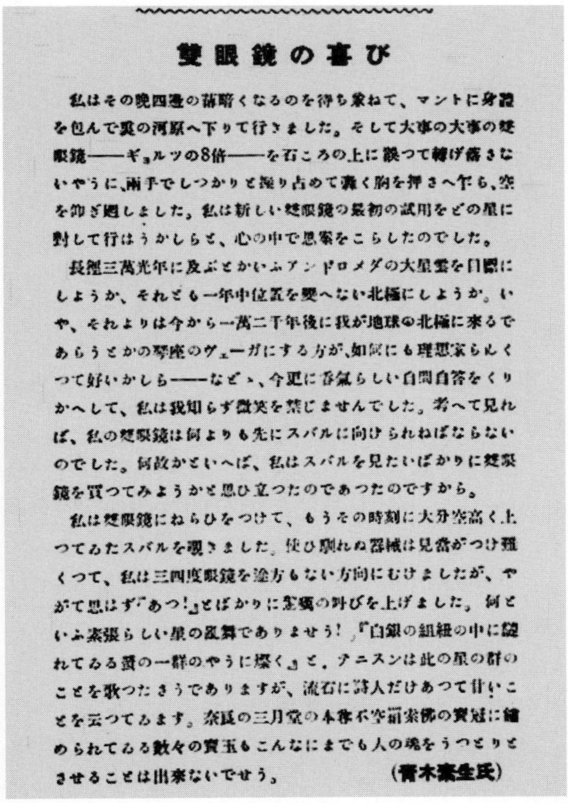
雙眼鏡の喜び

私はその晩四邊の薄暗くなるのを待ち兼ねて、マントに身體を包んで裏の河原へ下りて行きました。そして大事の大事の雙眼鏡――ギョルツの8倍――を石ころの上に躓つて轉げ落さないやうに、兩手でしつかりと握り占めて強く胸を押さへ乍ら、空を仰ぎ廻しました。私は新しい雙眼鏡の最初の試用をどの星に對して行はうかしらと、心の中で思案をこらしたのでした。

長徑三萬光年に及ぶとかいふアンドロメダの大星雲を目標にしようか、それとも一年中位置を變へない北極にしようか。いや、それよりは今から一萬二千年後に我が地球の北極に來るであらうとかの琴座のヴェーガにする方が、如何にも理想家らしくつて好いかしら――などゝ、今更に呑氣らしい自問自答をくりかへして、私は我知らず微笑を禁じませんでした。考へて見れば、私の雙眼鏡は何よりも先にスバルに向けられねばならないのでした。何故かといへば、私はスバルを見たいばかりに雙眼鏡を買つてみようかと思ひ立つたのであつたのですから。

私は雙眼鏡にねらひをつけて、もうその時刻に大分空高く上つてゐたスバルを覗きました。使ひ馴れぬ器械は見當がつけ難くつて、私は三四度眼鏡を途方もない方向にむけましたが、やがて思はず「あつ!」とばかりに驚異の叫びを上げました。何といふ素張らしい星の亂舞でありませう！『白銀の組紐の中に縺れてゐる螢の一群のやうに燦く』と、テニスンは此の星の群のことを歌つたさうでありますが、流石に詩人だけあつて甘いことを云つてゐます。奈良の三月堂の本尊不空羂索佛の寶冠に鏤められてゐる數々の寶玉もこんなにまでも人の魂をうつとりとさせることは出來ないでせう。

（青木素生氏）

コラムとして挿入されている青木素生の実感あふれる文章は，プリズム双眼鏡を初めて天体，それも望み描いていた対象に向ける時の心躍る姿を活写していて貴重です．かつての筆者自身との共通点を感じて，微笑ましく思えます．

筆者がこの本を入手したのは，連載時点で四半世紀も前のことですが，本を読み進むほどに感じたことがありました．それは，すでに目にして心惹かれていた，何度も筆を入れ直し，熟成された後期の野尻抱影の文とは違うものでした．いかにも大正浪漫の香りの残る，若くてみずみずしい感情がストレートに表現された文章に，大きく心奪われるものがあったのです．ギョルツ（ゲルツ）という，それまで未知の光学メーカーを知ったことも思い出します．

ところで，『星座めぐり』発行の前年になりますが，当時，天体観測と光学研磨で活躍していた中村 要の『趣味の天体観測』が，岩波書店から出版されています．この本にも，天体観測用機材として双眼鏡についてふれた部分があるのですが，評価は大きく異なっています．ガリレオ式の場合，広視野を必要とする変光星の観測（光度比較）には推奨しています．ところが，プリズム式双眼鏡は透光率が低いことを理由に，積極的な評価は下していません．

前者は天体を観望して楽しむためのガイドブックであり，後者は機材の極限等級までを観測するための指導書といえます．従って，増透加工発明前で，透光量の少ないプリズム式双眼鏡に対する評価が大きく異なるのは，当然といえるでしょう．

全集の中の一冊

昭和という時代を迎える頃，光学に関係した本に限定すれば，不特定の読者を対象としたような専門的な出版物が現れ始めたように思えます．これは，大正末期からの科学雑誌の商業出版の成功や，出版界の円本ブームといったような，業界全体の隆盛動向も影響しているように考えられます．その原因の一つに，昭和の始まりとともに，国内のアマチュア天文愛好家に広がっていた，望遠鏡の自作を中心とした光学機械への興味の増加が考えられます．また，もっと大きなスケールでは，理工系学生の増加といったこともその原因と考えられます．

ともかく，余力の大きい大手出版社から，物理学全般の解説をめざして，それぞれの分野では当時の第一人者による，シリーズ化を意図した出版が行われ始めます．

その先鞭ともいうべきものが，昭和5～6年に岩波書店が刊行した『岩波講座物理学および化学』で，分野別の項目が小冊子化され，分冊されていました．『幾何光学』と『光学機械』も単独の冊子となっていて，総論と設計とに分冊され，著者はいずれも日本光学工業の光学設計主任の砂山角野と取締役の近藤徹でした．しかし，残念ながら冊子の形態で記述分量が多くないため，内容は基本的な事項にとどまっていました．そのため，即効的に光学機械の生産に役立つものではありませんでした．

『幾何光学』を執筆したのは，東京帝国大学教授の中村清二理学博士でした．この碩学と称すべき人物には，我が国の光学産業史とかかわるエピソードが存在しています．

育成講座

ところで，我が国で限定的ながらも光学設計技術者の養成が初めて行われたのは意外に古く，大正時代まで，それも日本光学工業設立以前にまで遡ることができます．当時の国内の光学産業については，既述した通りです．独自にレンズ設計で光線追跡まで行うことができたと考えられるのは，軍関係では東京砲兵工廠，民間では藤井レンズ製造所の2箇所しかない状況でした．ただし，東京砲兵工廠の場合，製品は見本模造によるため，可能性はあまり高くありません．

あくまでも筆者の推定ですが，藤井レンズの場合は所主である藤井龍蔵自身が行っていました．そのため，改めて設計技術者の育成ということは考える必要のないことだったでしょう．一方，東京砲兵工廠の場合，専門職的な役割の技術者の育成は，必ず行うべきものでした．

そのことから，実際に東京砲兵工廠では陸軍関係者の中から希望者を募り，光学設計講座が開講されることになります．ところが，実務経験がある適任の講師がなかなか見つかりません．結局，理論家として東大（東京帝国大学）物理の理学博士・中村清二教授が講師となることになります．しかし，それもおいそれと容易に人選されたわけではありませんでした．

というのも当時の学者，それも帝大教授ともなると，“学者は現業に接するべからず”とも表現すべき，現在の産学共同志向とは全く反対のマインドベクトルがあったからです．容易に講師を受諾しない理由には，本人の感覚で，理論と現業の乖離ということも想定されていたのかもしれません．「私は一介の物理学者であり，光学機械の製造は解らぬ．また，学者としては軽々しくも実際の作業に携わるべき性格の者ではない．学者は研究と人の教育とに進むべき使命を持っているのであるから，私は嘱託などは以ての外であるから御断りする」．それが最初の依頼への返事でした．古い言葉でいうならば，中村教授は碩学とも称されるべきでしょう．砲兵工廠での公的な身分としては，嘱託ということになるのですが，その“嘱託”という言葉を大変嫌っていたということもあったのでした．

しかし，企画者である砲兵工廠関係者は必死の説得を試みます．曰く，精機製造所職員の教育という仕事で来廠していただきたいと．この二度目の懇請の結果は，見事に功を奏しました．

「職員の教育とは実に甘いことを言って来たね，私は負けた．私の仕事は人を教育するのが使命である．私は参りましょう」と一転，快諾となったのです．博士の快諾を受けて，これ以降，砲兵工廠では「嘱託」という言葉は表向きでは使わないこととされたのです．

中村清二博士の砲兵工廠での仕事は，本来，光学設計技術者の教育，育成でした．また，科学研究者としての一面として行った研究課題が，光学機械に発生するカビの研究でした．その後，我が国では光学機械のカビの研究が断続的に行われることになりますが，初めての理論的な背景を持ったことは特記此場合 a の様な強い二重反射が這入り害をする事があるから注意せねばならぬ．之を防ぐには大きいプリズムを使用して b 部分を切取るか或は b 部分だけ鍍銀をはがしバルサム付を止めて b 部分に黒色の薄い箔を挿入すればよい（第 126 圖）．

53. 望遠鏡の設計

望遠鏡の光學系設計に當り最も大切な要提は出來るだけ光學系部分の數を少なく卽ち最小數の窓反射鏡等と最小數のレンズ，プリズムを以て出來るだけ良好な收差を得る事である．プリズム，反射鏡等を澤山使用して眼鏡をむやみに複雑な形狀にする事は最も忌むべきで如何に收差を良好に補正した場合も反射による光量の損失，製作誤差の重複及び像の光量對比低下により相當見昧を惡くするものである．

望遠鏡製造に際し要求せられる條件は普通四ヶ條に要約する事が出來る．卽ち

1. 光學的性能　　倍率，視界，瞳徑（卽ち明るさ）．
2. 機械的性能　　形狀，大さ，使用簡單，重量．
3. 精　　　度　　精度よく耐熱，耐震，永續性のあること．
4. 價　　　格　　廉價なること．

以上の條件をよく吟味研究して先づ收差が少ない豫想を以て對物鏡，正立レンズ及び接眼鏡の焦點距離及び直徑を決定し，プリズム窓等は出來るだけ少なく且製作し易い形を採用して硝子系統配置圖を作る．此時レンズ類は第 38 節に從ひ硝子材料を選定して其曲率半徑 r を推定し厚さ d を決定する．今小型プリズム双眼鏡を例で示せば第 127 圖（寸法は略す）

上となる．

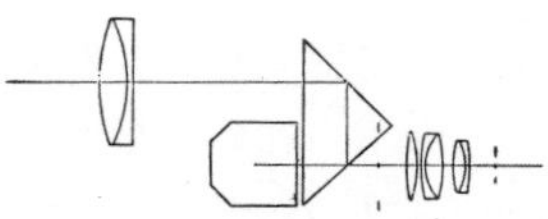

第 127 圖 上

配置圖と同時に實際眼鏡を透過させる光束を豫定して光路圖を作製する（第 127 圖下）．

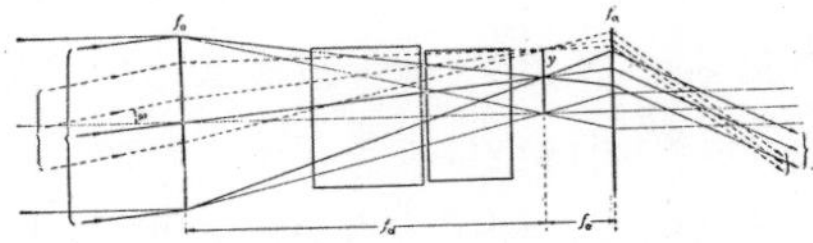

第 127 圖 下

倍率　f_o/f_e　　　視界　2ω

像面絞の直徑　$2y=2f_o\tan\omega$

此時プリズムは其光路の長さを屈折率で除した換算光路を用ひれば光束を屈折させる必要がなく便利である．

光束の決定は收差補正の難易をきめる重要問題である．天體望遠鏡の様な視界の小さいもの又は鏡徑比の小さい（1：20～1：10）望遠鏡は對物鏡に這入る光束は全部利用するが，一般の地上用望遠鏡は視界が大きくて倘明るい事が要求せられる爲對物鏡の焦點距離が短かくなり其結果大きい鏡徑比を必要とする．多くは 1：8～1：3 位の鏡徑比を普通とする．かゝ

$L_1=L_3$　硼珪クラウン　$n_d=1.516\,4$,　$\nu=64$,

$L_2=L_4$　フリント　$n_1=1.612\,2$,　$\nu=37$,

(f) 廣角用接眼鏡

種々の型式及び硝子材料の組合せがあるが此處には次の一例に止める．焦點距離 $f=100$ 視界は 70° である．

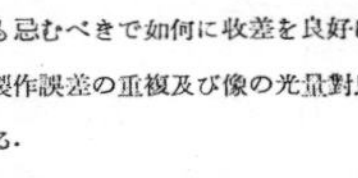

第 87 圖

$f=100$,　　絞りの $\varphi=124$,

$r_1=\infty$,　$d_0=40.0$,

$r_2=-171.0$,　$d_1=20.0$,　$\varphi=134$,

$r_3=+126.0$,　$d_2=11.0$,

$r_4=+\ 66.0$,　$d_3=\ 9.4$,　｝$\varphi=119$,

$r_5=\infty$,　$d_4=27.0$,

$r_6=+\ 78.5$,　$d_5=46.5$,

$r_7=-\ 78.5$,　$d_6=18.5$,　｝$\varphi=\ 67$,

$r_8=+460.0$,　$d_7=\ 4.7$,

L_1　硼珪クラウン　$n_d=1.516\,9$,　$\nu=63.8$,

$L_2=L_5$　重フリント　$n_d=1.649\,8$,　$\nu=33.7$,

$L_3=L_4$　重クラウン　$n_d=1.590\,2$,　$\nu=61.1$.

42. 寫眞レンズ

寫眞レンズは第 III 章第 14 節に述べた補正すべき收差を全部良好に補正せねばならぬ．但し寫眞乳劑の粒子の直徑は 0.0006 mm 内外であるが，經驗に依れば收差による錯亂圓の直徑は普通 0.01 mm 以下にする必要はない．或は焦點距離の $\frac{1}{1\,500}$ なれば良好である．從て球面收差は天體用對物鏡に比し相當大なる儘に殘し，他の非點收差，像面の彎曲，色收

差等を極力補正するのである．

此場合光線の入射角と屈折角との差を小さくする事は非常に有效である．一般に球面收差の增加の割合は，入射角が小さい間は此差角に略比例するが，大なる時は急に增大する，例へば 45° の入射角の時は 35° の時の 2 倍以上となる．從てなるべく屈折面の球心に向ふやうな光を採用し，又不遊的面を使用するやう考慮すれば良結果を得る事が多い．

次に良好なる萬能寫眞レンズ "Tessar" 型の一例を示す．

$f=100$,　1：45,　畫角 56°

$r_1=+\ 27.619$,　$d_1=\ 4.00$,　$\varphi=24.5$,

$r_2=\infty$　$d_2=\ 4.57$,

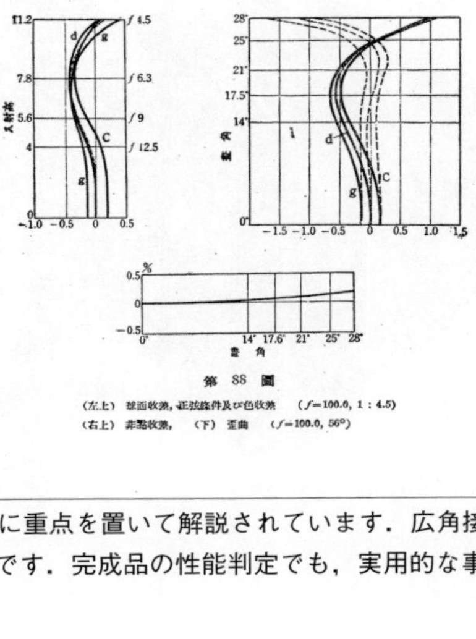

第 88 圖

（左上）球面收差，正弦條件及び色收差　（$f=100.0$, 1：4.5）

（右上）非點收差，（下）歪曲　（$f=100.0$, 56°）

『レンズの設計と測定』は，プリズムを内蔵した正立望遠鏡の光学系の設計に重点を置いて解説されています．広角接眼レンズの設計例は，大口径に多く用いられる平面をできるだけ導入した3群5枚型です．完成品の性能判定でも，実用的な事例が上げられており，できれば読んでおく方が良い書籍です．

しておくべきでしょう．その後に行われる研究については，別項で記述しています．

東京砲兵工廠で始まった光学設計技術者養成講座は，陸軍関係者だけを対象としたものでした．最初は物珍しさもあってか，当初の受講者は，業務上からの専修員と任意の聴講希望者合計で，十数名ほどだったと記録されています．

ところが回を重ね，一年，二年と経つうち，受講者は徐々に減ってしまいます．最後はただ一人の受講者に対して，中村博士はマンツーマン状態で講義を行うというような，開始時点からは思いも描けぬことになってしまいました．

しかし歴史から見れば，たった一人だけでも光学設計技術を持ち得た人物が生まれたことは，その後への大きな影響を与えることになるのでした．その人物は富岡正重といい，彼もまた，日本の光学産業史上に名前を残しています．

富岡光学機械製造所

富岡正重は光学設計技術を得たことで，自分自身の夢として，光学機械の製造を行いたいとの思いが出てきたのでしょう．東京砲兵工廠を退官後，自由の身となった時，その技術を評価したのは創業間もない日本光学工業でした．同社の社員となったことは，当時，国内最高水準の作業現場を体験するという，願ってもない経験となったことでしょう．

それとともに，人脈も生まれることになります．それは五藤齋三との出会いでした．五藤齋三もまた，多少方向性は異なりますが，天体望遠鏡の国産化をめざしていたのです．

その後各々は日本光学工業から独立，自立します．しかし，五藤齋三が創業した五藤光学研究所には，未だ天体用2枚レンズのアクロマートを設計できるだけの技術力はありませんでした．良質であるものの，従来の単レンズでは性能の限界が見えていたのです．その後，製品技術が向上し，五藤光学がアクロマートレンズを創製した時，その光学設計者は富岡正重でした．

富岡正重が設立した個人企業は，軍需増大を追い風として，株式会社富岡光学機械製造所と発展します．民生品としては，やがてカメラレンズを開発し，ローザーのブランドを確立します．特に3枚玉ながら，当時の国産カメラレンズで勇名を馳せたのがトリローザーでした．

歴史の道筋が異なっていれば，富岡光学の製品は民生品を中心として増加していったでしょう．しかし，実際に増加したのは光学兵器類でした．企業規模からいえば，富岡光学製の光学兵器類は種類が多

富岡光学製十三年式双眼鏡．富岡光学も日光，東光という2大メーカーに伍して大口径双眼鏡の試作競争に参加した数少ないメーカーでした．このような大口径機に表示されるのはロゴマークだけでしたが，手持ち機材にはアドラーというドイツ風のブランド名が表示されています．

102　　光學硝子の精密加工

とは容易でない．これは平面は周縁で兎角研磨が進み過ぎる，所謂だれる傾向があるからであつて，又上述の如く石膏に埋めた硝子に於ては硝子の間にべんがら汁が溜り過ぎるためもある．從つて後に記す平面研磨上のあらゆる注意を拂つた上では特に細かい新鮮なべんがらを與へ，且つべんがら汁の層は乾き切らぬ程度で出來るだけ薄くして研磨皿と硝子面との接觸をよくするやうに努めればよいが，孰れにしても精度の高い平面と角度とを仕上げるには熟練を要する．石膏は乾く際に歪んで硝子の位置が正しく保たないことも多い．

石膏で貼つた硝子面には上掲の様な碁盤目の溝のピッチ面は使ふ必要はない．

極く少數の小さな平面はその儘では周圍がだれるから，これの周圍に成るべく接近して補助硝子を竝べて貼りつけ平面を擴大しなければならぬ．但しこの際補助硝子の硬さは目的の硝子と等しいか，僅かに軟い（皿をはみ出して作業する場合）種類のものを選ぶを要する．

同じ形や寸法の數個の屋根形（ダッハ）プリズムには，石膏を用ひないで特に金物の治具を作り，硝子はラック7分，松脂3分を混ぜた接合劑で貼り合せ，全體を固く金物に挾んで締めて研磨機に取付けることがある．又四角な厚い硝子體の四方の側面をよく仕上げ，これに數個の屋根形プリズムの各屋根面の一方を仕上げて吸ひつけて圍み，他方の屋根面を硝子體の上面とそろへて一緒に磨くこともある（第81圖）．

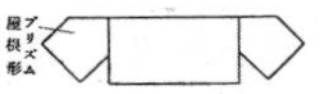

第81圖

67. 小さな直角プリズムの研磨

プリズムの平面が小さい場合には補助硝子で圍み，或は澤山のプリズムを集めて大きな平面となし，一緒に研磨する方が良い平面が得られる．これにはいろいろの工夫がある．

第8章　仕上摺りと艶出し磨き　　103

例へば直角プリズムの斜邊面の長さが40 mm位であるとしてこの面を磨くには，プリズムを荒摺りしてから少し煖め，この面を餘り目の粗くない摺硝子板面の僅かに油を塗つた上に壓し當て，別に補助硝子を煖めてプリズムの四方に松脂接合劑又はラックで貼ると同時に下の硝子板に第82圖の如く壓しつけ，斜邊面と補助硝子の下面とで直徑50〜60 mm位の圓形の一平面を作る．この際接合劑は下の硝子板にはみ出さないやうにする．そして冷却したところで下の硝子板は離してプリズム斜邊面と補助硝子とのなす面の仕上摺りと艶出しをなし，後に周圍の硝子は剝し去る．

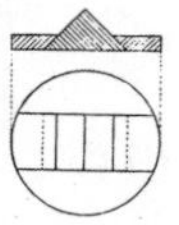
第82圖 (Halle)

直角を挾む面が最小5 mm平方といふプリズムを36個作るには，先づ補助硝子として高さ10 mm，幅21 mm，長さ30 mmの四角柱を3個作り，30×21 mmの平面は互に正しく平行に艶出して置いてからこの一方の面の中央に長さ30 mm，幅8 mmの薄い硝子板を貼つて保護した上で，角柱の兩側を底面に45°の傾斜で第83圖(a)の如く保護板の幅が7.3 mmとなるまで摺り取つてから板を剝す．この場合砂汁は圖に於て矢で示す方向に流れるやうにしないと保護板がわれ易い．目的のプリズムとしては先づ厚さ4 mmの平面板を採り，これを5.5×8 mmの大きさに多數に切つた上で貼り合せて四角な柱となし，これを一緒に摺つて正しく5×7.3 mmの四角柱に仕上げてから剝し，更に1個づつを別の硝子板に貼つて5×7.3の一面をよく平面に艶

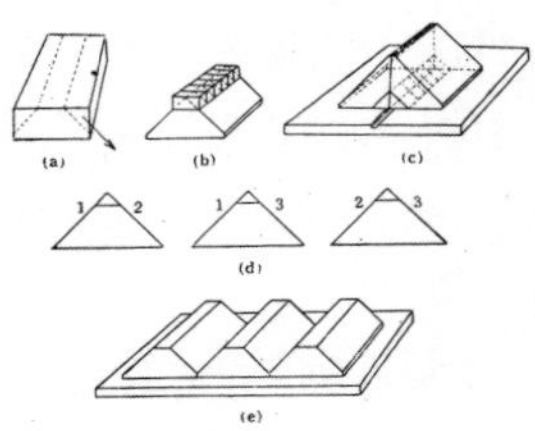

第83圖 (Halle)

100　　光學硝子の精密加工

る精度に加へて後に述べる磨き方，即ち上皿にかける壓力，下皿に與へる廻轉速度，上皿と下皿との相互のはみ出し量，上皿の運動のストローク，速度，運動法等の如何，更に熟練の程度によつて大いに異なるから何時間位などと簡單に記す事は出來ない．更に研磨皿，研磨劑，研磨機及びその運轉法，作業場の設備が惡かつたり作業者の注意が行きとどかなかつたりすれば要求する精度が達せられず，或は疵が入つて作業が特に永引くこともある．

併し實際の作業でべんがら磨きは一般にはどの位で仕上げてゐるかを强いてここに記せば，掛眼鏡硝子の多量生產で羅紗で磨く場合では平面及び曲率の弱い一球面を7〜8 min，曲率の强い球面を20 min位で濟すが，少し精密な面でピッチ磨きする場合には7〜8 h，更に數日を要することも稀でないといふところである．

レンズは一面の仕上げを終つたならば一旦皿から剝す．これには硝子の付け根を側面から木槌で輕く叩いて剝し，ベンジンでピッチを拭ひ去り，次に他方の面を貼り付けて同樣にして所定の曲率に仕上げる．

又皿ごと金網に入れて冷凍機により約$-15°$に冷却せるメチールアルコールに1〜2 min浸し，硝子がピッチよりも速かに收縮することを利用すると硝子は容易にきれいに剝れ，木槌やナイフを用ひるための破壞の虞れがないといふ[1]．そして貼り付け直した上で他の面の砂かけと艶出し磨きとを同樣にして繰り返すのである．

66. プリズム及び平面硝子の研磨

プリズムと平面硝子には平面の研磨皿を用ふる以外には大差はないが，各種の大きさや形のものが澤山ある場合は通常數個をまとめて竝べ，石膏に埋めて

1) The Engineer, **166** (1938), 563.

第8章　仕上摺りと艶出し磨き　　101

一緒に磨く．これには石膏7分，石灰3分位の割合に混ぜて水で解いたものを用意して置いて，平滑な硝子板又は黃銅鈑にパラフィン膜を均等に薄く流し，この上に荒摺りを濟せた各個の硝子の研磨すべき面を下にして密接して第80圖の如く竝べ，パラフィンが硬化したならば別に平面皿に硝子群を取卷くだけの徑の幅の廣い黃銅環を取り付け，この內に石膏を流し込んで充し，この上から硝子を貼つた板を硝子を下にして壓し當てて密着させ，石膏が約6〜8 h後に全く硬化したところで最初の硝子板又は黃銅鈑を煖め，パラフィンを溶かしてこれを取去るのである．環緣には餘分の石膏の流出口を作つて置く．パラフィンの殘りは揮發油で拭ひ取る．かうして作つた硝子皿は環とともに研磨機上で廻轉し，この上を平面皿で作業するのである．

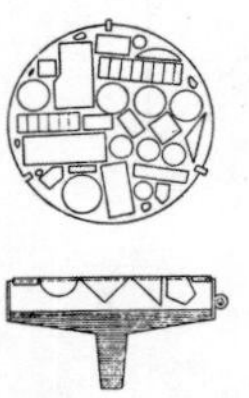
第80圖 (Halle)

なほ硝子の面を石膏から出張らせるためには，初めに流したパラフィンの上に更に硝子の間に蜜蠟層を流し，あとでこれは熔かしてもよいし，硝子が硬ければ（例へばBK）出來上つてから鐵刷子或はナイフで1〜2 mm程の深さに硝子の周圍の石膏を削り去つても硝子に疵はつかない．最後に石膏面にはシェラック（アルコールに溶かして）を薄く塗つて置けば石膏から粉が出て來ない．

硝子を石膏から剝すには熱した炭酸曹達液（曹達結晶1＋水9の割合）に浸す．

一面を仕上げたならば他の面を研磨するために所要の角度又は平行度を正しく保つて再び石膏で埋め，この際仕上げた面に石膏が着かないやうに保護するにはワニスを，更によいのはワックスとワニスを混ぜて塗り，後でアルコールで拭ひ去る．

平面の研磨でその平面度且つ平行度或はその挾む角度の高い精度を期するこ

『光学硝子の精密加工』は，通常の球面研磨，プリズム加工全般などの一般的技術に加えて，研磨皿の磨耗特性や非球面研磨も扱っています．非球面研磨では，天体用反射放物面鏡，当時の最新情報であるシュミットカメラの高次非球面補正板なども，紹介されています．

く，また一社専業のものも見受けられます．富岡光学は，大口径双眼望遠鏡類でも，多社での試作競争に参加するなど，独自の企業色で日本の光学産業史にその名を残しています．その出発点が講習会からというのも，興味深い事実です．

現実に即して

全集ではなく，もっとゆるい形で学術上の同傾向の単行本集『輓近物理集書』としては，同じ昭和6年，共立社（現：共立出版）から，光学関連では3冊の出版がありました．そのうちの『幾何光学』と『光学機械論』は，山田幸五郎が著述したものです．特に『光学機械論』の場合，内容的にはカタログなどからの実物に基づいた情報を中心としていることから，実際的なものとなっていました．

内容的に充実度が高いことが影響を与えたのでしょうか．ほどなく，岩波書店のシリーズは『岩波講座物理学』と専門性を高くして改められます．シリーズ中の書名こそ『光学器械』と同じですが，著者は日本光学工業の取締役八木貫之と代わっています．

その後，中国への軍事進出が始まり，光学兵器の増産が叫ばれるようになると，実際的に完備した内容で出版されたのが，昭和14年発行の『実験物理学』シリーズでした．分冊されていたのは岩波書店の出版物と同じで，出版元は河出書房，『熱学および光学器械』がそれです．シリーズ化にあたっては，このシリーズでは他の分野でも従来の同類の出版物に比べ，専門性が高められ，大幅に領域の範囲，内容が拡張されていました．

光学機械に関しても，内容は前者に比べて増加しているのは当然といえます．実際に光学設計，研磨作業の指導書として，きわめて実用性が高くなっています．執筆者は岩波のシリーズとは異なっていますが，光学設計は芦田静馬，光学研磨は北川茂春と

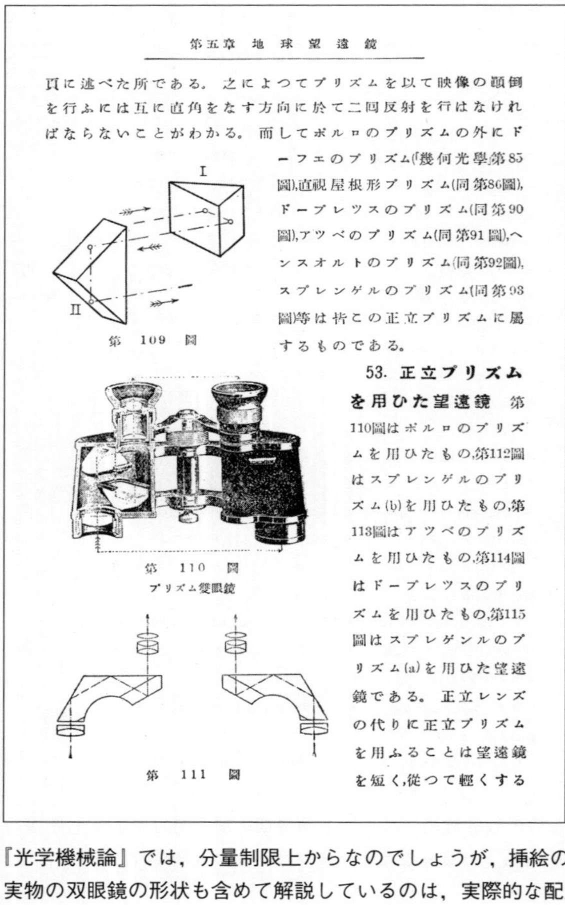
第五章 地球望遠鏡

頁に述べた所である。之によつてプリズムを以て映像の顚倒を行ふには互に直角をなす方向に於て二回反射を行はなければならないことがわかる。而してポルロのプリズムの外にドーフエのプリズム(「幾何光學」第85圖),直視屋根形プリズム(同第86圖),ドープレツスのプリズム(同第90圖),アツベのプリズム(同第91圖),ヘンスオルトのプリズム(同第92圖),スプレンゲルのプリズム(同第93圖)等は皆この正立プリズムに屬するものである。

第 109 圖

53. 正立プリズムを用ひた望遠鏡 第110圖はポルロのプリズムを用ひたもの,第112圖はスプレンゲルのプリズム(b)を用ひたもの,第113圖はアツベのプリズムを用ひたもの,第114圖はドープレツスのプリズムを用ひたもの,第115圖はスプレゲンルのプリズム(a)を用ひた望遠鏡である。正立レンズの代りに正立プリズムを用ふることは望遠鏡を短く,從つて輕くする

第 110 圖
プリズム雙眼鏡

第 111 圖

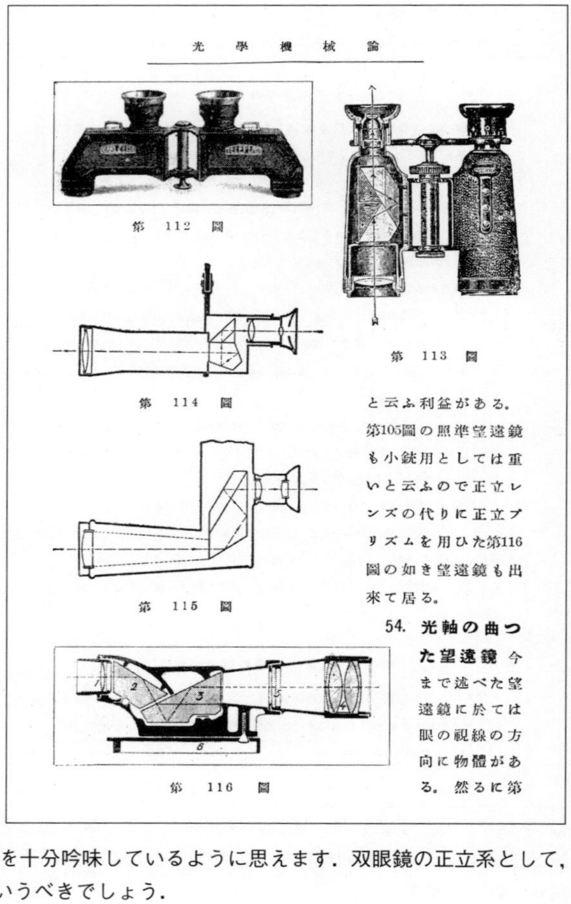
光學機械論

第 112 圖

第 113 圖

第 114 圖

と云ふ利益がある。第105圖の照準望遠鏡も小銃用としては重いと云ふので正立レンズの代りに正立プリズムを用ひた第116圖の如き望遠鏡も出來て居る。

第 115 圖

54. 光軸の曲つた望遠鏡 今まで述べた望遠鏡に於ては眼の視線の方向に物體がある。然るに第

第 116 圖

『光学機械論』では，分量制限上からなのでしょうが，挿絵の画像を十分吟味しているように思えます．双眼鏡の正立系として，実物の双眼鏡の形状も含めて解説しているのは，実際的な配慮というべきでしょう．

東條四郎です．いずれの人物も，日本光学工業の現場で第一線の技術者，あるいは技術顧問といった立場にいた人たちだったため，現場作業の実際が記述されています．

社内秘

この河出書房が発行した『実験物理学』シリーズの『熱学および光学器械』という，シリーズ化中の一分冊として登場した書籍は特に有用でした．そのため，やがて増補されて単行本となり，光学設計と光学機械加工技術とに再分化されて，『レンズの設計と測定』，『光学硝子の精密加工』となります．全く個人的なことですが，古典的技術であるがゆえ，共に筆者にとってきわめて良い参考書になっています．

両者ともに，出版当時は既に戦時色が濃くなっていました．河出書房は，もともと文系の出版社でした．それが物理学関係の出版だけでなく，専門度の高い有用な単行本まで手がけたことは，準戦時下での急務となっていた理工系の人材育成と産業推進という社会の要請に応えたものでした．その内容も，増加しつつあった光学工業関係者には，実用的な教科書として評価されたものといえるでしょう．

ところで，この評価の反面，あまりにも技術公開をし過ぎたとの批判が社内で起こった，というようなエピソードが伝えられています．しかし，内容が社内で問題になるほどでなければ，社会的に高い実用性への評価は得られなかったはずです．企業の関係者が自身に関連した技術を公開する際の，限界が見えるような事象ですが，現在にも通じることは多々ありそうに思えます．

カタログ的解説書

光学機械の生産で，いわゆるレンズ設計が完了し，その設計に従って光学ガラスを加工するだけでは，

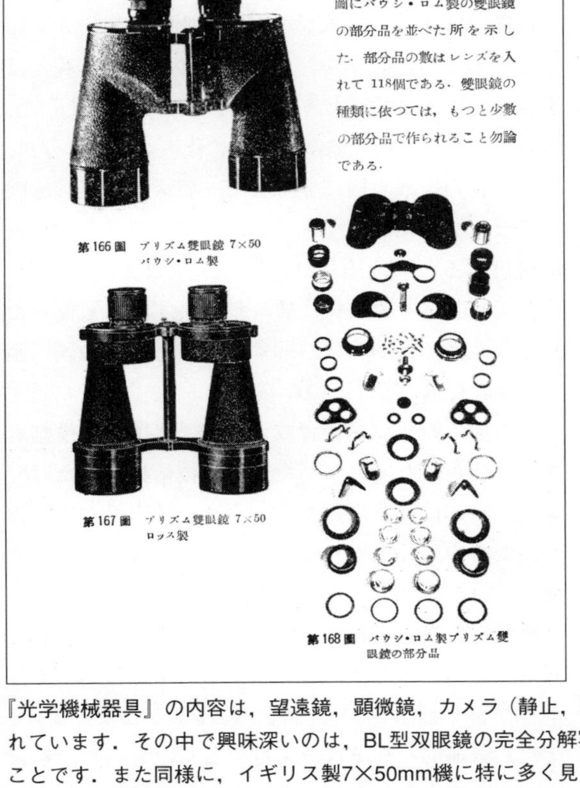
126　第一編　望　遠　鏡

あるかを見るために，第168圖にバウシ・ロム製の雙眼鏡の部分品を並べた所を示した．部分品の數はレンズを入れて 118個である．雙眼鏡の種類に依つては，もつと少數の部分品で作られること勿論である．

第166圖　プリズム雙眼鏡 7×50 バウシ・ロム製

第167圖　プリズム雙眼鏡 7×50 ロッス製

第168圖　バウシ・ロム製プリズム雙眼鏡の部分品

第六章　雙眼鏡及び雙眼望遠鏡　127

第 5 節　小型プリズム雙眼鏡

前二節に於て述べた事柄は主として高倍率及び中倍率のプリズム雙眼鏡に關するものである．低倍率のプリズム雙眼鏡は近い所に在る物體を見るのが主要目的である關係上構造も多少異つてゐる．

先づ低倍率であるために對物レンズを小さくすることが出來る．從つて雙眼鏡全體が著しく少さく又輕くすることが出來る．また近いところに在る物體を見るために用ふる關係上基線擴大率を必要としない．そのために第169 圖に示す如く對物レンズを内側に置く．これによつて外筒を益々輕くすることが出來る．故にこの型のプリズム雙眼鏡を小型プリズム雙眼鏡と名づけて差支ないと思

第169圖　小型プリズム雙眼鏡の構造

第170圖　小型プリズム雙眼鏡の外觀

第171圖 (a)　プリズムを現した小型プリズム雙眼鏡

第171圖 (b)　ミクロン 6×15mm

『光学機械器具』の内容は，望遠鏡，顕微鏡，カメラ（静止，動画）に分かれていて，双眼鏡は望遠鏡の中の正立望遠鏡に含まれています．その中で興味深いのは，BL型双眼鏡の完全分解写真があり，構造に関してかなり注目していることがうかがえることです．また同様に，イギリス製7×50mm機に特に多く見られる，ポロII型プリズムに接眼レンズの対物側単レンズを貼り合わせて，透過光量の減少をできるだけ避けた光学系のもの，あるいは非球面接眼レンズも取り上げられており，最新を含めた外国の技術動向の紹介にも意を用いています．

光学機械の誕生となるわけではありません．適切な機械構造の設計と加工もまた，優良な光学機械には必須の条項です．優良品を見本として模造することも，時には経過事例としてあり得ることでしょう．しかし，改良，改善のためには基本となるべき構造，機構を十分認識しておくことが大切です．

そのような，ある意味で構造見本的，カタログデータ的に光学機械を紹介した書籍が，山田幸五郎著『光学機械器具』でした．内容は具体的な構造，機構を示したカタログ的な解説書です．しかし光学機械の歴史が短く，設計技術のノウハウの少ない，当時の我が国の光学産業にとっては，貴重な情報源となった出版物でした．

この書籍は，科学普及書や各種実用雑誌の発行で出版界の一角の覇者となっていた誠文堂新光社によるもので，やはり『最新精密機械大系』というシリーズ中の一冊です．各巻は，精密度の高い各種機械の機械学的解説をめざしたシリーズ化書籍でした．

著者の山田幸五郎は，もともと海軍の技術将校でした．海軍に入る前の大学（修士）在学中に，既に最初の著作『幾何光学論文集Ⅰ・Ⅱ』を，大正7年，丸善から出版しています．この本は，当時の外国の有名な科学者の論文を和訳したものを集め，日本の科学水準の向上をめざすもくろみをもった東北帝国大学科学名著集の一冊です．長岡半太郎も，山田幸五郎の指導教官ということもあって，出版にかかわっていました．

山田はその後，海軍在職中から光学関係の普及啓蒙書をいくつも出版しており，筆の立つ技術者という一面もありました．それは，実際の光学機械に関する知見や情報を，多方面に渡って多く収集していたからこそできた仕事でした．そのことが，『光学機械器具』の著作にも役立っているのでしょう．光学機械の理論より実際の機材を実例として，望遠鏡類（天体・地上・双眼鏡），顕微鏡，写真機の，全体的，あるいは部分的な構造・機構についての解説書となっています．多くの図版，写真をカタログ，出版物，現品から得て掲載していることから，光学機械の構造の知識を得られるだけでなく，構造設計の実際的な参考書にもなっていました．

この実際の製品に焦点を当てて書かれた内容の『光学機械器具』には，遡るとその母体と思われる書籍が存在しています．それが既述した『光学機械論』で，書籍としての分量の限度枠からと思われますが，正直，いささか不足感を感じてしまわずにはいられません．そのようなこともあって，『光学機械器具』では充実した内容をめざして著述されたのでしょう．

産業全体を大きくするには，理論の高みと知識の広がり，そして幅広い経験の蓄積が必要なはずです．実際，『レンズの設計と測定』，『光学硝子の精密加工』，『光学機械器具』という，理論・製造実務・機械設計という最低限，光学産業の発展の教科書となるべき光学関連書籍がそろったこと，それは，本格的な大戦争が近づいてきた足音でもあったのです．

同盟のよしみ？

我が国の国内石油在庫量の払底が見えてきた時，欠乏資源獲得のための軍事行動が，太平洋を舞台としてついに開始されました．1941年12月8日，太平洋戦争が始まったのです．

緒戦の戦果は，大本営の開戦前の予想を大きく超えるものでした．しかし，当初の戦術的な勝利とは裏腹に，現実は戦略上の大転換を意味していました．戦力の中心となった航空機生産に代表されるように，産業潜在力を最大限に発揮して，膨大な消耗戦を戦うことになったのです．ここで，量に負けるから質で対抗するという論法は，脆くも崩れ去りました．そして，アメリカという質・量のいずれにも優れた強大な敵との長期戦は，即効的な各方面での国内産業の発展を求めることになります．

多方面での軍需産業育成の中で，出版物の役割もまた重要視されていました．単に技術指導書だけでなく，時には戦意高揚までも含めた技術系の出版物が，戦時中，それも日本の劣勢が現れるのに従って増えていきます．

専門性の高い技術指導書では，特殊研究の公刊や，同盟国であり多方面に渡って技術的に先進国であるドイツ書が翻訳されて出版されることになります．また，普遍的な知識普及を目的としたものや，私家版のようでもありながら広い意味での戦意高揚をめざした出版物が続々と刊行されました．そして一見，高味な趣味の領域でありながら，実は特殊技術の育成を目的としたものまでありました．戦時中の光学関係の出版物は，平時とは異なる状況下での刊行であることを考えなければならないものです．

具体的に列挙すれば，特殊研究の出版物では，藤波重次『反射望遠写真機論』，昭和18年，桑名文星堂と，同『反射望遠写真鏡の収差補正の研究』，昭和19年，反射光機研究所．専門性の高いドイツの翻訳書としては，アルベルト・ケーニッヒの『望遠鏡と測距儀』，東條四郎訳，コロナ社，昭和18年．普遍的な知識普及としては，シエッフェル『ガラスの驚異』，藤田五郎訳，天然社，昭和17年．東條四郎『レンズ』，河出書房，昭和17年．また，私家版の自伝といえるのが，藤井龍蔵『光学回顧録』，日本光学工業株式会社産業報国会，昭和18年．趣味の高度な領域としては，『反射望遠鏡』，中村要，恒星社，昭和17年となります．

この中で，双眼鏡と関連が深いものは，本書でたびたび取り上げてきた『光学回顧録』と，原著はツァイスの技術者の手になる『望遠鏡と測距儀』です．内容的に細かく見ると，『望遠鏡と測距儀』は双眼鏡に関する分量は思いのほか少なく，どちらかといえば，後者に重点があるように見えます．その理由には，測距儀は機械構造的に精密度が高く，また軍事上の重要度の高さにも違いがあるからかも知れません．原著は1937年発行の第2版で，歴史的な条項は1923年の初版には掲載されておらず，その分旧版より双眼鏡に関する分量は多少ですが多いように思えます．いずれにしろ，ツァイスの技術者による著作であるため，同社のカタログ的な面があることは否定できません．

また和訳書はありませんが，C.V.Hofeが著述した『Fernoptik』の内容も同傾向です．著者はゲルツ社の技術者ということも，相通ずるものがあります．

残念ながらと言うべきなのでしょうが，『望遠鏡と測距儀』ではもっと広く，現実の双眼鏡という光学機械全体を睥睨するような記述があれば，と感じます．多少言い方を変えれば，より細密に多方面に渡っての現物に即した著作という色合いが深められていたら，という感じを持ってしまいます．現状でもきわめて有用な参考文献ではあるのですが，優良品からそうではないものまで，各種多様な双眼鏡類を見てしまった筆者には今一歩の感じではあります．

文化政策

出版物の中には掲載されている情報が，もともとは出版目的として書かれたものではなく，異なる媒体から活字化されたものも，数は少ないですが存在しています．基本的には，写真集のように画像自体を主題としたもので，時として，動画の一コマを切り出し，文字と合わせて書籍としたものです．戦時中，我が国で光学機械に関した出版物では，昭和18年発行の，文字で見る文化映画叢書『光学兵器』がそれに該当します．

原版のフォーマットは不明ですが，国民向けに戦意高揚と知識向上をめざし，各種の陸軍兵器を9の単編に分けて公開した，文化映画『我等の兵器』シリーズを書籍化したものでした．残念ながら動画である原作を見ていませんが，書籍に掲載されている画像は製造現場の実写です．画質の悪さと掲載点数の少なさを除外すれば，光学産業史上では資料価値はあるものと思われます．

原版は全2巻641メートル，理研科学映画株式会社の作品で，ぜひ見てみたいものですが，終戦時に焼却されたかもしれません．理研科学映画の作品であることから，撮影の舞台となったのは主に理研光学で，『光学兵器』の挿絵には，理研のロゴマークの存在が確認できる十三年式双眼鏡が掲載されています．一部の映像から判断すると，陸軍造兵廠，あるいは日本光学工業，東京光学機械も協力した可能性もあるように思います．

同時期に撮影された光学工場の様子は，他に知られているものではフィクションにはなりますが，東宝配給，黒澤明監督作品『一番美しく』があります．東亜光学平塚工場という架空の設定ですが，実際の撮影は日本光学工業の戸塚製作所で行われており，各種の光学機器製造，調整作業の実際を垣間見ることができます．こちらはDVD化されていますから，現在でも容易に見ることのできる貴重な映像です．

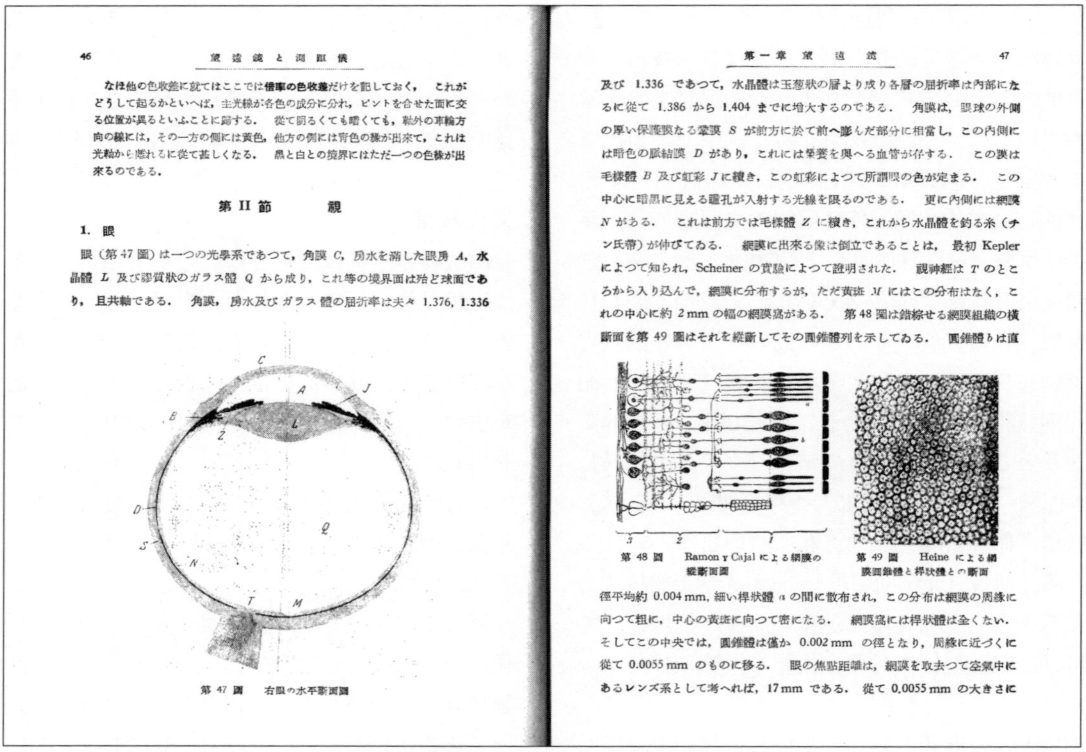

46 望遠鏡と測距儀

なほ他の色收差に就てはここでは**倍率の色收差**だけを記しておく，　これがどうして起るかといへば，主光線が各色の成分に分れ，ピントを合せた面に交る位置が異るといふことに歸する．　從て明るくても暗くても，軸外の車輪方向の線には，その一方の側には黃色，他方の側には靑色の緣が出來て，これは光軸から離れるに從て甚しくなる．　黑と白との境界にはただ一つの色緣が出來るのである．

第 II 節　　視

1. 眼

眼（第 47 圖）は一つの光學系であつて，角膜 C，房水を滿した眼房 A，水晶體 L 及び膠質狀のガラス體 Q から成り，これ等の境界面は殆ど球面であり，且共軸である．　角膜，房水及びガラス體の屈折率は夫々 1.376, 1.336

第 47 圖　右眼の水平斷面圖

第一章 望遠鏡　47

及び 1.336 であつて，水晶體は玉葱狀の層より成り各層の屈折率は內部になるに從て 1.386 から 1.404 までに增大するのである．　角膜は，眼球の外側の厚い保護膜なる鞏膜 S が前方に於て前へ膨んだ部分に相當し，この內側には暗色の脈絡膜 D があり，これには榮養を與へる血管が存する．　この膜は毛樣體 B 及び虹彩 J に續き，この虹彩によつて所謂眼の色が定まる．　この中心に暗黑に見える瞳孔が入射する光線を限るのである．　更に內側には網膜 N がある．　これは前方では毛樣體 Z に續き，これから水晶體を釣る糸（チン氏帶）が伸びてゐる．　網膜に出來る像は倒立であることは，最初 Kepler によつて知られ，Scheiner の實驗によつて證明された．　視神經は T のところから入り込んで，網膜に分布するが，ただ黃斑 M にはこの分布はなく，これの中心に約 2 mm の幅の網膜窩がある．　第 48 圖は錯綜せる網膜組織の橫斷面を第 49 圖はそれを縱斷してその圓錐體列を示してゐる．　圓錐體 b は直

第 48 圖　Ramon y Cajal による網膜の縱斷面圖

第 49 圖　Heine による網膜圓錐體と桿狀體との斷面

徑平均約 0.004 mm，細い桿狀體 a の間に散布され，この分布は網膜の周緣に向つて粗に，中心の黃斑に向つて密になる．　網膜窩には桿狀體は全くない．そしてこの中央では，圓錐體は僅か 0.002 mm の徑となり，周緣に近づくに從て 0.0055 mm のものに移る．　眼の焦點距離は，網膜を取去つて空氣中にあるレンズ系として考へれば，17 mm である．　從て 0.0055 mm の大きさに

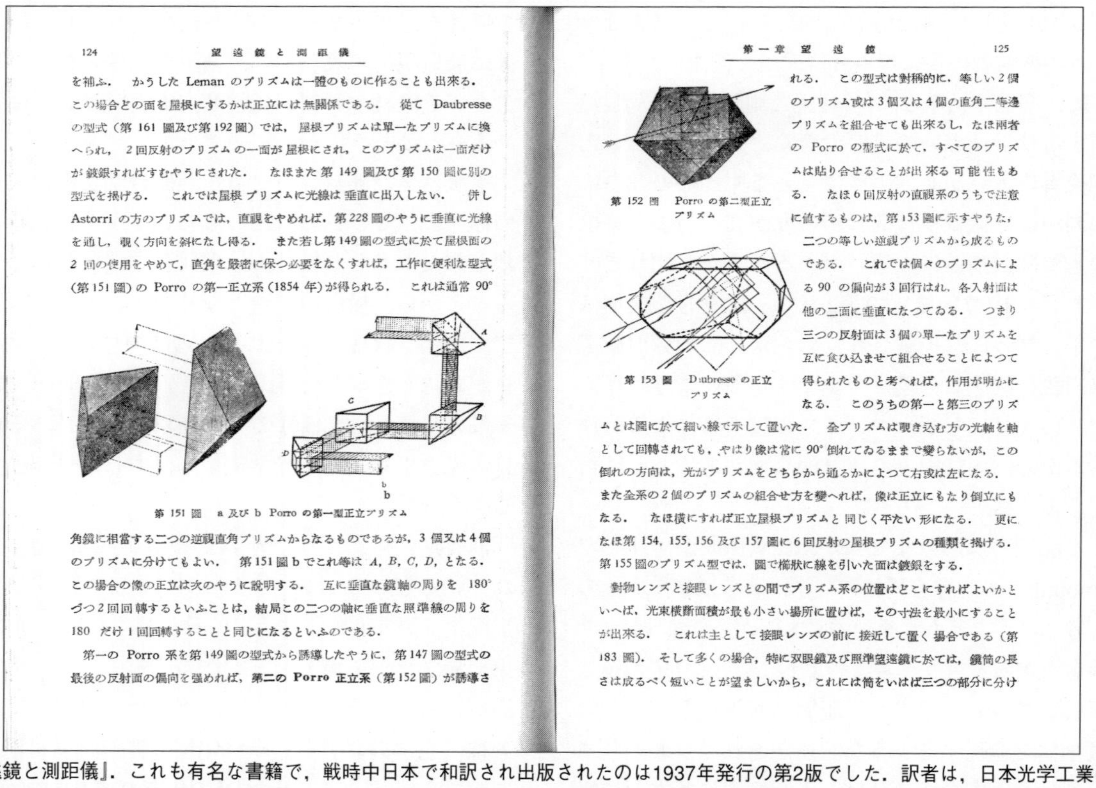

124 望遠鏡と測距儀

を補ふ．　かうした Leman のプリズムは一體のものに作ることも出來る．この場合どの面を屋根にするかは正立には無關係である．　從て Daubresse の型式（第 161 圖及び第 192 圖）では，屋根プリズムは單一なプリズムに換へられ，2 回反射のプリズムの一面が屋根にされ，このプリズムは一面だけが鍍銀すればすむやうにされた．　なほまた第 149 圖及び第 150 圖に別の型式を揭げる．　これでは屋根プリズムに光線は垂直に出入しない．　併し Astorri の方のプリズムでは，直視をやめれば，第 228 圖のやうに垂直に光線を通し，覗く方向を斜になし得る．　また若し第 149 圖の型式に於て屋根面の 2 回の使用をやめて，直角を嚴密に保つ必要をなくすれば，工作に便利な型式（第 151 圖）の Porro の第一正立系（1854 年）が得られる．　これは通常 90° 角鏡に相當する二つの逆視直角プリズムからなるものであるが，3 個又は 4 個のプリズムに分けてもよい．　第 151 圖 b でこれ等は A, B, C, D, となる．この場合の像の正立は次のやうに說明する．　互に垂直な鏡軸の周りを 180° づつ 2 回回轉するといふことは，結局この二つの軸に垂直な照準線の周りを 180 だけ 1 回回轉することと同じになるといふのである．

第 151 圖　a 及び b Porro の第一型正立プリズム

第一の Porro 系を第 149 圖の型式から誘導したやうに，第 147 圖の型式の最後の反射面の偏向を强めれば，**第二の Porro 正立系**（第 152 圖）が誘導される．　この型式は對稱的に，等しい 2 個のプリズム或は 3 個又は 4 個の直角二等邊プリズムを組合せても出來るし，なほ兩者の Porro の型式に於て，すべてのプリズムは貼り合せることが出來る可能性もある．　なほ 6 回反射の直視系のうちで注意に値するものは，第 153 圖に示すやうた，二つの等しい逆視プリズムから成るものである．　これでは個々のプリズムによる 90 の偏向が 3 回行はれ，各入射面は他の二面に垂直になつてゐる．　つまり三つの反射面は 3 個の單一なプリズムを互に食ひ込ませて組合せることによつて得られたものと考へれば，作用が明かになる．　このうちの第一と第三のプリズムとは圖に於て細い線で示して置いた．　全プリズムは覗き込む方の光軸を軸として回轉されても，やはり像は常に 90° 倒れてゐるままで變らないが，この倒れの方向は，光がプリズムをどちらから通るかによつて右或は左になる．また全系の 2 個のプリズムの組合せ方を變へれば，像は正立にもなり倒立にもなる．　なほ橫にすれば正立屋根プリズムと同じく平たい形になる．　更になほ第 154, 155, 156 及び 157 圖に 6 回反射の屋根プリズムの種類を揭げる．第 155 圖のプリズム型では，圖で櫛狀に線を引いた面は鍍銀をする．

第 152 圖　Porro の第二型正立プリズム

第 153 圖　Daubresse の正立プリズム

對物レンズと接眼レンズとの間でプリズム系の位置はどこにすればよいかといへば，光束橫斷面積が最も小さい場所に置けば，その寸法を最小にすることが出來る．　これは主として接眼レンズの前に接近して置く場合である（第 183 圖）．　そして多くの場合，特に双眼鏡及び照準望遠鏡に於ては，鏡筒の長さは成るべく短いことが望ましいから，これには筒をいはば三つの部分に分け

『望遠鏡と測距儀』．これも有名な書籍で，戦時中日本で和訳され出版されたのは1937年発行の第2版でした．訳者は，日本光学工業の技師でドイツ留学経験があり，また技術畑の人でありながら筆が立ち，他にも光学に関する著作があります．前文では，当時国内でドイツ語に該当する光学技術の日本語がないことと，陸海軍で用語が統一されていないことなど，問題点も指摘しています．眼科の医学書では

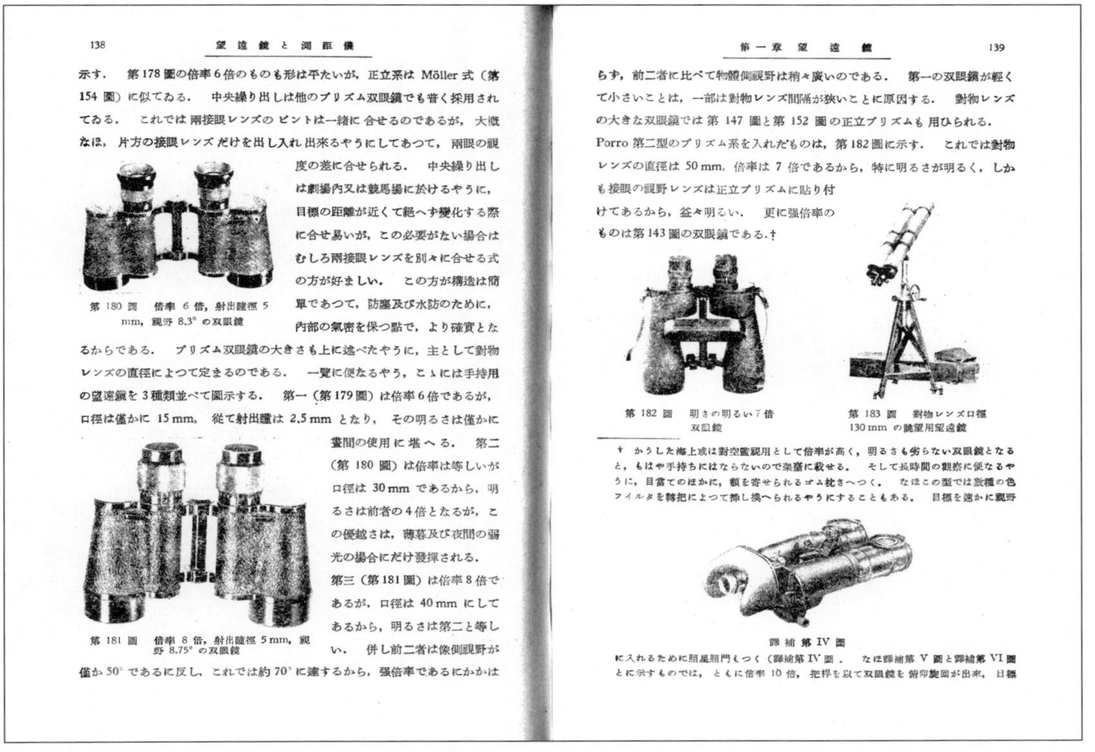

138　望遠鏡と測距儀

示す．　第178圖の倍率6倍のものも形は平たいが，正立系は Möller 式（第154圖）に似てゐる．　中央繰り出しは他のプリズム双眼鏡でも普く採用されてゐる．　これでは兩接眼レンズのピントは一緒に合せるのであるが，大概なほ，片方の接眼レンズだけを出し入れ出來るやうにしてあつて，兩眼の視度の差に合せられる．　中央繰り出しは劇場内又は競馬場に於けるやうに，目標の距離が近くて絶へず變化する際に合せ易いが，この必要がない場合はむしろ兩接眼レンズを別々に合せる式の方が好ましい．　この方が構造は簡單であつて，防塵及び水防のために，内部の氣密を保つ點で，より確實となるからである．　プリズム双眼鏡の大きさも上に述べたやうに，主として對物レンズの直徑によつて定まるのである．　一覽に便なるやう，こゝには手持用の望遠鏡を3種類並べて圖示する．　第一（第179圖）は倍率6倍であるが，口徑は僅かに 15 mm，從て射出瞳は 2.5 mm となり，その明るさは僅かに晝間の使用に堪へる．　第二（第180圖）は倍率は等しいが口徑は 30 mm であるから，明るさは前者の4倍となるが，この優越さは，薄暮及び夜間の弱光の場合にだけ發揮される．第三（第181圖）は倍率8倍であるが，口徑は 40 mm にしてあるから，明るさは第二と等しい．　併し前二者は像側視野が僅か 50° であるに反し，これでは約 70° に達するから，强倍率であるにかかは

第180圖　倍率6倍，射出瞳徑5 mm，視野8.3°の双眼鏡

第181圖　倍率8倍，射出瞳徑5 mm，視野8.75°の双眼鏡

第一章　望遠鏡　139

らず，前二者に比べて物體側視野は稍々廣いのである．　第一の双眼鏡が輕くて小さいことは，一部は對物レンズ間隔が狹いことに原因する．　對物レンズの大きな双眼鏡では第147圖と第152圖の正立プリズムも用ひられる．Porro 第二型のプリズム系を入れたものは，第182圖に示す．　これでは對物レンズの直徑は 50 mm，倍率は7倍であるから，特に明るさが明るく，しかも接眼の視野レンズは正立プリズムに貼り付けてあるから，益々明るい．　更に强倍率のものは第143圖の双眼鏡である．†

第182圖　明さの明るい7倍双眼鏡

第183圖　對物レンズ口徑 130 mm の眺望用望遠鏡

† かうした海上或は對空監視用として倍率が高く，明るさも劣らない双眼鏡となると，もはや手持ちにはならないので架臺に載せる．　そして長時間の觀察に便なるやうに，目當てのほかに，額を寄せられるゴム枕さへつく．　なほこの型では數種の色フイルタを轉把によつて插し換へられるやうにすることもある．　目標を速かに視野

譯補第IV圖

に入れるために照星照門もつく（譯補第IV圖．　なほ譯補第V圖と譯補第VI圖とに示すものでは，ともに倍率10倍，把桿を以て双眼鏡を俯仰旋回が出來，目標

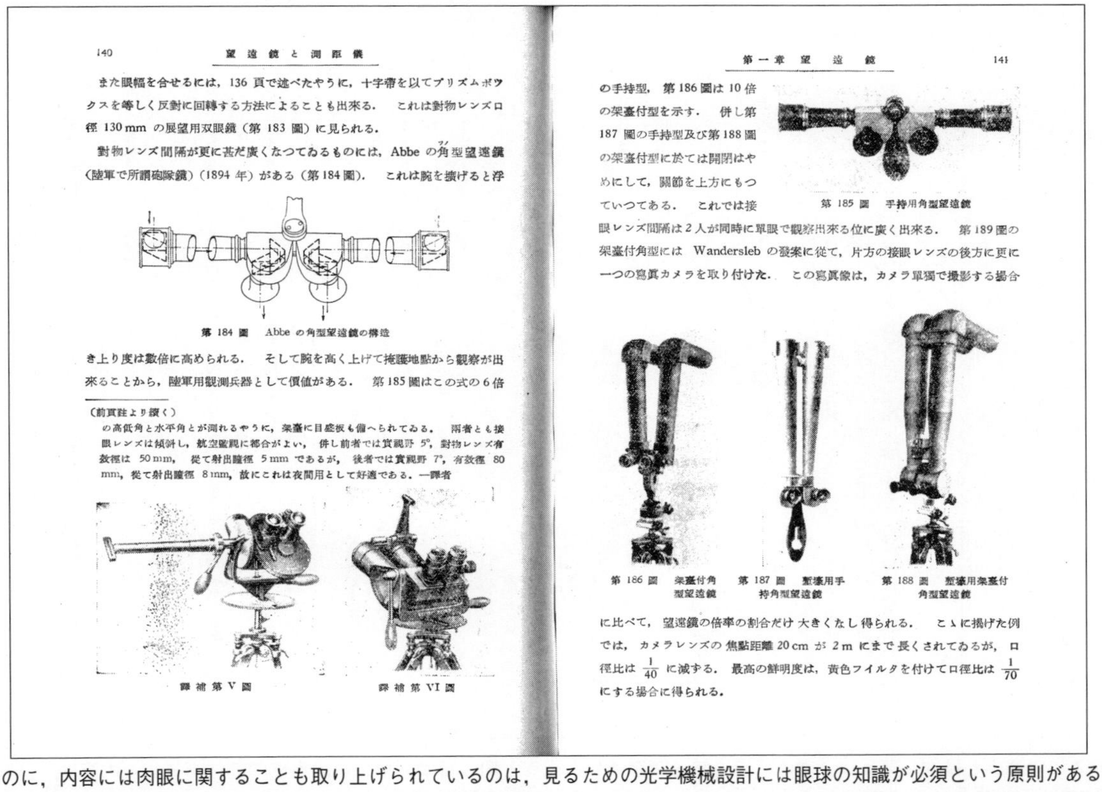

140　望遠鏡と測距儀

また眼幅を合せるには，136頁で述べたやうに，十字帶を以てプリズムボツクスを等しく反對に回轉する方法によることも出來る．　これは對物レンズ口徑 130 mm の展望用双眼鏡（第183圖）に見られる．

對物レンズ間隔が更に甚だ廣くなつてゐるものには，Abbe の角型望遠鏡（陸軍で所謂砲隊鏡）（1894年）がある（第184圖）．　これは腕を擴げると浮き上り度は數倍に高められる．　そして腕を高く上げて掩護地點から觀察が出來ることから，陸軍用觀測兵器として價値がある．　第185圖はこの式の6倍

第184圖　Abbe の角型望遠鏡の構造

（前頁註より續く）
の高低角と水平角とが測れるやうに，架臺に目盛板も備へられてゐる．　兩者とも接眼レンズは傾斜し，航空監視に都合がよい．　併し前者では實視野5°，對物レンズ有效徑は 50 mm，從て射出瞳徑 5 mm であるが，後者では實視野7°，有效徑 80 mm，從て射出瞳徑 8 mm，故にこれは夜間用として好適である．一譯者

譯補第V圖　　譯補第VI圖

第一章　望遠鏡　141

の手持型，第186圖は10倍の架臺付型を示す．　併し第187圖の手持型及び第188圖の架臺付型に於ては開閉はやめにして，關節を上方にもつていつてある．　これでは接眼レンズ間隔は2人が同時に單眼で觀察出來る位に廣く出來る．　第189圖の架臺付角型には Wandersleb の發案に從て，片方の接眼レンズの後方に更に一つの寫眞カメラを取り付けた．　この寫眞像は，カメラ單獨で撮影する場合に比べて，望遠鏡の倍率の割合だけ大きくなし得られる．　こゝに揭げた例では，カメラレンズの焦點距離 20 cm が 2 m にまで長くされてゐるが，口徑比は $\frac{1}{40}$ に減ずる．　最高の鮮明度は，黄色フイルタを付けて口徑比は $\frac{1}{70}$ にする場合に得られる．

第185圖　手持用角型望遠鏡

第186圖　架臺付角型望遠鏡　　第187圖　塹壕用手持角型望遠鏡　　第188圖　塹壕用架臺付角型望遠鏡

ないのに，内容には肉眼に関することも取り上げられているのは，見るための光学機械設計には眼球の知識が必須という原則があるからです．原著には限定的ですが，測距儀の組み合わされた状態の目盛を示すための多色刷りページがあるものの，戦時中出版された和訳本では単色印刷となっています．印刷状態だけでなく，用紙も原著に比べて質が落ちているため，細密な原画の再現には限界が見えます．

『レンズ』の表紙（東條四郎 著）

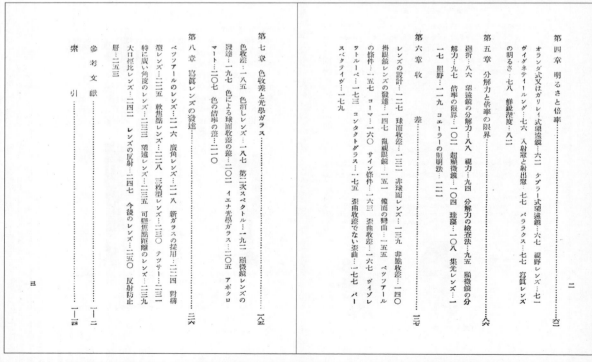

『レンズ』の表紙と目次．著者は，次の『望遠鏡と測距儀』の訳者と同じ日本光学工業の東條四郎技師です．内容は，『望遠鏡と測距儀』とは異なる光学機械の解説が中心となり，補い合う関係と見られます．普及書としては，いささか専門的であり，そのため研究機関のようなところでも購入されています．筆者の所蔵書には，海軍航空技術廠支廠図書の判が押されています．

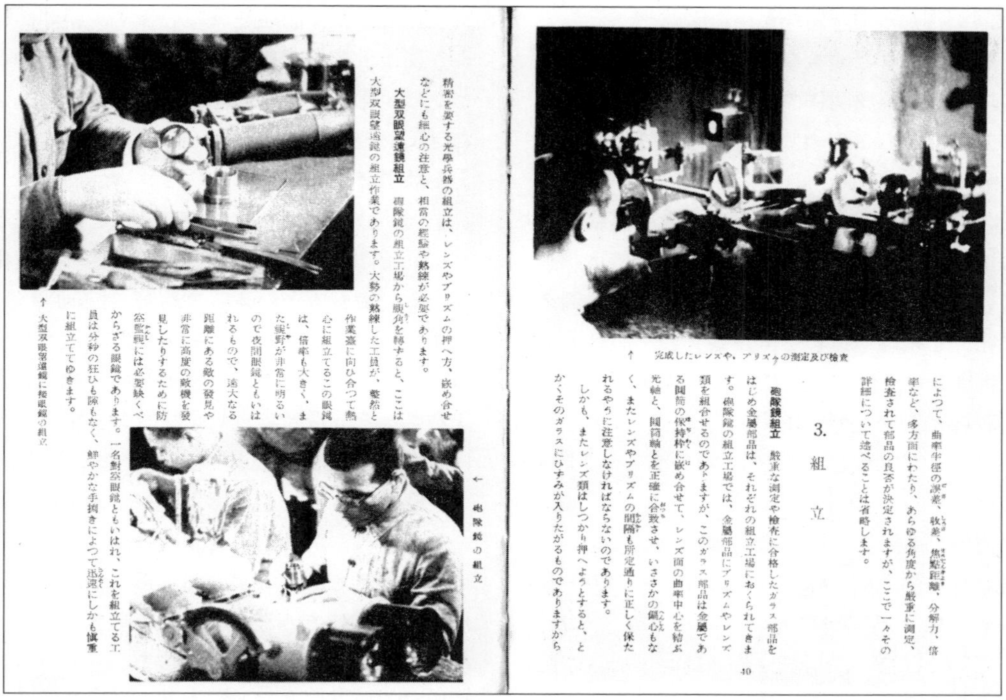

完成したレンズや、プリズムの測定及び検査

によつて、曲率半徑の誤差、收差、焦點距離、分解力、倍率など、多方面にわたり、あらゆる角度から嚴重に測定、檢査されて部品の良否が決定されますが、ここで一々その詳細について述べることは省略します。

3. 組立

砲隊鏡組立　嚴重な測定や檢査に合格したガラス部品をはじめ金屬部品は、それぞれの組立工場におくられてきます。砲隊鏡の組立工場では、金屬部品にプリズムやレンズ類を組合せるのでありますが、このガラス部品は金屬である圓筒の保持枠に嵌め合せて、レンズ面の曲率中心を結ぶ光軸と、圓筒軸とを正確に合致させ、いささかの偏心もなく、またレンズやプリズムの間隔も所定通りに正しく保たれるやうに注意しなければならないのであります。

しかも、またレンズ類はしつかり押へようとすると、とかくそのガラスにひずみが入りたがるものでありますから

40

精密を要する光學兵器の組立は、レンズやプリズムの押へ方、嵌め合せなどにも細心の注意と、相當の經驗や熟練が必要であります。

大型双眼望遠鏡組立　砲隊鏡の組立工場から視角を轉ずると、ここは大型双眼望遠鏡の組立作業であります。大勢の熟練した工員が、整然と作業臺に向ひ合つて熱心に組立てるこの眼鏡は、倍率も大きく、また視野が非常に明るいので夜間眼鏡ともいはれるもので、遠大なる距離にある敵の發見や非常に高度の敵機を發見したりするために防空監視には必要缺くべからざる眼鏡であります。一名對空眼鏡ともいはれ、これを組立てる工員は分秒の狂ひも隙もなく、鮮やかな手捌きによつて迅速にしかも愼重に組立ててゆきます。

↑ 大型双眼望遠鏡に接眼鏡の組立

← 砲隊鏡の組立

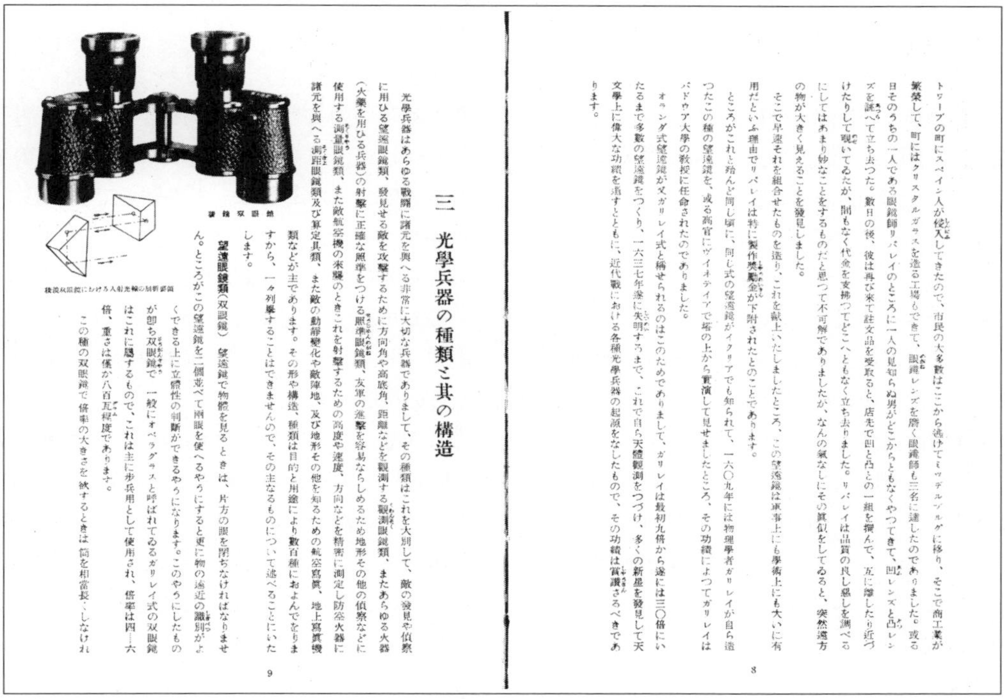

トワーブの町にスペイン人が侵入してきたので、市民の大多數はここから逃げてミッデルブルグに移り、そこで商工業が繁榮して、町にはクリスタルガラスを造る工場もできて、眼鏡レンズを磨く眼鏡師も三名に達したのでありました。或る日そのうちの一人である眼鏡師リパレイのところに一人の見知らぬ男がどこからともなくやつてきて、凹レンズと凸レンズを誂へて立ち去つた。數日の後、彼は再び來て註文品を受取ると、店先で凹と凸との一組を摑んで、互に離したり近づけたりして覗いてゐたが、間もなく代金を支拂つてどこへともなく立ち去りました。リパレイは品質の良し惡しを調べるにしてはあまり妙なことをするものだと思つて不可解でありましたが、なんの氣なしにその眞似をしてゐると、突然遠方の物が大きく見えることを發見しました。

そこで早速それを組合せたものを造り、これを獻上いたしましたところ、この望遠鏡は軍事上にも學術上にも大いに有用だといふ理由でリパレイは特に製作奬勵金が下附されたとのことであります。

ところがこれと殆んど同じ頃に、同じ式の望遠鏡がイタリアでも知られて、一六〇九年には物理學者ガリレイが自ら造つたこの種の望遠鏡を、或る高官にヴイネテイアで塔の上から實演して見せましたところ、その功績によつてガリレイはパドウア大學の教授に任命されたのでありました。

オランダ式望遠鏡が又ガリレイ式と稱せられるのはこのためでありまして、ガリレイは最初九倍から遂には三〇倍にいたるまで多數の望遠鏡をつくり、一六三七年遂に失明するまで、これで自ら天體觀測をつづけ、多くの新星を發見して天文學上に偉大な功績を遺すとともに、近代戰における各種光學兵器の起源をなしたもので、その功績は賞讃さるべきであります。

8

三　光學兵器の種類と其の構造

光學兵器はあらゆる戰鬪に諸元を與へる非常に大切な兵器でありまして、その種類はこれを大別して、敵の發見や偵察に用ひる望遠眼鏡類、發見せる敵を攻撃するために方向角や高底角、距離などを觀測する觀測眼鏡類、またあらゆる火器(火藥を用ひる兵器)の射撃に正確な照準をつける照準眼鏡類、友軍の進撃を容易ならしめるため地形その他の偵察などに使用する測量眼鏡類、また敵航空機の來襲のときこれを射撃するための高度や速度、方向などを精密に測定し防空火器に諸元を與へる測距眼鏡類及び算定具類、また敵の動靜變化や敵障地、及び地形その他を知るための航空寫眞、地上寫眞機類などが主であります。その形や構造、種類は目的と用途により數百種におよんでをりますから、一々列擧することはできませんので、その主なるものについて述べることにいたします。

望遠眼鏡類(双眼鏡)　望遠鏡で物體を見るときは、片方の眼を閉ぢなければなりません。ところがこの望遠鏡を二個並べて兩眼を使へるやうにすると更に物の遠近の識別がよくできる上に立體性の判斷ができるやうになります。このやうにしたものが卽ち双眼鏡で一般にオペラグラスと呼ばれてゐるガリレイ式の双眼鏡はこれに屬するもので、これは主に步兵用として使用され、倍率は四―六倍、重さは僅か八百瓦程度であります。

この種の双眼鏡で倍率の大きさを欲するときは筒を相當長くしなけれ

稜鏡双眼鏡

稜鏡双眼鏡における入射光線の屈折經路

9

文字で見る文化映画叢書『光学兵器』．ページ数が少ないだけでなく，動画の書籍化のため，掲載画像の枚数や鮮鋭度は大幅に落ちてはいますが，現場の様子はかなりわかる内容となっています．原著41ページでは，キャプションが砲隊鏡（左上）と大型双眼鏡（左下）で入れ違いになっています．書籍自体では，原著9ページ左上の十三年式双眼鏡の左側鏡体カバーにある理研光学のロゴがかろうじて判読できます．また，映画が占領軍に接収されていれば，現在ではかえって保存されている可能性が出てきます．もし映画が保存されていれば，昔の我が国の光学工業の状況を伝えている数少ない動画資料になるはずです．

敵国文化

さて，話題がとりとめもなく広がってしまいました．この項目は，英語関係の出版社とその出版物から始まりましたから，締めについても同様にしたいと思います．

近現代の日本史にくわしい方なら，太平洋戦争中は国内の情勢として，教育も含め，英語は禁止状態となっていたことはご存じのことと思います．例えば，先に紹介した『望遠鏡と測距儀』の出版社名ですが，初版はコロナ社となっているものの，第2版で理工学出版社と変わっています．これは，社名が英語的ということで，やむなく改名されたことによるものでした．

さらに当然のこととして，戦時中，英語関係の出版社は強い社会的逆風に曝されており，本来の業務の遂行は限りなく不可能に近いものがありました．言論統制だけではなく，用紙，流通経路までもが配給となりました．そのため，戦争遂行に妨害となるような，あるいは役に立たない出版物は，発行すること自体ができなかったのです．

しかし，これには例外が存在していました．研究社と同様，英語関係出版社として知られていた北星堂出版社から，一般社会的に英語が使用禁止となっていた戦時中にもかかわらず，ある英文の書籍が出版されているのです．それは，もともとアメリカで物理に関係した実験とその器具の自作や使用法を詳解した，『PROCEDURES IN EXPERIMETAL PHISICS』という書籍でした．その内容は，5人の著者がそれぞれ得意の分野別に担当したものです．

真空蒸着法の発明者であるジョン・ストロングが中心となっていて，アメリカでの理工系大学生の実験機材自作と実験の手引きともいうべき書籍です．

双眼鏡そのものについての記述はありませんが，光学関連の情報も豊富です．分光用プリズムの工作法，反射望遠鏡，シュミットカメラなどの反射鏡や補正板の非球面研磨法，さらには光学用金属薄膜の真空蒸着法まで記述されています．非球面鏡製作のように，工業的でない工作法も戦時に有効ということからいえば，ほぼ同時期に中村要の遺稿をまとめた『反射望遠鏡』の出版も，究極の目的は同じといえるはずです．

結局，技術情報としての有効性を最優先として考えられたことも，英文のまま出版された理由でしょう．その海賊版といえる書籍が，『最新物理実験法』です．この本は，あらゆる物資が不足状態であった当時としては箱付きという破格の体裁でした．箱に記載された『最新物理実験法』の文字と，本の奥付に，唯一日本語の表記を見ることができます．

戦時中でも，理工系学生の科学，工業技術教育という面から，例外的に英語教育が行われていたわけです．読者であるはずの理工系大学生たちにとっては，掲載されている実験器具の多さ，実験の種類の多さや程度の高さなど，身のまわりの日本の状況と見比べるほどに，アメリカとの格差を実感せざるを得なかったでしょう．

我が国で真空蒸着法が行われるのは，まさに同時期の戦時中のことです．高真空ポンプ，耐圧容器などの調達に，軍の関係者であっても多くの努力と労力を必要としたことは，本書別項で記述しています．アメリカでは，既にそれと同程度以上の設備が学生用として存在していました．

戦時中の光学関連書籍は，軍事用光学機材増産に限定されるだけでなく，軍事技術そのものの発展のための出版であったはずです．

しかし，この『PROCEDURES IN EXPERIMENTAL PHISICS』の掲載事項を何不自由なく行えるアメリカと日本の状況は，あまりにも格差がありすぎました．読者として冷静であればあるほど，理工系大学生，あるいは，現場に出て工場技術者となったかつての学生たちに，この戦争の行く末を暗示していたのではないか．そのように考えてしまうのは，筆者だけでしょうか．

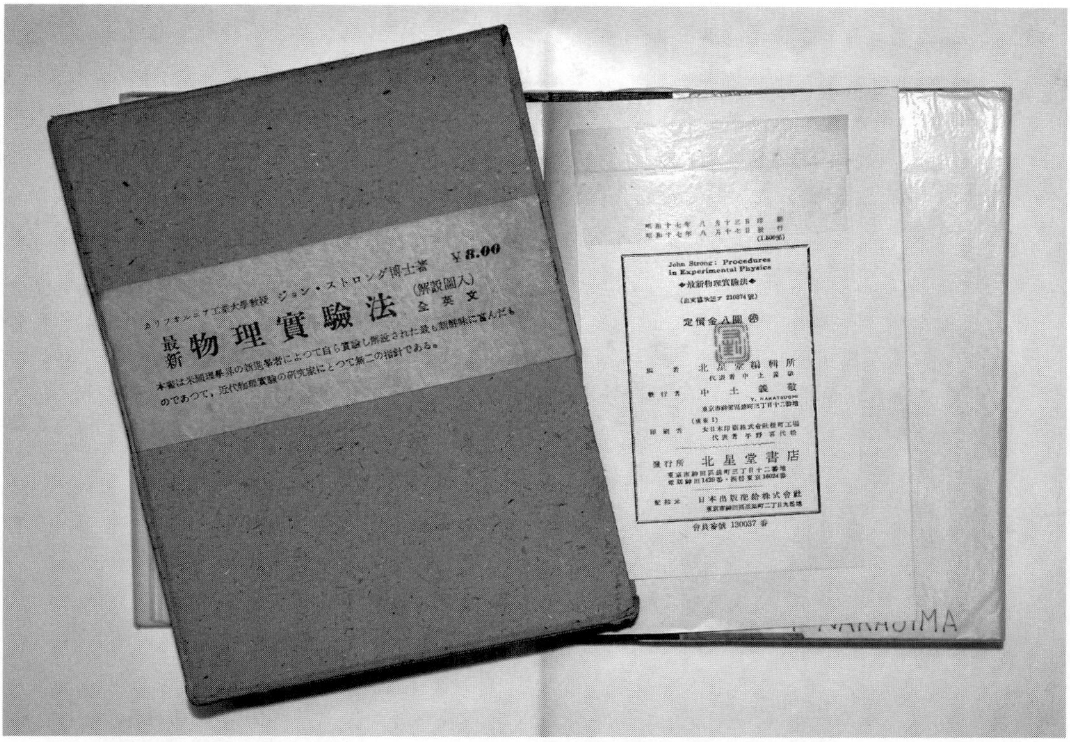

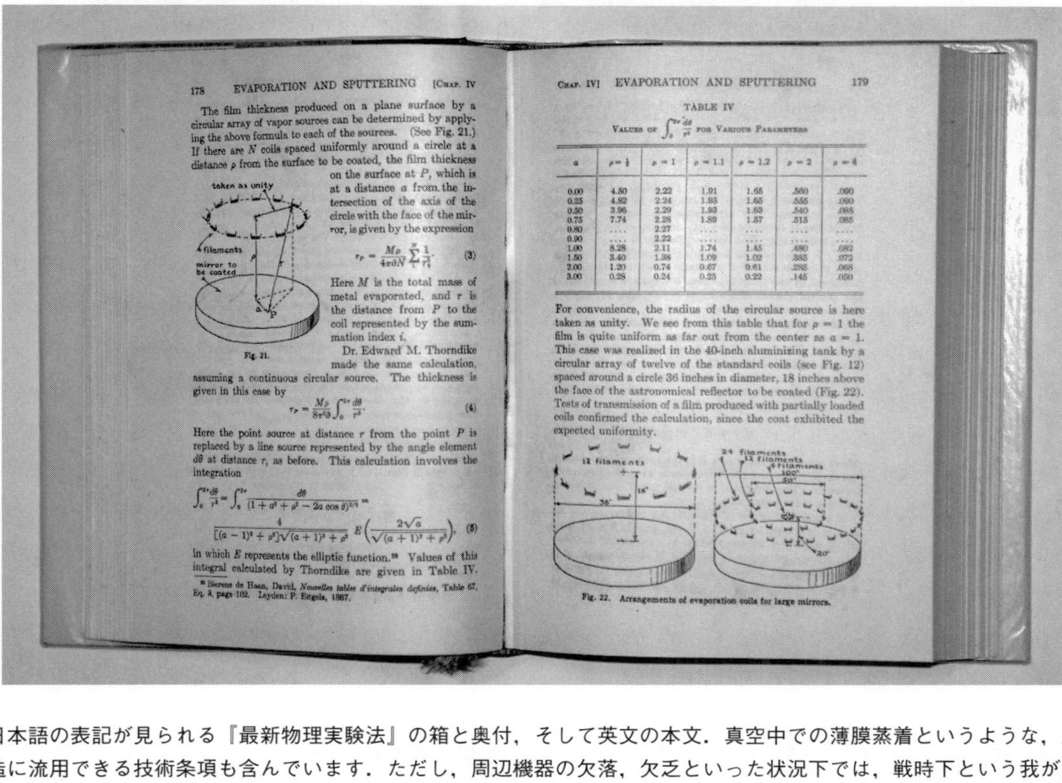

唯一日本語の表記が見られる『最新物理実験法』の箱と奥付，そして英文の本文．真空中での薄膜蒸着というような，双眼鏡の製造に流用できる技術条項も含んでいます．ただし，周辺機器の欠落，欠乏といった状況下では，戦時下という我が国未曾有の緊急事態で，本書の有効利用は夢に終わったものと言えるでしょう．この書籍が，戦時中に技術発達に影響を及ぼしたという事例は見つかっていません．箱と奥付という限られた場所にしか日本語がないことが，かえって印象的です．

時代に先駆けた接眼レンズ改良も成功とならなかった

高林光学（推定）（Taka）Mod.A 6×24 60°

高林光学 Taka.O.W 8×25 CF 65° Koulin

他社製の十三年式双眼鏡と外観はほとんど変わってはいないものの，見えない点で改良が行われていることは，国内での光学技術（主にレンズ設計）の広まりをうかがわせます．十三年式双眼鏡は陸軍の制式品であるため，大幅な変更はできなかったのでしょう．反面，独自の製品である8×25mm機では，ずっと意欲的ともいえる製品仕様を実現しています．

孤独な存在

太平洋戦争開戦前夜といえる状態だった昭和15年の末，軍需の増加に伴い，供給が逼迫したことから闇値が付くなど，経済的混乱を起こしていた双眼鏡市場に晴天の霹靂が起きます．それは性能，価格などを基準として格付けを行い，それを基にした公定価格が政府によって設定されたことでした．

この情報を報じた日本国の機関誌『官報』は，限定的ではありますが，当時の双眼鏡メーカーとその製品についての，数少ない同時代的な情報源となっています．巻末にある「資料編」には，その全文を掲載しました．

格付けに際して考慮された項目には，当然，実視性能も含まれています．また接眼レンズの光学構成もある程度，類型的に分類されています．例えば，陸軍将校用として最も需要の高いものの一つである十三年式双眼鏡6×24mm機の場合，6×24mm 10°弱の実視野で一グループとされていました．

この光学仕様機は，日本光学工業で開発されたオリオン6×24mmを技術的な源流としています．当然，接眼レンズの光学構成もまた，皆同様に3群5枚であると筆者は確信していました．例外的な存在である森川製作所の配置（構成）改変機は，少数の製品であり，ほどなく従来の光学構成に戻されています．従って，オリオン6倍の1 - 2 - 2配列，3群5枚構成は，普遍的な構成のはずでした．

ところが，この筆者の独断を否定する機材が存在していたのです．その改変は，森川製作所で行われた試行とは全く異なっており，これもまた，筆者の想定にないものでした．

それがTakaマークの6×24mm-60°です．このような改変は他に例がなく，しかも外観上の相違点は感知できないほど些細なものでした．

イメージ

ところで，なぜ筆者がこの機材に注目したのかについては正直直感というしかありません．もしかすると，筆者の頭の中には十三年式双眼鏡が形状的なイメージとして固定的に残ってしまっていて，わずかな違いが無意識に感知できたのかもしれません．

現物を他機種と並べるなどすれば，わずかに接眼レンズ部分が長いことがわかるはずです．しかし，違いを決定的にするには，現物を手に取り，それも分解しなければわからないことです．

その違いは何かといえば，接眼レンズ構成を大きく変えて，1 - 2 - 2 - 1という対称的な4群6枚とし，各レンズの屈折力を分散させることで曲率を大きくして（湾曲の度合いを小さくする），生産性を上げていることです．構造上，対称的な位置関係にあるレンズ面それぞれの曲率も同じにして，対称性の維持を図っています．さらに対物レンズ自体の曲率も接眼レンズの改変に合わせたように変更されています．

見方によっては，オリオン6倍の生産性と光学性能の両方を向上させるという，たいへん野心的な考案に基づく製品ともいえるでしょう．

わずかではありますが，実視すると確かに周辺像質の低下が抑えられています．また中心像質を維持している領域が広いこともわかります．レンズ設計者は，おそらく光線追跡の結果から，事前の設計イメージが実現でき，従来の製品に大きな前進を与えたと感じたことでしょう．

しかし，総合的な印象でいえば，結像イメージに今一歩の感じを持たざるを得ません．今一歩切れに鋭さが少ないのです．

その原因は増透処理がないことから，光線が透過するガラス面の反射が大きく残っているためと思われます（硝種で差があり，一面で4～5%減）．さらに，過光量の減少だけでなく迷光，散乱光などの増加があります．結局，それらが加わって大きな影響を与えてしまい，改良が改良になっていないのです．

これは1 - 2 - 2から1 - 2 - 2 - 1へという，接眼レンズの群数と枚数の増加が，増透処理未加工品としての結像の実用限界を超えてしまったためともいえます．集光力は口径の二乗に比例しますから，口径が大きい機材であれば我慢できることが，小口径では無理となってしまうのです．

同じ十三年式双眼鏡であっても，他社製品と接眼レンズ部分を比べると，違いが顕著であることがわかるのですが，外観だけではこの違いは認知できません．この点も百聞は一見にしかずの典型例です．左が本機で単レンズの最終レンズは加締め加工されています．右は一般的な全レンズ投げ込み式の他社製品です．

歴史的に見た場合，同時代的には結果的にうまくいかなかった試行錯誤の例といわなければならないでしょう．しかし，第二次大戦後に迎えた増透処理の実用化，高度化で，西独ツァイスではレンズ配列は異なるものの，対称性の強い4群6枚構成の接眼レンズを実用化しています．開発の方向性に，大きな間違いがなかったことだけは確かだったと，筆者は考えています．

表示の疑問

以上の事柄に加え，筆者には決定的に気がかりともいえることがあるのですが，それは製造者表示です．筆者がこの機種を入手した時には，双眼鏡公定価格設定を伝える官報の存在を知らず，そのため，(Taka)が具体的に何の省略表示であるか全く見当がつきませんでした．鏡体カバー，接眼ナナコ（ローレット加工部品）といった部材の材質から，軍用品ではあるものの（陸軍仕様の目盛付き），開戦後の製品ではないものと漠然と考えてはいました．

その後，CF機ですが，また興味深い機種にめぐりあうことになります．光学仕様は8×25mmで見かけ視野65°と，それほど違いがあるとはいえないのですが，鏡体カバーの表示はTaka.O.WとKoulinと，左右にありました．

当初，koulinとある表示は，光に関したものと確信的に思い込んでいました．それが氷解したきっかけが，双眼鏡の公定価格設定記事の載った官報でした．

その中にKoulinと表記されている機材には，十三年式相当品と，CFとIFの両合焦形式の8×25mm-65°がありました．そのメーカーが高林光学ということから，Koulinが高林を音読みしたものであり，Taka.O.WはTakabayashi Optical Worksの省略形ということが納得できたのです．このような省略法ならば，(Taka)もその前に行われていた表示方式で，それは高林であろうと考えられます．それと同時に，また疑問も生まれたのでした．

単に高林といって思い出される人物には，我が国近代眼鏡製造技術の開祖，朝倉松五郎の高弟で，明治から大正前期に盛業した高林レンズ製作所の経営者の高林銀太郎のことになります．しかし，その高林レンズ製作所も，銀太郎の引退もあって終わりを迎えなければならない時代が到来してしまいます．このことも既に記述していますが，念のため繰り返しておきます．

それは，日本光学工業に続く形で，測距儀，潜望鏡国産化の担い手として第二の国策光学会社設立をもくろんだ海軍艦政本部の軍人（の一部：日本光学工業系と反する人たち）の意向によるものでした．高林レンズ製作所は，東京瓦斯電気工業株式会社に吸収され，光学部門となって消滅してしまうのです．

その高林レンズ製作所と，本機のメーカーである高林光学との関係については，残念ながら文献類に見えません．また，この機材のメーカー自体の事前事後の動向も全く不明です．

光学技術の高さを示しているのが，分画（ぶんかく：焦点目盛）加工法です．他社製品では，実視野の減少を許して工作が簡易なネジ環押さえ式を採用するのが通例ですが，本機では薄い真鍮枠にごくわずかな押さえ量で加締められており，視野の減少を防いで見かけ視野60°を達成しています．これも他社製品で見た記憶はありません．

唯一，間接的に企業動向をうかがわせるのが翌年刊行された『時計光学年鑑昭和16年版』です．同書にはメーカーとして高林光学の名前と，製品としての両機種が共にないことから，吸収合併が行われたか，あるいは廃業してしまったのかもしれません．

会社規模，技術水準についても，枢要な双眼鏡メーカーが自主的に設立した陸軍八光会に所属しておらず，個人企業の範疇だったかもしれません．しかし，両機が高林光学製（1機種は推定）と考えられる要因には，表示というより，像質，構造など製造技術上から見える特色をあげるべきだと思うのです．

見えないような自己主張

8×25mm機は見かけ視野65°を達成していますから，当時の国内の技術水準からいえば，高い方の位置づけです．そしてその接眼レンズ構成も独特です．1 - 2 - 1という比較的単純な構成で，類型を探せば，イギリス・ロス社のステップナダ7×30に近いように思われます．

また，外観は全高が低く，レンズ系の短焦点化がうかがえますし，対物部にエキセン機構を設けておらず，そのためコンパクト化も進められています．一見，対物部のキャップのように見える部品はレンズ枠です．押さえ環の形状をそれに合わせてあることから，デザイン的にも配慮されていることが見えてきます．

実視では，さすがにレンズの短焦点化と接眼レンズの構成から，周辺像質の低下は顕著にはなっているものの，許容範囲にあると考えるべきでしょう．像質で興味深いのは色調で，6×24mm機同様，冷色系に見えてすっきりとした印象の像です．

本項で取り上げた高林光学については，会社自体，またその製品である双眼鏡のいずれもが歴史に埋没しています．しかし，製品を見る限り，局所的には時代に先行しているような事柄も見えてきます．

いずれにしても，失われた事実を補うためには，歴史を見つめ直すことが必要です．残された事実から各方面の動向を補完し，再度組み立てなければならないのですが，自ずとそれには限界があることもまた当然です．これは，明らかに見出すことのできない事実，確定できない事実がまだまだあることを，実機によって痛感させられる一例です．

8×25mm機もまた，見かけ以上の個性を持っています．接眼レンズ構造も国内他社には類例がないのですが，対物レンズ周辺の部品構造もまた，デザインも含め独特です．

理化学研究所産業団の中の総合光学機器メーカーの製品
理研光学工業　Olympic 8×24 CF 6°

口径にかかわらず金属部品，光学系部品がしっかりと作られているものは，使った時に確実に良い印象を持つものです．本機の場合もその通りで，見かけ視野は狭いものの，像質と作動箇所の動きからは，各種加工の精度の良さがわかります．右鏡体カバーには倍率と口径の表示がありますが，その後にあるT.15の意味は不明です．この双眼鏡が製作された頃，1940年のオリンピックの開催地は東京に決定し，日本選手団の活躍が期待されていました．しかし，開催は深まる戦時色によって返上となりました．

あやかり商品

日本の光学産業にとっては，昭和10年代初めは，一時的であったにしろ追い風の時代といえるかもしれません．中国との軍事衝突は，表面的には「事変」という言葉で矮小化されていました．また，内閣の不拡大方針などもあって，大多数の国民には大戦争への拡大という認識は生まれていませんでしたが，確実に軍事用光学機材の需要は増えていました．

そのような平和への希望が多少なりとも残されていた状況の下，民生用光学機材の製作をめざして，意外なほどの企業が生まれていました．

昭和11年には，キヤノンカメラ（当初はハンザブランドの近江屋写真工業発売）が，ライカ，コンタックスを念頭に置いた国産初の精密小型カメラとして市場に現れます．その反面，国内市場には光学的や機械的，その両方ともに粗悪といった問題を持つ国産カメラが多く出現するのもこの時期でした．

既にドイツ製光学機械の優秀性は，日本国内でも広く認められていました．そこで中には正規の光学設計を行わず，3群3枚トリプレット型カメラ用レンズを別々のドイツのレンズメーカーに単体で発注し，国内で組み立ててドイツ風の名称を付けて，ドイツ製品と錯覚させようとしたものまであったそうです．

純粋理化学と商品

1917年，純粋理化学の研究を目的として財団法人理化学研究所（現：独立行政法人理化学研究所）が生まれます．そして同所は自身の研究，開発，発明した技術を実際に商品化するために，1927年に理化学興業株式会社を創設します．同社は兵器，化学および工作機械などの製品を生産していました．その中には，世界5ケ国で特許を取得した理研陽画感光紙を製品化する感光紙部門もありました．

この感光紙が従来の青写真製品と画期的に異なるのは，白地に青い線が浮かび上がる陽画方式で線図を表現できたことで，販売は大変好調でした．科学者の自由な研究を支えるユニークな主任研究員制度を導入した理化学研究所第3代所長・大河内正敏博士は，国内販売量の半分を売り上げる敏腕販売員，市村清を感光紙担当部長に迎えます．

1936年，感光紙部門は独立して新たに理研感光紙株式会社となり，市村は社長に就任します．彼には業務多角化の意図がありました．まず，既存の光学機材メーカー，オリンピックカメラ製作所と旭物産を買収します．そして旭光学工業（後のペンタックスの旧社名とは全くの別会社）として傘下に収め，カメラ事業へも展開を始めます．光学機器への展開は，キヤノンの誕生同様国内市場が成長期だったからといえるでしょう．それでも国内光学産業に全く同名の会社が二つ存在できたのは，現在から見れば大らかな古き良き時代だったからかもしれません．

さらにその翌年には，理研感光紙は社名（商号）を理研光学工業と改め，光学方面への展開を明確化していきます．しかし，その経路は決して平坦なものではありませんでした．

リコール

理研光学工業の場合も，ハンザキヤノンを開発した精機光学工業（現キヤノン）と同様でした．より高級機の開発としての位置付けから，フォーカルプレーンシャッターを装備し，レンズ交換も可能で，ハンザキヤノンと同様ライカ，コンタックスを意識したベスト判フィルム使用機，「リコール」の開発が行われました．

しかしフィルムサイズは，パーフォレーション付きの35mm判フィルムを使用するハンザキヤノンとは異なり，ベスト判でした．当時は35mm判フィルムに比べ，より一般的であり，入手も容易で密着焼きでも済むことから選択されたのでした．ただ，巻軸がブローニーフィルムより細いため，カーリングの影響が出やすいフィルムでした．しかも，ブローニーフィルムと同様裏紙付きであったため，カメラにはフィルム面の保持と送り機能に問題が多発します．

「リコール」には続けて機構的な修正が各種加えられます．その後，国内の軍国化の影響で名称はゴコク（護国）と改められますが，結果は残念なものでしかありませんでした．

一方，吸収した2社の技術系統のうち，普及機種としての位置付けで技術的に安定していた二眼レフは，リコーフレックスとして問題なく製品化されました．時代が平和のままであったならば，低価格普及機のリコーフレックスは主力商品になったはずです．

古典的な構造の接眼レンズ部分を動かすCF機の場合，中央転輪の回転により前後運動する接眼レンズ部分と，そのガイドになる接眼外筒との仕上げの精度は，操作感触に影響するだけでなく，倍率が高くなればなるほど左右視軸の平行度に影響を与えます．しかし，一般的には運動精度を高めれば運動は重くなりがちです．軸精度の維持と軽快な操作性が長期間確保されるためには，適切な機構の設計と素材の選択，十分に高い加工精度が必要です．本機の場合，摺動運動は接眼レンズ金枠と接眼外筒部分だけですから，運動自体は軽くなっています．接眼部最繰り出し位置では嵌合部分の長さは半分程に短くなりますが，各部分の加工が良いため，精度の維持に問題は起こりません．

しかし時代はそれを許しませんでした．理研産業団と総称された企業群は，1939年頃の最大期には63社121工場を数えるまでになっていました．そのいずれもが程度の差はあるものの軍需に関わりを持ち，軍需だけでなく日本の産業技術を支えていました．

理研光学工業もまた理研産業団の1社として，軍需へと傾斜を強めていきました．やがて，陸海軍用を問わず6×24，7×50といった制式双眼鏡が，両凸レンズの中に漢字で理光と刻まれた，平時とは異なるマークを付けて生産されていくことになります．

本業回帰

こういった時期は会社を問わず，民生用カメラや双眼鏡の生産販売は実質的に不可能に近かったようです．社名をアルファベットの頭文字RKKで丸の中にはためく旗のように表示し，Olympicのブランド名の併記があるのは，臨戦体制になるまでの短期間の製品でしょう．

これまでの経験上，第二次大戦前に生産された国産双眼鏡を分解して思うことは，その後光学メーカーとして花開く会社の製品には，何かしらどこかしらに感心させられる点があることです．本機では，中央転輪と接眼レンズの滑らかで遊びが感じられない動きの良さから，当時の理研光学の金属加工技術の水準をよく表しています．光学的にもケルナー型の接眼レンズで，見かけ視野は50°未満ですが，中心像だけでなく周辺像も，当時の国内大手メーカーと比べて遜色を感じない像質です．

理研光学の双眼鏡の品質は良好でしたが，第二次大戦後には特に進駐軍向けや輸出向けで，カメラ生産再開までの中継ぎ商品になってしまいました．1950年代を迎える頃には，主力製品はカメラに移行します．国内市場向けでは，リコーフレックスが画期的な低価格で一応の機能を備えた二眼レフとして空前の大ヒット商品となります．

戦後の多角化への動きは，1955年の卓上複写機の開発で再び始まり，その後の各種OA機材の開発は，会社を支える大きな柱となっていきます．1963年に社名をブランド名と同じリコーとしたことは，多角化への決意表明といえるものです．

こうして感光紙の生産販売を企図した企業が，業務多角化で光学機器の生産を行い，技術をより高度化することで事務機器の生産へと変貌していったのは，本来の姿に近い形へ回帰したともいえるかもしれません．しかしまた，光学的には基本ともいえるリコーブランドの双眼鏡の生産再開へ立ち返ることも多角化とはいえないでしょうか．リコーも蓄積されている独自技術を，ぜひ双眼鏡という形で見せて欲しいメーカーなのです．

昭和10年代の光学工場の作業状況が動画として残っているもので，最も有名なのは，日本光学工業戸塚製作所で撮影された，黒沢明監督の初期の作品「一番美しく」です．記録映画として作られたものには，同じ戦時中の文化映画「我等の兵器シリーズ」中の一巻，「光学兵器」がありました．東亜光学平塚製作所という架空の会社を舞台とした黒沢作品と異なり，こちらは純粋な記録映画でした．文部省の文化映画という認定はありましたが，企画は陸軍で，映画を撮影したのが理研産業団の中の理研科学映画株式会社でした．この文化映画各巻は，後に文字で見る文化映画叢書として書籍化されていて，その中には凸レンズの中に理光の文字を入れたマークを付けた陸軍制式の6×24の画像があります．画質が悪いのは映画フィルムから製版したためのようです．撮影状況から，映画には当時の理研光学の様子も収められているはずです．映画自体の存在は不明ですが，戦後米軍に接収されたとも考えられますから，現存するなら見てみたいものです．

研磨技術はキヤノンの技術母体となったメーカーの製品 大和光学製作所 8×30 8.5°

対物筒部分が長いのは6倍24mm機を母体として30mm機化したからで，メーカーには最も行いやすい多品種化であり，実例はかなりありました．右鏡体カバーには，頭文字で表記したメーカー名とYの文字をデフォルメしたトレードマークがあります．左側のWOGOは当時の大手写真用品商社，日本商会のブランドで，戦後，別ブランドのワルツに社名を変更しています．対物筒の外装は失われていますが，像質はなかなか良く，各部分の工作にも手抜かりは認められません．

生まれた関係

現在は大変な繁華街になっている東京の六本木ですが，昭和の初期，表通りには商店が並んでいたものの，辺りは閑静な住宅地でした．電車通りに面した木造の商店の中ではモダンな建物として目をひくアパートの3階で，昭和8年にうぶ声を上げたのが，精機光学研究所でした．その目的はドイツから輸入される優秀な機材に匹敵するような高級な精密国産カメラの製作です．ライカ，コンタックスは目前に立ちはだかる障害であり，そして目標でした．

カメラの設計で，まず問題になったのは，ドイツメーカーの特許の網をいかにかいくぐるかでした．きわめて重要な撮影レンズは，見本模造といった小手先の製品ではなく，本格的な撮影レンズの供給元を見つけるのも容易なことではありませんでした．

ファインダーと距離計に関しては，距離計は一般的で特許に抵触しない構造を選定し，ファインダーは使用時に飛び出すという機構で対処することになりました．それでも，距離計との連動機構も含めた撮影レンズの調達は，大きな問題として残っていました．

しかし，あらゆるツテをたどるような努力の結果，日本光学工業の重役との面談が実現し，レンズの供給だけでなく，距離計との連動機構の設計と製作，調整までもが委託できることになります．こうして生まれたカメラには，音感としては試作機と近く，より一般的で，意味合いとしては判断の基準，規範，あるいは聖典といったことを表す言葉が選ばれました．これも関係者のツテを手繰って見つけた商社のブランド名がその上に付けられることになります．そして昭和10年（1935）に生まれたカメラが，ハンザキヤノンでした．

精機光学研究所はカメラの製作に成功したことで，徐々に職員も増加していきました．そこで手狭になった六本木を離れ，現在の東急東横線都立大学駅の近く，目黒区中根に移り，社名も日本精機光学研究所と改められます．移転後の昭和12年（1937）には，会社組織も株式会社となり，社名はさらに精機光学工業となり人材も集まり始めます．中でも日本光学工業との関係は，単なる業務上だけにとどまりませんでした．フライスの神様といわれた加工技術者や，レンズの設計者と計算手という人々が移動してきたことは，大きな戦力になりました．

この時に移ったレンズの設計者は，かつてオリオン6倍の生産現場に従事していました．この時点では精機光学工業には生産計画はありませんでしたが，技術的には，一応双眼鏡との関係が生まれたと言えなくもありません．

意外な関係

創成期の精機光学工業と双眼鏡との関連には，もう一つの事実が存在します．それは撮影レンズ供給のためにたどったわずかなツテには，日本光学工業の重役になっていた藤井龍蔵との関係がありました．精機光学工業での藤井龍蔵の処遇は顧問で，写真技術，カメラに豊富な知識を有していたからでした．彼は，藤井レンズ製造所の全てを挙げて日本光学工業に合併して以降，その名前が表に出ることは少なくなっていました．光学産業史の上でその名前が現れるのは，社外的には精機光学工業の顧問，社内的には満州光学工業の設立委員としてでした．

さて，精機光学工業のカメラはハンザブランドを持つ近江屋写真工業との一手販売契約が終了したことで，カメラからはハンザの名称が消えました．外部のデザインも改められ，すっきりしたものとなりましたが，生産規模はなかなか大きくはなりませんでした．

そんなとき，会社の経営に大きく寄与したのが，間接レントゲン撮影装置の生産でした．この装置は当時，国民病として多くの人が罹患し，特効薬も開発以前だった肺結核を集団検診で発見するために，蛍光板の像をフィルムに縮小撮影するものです．

これは軍部からの要請でしたが，直接の製作の打診は，精密小型カメラの生産技術を持たない，複数のレントゲン機材メーカーを経由したものでした．その中の一社，森川製作所は業務多角化で軍用双眼鏡の生産を始めています．

このとき役に立ったのが，規模は小さいものの，レンズの設計と生産が社内でもいくらかは可能になっていたことでした．レントゲン撮影装置には，月面の「晴の海」の名をヒントにした，セレナーと名づけられた自社製レンズが装着されました．一方，一般カメラ用は従来通りニッコールで，日本光学工業と撮影レンズ需給の関係は戦後まで続きました．

同一ブランドでメーカー名の表示がない6倍24mm機ですが，各部分の仕上げや像質から見て，大和光学製作所の製品と思われる機材です．化粧箱と思われる箱が付属していますが，補修が行われていて以前のユーザーが大切にしていたことがうかがわれます．8倍機と並べると，相違箇所が対物筒部分だけということがよくわかります．

本格的関係

精機光学工業と双眼鏡との関係は，日本が戦時体制へと移行するに従って増していきます．それは，軍需生産に追われる日本光学工業への部品供給元となっていったことからでした．その関係が決定的になったのは，戦局がより苛烈さを増し，米軍の本格的な日本本土空襲も近いと予想された昭和19年(1944) 4月，大和光学製作所を吸収合併し，その業務を継続したことからでした．

大和光学製作所は，双眼鏡の生産を主に出発した会社で，自社ブランドもありましたが，納入先ブランドでの双眼鏡製作も行っていました．合併時には，軍の要求に従って6×24，8×30などの手持ち軍用双眼鏡や，カニ眼鏡と呼ばれた砲隊鏡を生産していました．所在地は，当時既に双眼鏡製造業者の集中が起き始めていた板橋区の前野町です．従業員は合併時には戦時膨脹の結果，200名ほどに達していて業界では中堅上位に位置していました．

精機光学工業ではここを板橋工場として，従来からの軍需品生産の業務を遂行していきます．さらに新たな生産品としては，日本光学工業から既に自社で設計，生産されていた陸軍発注の手持ち双眼鏡がありました．手持ちとしては当時国産最大口径品であった，正式名称「飛行双眼鏡」10×70 7°の再発注先として生産委託を受けることになります．

こうして，板橋工場は双眼鏡の生産に全力を傾注します．しかし，やがて日本に訪れる結果は敗戦という冷厳なもので，精機光学工業と双眼鏡との縁は切れたかに思われました．

1947年，戦後の状況などを勘案して同社は社名をブランドと合わせ，キヤノンカメラと改名し，一旦本業回帰を明確化します．そして，軍需光学産業が消滅したために得られた優秀な人材や適切な経営方針と製品開発などを原動力にして，ついに国内屈指のカメラメーカーへと発展します．

1960年代には，64年の東京オリンピック開催に伴う双眼鏡需要に対応するように4機種の売れ筋商品が出現しますが，決定的個性の発現とはいきませんでした．その後，社名からはカメラの文字が消えます．そして1990年代後半，総合映像情報産業へ向けての多角化で開発された，電子技術をも駆使して現れた防振双眼鏡は，まさにキヤノンらしさが最も端的に現れた製品といえるでしょう．

かつて吸収した双眼鏡生産の技術は歴史のかなたに遠ざかり，板橋工場は処分されます．しかし社史の記述には，「日本光学工業（株）から受注した大量の双眼鏡は，レンズ自家生産の延長としての意味が大きい」との評価が与えられています．

1960年代にキヤノンが発売していたのは，CF合焦のボシュロム型4機種です．これはY.O.Cの8倍30mm機とほぼ同じスペックですが，並べると大きさの違いだけでなく，受ける印象も随分異なります．この2機だけの比較であれば，通常成人男子ならば，グリップ感ではボシュロム型に軍配を上げるでしょう．他の3機種は6倍30mm 8.0°，7倍35mm 7.5°，7倍50mm 7.2°でした．

陸軍の要請で誕生した光学会社の海軍用双眼望遠鏡
日本海軍制式直視型双眼望遠鏡 15×80 4°
東京光学機械製造

口径8cm，15倍，実視野4°の双眼望遠鏡は，国内では古く大正12年に日本海軍が制式化して以来，数多くのメーカーで作り続けられてきていて，現在でも同じスペックの機材は入手可能です．堅牢な架台に装架されていることで，振動が防止されていることも，像質向上のための重要な要素の一つといえます．手持ち双眼鏡より中心像が良好なだけでなく，像質が周辺部まで劣化が少ないのは，結局対物レンズのF値がより大きいことと，分離型対物レンズでより高度な収差補正が行えることがその理由です．

持ち出し

東京光学機械は，もともとは日本陸軍の強い意向によって創業した企業でした．しかし，同社幹部の間には，技術的な進歩と会社の発展のための，ある思惑がありました．陸軍用よりは進んでいると思われる，日本海軍用の光学機器の生産にも進出したいという希望が生まれていたのです．

一方，海軍の内部にも，陸軍の強い影響下にあった新しい総合的な光学会社に対して，当時としては唯一の総合的光学企業であった日本光学工業の対抗馬としての存在を期待する意向も生まれていました．いわば，両者の思惑には一致点がある状況になっていたといえるでしょう．

既に陸軍用光学機器としては一応の実績が積み重ねられていた創業3年目の昭和9年には，海軍技術研究所から，海軍用光学機器製作のための技術指導が行われました．そこで，まず手始めに固定架台に装架される口径8cmと12cmの双眼望遠鏡が生産されることになります．

実際に設計から製造へと生産段階が進む中で，光学系の設計は技術指導の結果，順調に進みました．しかし，レンズ製造段階で必須の検査ツールともいえる原器は，12cm双眼望遠鏡の対物レンズ用で未経験の大きさのものでした．そのため，最初はなかなか必要精度に達せず，会社の関係者は大いに苦労したといいます．

これを見ていた海軍技術研究所の関係者は，ついに見かねて12cm20倍双眼望遠鏡の対物レンズを検査するための原器を内緒で作り，新会社を育成していこうという意思を示しました．この好意を受けて，会社関係者はきびしい検査が行われる守衛所を何とか苦労して無事に通り抜け，やっとのことで原器を持ち出すことができた，といったようなエピソードまで残っています．

このように，海軍の要求する精度がきびしかったのは，レーダー実用化以前には，大口径双眼望遠鏡は対象物体の発見，確認などを行うためには唯一の機材だったことによります．従って，当時の機材はどこのメーカーと限ったことはありませんが，コーティング技術発明前とはいっても，一般的にその結像性能の高さに驚かされることが多いものです．

ここで取り上げた東京光学機械製の8cm15倍双眼望遠鏡は，光学面のメンテナンス未着手の状態で実視しても，結像性能の高さには大いに期待を持たせるものであったことをよく記憶しています．

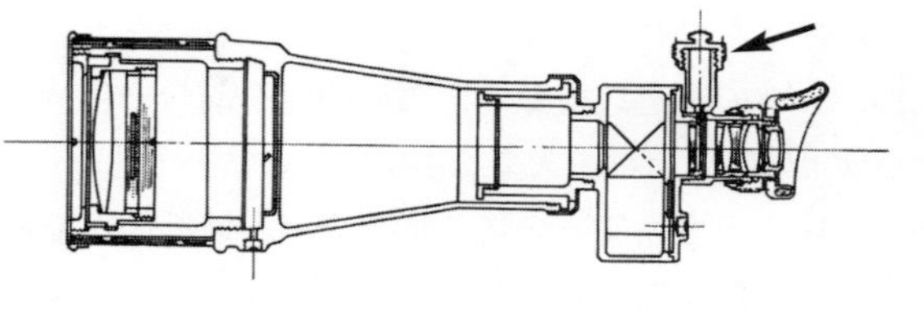

水平視双眼望遠鏡の標準的な構造は，この断面図のようになっています．眼幅合わせで回転運動する部分は軸精度と防水機能を確実に保つため，鏡体内部に深く入った構造です．プリズム部分から光軸と直角方向に出っぱった部品（矢印）は焦点分画（焦点板）の照明光の導入部分で，用途によって装備の有無がありました．対物レンズが後方から押さえられるのは天体望遠鏡とは大きな違いですが，押さえ環にはスリ割加工があり，押さえすぎを防止しています．（『四十年史』（日本光学工業株式会社刊）より転載）

高精度化の原動力

ところで原器はもちろんのこと，レンズ，鏡面類は曲率の正確さと面全体の形状が正確であること，

8cm双眼望遠鏡の対物レンズの構成は，いわゆる2枚レンズのクラウン前置きのアクロマートタイプです．レンズ相互間の間隔保持は，天体望遠鏡の対物レンズと同様，120°間隔で3箇所の錫箔（矢印：見えている1箇所のみ）を間に挟んでいます．機種によってはフードが伸縮式のものもありますが，この機材ではフードは固定式です．これは，太陽光線がレンズ面に照射することが少ない水平視用双眼望遠鏡では，一般的な仕様になっています．

言い換えれば必要精度に達していなければなりません．当時の製造技術では，この両方を同時に精度良く仕上げることは，大変にむずかしいことでした．

というのも鉄皿でのスリ加工では，研磨砂を交換して行うスリ面の微細化や皿の磨耗などから，スリ作業でのカーブ付けは，なかなか同じようにいかないからです．作業自体は単調でありながら，集中力，注意力が必要で，熟練とカンの介在する余地は多分にあったのです．

スリ作業が画期的に変化して，曲率合わせと一連の砂掛け作業の時間短縮と効率化，そして高精度化か実現したのは，スリ作業の専用機，カーブジェネレイターが現れてからのことでした．

スリガラス面をつやの高い光学的な面にする研磨作業では，旧来の研磨材である紅柄の研磨面のつやの出方は大変良いものでした．ただ研磨盤のピッチとの関連から，温度変化による研磨状態の変動は，変動幅が±1℃（筆者の経験からですが）でも現れてしまうほど鋭敏なものでした．かつてこの状態を，「狂気のようだ」とまで表現した反射鏡研磨の大先輩もいたほどの，大変扱いにくいものだったのです．

その後出現した研磨材の酸化セリウムは，同じピッチ盤でも温度変化に対しての研磨状況の変動が，紅柄に比べてずっと小さくなりました．そのため，研磨作業力（研磨速度）の向上もあって，作業時間の減少と作業効率の上昇，研磨面周囲のダレと呼ばれる現象の減少により，生産性はより向上しました．

そして，研磨パットといわれる樹脂製の研磨盤の登場が，さらにこの状態を推し進めていくことになります．

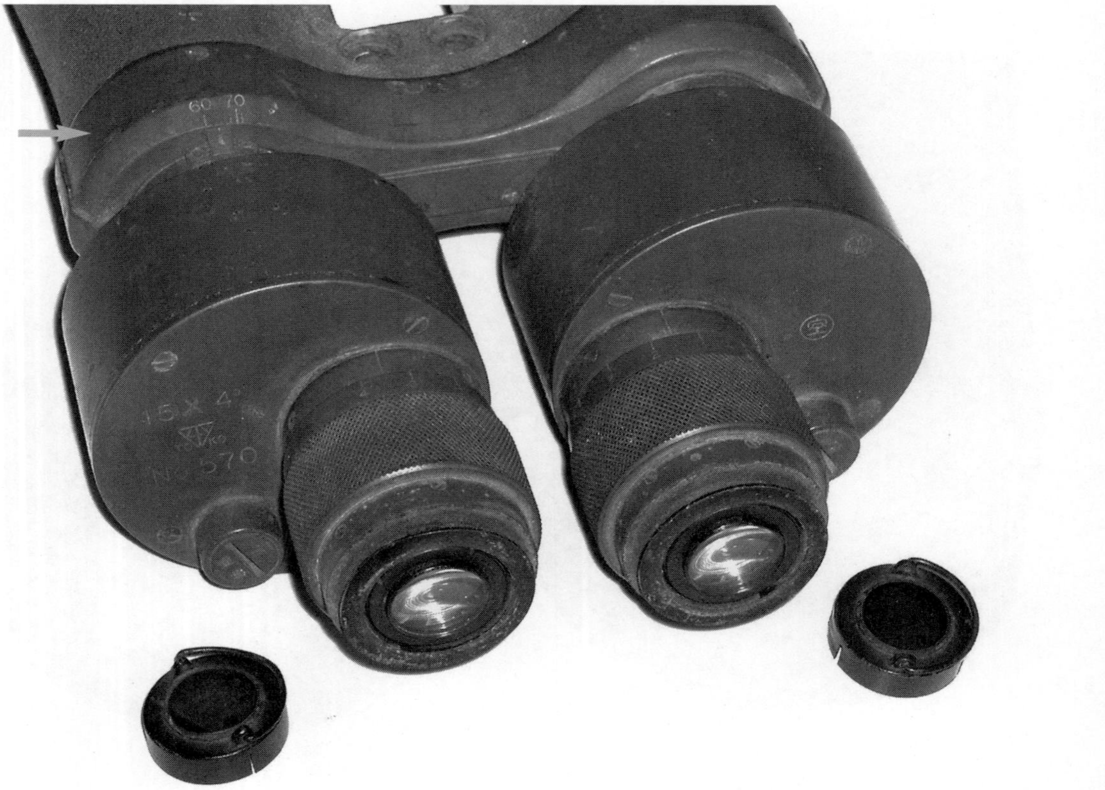

接眼レンズの構成は，基本的には6倍24mm機と同じで，1－2－2の3群5枚です．焦準機構は直進式ヘリコイドで，シリンダーのような擦り合わせ構造部分で動き，多条ネジ部分は直接防水機能へ影響がないようになっています．プリズム部後方の横になった8の字状部分（矢印：眼幅数値の表示がある）は眼幅合わせ機構部で，内部には鋼製ベルトが同じように8の字に掛けられていて連動します．左右に置いたのは，接眼レンズ枠に押し込んで装着されるフィルターです．

およそ80%程分解を進めた状態です．基本になる左右が合わさって一体化した鏡体自体は，比較的単純な形状をしています．各部材の材質は，摺動部分には海水耐蝕性のある砲金を使い，回転部だけでなく，締結部にも堅めのグリスと油土が充填されています．対物レンズの口径比は5強です．手持ち機材の4に比べて長いことと箔分離型であることが，良好な中心像と周辺像の像質の低下が少ないことの原因でしょう．

解消した不安材料

東京光学機械の技術者の一部には，かなり早い段階から，大きな目標として日本のツァイスとなることをめざしたいとの思いが生まれていました．新製品の開発には，この思いは民生品の生産という形で現れようとしていて，「ロード」と名づけられたカメラの開発も始まろうとしていました．

その原因の一つには，軍出身でありながら趣味としての写真にくわしく，カメラに関する深い知識を持った山田幸五郎，愛宕通英（おたぎみちふさ）といった人たちの入社があげられます．顧問，あるいは指導的立場の技術者として彼らが入社したことが，カメラなどといった民生品の開発をめざす，直接の動機になりました．

戦後，この人たちは東京光学機械から離れるものの，研究者，教育者，普及者といった立場で，日本のカメラを中心とした光学産業の発達に貢献します．

ところが，総合的な光学メーカーをめざす上で，肝心の原料である光学ガラスの入手に関しては，大変な不安要因が存在していました．先行の日本光学工業では，比較的生産が容易な光学ガラスの内製化は創業時期から継続して研究されていたため，既に実働状態にありました．一方，東京光学機械の場合，当初から原材料光学ガラスの内製化は技術，人材の裏付けがないためできませんでした．これは社長をはじめ社内関係者だけでなく，軍当局者にとっても早く解決すべき問題でした．

しかしそのような時期，願ってもない状況が生まれます．それは日本光学工業に在籍する光学ガラス生産担当技術者・小原甚八の独立自営でした．この会社は日本初の光学ガラス専業メーカー・小原光学硝子製造所です．その創業には，東京光学機械社長

左右の軸の調整は定石通り，対物枠部分に設定されたダブルエキセンリングで行われます．エキセン環押さえ金具は，油土を充填されて固定され，ダブルエキセンリングとも周囲から3方向3セット計9本のビスで固定されています．鏡体内部に設置された湿気感知紙が，左鏡体右下奥に白く長い扇型に見えています．

のポケットマネーも多く使われたといわれます．戦後，財閥解体令が発布されるまで，複数の東京光学機械の役員が小原光学硝子製造所の役員も兼ねるといった強い関係も生まれました．このことで，原料供給の不安は解消されることになります．

複雑な加工と多い工数

日本海軍が固定式架台を持つ口径8cm・12cmといった直視，あるいは高角（海軍用語．陸軍では対空）双眼望遠鏡を採用したのは大正10年代でした．その後，第二次大戦終了までに艦艇搭載用だけでなく，地上基地用など相当数の製品が軍用として製作されました．

日中戦争以降，需要の増大につれて，一定水準以上の技術力を持つ光学機器メーカーは，会社本来の製品かどうかにかかわらず，生産に従事しなければならない状況になっていきます．そのため，同じ光学製品でも顕微鏡，カメラといった機材の専業メーカーの新規参入も起こりました．特に8cm直視型の場合は，海軍が制式化した双眼望遠鏡の中で最も製作が容易だったことから，現在は全く双眼鏡と関係がない光学会社の製品に出会うこともあります．

また機材の生産時期によっては，当時の社会的状況によって行われた機構の変更もありました．特に太平洋戦争中には生産量の増大のため，機構の簡易化，構造の統一化が行われましたが，会社の枠を越えるような部品の共通化ではありませんでした．

本機の左右の軸の調整は定石通り，対物枠部分に設定されたダブルエキセンリングで行われます．エキセン環押さえ金具は，油土を充填されて固定され，ダブルエキセンリングとも，周囲から3方向3セット計9本のビスで固定されています．鏡体内部に設置された湿気感知紙が，鏡体の奥に見えるように取り付けられています．

これまで筆者は，これらの各種双眼望遠鏡と呼ばれる機材のいくつかを分解，清掃した経験があります．それから受けた印象では，部品位置固定のためのビスの多さ（かなり隠されている）です．そして，その位置を特定箇所に設定するため行われたと思われる，仮組みとタップ加工の状況を，分解清掃といった作業の繰り返しから，加工工数の多さは容易に想像することができました．光学性能は世界的に見ても十分評価されますが，製品の完成までに多くの手をかける必要性があったのです．

内部に乾燥窒素を加圧充填する防水機能を持つ双眼望遠鏡では，内部ガスの漏出を防止するため，レンズ枠（a）へのレンズ設置方向が通常の望遠鏡とは反対にならざるを得ません．従って，3箇所のレンズ間錫箔に対応して突出部（矢印）があるレンズ押さえバネ環（b）も，反対方向からネジ環（c）で締められます．これは，押さえすぎ防止構造です．レンズ枠左側先端部が軸出しのため，エキセン構造になっていて，左端にあるエキセン環（d）と嵌合されるように組み立てられます．

眼幅合わせ機構は，本機の場合，左右接眼部の回転運動で行われます．反対方向への逆方向連動は，左右の回転部に8の字状に緊締された鋼製のベルトによります．ベルトの緩みは操作感触を低下させますから，緊締状態は調節可能です．ただ不用意に分解すると，原状への復帰には大変てこずることになってしまいます．

倍率が高めで防水機能を持つ双眼望遠鏡の場合，眼幅合わせのために動く回転部は，巧妙な構造と高い加工精度，適切な組立技術が必要です．本機の場合，回転摺動部は全長を長くし，潤滑効果向上のため，幅広いものも含めて3本油溝が作られています．経時変化でグリースが硬化すると，全く回転できなくなることもあります．

バルサムで接着されているプリズム部分はデリケートで，位置決めも加締め作業ができないため，位置決めの金具を別個にプリズムケース部分にビス止めしています．手持ち機材に比べ，より倍率が高いため，歪みの防止は良好な結像のための重要な要素です．プリズム部自体の精度が高いことも，その理由になっているような気がします．

焦準動作は接眼部の回転運動で一般的なものですが，レンズ枠自体は直進します．これはレンズ枠部分をシリンダー構造にして気密防水性を確保するためで，多条ネジ部は気密防水性とは関係ないような構造です．その代わり，見口が自由回転できるようにするため，構造，加工手順はより複雑で，固定用のビスが多く使われています．

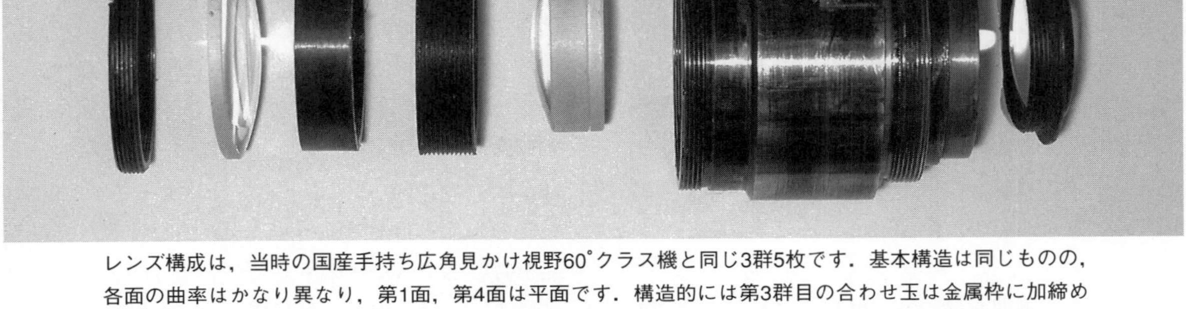

レンズ構成は，当時の国産手持ち広角見かけ視野60°クラス機と同じ3群5枚です．基本構造は同じものの，各面の曲率はかなり異なり，第1面，第4面は平面です．構造的には第3群目の合わせ玉は金属枠に加締めてあります．第2群目はレンズ押さえ環部分に油土が充填しやすくなっていて，合わせて気密防水性の確保に努めています．

海軍用高角双眼望遠鏡の最多生産・標準型八糎機
日本海軍制式高角型双眼望遠鏡 15×80 4°
東京光学機械製造

8cm15倍高角型双眼望遠鏡は12cm高角型双眼望遠鏡と並んで日本海軍の高角型の主力でした．そのため，単に光学性能の高さだけでなく，素材，加工精度，操作性の良さ，耐久性などにも十分な注意が払われていました．天体用としても角度がこの程度になれば，実用的には90°のものとほとんど変わりません．一度でも使用すると，45°型の対空機材に不満を感じてしまうことになります．軍用品なのに曲線，曲面を多用した外観デザインは，操作性を考えた上のように思えます．

きびしい稜線

日本海軍が，8cm直視型双眼望遠鏡と並んで制式採用していたのが，口径8cm高角型双眼望遠鏡です．その生産が東京光学機械で始められたのは昭和16年（1941年）のことでした．しかし，直視型の生産開始時期の昭和11年より意外なほどに遅れていました．

さらに意外なことに，同じ高角型でもより口径が大きく，当然難易度が高いはずの12cm高角型の生産開始が昭和14年と，8cm高角型より2年早く開始されていました．このことは，技術の発展といった観点から見れば不思議なことですが，東京光学機械の成り立ちに陸軍の強い意向があったことも関連しているようです．

当時の高角型双眼鏡の正立光学系には，ダハプリズムが使われていました．その他の軍用に使われる光学機材にもダハ面を持ったプリズムが多く使われていて，軍用光学機材にとってダハプリズムは必需品であり，要求される精度もきびしいものでした．ところが当時の製造技術上からは，ダハ面を持ったプリズムの製作は，そう容易くはありませんでした．

ダハ面の稜線部分は全く面取りが許されず，直角との角度誤差の許容量も極小です．また，ダハ面自体の面精度，平滑度だけでなく，プリズム全体の面精度，角度精度，寸法公差のいずれにも高い仕上げが要求されます．従って，生産効率を高くすることは必然的に困難にならざるを得ない状況でした．

このような状況では当然，ダハ面を持った光学部品を必要とする機材の生産に優先順位が生まれるはずです．たとえ海軍の制式であっても，海軍側には陸軍の意向を考慮しての発注，会社側には陸軍向けを優先した上での生産能力を考えた受注を行わざるを得なかったと思われます.

仰角の限界

日本陸軍，海軍を通じて対空，あるいは高角双眼望遠鏡と呼ばれた，上空監視用双眼鏡の対物レンズと接眼レンズの偏角は，陸軍用では10×60 6°，15×105 4°とも70°型でした.

海軍用では，角度としては20° 30° 45° 60° 70°の5種類があり，口径6cm，8cm，12cmの3機種に対して用途上から角度が決められていました．その中で，8cm機は45° 60° 70°が生産されましたが，主力になっていたのは70°型だったようです.

ところで，こういった軍用対空双眼鏡でも，天頂付近を観察する場合，最も効率が良く観測も楽なのは90°型のはずです．ところが，日本の陸海軍用双眼望遠鏡に90°型を見たことはありません．一方，軍艦にはプリズムによる正立システムを持つ各種の単眼望遠鏡が搭載されていましたが，その中には偏角90°の機材があり，対空照準用の装備でした.

位置が確定していない対象を発見するために使う双眼望遠鏡と，既知の位置を指向するための照準に使う単眼望遠鏡では，何が違うのでしょう．天空に向ける肉眼の視線方向と，機材の指向方向との関連に重大な違いがあるということでしょうか.

肉眼の指向性から発見，確認までの過程も重要視する双眼望遠鏡は，70°型が国産軍用機種の極限の姿になっています．断言はできませんが，その理由には人体の運動特性，特に眼球の動きの限界といった点が重要な要素になっていると考えられます.

人体で頭を動かすことなく正対視（正面視）から仰角視（上空視）まで，眼球の運動だけで視認できる角度範囲は大体70°くらいです．それ以上の仰角視では，頭部の上下方向の運動が不可欠になります．90°型の対空型双眼鏡使用時には，照準体勢から観察体勢に移行するまでに，頭部と眼球の同時運動が必要です．一方，70°型では照準から観察までが，眼球の運動だけの一挙動（一動作）で可能です.

このスムーズな移行が可能という点を，戦闘時，特に夜間での状況下で重要視したのでしょう．その結果が，日本陸海軍を通じて，軍用対空型双眼鏡の偏角の限界が70°であることの最大の理由ではないかと考えられます.

他の理由としては，艦橋などの高所に設置された

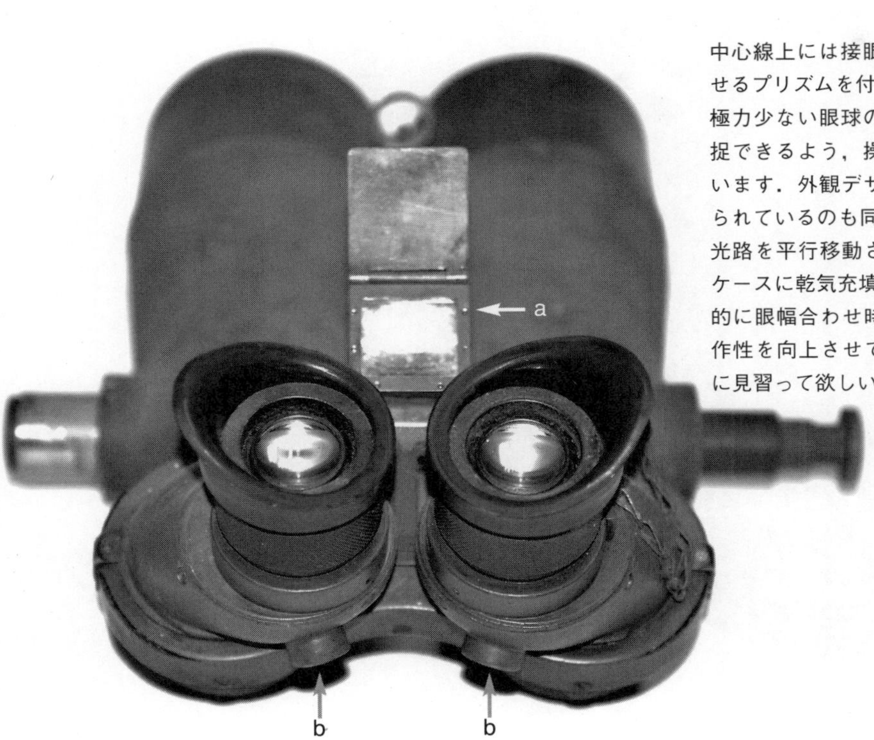

中心線上には接眼部と同じ角度に光軸を偏角させるプリズムを付加した照準装置（矢印a）があり，極力少ない眼球の動き，頭部の動きで目標を捕捉できるよう，操作性を高めた配慮がなされています．外観デザインに曲線，曲面が多く用いられているのも同じことの現れと考えられます．光路を平行移動させるためのプリズムを収めたケースに乾気充填孔（矢印b）があることで，結果的に眼幅合わせ時に指掛かりになり，大きく操作性を向上させています．同じ方式で現行機材に見習って欲しい点です.

対空型の双眼鏡であっても，70°型ならば，海面の観察にもそれほど体勢が不自然にならずに済むことです．国産軍用の8cm対空型双眼鏡の場合，指向可能角度は，水平以下30°から天頂までの120°になっていました．

世界的に見ても，70°以上の型の軍用双眼望遠鏡の例は多くありません．70°，60°型よりプリズムとしての普遍性が高い，シュミット型を用いた45°型が最も多くなっているようです．

加工仕上げに見るメーカーの意地

国内での軍用対空型双眼望遠鏡は，第一次大戦当時，藤井レンズ製造所がフランス向けの機材を製作したことから始まります．見かけ視野60°型の近代的な接眼レンズを装備した機材の開発は，大正12年頃，藤井レンズ製造所を継承した日本光学工業で完成しました．

当初，鏡体の支持方式は直視型と同じコンパクト型でしたが，操作性向上の観点から耳軸式に改めら

今回の機材は照準装置部分の一部に部品の破損，脱落がありましたが，その他の点では経年変化しやすいゴム見口を除き，本体金属部品は比較的原形を保っているようです．破損，欠落部品を資料に基づいて復元中のため，こうした部品の塗装は未処理で地金が見えています．中心線上，左右の円錐状鏡体をつなぐ部分にある平面加工部分（矢印）には必要項目が彫刻されています．この部分も含め，直接見えない箇所にも同様の化学的黒色表面加工が行われているのは良い物を作りたいというメーカーの心意気の現れでしょうか．

れました．昭和16年，東京光学機械で製作が開始された機材も，外観，内部構造のいずれもが海軍仕様に適合していた日本光学工業製の耳軸型とほとんど変わりないように設計，製作されていました．

実際には，同じ光学的な仕様の8cm対空型双眼望遠鏡でも若干の違いがあります．例えば眼幅数値の表示位置や仕上げ方の違い，プリズム固定ネジの仕上げ方など細かい箇所では相違点は見つかるものの，それ以外はほぼ同一といえます．

ただ，東京光学機械製の機材では，わざわざ鏡体本体中央部の一部に平坦部分を設け，平面切削加工の後に化学的な黒色表面処理を行った上で，この部分に表示が必要な項目の彫刻を行っています．一方，日本光学工業製機材の場合，鏡体に平面部分が少ない8cm対空型双眼望遠鏡では，必要な事項を彫刻した銘板をビス止めで取り付けるという合理的な方法がとられています．

完成品の8cm高角双眼望遠鏡では，本体のみでも重量は10kgほどあります．組み立て前の鏡体だけの状態でもかなりの大きさがあるため，彫刻機での加工には手間がかかったことでしょう．敢えてそのような手間をいとわないところに，日米開戦前の余裕と，メーカーとしての意地が垣間見えるような気がします．

良好な結像性能

東京光学機械製8cm高角型双眼望遠鏡の場合，光学系の構成は，同じ東京光学機械製8cm直視型とプリズム以外は全く同じです．この点は，おそらく日本光学工業だけでなく，他社の場合も，一部の例外はあるもののほぼ同様であったと思われます．

このような場合，プリズム内光路長は結像状態を変えないため，合わせておく必要があります．地上風景などの実視での比較では，直視型に比べてそう極端に高角型が劣るといった印象を受けることはありません．しかし，天体を対象とした厳密な比較では，やはりコーティングのない古い光学機材では，プリズム部分の空気界面数，2面の違いの影響が現れています．

それでも像本来の性質を一言でいえば，8cm直視型と同様，良好といえると思います．光学系，特に対物レンズ，接眼レンズはそれほど特殊な構成では

光学的な構成，配置が同じでも，鏡体の基準になっているのは10倍60mm機の場合，ダハプリズムが収められている正立プリズム系のケース部分でした．口径が80mmと大きくなってくると，対物部のレンズ部材だけでなく金属部品も重くなってきます．そのため重心位置はより対物側に近づき，基本となる鏡体は二つの円錐台を並べてつなげた形になります．ダハプリズムのケース部分は，左右別個の構造として組み立てられます．

ないものの，良好な結像性能を示すのは，やはりF5という比較的長めの口径比がその主な理由でしょう．硝材の選定，光学設計も上手かったと思えます．

不明機種

対空観測用機材として重要視された8cm高角双眼鏡は，直視型とプリズム以外の光学系は共通でした．しかし，東京光学機械で海軍用の制式光学兵器として製造されたのは，意外なほど少数です．『東京光学機械五十年史』によれば，1945年の終戦までに259台とのことです．

一方，同じ対空型でもより口径の大きい12cmでは，東京光学機械での海軍用の生産数は453台と数量的には多くなっているものの，これも意外なほど少なく思えます．東京光学機械は日本光学工業と並んで，重要な光学兵器供給メーカーでした．ただ陸，海軍との会社設立に関しての関係もあったのでしょう．また，軍の発注と会社の受注には陸，海軍の対立といった当時の微妙な状況が，会社の技術力とは別な影響を複雑に与えているようです．

本書ではこれ以降，より口径の大きい12cm双眼望遠鏡にも話題を進めていきます．口径，用途が同じでも，12cm双眼鏡の場合は，倍率の異なるものなど，きわめて多くのバリエーションがあります．そのため，現在残る文献的な資料だけでは，全体像が全て明確にはならないようです．

もちろん，同じようなことは8cm対空型でもいえます．時期としてはおそらく第二次大戦中，それも後半以降のことでしょうか．偏角45°の高角型で，口径と倍率は従来機と同じではあるものの，対物レンズの焦点距離が通常型の400mmではなく，より短い360mmいう短焦点化タイプの8cm高角双眼望遠鏡，「八糎高双二型」が開発されています．

しかし，「八糎高双二型」の開発理由や，光学系の構成，外観，生産会社，数量など，くわしいことが明確でないのはとても残念です．高角型も含め，従来型仕様の光学構成の8cm機は，戦後も生産が続けられましたが，短焦点化機材の技術的系統を持つ機種は，その後現れませんでした．

そういった面もあり，この「八糎高双二型」は，

旧軍用の双眼望遠鏡には，同じ光学要目でも，用途によって目盛板（焦点分画）装備の有無があります．本機の場合は，目盛装備機種で，右眼部分には目盛板が装着され，防水機能確保のために，照明光は側面からガラス越し（矢印a）に導入されます．ここには，ネジで閉める丈夫な蓋（矢印b）が付けられますが，これは海上で使用するための考慮です．視度表示環の0位置（矢印c）には小さな突起があり，暗闇でもある程度の操作性がもたされています．

機内装備用の3枚玉短焦点105mmなどと共に，筆者にとっては，結像性能などをくわしく見てみたい大型双眼望遠鏡機種の中の一つになっています．

直視型との構造上の相違点とグリース

ところで，これまで取り上げた国産の高角型と直視型の最も大きな違いは，正立系プリズムと眼幅合わせ系プリズムの光学的構造です．高角型では二つのプリズム系が正立と眼幅合わせを別々に行うわけですが，直視型では一つのプリズム系が二つの役割を合わせ持っています．

こういった機材では，眼幅合わせ機能は回転角度に制限はあるものの回転運動によって行われます．機械構造的には，回転部の構造は精度保持と操作性向上のために十分考慮する必要があります．

直視型では，回転部を長くすることで精度の保持は比較的容易に行えます．一方，高角型では正立系と眼幅合わせ系の間にしか回転構造を設けられないため，直視型ほど回転部が長くできません．そのため，回転部の直径を増やすしか対策はありませんが，構造的なことから大きさには限界があります．

緩みのない回転運動では，ベアリング（球軸受）の使用が考えられますが，大きさ，構造の複雑化による防水機能の問題，材質の熱膨張率の違い，材質の耐海水性，耐衝撃性などの点も考慮しないといけません．実際，国産の軍用品として眼幅合わせのための回転部に使用された例はないようです．

また，回転部の円滑な運動のためには適当な隙間は絶対に必要です．金属ベルトの8の字掛けによる左右接眼部の反対方向への連動には，操作上からベルトが緊張状態になっている必要があります．これも，回転精度と操作性との間では相反する事柄です．

このようなことから，結局，回転部分の組み立てには，手間暇のかかる現物合わせ加工が避けられません．また，必要個所に充填されるグリースにも，粘性が多いものが選ばれました．従って当時の機材の機能復元には，適切なグリースの選択が欠かせません．新たに選択したグリースが適切で，各操作部分の精度低下がない場合，思わぬ操作感触の良さに驚かされるものです．本機の場合も，まさにそんな状況で，加工自体の精度の良さには大いにショックを受けたものでした．

眼幅合わせは菱型プリズム（矢印）によって行われます．プリズムケースの大きさに比べ，プリズム自体の大きさは意外に小さく感じられます．プリズムの側面には黒付けが行われており，固定法は光線透過面に平行に彫られた溝を金属板で押さえる方法です．菱型プリズムと接眼部の固定は構造ネジですが，ここも現物合わせ加工と思われます．なお見口は現行製品を付けています．

連動逆回転目的で8の字に掛けられた鋼製ベルト(矢印のベルト)は運動干渉防止のため，接触が想定される交差部分は幅が半分にされています．ベルトは菱形プリズムケース基部に右側2箇所(矢印a，b)，左側1箇所(矢印c)のビスで固定されています．ベルトの両端には強度向上のため，当て金(矢印d，f)リベット(矢印e，左右1箇所のみ表示．ともに四隅4箇所，全8箇所)止めにされて付けられています．これは本機の特色で，他社製品で見た記憶はありません．

菱形プリズムケースの回転運動を規定する基盤部品(矢印a)には，内面と回転接触面に凹凸構造があり，潤滑と防水機能を兼ねた油溝となっています．プリズムケースにネジ込まれる抜け止め部品(矢印b)は，ネジ込み量によって回転運動の堅さの調整が可能です．ダハプリズムの固定は収納金物とプリズムの規定部分を合わせたうえで，当て金を付けた側面(矢印c，d)と，同様に処理した稜線部端の切削部分(矢印e)を，押さえのセットビスが適圧で押さえています．セットビスはイモネジですが，隠しも兼ね，緩み止めの細かいセットビスを付けた別の有頭ネジ(矢印：上の写真g)が付けられています．

艦隊決戦思想から生まれた，口径120mm機と超越大型機 日本海軍の大口径双眼望遠鏡

日本海軍が，実用上の最大倍率・口径を実験から求め，生み出されたのが，口径180mmで22.5倍と30倍の2段変倍式双眼望遠鏡でした．接眼レンズの見かけ視野はいずれも60°で，平座のレボルバー回転で変倍可能となっています．機構上から水平視用に限られていましたが，単独で水平目標の見張りに使われるだけでなく，機械式計算機と結合され，各種指揮装置の情報取得部分にもなっていました．搭載されたのは，戦艦，航空母艦といった大型艦艇です．ミッドウェー海戦の空母大量喪失により，戦艦から航空母艦に改造された大和型3番艦の信濃には，艦橋だけでなく飛行甲板と上甲板の間の艦首寄りの左右両舷にあった前方見張り所にまで，増透処理されたものが設置されていたといいます．

海軍用では他に150mm機もありました．これらの超大口径双眼望遠鏡を生産したのは日本光学工業のみで，海軍最高の精密品に相当する指揮装置とともに，国内で唯一生産可能な施設だったからでした．（画像は『ニコン75年史』より）

拡大

日本海軍の艦艇に口径80mm，120mmという双眼鏡も含めた大型望遠鏡類が装備され始めたのは，大正も終わりに近づいた頃でした．開発に当たったのは日本光学工業でしたが，特に口径120mm，倍率20倍，実視野3°という単眼望遠鏡，双眼鏡類の仕様は海軍の当初の要求に一応こたえられた状態でした．その後，徐々にではありますが，既存の大型艦艇を中心に装備が行われていきます．

単眼望遠鏡，双眼望遠鏡の装備が充実するにつれ，海軍内の一部にある動きが起こってきます．それは，航海科，砲術科（砲撃戦），水雷科（魚雷戦）という実際に操作を担当する関係者の中に，より大口径化，高倍率化した望遠鏡類の効果を想定し，その開発を熱望するというものでした．

その動きに応じるように，日本光学工業では口径150mm，対物レンズ焦点距離870mm，接眼レンズ焦点距離29mm，倍率30倍の機材が試作されることになります．艦上での実用実験の結果では，寸法は大きいものの実用性が存在するとの認識は得られました．しかし，エンジンと波による振動が，実用への影響を与え始めていました．

この試作は，日本光学工業の社内的な技術向上の一面でもありました．ただし，海軍内部の光学性能拡大の要望を満たすような，機材の極限を追求したものにはなりませんでした．

極限追求

そこで海軍内部の要望に応えたのが，当時，海軍の艦艇関係の技術開発が行われていた東京・目黒の海軍技術研究所でした．ここで，艦艇搭載用双眼望遠鏡の極限を追求するための試作が行われることになります．ただ資金，設備，人材が潤沢な軍内部といっても，極端な大口径化といった光学的仕様には，当然制限もありました．また，実用実験に立ち会った海軍の光学技術関係将校たちに認識されつつあった，

艦艇搭載用倍率の実用限界といえる30倍も，制限要因になります．

そして決定されたのが，倍率30倍に対して，射出瞳径を瞳孔の拡張限度7mmに合わせ，口径210mmとした機材でした．艦艇での操作担当者の，光学性能拡大化の過大な要望に対し，実用性の上から限度の存在を納得させることも必要です．そこで，倍率は接眼レンズの交換で50倍への変換が可能となるようにも設定されていました．

究極の大きさの艦艇搭載用双眼望遠鏡の試作には，それまで国内で類がない大きさのレンズでしたが，国内での硝材の生産は，既に日本光学工業によって始められていました．しかし，有効径210mmを満足でき，口径比の大きい双眼望遠鏡の対物レンズに適した硝材の供給は，結局，ドイツのショット社に頼らなければなりませんでした．

レンズ表面の精度を検査するニュートンフリンジテストでは，通常，レンズ材と同じ大きさの硝子で作られた基準面を接触させて行います．しかし同大寸法の基準面では，重量が大きくなり着脱が困難になるばかりでなく，破損事故の発生頻度の増加も懸念されます．そのため，基準面の直径は対物レンズ半分より少し大きい程度のものにされました．それでも，研磨精度は要求を満足する仕上がりになったといいます．そしてレンズの芯取りも，レンズ直径が大きいため，レンズを研磨機に乗せ，天井の照明用の電球のレンズ表面からの反射像で芯出しを行い，所定の寸法に加工されたのでした．この対物レンズは2枚構成で，焦点距離は1500mmでした．

縮小

関係者の苦労の甲斐あって完成した210mm双眼望遠鏡は，地上，そして艦艇に搭載され，実用試験が行われます．地上での試験では全く実用性に問題はありませんでした．一方，艦艇搭載試験に使用されたのは排水量約4万トンクラスの大型艦艇（戦艦：扶桑型か伊勢型）だったものの，高倍率・高速状況下では光学関係者が危惧した通り，振動に妨害されて実用できないことが明白になりました．結局，艦艇搭載用光学機材の実用上の倍率の限界は30倍と決定されたのでした．

また像質確保のために決定された口径比も，いくら大きな艦艇といっても，搭載には制限があります．そこで改めて対物レンズの口径を200mmとし，レンズ構成を3枚玉とした焦点距離1200mm，30倍と50倍に変倍可能な機材が試作されることになります．

この機材は戦後アメリカに持ち去られ，現存しています．写真で見ると通常の大口径直視型双眼望遠鏡とは異なり，正立系はポロI型プリズムに近い光学構成です．反射面の位置関係は小口径手持ち双眼鏡

日本海軍が制式化した双眼望遠鏡の中で，多用途に用いられ，外形形状，構造共に最もバリエーションに富むのが20×120mm 3°機です．中でも高角型（対空型）は，大型艦艇での対空監視用に主用されました．海面観察も可能とするために，接眼部の偏角を小さくした機材もあり，光学仕様の分類上からは，20，30，45，60，70°の5種類が存在していました．45°機種は用途上特別で，ほとんどが探照灯の追動装置に同架された専用機種でした．

と同じですが，相互遮蔽と硝子材の巨大化を避けるため，第1プリズムが2個に分割されています．このプリズムはそれぞれかなり大きいものですが，全体の大きさの縮小という目標は果たされています．

このような経緯から，海軍の大口径単眼望遠鏡，双眼望遠鏡の最高倍率は30倍と設定され，口径は150mmと180mmと決まります．また用途と設置箇所等を考慮して，射出瞳が7mmを越えるような倍率の機材も生産されることになります．

口径180mm機の場合は直視型のみで，対物レンズの口径比は4.5，倍率は22.5倍と30倍との変換が平座のレボルバーで可能になっていました．一方，口径150mm機の場合は180mm機に比べ，若干ではあるもののバリエーションがあり，口径比では4と5，倍率では15倍，18.8倍，20倍と3種類ありました．中には潜望鏡のような形状で，直視型でありながら仰角と俯角の変更が可能な直立式と呼ばれるものもあったのでした．そしてこの大口径双眼望遠鏡は，見張り用として単体で設置されるだけでなく，機械式アナログ計算機と組み合わされて砲撃，雷撃等の緒元を与える戦闘時の眼と頭脳にもなっていました．

口径120mmの重要性

しかし，こういった特に大口径の双眼望遠鏡は，その大きさから設置可能な艦艇がそれほど多くあったわけではありませんでした．また，多くの艦艇にくまなく装備すること自体，費用などの点で困難でした．従って口径120mmの単眼望遠鏡，双眼望遠鏡の重要度は，より大口径機材の出現でも低下することはなく，用途と設置箇所により，多くのバリエーションを持つものが出現します．

中でも，特に多くのバリエーションがあったのが高角型です．最高性能が求められていたため，同じ光学的仕様でも単眼の機材と双眼の機材では，共通部品と最適化された部品がありました．民間のメーカー，海軍工廠はその生産に多くの努力を注入していくことになります．

日本海軍の口径120mmの各種望遠鏡類には，単眼と双眼という基本的な相違だけでなく，直視型，高角型がありました．さらに特異なものとして，塔型と呼ばれ，潜望鏡式に操作されるタイプもありました．その中には，正立光学系の第1反射面のプリズム，または平面を対物レンズの前に置き，目標の高度角の変化に対し，以降の光学系に対する角度が変化することで，追従可能とした機種までも存在したのです．

それでは，特殊な機材をほぼ一手に生産していた日本光学工業の四十年史を基本に，各型を見てみますが，同書掲載図に一部の追加と配列の変更を行いました．ＪＦ（じゅうふた）は，当時の同社の12cm機材の社内秘匿名です（説明文の番号は図の番号に対応）．

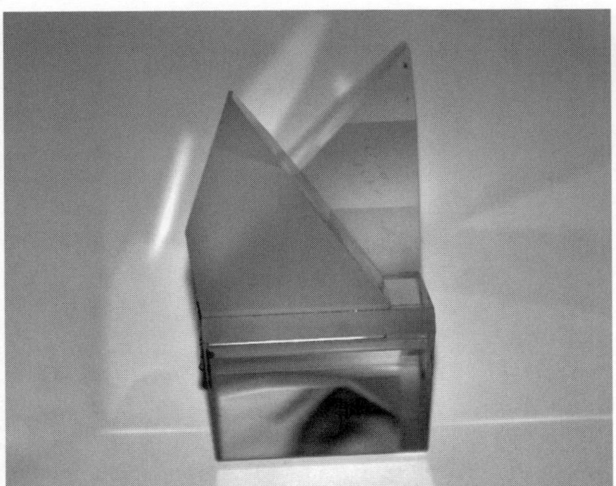

接眼部30°偏角機では，正立プリズムは変形ポロII型ですが，偏角しており，このプリズムを組み込んで眼幅合わせの機構とすることができないため，眼幅合わせは菱形プリズムの回転運動で行われます．従ってこの30°機と20°機は，他の120mm機に比べ，部材としてはガラスの使用量が多くなっています．左図の正立プリズムに対して，光線は右側から入射し通過します．

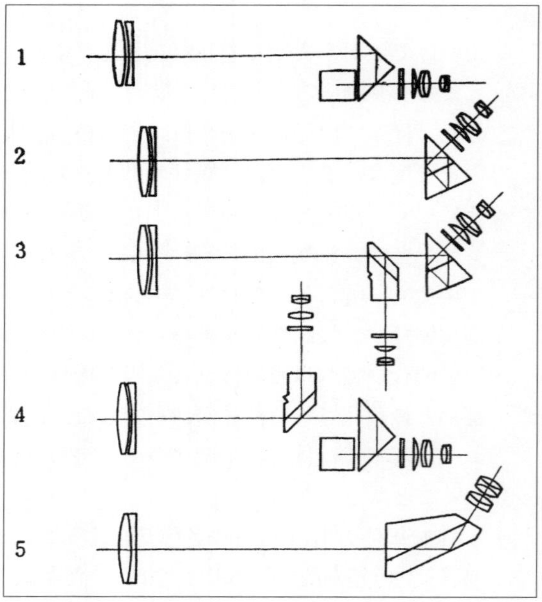
1
2
3
4
5

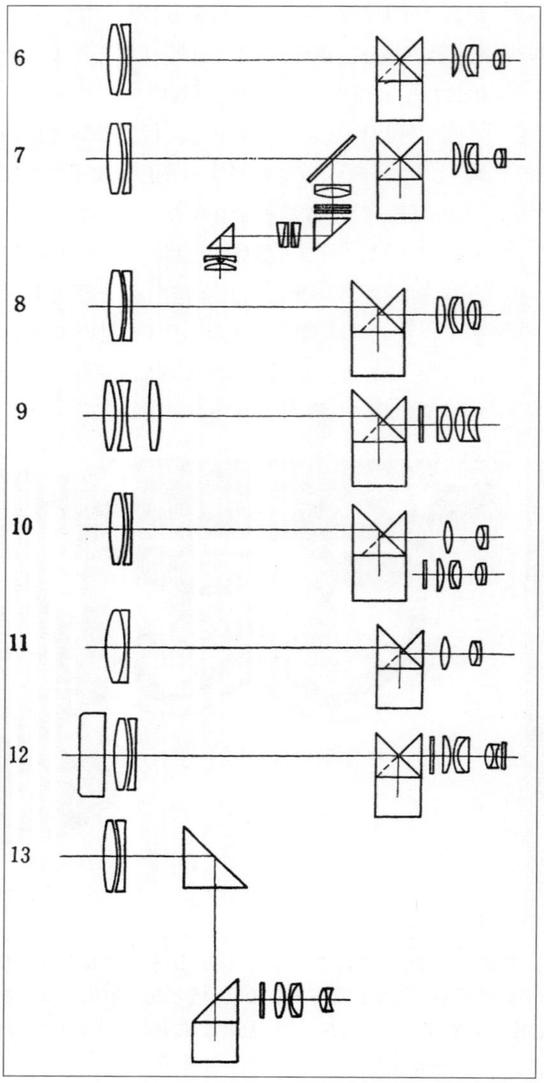
6
7
8
9
10
11
12
13

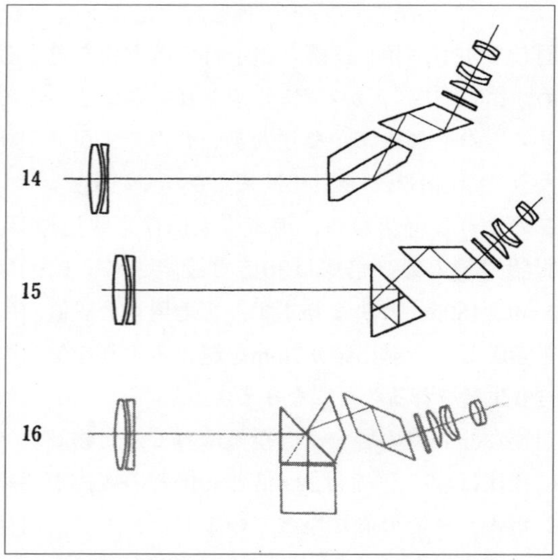
14
15
16

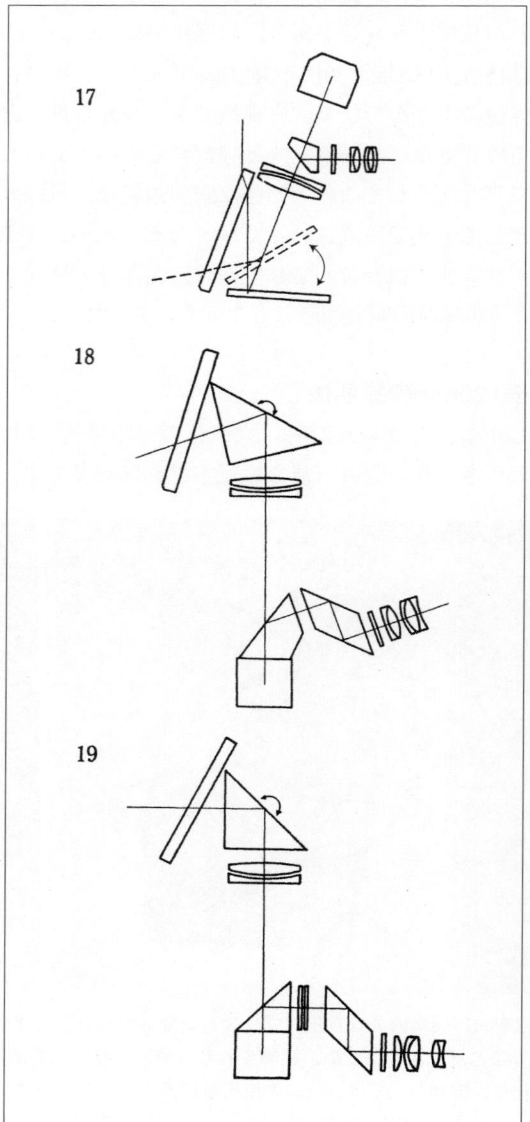
17
18
19

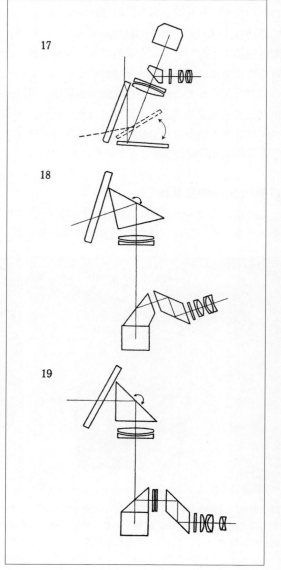

●直視型，高角型単眼鏡類

1　JF単眼Ⅰ型．20倍実視野3°は直視型双眼鏡とは同じものの，プリズム形式に違いがあります．耐衝撃性が必要な大砲照準用のためのポロⅠ型の採用なのかは不明です．

2　JF単眼Ⅱ型．高角型で正立系は俯角45°を与える内部4回反射のシュミットプリズムです．倍率，実視野は双眼型と同じです．

3　JF単眼Ⅲ，Ⅳ型．Ⅱ型にアミチプリズムの移動で別の接眼レンズへの光路を切り替える機能を持つ機材と思われます．光学系は20倍3°ですが，Ⅲ型とⅣ型との差異は不明です．

4　JF単眼Ⅴ型．Ⅲ型，Ⅳ型と同様の機能をⅠ型に加えたものと思われます．光路へのプリズム挿脱型単眼鏡3機種の光学仕様は，切換え前は20倍3°と共通．

5　夜間用JF高角単眼．空気界面削減のため，接合した対物レンズ（接合剤不明）と2群5枚構成視野60°接眼レンズ，ダハプリズムを用い，透過光量の減少を防いでいます．

●直視型双眼望遠鏡類

6　JF双眼Ⅰ，Ⅴ，Ⅵ型．基本的には20倍実視野3°で優秀な性能を持ち，艦艇搭載用として手頃であったため，最も多く作られた双眼望遠鏡でした．対物レンズ口径比は5でしたが，一部に2枚玉で4.5もありました．Ⅴ型では対物レンズ口径比を6として倍率を24倍に上げ，接眼レンズを改良して見かけ視野を70°に広げています．

7　JF双眼Ⅱ型．Ⅰ型に半透明鏡透過で付加された光学系には，水準器，楔型プリズム，目盛板などの光学部品があります．何らかの測定が可能と思われますが，詳細は不明です．

8　JF双眼Ⅲ型．接眼レンズの設計を変更して，倍率を15倍に下げ，射出瞳径を8mmとした機種で実視野は4°です．

9　JF双眼Ⅳ型．対物レンズ口径比3.75，倍率15倍で実視野4°．対物レンズの短焦点化のため，構成を3枚に増やし，接眼レンズは見かけ視野60°で2群5枚として空気界面を減少させ，透過光量の減少防止を図っています．

10　JF双眼変倍．対物レンズ口径比は5，接眼レンズのレボルバー変換で15倍と24倍に切替え可能です．文字資料では図と異なり，接眼レンズの見かけ視野は共に60°ですので，レンズ構成はいずれも3群5枚と思われます．

11　夜間用JF双眼Ⅱ型．直視型双眼望遠鏡で夜間用とするため，対物レンズを接合（接合剤不明）し，接眼レンズは空気界面の少ないケルナー型を採用した機種です．倍率，実視野は不明です．

12　水防JF双眼．潜水艦の艦橋上に搭載される，全体が耐圧ケースに収められた双眼鏡です．対物前面には厚い耐圧平行硝子が装着され，接眼部には潜航前に閉める耐圧の蓋があります．倍率20倍，実視野3°です．

13　JF観測鏡．陸軍の砲隊鏡（カニ眼鏡・ツノ型眼鏡）と同様，対物レンズ間隔を大きくして立体視効果を拡大した双眼望遠鏡です．倍率20倍，実視野3°です．

●高角型双眼望遠鏡

14　JF高双．俯角が60°と70°の高角双眼望遠鏡の正立系プリズムには，内部2回反射のダハプリズムが用いられました．20倍で，実視野3°と15倍実視野4°がありました．

15　JF高双Ⅱ型，Ⅲ型．高角型として最も多く生産されましたが，使用する硝子材は少なくても，難易度の高い加工がいるシュミットプリズムを用いた俯角45°のものでした．Ⅱ型，Ⅲ型の相違点は不明です．本項で紹介しています．

16　社内呼称不明．俯角45°以下の20°あるいは30°といった機材では正立系は変形ポロⅡ型で，プリズム内光路は長くなります．本項で紹介しています．

●仰角可変型単眼望遠鏡，双眼望遠鏡類

17　JF高角単眼Ⅳ型．高度方向110°の範囲を反射鏡1枚の移動（回転）で観察可能とした単眼望遠鏡．透過光量の減少防止対策として，接眼レンズは空気界面が少ない構成です．

18　直立式JF双眼Ⅰ型，Ⅱ型．潜望鏡のように水平回転ができる塔型の17倍，実視野3°20′の双眼望遠鏡です．仰角75°～俯角10°間が，対物レンズの前のプリズムの回転だけで観測可能でした．

19　JF双眼九二式．前項の直立式双眼望遠鏡との差異は接眼レンズが水平に設置されていることです．接眼レンズ構成から，おそらく倍率は20倍，実視野は3°でしょう．

このように大口径単眼望遠鏡，双眼望遠鏡の中でも，口径120mm機は独特の発達を遂げました．大きく分類すると約20種，細かな分類では60～70種といわれます．全てが兵器であったため，現存している文献や公開されている資料は少なく，なかなかその全体像を知ることができないのが現状なのです．

接眼レンズ構成のバリエーション

日本海軍が使用した口径120mmの望遠鏡類のバリエーションの多さは，当時の世界的な光学水準で考えても特記すべきことでした．

特に光学設計上，対物レンズ，プリズムなどの多くのバリエーションに対して，接眼レンズの構成も最適化した設計が行われていました．そのため口径120mmの望遠鏡類の見かけ視野60°のレンズ構成は，最も多くの同口径機材を生産した日本光学工業の場合，6種類にもなっていたことが社史でふれられています．右ページにその接眼レンズ構成図を掲げます．

このうち，図の1番目と2番目は，口径120mmの機材では最も多く見かけるものです．基本的なレンズ配列は，オリオン6×24mmと同じと考えられます．第1面と第6面は平面を採用し，生産性向上に考慮を払っているようです．

また3番目の実例は，日本光学工業製の口径150mmの陸軍用双眼望遠鏡で見たことがあります．4番目と類似の構成はドイツのC.P.ゲルツ社の特許にあります．これは，会社創業間もなくドイツから招来した技師は，かつてゲルツ社の光学設計者だったからかもしれません．

5番目と6番目は，レンズ枚数自体は5枚で，その他の構成のものと同様です．空気界面を減らすため，

眼幅合わせのための菱形プリズムは左右にあります．接眼部分もベルト掛けで反転連動できるような作りに見えるのですが，実際に動くのは左側接眼部のみです．上図左は眼幅最大，右は最小ですが，可動なのは左側の菱形プリズムだけです．機構上，設計本来の意図を変更しているようにも感じられるのですが，右図で規格下方修正を示す㊔マーク（矢印）が銘板にあるのはそのためかと思われます．

貼り合わせ面を増やすことで透過光量の減少を防止した，夜間用の望遠鏡，双眼鏡の接眼レンズ構成と思われます．夜間用望遠鏡類の接眼レンズ構成は，空気界面4面のケルナー型から始まりました．しかし，見かけ視野50°では，視野の広さを必要とする「見張り」用の機材としては遜色があるため，新規開発されたものと思われます．

ただし，レンズと空気の屈折率の差ほど，ガラス同士の屈折率に差がないため，対物レンズを含めた総合的な収差補正の難易度は高くなります．また，レンズ3枚の貼り合わせ加工も，2枚レンズと比べ，格段に繁雑で困難になります．透過光量は増えたものの，口径120mm機の主流とならなかったのは，難易度の高い生産性と特に周辺部の結像性能に問題があったからではないかと考えられます．

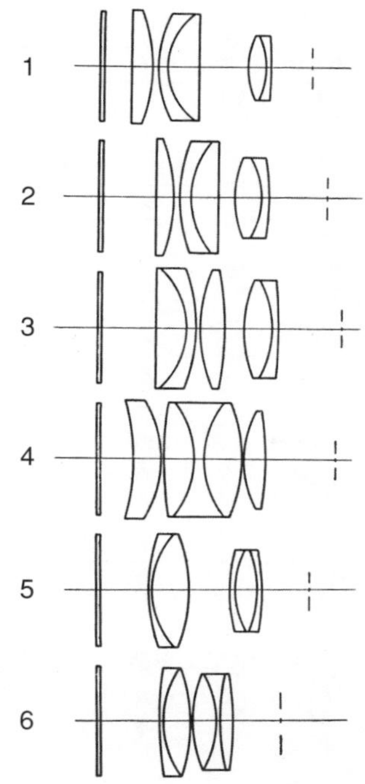

大口径望遠鏡，双眼望遠鏡の接眼レンズ構成図
（いずれも左端は焦点目盛，右端は射出瞳位置．『四十年史』日本光学工業株式会社刊より）

生産実量!?

残存資料が少ない海軍用の大型双眼鏡ですが，断片的ながら製造実数的な資料があります．

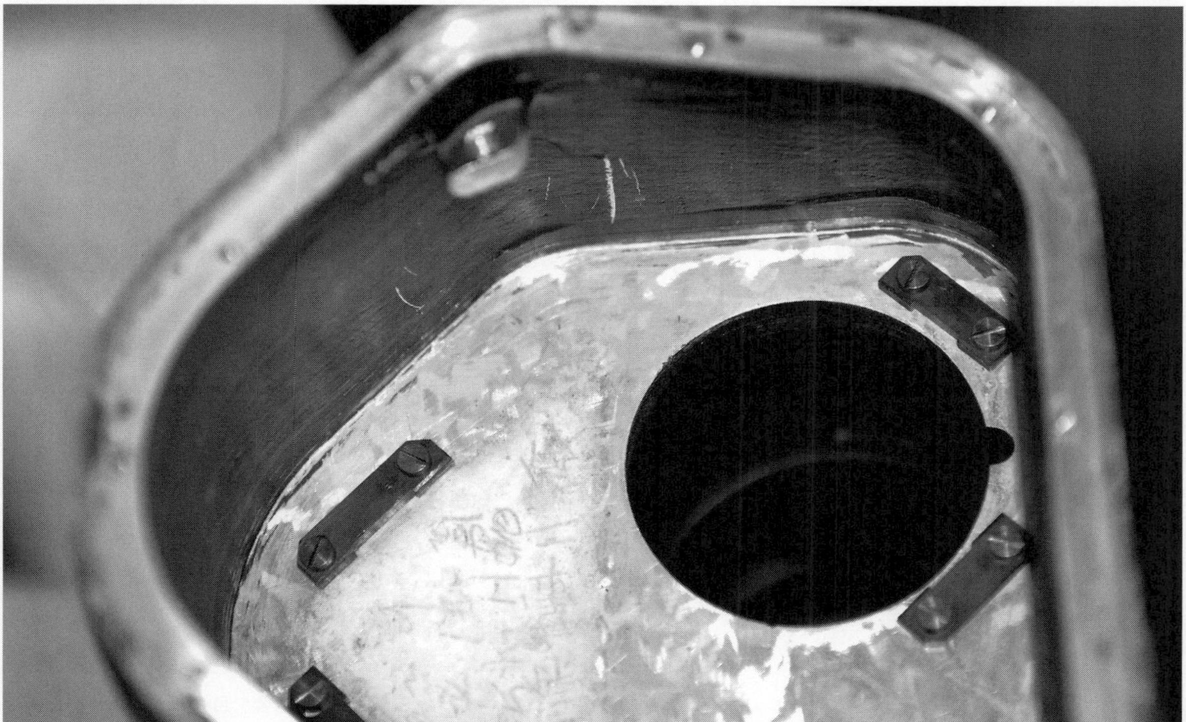

鏡体への正立プリズムの取り付けでは，位置規制のためのガイド金具をネジ止めしています．プリズム座面の加工は切削工具による手作業がかなり行われているかもしれません．プリズムは座面に直置きではなく，紙片が挟まれています．

光学兵器の製造所別生産数量

光学兵器の製造所別生産数量	年	昭16	17	18	19
艦船および陸上用	双眼望遠鏡（大型・個）				
	日本光学	744	664	1,063	1,600
	東京光学	367	474	926	709
	横須賀工廠	28	36	30	7
	豊川工廠	−	35	330	576
	双眼望遠鏡（小型・個）				
	日本光学	2,316	2,314	3,978	4,192
	東京光学	1,090	1,873	3,224	3,599
	千代田光学	700	900	1,180	2,180
	八洲光学	−	−	−	755
	富士写真光機	150	500	910	860
	横須賀工廠	250	820	1,450	2,120
	豊川工廠	−	13	1,334	2,284
	佐世保工廠	220	600	1,300	2,100
	呉工廠	225	650	1,130	1,570

戦後に（社）生産技術協会がまとめた『旧海軍技術資料』には，艦艇および地上用と航空機用として製造された，主だった光学兵器の製造所別の生産量が掲載されています（左）．ただし，終戦とその後の混乱から，昭和20年度分についてはデータが欠落し，本来あるべき一部のメーカーの不掲載も見られます．加えて残念なのは，品種が明確・確定的に区分されておらず，艦艇及び地上用のデータでは手持ち機材についての情報がないことです．

しかし，このデータから艦艇と地上用の大型（口径12cmとそれ以上の口径）と小型双眼望遠鏡（口径8cm）を製造したのは，技術，設備，人

それほど多い例ではありませんが，外観ではわからない履歴が内部に残されていることがあります．本機もその例の一つで，赤鉛筆で書かれていて，よく目につくのは佐世保海軍工廠光学工場での修理メモです．仔細に見てみると，側面にはメーカーで記入されたと思われる鉛筆書き（矢印）から，ある程度は製造時期が絞れることになります．この2点と残された文献・記録から，本機が搭載されていた艦艇もわかるはずです．

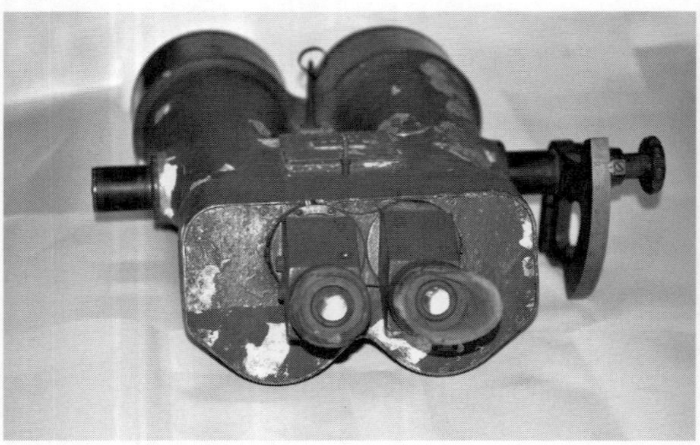

同じ高角型仕様でも用途，製造時期などから，細部にはかなり相違点があります．30°偏角機の場合，目標導入のための指標は照門・照星式で，機体中心線上にあります．また，鏡体のほぼ中央部は内部で左右鏡体とつながっており，鋳物製籠型の部品が入る乾燥剤封入部が設けられています．一方，探照灯追動装置に同架される45°偏角機では，探照灯の光線が指標となるため，照門・照星はありませんし，中央部は接合部分となるため，封入部もありません（422ページ下の写真を参照）．

員などで優位にあった海軍工廠と特定民間企業ということが見てとれます．

ヘリコイド機構の構造

日本の場合，元々海軍用だった大口径単眼望遠鏡，双眼望遠鏡の機能上の特色として，防水性があげられます．それが端的に現れた箇所の一つが，接眼部の構造です．滑らかで緩みがなく，機敏に操作運動に反応する合焦作動を実現することはなかなか難しいものです．しかも防水性の確保も必要条件でした．

そのため，直進ヘリコイド機構には，気密性確保のための油溝が全周に切られたシリンダー構造部分と，回転運動を適当な比率で前後運動に変換する多条ネジ部がありました．指先が回転運動を与える金物自体は，多条ネジの回転規制がなければ自由回転が可能になっています．

かつての一般的なMFカメラの直進ヘリコイドでは，多条ネジ部は運動変換機能（回転運動を前後運動へ変換）と，それに伴った位置決定機構とを同時に果たしていました．軍用の防水機能を持つ大口径望遠鏡，双眼望遠鏡ではこの役割を分担することで，防水機能の確保，構造の強靭性向上を図っています．

現在目につくヘリコイド構造は，カメラ的なものが圧倒的です．しかし，こういった大口径望遠鏡，双眼望遠鏡型合焦機構の有用性，有効性は，今一度顧みられても良いのではないでしょうか．

偏角45°機の用途を示しているのが，菱形プリズムカバーに表示された電マークです．同じ海軍用の高角型でも，80mm機だけは菱形プリズムのケースは一体で楕円形断面ですが，120mm機と60mm機は矩形で，蓋になる平板をネジ止めする方式です．平板固定の皿頭ビスやプリズム押さえのイモネジなど，実に多くのネジを使っているだけでなく，その存在が見えてしまっているのは工程数の多さを示し，生産性が高くなかったことも示しています．

正立機能を果たしているのが，内面で4回反射を行うシュミット型プリズムです．プリズムの固定は下方（写真では右）から，ダハ面末端に加工された面取り（角落し部分）を挟むように専用金物（矢印a）で押さえるのですが，稜線部分とのクリアランスが少ないため，プリズムケースの下側にある押さえネジ（矢印b1とb2）の締めすぎは，絶対に行ってはいけません．プリズムの反射・透過面と接触するプリズム座面には錫箔（矢印c）が貼り付けられていて，写真には端がわずかに見えています．このプリズムの装脱も気の抜けない作業です．作業円滑化のため，プリズム側面にはT字状の金具（矢印d）が接着してあり，側面押さえの箇所にもなっています．

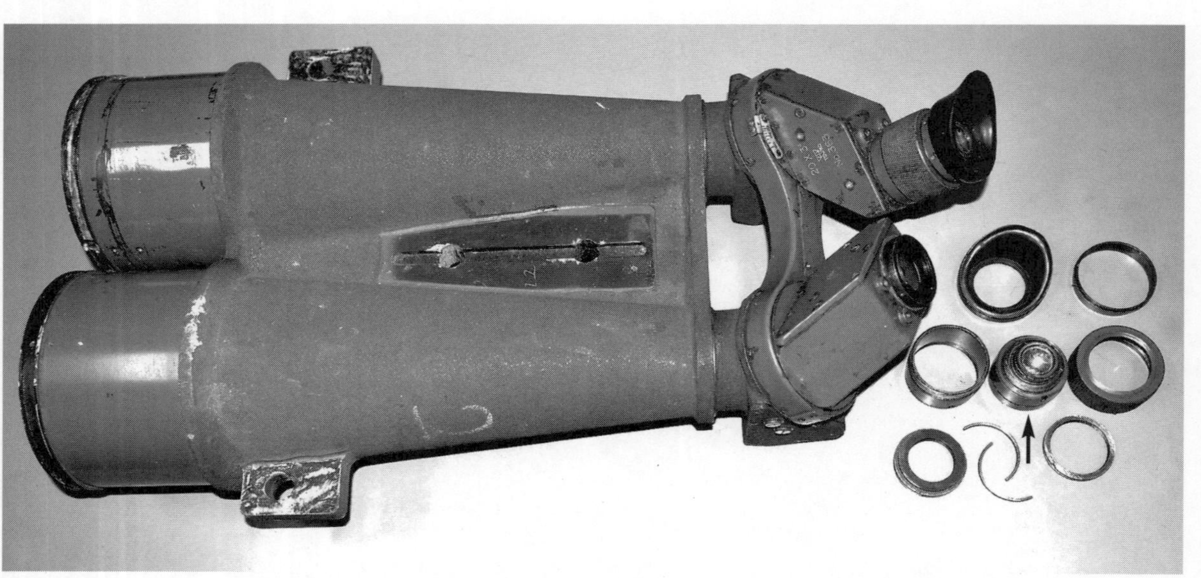

接眼レンズ部分は，菱形プリズムの金枠に構造ネジで取り付けられる別部品となっています．直進ヘリコイドは水防機能確保のためシリンダー構造を持っており，潤動する接眼レンズ枠金物（矢印）の周囲には油溝も設けられています．見口は自由回転できますが，そのため部品点数は外観上から感じられる印象よりも多くなっています．部品自体にも現物合わせ部があることから，分解後の再組み立ても十分な注意を払わなくてはなりません．なお，ゴム見口は現行品です．

完成当時，世界最大口径機で実用された陸軍用双眼望遠鏡
日本光学工業 50×83×250 1°12′ 44′

口径250mmは双眼望遠鏡としては世界最大の機材で，国産品でかつ，存在すること自体にも価値があるものの一つでしょう．国内に現存しているのには隠れたエピソードがあり，歴史的，技術的に見ても貴重な資料です．一時期は，実視可能の状態で公開されていたとのことです．筆者が覗いて見たい機材の筆頭にあるものです．（『光とミクロの75年』より）

極限の大口径

日本海軍では，艦艇搭載用の大口径双眼望遠鏡の試作，実証試験を行い，極限の制式機材を決定していました．それと同様に，旧満州（中国東北部）地域に日本の既得権益保護の名目で駐留していた日本陸軍の外国派遣部隊「関東軍」でも，旧ソビエト軍に対抗するための要塞で使用する，極限の大口径双眼望遠鏡を求めていました．

関東軍では，取りあえず，おそらく予算を流用し，ドイツから直接，高倍率の単眼望遠鏡，双眼望遠鏡を取り寄せ，重要地点に配備しました．実際に顕著な効果があったことから，陸軍の公式予算によって装備計画が策定され，海軍の制式品を転用することから実用試験が始められることになります．

まず現地に送られたのは，日本光学工業で急きょ海軍用と同じ仕様で製作された150mm機です．早速，旧満州国と旧ソビエト，モンゴル人民共和国との国境地帯の重要地点に構築されていた要塞の最重要箇所に装備されましたが，現地部隊からは追加配備を求めるおびただしい要求が上がりました．

追加要求数が多かったものの，全数が150mm機という装備は予算面，また現地の装備環境，あるいは取扱い上などから不可能でした．そこで海軍仕様の120mm機，150mm機を現地状況に適合させた，改装型，改造型が製造されることになります．そして，海軍用制式双眼望遠鏡と同じ180mmの改装型，さらには口径200mm，そして250mm機までが製作されることになっていきます．

力鏡（かきょう）

このような大口径双眼望遠鏡では，レンズ，プリズム素材の品質も双眼鏡的ではなく，望遠鏡的に高い必要がありました．しかし，原料から製品までを一貫生産できるのは，当時国内では日本光学工業しかありませんでした．大口径双眼望遠鏡の製造が発令されたのは，折しも関東軍と旧ソビエト軍が宣戦

布告なき戦争に突入した，ノモンハン事件の起きた昭和14年のことでした．

昭和6年に製造された上野の科学博物館の20cm屈折赤道儀では，ガラス材が特殊であったことからドイツ製でした．しかし，準戦時下という時代背景が追い風となって，日本光学工業の光学ガラスの製造技術に進歩があったことも，生産を可能にした要因でした．

発注を受けた日本光学工業では，多くの空前の技術的困難に立ち向かうことになります．最初の関門は，まず大きな有効径を確保できるガラス材の生産でした．有効径250mm機では，素材ガラスの直径はクラウン材，フリント材とも270mmで，クラウン材の厚みは33mm，フリント材では35mmでした．重量は比重が比較的小さいクラウン材では4.8kgでしたが，フリント材では7.4kgもあり，素材の大きさ，重量は双眼鏡としては桁はずれでした．

さらに，レンズの荒摺りから仕上げ研磨までの作業自体も，口径が大きいため難易度は倍加します．研磨作業終了後のレンズの芯取り作業も，素材の大きさが破格であったため，既存の芯取り機材が応用できず，仮設の機材を臨時に製作しました．光源は天井から吊した白熱電球で，その反射を見ながら芯取り作業を完了したといいます．

さすがに有効径250mmの双眼鏡は，試作の領域を出ず，生産は1台だけでした．200mm機は複数製作されたようで，米軍によって戦利品として運ばれた機材が1台，アメリカに現存しています．

200mm以上の機材が制式に陸軍の装備として採用されたかどうかは不明です．生産を担当した日本光学工業では，通常の社内秘匿呼称とは別に，関東軍発注の双眼望遠鏡ということから，「カ鏡」という通称で呼んでいました（当時の軍の用語慣用例から，「カ眼鏡（メガネ）」と呼んでいた可能性もあります）．

その後

200mmを越える大口径双眼望遠鏡は試作品，あるいは試作品としての色合いがきわめて濃いものでした．そこで最初に旧満州の各地で，陸軍の光学機材担当者と現地関係者によって，実地の各種実視試験が行われています．特に250mm機では，気象状況が

鏡体の全長は約2mで，幅75cmもあります．移動用の折りたたみ式ハンドルが4箇所，操作用ハンドルは2箇所あるため，6人で移動は可能のはずですが，重量は一人ではとても動かせない重さがあります．倍率は低倍側でも50倍ですが，ファインダーはなく，照星，照門のみです．一方，アメリカにある200mm機には，正立望遠鏡がファインダーとして付けられています．

双眼望遠鏡として完成したのには，2枚玉対物レンズの構成などを含め，比較的単純な構造，機構を採用したこともあったと思われます．ただ残念なのは，接眼レンズ部の変倍機構が失われていることです．機体番号の表示はNo.1ですが，「世界一」にも思えます．

安定した順光状態では，軍隊の集団行動は70kmでも認識可能で，個人活動でも20km程度までは確認可能であったそうです．

決定的に効果を発揮させたのは，国境付近からの遠望でした．ソビエト側の駅での軍事物資と思われる鉄道貨物の動きは，手に取るようにわかったそうです．ところが，ある時を境にソビエト側での物資の移動は国境一つ手前の駅で行われるようになってしまいました．原因は，旧満州側にいたスパイからの通報があったためとされています．

その後，250mm機は光学兵器の研究資料として日本国内に持ち帰られ，旧満州で行われたのと同様の実視試験が各地で継続して行われます．ところが，実際の分解能は，気象状況によって理論値の2分の1～3分の1に減少してしまい，全能力を完全に発揮することは困難との一応の結論に達しています．

そしてついに，日本陸軍自体が消滅する，日本の敗戦の時を迎えました．日本に進駐した米軍を主体とする連合軍は，通常兵器の没収，破壊，秘密兵器の没収と調査，研究を始めます．実用化できた双眼鏡としては世界最大の250mm機も，本来であれば，当然，米軍の手に帰したはずでした．

しかし，開発に深く関与した陸軍の門脇三郎技師（後，技術少佐）が，間一髪の機転で250mm機を三鷹の東京天文台に移動したことで，米軍の没収を免れます．やがて双眼望遠鏡は1964年，ガリレオ生誕400年記念として開かれた「望遠鏡の歩み展」に出品されるため，上野の国立科学博物館に移転されたのでした．

その後，国立科学博物館上野本館の改装に伴い，双眼望遠鏡は，茨城県つくば市の国立科学博物館の資料収蔵庫へと再度移動しました．そして現在，この双眼望遠鏡は対物レンズの瞳を蓋というまぶたで堅く覆い，眠り続けています．

架台部分には上下，水平方向とも微動機構と目盛があります．水平は全周回転できますが，上下方向は地上観測用のため可動範囲が狭くなっています．厳密な可動範囲は不明ですが，上下方向で最大45°程度のようです．架台部分は，成人男子3人ならば短距離の運搬は可能です（なお，本項の掲載写真は，つくばへの移動前に撮影したものです）．

高倍率への変倍を可能にした大口径双眼望遠鏡
日本陸軍制式十五糎変倍双眼望遠鏡
×25 2°30′ ×75 32′ 日本光学工業製造

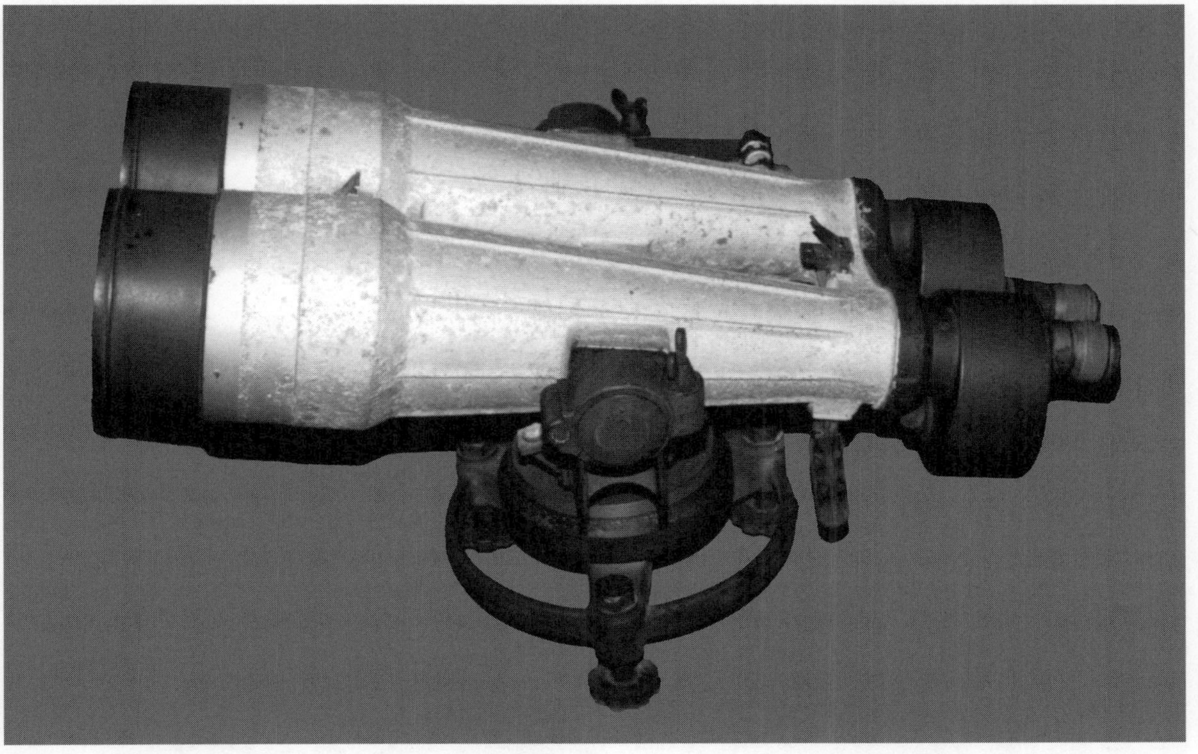

15cmと大口径の双眼望遠鏡ですが，口径の割には全体の形状寸法は小さく感じられます．鏡体外部の大部分の塗装は，戦後に漁業監視といったような何らかの用途で実用されていたため，塗り直されています．外観的に印象深いのは，鏡体に付けられたリム構造です．戦前の国産大口径双眼望遠鏡では，18cm機でも同様のデザインでした．鏡体のプリズムハウジングのそばには，操作性を向上させるため，下側に向けて左右に木材でカバーした金属製ハンドルが取り付けられています．

意外なほどのバリエーション

我が国に世界最大口径の双眼望遠鏡が出現した背景には，日本海軍が双眼望遠鏡を重要視し，開発に積極的にかかわったことが技術的な下支えになっていました．昭和7年には，15cm双眼望遠鏡を搭載した，射撃用諸元等を機械で計算する指揮装置も現れます．ただ，双眼望遠鏡自体は，当初試作された口径比5.8よりもずっと小さくなって，4になっています．

しかしその後，海軍用の15cm双眼望遠鏡は多くのバリエーションが現れます．光学性能で分類すると，倍率は18.8倍から35倍まで，口径比は最小4から最大7まで，対物レンズの構成枚数も2枚から4枚までありました．また特殊用途には12cm機同様，空気界面数を減少させた夜間用も開発されていました．429ページに，『四十年史』（日本光学工業刊行）に掲載されている海軍用直視型15cm機の諸元を転載します．

大口径にかかわらずこのようなバリエーションが生まれたことは，海軍の用途に対応した最適化ではありますが，その反面，量産性の向上は困難でした．実際，海軍用15cm機材の製作に従事したのは，日本光学工業，海軍の横須賀工廠だけでした．

海軍用12cm機では，直視型にも潜水艦用の耐圧構造の水防型があったり，角度の異なる5種類の高角型，潜望鏡のような構造の直立型といった多くのバリエ

右側耳軸には上下角の制限機構があります．可動範囲は上下20°と意外なほど少なくなっているのは，地上の対象を目標としているためです．鏡体の右側には眼幅合わせ用のハンドルがあり，大きなプリズムハウジングを直接手で回転操作しなくても良いようになっています．右眼側接眼レンズ基部には，焦点分画に照明光を導入するための機構があり，通常ではねじ込み式のふたでカバーされています．

対物側から見ると，大きなレンズが金物枠一杯に広がっているのが威圧的にすら見えてきます．本機の場合，外部寸法をできるだけ縮減するため，対物部にエキセン環機構を設けるのではなく，軸出しはプリズム材の平行移動で行われています．対物レンズの構成は，全体の形状の短縮化と光学性能確保のため3枚になっています．

ーションがありました．ただ海軍用15cm機の場合は，高角型はなく，形状的には直視型と直立型でした．

一方，陸軍用15cm機では艦艇搭載用でないため，振動に対する考慮は不要で，より倍率の高い機材が開発されたようです．しかし，残合ながら全体像は海軍用ほど明確に記録されていません．

また生産数も当然ながら12cm機に比べ，少なくなっています．陸軍用15cm機の生産を行ったのは，日本光学工業と大宮に移転した後の陸軍東京第一造兵廠だけで，その大部分が第一の仮想敵との最前線でもある満ソ国境の要塞装備用であったため，国内に現存しているものはあまりないようです．

口径15cm双眼鏡は大きいですが，その大きさこそが，戦争の重みを伝えているように思えるのです．

海軍用直視型15cm機の諸元

名称	倍率	視野	瞳径	焦点距離	口径比	構成枚数
15cm双眼鏡改	30	60°	5mm	870mm	1：8.5	4枚
15cm双眼鏡 II	35	60°	4.3mm	1050mm	1：7	2枚
15cm双眼鏡	20	60°	7.5mm	675mm	1：4.5	2枚
15cm観測鏡	20		7.5mm			
	30	60°	5.0mm	750mm	1：5	3枚
15cm双眼鏡 III	18.8	57°	8mm	600mm	1：4	3枚
15cm双眼鏡 IV	25	62.5°	6mm	750mm	1：5	2枚
夜間用15cm双眼鏡	25	62.5°	6mm	850mm	1：5.7	2枚

変倍方式はヘリコイド機構を含めた接眼レンズ全系の交換で行われますが，それぞれには機体番号と左右とが表示されています．左右の表示は照明との関連があり，そのための位置決めの部品も付いています．固定方法は接眼レンズ金物のネジ部を，本体側にあるローレット加工されたネジ環で締めて行われます．右眼側はネジ部分を外し，少し引き抜いたところです．

左右接眼部には，両方ともプリズムとの間に塵埃，湿気の侵入を防止するため平行平面ガラスが装着されています．接眼レンズ部分ごとの交換では必要な構造ですが，空気界面の増加がもたらす透過光量の減少は，内面反射の増加と相まって増透コーティング開発まで決定的な解決法がありませんでした．そのため各光線透過面，反射面研磨は徹底的に面のツヤが良くなるように行われていました．

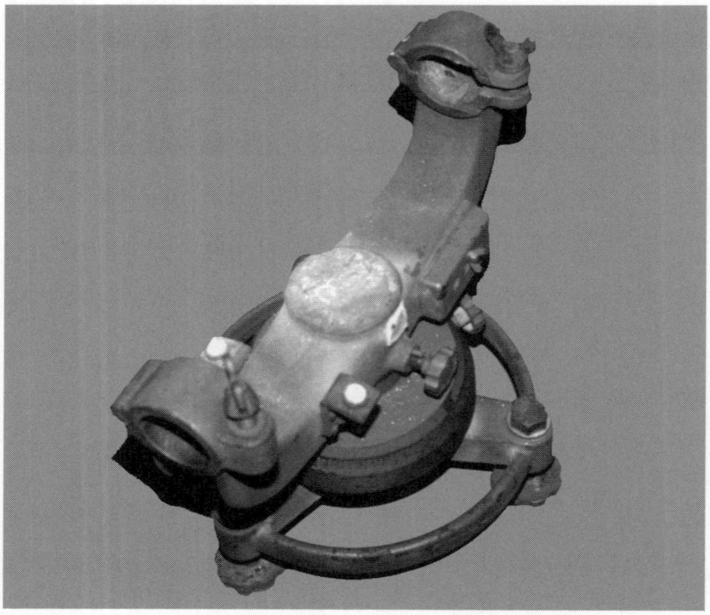

架台は短い垂直型のフォーク式です．上下方向の運動はかなり限定的ですが，十分な強度があり重量も半端ではありません．水平調整可能で，水準器を備え，精密な目盛を持っているので，可搬的な使用より半恒久的な陣地内に設置されていたのでしょう．フォークの基部接眼方向右側には，彩鏡匣（さいきょうばこ，実際は右書き）と書かれたフィルターの収納ケースがあります．

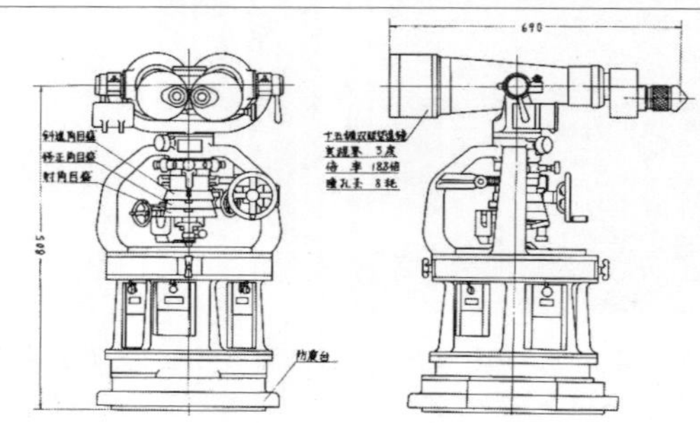

第 135 図　九二式発射指揮盤

大口径双眼望遠鏡は単独で目標の発見に使用されることもありましたが，システムの一部として組み込まれている例を日本海軍に見ることができます．図は九二式発射指揮盤で，装架されている双眼望遠鏡の口径は15cmです．倍率は艦艇の動揺と夜間使用を考慮して，陸軍用より低い18.8倍に設定されています．いわば特定の方向に発達した一種の双眼鏡の架台ですが，防振装置に載せられた魚雷戦闘用のアナログ式計算機というべきものでした．

ゴムバンド懸吊(けんちょう)式防振機構の航空機搭載用大口径双眼鏡 日本陸軍制式 航空機搭載用直視型双眼望遠鏡 20×105 3° 榎本光学精機製造

振動の多い航空機に大型双眼鏡を搭載する方法は，海軍が先行しました．生産性の上がらなかった新設計の短焦点3枚玉採用のコンパクト機に対して，陸軍では在来品の改良で対処しています．防振機構は共通のようで，それなりの効果はあったと思われます．レーダー技術に遅れた当時の日本の状況の現れでもありましたが，光学的には榎本光学精機が製作した陸軍航空機搭載用双眼鏡も，当時の日本の大型双眼鏡の結像性能の良さを十分に表しています．フードは直視型では少ない伸縮式です．

架台構造の変化

既述したように，東京光学機械製の15×80直視型双眼鏡の架台は失われていて，存在していません．この双眼鏡も含め，太平洋戦争後期までに製作された日本海軍の80mm，120mm直視型双眼望遠鏡の架台は，鏡体側面に設置された左右の耳軸をフォーク型の腕で支える形式ではなく，左右鏡体間の中央部にはさまれる型のコンパクトなものでした．

一方，高角型でも同様の口径の双眼鏡が国産化された当初は直視型と同じで，左右の耳軸を持たない機構構造でした．ただ，それほど時間を置かずに左右の耳軸式に改められたようです．

その原因としては，開発当初から，高角型では必要不可欠な照準装置が，接眼部の偏角と同一角度のプリズム越しに照門，照星を見る形式であり，鏡体中心線上の接眼部に近接した位置にあったからです．そのため，上下方向の固定機構と近くなり，操作性が必ずしも良くなかったことがあると思われます．

また，構造が部品配置に影響されて，高度角の変更範囲があまり大きくとれなかったことにも原因の一端があったのかもしれません．

それに比べて直視型では，当初に開発された構造が，第二次大戦の終了近くまで長く維持されていました．この機構の形状，寸法は，断面が眼鏡型で左右部分が一体化された鏡体の中央部分に収まるようになっているためコンパクトです．設置・収納時にも，左右耳軸式のフォーク型架台に比べ，操作手順がより少なくて済むことがその原因と思われます．

歴史的に見ると，国産の大型直視型双眼望遠鏡は，海軍用としては制式化された口径150mm，180mm，艦艇搭載用機材の極限を実証するため試作された210mmがあります．また陸軍用としては，海軍用機材をそのまま流用，あるいは高倍率化し制式採用された口径150mm，そして海軍同様に陸軍用機材としての限界を追求するために試作された口径180mm，200mm，250mmの双眼望遠鏡が存在しています．そのいずれもが左右に耳軸を設置し，フォーク式架台に装架された安定度の高い構造を持っていました．海軍用の口径120mm，80mmが，長い間採用していたコンパクトな機構も，やがて終戦間際には同じ耳軸式に変更されていくことになります．

船と飛行機と双眼鏡

口径80mmを越えるような双眼鏡には，強度のある架台は絶対に必要と思われます．ただ，艦艇搭載上の限界から決定された海軍用最大口径の180mm直視型双眼望遠鏡の中にも，意外なことに，固定式の堅牢な架台を持たない機種も存在していました．戦艦大和，武蔵では，艦橋内部の天井からチェーンブロックで複数の大型双眼望遠鏡が吊り下げられ，隠顕式に格納使用されていたといいます．巨大戦艦の艦橋といっても，長大な大口径双眼望遠鏡をそのままでは設置しにくかったことから生まれた考案なのでしょう．

一方，航空機の性能が発達すると，双眼鏡を搭載することで哨戒，偵察といった作戦行動により高い能力を持たせることが可能と考えられました．そこで，海軍の航空関係者の間に，航空機搭載に適した双眼鏡の開発を求める声が上がることになります．航空機搭載用の手持ち機材の開発自体は，昭和10年代初めから行われていました．しかし，対米関係の緊張度が増大し始める昭和15年以降になると，本来，固定式架台に装架されるような大型双眼鏡まで，航空機搭載の可能性が論じられるようになってきます．

まず考えられたのは，海軍で既に制式採用され，広く使用されている15×80mm 4°と20×120mm 3°の優劣でした．機上実験の結果，結局口径としてはその中間にあたる100mmクラスの機材を新しく設計することになります．そして生まれたのは，航空機搭載専用として部材にアルミ合金を多用し，分離型3枚玉で，口径比3.5の短焦点化対物レンズを装備したものです．これは，機内での操作性を優先しながら，結像性能低下を防ぎ，防振機構を備えたものでした．

防振方式はエンジンの固有振動，機体の固有振動，気流などによる機体の動揺を減衰させるため，機内に設置した旋回俯仰可能な金物から，幅の広いゴムバンドで，鏡体の前後左右4箇所を吊り下げたものでした．現代から見れば原始的ではありますが，ある程度の実用範囲には達したものと思われます．

大型（大口径）双眼鏡では，光路の折り返しは少なくなりますが，自己遮蔽の起こらないポロII型プリズムの使用が通例です．ポロII型では，製造誤差を貼り合わせ加工時に吸収調整することがほとんどできないため，製造精度の要求は厳しいものですが，そのことも大型双眼鏡の像質の良さに関係しているものと思われます．本機で興味深いのはプリズムと座面間に挟まれているクッションの紙片で，これは当時使われていた作業工程検査用紙，あるいは製品台帳のようなものです．プリズムの反射面越しには「社検良」という文字が見えています．このような紙資料は経時損耗してしまうため，残存が見込めない資料です．

この海軍用航空機搭載大型双眼鏡の生産は，太平洋戦争開戦から程なくして始められました．生産を担当したのは，軍用光学機材生産の分野に軍の命令により新たに参加した東芝でした．多量生産が命令されましたが，複雑な光学系のためか，生産量の伸びは芳しくなかったといわれています．

文献資料に見ることはできませんが，同様の大型機材搭載の欲求は，陸軍の航空関係者の間でも当然起こっていたはずです．今回紹介する機材は，その証左といえるものです．

製品が示す歴史

今回紹介する機材は，いわば航空機搭載用大型双眼望遠鏡の陸軍版に相当するものです．実機の外部をくわしく観察すると，鏡体上部に付けられた銘板にはメーカーマーク，性能表示の他に陸軍東京造兵廠の検印である東の文字が小さく打刻されています．メーカーは，昭和18年に創業する富士写真光機の母体になった，榎本光学精機です．この会社は，陸軍の光学関係者の間では，企業規模，生産能力，技術力で望遠鏡，双眼鏡類の供給元として重要視されていました．ですから，この双眼鏡の製造は昭和18年以前です．

外観上の最大の特色は，海軍用機材と同じ防振機構を採用して，鏡体上部4箇所に堅固な吊り下げ金具が設置されていることです．内部構造の特徴としては，対物レンズ押さえ環に通常設置される，レンズ間隔箔に対応したバネ効果を持たせるための3箇所のスリワリがないことです．これは気圧の急激な変動を考慮した航空機搭載仕様をうかがわせています．

光学系は海軍用とは異なり，対物系は既存の八九式対空双眼鏡と同じと思われる箔分離型F5の2枚玉です．接眼レンズ構成は通常の3群5枚60°型で，倍率は20倍と高めの設定です．高めの倍率は振動には不利ですが，より安全な，遠距離からの任務達成をめざしたための設定だったと考えるべきでしょう．

活字資料に現れていない機材から，失われた歴史の一コマが見えてくるのは大変興味深いことです．こんな時は双眼鏡にかかわっていて本当に良かったと思ってしまいます．

プリズムの位置決めには，3点の金物が，端面に油土の充填溝があるプリズムケースの底面にネジ止めされています．いずれの金物も，位置の調整が可能となるよう，大きめの貫通孔が開けられています．精度が維持されている個体の分解では，画像でY字状に見える金物の押さえネジの止め解除だけで十分なはずで，90°の角度で設置されている位置決め金物まで動かしてしまうと，本格的な光学冶具を用いた再調整が必要になってしまいます．

プリズム越しに見えている作業工程検査用紙の裏側には，「合格月日」「手直事項」とあり，製造段階での補完的作業が必要で，実質的に単品製造に近かったことをうかがわせます．上にあるのは裏返した押さえ金具で，クッションとしてコルクが貼られています．本機もまた大口径双眼鏡に多くあるように焦点目盛があり，照明可能となっています．スライド挿入式の金物のレール部分には，クリックストップするための凹部（矢印）があり，失われた見口も含めて，航空機搭載用としての特別な考案の有無に興味が向いてしまいます．

軍用永続機種における変遷の例：十三年式双眼鏡
日本光学工業　Orion 6×24（後編）

これは本書執筆時点で確認できた，終戦前の最終生産ロット機と思われる個体です．擬革貼りの代わりとして行われた塗装仕上げを別にすれば，オリオンの両機種は，終戦までその品質の維持を完遂できたものといえるでしょう．特に収納革ケースの質の良さは，本体の品質同様，十分過ぎるほどの出来です．

南下

189ページで述べた通りの経過でオリオンは生まれました．しかし，オリオンという名称がどのような経緯で付いたかは不明ですが，もし，この双眼鏡の開発が軍事用途を念頭に始まったのであれば，オリオンにはWarrior（戦士）の意味も含まれているともいいます．従って，外国由来の名であっても名称としては適当だったといえるでしょう．

そしてその意味合いの通り，オリオン自体が歴史の荒波の中にさらされて行くことになります．かつての藤井レンズ製造所だった芝工場（現：港区三田）でオリオン6倍と8倍の生産は始められました．その後，社内での芝工場の位置づけの変更から，本拠地工場として設立されていた大井工場（現：品川区西大井）へと生産拠点が移されます．しかし，それで固定したわけではありませんでした．

“事変”という，限定的とも受け止められる言葉で表わされていた中国大陸での日中間の武力紛争は，両軍共に多くの戦死者を出しただけではありません．戦場と化した地域では，地元の住民をも巻き込んで数多くの死傷者が出るという，悲惨な状態でした．その実態の一方には，経済面として見れば，軍需物資を中心とした大消耗戦ともいうべき状況でもありました．増大する軍需に対しては，新規参入企業の増加だけでなく，既存企業では工場の増設，新設が軍部の強い指導で行われていきます．

光学関連兵器の製造について国内企業を見れば，日本光学工業という企業は，その設立動機からみても，技術力，生産能力は軍部から常に大きな期待と強い要求を受けざるを得ない立場でした．

そこで，日本光学工業では早速工場の増設に向けて動き出します．ただ，大井工場所在地である東京市（昭和18年以前の行政区分で）品川区という密集地域での画期的な工場の拡張はもはや不可能という状態でした．そこで，鉄道という交通の便を考慮し，南へ展開することとなります．そして多摩川を越えた神奈川県川崎市内と横浜市内に，大井工場を凌ぐ規模の，陸海軍の用途別の生産を図ったそれぞれの専門工場を作ることになります．

舞台

オリオン6倍と8倍の生産が行われたのは，横浜市の南部にあたる，東海道線戸塚駅周辺に開設された戸塚工場でした．戸塚工場はその後，会社内組織の改編で戸塚製作所となり，大井，川崎と共に同社の主要3大生産工場群（芝製作所は試作，特殊品）を構成します．戸塚製作所の工場群もまた大井，川崎と同様に，複数回の増設によって大規模化はするものの，敷地は分散配置とならざるを得ませんでした．

戸塚製作所の工場施設は，東海道線の線路を東西に挟むように3群ありました．陸軍用の双眼鏡，射撃眼鏡，砲隊鏡といった小型，地上用の光学兵器は，線路西側にあった第一工場が担当します．開戦前は，オリオン両機種だけでなく，ミクロン6倍が民生用として，細々とではありますが，開戦まで唯一作られていました．既述した九三式4倍双眼鏡のみは，その後にいっそうの増産を図るため，第一工場から線路東側の南工場へ移されることになります．

このように日本光学工業戸塚製作所第一工場は，終戦まで，手持ち双眼鏡だけでなく，架台装架式の固定用機材まで，航空関係は除き，陸軍用眼鏡類機材生産に関して同社の中心的存在となって表舞台に立ちました．また別の事実によって，この第一工場は当時の姿の一端ではあるものの，製造作業の実際を映像として現在まで伝えることとなります．それは黒澤明監督作品の映画『一番美しく』の撮影舞台となったからでした．

映画好きの方ならご覧になった人もいらっしゃるでしょう．この作品は，戦時中の戦意高揚も意図したものではあるのですが，女子挺身隊として勤労動員された主人公が，肉親の死という悲しみを職務遂行という義務感で克服し，乗り越えていく姿を描いたものです．映画の中の架空の職場ではありますが，その舞台は東亜光学の平塚工場という設定で，実際の撮影は日本光学工業戸塚製作所で現地ロケされたものでした．

そのため多くはありませんが，実際の研磨，調整などの作業状況が，検閲なしでかなり忠実に描写，撮影されています．もともと写真（静止画像）自体も少ない当時の光学産業の様子が，動画として残され

昭和6年以降，終戦時までのオリオン6倍の変更箇所のいくつかは本文中に記述しました．他には鏡体カバーの表示も昭和10年前後で変えられています．左は昭和一桁型で，右はそれ以降の戦時期型です．広視野という意味合いからの60°表示は，もともと設計上の見かけ視野でしたが，それを実際の広さである9.3°としたのは，軍事上からの必要性に基づくものでしょう．

ているのは貴重であり，非常に興味深いものです．

特に筆者が面白く感じたシーンがあります．それは終業後，寄宿舎で男性職長を含めた雑談の中です．お化け，妖怪の話に怖がる女子挺身隊員たちに，職長が，科学的な職場であるはずの光学工場の従業員は常に科学的でなければ，と諭します．しかしその一方で，作業現場の中で特に注意力を必要とされ，静粛を求められる「目盛室」の入口のドアの上には，注連縄（しめなわ）が張られているのです．

このことには，読者それぞれ，いろいろな意見があることでしょう．でも，人智を超えるような努力を必要とされることもあります．そんな場合には，全力を傾注した上での神頼み，あるいは人を超えた大きな存在の前で虚心になるといった行為も，時としてはそれがかえって合理的かもしれないなどと，筆者は勝手に考えてしまいます．

消失

大戦開始によって，これまで以上の物資消耗戦も始まりました．双眼鏡類全般についての生産数量は，主に米軍機による空襲が深刻さを深め始める昭和19年内までは，一応の伸びを示しています．他の国内の工業生産量も，おおむね同期までは，増加傾向を見せていました．

日本光学工業の社史である『四十年史』によれば，昭和20年8月の終戦時における生産能力としての数値は，オリオン6倍が2000個，オリオン8倍が1500個となっています．この数値は高品位機材の多品種生産を行っている現場の生産数量としては，一定水準を保っているといえます．ところが，終戦時以前の過去1年間の生産実績は，意外にも6倍が140個，8倍が383個ときわめて少量なのです．

この原因について，『四十年史』に直接原因を特定する記述はありません．しかし筆者は，昭和20年2月25日夜半に起こった，第一工場を全焼させる火災が最大要因と考えています．

第一工場は開戦前の建設でしたが，すでに物資は逼迫していました．また，いずれの新工場も緊急増設であったことから，重要度の高い施設でありながら，戸塚第一工場は木造建築だったことが“全焼”という最悪の結果となってしまったと考えられます．ただ，同じ敷地内で第一工場と隣接していた第二工場は，鉄骨造りの本建築だったこともあり，かろうじて第二工場への延焼は防止できたのです．

この火災は，結果的に単に一工場の焼失に止まりません．貴重な工作機械や治工具，完成品と仕掛品なども失ったことから見れば，維持すべきはずの交戦力の一端の，大きな消失ともいえるものでした．

他社の場合，物資欠乏から行われた塗装仕上げに対しては，鏡体カバーのサイズ縮小によって，カバーと鏡体との隙間が適切な間隔になるように調節した事例が見受けられますが，オリオン両機種では従前通りの寸法で製造されていました．従って隙間（矢印）に充填される油土の重要度は増したものと考えられます．

鎮火後は，間髪を入れず復旧活動が開始されます．焼失工作機械の補充は，陸軍の関係方面（陸軍造兵廠，陸軍技術本部）から全面的な支援がありました．しかし，大戦末期の国内工業生産力の全体的な低下，さらには空襲への対策として行われた工場疎開の実行が重なったこともあり，終戦時での操業率は火災前の30%に戻せただけでした．

欠番

以上，記述した経緯があったことも含めて，現存する戦時期（戦後の生産再開品も存在しますが）のオリオン6倍を見てみると，いくつかの事実が見えてきます．最も目につく外観からいえば，擬革貼り仕上げの外装は，物資の逼迫によって砂目塗りと呼ばれる，短繊維状の混ぜ物，後には粒子状の混ぜ物を加えた塗料による塗装仕上げへと変わっていきます．

鏡体自体も，生産の効率化によって砂型鋳物からダイキャストへと変わることは，ノバー7×50mmと同じで，塗り仕上げへの変更もまた同様です．ただ，混ぜ物自体は異なっているように感じられるのは，実際に手に持った感触からの印象です．

終戦までに，オリオン6倍機のシリアルナンバーは，数値として90500番台（以降の存在は未確認）に達しています．80000番台は欠番が多いこと，加えて生産規模からみた場合の90000番台の存在から考えれば，完成品，仕掛品だった80000番台機のかなりのものが，前述の火災で焼失したように思われてなりません．もしかすると，シリアルナンバーの基本台帳のようなものまで焼失し，そのためナンバーを大きく増やして，90000番台機が生まれた可能性も考えられます．

以上のような経過を経て終戦まで軍用として作り続けられたオリオン6倍ですが，90500番台機では，意外な工作が行われています．これはいつ始められたことか，確定はできませんが，プリズム側面への金属薄板の貼り付けで，プリズム加絞め作業時のプリズム破損防止の意味があったものと考えられます．徴兵による熟練工の減少，火災による生産ラインの混乱といったマイナス要因の中で，生産数量の回復に全力を注いだためのやむを得ない選択だったのでしょう．このことも技術的な格差出現ということで，シリアルナンバーの大きな転移に影響していることもあり得ます．

もともと，筆者のシリアルナンバー90500番台機は，塗料も質の低下が著しい状況で製作されたものです．現状で外装塗装の剥離は目立つようになっているものの，分解清掃実行後，見えの良さを失っていないことに，一見した上からは見えない関係者の努力があったことが，筆者にはよく見えてしまうのです．

プリズム側面への金属薄板（矢印a，b）の貼り付けは，本機のみに見られる特異な事例です．筆者は，これまでかなりの数の手持ち軍用双眼鏡（6×24mm，8×26mm，8×30mm，7×50mmなど）を見てきました．加絞め作業（矢印cが対応箇所）によると思われるプリズム破損（当初見えない微細なカン：傷が長期間経過後に現れる）はかなり多くあったようで，全く無傷というような個体はきわめて稀な存在ということも経験しています．本機のような加工が，通常の加工法となっていれば，当初品質の維持では大きな良い効果となったはずです．

製品名は海軍用双眼鏡の“代名詞”
日本光学工業　ノバー 7×50　7.1°

社史（『四十年史』：日本光学工業株式会社）にある海軍納入実績数と複数の現存個体から見て，右側のシリアルナンバーが50000番台初めのこの個体の製造時期は，戦時中の初期の頃と思われます．原料素材は少なくなっていたとはいいながら，まだ入手できていたことをうかがわせるような出来になっています．左側の戦時中末期の生産機では，前期に比べて物資不足，行程数削減などから，変更点がいくつもあります．

代名詞

ある特定の会社の製品が代名詞化されて，類似の他社製品までもがその名称で呼ばれることは，社会的にそれほど珍しいことではありません．

カメラレンズで知られている例としては，ピント位置が変わることなく連続的に焦点距離が変えられ，画角を変更できるレンズのことを一般的に「ズーム」と総称します．これは大元をたどれば，アメリカのズーマーコーポレーションが開発した焦点距離可変レンズに起因しています．

広視野接眼レンズなら，レンズ構成形式によらずにエルフレ式と一括りにして言うこともあります．これも見かけ視野70°接眼レンズの実現化で先鞭をつけたツァイスの設計者，ハインリッヒ・エルフレによるものです．共に，大まかに言ってしまえば，代名詞化ということでは同様でしょう．

双眼鏡でいえば，第二次大戦後，日本では（天文関係者だけ？）かなり後の時代まで，7×50mm機は総称として「ノバー」と呼ばれていたことを筆者は経験として覚えています．それはかつて少年だった筆者も成長して，全国規模の天文団体の例会などに参加するようになった時のこと．会場に出席された諸先輩方の話題に，よく7×50mm双眼鏡のこととして“ノバー”の単語が出て，末席に連なる筆者の耳にも届くことがたびたびあったからでした．

また，その席上で大戦前から活動していた大先輩方からよく承ったことは，ノバーの見え味の良さでした．筆者が古い双眼鏡に興味を持った理由の一つに，このようなことをかつて幾度も聞いていたことがあったからです．ただ，その頃は双眼鏡の歴史について系統的に書かれたものにまだめぐり会っておらず，ノバーが「Novar」ということを知ったのは，かなり後のことでした．

既述した通り，ノバーはもともと，射出瞳径を7mmに設定した3機種からなるシリーズ化機種でした．実用上から選択され，製品として永続したのは

7×50mm機だけでした．シリーズ化機中の6×42mm機については既にくわしく述べましたが，歴史的には8×56mm機もまた，6倍機と共に消滅してしまった機種でした．

我が国の場合，日本光学工業のシリーズ化3機種の中から海軍での実用経験の積み重ねを経て，結果的に7×50mm機が選択されたわけです．欧米諸国でもまた同様に，航海用双眼鏡の定番機種は7×50mm機でした．しかし欧米のメーカーの事例ではシリーズ化機種とせず，1機種を確信的に定番化した例も多いことは大変興味深いことです．これは，徹底的な評価を社内だけで行える体制が構築されていたことをうかがわせる例と考えるべきでしょう．最近は別として，昔の日本の場合，このような有効な社内モニターの育成，活用例は残念ながら聞いていません．

バトンタッチ

日本海軍が，プリズム双眼鏡の実用性を認識して制式化した始まりは，藤井レンズ製造所製の「天佑」6倍の採用からです．時期としては，明治から大正へと時代が変わろうとする頃にあたっていました．

日本海軍では敗戦による解体まで，手持ち双眼鏡であっても，双眼鏡類は艦艇装備品，役職使用品とされていました．制式化の当初品である「天佑」ですが，艦艇に搭載された数量は後の時代ほど多くはありません．ただし制式品となっていたことに加え，通称として「天六」とも称されていたため，双眼鏡本体に漢字で「天六」と表示された海軍用品が存在しています．なお，個人購入の例も皆無ではなく，国産双眼鏡の出現以前には，司令官といった高官の個人購入品が使用されたことがありました．例としては，東郷平八郎が日本海海戦で使用したツァイス5・10×25mm変倍式双眼鏡が代表的なものです．

その主役の座が移ったのは，ノバーの登場によるもので，それも7×50mm機によって決定的となりました．「天六」の瞳径5mmより大きい，瞳径7mm強というノバー7×50mm機の画期的に明るい結像からは，弱光下での艦艇の操船だけではなく，夜間の戦闘も実質的に充分可能と思わせるほどと考えられます．

“Novar”と“ノバー”

ところで，ノバー7×50mm機はオリオンシリーズ6倍機，同8倍機に比べて，口径に関しては2倍ほどもあります．当然，軍用品としての性格が強い機材であったわけですが，民生品としてもいわば業務用品でした．口径の大きさと適切な倍率設定から，民間

機種名の表示法の違いから，終戦前に作られた“Novar”表示のものは少数生産に止まった民生用ですが，その最終ロット生産の間に，外装仕上げが擬革貼りから塗装仕上げへと，大きく変わることになります．この変更を製造上から見れば，鏡体とカバー間の隙間の増大は，油土の充填量を増やしても水防機能に影響が起きる可能性が増したことにもなります．“Novar”表示のものにはTokyo Nipponとも併記されていますが，戦後の生産再開品はNipponの表示ははずされています．

船舶の航海用双眼鏡として重用されていたことは，疑うべくもありません．それは欧米の民間船舶でも，航海用双眼鏡としては，7×50mm機が主流になっていたことと同じです．

このようにノバーは，軍用，あるいは業務用機材としての位置づけが明瞭でした．ところが，機種名称に関しては大変不思議なことに，鏡体カバーに“Novar”と英字表示されたものと，“ノバー”とカタカナで表示された2種類の表示形式のものが存在しています．その反面，大正後期に日本光学工業で，続々とほぼ同時期に開発された独式双眼鏡と称される一連の双眼鏡類で，他に機種名表示をカタカナで行った例はありません．従って，“Novar”が本来の機種名に間違いはないはずです．この英字とカタカナという機種名表示法の違いについて，筆者は用途分け（納入先区分）によるものと考えています．

終戦まで，海軍用として民間企業製造の7×50mm機は，海軍の購入前に海軍双眼望遠鏡購買規格に基づく諸検査を受けていました．合格品には，「錨」の検印（検査合格印）が陣傘（テーラー：眼幅表示金物）に打刻されます．“ノバー”表記のものの場合，打刻された検印は海軍用の「錨」だけでなく，他に戦時中に船舶（商船）の護衛を目的として創設された海上護衛総隊を示す「桜」のものもあります．当時，検印(打刻印：錨 or 桜)の存在は当たり前となっていて，軍用品であることを示す目印にもなっていました．このことから，“ノバー”という表示自体も，海軍用双眼鏡を示すものと考えられます．

片や，“Novar”表示のものでは，陣笠に海軍との関係を示す「錨」あるいは「桜」の検印のあるものを見たことはありません．

歴史を遡ると，日本海軍が初めて制式に採用した双眼鏡は，既述したように藤井レンズ製造所製天佑号6倍機「天六」でした．漢字とカタカナとの違いはあるものの，両者には日本語という統一性が保たれていますから，“ノバー”という表示もまた，海軍流表示法の伝統を受け継いでいると言えるでしょう．

本来の機種名が“Novar”であっても，他に“ノバー”と表示されたものがあるということ．それは，同一機種であっても表記形式の違いが，用途を民生用と海軍用とに分ける，大きな識別点を表していると思っています．

○囲み文字

刻印の他に，海軍用双眼鏡では，手持ち機材では鏡体カバー，あるいは対物キャップ（対物部の先端

他社製ノバー．天佑六倍は通称化して「天六」といわれましたが，ノバーもまた同様でした．一つ違うところは，「天六」は藤井レンズ製造所の製品でしたが，ノバーと同じ光学仕様機は，各社で作られていたことです．通称化した「ノバー」を表示した例はそれほど多くはないものの，日本光学工業のロゴのない“ノバー”表記の存在は，通称化の表れといえるでしょう．

カバー)，大型で架台に装架された双眼望遠鏡といわれるものでは，本体か装着された銘板に，○で囲まれた漢字が表示されています．これは用途別，言い換えれば使用部署を明示するための表示でした．

プリズム双眼鏡の実用性が高く認識され，艦艇の各部署への供給が増えると，双眼鏡自体に設置部署の表示が行われるようになっていきます．

主として艦橋で艦艇の運航をつかさどる航海科用には㊗航，戦闘で艦砲を運用する砲術科用は㊗砲，同様に魚雷，機雷などを担当する水雷科用は㊌，大型艦艇に限定されますが，航空機を搭載し運用する飛行科用には㊗空と表示されています．ただ，上記のような丸囲み文字を表示した双眼鏡は，目盛入りが標準仕様ではありますが，目盛自体に差異があったかどうかは現在のところ未確認です．

その一方，㊗規と表示されたものの場合は，用途表示ではありませんでした．双眼鏡類の需要が急増した戦時期，いくらかでも供給量を増すため，海軍用双眼鏡の高い検査規定の一部を下げ，生産量を結果的に増やそうとしたのです．㊗規とは，その下方修正した規定に合格した製品を示すものでした．

実際に筆者は，「錨」か「桜」の検印があっても，㊗規印のあるものとないものをいくつか並べ，機能上，性能上の相違点を比べたことがあります．その差異については，部材の変更，部分的な工作作業の省略，実害の現れないわずかな瑕疵の存在といったことがかろうじて見つけられます．しかし，規格下方修正合格品とはいっても，実質的には同等品質と見なすことのできるものでした．また，最も注目せざるを得ない「見え」についてですが，実視上からの比較から，顕著な違いを見出すことはできませんでした．

○囲み文字もまた，以上のように“ノバー”の表示と同様，海軍用品であることを示したものであることから，“Novar”表示の機体に付けられることは通常はなかったはずです．

変遷：大変化

ノバー7×50mm機も，大正13年の出現以来，長期に渡って名称を引き継いで，戦後の昭和30年代までその名を継続して生産されてきました．そこで本書本来の記述範囲を超えて，戦後の変化までを含めて製品を見れば，二つに大別できます．

その違いは実視野の相違で，7.1°機と7.3°機があることです．この変更が行われたのは昭和20年代の半ばで，トロピカル（7×50mm 7.3°BL型鏡体）の出現が影響を与えたのでした．この大変更はノバーという

陸海軍いずれも，7×50mm機を軍用として使用していますが，海軍では用途（艦艇上の使用部署）別に表示分けをしていました．本機には㊗砲の彫刻がありますが，これは航空機が主戦力となる以前，海軍で花形的位置を占めていた砲術科（砲戦担当）用のものです．陣笠の錨の刻印は海軍検定の合格を示し，Ⓣは検査場所（納入箇所）を表しますが，具体的には東京の海軍軍需部と思われます．

製品史上での最大変化ですが，これも時代の要請に応えたものだったのです．

日本光学工業では戦後，新規に7×50mmBL型鏡体機の開発を行います．それも，新規開発した光学系を本来目的だけでなく，既存のZ型鏡体機の改良仕様として商品化したのでした．

しかし，この大変化にも7×50mm機の代名詞となってよく知られていたノバーという機種名称は変えられることなく伝統が受け継がれ，単独機種名称が廃止されるまで継承されたのです．

重なる小変化

この最大の変更の他にも，ノバーという機種には終戦時点まででもいろいろな変化が起こっています．この変化も時代の要請であったことは確かですが，変更点をくわしく見た場合，技術面からいくつもの技術発展的な変化が起こっていたことがわかります．

しかし，それとは異なる方向性の変化もまた存在しています．この変更点は大きく分けると，量産化，生産量の増大のために行われた小変化と，新技術の導入による高品位化と，大きく二つに分けられるのです．時には単独で，また時には関連し合って製品に反映されていくことになります．

時系列として変遷を見た場合，まず行われたのが原初の設計方針の見直しです．これは一面，生産の簡易化でもあります．具体的には接眼レンズ部分の加締め箇所の減少，言い換えれば，高難易度加工の削減でした．

既述したノバー6×42mm機は，生産時期が古く，ロゴマークからすれば大正末以降昭和5年以前の製品です．2群3枚構成のケルナー型接眼レンズは両群ともそれぞれ単独部品であるレンズ枠に加締められ，レンズを納めた枠がまたそれぞれ接眼レンズ内筒にねじ込まれていました．

この2群構成のレンズのうち，開玉と俗称される，物体側に近い単レンズの固定法が変えられ，加締め方式から接眼レンズ内筒にネジ環で止められることになったのです．また，覗き玉と俗称される，眼側レンズの加締め方（加締める方向）も，双眼鏡構造上の内側へと変えられています．

この変更では，工作工程の簡易化が主目的ということは当然です．覗き玉の加締め方向が変えられたことで，レンズと枠の間に充填される油土の効果がより確実化したと考えられます．

ただ，大正末期から昭和初期までに製造されたような古いものは，現存数がきわめて少なく，細部の

最初の改良は，難易度の高い加工を減らすとともに水防機能の確実化もめざしたと思われます．接眼部目側のレンズ枠で，加絞め部分にはリングが挿入されています．これは，加絞め時の圧力が直接レンズに伝わらないようにしているだけではなく，再加絞め加工時の加工シロも見込んだものでしょう．接眼部対物側レンズの押さえ環は，カニ目で締めるのではなく，摩擦の大きいゴム板などで締められるよう，端面は花弁状（矢印）に加工されています．

観察もできません．そのため変化の時系列順が確定できないことは残念です．

戦時期の変遷

戦時期の変化は，大別すると高品位化と量産性の向上に分けられます．例えば鏡体と対物筒のダイキャスト化では，量産性の向上だけでなく，鏡体鋳造精度の向上から，若干ではありますが結果的に軽量化されています．

また，ダイキャスト化に合わせたように行われたプリズム工作の精度向上から，プリズム交差調整の必要量も減り，プリズム座面の窪みが面積的に小さくなるなどの変化が起きています．

純粋に高品位化の例としては，増透処理の実施があります．これは技術的に見ると，現行の技術とは大きく異なるものでした．

低屈折率の物質をレンズ，プリズム表面に付着させ，ガラス面そのものからの反射を低減させる技術の存在は，日本でも軍関係者などには，既に太平洋戦争開戦前に断片的であるものの知られていました．それに基づき，開戦前から光学系の透過光量の増加を図る研究が行われています．研磨面の滑らかさの向上，貼り合わせ面を多用し空気界面数を減少させることなど，消極的な対応策は部分的に実行され，大口径双眼望遠鏡では製品に反映されていました．

その後，増透技術の重要性の認識は，実戦の結果大きく高まり，軍部主導で実用化の研究が行われることになります．ところが当初は蒸着物質すら明確にはわかっていなかったといいます．

ほどなくして蒸着物質は氷晶石であることが確定します．国内産出はないものの，アルミ精錬用物資であることから，国内に備蓄分があり，それを転用して蒸着実験が開始されました．

しかし，技術的には複数の大きな壁が立ちはだかっていました．氷晶石の純度不足と真空装置の不足でした．幸いにも，氷晶石は焼成で実用段階にまで純度を上げることが可能となりましたが，高真空度まで安定して短時間に減圧できる真空ポンプの国産品は皆無でした．

結局，ポンプは軍部が専門製造業者を育成します．実験的な蒸着装置は横須賀海軍工廠の工作部がまずガラス製のものを作り，大手軍用光学兵器メーカーへと供給したのです．配布を受けたメーカー担当者は，壊れやすいガラス製蒸着装置を木製の板にくくり付け，ひやひやで電車に持ち込んで各々の工場へ持ち帰ったことが記録されています．

対物レンズ越しの観察でも，ダイキャスト化鏡体（左）と砂型鋳物鏡体（右）の区別はつけられます．分解すると，プリズム工作精度の向上も加わり，結果的に加絞め用のクリアランス（矢印：プリズム周囲の凹み部分）が減っていることもわかります．

この真空蒸着装置はやがて同じ横須賀海軍工廠で金属製のものが作られ，配布先のメーカーで実働を迎えます．ところが，ポンプの低性能が原因で稼働率が上がらないため，優先的に蒸着加工されたのは潜水艦の潜望鏡と潜水艦搭載用の水防式双眼望遠鏡に限られていました．

ノバーで蒸着加工の実用以前に行われていたのが，強酸浸漬処理でした．この技術は，蒸着法の技術的解明が済む前に既に知られてはいたことです．ただ，メーカーの立場としては，実施上で問題が発生する懸念が残されていたことから実行が遅れたのです．これは研磨工程上で面の透明度と平滑度が向上し，作業完了となっても，潜傷と呼ばれる一旦見えなくなった擂り傷が，浸漬によって再び顕在化するのを恐れたためでした．

この浸漬処理法の実際ですが，ガラスの研磨面を強酸に浸漬することで，不溶解であるシリカ以外の物質を表面から除去し，結果的にガラス表層の屈折率を下げるものでした．

しかし，ガラス本来の屈折率と低反射率化した表層の屈折率が，適合条件を十分高度に満足させるものではなく，その反射率低減効果は蒸着加工に比べるべくもありませんでした．（ガラス表層屈折率は，ガラス本体屈折率の平方根値：√であること．波長によって異なる幕厚も重要条件）．

また，浸漬処理法では表層の厚みの制御もできないことから，反射率低減効果は限定的でした．その他にも浸漬という作業からは，意外な事象が出現していました．それは，フリント材の場合はほとんど問題にはならなかったのですが，ガラス研磨面の経時変化現象でした．クラウン系素材では，研磨加工によって表面に変性作用が起きて化学的に安定してしまい，時間経過が大きいと表層の浸食が起こらず，屈折率の低下した表層自体が形成されなくなるという現象でした．強酸を加熱しても，溶解が起こらなかったと伝えられていますが，このことも筆者には特に興味深く思えます．

以上のような事実に基づくのでしょう．戦時期の生産で最末期のノバーには，確かに反射率低減処理されたものがあるものの，仕上がり状態には個体差が大きく存在しています．

また軍関係者の述懐によると，海軍に納入されたノバーを蒸着設備のある工廠でわざわざ分解して，加絞め枠からレンズを抜き出し，改めて蒸着加工（浸漬処理未加工品の可能性）を行ったこともあったそうです．十分ではないにしろ，ノバーにとって，

鏡体カバーに表示されていた丸囲み文字のうち，用途別を示した表示は，鏡体カバー（矢印a）から対物キャップ（矢印b）へと移されます．この例は他にもありますが，他社の場合，さらに簡易化が進んで対物キャップ自体が省略されたため，陣傘金物に丸囲み文字を打ったものまであります．矢印cは，規格下方修正マークの(規)．

強酸浸漬あるいは蒸着による反射率低減加工が実用性能を高めたことは，実視からも間違いありません．

50と49

もう一つ，これはノバーに限ったことではありませんが，日本海軍用7×50mmには大きな変更が行われています．それは口径49mm機の出現でした．

海軍用の7×50mm機では，防水性の維持の確実化のため，最外部のあるレンズは金属枠に加絞められていました．しかし，戦場が太平洋，インド洋へと拡大すると，高温の南方戦線では対物レンズの接合に使うバルサムが熱で軟化，ゆるんで気泡が出現したり，筋状や帯状の隙間が現れるといった，いわゆるバルサム切れという現象が多発していたようです．

戦地その場所自体ではありませんが，後方の安全地帯には臨時の補給廠が各方面に置かれていました．そこでは双眼鏡修理も行われてはいたものの，あくまで現場でできる容易な作業に限定されていました．

このような緊急的な状況に対して，すぐに対策がとられることになります．それは，対物レンズ枠の寸法変更をできるだけ行わず，レンズ固定法を押さえ環式に変え，貼り直し作業をメーカーに戻さずに可能とすることでした．そのため，レンズ枠内径にねじ切りを行った場合の寸法的限界として登場したのが，有効径49mm機でした．

この改変指示は，海軍呉工廠付の小野崎誠少佐の意見が採用されたものでした．筆者はこの仕様変更には，歴史的な文献上での裏付けはありませんが，蒸着加工の海軍工廠での実施も見据えていたものではないかと考えています．

ところが，この大きな改変に対して，双眼鏡への表示に関しては，各社の対応はまちまちだったようです．口径を49mmと実測値を表示したものばかりでなく，50mm表示を変えずにそのままの事例もあり，ノバーの表示法は後者でした．口径の変更があれば当然，表示も変更になるはずです．しかし，当時の海軍の双眼鏡類購買規格では，有効径の誤差許容範囲は±1mmであったため，彫刻原版の変更を必要としないよう，従来の表示を続けたものでしょう．

49mmという実測口径が表示されたノバーは，戦後の生産再開期にも登場しています．

英字抜き

以上のような変更を加えながら，軍用品としてのノバーの生産は続けられていきます．戦時中，海軍の双眼鏡類の専門生産工場となっていたのは，大森

戦時中の試作で終わった改良品です．シリカゲルを封入するのは対物側鏡体カバー側で，別金物として設けられた封入部品は，ネジ式で固定されます．そのままとはいかなくても現行品に欲しい機能です．（提供：株式会社ニコン）

駅前の旧白木屋デパートがあったビルでした．元々魅力的な商品が陳列され，来店客の目をひいていたデパートが軍需工場へと変わったのは，端的に時代の流れを象徴しているように思えてなりません．

白木屋の閉店には民生用物資の逼迫，欠乏が原因でした．それが戦争が長引くにつれ，優先的に物資，資材の配分を受けていた軍需産業でも，逼迫状況が深刻化を増していきます．

「足らぬ足らぬは工夫が足らぬ」といった標語が，意味を成さないほど，状況は悪化の一途をたどっていきます．双眼鏡の生産も，昭和19年を頂点として急落するのは他の国内産業と同じで，加工簡易化はノバーでもさらに進められています．その一つの例が，〇囲み文字の表示箇所の変更です．それまでの鏡体カバーから対物キャップへ移されますが，これは実用現場での融通を図ったものとも考えられます．

決定的に目につく変更点は，やはり外装でしょう．最も欠乏が懸念された石油関連の化成品である擬革による貼り仕上げから，粉末状の混ぜ物を加えた塗料による塗装仕上げへと，外装は大きく変更されていきます．この変更は，ノバーの表示で生産された，民生用としての最終ロットの中で行われています．

目につきにくい点の変更箇所では，鏡体カバーの材質が真鍮からアルミへと変わっていることです．真鍮は銃弾用，アルミは航空機用と，いずれも超重要物資であることに変わりはありません．これが，生産量の増加に結びつく改良だったかは疑問が残る点ではあるのですが，入手可能な物資を最大限有効に使用しなければならない時代状況だけは，確かなことといえます．

ノバーの戦時期終末までの総生産数については，残存品のシリアルナンバーから，筆者は60000台に達するかどうかと考えています（Novar表示の民生用も含めて）．既述したノバー6×42mm機に加え，同様の表示方式で1000番台の7×50mm機が現存することから，シリアルナンバーの数値に捨て番はなく，飛び番もないように思います．

その数値ですが，59000番台になると，ついにロゴマークまでもが簡易化の対象となって，NIKKOという社名略称の英字表示が行われなくなってしまうのです．この改変が確認できた製品はノバーだけで，オリオン6×24mm，8×26mmではなかったようです．

一億玉砕，国民総特攻が叫ばれる中，海軍が許諾した簡易化は，生産量向上による徹底抗戦のための戦力維持だったのでしょう．現場の彫刻担当の作業者は，この変更をどのように感じたでしょうか．

シリアルナンバーが59000台になると，いっそうの工作簡易化が進み，ついには社章（ロゴマーク）中のNIKKOという英字表示までもが省略されるようになります．その一方，技術的には蒸着技術より古く，実行が容易な強酸浸漬法による反射率低減処理に関しては，ある程度ですが技術的に安定したようにも思えます．

社内品

ノバー（民生用Novarも含む）の終戦時点までの総生産量については，以上のように筆者は推定しています．この数は日本光学工業が終戦時点までに生産した機種としてのノバー7×50mm機の，いわば下限数値です．

というのも，ここに取り上げた数値は，あくまでも現存する実機の海軍用，海上護衛総隊用，そして民生用を含んだシリアルナンバーから得た値です．同じ光学仕様（目盛板は表示が異なる）でも，同社製陸軍制式八九式双眼鏡については，実機の存在が確認できないため，一切が全く不明状態のままです．変遷をたどり構成すべき同一機種史の，大きな穴となっていることは残念です．

以上の製品は，いずれも官納入品か一般市販品で商品となったものですが，さらに加えてノバーには他に，社内品の存在が知られています．

その一つが鏡体内環境維持のため，乾気充填だけでなく，乾燥剤（シリカゲル）を交換可能として封入機構を付けた，試作品のようなものです．実際は，バルサム切れと同様に，南方戦線で多発した発カビ現象への対策だと思われます．

しかし，この考案は結局，7×50mm機で実用化はされず，もっと重要度が高い大口径の双眼望遠鏡に応用されています．実用化したのは，大口径双眼望遠鏡の生産量向上のための部品共通化の折であって，終戦は，それからほどなくしてからのことでした．

次の例は，試作ではなく実用品でしたが，試作的要素を含んだ個体です．戦時中，軍需品を生産する工場（名称の秘匿化実施，例：皇国xxxx工場）は，軍需管理会社として軍の強い指導監督下に置かれました．会社規模にもよりますが，現役軍人が社内に駐在管理官として駐在し，生産責任者に命じられた社長を介して生産業務遂行を管理していました．

軍の指導は生産に関してだけではなく，緊急時の対応も含んでいました．会社単位，工場単位で防護団が結成され，空襲時の見張り，消火活動，避難退避などの対応でも，軍に管理されるものでした．

日本光学工業のように工場群が分散している場合，それぞれの工場単位で防護団が結成，運営されていました．その防護団で空襲状況の監視のために使われた双眼鏡が現存しています．外観上，商品ではないため機種名の表示はなく，設置工場と備品番号が付けられています．

写真の個体にある，川崎製作所で使われたものであることを示す「川崎特設防護団」の表示は，前線，

ノバー7倍社内使用品．外装を擬革貼りとせず，特殊な塗料で仕上げられた外観に加えて，機種名の表示がないことや川崎特設防護団の表示が，独特の意味を持った個体ということを強く印象づけます．塗装仕上げの外装と共に，キャンバスケースもまた物資逼迫状況を示しているといえるでしょう．片方の革製見口カバーとフィルターは欠落していますが，オリジナルの革と布を合わせたストラップは，大変使い勝手の良いものです．

銃後の区別がなくなった，戦争末期の空襲激化の様子を端的に示すものといってよいでしょう．

それと共にきわめて印象的なのが外装です．物資逼迫化で生産簡易化仕様となっていますが，塗りは混ぜ物を加えた塗料によるものではありません．塗料自体が乾燥硬化する時点で，独特の凹凸の模様状となる，現在でいえば装飾性塗料によったものなのです．国産機でこのような例を他に見た記憶はないのですが，生産簡易化による外装変更の試作的製品でもあったかもしれません．このような対空監視用双眼鏡は，他社でも使用されたことと思いますが，現存事例はこの一個体だけです．

標準仕様

最後に紹介する個体は，日本の双眼鏡史上で重要な役割を担ったものと筆者は考えています．

本格的な戦争状態に突入後，陸海軍を問わず双眼鏡の需要が急増します．その結果，軍用として特に基本的機材である6×24mm 9.3°（十三年式双眼鏡：陸軍），8×30mm 7.5°（陸軍），そして7×50mm 7.1°（海軍用）の3機種のメーカー作成図面が，軍の強い要請によって同業者間に公開されることになります．

これは従来，開発メーカー以外の各社で現品採寸により模造されていた3機種の軍用双眼鏡を，正規の図面によって製作させることで精度を向上させるのが目的です．また一方，新規参入会社の技術基盤にすることもめざしたものでした．図面公開を承諾させられたのは，日本光学工業と東京光学機械という，当時の業界の両巨頭で，日本光学工業は6×24mm機と7×50mm機の両機種でした．この図面公開は，結果的に戦後も長らく影響を残すことになるのですが，本書では，この点はここまでにしておきます．

この公開は実際には図面だけにとどまらず，現品も付けられたものと推定されます．というのもニコンには，ノバーで基本1号と刻印されたものがあり，ロゴマークからは機種開発当時（大正末期）の製品でないことが判断できるからです．No.1は改めて自社の標準機という立場として社内に残され，No.2以降の製品は，各メーカーで図面と共に有効に活用されたことは容易に推定できます．時には外観だけでなく，分解され，その使命を果たしたのでしょう．

戦後，日本双眼鏡業界は世界市場に雄飛して隆盛を迎えますが，その種となった1台は何も語ることなく存在しています．長期間に渡って作り続けられた製品には，歴史的に見れば，これまでに記述されてこなかった事実が多く残っています．その大きな，あるいは小さな一つ一つを見きわめてみたいと筆者は思っているのです．

日本の双眼鏡史の中で，ノバー7×50とオリオン6×24の戦時中の図面公開は，後の時代も含めてきわめて大きな影響を与えたものでした．写真はニコンに残されている基準No.1号機で，おそらく図面公開に合わせて製作された公開用の実物です．業界全体への広く深く長い影響を考慮すれば，単に一社の歴史を語るだけの存在ではありません．
（画像提供：株式会社ニコン）

ゴム製スプレーを具へ，又器械は革製鞄に納められ携帶に便利である（本器の原理については土井式屈折計參照）.

198. 雙　眼　鏡.

（日本光學工業株式會社）

倍率. 望遠鏡に於て遠方の物體の像の觀える視角と，直接その物體の觀える視角との比，即ち對物鏡の焦點距離と接眼鏡の焦點距離との比である.

視界. 望遠鏡の視野は望遠鏡によつて同時に觀望し得る圓錐狀の空間である.

射出瞳孔徑. 對物鏡の接眼鏡による實像が射出瞳に相當し，對物鏡の有效直徑を倍率で除せる商が射出瞳孔徑となる. 故に對物鏡の焦點距離を f_1，有效直徑を D とし，又接眼鏡の焦點距離を f_2，射出瞳孔徑を d，倍率を m とすれば

$$\frac{f_1}{f_2}=\frac{D}{d},\quad d=D\div\frac{f_1}{f_2}=\frac{D}{m}.$$

光明度. 射出瞳孔徑の自乘で表はされる. これに圓周率 π を乘ずれば射出瞳の面積となり，光の量を示す.

浮き上り度. 遠近を判斷する能力であつて，雙眼鏡の兩對物鏡の間隔を兩接眼鏡の距離を以て除し，これに倍率を乘じたものである.

1000 m に於ける視界. 雙眼鏡より物體までの距離 1000 m の位置に於て觀望し得る範圍である.

199. 雙眼鏡・ノバー.

圖 363.（日本光學工業株式會社）

倍　率	6 倍	7 倍	8 倍
對物鏡徑mm	42	50	56
視　界	50°	50°	50°
射出瞳孔徑mm	7	7.2	7
光明度	49	51	49
浮上り度	13	15	17
1000m に於ける視界	146m	125m	110m
高　さmm	148	174	200
幅　mm	195	198	206
重　量g	960	1,074	1,185

本雙眼鏡は携帶用としては極度に對物鏡徑を増大し光明度を増加せるため，夜間の觀望に適する特徴

圖 363. 雙眼鏡・ノバー.

があり，軍艦，要塞，夜間航海，消防見張用として使用される.

200. 雙眼鏡・オリオン.

圖 364.（日本光學工業株式會社）

倍　率	6 倍	8 倍
對物鏡徑mm	24	26
視　界	60	60
射出瞳孔徑mm	4	3.2
光明度	16	11
浮上り度	11	15
1000m に於ける視界 m	175	131
高　さmm	93	100
幅　mm	153	153
重　量g	450	480

圖 364. 雙眼鏡・オリオン.

本雙眼鏡は形體に比し光明度，浮上り度大なるのみならず視界 60° の廣角を有し旅行，狩獵家等一般

オリオンとノバーは，出現当初から軍用として期待された機材で，早くからその存在は注目されていました．昭和6年発行の『最近の精密機械』という博覧会の出品物をまとめた書籍には，オリオンと並んでノバーが見られます．他社製品も掲載されていますが，日本光学工業の場合，オリオンとノバーが主力製品になりつつあることを表しています．

異業種参入の大資本メーカーが示した高品質
東京芝浦電気『東芝』マツダ6×24 9.3°（陸軍制式十三年式双眼鏡）
サイクルマーク 7×7.1°（口径表示なし 50mm，海軍制式双眼鏡）

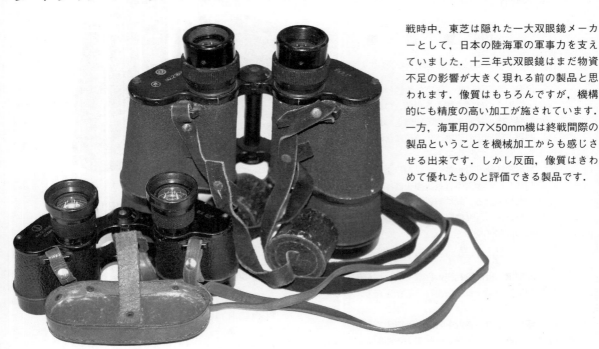

戦時中，東芝は隠れた一大双眼鏡メーカーとして，日本の陸海軍の軍事力を支えていました．十三年式双眼鏡はまだ物資不足の影響が大きく現れる前の製品と思われます．像質はもちろんですが，機構的にも精度の高い加工が施されています．一方，海軍用の7×50mm機は終戦間際の製品ということを機械加工からも感じさせる出来です．しかし反面，像質はきわめて優れたものと評価できる製品です．

隠れた双眼鏡メーカー

日中戦争が泥沼化し，対米英関係が悪化して大戦争の気配が次第に濃厚になってきた昭和14年，電気関連機器の大会社同士の企業合併が行われました．合併したのは，東京電気と芝浦製作所の2社です．東京電気は，国産白熱電球のパイオニアである白熱社の流れを引き，弱電機材や電球が主力製品でした．一方の芝浦製作所は，幕末から明治初期にかけて数々の発明・工夫を行い，からくり儀右衛門と呼ばれた田中久重が創設した，電気機器，機械メーカーでした．

この合併により，新たな一大総合電気機器メーカーが出現したことになります．しかし，弱電機材と強電機器というメーカー同士の相補う形での合併であっても，技術の伝統，本来の社風，主力製品などの違いは，そう容易には克服できませんでした．

結局，合併したそれぞれの会社は，新会社の分社という形をとりました．旧東京電気は，電球などで既に周知されていたブランド，マツダを支社名とし（マツダ支社），旧芝浦製作所は芝浦支社として，徐々に統一を図ることになります．

東京芝浦電気株式会社『東芝』は，本来なら総合電気機器メーカーといえるはずです．その東芝で，意外にも原材料の光学ガラスから製品である双眼鏡までの一貫生産が開始されたのは，新会社設立から間もない昭和15年のことでした．来たるべき大戦争の開始が秒読み段階になっていたこの時期，マツダ支社系統の工場が光学兵器生産のフル稼動を始めたのです．その後，太平洋戦争の開戦もあって双眼鏡の生産品種は，通常の手持ち双眼鏡から大型双眼鏡へと広がります．さらに，双眼鏡類でも特殊機材であった航空機搭載用8cm，10cm双眼望遠鏡や砲隊鏡，狙撃眼鏡，軍用測量光学機器にまで，増加していくことになります．

光の神

現在の各種映像機器などの情勢から見れば，電気産業と光学産業との間には壁はないように見えます．この壁が低くなったのは1950年代末以降のことです．これは60年代の初め，光学機器，特に35mm一眼レフカメラ内蔵の測光機構の開発研究，部品生産に電気メーカーの協力があったことが大きいと思えます．

例えば，世界で初めてTTL開放測光方式の受光系を内蔵した東京光学機械製の35mm判一眼レフ高級機「トプコンREスーパー」，ほぼ同時期その測光機構を受け継いだ普及機「トプコンRE-2」の測光機構は，電気メーカーである東芝との技術提携，生産協力によるものでした．大衆向け機種から始まった電気とカメラの関係は，以後，最高級カメラであっても電子技術は絶対的に必要な技術になっていくのでした．

東芝という電気機器のメーカーが，双眼鏡などの光学兵器の生産に全力で邁進した第二次大戦終結前では，電気と光学に産業上の接点というべきものはほとんどありませんでした．技術的な関連があったとしても，望遠鏡の能力と機械的計算機を合体させたような，きわめて特殊な兵器類が例外的な存在といえるものでした．それも，電気製品の量産方法の基本的なノウハウの光学機器への導入といった程度でした．

しかし，直接ではないものの，旧東京電気（芝浦製作所との合併前）では，電球の国産化の過程で，ガラス材自体の内製化を日露戦争前という早い時期からめざしていたため，ガラス生産に独自の技術を獲得していました．第一次大戦時には，大戦開始により輸入が停止したドイツ製光学ガラスに代わる，国産光学ガラス生産の研究も開始されていたのです．

結局，第一次大戦の終結までに国産光学ガラスの量産化に至ることはなかったものの，広い意味でのガラス製造技術の蓄積は進みました．その後，水晶を溶融した石英ガラスや低膨張ガラスのテレックスといった高品位製品を筆頭に，各種着色ガラスやフィルター用ガラス，赤外線やX線遮断ガラス，紫外線透過ガラスなどの製品が生み出されていくことになります．その点で東芝はいわば隠れた光学ガラスメーカーでもあったのです．

また，電球のフィラメントにタングステンを採用したことで，レアメタルに関連した技術の蓄積も増加します．やがてこの技術の蓄積は，タングステンを重要な原料とする超硬工具の出現にも結びついていきます．こうした画期的な新製品出現の陰には，広範な分野を対象とする，マツダ研究所と名づけられた会社内組織の存在があったのでした．

ところで，元々この“マツダ”の名称は，世界各国のタングステンフィラメントの改良研究を行っている電球メーカー間の申し合わせで決められた，国際間での一種の品質表示のようなものでした．語源はゾロアスター教の光の神，アウラ・マツダに基づく

十三年式双眼鏡の場合，分解すると各部分の精度の高さがよくわかります．接眼レンズ最終面の高さは，加締め加工によって清掃が行いやすくなっています．各部分から加工精度の高さ，確かさがわかり，東芝の光学技術は，結果的に軍の要求水準に十分応えたといえるでしょう．陸軍用双眼鏡の製作は，川崎市の大宮町工場で行われていました．実視野表示は9.3°という日本光学工業型です．

ものでしたが，会社の業務の進展と共に，日本ではブランドネームへと変化したのでした．そして，世界が二度目の大戦の炎に覆われようとした時に，光の神の名前を刻んだ双眼鏡が出現したのです．

白羽の矢

東京芝浦電気が，双眼鏡を始めとする光学兵器の製造に進出したのは合併前の東京電気の時で，昭和11年のことです．基礎体力に優れた大企業による，安定品質を持つ製品の大量生産を企図した日本陸軍の強い要請によるものでした．

当初，同時に選定された大企業は日立製作所でしたが，これまでの経緯から，結局，光学兵器製造の白羽の矢が当たったのは東京電気でした．その一方，日立製作所には砲撃戦での発砲緒元を機械的に計算し確定する，算定具と呼ばれる機械式のアナログ計算機の製造が下命されています．この両社は，共に電気機器製造では技術力に優れた大手企業であり，軍はその発展の余地を持った潜在的な技術力に対して，白羽の矢を当てたのでした．

陸軍からの要請から始められた東京電気の光学兵器の製造でしたが，海軍内部にも高まる光学兵器の需要を満たすために同様の要求がありました．ほぼ時を同じくして海軍からもまた，光学兵器製造という要請が会社に示されたのです．陸海軍双方からの要請を受けて，会社では直ちにマツダ研究所内に光学機器関係者を招聘し，研究開発と試作が開始されました．翌12年には試作工場が作られて研究，試作を始めます．昭和13年，川崎市柳町に完成した新工場の一部と，同市大宮町の分工場に陸軍発注の光学兵器の製作が可能な施設が設けられます．そして，昭和14年の合併を受け，東京芝浦電気の別の顔でもある光学兵器メーカーとしての本格稼動が開始されます（後に，大宮町分工場を加えて川崎支社大宮町工場となる）．

また昭和15年には，専用の光学ガラス生産工場（静岡県大井川工場）の開設によって，原材料から製品までの完全な一貫生産体制が生み出されます．このような原料から製品までの一貫生産体制は，当時，国内の光学産業の例として数えられるのはわずかに日本光学工業だけであり，特筆すべきものでした．

海軍の要求に対しては，新たに山梨県甲府市に新工場が建設され（甲府工場），昭和17年6月から生産が始められています．この工場内の建屋一棟は，豊川海軍工廠派遣工場とされていますが，技術支援，交流などだけでなく，補完的な生産も担当していたと思われます．

大戦末期に至ると，東芝の光学工場は8箇所と増えます．さらに光学専門の外注先として育成した甲府工場近隣の興亜光学といった工場でも，部品製造や完成品製造で量産が行われて東芝製の軍用双眼鏡が生み出され，陸海軍の需要に応えています．

双眼鏡製品は，陸軍制式十三年式6×24mm 9.3°を始め，海軍用では定番といえる手持ち機材7×50mm 7.1°，機上用としては手持ち双眼鏡5×37.5mm 10°や15×80mm 4°，3枚玉F3.5短焦点の15×100mm 4°（共に

もともと日本陸軍では，将校用手持ち双眼鏡は私費購入品でしたが，太平洋戦争の開戦によって官給品に変更されます．私費購入希望者には，私費購入品を㊙で表示した双眼鏡が渡されることになります．電球と同じマークが付いた双眼鏡を使用した将校はどう感じたでしょうか．意外とは思ったかもしれませんが，失望がなかったことだけは確かだと思います．

直視型，機内懸吊式）に及んでいきます．中でも，海軍航空技術廠で開発された5×37.5mmの生産を民間企業で担当したのは，東芝の他には，日本光学工業，東京光学機械，富岡光学機械製造所，高千穂光学工業，千代田光学精光，昭和光学の6社だけでした．また，15×100mm 4°の短焦点3枚玉双眼鏡もほぼ同様（日本光学工業製は未確認）という事実からすれば，敗戦時まで双眼鏡を始めとする各種の光学兵器で，東芝の果たした役割は大きかったといえるはずです．白羽の矢が陸軍に続いて海軍からも飛んで来たのも，当然のことでした．

しかし，その絶大ともいえる存在は，敵の英米などの連合国軍にとっては日本本土の重点攻撃目標でした．川崎市所在の大宮町工場は，終戦間近に3度に渡って大規模な空襲を受けますが，損害は建屋面積の20%程度の焼失被害でした．甲府工場の場合，状況は絶望的にまで悪化してしまいます．昭和20年7月6日の空襲で工場施設の焼失は95%という，ほぼ壊滅状態となったのでした．わずかに残ったのは，社宅と一部の製品だったと記録されています．

その後の敗戦によって，東芝と光学機器の直接の関係は，電気製品への本業回帰ということで断絶したかのように見えました．しかし，実際にはそうではありませんでした．光学ガラスの生産に従事していた静岡県の大井川工場は別会社となります．そして東芝本体から離れ，帝国化成工業として双眼鏡用の素材光学ガラス，写真用ガラスフィルターなどの生産を再開し，後には東芝化成工業とさらに社名を変更します．そのガラス製品は，レンズそのものではありませんでしたが，光学機器製造業の視点から見れば，双眼鏡メーカーにとっては頼もしい原料供給元でした．またユーザーサイドの視点からなら，写真愛好者にとっては撮影の必需品として，東芝系列の東芝写真用品から，マツダブランドを付けて，市場に供給されていきます．

さらに一時期ではありましたが，1970年代，東芝グループには東京光学機械株式会社（現：株式会社トプコン）という，有力な光学メーカーが参加することになっていきます．その端緒はカメラに導入されたCdS受光体を始めとする電子技術でした．初のTTL開放測光機能を持つ35mm判一眼レフ「トプコンREスーパー」誕生の背景には，スリットを設けた可動反射鏡の背面に置くことが可能な，軽くて薄く，強度の高い高性能な受光素子の開発がありました．それには，東芝の電子技術の関与があったのです．長い時間はかかったものの，光学と電気の壁はついに取り払われ，新たな局面を切り拓くことになったのでした．

海軍用の手持ち双眼鏡，双眼望遠鏡は，新設された甲府工場と隣接した興亜光学で生産されました．興亜光学はもともと水晶製品の研磨工場でしたが，光学機器製造へと転進し，東芝を支える重要な外注先でした．この7×50mm機には表示はありませんが，海軍用の目盛が入っています．より重要度が高く工作困難な双眼望遠鏡は，東芝甲府工場が直轄作業として行っており，7×50mm機は興亜光学製かもしれません．

サイクルマーク

話題がずいぶん先に進んでしまいましたが，話を双眼鏡に戻すことにします．東京芝浦電気製の双眼鏡には，当初，電球などに付けられていたことから周知されていた「マツダ」のロゴが付けられていました．筆者は「マツダ」マークが付けられた6×24mm機（陸軍制式十三年式双眼鏡）と，それとは異なるマークの大戦最末期の7×50mm機（海軍用）を所蔵しています．ところが，7×50mm機にあるのは，見るとすぐに東芝製品をうかがわせる「マツダ」のマークではありません．こちらは戦時中，「マツダ」マークが軍国思想と反ユダヤ思想の影響から，たびたび誤解を受けていたことで，昭和18年12月にやむなく改めた，“サイクルマーク”と呼ばれるなじみの薄いマークです．

十三年式双眼鏡は，中心軸の対物側に㊙のマークがあることから，太平洋戦争開戦後，それまで個人購入品だった陸軍将校用双眼鏡が官給となって以降の時期の製品と思われます．外観からいえば，ガラス部品，金属部品のいずれも仕上げは良好です．それに相まって像質も良く，光学企業ではないものの，東芝の光学技術の高さをうかがわせる出来となっています．

一方のサイクルマークの7×50mm機ですが，6×24mm機とは，技術的に大きな差が存在しています．この双眼鏡は海軍用品ですが，生産時期は前者が大戦前半以前，後者はその特色から大戦末期で，時間差でいえば最大でも3年ほどの違いとなるはずです．この3年ほどの間で見られた技術上の発展は，両機を比べた場合，鏡体の鋳造がそれまでの砂型鋳物から精密度の高いダイキャストとなったことです．また，大戦末期の製品であることは，外装仕上げが擬革貼りではなく塗装仕上げであることから判断できます．塗料は繊維状に熱収縮する物質，例えば木材チップカスやコルク繊維などを混入，焼き付けられており，一応滑り止めにはなっています．これは大戦末期に化成品類の欠乏が起きたことへの対処でした．

大戦末期とはいえ，さすが像質は東芝製ということで良好です．ただ外観を少しくわしく見てみると，意外なことに気づきます．それは金属部品に関したことで，本来なら鏡体カバーを止めるビスは丸頭なのですが，筆者所蔵機では内部に使われるような丸平頭となっています．また内部を観察すると，プリズム押さえのバネ板も，よりプリズムサイズの大きいものに使われるはずのものを切断して使用しています．そのため，十字架とも呼ばれるプリズム押さえ金具は，プリズムの稜線から外れた状態になっています．これは一箇所だけですが，全体的には他にも他機種からの部品転用や金属加工技術の低下が，目に見える形でいくつか現われているのです．

生産簡易化は陣笠の眼幅表示文字にまで及んでいますが，これは生産時期が終戦間近ということを思わせます．目盛は入れられていますが，「目盛入」という表示はありません．

一般論として言うならば，この時期の国産双眼鏡を見た場合，製造技術全体で見れば後になればなるほど，つまり敗戦に近づくほど，程度に差はあれ，何がしかの技術力の低下が見えてきてしまうのです．その原因の一つは，民間各社では徴兵などによって技術的に核となる人材が抜けたことです．そして，その穴埋めの形で労働力として導入されたのが生産現場に不慣れな学生で，特に低年齢の女子学生の動員により，生産力に低下現象が起きていたのでした．

ところで筆者所蔵機は，外観から見た場合，ほとんど使われた形跡がないことは，入手当初から不思議に思っていました．オーバーホールの結果から考えて，検査落ちした個体ではないかとも思えるのです．あるいは，工場が壊滅的被害を受けた昭和20年7月6日の空襲で，奇跡的に残った部品を組み合わせて組み立てられた個体かもしれません．

ともかく製造から70年ほども経過していますから，当然グリスは枯れており，可動部も潤滑に動くものではありません．本機の場合は，中心軸周りの清掃とグリス再充填でも円滑な動きとはなりませんでした．眼幅合わせのための開閉運動にギクシャクした感じが残るのです．その原因は，右側鏡体に行われる中心軸外筒のねじ込みが不充分で，外筒と鏡体の密着した接触面が構成されずにわずかな隙間が生まれていることです．鏡体と外筒はピン止めされているものの，開閉運動で外筒がわずかに引きずられて動くことから起こるものでした．

おそらくこのことは，組み立て当初，ピンの固定が堅かったため問題にならず，その後に開閉運動を繰り返すことになったことでピンが緩み，開閉運動に円滑さがなくなったと思われます．そのため検査に合格せず，おそらく一時的に社内保管品となったのかもしれません．そうであれば外観の綺麗なものとして残った理由もうなずけます．また空襲で大被害を受けても，必死の作業で業務を遂行した担当者の，何とか組み立てることができた，苦難に満ちた製品とも思えます．

ところで双眼鏡として本機のこれからを考えれば，この状態を放置しておくことは最悪の場合，中心軸部に噛みつきのような事態を生む可能性があります．そこで原初の状態ではなくなるものの，2箇所の固定ピンを除去して外筒の締め直し・再度の固定を行いました．これで本来の円滑な動きとなりましたが，歴史的に見てこれが正しい処置であったかの判断は，後世に委ねなければならないでしょう．

収集には，適切な保管と修復，調整が必要ということだけではなく，歴史の一面をどういう『覚悟』を持って残すかということを痛感させられた機材として，サイクルマークの7×7.1°機も筆者にとって忘れられない個体となっています．

技術的に見ると7×50mm機ではダイキャスト化が行われています．対物レンズの固定法もネジ環式になって，表示はないものの，有効径は49mmです．このことは外装が砂目塗りであることに合わせ，終戦間際の製品であることの証明となります．

造艦工作を行わない日本海軍の工廠が生み出した双眼鏡
日本海軍豊川海軍工廠光学部　7×50　7.1°

豊川海軍工廠光学部製7×50mm機の特色は，鏡体カバーに重量と製造年月の表示があることです．重量は1.2瓩（kg）の表示より軽く，フィルターの収納ができる革製の見口カバーを含めても1120gですが，戦況の深刻化，物資の窮乏と共に，革製品はキャンバス製へと質の低下が起きています．像質は良好で，結像性能は平坦性が高いことが特色であり，同時期の国産品中優位にあるのは間違いのないところです．

計画立案

日中戦争が始まったことで，軍需光学機材（光学兵器と，民生用品を軍用に転用したもの）の需要は大幅に増加します．その結果として，陸海軍それぞれが独自に需要量を確保するため，メーカーを囲い込むような事態が起こります．

メーカーとの関係を深めることに先行していた陸軍では，八光会という団体を組織して必要量の確保に努めます．これに対し，より大型でかつ高精度の艦艇搭載用機材を必要としていた海軍側では，陸軍へメーカーの生産能力の分与を強く申し入れます．その結果，メーカーの既存生産能力をそれぞれ5割ずつ利用することで，一応の決着が図られることになります．

しかし，大幅な軍備増強計画（一番艦を「大和」とする③（マル3）計画とそれ以降の各計画）により，今後，完成を迎える艦艇に搭載する機材の必要量を確保する見通しは立てにくい状況でした．海軍内部では，光学専門の工廠の設立が論議され始めますが，問題になったのはその設立場所でした．

海軍の光学関係者は，立地条件を勘案して技術，人材などの供給が容易な東京周辺を強く要望していました．ただ，予算上の問題などもあったことから，昭和11年に設立が決定していた光海軍工廠（山口県光市）か，豊川海軍工廠（愛知県豊川市）のいずれかの既存の施設の利用となりました．そして決着したのは，当時，東洋一と称された銃器弾薬工場が既に稼働を始めていた愛知県豊川市所在の豊川海軍工廠でした．

同時期の海軍には，艦艇の新造，補修を主任務とする横須賀，呉，佐世保，舞鶴の4大海軍工廠がありました．それぞれには規模に多少の差こそありましたが，双眼鏡，望遠鏡類を主とした海軍用光学兵器の生産施設が既に設けられていました．これら4大海軍工廠の光学工場はもともと，艦艇搭載用光学兵器（望遠鏡双眼鏡類，基線長の短い測距儀，潜望鏡）の限定的な現場補修から始められたものでした．そのため，数量的には多くないものの，結果的に技術の蓄積が起きたことで，一応は望遠鏡，双眼鏡類の製造も可能となっていたのです．また，航空機関連の技術開発を担当していた海軍航空技術廠（空技廠）でも，本来の業務は航空関連分野に限定されたことから，さらに生産量は少ないものの同様の工場設備が設けられ，稼動していました．

立ち上げ

豊川海軍工廠が，一部限定的に稼働を始めたのは昭和14年でした．ただ光学工場の建設はずっと遅れ，実際に着工となったのは昭和16年12月の日米開戦のちょうど一週間後でした．ここでは工場設備の建設開始と共に，直ちに技術指導的立場の人員の募集，工作機械の入手が進められます．工場建設は昼夜兼行で行われ，幹部工員の充足は，既に稼働していた各海軍工廠からの人員移動で対応したのでした．

ところが，工場設備の設置で問題となったのは，開戦により外国製，特にドイツ製の優秀な工作機械の入手は絶望となったことです．精度上から最良品の入手は望むべくもなく，やむなく入手可能な国産の工作機械を活用しなければならない状況でした．

豊川海軍工廠光学部は分野別に設計，機械加工，化学，木工，研磨，硝子（熱処理），組み立て，調整などの現場に分かれて組織されます．そして実際に現場が動き始めたのは，昭和17年6月になってからでした．急造と戦時下の物資入手難のため，工場設備はかなり多くが木造で建設されることになります．

豊川海軍工廠で製作された光学兵器類は，大別すると4種になります．それは各種海軍用双眼鏡，測距

生産簡易型は最末期の軍用双眼鏡に出現する形態です．対物部のキャップ金物の省略例は見たことがありますが，中心軸外筒のネジ止め（矢印の2箇所）はこれまで未見の工作法です．

儀類，小型潜望鏡，それに航空機の速度，方向を機上から地上目標によって測定する偏流測定器でした．双眼鏡は，最も需要が多い7×50mm 7.1°を手始めに製作します．そして，架台に装架される7.5×60mm 8° 高角45°型，15×80mm 4° 直視型と高角70°型，20×120mm 3° 直視型と高角45°型へと，種類と生産量を増やしていきます．

生産能力は昭和19年末時点の月産数で，60mm高角型85台，80mm直視型20台，80mm高角型100台，120mm直視型30台，120mm高角型110台となっていました．より生産の難易度が高い高角型が多いのは，当時の用途別重要度の反映で，戦力の中心が航空機に移ったためでした．また，当時の日本のレーダー技術の水準は低く，それを補うことが，双眼鏡類の生産に現われたからといえます．

この生産能力は当時の状況下で，双眼鏡だけに限定するならば，日本光学工業や東京光学機械という国内2大メーカーに匹敵するほどです．作業現場では昼夜2交替制で生産が行われていましたが，これは当時としては特別なことではありません．短期間での大幅な生産能力の上昇の要因は，徹底した現場実務教育とマニュアル作成による工員各人の技術の向上，生産効率上昇のための適切な治具工具の開発と装備などがありました．それに，当時としては実行前には大きな危惧が持たれていた，光学ガラスのプレス加工を大幅に取り入れたことによります．

大型双眼鏡の対物レンズは，従来からプレス加工による歪みの発生が，特に問題視されていました．これはその後，倍率など製品仕様を勘案しての適切な使用という条件をクリアするなら実用可能なことが見出せたため，実行に移されました．その結果，材料と加工数の削減が進んで，短期間での生産量の向上に直結したのでした．

太平洋戦争の戦局が決定的に不利になる前，豊川海軍工廠光学部では，より高度な生産技術が必要とされる各種機材に生産の重点が向けられていました．それが変わってきたのは，絶対国防圏の破綻以降，日本の敗色が濃くなってからでした．

その後も航空機用の光学兵器，対航空機用の光学兵器の生産は継続，増産されていました．しかし，艦艇搭載用の大口径双眼鏡よりも特攻隊，特攻兵器で使われる手持ち双眼鏡や小型潜望鏡へと主力製品が移行していったのです．

これまで，7×50mmの生産量の推移を示す資料を

ダイキャストは本来ならば追加加工されるべきではないのですが，プリズム組み込みのため，内壁部分の一部にフライス加工（矢印a：地金露出部分）が行われています．実際の組み込みでは余裕が本当にわずかで，プリズムの破損が懸念されるほどです．また，鏡体カバーの内側になる立ち上がり部分外周（矢印b：地金露出部分）の切削も，確かな技術がなければ容易く行えるものではありません．

目にしたことはありません．そのため，推定の域を出ませんが，筆者の手元の機材のシリアルナンバーなどから推定すると，月産は平均的に行われたのでく，戦況を反映していたようです．沖縄が戦場となって以降，有効な攻撃手段は皆無に近くなったことから，特攻隊の出撃が定常化し，その動きに従って急速に増加したように思われます．電波兵器の開発，配備が遅れたことから，敵の動向を探知する手段が実質的にない有人の小型特攻兵器では，双眼鏡の装備が唯一有効な手段となっていたためでした．

例えば魚雷艇の場合も同様で，終戦直前には特攻兵器として整備が進められていました．乗員は10名で，半数の5名が直接戦闘に携わる戦闘員でしたが，必要とされ装備される双眼鏡は7×50mm機3台であったという，旧搭乗員の回顧談が残されています．

形を変えて

いわばゼロから出発したといえる豊川海軍工廠光学部は，徴兵と同様に強制的に招集される徴用工員の増加，見習い工員の養成など，人員数も急速に生産量と同様，大きく増加していきます．豊川海軍工廠は日本海軍の重要拠点でもありましたが，それは敵である連合軍にとっても同じでした．豊川海軍工廠は日本敗戦の8日前，昭和20年8月7日，米軍のB29爆撃機110機の波状攻撃にさらされます．工廠の建築物など設備の被害も甚大でしたが，それよりも人的な被害は目を覆うばかりでした．周辺の学校から勤労動員されていた男女学生，民間人も含めて，死者は2千数百人に上る悲惨な状況が現出してしまったのです．

従業員数約4500人の光学部の死者は126人で，また光学工場の設備の被害自体もそれほど大きくはありませんでした．復旧準備中に，戦争は日本の敗戦という結果を迎え，豊川海軍工廠光学部の業務は終了したのでした．

日本の敗戦は日本軍の消滅でしたから，日本海軍の組織である豊川海軍工廠も消滅しました．しかし，豊川に集められた人材と，その人々が持つ技術は，形を変えて存続することになります．それは輸出を前提とした民生用光学機材の生産でした．

その一つが，カメラメーカーの千代田光学精工（後のミノルタカメラ，現：コニカミノルタ）の豊川工場設立です．いわば関西地区で戦災を受けた工場の新規移転先ともいえます．そこに豊川海軍工廠光

1100番台機（上）の製造は昭和19年4月です．11000番台機（下）に製造時期の表示はないものの，徹底的な増産が行われたことがわかります．両機を比べると，下の機材の場合，技術進歩ではコーティングと鏡体のダイキャスト化が行われていますが，戦局のよりいっそうの悪化で，光学部品以外の金属部品は技術低下が起こったことがわかります．

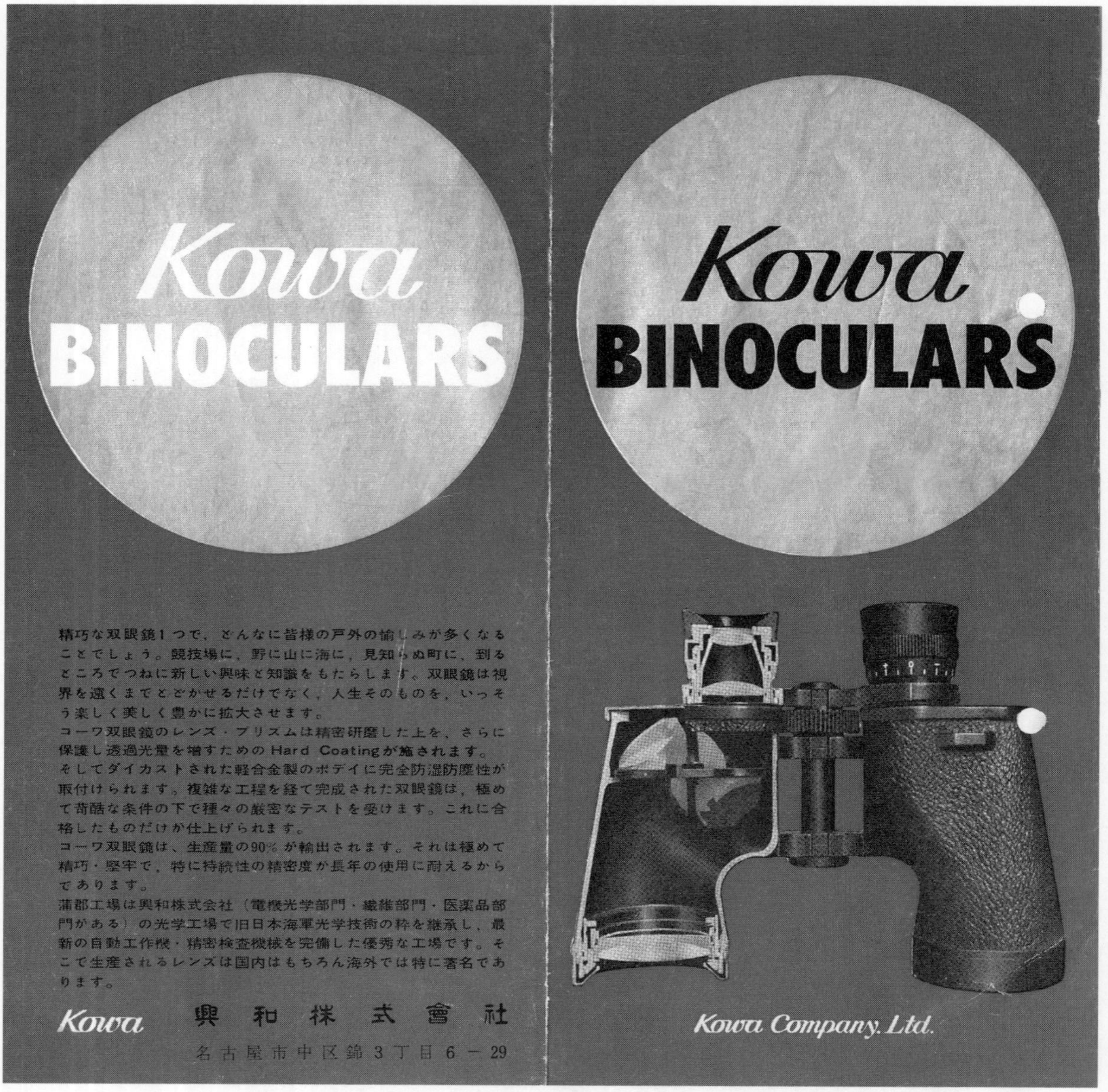

昭和40年代初めの興和の双眼鏡カタログには，光学技術の源泉が豊川海軍工廠光学部にあったことが明記（左下の解説文の下から4行目）されています．

学部の設備，人員，技術が合流し，戦後復興の中でミノルタのカメラ生産の屋台骨を支えることになっていきます．

他方，新規参入のための技術的基盤となったのが，興和の事例です．同社の本業は元々繊維製品で，戦後になってから医薬，光学電機と多角化を進めます．両方の分野の基礎技術を持った人たちは，いずれも軍関係出身者で，光学部門の基礎を固めたのは豊川出身の技術者たちでした．興和の光学工場は豊川の近くにあり，生産は双眼鏡から始まったのでした．

光輝

豊川海軍工廠光学部は，海軍の内部に設けられた光学工場では，生産量から見た場合，最大でした．そして質的にも良好であったことは，実際に双眼鏡類を実視するとよくわかります．

例えば7×50mm機は，海軍用双眼鏡としては最も量的に生産されています．像質は視野中心部と周辺部の差が少なくて均等性が高いだけでなく，中心像もまた十分鮮鋭で，戦時期の国産双眼鏡のうちでは専業メーカー製品に十分対抗できるものです．

また，海軍が技術的に主導した形となったレンズ，プリズムの透過面への増透皮膜の蒸着加工も，最末期の豊川海軍工廠光学部製7×50mm機では，一応，実施されています．

同所製7×50mm機の筆者の所蔵機は2台あります．最末期製品とも思われるシリアルナンバーが10000台初期の個体は，増透皮膜の存在により，昭和19年4月製の1100台終わり近い個体に比べ，より見えの良い双眼鏡となっています．

その一方，10000台の製品が最末期製品であることは，各部分の構造からもわかります．それは，生産簡易型に移行されているためです．例えば，従来は加締められていた対物レンズと接眼レンズの眼側（覗き玉）は，ネジ環による固定式となっています．また，全体として金属部品も点数の削減が図られているため，対物部にキャップといわれる保護と装飾用の被せ金物はありません．対物枠はエキセン構造のままですが，その押さえ環とレンズ枠の直径差（内径差）は油土の充填で整形しています．

金属部品の点数削減は，他社でも例はあります．しかし筆者が実機を分解して驚いたのは，本来ならば鏡体の羽根と呼ばれる部分にピン止めされるはずの中心軸外筒までが，生産簡易化によってネジ止め（外部からは見えない状態）となっていたことでした．

また見えない部分では，プリズム傾斜調整に使われていたのは廃紙の切片，それも，色合いからして青図ということもうかがえます．このことは物資の逼迫，欠乏が，もはや実質的には限界状態に近づきつつあることの証明のようにも思えます．

時期的に見ると当然ですが，鏡体製造法も変わっています．1100番台機が砂型鋳物であったものが，10000番台機ではダイキャスト化されています．材質も経験から良好ということがわかりました．というのも，10000番台機では強い衝撃を受け，鏡体カバーだけでなく，鏡体自体も変形した端面部分がありました．通常，鏡体のこのような凹みは補修作業では叩いて直しますが，材質が不良の場合，アルミ合金に粘り気がなく，ちょっとした打撃でも容易に割れてしまうのです．しかし結果はほぼ復旧できたことから，材質が一定水準以上であったことが判断できたのです．

その一方，ダイキャストで精密に鋳造されていても，プリズムの組み込みのために鏡体内部にはフライス加工が行われるなど，生産現場では対応に苦慮しているような状況をうかがわせる事実もあります．同様に鏡体カバーの接眼部が組み入れられ，“返し”になり鏡体に嵌め込まれる部分を外周削りしているなど，発生した困難を，名人芸で乗り越えるような加工すらあります．

以上のようなことから見れば，組織として豊川海軍工廠光学部には人材と技術があったと言えるはずです．それはその後，技術の継承者であるミノルタのカメラ，そして興和の双眼鏡，望遠鏡類が，広く世界各地へと豊川から飛び立っていったことからもうなずけるでしょう．

豊川海軍工廠は消滅してしまいましたが，その技術は，形を変えて光り輝いたと言えるのではないでしょうか．豊川海軍工廠光学部の所在地の地名には，字（あざ）として「光輝」という地名が見られます．

補修技術から完成品製造へ
海軍の現業組織の7×50mm機2機種
日本海軍呉海軍工廠製 7×50
佐世保海軍工廠製 7×50

海軍の現業組織である海軍工廠で，双眼鏡を生産したのは，光学専門工場を有する豊川，造船所を中心とする横須賀，呉，佐世保，舞鶴，そして航空機関連の航空技術廠でした．光学的な性能は一緒ですが，各製造所の製品は全く同じ型で生産されたものではないようで微妙な違いがあります．製造所の表示は，豊川が豊光あるいは豊廠，以下，横廠，呉廠，佐廠，舞廠，空技廠（後に組織改編で一技廠）と表示されています．

技術保持の必要性

日本海軍が光学機材，銃弾等の一貫製作工場として愛知県豊川市に設立した豊川海軍工廠は，手持ち双眼鏡から大型の直視型，高角型双眼望遠鏡，小型，中型測距儀まで生産可能な本格的大工場でした．既存の大規模な造船所である，呉（広島県），横須賀（神奈川県），佐世保（長崎県），舞鶴（京都府）の4箇所の海軍工廠でも，日中間の戦争が激化する昭和12年頃から，急速に需要が増加し始めた双眼鏡類の生産を，業務の一環として始めることになります．

この4（造船）工廠が設けられた港湾には，日本海軍が艦船の運営を行うための地方部署，「鎮守府」が置かれていました．海軍の艦艇はそれぞれいずれかの鎮守府に所属していたため，艦艇の新造と運用は表裏一体で，誕生地が即本籍地ということも通常のことでした．

海軍艦艇の新造，修理，改修作業は，もちろん民間の大規模な造船所でも行われました．しかし民間造船所の場合，艦艇修理で搭載されている光学機材の修理，調整作業を行うことは，技術，設備，人員の面からも困難でした．結局，民間の造船所で建造された艦艇でも，海軍工廠では艦艇に搭載される光学機材に関して，何がしかの作業を追加で行う必要がありました．

しかも種類が多く，高い精度を要求される艦艇搭載用光学機材はなおさらでした．修理，調整を光学企業に外注するとしても，当時の日本の光学産業のほとんどが集中していた東京からは，横須賀を除くその他の工廠は遠く離れていました．

そのため技術的に極端に高い精度の要求や，超大型の機材を除き，一通りの光学機材の製作，調整技術を各工廠内部に保持することは，ぜひとも必要な

呉製の外観上の特異点は接眼部周囲（矢印）にローレット加工がないことです．また中心軸を支持する鏡体羽根部の乾気充填のネジ4箇所もありません．わずかに残る鏡体の粉体混入塗料から，戦時中の生産簡易型と思われますが，現在のところ詳細は不明です．視野の表示は7.1°です．

ことでした．しかも艦艇の運用中に破損したレンズ，プリズムといったガラス製品を原形通りに再製作するために必要なのは，製造会社と同等の技術水準を保持することでした．

その主な技術の供給先になったのは，海軍用光学機材の生産のため大正6年に設立された日本光学工業株式会社です．海軍の組織，あるいは担当者の個人的関係を通じて，同社とはいろいろな技術交流が行われたのでした．

海軍工廠の光学技術が高かったことは，高い技術を持ったメーカーとの間で，有効に技術交流が行われたことに起因します．4箇所の海軍工廠間で比較的順調に技術，情報の共有化が行われたことも，その原因にあげられると思われます．

砥石と紅柄

一方，巨大な組織としての日本海軍の工廠の中でも，呉工廠の存在には特別なものがありました．本項では，呉工廠がその後の日本の光学産業や電子産業に興味深い影響を与えた事例を書かなくてはならないでしょう．

日中戦争開始以後，双眼鏡など工業的なレンズ類の生産は上昇の一途をたどっていきます．しかし，従来は輸入で賄われていた資材の国産化が行われる前に，大戦に突入してしまいます．そのため光学用資材の紅柄（弁柄：ベンガラともいわれる），砂掛け用エメリー，カーボランダム，芯取り用砥石，レンズ貼り合わせ用バルサムなど，外国依存の物品の輸入には大きな陰りが現れることになります．

佐世保工廠の製品では，外観上は通常の海軍用機材と全く同じで，省略箇所は存在しません．特異的なのは，部品の中で現物合わせ加工したと思われるものには，シリアルナンバーと左右を表すと思われる表示（矢印）がされていることです．視野表示は7°10′と呉製と同じではありません．

昭和16年の日米開戦後，早速，呉海軍工廠砲熕部小野崎誠少佐が中心となって，関連の物品の在庫と国産化の調査が行われます．その結果，特に紅柄と芯取り用砥石の国産化は急務という実態が浮かび上がってきます．

海軍では，呉工廠光学工場の小野崎少佐を紅柄と芯取り用砥石の国産化の担当としました．小野崎少佐は，早速，地元企業を選定することになります．そのことと選定された企業の努力が，それぞれ結果的に良い方向に連鎖して，比較的短期間に紅柄と芯取り用砥石の国産化に結びつくことになります．ただ，国産化がそれぞれ一様に，円滑に行われたわけではありませんでした．

芯取り砥石は地元，呉に金属用砥石のメーカーがありました．製品としては未経験ながらも光学工場の現場作業を見学，試行を重ねて，砥石見本の受領から約3ヶ月後には実用品の生産が始まり，各社の要求に応えられる態勢が生まれます．

一方，紅柄の場合は，製造過程の焼成作業は同じようでも，原料が入手しやすい硫酸鉄と，研磨力に優れてはいるものの入手しずらい蓚酸鉄がありました．国内では，日本光学工業が社内で蓚酸鉄を自家製造していましたが，社外への供給は量的に困難な状況でした．そのため原材料の入手容易な硫酸鉄系ということで調査が行われました．幸い，やはり呉に近い広島県内に「轡(くつわ)印ベンガラ」の商標で，江戸時代・文政年間創業という紅柄メーカー，戸田工業株式会社という会社が見つかります．

同社の紅柄月産量は，昭和10年頃には8トンに達していました．ところが紅柄とはいっても，製品は塗料用の顔料，建築用塗料，陶磁器の釉薬などでした．製造委託のため，アメリカ製のAO（American Optical社）の紅柄を見せられた社長は「こんな色の悪い紅柄は塗料としては出せないし，作ったこともない」と答えたとのことです．この社長の反応に，呉工廠の小野崎少佐は前途多難を予想したのです．

それでも，地元の広島高等工業（旧制高校）教授の技術指導などが功を奏し，紅柄自体は研磨用として実用段階を迎えることになります．戦時中だったために，原料の調達は北九州の製鉄工場で鉄板の錆び落としに発生する希硫酸洗浄後の廃液中の沈殿物を転用することになりました．これにより原料供給の問題は払拭されたのでした．

ただ，戸田工業では，それまでの製品では問題にならなかったことが発生しました．工場設備上から，粒子調整，乾燥時に塵埃が混じり，研磨中に傷を生じさせることが起きたのです．そこで，製造工程では乾燥作業を行わず，ゾル状態で瓶に密封されて，各光学メーカーへ送られることとなります．

そしてこの研磨材には「美光」の名称が付けられ，日本の光学産業を支えることになっていくのでした．

転身

戦争という緊急事態下，研磨材の国産化には成功しました．しかし，「美光」は1950年代，研磨作業の主役の座を渡すことになります．それは，研磨力が強く，作業環境を赤く汚すことがなく，紅柄に比べ温度変化に比較的鈍感な酸化セリウムがアメリカから導入されたためです．しかし，研磨中の傷防止のため必要な紅柄中のシリカ，粗粒物を除去する技術を入手したこと，また硫酸鉄焼成で発生する亜硫酸ガスへの対策が得られたことは大きな収穫でした．

それに戦時中，マグネタイトが電波吸収材として開発されたり，フェライト材料（磁石素材）の実用化などの技術進歩もありました．これらの技術進歩も取り入れることで，戸田工業は現在屈指の磁性粉末材料のメーカーとなり，公害防止技術を持つまでに変身したのでした．

かつて呉工廠の小野崎少佐の目には，硫化鉄鉱の焼成から紅柄の生産までの作業が，周囲の自然物の全てを利用して行っていたために，野に臥す全くの原始産業に見えたとのことです．ところが，時代の推移は戸田工業を大きく変えただけではありませんでした．戦後多くの軍出身の光学技術者は，光学工場経営，光学設計，レンズ研磨技術者として日本の光学産業の裾野を拡げ，頂きを高めます．そして自分自身の姿だけでなく軍用技術を民生用へ変えていくのです．小野崎少佐も戦後，岡谷光学機械の社長職を始めとして，日本望遠鏡工業会（合併前）の会長として活躍するのです．

皇紀2602年（昭和17年）に制式採用された
砲隊鏡と手持ち双眼鏡の明暗
日本陸軍制式二式砲隊鏡 8×26 6° 日本光学工業製造
日本陸軍制式二式双眼鏡 8×30 7.5° 日本光学工業製造

二式砲隊鏡．明治以降終戦まで日本陸軍が採用した砲隊鏡は6機種ありますが，本機は最も遅く，昭和17年に制式化されたものです．同種の機材の中で口径は最小，接眼レンズはケルナー型になっていて，量産性，配備数量確保の観点がうかがえます．二式砲隊鏡では，立体視効果を高めるために大きく対物間隔が広げられるよう，中心軸は接眼部に近接しています．砲隊鏡は機種によっては潜望機能だけを重視した機材もあり，このような機材では中心軸は対物部分近くに設置されています．また本体が比較的軽量で倍率もそれほど高くないことから，手持ち操作を考慮したストラップ取り付け部分が設けられています．眼幅表示は63mm状態です．

重要なもう一つ

近頃は，ダハプリズムを採用し，携帯性を重視したコンパクトな形状で，少し高めに設定された倍率の機材が手持ち双眼鏡の主力製品になってしまったように思えます．かさばることがないのは，実用上大変好ましいことではあるでしょう．その反面，コンパクト化したことの影響によって，双眼鏡の光学的な機能自体に高倍率化という結果を与えてしまっているようにも見えます．

双眼鏡には遠近感の強調という能力があり，この能力は接眼レンズ間隔が一定の場合，対物レンズ間隔と倍率に正比例する関係があります．この立体視効果とも呼ばれる能力をある水準に保った場合，コンパクト化による対物レンズ間隔の減少は，倍率の増大で補う必要があります．

このために，高倍率化という製品動向が生まれてくるのでしょう．また，高倍率化にはピント位置の厳密化ということも起こります．ピントがはずれることで感知できる遠近感が増加することも，やはり高倍率化の原因の一つになっているかもしれません．

ただ，いくら左右対物レンズ間隔の増大が，立体視効果の増加に直結するとはいっても，通常のポロプリズムシステムでは限界があります．対物レンズ間隔が最大になるように各部品のレイアウトを決定しても，通常の手持ち双眼鏡に，極端に大きい立体視効果を期待することはできません．

このような条件下で最適化を行って生み出されたのが，ポロⅡ型の変形と考えられるプリズムです．これは，基盤になる大きな直角プリズムに本来は接着される二つの小さな直角プリズムのうち，一つを接着せず，反射面の方向性を変えることなく基盤から大きく離して設置したものです．形状が左右で線対称になるため，接着時だけ左右用を別個に加工する必要があり，作業手順は当然多くなります．

もちろん，同じ形状の直角プリズム二つからなるポロⅠ型でも，最初に光線が通過するプリズム（第1プリズム）の反射面の方向性を変えずに二つの直角プリズムに分割し，離すことで，同じ働きが可能なプリズムが発生します．これは形状的にも分離したポロⅡ型の変形とほぼ同様になり，ポロⅡ型の類型とも考えられることになります．

いずれにしろ，このように本体から直角プリズムを大きく離すことで，左右対物レンズ間隔を極大化し，立体視効果を最大限に高められる能力を持った光学機械は，光学兵器としてもきわめて有用です．ただし，その形状が独特なため，いろいろな通称で呼ばれていました．

こういった光学機械は，「砲隊鏡」というのが正式名称で，主に各国の陸軍で使用されたものでした．我が国では通称として，機材本体の間隔を最小にしてそろえられた状態が，動物の角を連想させることから角型（つのがた）双眼鏡と呼ばれました．あるい

二式砲隊鏡では，中心軸が接眼部に近接する箇所に設置されているため，同じ数値の眼幅表示は2箇所にあります．日本人の男性成人の標準的な眼幅間隔63mmでは，最小間隔100mm（左ページタイトル写真），最大間隔540mm（上の写真）と，潜望視と立体視強調時では立体視効果に5倍以上の大きな差が現れます．並べて置いたのは，陸軍将校装備品の双眼鏡6×24です．こちらは，眼幅63mmでは対物間隔118mmで，砲隊鏡の立体視効果がいかに大きいかがうかがえます．

九三式砲隊鏡 8×40．旧陸軍が制式化した砲隊鏡の最大口径は75mmでした．中程度の口径40mmで倍率8倍の機材が，昭和8年（皇紀2593年）に制式化された九三式砲隊鏡で，二式砲隊鏡の母体とも考えられるものでした．光学系は接眼レンズも同じケルナー型で，実視野もほとんど同じです．ただ，プリズムの構成が若干異なり，基本になったプリズムは九三式ではポロＩ型でしたが，二式ではポロⅡ型でした．また用途も，九三式では対物レンズに中心軸が近く，潜望効果の方を重要視したものでした．（上の図は『四十年史』，日本光学工業株式会社刊より引用）

これらの砲隊鏡は軍用機材そのものですから，民生品への転用は考えられないものと思っていました．ところが，プリズム双眼鏡で画期的な実広視野の機材が，ほとんど同じ光学的構成で出現しました．別方面からのアプローチの結果だったとのことですが，これには大変驚きました．ただ固定焦点だったので，基本的に無限遠が対象である天文向きではなく，何より残念に思ったことが強く印象に残っています．

は，そろえられた形状が蟹の飛び出した目玉を想像させることから，カニメガネと呼ばれることもありました．この砲隊鏡は，測遠機（水平間距離測定），測高機（前者能力＋高度）といった光学測定機材や，架台に装架される双眼望遠鏡と並んで，光学兵器として重要視されていました．特に，砲力戦を主任務とする海軍艦艇では，陸軍用よりさらに大型の機材が，塔状構造を形成して搭載されていました．

小石川，十条，大宮

カニメガネの能力の一つは，対物レンズ間隔を最大にして，強い立体視効果を得ることにより，着弾観測の精度を向上させることです．それ以上に重要視されていたのが，対物レンズと接眼レンズの平行間隔をできるだけ離し，潜望高（せんぼうこう）を大きくして，塹壕などの遮蔽された環境から安全に目標の観察が行えることでした．（左写真参照）

我が国で砲隊鏡の製作が開始されたのは，日露戦争直後のことです．開戦前，ドイツから若干数ですが輸入され，三七式の制式名称で採用されていた，軍用の手持ち双眼鏡と砲隊鏡の現品模造が陸軍内部の生産組織，工廠で行われたことが始まりでした．生産を担当したのは東京砲兵工廠精機製造所でした．既に火砲の照準用正立望遠鏡の製作は，明治38年に成功して，三八式表尺眼鏡の名称で制式採用されています．従って，レンズ設計技術は別にして，ある程度の製造技術力はあったと思われます．

その後，明治42年になり，民間会社でも技術力を持った藤井レンズ製造所が発足すると，砲隊鏡の製作は同社にも発注されるようになります．そして，手持ち双眼鏡とともに，藤井レンズ製造所の発展に大きく寄与することになります．

陸軍内部で製作が続けられていた砲隊鏡などの光学機材の生産状況が大きく変化したのは，大正12年の関東大震災が契機でした．最盛期，光学部門を含めて四つの工場を持ち，関連職員数約600名を数えた精機製造所も震災による人的，あるいは設備の被害は大きなものでした．

蓄積した技術の喪失もあり，直ちに復旧が図られたものの，最終的には製品製造は全部民間への発注となります．そして陸軍内部には，光学機材の検査技術が限定的に温存されることになります．

復旧活動の中止には，民間企業の育成の意味合いも大きかったようです．また，東京への人口集中による都市化の影響もあり，やがて昭和8年，小石川にあった陸軍の製造部門は組織の内容，名称などの変更を受けながら東京の北部，十条へと移転しました．日中戦争から太平洋戦争へと大きく状況が変わるにつれ，さらに現在の埼玉県さいたま市大宮へと移ります．ここは東京第一陸軍造兵廠大宮製造所として，終戦時には関係者総数約5900名の巨大な生産機関になっていました．

この大宮製造所に隣接していたのが，榎本光学精機製作所の後身である富士写真光機大宮工場でした．造兵廠と富士写真光機は官と民という違いはありましたが，戦時中はきわめて緊密な関係を維持していました．この地では，渾然一体化した工場群を形成していたと伝えられています．

もちろん，この大宮地区が重視されていたのは，生産設備の蓄積だけにとどまりませんでした．光学ガラスという原料の供給元として，日本光学工業では，さらに大宮製造所の近隣に，終戦で停止されるまで本拠地の大井製作所以上の光学ガラス製造工場の建設を行っていたのです．

巧い関係

砲隊鏡自体は軍用できわめて特殊な光学機材ですから，実際に覗いて大きな立体視を確認した人は，読者の皆さんの中にもほとんどおられないでしょう．

本書の発行元である地人書館は，都庁のある新宿の東方約4km弱にあります．隣のビルの屋上から，砲隊鏡としては小型である二式砲隊鏡の対物間隔を，最大値と思われる480mmほどに広げ，新宿方向を観察すると，林立する高層ビル群の距離の差が面白いほど認識できます．同倍率の通常機材の双眼鏡より，わずかですが，細かいところまで見えているような感じすら受けます．

多目的に使う機材では，やはり立体視の強調は広い視野と並んで双眼鏡で見る楽しみの一つであり，大きな醍醐味でもあります．砲隊鏡を覗くたびに，多少なりとも双眼鏡の見る楽しみを増大させる，ダハ機材用の対物間隔増加アダプタがあって，コンパクト化と立体視に新しくて巧い関係が生まれてきても良いように思えます．

最新の謎

この二式砲隊鏡が制式採用されたのは昭和17年ですが，皇紀では2602年にあたることから，二式という採用年次が付けられています．この年は，陸軍で双眼鏡類の制式採用が重なっていますが，その一つが手持ちの航空機搭載用としては最大と思われる，「飛行双眼鏡」10×70mm 7°です．こちらは，次項でくわしくふれることにします．

ところが，十三年式双眼鏡の後継機種として開発された，二式双眼鏡 8×30mm 7.5°という機材に関しては，文献類には多少現れてはいるものの，全くそれらしい機材を目にしたことはありません．筆者にとっては，敗戦までの期間におけるこの最新機材が，実は最大の謎になっています．

この双眼鏡で特色とされているのが，鏡体と別個に作られた托板（プリズム座板）上で，プリズムの交差角度調整を行い生産性を上げるという方法です．この双眼鏡は，これまでの日本の手持ち双眼鏡では行われていない技法を初めて導入した構造を採用しているということでした．

即BL?

この双眼鏡の開発を行ったのは日本光学工業で，同社の社史，あるいは当時の関係者の回顧談などでは，ここまでの技術動向はうかがえます．しかし，それ以上のこととなると，皆目ベールに包まれてしまっています．従って，以降は出典明記でない限り，あくまでも筆者の推定によったものです．

当時，国内で知られていた世界的な双眼鏡の技術動向を考えれば，二式双眼鏡≒BL型双眼鏡ということになるでしょうか．筆者はそうは考えていません．なぜかと言えば，本書で記述したBL鏡体型双眼鏡では，プリズムを乗せたままの托板を入れるためには，鏡体の接眼側の開口部は大きくならざるを得ないからです．

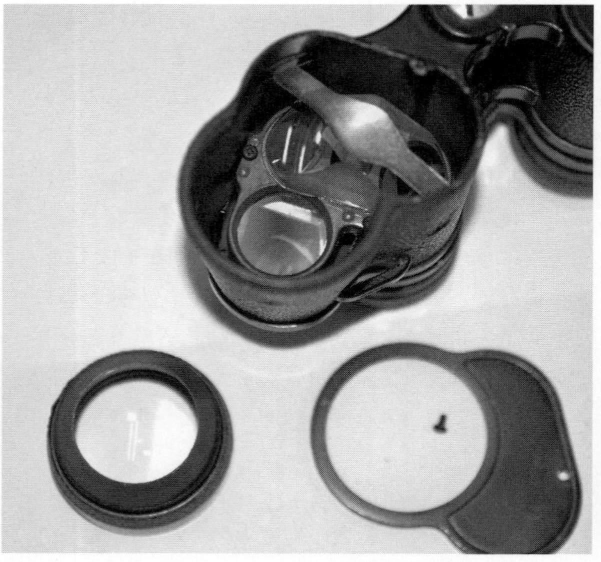

昭和30年代半ば～40年代前半期に生産された，Z型鏡体でCF合焦機構を持った7×35mm 10°の実広角視野機です．外観上から見てもわかりにくい内部構造は，プリズムを乗せた托板を対物側から組み込んだ，独特の半BL型構造となっています．

もともと十三年式双眼鏡は小型であり，実視野の広さを加えて考えれば，この点が最大の採用基準だったはずです．当時，戦術の転換から倍率の高倍率化，口径の増大化が世界基準になってはいました．しかし日本人の体型，部隊運用から，鏡体の大型化はなるべく避けたいという方向性はあったはずです．

折衷案

時代はずっと後になりますが，興味深い機材が存在しています．それは鏡体を完全なBL化せずに，本来は鏡体と一緒に鋳造されるプリズムの座板部分を，後付けとして対物側から組み込む構造を採用したものです．つまり，鏡体構造はZ型のままで，プリズムの調整部分だけを改変した，半BL型構造を採用した双眼鏡と呼ぶべきものです．

もちろん，この双眼鏡が二式双眼鏡の技術的な後身とは断言できません．しかし，この戦後の昭和30年代後半に生まれた新考案の双眼鏡も，構造上の主流とはなりませんでした．本来のZ型鏡体内部にある座板部分は，単にプリズムの位置を規定するだけでなく，構造上からは鏡体の変形防止に役立っています．この座板部分を後付けにする構造では，Z型よりも強度が不足することは目に見えるものでした．

推定

以上，推定からの話題に終始しましたが，歴史上の事実からは，終戦時点前の1年間の生産可能量と生産実量が残されています．これは日本光学工業の『四十年史』に中にある，同社の戸塚製作所の「終戦時の生産能力と実績」で，その数は年間生産能力2000個となっているものの，生産実績（過去1年間）は0個と不思議な結果が掲載されているのです．

読者の皆さんは，先の項でふれた，オリオン6倍のシリアルナンバーの累計大変動の原因を覚えておいででしょうか．戸塚製作所第一工場の火災は，オリオンの生産に大きな影響を与えただけではありません．製造治具がそろえられ，生産ラインの構築が行われていた二式双眼鏡までも飲み込んでしまったと筆者は推定しています．

オリオンの場合は多くの光学会社が類型品の生産に従事し，設計図まで公開されました．製造治具類も社外に専門的に生産に従事した工場があったことから，結果的に生産再開に漕ぎつけています．ただ，専門生産品であった二式双眼鏡の生産ラインは復旧できなかったのでしょう．

いつの日か，二式双眼鏡の実態がわかる時が来ることを待ちたいと思います．

広視野で実用性を重視した究極の大口径機上用手持ち双眼鏡
陸軍制式飛行眼鏡 10×70 7°
日本光学工業製造（社内呼称：空十双）

昭和17年に登場した陸軍用飛行眼鏡は，従来あった陸軍機搭載用双眼鏡の技術の究極の姿を示したものでした．単独では大きさを実感として感じにくいですが，10×70mm 7°という光学仕様のため、通常の見かけ視野機よりも全長は短縮されるものの，鏡体は大きくならざるを得ません．

戦略上の欲求

昭和17年，手持ち機材としては実用上の限界ともいえる口径70mmの大型双眼鏡が，陸軍の航空機用として，日本光学工業で設計，生産が開始されます．この機材は，陸軍の航空機用双眼鏡として既に開発，生産が行われていた7×50mm 10°の性能拡大化機種として登場したものでした．

同じ航空機用双眼鏡といっても，航空基地に属している陸軍機（海軍機の一部を含む）と航空母艦搭載用海軍機では，許容される事項に大きな隔たりがあります．航空母艦搭載機は単発機のみであり，機内に余裕が少ないことから，中型双眼鏡が実用の限界でした．一方，陸軍機，海軍の陸上・水上機には双発機もあって，機内の容積に余裕があることから，使用できる双眼鏡の大きさについての制限が比較的少ないという，大きな違いがありました．

特に陸軍ではある面，海軍以上に偵察機の存在を重視していました．そのため，現在では戦略偵察といわれる行動を任務とする機種を，司令部偵察機と称して区分し，優速の高性能機を開発していました．

昭和15年に制式採用された百式司令部偵察機は，双発で特に速度性能に優れているという特色がありました．偵察任務の中で，写真撮影と並んで目標の視認は，撮影自体を有効に行うためにも重要な任務の一部になっていたのです．その任務達成のために生まれたのが陸軍が採用した航空用双眼鏡で，単発機の母艦帰投用であった海軍用双眼鏡とは異なった方向性を持ったものでした．

7×50mm機ノバー（右）と比べると，その大きさがよくわかりますが，重量的には2倍程度ですから，大きさの割には軽いと言えなくもありません．擬革の革シボはノバーより細かいものが採用されています．戦時中の物資逼迫が現れ始めたためでしょうか．矢印は接眼部固定装置で，解除状態です．

当初使われたものは，7×50mm 7.1°機です．光学仕様はそのままで，見口を総ゴム製にするといった小改造機から始まりました．やがて，視野を段階的に広げ，7×50mm機ながら実視野10°としたものが生まれていました．その後を継ぐことになったのが，“飛行眼鏡”10×70mm 7°です．口径からいえば究極の手持ち機材であり，また見かけ視野も70°であることも，実用性能を重視した結果でした．

この発展は日本光学工業一社の努力によるものでした．見かけ視野を広げていくほど光路直径は広がるわけですが，それに従って，プリズム内の光路も長くなってしまいます．結果的にプリズム双眼鏡の高さは低くなり，それと合わせて横幅が広がっていったことが同社の社史に記録されています．

ただ残念なことに，筆者は7×50mm 10°機の実物だけは見たことがありません．そればかりか，実物の画像だけでなく，無論設計図も公開されていないことから，外観は推定するだけにとどまっています．

航空機搭載用ならではの工夫

大きく重たい“飛行眼鏡”10×70mm機には，航空機搭載用双眼鏡ならではの工夫がいくつも盛り込まれています．

振動の多い機内で使用することから，接眼部合焦部分には固定機構があります．しかも，気密保持を確実にするため，構造，機能は大口径双眼鏡と同じで，合焦作動は直進ヘリコイドとなっています．

また，接眼部周りの工夫では，ゴム製角型見口を採用しています．高空で実用時に起こるであろう，接眼レンズの曇りを回避するため，ゴム製の見口には光密（光漏れ防止）構造の通気孔が，左右それぞれ2箇所ずつ開けられているなど，大変に工夫を凝らした構造なのです．このような工夫も，従来の航空機搭載用双眼鏡の使用実績，使用経験などから導かれたものでしょう．特にゴム見口の通気孔は，現在の機種でなぜ付けられていないのか，この双眼鏡をくわしく見ると逆に疑問に思うほどです．

また7×50mm機の倍ほどの重さがある本機では，実用すると痛切に感じられるのが，吊り紐の操作性の良さです．通常，双眼鏡のストラップは帯状の革紐，あるいは小型機では細い布紐の例もあります．本機種では，真田紐のような太目の丸紐で，首から提げることになっています．大きく重たい本機種にこの紐提げ式を採用したことは，首に良くなじんで重量を分散させ，見た目よりもずっと高い実用性を与えていることが，使うほどに良くわかります．

ゴム製見口には，上下方向の2箇所に空気抜き孔（矢印a,b）がありますが，遮光されるような構造になっているだけではなく，クリック（矢印c,d）があって見口の位置を任意方向に規定できます．他に接眼部で興味深いのは，合焦動作を行うために回す金物は，一部が歯車状（矢印e）となっていることで，固定用の梃子のような金具が挟まり，回転を防止することができます．

陸軍の航空隊で使われた双眼鏡であるため，陣笠にはそれを示す㊅の打刻印（矢印）があります．

ヘリコイドは大口径機材にある，気密性に優れた直進式です．部品構造の一部に凹み（矢印a）が見えますが，これは可動する接眼レンズ枠に刻まれた直線孔の一部です．この孔に挟まる固定子（矢印b）は，接眼レンズ外枠には固定されていませんが，ヘリコイドネジが外側に切られているため，動かずにヘリコイドの直進性を維持しています．

頼りになる外注先

この双眼鏡の生産に従事し，陸軍に納入したのは日本光学工業でした．一社の単独生産だったのは，司令部偵察機自体の機数が，それほど多くないからだったようです．

一方，海軍の航空母艦搭載用の単発複座機に載せられていた小型機上双眼鏡5×10°機の生産は，開発者の空技廠（海軍航空技術廠：後，海軍第一技術廠に改組，一技廠）だけではありません．他に日本光学工業，東京光学機械，東京電気芝浦製作所（東芝），富岡光学，昭和光学（横須賀海軍工廠光学実験部の直属外注工場）でも作られていました．

日本光学工業の社内で，この敵情を目視で偵察する陸軍航空機搭載用双眼鏡は，光学仕様を根拠にして“空十双”との略称で呼ばれていたことが記録されています．また，その記録である社史には，生産の一部が社外へ完成品外注されていたことも記録されています．

外注先だったのは，目黒区中根に本社があった，精機光学工業株式会社でした．当時は日本光学工業の生産活動を支える重要な協力会社でしたが，この外注先の精機光学工業こそ，現在のキヤノンに他なりません．

もともと35mm判精密カメラの国産化を標榜して誕生した精機光学工業で起きた技術的な飛躍の一つが，双眼鏡製造会社であった板橋区所在の大和光学研究所を吸収し，レンズ研磨技術を獲得したことでした．主力製品を双眼鏡とする光学会社を吸収合併したことで，それまで自社内になかったレンズ加工技術が新しくもたらされたことになります．

この吸収合併は，精機光学工業という会社にとってきわめて重大な転換点というだけではありません．後のキヤノンことも考えるなら，日本の光学産業，精密機器製造業にとっても，一大転換点であったと言えるでしょう．

既に技術力で評価を受けていた会社を吸収したことから，精機光学工業では，有効径70mmで2枚玉箔分離型対物レンズという，手持ち双眼鏡としては，極限の大口径機の生産も可能となったのです．

接合の限界

ところで，本機種の対物レンズは，なぜ反射光が多くなる分離型を採用したのでしょうか．それは，バルサムによる接合の適応限界サイズである50mm径を大きく超えていたからでした．バルサムによる接合では，接合面のわずかな隙間に，加熱して軟化さ

対物レンズは大きいために貼り合わせの限界を超えており，反射は増加するものの，やむを得ず錫箔（矢印：3箇所のうちの一つ）を挟んだ分離型とされています．その反面，収差補正上からは補正有効面が増えるため，有利にはなります．

せたバルサムを広げて貼り合わせ，その後も加熱を続けて揮発成分を除去，硬化を促進します．

言葉で説明すれば，この通りではあるのですが，実際の作業ではレンズの大きさで加熱状況を変える必要があります．また実地作業には，やはり経験を必要とします．加工上，加熱不足では固化不十分で光軸がずれ，過度の加熱では固化が進み過ぎることで剥がれやすくなるなど，絶対的な固定法とはいえなかったのです．

またレンズも，素材が違えば温度膨張率が異なることも，その理由にあげられます．特に本機種は，航空機搭載用として短時間でのきびしい温度変化が予想されますから，分離型の採用は当を得たものでした．その反面，対物レンズに比べて小さい3群5枚構成の接眼レンズは，通例通りの貼り合わせが行われています．

「鷲」の存在

これは実際に実物を分解して確認するしか方法はないのですが，同じ空十双でも内製品と外注品では，細部に製造所識別のための異なる打刻印が打たれています．筆者の所有機の鏡体端面部分には文字こそないものの，レンズとプリズムを組み合わせた当時の日本光学工業の社章の打刻印があります．従って，社内完成品と思われます．

外注完成品ならば，精機光学工業製の空十双の鏡体には，同社が戦後にも使っていたキヤノンイーグルと呼ばれる，翼を左右に広げた鷲の社章があり，これを見た記憶があります．

精機光学工業の場合，大和光学研究所の吸収が，大型手持ち双眼鏡製造の一端を支えることになったのです．

未完のⅡ型

この双眼鏡は技術的に見れば，終戦前の我が国の光学技術の一つの頂点を物語るものといえるでしょう．文献情報では月産70台ほどであったとのことですが，現存機のシリアルナンバーから考えれば，製造総数は3000台ほどとなるでしょうか．シリアルナンバーには，10000という数値が捨て番として加えられています．

この大きくて重い，手持ちの限度といえるほどの双眼鏡は，性能改善は別として，改良のための一つの方向性が模索されることになります．それは軽量化，小型化です．具体的にはプリズムを反射鏡とし，部材重量を軽減化するとともに，ガラス内で屈折率

実広角視野機であるため，プリズム形状も通常の側面平行型とは異なる，光路合致型とされています．右眼側を分解したため、目盛の形状（矢印a1，a2）もわかります．水平位置となる目盛線の上方，鏡体端面には，日本光学工業の簡略化された社章の打刻印（矢印b）も見られます．

重量と容積の低減をめざしてプリズムを反射鏡に変更した「空十双二型」は試作で終わりました．現在でも，ニコンには長い社歴の一端を示す資料として，現品が保存されています．
（画像提供：株式会社ニコン）

から伸ばされていた光路長を空気間に変えて縮めるという考案でした．実際に製作された試作機はニコンに現存しています（上の写真）．

しかし，反射面の位置関係が安定しているプリズム（単体での場合）に比べ，組み立て式反射鏡では安定して光軸を維持することができず，結局，製品化されることはありませんでした．

これを光学技術的に見た場合は，反射率が高く，化学的に安定した実用性のある反射鏡の製造がある程度は可能となっていたことがうかがえます．

出現待ち

この機材を実際に使用して感じられるのは，一種独特の「癖」のある像質といえるかもしれません．覗いた印象としては，像面がかなり湾曲しているように感じられてしまうのです．

接眼レンズ構成は2－2－1という3群5枚ですが，本機種独特の構成です．外側になる薄い凸レンズは金枠に加締められていませんが，油土の充填は最外部と内側の2箇所で行われています．

この双眼鏡の出現後30年以上を経て，日本光学工業は新たに10×70mm 6.5°機を開発することになります．当然のことながら，像質では断然，新機種の方に進歩が見られます．

では旧型機が圧倒的に不利かといえば，そう簡単に結論は導けないように思います．戦後に出現した後継機種も優れた光学性能は評価されていますが，激しく動くことの多い航空機での使用では，意外と旧型機も実視野の広さと相まって，実用上の見えの良さを表していたかもしれないのです．

また，天体用に限定すれば，10×70mm 7° という光学仕様は実に魅惑的な値です．既に10×70mm 6.5°機の生産が終了して，長い時間が経過しました．その後継機種として，空にある天体という対象を見るための新しい「空十双」の出現を，筆者はずっと前から待ちわびています．

敵情

日本は戦時中，「空十双」という大型手持ち双眼鏡を生み出していますが，敵であったアメリカでも，実広視野双眼鏡の開発が行われていました．それは7×50mm 10°機や6×42mm 12°機などですが，その中で筆者が実視したのは6×42mm機のみです．

この機種はSARD社だけの一社生産で，BL鏡体でした．実視して感じたのは視野周辺の像質の劣化の少なさで，これは特筆できるものでした．

その一方，別に特筆すべきなのは，視野の色調の特異性です．おそらくこれはガラス材に起因していると思われますが，視野には帯黄色といった表現では不十分な，蛍光，燐光的な色調が見えています．戦時下のアメリカでは，恐るべき規模で各方面に渡って国力の結集が行われていますが，新種ガラスの開発もその例としてあげるべきでしょう．これまで種々の要因から使われていなかった物質を溶融した，新しい光学恒数を持つガラス材が開発されたのです．

このような傾向は，同時期のドイツでも見られたことでした．その中には，現在では安全上から使用不能な物質もありました．例えば，戦後一時期のプラナーレンズは，シャッターを切らなくても乳剤が感光すると言われたものでした．

このようなアメリカの状況を考えると，戦後によく光学関係者が語ることの多かった，「戦争には負けたが，光学機器はそうではない」という言葉は再考する必要があるように筆者には思えます．ただ，心情的には「負けてはいないが，勝ったわけでもない」と言うべきでしょうか．

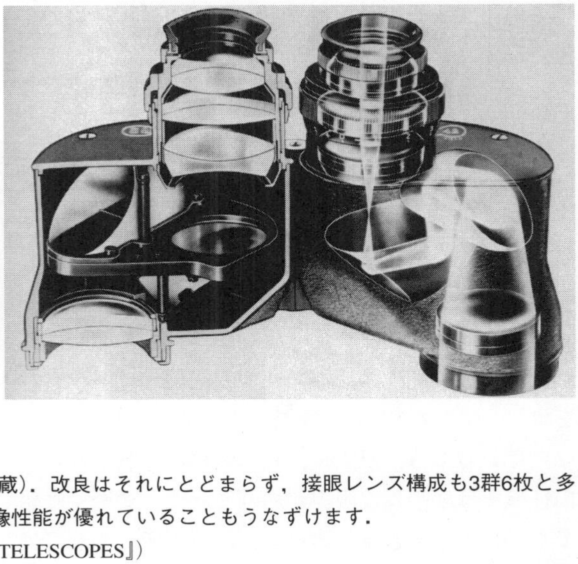

新種ガラスをふんだんに使ったSARD社の6×42mm機です（個人蔵）．改良はそれにとどまらず，接眼レンズ構成も3群6枚と多くなっています．以上の2点から収差補正が高度化していて，結像性能が優れていることもうなずけます．
（断面図出典：Henry Paul『BINOCULARS AND ALL PURPOSE TELESCOPES』）

実戦からの要求で生まれた性能拡張型50mm機
東京光学機械　10×50　7.1°（口径表示なし）改-1 (航)

一見したところでは，単なる戦争末期の7×50mm機のように思えますが，エルデ6×30mm機と同様，本機種も，細部には東京光学機械独自の改良が行われています．

代用

日本の交戦力は，米英戦開始当初，不充分ながらもあった備蓄と米英の対応の遅れもあって，顕著な低下を示すことはありませんでした．しかし，その後の戦局の展開は，日本の開戦前の思惑と異なり，短期決戦は起こらずに長期の消耗戦となりました．その結果，物資の欠乏は進み，交戦力は加速度的に低下していくことになります．

当時，艦艇・船舶は直接の軍事力でもありました．また同時に海洋国家である日本への物資輸送の動脈でもあり，航空機と潜水艦による攻撃をいかに回避するかは，国力維持に絶対必要なことでした．来襲する敵の存在を探知するのは，海中ならばソナー，あるいは水中磁気探査機，空中ならばレーダーです．しかし，いずれも実用化と戦闘システムの開発が遅れたことから，光学兵器である双眼鏡にはその遅れをカバーする大きな役割が持たされていました．

とはいっても，双眼鏡，特に艦艇に搭載される大口径機では増産には限界がありました．また，艦船でも船自体の大きさもあって，設置場所に関しては単なる増設では対応できないこともありました．

そこで，従来から海軍用手持ち双眼鏡として確定していた7×50mm 7.1° 機は，いっそうの増産が行われたのです．実戦からの教訓として，より遠距離での観測が可能な10×50mm 7.1° 機の必要性も認識されたため，こちらも採用に至ったと考えられます．そこで，10×50mm 7.1° 機も，海軍用双眼鏡として制式化されたはずですが，文字としての記録は残っていません．生産も限定的で，確認できたメーカーは現在のところ東京光学機械一社だけです．

検印

10×50mm機は太平洋戦争開戦前の時点で，数社から発売されていました．しかし，その中には接眼レンズの広角化を行わずに，ケルナー型接眼レンズのまま，実視野5°としたものもあったようです．

東京光学機械の機材では，接眼レンズ構成は独自設計による2－2－2の3群6枚の広角型で，同社は戦後も引き続き同一光学仕様機の製作を継続していました．双眼鏡史では，実際上10×50mm 7.1° 機も伝統機種でした．鏡体カバーにわざわざ「改－1」と表示されているのは，採用にあたって光学設計が見直されたのかもしれません．

また接眼部も，全体形状が7×50mm 7.1°機と若干異なっていることから，海面観察の必需品である防眩用フィルターも異なっていることを表示したものと考えられなくもありません．筆者の所有品は革製のケースは残っていますが，フィルターは脱落しているため，確認不能で推定にとどまっています．

この10×50mm 7.1°機で外観上の特色としてわかることは，外装が擬革貼り仕上げではなく，戦争末期の製品に行われた塗装仕上げということです．しかも塗料には混ぜ物が入れられており，凹凸が構成されていることで滑り止め効果が持たされています．この仕上げ法は，戦争末期の物資逼迫状態からやむなく行われたことでした．混入されたのは，初めはコルクの細片でしたが，それも払底すると砂（おそらく研磨砂）を混入して急場を凌ぐこととなります．本機で塗料に混入されているのは，細かいコルク片と思われます．作業工程では焼き付けもされていることから，適度に収縮と硬化が起こっていて，実際の操作感触はそれほど低下している印象はありません．

しかし，その後に行われることになる混入物質は砂であり，滑り止め効果はとても高い一方，紙やすりを素手で持つ感じがあって，実に使用感は悪いものです．

陣笠に三つの打刻印

他に外観上の特色として目につくことは，陣笠に打刻印が三つ打たれていることです．その一つが桜の刻印で，本機は海上護衛総隊（海護総隊）で使われたものであることが判断できます．海軍で使用されたものであればあるはずの，錨の打刻印はありません．他にあるのは○で囲まれた漢数字の三，つまり㊂とTKKの文字を逆三角形に並べ，下部にtokoの文字を付け加えた，東京光学機械の社章です．

筆者がまず注目したいのが，実はこの社章の打刻印なのです．ところが鏡体カバーには，メーカー表示として従来からの同じ社章が彫刻されています．それではなぜ，改める形で，陣笠に社章を打刻する必要があるのでしょうか．それは完成品自体の外注が関連会社に対して行われ，東京光学機械に納入後，同社で行っていた製品検査に合格したことを社章の打刻印が表しているのではないか，ということです．

その一方，㊂の打刻印に関しては，これが外注先を示すものかどうか全く不明の状態ですが，事実に基づいて，後章である推定はしています．

系列

東京光学機械は東京都板橋区本蓮沼所在です．板橋地区に双眼鏡を始めとする光学産業の集積展開が起こり始めるのは，関東大震災以降のことです．

確定できる文字資料があれば良いのですが，陣笠の打刻印の意味を，現在から推定，判断することはなかなか困難です．ただ桜の打刻印（矢印）は別の例があることから確定できます．

東京という都市の発展につれて，街中の存在となった工場（規模として中位以下の機械製造業系）は近郊へと移転していきます．その最初の引き金となったのが関東大震災でした．移転地して着目されたのは，当時，近郊の電車路線として東京の外周部を回る山手線の沿線でした．特に光学工場では北側を移転先に選んだ例が多く，具体的にいえば，巣鴨～池袋方面でした．しかし間もなく，この移転先も更なる東京の発展のため，またも街中となってしまいました．次の移転先は延長線上であり，私鉄の通る，未だ農地が点在していた板橋地区でした．

板橋地区は高台であることから相対湿度が低く，光学産業向きでした．また陸軍の軍需施設が十条，赤羽にあったことも，完成品の納入を考えれば好都合でした．このような地域の特性が，結果的に光学工場の集積を生み出す原因でした．

特に昭和7年の東京光学機械の本社，工場の開設は決定的な要因となりました．大企業の出現は関連事業を生み出すことから，外注先としての工場群が板橋地区に集まり，ついに光学産業のメッカとなったのです．これと似た事例が東京南部の，品川・大田地域にも起こっています．それは，日本光学工業の大井工場の開設が契機となっているようです．

同業社の集積は分業化を促進します．これは大手を頂点とする産業ピラミッドの構築でもあり，東京光学機械も，そのピラミッドの頂点であったのです．

外注先が近くに存在していることは有効でした．例えば，製品精度が光学兵器中では高くない手持ち双眼鏡の場合，受注後の社内状況により，製品外注が，ピラミッドを構築する関連会社に再発注される例もあったことが，他社では記録に残っています．それから考えれば，東京光学機械でも同様のことが行われていたとしても，不自然ではありません．

特に戦争末期，精度の高い航空機用光学機材や，潜水艦用などの光学兵器製造に大手が忙殺されると，系列，関連関係にある外注先は，なくてはならない存在となっていきます．

直系

ところで，系列会社の中には直系と称される企業があり，日本光学工業では満州に現地法人として満洲光学工業を設立しています．東京光学機械では，昭和18年，長野県岡谷市に岡谷光学機械株式会社を現地資本と合同で設立しています．これもまた陸軍の意向を受けてのことでした．岡谷市で光学工場の母体となったのは，丸興製糸という生糸生産工場で

接眼レンズの構造は3群6枚で，見かけ視野70°を達成しています．接眼部の抜け止め構造は，東京光学機械製のエルデと同じで，逆ネジが切られた止め環によるものです．

したが，輸出依存型の工場であったため，開戦で輸出が不可能となったことからの転業で，新設された会社は現地資本を含む合弁企業でした．

東京光学機械では，幹部となる技術系職員を派遣し，元製糸工場の女子従業員に一から光学製品製造技術を教え，育成します．皆熱心に教育を受けて，未経験の作業にも習熟しきったことから，短時間のうちに技術は向上し，陸軍用の狙撃眼鏡などを生み出していきます．光学工場とは全く異なる元製糸工場という出発点の新会社では，社風というより作業現場の伝統なのでしょう．始業前に女子工員全員で行う床の雑巾がけは，指導に来た東京光学機械の技術者を大変驚かせたという逸話も伝えられています．

さて話題を本機に戻します．筆者の全くの独断が許されれば，本機10×50mm 7.1°の鏡体，対物筒のダイキャストの技術と，出来の良い黒色アルマイト加工の程度から考えて，実際に本機の生産に従事したのは，本社と同一技術水準を保っていたはずの岡谷光学機械ではなかったかと思えるのです．

戦時中，双眼鏡が岡谷光学機械で製造されたかどうかについて，文字記録は残っていません．しかし，岡谷光学機械製ならば，陣笠にある打刻印のうまい加工からわかる技術水準の高さから，納得できます．

それでは，㊂の打刻印は何を表しているのでしょうか．直系である岡谷光学機械は，東京光学機械にとってみれば第三工場に相当することになります．これも筆者の独断にはなりますが，このことを表した打刻印ではないかと思っています．

軍需光学機器の需要の増加は，生産現場＝工場の増加でもありました．東京光学機械の場合，隣接地への工場増設に始まり，続いて板橋区小豆沢に工場用地を取得し，小豆沢工場を建設します．その後，終戦間近には埼玉県に大規模な地下工場を計画し，トンネルの掘削も始まりましたが，完成前に終戦を迎えたのでした．

そういった時系列でいえば，岡谷光学機械は第三工場という認識が東京光学機械社内にあったとしても不自然ではありません．もちろん，これも筆者の推定ではありますが．

歴史を振り返れば，終戦によって岡谷光学機械は完全に東京光学機械と分離独立し，全く独自の道を歩み始めます．ただ一つだけ，かつての関係を示していたのが「ロード」というカメラ名です．戦前，東京光学機械が使っていたこの名称は，戦後，岡谷光学機械のカメラ名として使われたことが，唯一，かつての関係の証だったのでした．

対物筒の側面にはオリジナルのアルマイト処理をうかがわす部分が存在しています．強度は別にして，黒色仕上げは十分良質だったことがわかります．対物筒に切られた組み立て用のネジは，以前に横止めのイモネジを除去せずに不正分解されたため潰れています．不正分解は双眼鏡の死命を制することが如実に表れた例で，被害程度が低ければ，部品を新造しなくても何とか対応できる場合もあります．

大戦末期の日本海軍の最小口径高角双眼鏡
海軍制式双眼望遠鏡高角型 45° 7.5×60 8°
東京光学機械製造

＆同時期のドイツ製対空双眼鏡 10×80 7°

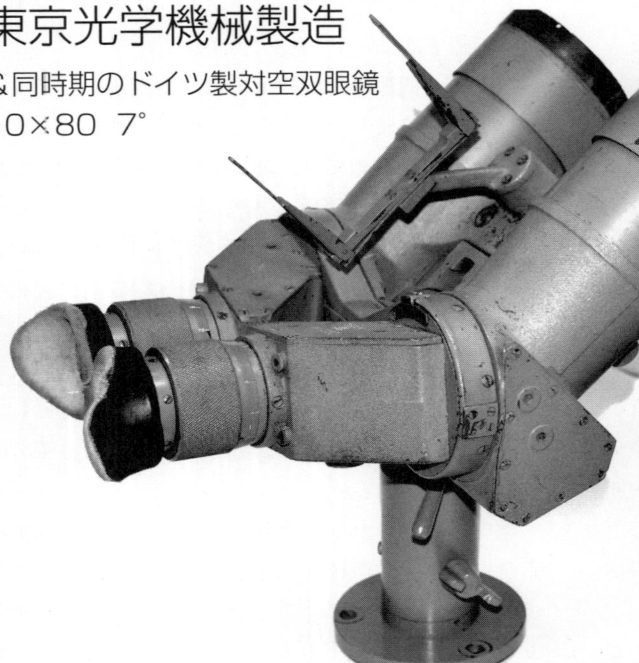

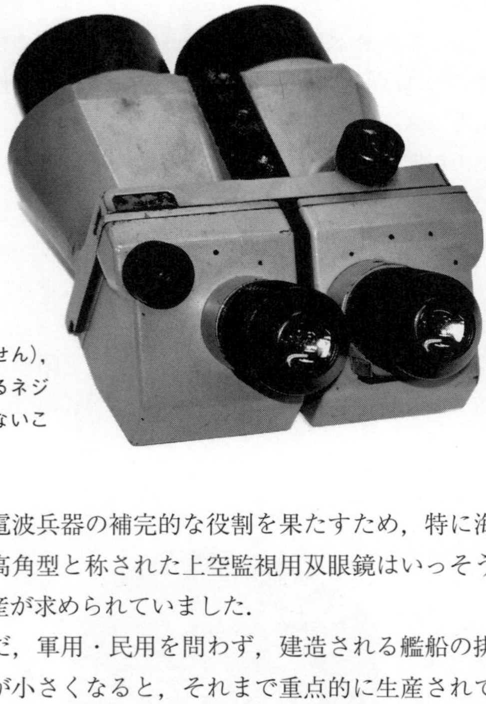

友邦であったドイツの対空双眼鏡(右)と比べると(写真は同一比率ではありません)，口径が小さい日本海軍制式品の方が形状，重量とも大きく，また外面に見えるネジも多く，技術格差を感じずにはいられません．しかし，像質では引けを取らないことは，唯一誇って良いはずです．

極小口径

戦争末期，かつて栄光を誇った日本海軍は未曾有の状況に遭遇していました．燃料の決定的な不足，艦艇の沈没や重度の被害艦艇の増大，航空戦力の壊滅と，戦局は悪化の一途をたどり，全く好転が望むべくもないほどになっていました．

海軍工廠を始め，民間の造船所でも必死の作業で，戦況の変化で次々に改定される艦船の建造計画を遂行していたのでした．その建造計画には，大型艦艇の建造はもはやなく，潜水艦を除けば損耗補充に基づいた小型艦艇や輸送船の建造が，何よりも最優先されていました．

この頃には，遅ればせながらもレーダーが一応実用化され，主要艦艇や大型航空機にも搭載されるようになってはいました．しかし性能，信頼性で不十分な電波兵器の補完的な役割を果たすため，特に海軍で高角型と称された上空監視用双眼鏡はいっそうの増産が求められていました．

ただ，軍用・民用を問わず，建造される艦船の排水量が小さくなると，それまで重点的に生産されていた15×80mmと20×120mmの高角型双眼望遠鏡では問題が生じます．それは設置するにも場所的に狭く，双眼鏡として大きすぎるということでした．この2種類の口径の双眼望遠鏡は，対空用双眼鏡としては，これまでの主力といえるものでしたが，その状況が変わってしまったのです．

そこで製造の重点が移り始めたのが，光学仕様としては手持ち機材とあまり変わらない，7.5×60mm 8°の高角型双眼望遠鏡でした．戦局の悪化が求められる双眼鏡の姿を変えてしまったと言えるでしょう．

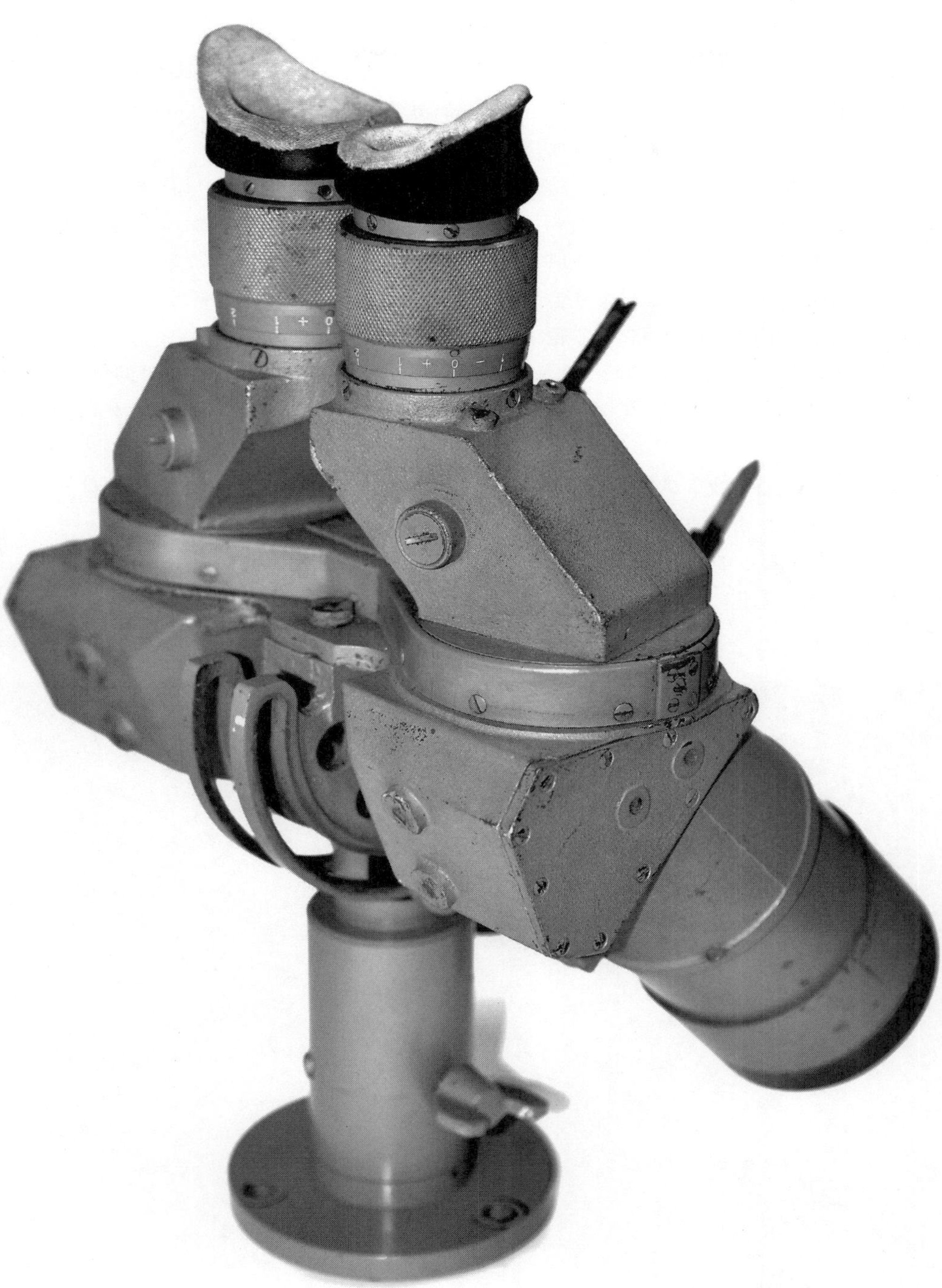

小型であるがゆえに，海面まで見られるような架台とされたのでしょうか．射出瞳径が8mmとされていることは，振動下や夜間使用も考慮したものと思われます．

しかもそれは，国産の軍用架台装架式の高角双眼鏡としては最小口径で，また倍率も低く設定されたものだったのです．

小型化ではない縮小化

この7.5×60mm 8°という機材が海軍で制式化されたのは，日中戦争の初めの頃と思われます．

中国の内陸部にあった大きな河川では，外航船も遡上します．しかし戦闘能力を持った艦艇は，河川での運用という特殊事情から小型でなければなりませんでした．日中戦争では中国軍の航空隊による艦艇攻撃などがあったことから，小型艦艇に搭載でき，夜間，航海用にも使える高角型双眼鏡として開発されていたものでした．

その反面，想定されていた日米戦争が大艦隊による砲撃戦であったことから，かなり後まで，海軍の高角型双眼鏡としては主力になっていませんでした．それが太平洋戦線での戦局の悪化で，新しい需要が生まれた形となったのです．

現在までに，筆者がこの双眼鏡の製造を確認したのは意外と少なく，豊川海軍工廠光学部と東京光学機械だけです．しかも，両者とも生産が本格化したのは昭和20年になってからのようです．確実な製造記録（海軍納入台数）が残っている東京光学機械では，1235台となっています．

実際にこの機材では，より口径が大きい高角型の80mm機と120mm機に比べると，鏡体に耳軸を設けず，架台が寸法的に小さい形状となっています．また，照準装置も折りたたみ式の照門・照星型と，戦時簡易型となっています．

さらに観察可能な高度方向では仰角45°，俯角も45°となっていて，海面観察も可能ですが，その反面，上空視の範囲が低いほうに限定的となっているのが大きな特色です．より大きな口径機では，上空視と水平視を分けて機種別に製作されていましたが，60mm機では共用となっています．

また，見た目以上に重量を感じます．これはアルミ材を航空機製造に優先したため，部材が鉄材とな

架台の基本的な構造は水平視の双眼鏡と同じで，固定用のクランプ付（矢印）なのも同様です．
周囲はこみ入った印象ですが，操作性は決して悪くはありません．

ったためで，見えないところにも戦局の悪化による軍需物資欠乏が感じられるのです．

しかし，全体的な技術動向で見た場合，口径こそ小さいものの，製造工程数は決して少なくなっていないはずです．ネジの多いことは一目瞭然状態で，従来の方式を改めることなく，光学仕様のみを変えたものと言えるのです．

製造上，冶工具の流用もあったかもしれません．しかし，それにこだわったことが，全体的に見れば生産性の向上に悪影響を与えたとも考えられるのではないでしょうか．

友邦ドイツの場合

昭和20年の初めといえば，ヨーロッパでもドイツの敗色は濃厚となっていました．ただし，光学兵器である双眼鏡，特に大型機材については，日本とはかなり異なったものとなっていました．

日本の場合は，第一次大戦当時の機械的構造をほとんど踏襲したままでの口径の区分化が起きていました．ところがドイツの場合，特に対空型双眼鏡（Flakglases）では，ずいぶん日本とは異なったものとなっていたのです．例えば10×80mm機の場合，対物レンズは2枚玉（貼り合わせ），接眼レンズは3群5枚，正立プリズムは内面4回反射のシュミット型で，ここまではそれほどの違いは見当たりません．

しかし，確定的に違うのは眼幅合わせ機構です．その機構は鏡体の左右スライドによるもので，菱形プリズムは使用されていないのです．しかも全体の形状は小さく，国産の7.5×60mm機と大きさはあまり変わりません．また国産80mm機と比較すると，全長では半分ほどで，同口径機とは思えないくらいです．小型化だけでなく，外観上ではネジがあまり見られず，生産性に関しても，やはりドイツに一日以上の長があると言わざるを得ないでしょう．

確実さ，堅実さというのは，一歩踏み間違えると旧弊からの脱却を起こせなくなるようです．こだわりのない柔軟な思考をいかに発揮するかは，最終的には全て社会環境にかかわっているのでしょうか．

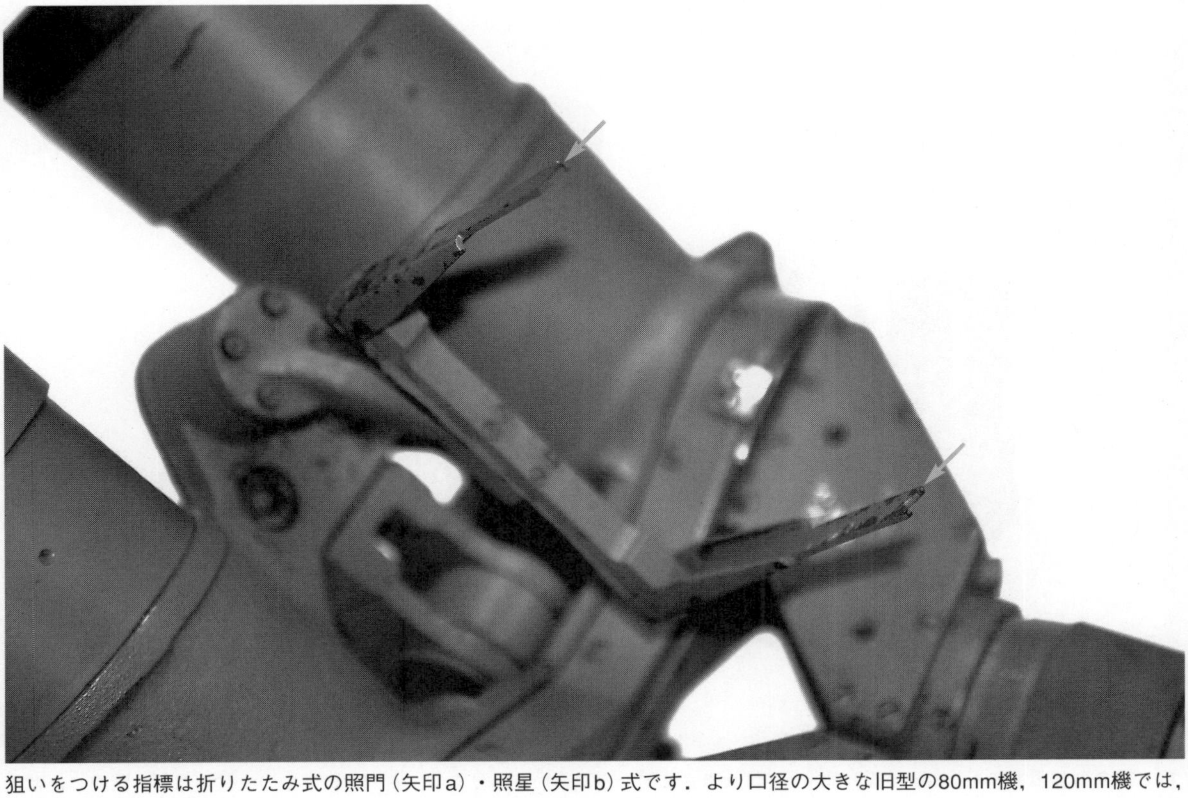

狙いをつける指標は折りたたみ式の照門（矢印a）・照星（矢印b）式です．より口径の大きな旧型の80mm機，120mm機では，実視野に対応した光学部品となっていましたが，簡易化によって単純化されています．

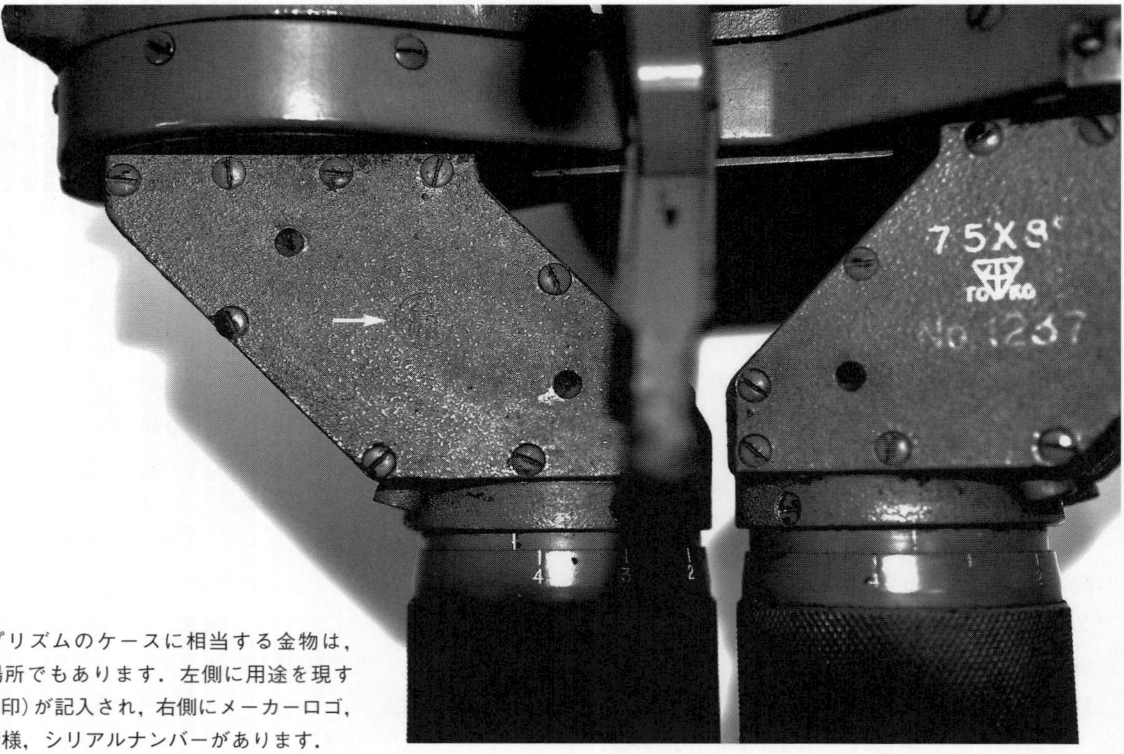

菱形プリズムのケースに相当する金物は，表示場所でもあります．左側に用途を現す航（矢印）が記入され，右側にメーカーロゴ，光学仕様，シリアルナンバーがあります．

同じ高角型双眼鏡でも，60mm機と80mmでは大きさにずいぶん違いがあります．右側は戦時中の生産簡易型を踏襲した戦後製品で，メーカーは豊川海軍工廠光学部の技術系統を強く引く興和です．

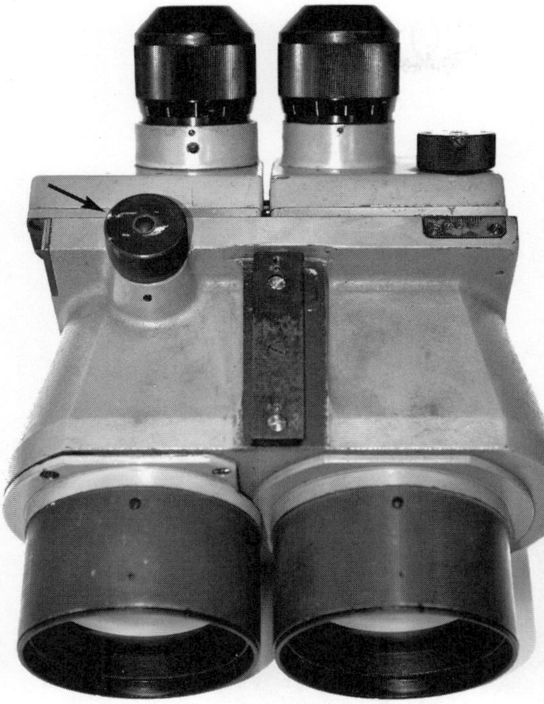

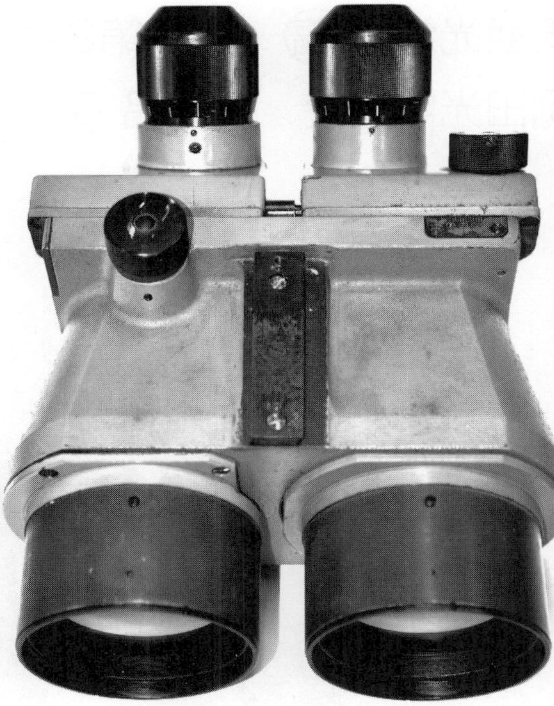

ドイツ製対空型10×80mm機で眼幅合わせにスライド式を採用したのは機構上の利点からです．左右鏡体でプリズムを挟んで光軸を偏差させていることも，その技術的な裏付けとなっています．ノブ（矢印）の回転で左側鏡体の内部構造全体が動きます．

軍用双眼鏡の通例として，目盛板の照明が可能で，光線導入孔（矢印）は目盛板がある右側接眼部にあります．

逼迫した戦局下での，陸・海軍の臨時採用双眼鏡

東亜光学　臨　航　第2号型 8×30　7.5°

岡田光学精機　船用品 6×24

左右の鏡体カバーに振り分けるように刻印された臨と航の海軍マークが，緊迫した時局を思わせます．陣笠部分には，海軍の検定印である錨のマークが打刻されていますが，傾いて打たれたため明瞭さを欠いています．金属部品の一部には，工作作業者の熟練度が低かったことをうかがわせる箇所も見られますが，像質は比較的良いと感じます．

逼迫

太平洋戦争が始まったことで，ほとんどの原料，資源を海外に依存している日本の産業は，大きな障害に直面することになります．それは輸送路，特に船舶運送が大きな危険に晒されることでした．戦争末期になって，やっと関門海底トンネルが開通し，本州と九州がつながったとはいえ，海運の確保は戦力維持に必須の条件だったのです．

開戦当初，戦線が拡大するにつれて占領地も増え，資源確保も比較的順調に推移していました．伸びきった戦線を維持し，占領地を確保するためには原料，資源を国内に移送して加工し，戦地へは軍需物資として送り返すことが必要です．そのためには既存の輸送船の軍事的運用だけでは不足で，新規の船舶増産建造が緊急に求められていたのです．民間の中小造船所では，小型の海軍艦艇の建造と合わせて規格化された戦時標準船（戦標船）も量産化されようとしていました．

一方，既存の船舶は陸海軍がそれぞれ必要とするものを徴用という名前で半強制的に囲い込み，それぞれが運用していました．しかし，戦局の退勢化が見え始めるのに従うように，敵の航空機や潜水艦による攻撃で，船舶の損耗は増えていきました．

遅ればせながら，国産レーダー（電波探信儀）や敵のレーダー電波を探る電波探知機（逆探）は実用化しました．それでも装甲がなく船足の遅い輸送船では，いくら武装した艦艇の護衛があっても，安全な航海は不可能に近いことでした．開戦以来，船舶の

実働隻数は，確実に低下していったのです．

戦局悪化に加え，戦力の中心が航空機と潜水艦へと代わったことも加えて，日本の陸海軍はレーダー，ソナーの性能と数でも遅れをとっていました．そこで，船舶の輸送路の維持を任務とした徴用船では，見張り用の双眼鏡をいっそう増やすこと以外に実効的な対策を施すことはできませんでした．

また双眼鏡自体も，口径の大きな海軍用の7×50mm機では，既存メーカーは決定的な増産はできませんでした．新規の参入メーカーでも，生産技術の向上が進まず生産効率が上がらないことから，特に逼迫状況が続いていたのです．

転用

そこで輸送船部隊に供給されたのが，陸軍の制式品の中でも比較的口径が大きい8×30mm機でした．海軍用の7×50mm機より生産性が少しは高く，海軍用として目盛の表示を海軍型に換えたものです．実機にはそのことを表す表示があり，双眼鏡だけでなくケースにまで海軍で航海用として使うものであることを表す(航)と，緊急的な臨時採用ということで(臨)の刻印が施されています．第2号型とあることから，当然第1号型となったものがあるはずです．ともかく数量の確保ということを考慮して，同じ陸軍用で，さらに生産個数が確保できる6×24mm機をその第1号型として指定したものと思われます．

以上は海軍の場合ですが，一方，陸軍でも同様の状況であったことは容易に想像できます．この項で一緒に紹介する6×24mm機には船用品とあり，また海軍用と比べ全く用途表示が異なることから考えて，陸軍の徴用船舶で使われたものでしょう．

後者の6×24mmは岡田光学精機製で，同社も中堅下位といった位置にあった双眼鏡メーカーです．終戦後は，双眼鏡からカメラ（ゼノビアブランド）へと商品品位を上げ，商号も第一光学と改称しています．しかし，戦後の経済混乱期の影響があったこともあり，競争が激しいカメラ業界で生き残ることはできませんでした．

船用品と刻印された岡田光学精機製6×24mm機には，用途と光学仕様の一部が左側鏡体カバーに，メーカーロゴは右鏡体カバーと振り分ける形で表示されていますが，シリアルナンバーはどこにもありません．陣笠に軍の検定を示す打刻印はありませんが，右側接眼部には，陸軍用の十三年式双眼鏡であることを示す目盛が付けられています．

前者は東芝が光学兵器の製作に進出後，部品製造外注先でもある関連メーカーとして育成，利用した山梨県甲府市所在の双眼鏡製造会社でした．戦時中に公開された映画，黒澤明監督作品『一番美しく』は架空の光学会社，東亜光学が舞台となっています．これは制作当時には同名の会社がないことから舞台設定できたことで，実際の東亜光学の創業は，映画公開以降のことと思われます．戦後に同名の会社もありますが，関連性はないようです．

悪化への想定

東亜光学製の8×30mm機を詳細に観察すると，興味深いことに，鏡体と鏡体カバーの隙間は外装用の擬革の厚さよりはずっと少なくて，ほとんどないほどです．そのため，擬革は鏡体カバーの端面に突き合わされた状態で貼られています．通例では仕上がり状態を向上させるため，鏡体カバーの大きさは擬革に被さるような寸法で製造されるべきものです．

それでは，これは設計ミスに基づくものなのでしょうか．筆者はそうではないと考えています．戦時中も末期になると，物資の逼迫は深刻な状況になってきます．原油やゴムは化成品の原料でもありますが，化成品である擬革もまた，原料の入手先が海外であったため，在庫分を使用してしまえば，補充はできない状況であったはずです．想定上，近く外装を塗装仕上げ（粉粒混入塗装仕上げ）にしなければならないことは，製造現場では見えていたのでしょう．塗装仕上げならば，鏡体と鏡体カバーの隙間はずっと少ない方が，仕上がり状況は良くなるはずです．

そこまで見きわめた上，2種類の同形状のプレスの型を製作せず，やがて迎えることになる，より逼迫の度合いを増した状態で使用するためのプレス型のみ1種類の製作で，双眼鏡の製作を始めたのでしょう．逼迫を予想した対応でしたが，その予想自体が当時の日本の置かれた状況である戦力低下を如実に示しているように思えてなりません．

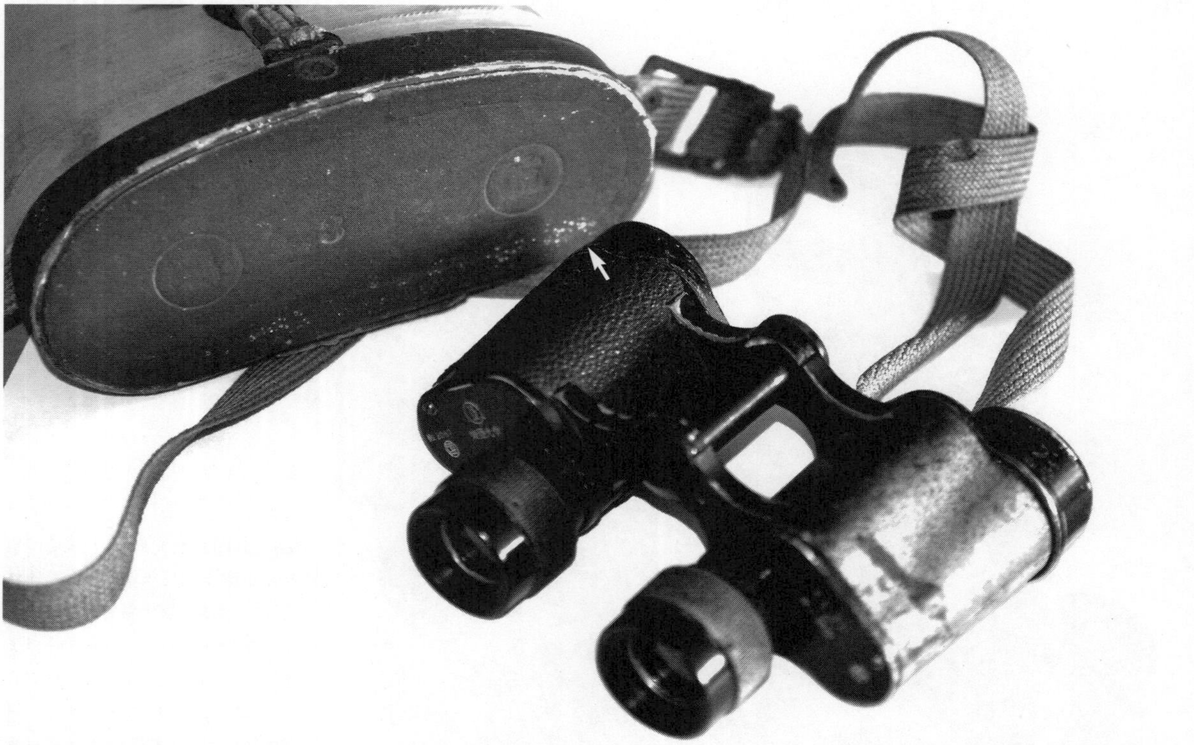

8×30mm機のケースは，書籍のカバーなどにも使われる「クロース」で，ベースは紙であることが擦れた角からわかります．ケースの上蓋の左側に(臨)，右側には(航)とあります．中央は「3」と数字一文字ですが，他は判読不能です．本体の機種表示と違いますから，ケースと中身との入れ替えがあったのかもしれません．矢印は，擬革と鏡体カバーの接触部分を示したものですが，段差がなく，突き合わさった状態ということがわかります．

関西有力光学メーカーの第二次大戦末期の製品
千代田光学精工 日本海軍制式双眼鏡 7×7.1°(口径表示なし) 直視型 15×80 4°

光学工業の中心であった東京から大きく離れていても，千代田光学精工の技術は早くから認められていて，本業の民生品製造（カメラ）以上に軍需生産では大きな役割を果たしています．手持ち双眼鏡だけでなく，固定架台に載せられた大型双眼鏡も製造できたことは，その証明です．

箱根の西

日本の近代的光学産業は東京で始められ，発展しました．そして，その後の第二次大戦終戦までには，いくらかですが地方での発展を見ることができます．例えば中央線でいえば，山梨，長野東部では盛んだった水晶加工や生糸産業が，戦争によって業態変化を余儀なくされ，光学工業へ変身した事例がいくつも見られます．

また東海地方，太平洋岸では，施設設置上の制約から，愛知県豊川市に豊川海軍工廠の重要部門として光学部が置かれました．このような民間，軍部の施設は，技術的には東京系統といえるものです．

ところが，国内で唯一例外的に関西に拠点を置き，重要な企業として光学兵器の軍需生産を遂行したのが千代田光学精工（後のミノルタ）でした．ただ，まぎらわしいのが社名で，顕微鏡メーカーの千代田光学工業と混同されることもあります．千代田光学精工は，高級写真機材の国産化をめざして，昭和4年に在日ドイツ人との合弁から始められました．自社開発した写真レンズには，神戸の六甲山に由来するロッコールの名称が付けられていたことは，ベテランの写真愛好家ならよくご存じのことと思います．

そのようなことから陸海軍とも重要な光学企業として認識していました．求められた製品の質と量は，大きなものだったのは当然ですが，本業である写真機でも軍用機材の生産を行うなど，光学工業史上でも特筆すべき会社です．比較的長い社名は「千代光」と省略されることが普通で，機材の表示も千代光とされていました．

西の意味と価値

このように，関西所在という地域的特色は，陸軍より海軍の方に強い関係性があるように筆者には見えてしまいます．兵庫県のさらに西，広島県には，神奈川県の横須賀海軍工廠に匹敵する，あるいはそれ以上の規模，技術で日本海軍の屋台骨を支えた呉海軍工廠があったからです．呉で建造，修復された艦艇には，千代光製の双眼望遠鏡類は，数こそ多くはないものの搭載されていたはずです．

千代光製光学兵器には，他にも航空機用機材などがあります．ただし筆者は陸軍用品をほとんど目にしたことはなく，手元にあるのは海軍用の7×7.1°機と15×80mmの直視型双眼望遠鏡だけです．

些細な地域特性

この二つの機材には共通する特色があり，それは戦争末期の製品ということです．例えば，7×7.1°と表示されている手持ち機材では，一見して各所に戦争末期の製品であることがわかる特色がみられます．それを端的に表現すれば，製造簡易化型双眼鏡という一点に絞られるでしょう．

まず外装は，擬革貼り仕上げではなく塗装されており，塗料には砂を思わせるような粉末が混入されています．その粒は角が立っているような感じで荒く，素手での使用は感じの良いものではありません．

この機材だけではないのですが，時期的には塗料自体も製品の品質が良くなかったようで，強度，付着力は弱い印象を持ちます．もちろん加工簡易化が行われていますから，対物レンズの固定法も加絞めではなく，押さえ環式となっています．有効径は他社例と同様に49mmです．対物部の簡略化はそれだけにとどまらず，対物キャップも省略されています．構造・仕上げでは，豊川海軍工廠光学部製の，同じ時期製品である終戦直前型と同様といえるようです．

この7×7.1°と表示されている機材が海軍用であることは，最初に記しました．それを表しているのが○囲み文字で，本機にも当然存在しています．これは航空機関連部署で使われたことを示す㊎の文字です．特徴的なのはその表示位置で，海軍検印である錨のマークと，製品検査を受けた大阪を示す打刻印

表示に関しては，手持ち機材の50mm機では，陣笠部分が重要な表示位置となっています．大型双眼鏡にある社章と用途明示の彫刻は，特別に省略形とされたものではありません．

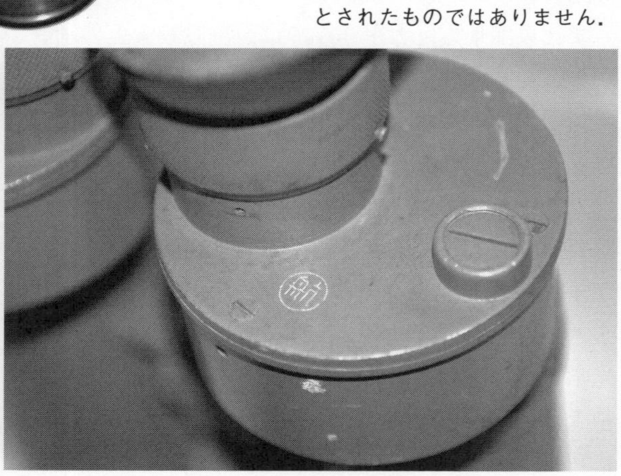

の㋔とともに，いずれも陣笠に表示されています．戦争末期の製造簡易化型を筆者はこれまでいくつも見ましたが，この表示法・打刻印の位置は他に見た記憶がなく，戦争末期の千代光製の特色といってもよいかもしれません．

総合的な見え味は，普通以上といえるでしょう．しかし打刻印は錨も㋔も二重打ちされていて，戦争末期，全体的な工作技術が下がっていく様子がわかるようです．

小と大

手持ち機材であり大量増産をめざした7×7.1°に比べ，固定架台に載せられる15×80mm機では，量産化や加工数省略のための従前形状からの変更が，他社とはいくらか異なった形で行われています．

他社といっても，確実に変更状況がわかっているのは日本光学工業の「統一型」だけですが，形状を比べるだけでも興味深い事実が見えてくるようです．

まず外観上からすぐにわかることですが，共通点としては眼幅合わせ機構があげられます．本来採用されていた左右接眼部の相対的逆回転を連動させるベルト掛け方式から，機構を部品製造，調整のいずれもが容易な，左右がリンクしたレバーで行うようにしています．

調整機構では，軸出しの基本的，標準的構造であるエキセン環方式をやめて，対物レンズ枠の横押し（押しネジ）・後方固定（引きネジ）式を採用しています．そのため，鏡体本体では対物枠を受ける部分が旧機構よりずっと大きくなり，加工数は低減できたでしょうが，反対に素材使用量はかなり増えています．

鏡体は標準的なアルミ鋳物製ですが，開戦前から既にアルミは航空機用として最重要物資の一つとなっていました．本機が製造された時期には決定的に枯渇していたはずで，早晩，素材は鋳鉄化されようとしていたはずです．

対物部の軸出し機構部分にはこのような変更が行われていますが，接眼部の目幅合わせ部分は，レバー化を別にすれば従来通りの仕上げとなっています．この点は，筆者にとっては非常に興味深く思えることです．既述した「統一型」では，鏡体は高角型も含めて基本部分を同じとしているため，鏡体後部，「固定ネジ部以降（締め付けネジ以降）」の変更だけで複数機種が製造可能でした．ところが千代光製の15×80mmではこのようにはなっていないことから，高角型の製造自体がなかったことをうかがわせるものと思っています．

そして，この直視型双眼望遠鏡にも既述したのと同じような書き込みがプリズムに行われており，それは昭和20年5月25日とあります．沖縄は米軍にほぼ占領され，飛行場の増設から，本土空襲は激化の一途をたどっていました．軍部の標榜する本土決戦が行われることは，多くの国民が確実視する状態で，必死の思いで作業を続けていた人たちの気持ちはどうだったのでしょうか．未来への光明は見えていたのでしょうか．

手持ち機材の製造簡易化で，最も大きく変えられた箇所が対物部です．レンズ枠の寸法を変更せずに，後ろ側から押さえ環式（矢印a：二つのスリ割りの一方）で固定されているため，有効径は49mmと小さくなっています．同種の変更例は他社でもありますが，対物キャップまで省略した徹底的な簡易化で，対物レンズ押さえ環（矢印b：二つのスリ割りの一方）が露出状態となっています．

一次段階

ところで，千代光の光学産業としての国内での地理的立地条件については既述した通りです．この見方は，視点を変えれば原料製造を行うのが第一段階とすれば，原料を完成品とすることは製品に変える，広い意味での製造業での二次段階となるはずです．

では光学工業で一次段階が何かといえば，それは光学ガラスの製造ということになります．国内で光学ガラスの製造が初めて企図されたのは，第一次大戦時です．優良品であるドイツ・ショット社の製品は，ドイツと日本が交戦となったことから輸入停止となり，まず海軍が主導して国産光学ガラス製造研究を開始しました．その後，関東大震災と第一次大戦後の軍縮で，結果的には光学ガラス製造は一旦，日本光学工業へと集約されます．

昭和に入って戦時体制が強まるにつれ，増大する光学ガラスの需要に対応して，専業メーカーである小原硝子製造所が創業します．専業でそれに続くのが保谷，武蔵野（詳細不明：研究段階で終始？）です．

この民間の動きとは別に，総合的研究として光学ガラス製造に取り組んだのが，商工省大阪工業試験所（大工試）でした．研究の中心人物である高松亨は，やがて大工試の所長も務め，この研究はいっそう深められます．適材人物に恵まれたことで，大工試は，歴史的に見て国内の光学ガラス研究では，やがて大きな実績を上げることになります．それは，光学ガラス製造自体だけでなく，プレス技術の研究と実用化，工業化でした．

この工業化の研究は，素材の活用効率を大きく向上させることが主目的とされたものでした．従来の工作法である，四角板からの円盤素材切り出しでは高くできなかった素材の製品化率を，ずっと高めることができるようになったのです．素材が無駄になることが少なくなったことから，同量の素材であっても製品増産に直接役立つ，大きな技術的進歩が生まれたことになります．

形状変化をもたらすような加熱処理は，光学ガラスで歪み除去のため行われる焼鈍しと異なり，新たな歪み発生が危惧されることから，当初は敬遠された技術でした．この形状変更をもたらす加熱処理は，「型落とし」と呼ばれ，耐熱性金属型に十分軟化したガラス材が自重変型で流れ込む（落ち込む）ことにより，必要とされる形状にします．そのため，旧来の切り出し法に比べて，素材の製品化率の向上だけにとどまらず，加工時間の短縮など，生み出されたメリットは大きなものでした．

このような大工試の実用性の高い研究に目をつけ，別個の施設としたのが陸軍でした．この施設は大阪府池田市に作られたもので，所管は陸軍の造兵廠の直轄でした．その完成，実動後，千代光自体も造兵

外観上の特色は，錨と㋔が二重打ちされた打刻印がある陣笠の眼幅数値も簡易化され，中間値の表示線の彫刻も省略されています．内部の特徴としては，鏡体は砂型鋳物製で鏡体カバーの裏面の塗装も省略されています．矢印は，接眼部構造体を鏡体に固定するイモネジの孔です．

廠光学ガラス工場に隣接して光学ガラス工場を設けることになります．両工場とも，国内光学産業の中心地から大きく外れていますが，光学兵器の原料供給では重要な役割を果たしています．

これは筆者の独断なのですが，中心地ではない大阪に，官民それぞれの光学ガラス工場ができた理由には，東芝が戦前計画していた遠大な，いわゆる「西芝」計画があったからではないかと思うのです．実際，計画の一部は実現されており，姫路の近郊にはその計画に従った最初の工場が建てられて，実動しています．

東芝は本来電気機器関係の製造業ですから，新計画の大部分は当然，電気機器工場でしょう．ただし，既述したように東芝製の双眼鏡といった光学兵器類は，品質で十分軍部の要求に応えていたことから考えれば，「西芝」計画には光学工場もあって当たり前だと思うのです．東芝の社史には，光学工場のことは書かれておらず，検証されたものではありません．ただ，当時の考えとして，瀬戸内海を運河として，東から西へ製品を流す旨の記載があります．

東芝の「西芝」計画は，日中戦争という準戦時下で生まれ，太平洋戦争という戦時下で消滅した計画でした．日本の光学産業の拡大化も，準戦時体制への移行がその始まりであり，戦時体制下にその頂点を迎えます．多くの人的，物的資源が投入された光学産業は，規模で見れば大きくはなっていますが，その反面，質的に見た場合，かなり早期に頭打ち状態を迎えていたと見るべきでしょう．

戦時中には戦力の増加，拡大化に伴い，増透皮膜蒸着といった新技術の実用化が試行されましたが，業界全体へは行き渡らずに終わっています．海軍工廠では，増透皮膜の実施ではある程度の実績が上がっていました．ただ，民間企業で増透皮膜を実施できたのは日本光学工業，東京光学機械，そして千代田光学精工だけだったと記録されています．しかし，本項で取り上げた二つの千代光の終戦間際の製品に，蒸着処理された痕跡はありません．おそらく，終戦時点では行われていたでしょうが，数的には本当にわずかなものだったのでしょう．

終戦

そしてついに，8月15日，日本の敗戦という結果を迎えることになります．これまで最大の双眼鏡の需要者であった軍部は解体，消滅しますが，日本から双眼鏡業界が消え去ったわけではなく，生き残った各社は，おのおの独自の努力で新天地，新境地を切り拓いていくことになります．

おかしな例えかもしれませんが，軍部という強力かつ巨大な羽根の下で育まれていた雛が，この時，巣立ちを迎えたのです．

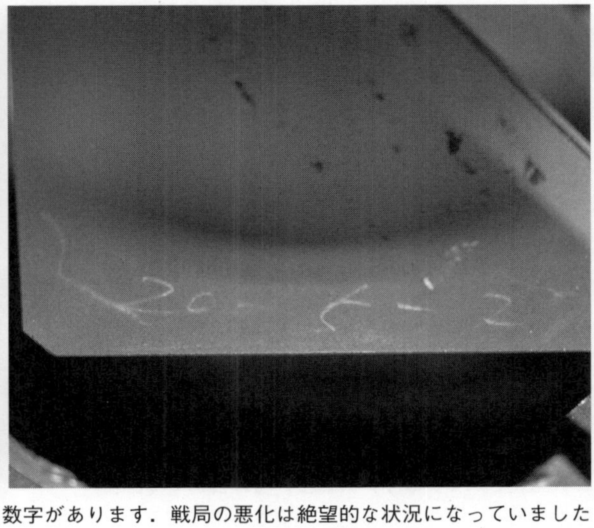

ポロII型プリズムの側面には，製造時期を示すものと思われる数字があります．戦局の悪化は絶望的な状況になっていましたから，製造現場で苦労していた人たち（ほとんどが勤労動員された学徒）は，必死の思いであったことは確かでしょう．

フード伸縮式の標準型（上）と並べると，固定式フードになった対物部は，鍔状部分が加えられたことで外観は大きく異なりますが，接眼部には連動機構以外の相違点はないといえます．接眼部が大きく変えられていないことは，統一型といった高角型も含め，共通部品を増やした製造簡易化はなかったといえ，高角型自体製造されていないことを示していると筆者は考えます．

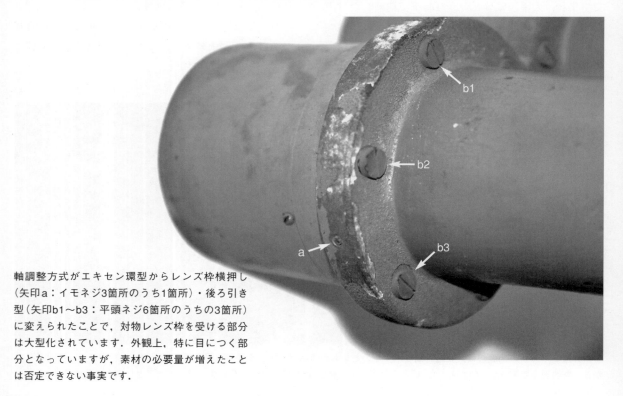

軸調整方式がエキセン環型からレンズ枠横押し（矢印a：イモネジ3箇所のうち1箇所）・後ろ引き型（矢印b1〜b3：平頭ネジ6箇所のうちの3箇所）に変えられたことで，対物レンズ枠を受ける部分は大型化されています．外観上，特に目につく部分となっていますが，素材の必要量が増えたことは否定できない事実です．

大口径，水平視型の双眼望遠鏡の眼幅合わせの標準的な方式は，プリズムケースの周囲に8の字状に巻いた金属ベルトの回転で行うものでしたが，緩みなく緊定するのは手間のかかる作業でした．また構造も複雑になることから，レバー式への変更は製造簡易化で大きな改善となったはずです．

部分的には製造簡易化が行われている機材ですが，架台は標準的な構造となっています．同時期の統一型では，鏡体側面に耳軸を設けた形式になっていますが，この従来型架台ということも，高角型の生産がなかったことを示すものと考えられます．

加えられたJAPANの文字は日本の光学産業の再出発の印
JAPAN　KAIKOSHA K.T. 6×24　9.3°

目盛がないことを除外すれば，本機は一見，十三年式双眼鏡そのものに見えます．しかし上書きされたJAPANの表示を加えた鏡体カバーからは，食べるためだけにとにかく何かを作り，売らなければならなかった，困窮の時代が感じられます．ここが，戦後の双眼鏡産業の出発点でした．

虚脱感からの出発

昭和20年8月15日，玉音放送で終戦が告げられました．ほぼ15年という，長期間に渡った日本の戦時体制は，ついに終えんを迎えたのでした．

そのため，軍需を最大の拠りどころとして膨張した，双眼鏡類製造を中心としていた日本の光学産業は，いったん停止状態を迎えます．深刻さの度合いは，企業規模の大きな会社ほど大きなものでした．進駐してくる新たな権力者である進駐軍，中でも，その頭脳である連合国最高司令部（G.H.Q）の占領方針を見きわめることは，当初困難でした．工場設備などへの戦時賠償が想定されるからです．その一方，中小の企業では大企業と異なる困難な事態がありました．企業に内部留保が少ないため，何らかの経済活動を行うことが，すぐにでも必要でした．

双眼鏡を作り続けてきた企業は，双眼鏡を作るしかありませんでした．戦前と戦後，商売相手は同じ軍人でしたが，大きく異なったのは，新たなお客は進駐してきた連合軍将兵だったことでした．とにかく残っている製品やかき集めた部品から組み立てられた双眼鏡が商品でした．変えなければならない箇所（焦点目盛の除去：進駐軍の規制措置）は直ちに改められましたが，製品として見れば，軍事的仕様をほとんど継続したものでしかありませんでした．

かつて陸軍将校の標準的な装備品であった十三年式双眼鏡は，在庫も多く，また国内で復員した将校の手持ち品も，食料などの生活必需品との交換から，露店で商品化してしまっていました．

そういったことから十三年式双眼鏡は7×50mmと並んで進駐軍将兵の手頃な土産品となったのです．

しかし，戦後に作られた，戦時中とほとんど変わることのなかった双眼鏡には，これからの進むべき方向が表わされていたのです．かつてのKAIKOSHAの表示はそのままに，JAPANと国際的にわかる形での表示を加えた本機は，その後の日本の双眼鏡産業の行方を端的に表しているものといえるでしょう．

国内の軍用向きから，世界での民生品へと変わるべきことがともかくできたことが，戦後の日本の双眼鏡業界全てにいえる，新たな出発点でした．新しい歴史が始まろうとしていたのです．戦災の影響もなかったわけではありませんが，立ち上がらなければならない場面で，日本の双眼鏡製造業はともかく新しい一歩を踏み出すことになります．

その後の道筋も決して平坦ではありませんでした．そのきっかけを端的に示しているのが，本機であるといえるでしょう．陸軍将校用の双眼鏡の色合いが残っていること自体，変わってしまった環境に対応した苦肉の製品の証明といえます．これ以降のことについては，また別の機会があればお話ししたいと思っています．

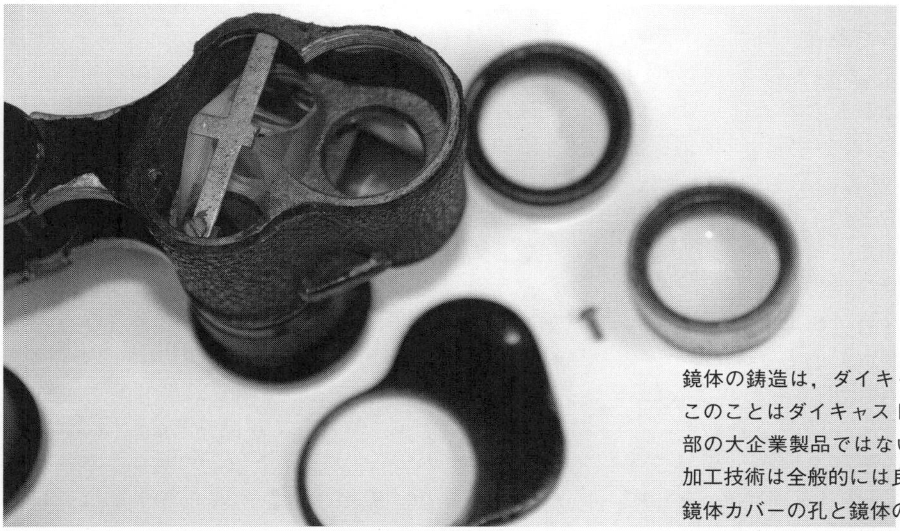

鏡体の鋳造は，ダイキャストではなく砂型鋳物です．このことはダイキャスト化が進められていた，ごく一部の大企業製品ではないことの証明とも思われます．加工技術は全般的には良好ですが，唯一，写真にある鏡体カバーの孔と鏡体のネジ孔位置に微妙なズレがあり，通常の組み立て法では止めビスをねじ込めません．

同じKAIKOSHA表示のある十三年式双眼鏡と並べると，彫刻作業が減った分だけ製造作業は簡易化されています．右カバーの星と桜を重ね合わせた軍を象徴するマークがなくなったこと自体，軍への依存体質からの脱却を示しています．

「あとがき」に代えて

「プリズム双眼鏡の歴史を全体的に見てみたい」という無謀に近い思いを抱いてから，既に四半世紀以上の時が流れ去りました．かつての『月刊天文』誌では，少し方向性は異なるものの，何がしかは実際の天体観望用双眼鏡に言及した記事（拙稿も含めて）ありました．それに加え，誌上の見開き2ページはありがたいことに治外法権化？して，連載も9年半の長きに渡って続くことになりました．

何より幸運だったことは，現物に即した記述という前提が，おおよそでは貫けたことです．これには多くの方々の有形，無形の協力があったからで，現物との出会いも何か運命的でもありました．

また活字化では，現物と文字情報を合わせたといっても，至らない筆者の原稿を整理・編集された，『月刊天文』編集部の石田氏（当時），そして続いて担当された飯塚氏には大変にお世話になったことを謝するとともに，今回の単行本化でも，飯塚氏には一方ならぬご厄介をおかけしたことを深謝いたします．

例外はありましたが，一応，時系列的な掲載順序も何とか行い得たり，結果として奇跡的なものと出会えて守れたことも，連載開始時点では想定できなかった，うれしい誤算でした．

連載は114回を重ねましたが，筆者の当初の考えでは，一応，日本の双眼鏡産業の大転換点となった昭和20年（1945年）までを，一区切りにする予定でした．しかしその後，編集長の急病リタイアによる雑誌の休刊という別の想定外の事情から，残り少しの状態で残念ながら連載は中断となりました．それでも，資料が少なく歴史的にはきわめて重要な国産双眼鏡も，連載の終結を飾るように最終回に間に合ったことは，奇遇以上のものでした．

当時，筆者は編集部の片隅をお借りして文作していたのですが，時として現品分解の段階（通常は文章作成後の実施）で，より以上の重要な事柄が見つかったため，原稿の全面的取り替えも再三起こったことでした．

そしてまた，本書でも歴史は繰り返すの例えではありませんが，印刷の直前になって新たな事実を加える必要が起こったのです．そこで，「あとがき」に代えて，次ページ以降を末尾に加えることにしました．

終戦前にあった稀有な事例，国産ポロⅡ型手持ち双眼鏡 東京光学機械 10×50 7°IF ポロⅡ型

これまで文献的に全く未見の存在だった，終戦前のポロⅡ型国産手持ち双眼鏡の存在が確認できたことは，うれしいことです．文献に現れてこないということは，限定的な製品ということを表しているように思えます．

思い込み

歴史を客観的に見る時，思い込みがあってはならないことは当然です．しかし，ついついそれまで見てきた情報が，あくまでも限定的であるという前提を忘れてしまうことが起こります．本書でいうなら，国産の手持ち双眼鏡では，昭和20年の終戦時点までポロⅡ型を採用した機材はない，と書いてしまったことがそれに当たります．ここで，本書中の「終戦時点までに，国産の手持ち双眼鏡でポロⅡ型を採用したものはなかった」という記述を改めさせていただきます．

ポロⅡ型機の存在については，戦後の昭和30年代には出現していることを文献上で見てはいたのですが，全く想定外の実物，それも確定的に用途が判定でき，製造時期の推定も可能な機材が出現したのです．それが本項で取り上げる，東京光学機械製の10×50mm 7°IFでした．

見かけからわかる特色

なにより確実に本機がポロⅠ型でないことは，その低い高さのプリズムハウジング部から容易に判断できます．その反面，ポロⅠ型の特色である折りたたみ効果は減少するため，光学系が同じでも全高は高くなってしまいます．光学仕様がほとんど同じ東京光学機械製の10×50mm 7.1°改-1と並べると，その高さとプリズムハウジングの違いは一目瞭然です．

同一製造会社のほぼ同じ光学仕様機と並べると，ポロII型採用機の特色がいくつも見えてきます．本機では長さが短くなった鏡体プリズムハウジング部に，適切に乾燥剤封入箇所（矢印）が設けられています．手持ち機材では，この考案もポロI型での試作例はありましたが，実施されていたことを確認できたのも国産双眼鏡の発展では記述しておくべきことです．他に特色といえるのが陣笠の眼幅数値の表示位置で，左側鏡体の指示線に対応するように左側にあります．通常機種との相違点をきわ出たせ，製造上の過誤を防止するための処置かもしれません．

さらに外観上で興味深いのは，プリズムケース近接位置に，カニメ孔を設けた大きな蓋状の金物があることです．これは乾燥剤の封入孔で，通常構造のポロⅠ型では試作された事例を本書で紹介していますが，実施例は未見で，これも想定外のことでした．

外装はかなり剥落していますが，擬革貼りでなく塗装仕上げとなっていることが確認でき，粉粒体混入塗料直塗りといった粗雑なものではなく，下塗りも十分に行われた良い加工だったこともわかります．

陣笠部分は軍用品の場合，打刻印などの追加加工が行われるところで，本来ならば機体確定のための情報表示箇所となります．本機の場合，陣笠部分にあるのは(航)の記号と省略表示された眼幅数値だけで，海軍用機材であることは推定できますが，本来ならあるはずの錨の打刻印は見つからないため，疑問符は消えませんでした．

それが判明したのが意外な場所で，鏡体から伸び，中心軸構造を形成する鏡体羽根の背面相当部分でした．そこには微かですが，海上護衛総隊の桜の花をかたどったマークがあったのです．

打刻印が打たれているのは意外にも左側鏡体の下羽根（接眼側）で，3種類であることがかろうじて確認できます．aは逆三角形の社章，bは桜の花で，cの○囲み文字は斜め打ちとなったことで判然としませんが，片仮名のクカタのようです．dは乾気封入孔ネジで，イモネジが装着されています．中心軸外筒は打刻印のある左側鏡体に取り付けられていますが，左側鏡体を基本側とした例は世界的に見ても僅少で，国産品で確認できたのは本機のみです．

攻防

使用者と用途が確定できたことは，国産手持ち機材では稀有な存在であるポロⅡ型双眼鏡についての知識を増やしてくれたわけですが，反面，疑問もまた増えたことになります．断片的ながらも交流があったドイツ第三帝国からは，戦時下でも潜水艦による軍事技術の交流だけでなく，柳輸送と秘匿名化された，民間船舶による物資輸送もあったことは記録に残されています．従って，本機は潜水艦を最重要視したドイツ海軍の影響から急遽生み出されたものでしょうか．それならば，潜水艦部隊を統括した連合艦隊用として錨の打刻印があってしかるべきはずです．しかし，そうではありません．本書で既述した，ほぼ同様の光学仕様を持つ，同じ製造会社製の10×50mm 7.1°機と同じ桜の花の打刻印なのです．

日本海軍の潜水艦には，艦隊決戦用の攻撃の眼となる必須光学兵器として，耐水圧機能を備えた12cm双眼望遠鏡が装備されていました．このことから，装備が整っている潜水艦用ではなく，海上輸送路の確保が焦眉の急となったことで，本来的に透過光量減少が少ないポロⅡ型の本機が，海上護衛を任務とする防衛部隊に優先的に配備された可能性もあります．

しかも本機は増透加工されていることから，大戦末期の製造であることは確定できますが，ポロⅠ型機との関係は推定の域を出ません．あえて記述すれば，本機の装備後，生産性の悪さと増透加工の進捗により，ポロⅠ型でも実用性が向上したことから，互換性部品が多く使えるポロⅠ型へと変更されたものではないか，というのが筆者の結論です．結像上からも，ポロⅠ型機では像面湾曲の程度が少しは減少しており，周辺像の改良が行われたことをうかがわせます．

プリズムには増透処理が行われています．側面には鉛筆による書き込みの存在も確認できますが，押さえ金具が油土で固まっており，剥がして判読できるか微妙な状況です．鏡体カバー内側と鏡体端面には5の打刻印（矢印a）があり，これが実際の製造ナンバーのようです．鏡体内部では，乾燥剤保持部分は元々の鋳物では開口していたものに内部で薄い金属板の蓋（矢印b）をかぶせています．

空気抜き

本機は通常の防水機能を持つポロI型機に比べて，いっそう防水性が高くなっています．それというのも，鏡体構造が結果的にBL型と同様，カバーは接眼側だけになっていて，対物筒部分も鋳物の一体構造であることです．その防水性，言い換えれば内部環境の初期状態維持に乾燥剤の封入も行われていますから，防水性の完成度は高いと言えます．

しかし，一般論として通常の防水機構装備機種では，乾燥空気によって曇りの防止，カビ発生の回避が確実となっているのは，対物レンズ最終面から接眼レンズ第1面までであることは考慮しておくべきことです．接眼レンズ間に関しては，積極的な内部環境維持は考慮されてはいないのです．

ところが，本機を分解して最も驚かされたことは，接眼レンズ金物の内側部分に，フライス加工によって光軸に平行方向の半円状の窪みが付けられていることです．第1と第2レンズの間隔輪にも空気流通を図って円孔が開けられていました．これは，3群6枚（2 - 2 - 2構成）の接眼レンズの内部側レンズ間の空気流通も可能とするための加工です．通常は考慮されないレンズ間の空気状態も乾燥させるための工夫ですが，このような考案は原産国を問わず，大型双眼鏡ですら見たことのない事例でした．

さらに加えなければならない特色として，基本鏡体が左となっていることです．通常，中心軸外筒は右鏡体側に取り付けられるものなのですが，本機では国産機では未見の左側鏡体にあり，戦後の外国製品を含めても希少な例です．筆者にとって本機は，以上の事柄からまさに（驚き）^{3}となったのです．

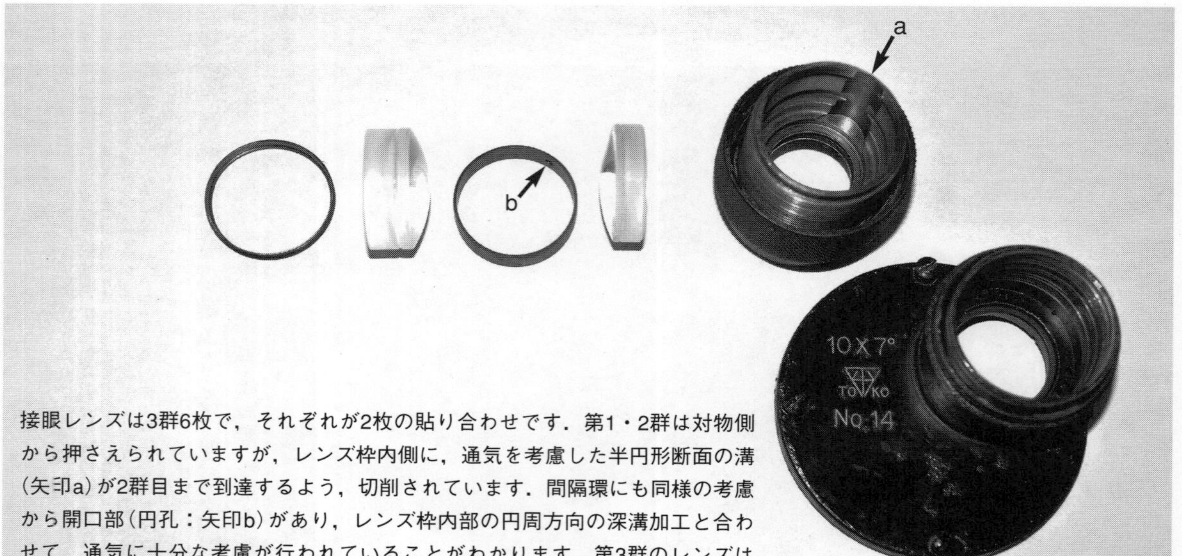

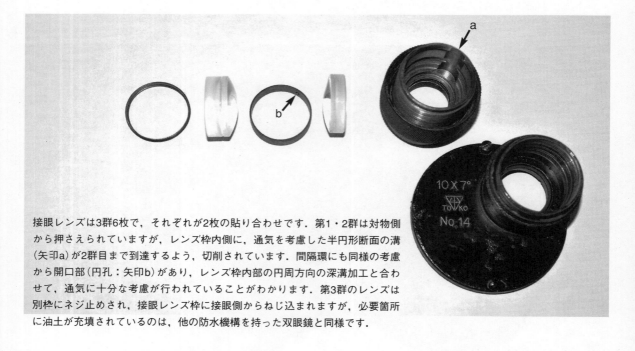

接眼レンズは3群6枚で，それぞれが2枚の貼り合わせです．第1・2群は対物側から押さえられていますが，レンズ枠内側に，通気を考慮した半円形断面の溝（矢印a）が2群目まで到達するよう，切削されています．間隔環にも同様の考慮から開口部（円孔：矢印b）があり，レンズ枠内部の円周方向の深溝加工と合わせて，通気に十分な考慮が行われていることがわかります．第3群のレンズは別枠にネジ止めされ，接眼レンズ枠に接眼側からねじ込まれますが，必要箇所に油土が充填されているのは，他の防水機構を持った双眼鏡と同様です．

と，ここまで書き加えさせていただきましたが，これで完了と書くことはできません．それは，筆者が全ての機材を見たわけではないからです．特に第二次大戦前から大戦中にかけては，欧米ともに未見の機材が多いことは残念ながら本書の至らぬ点です．そして，これからも驚くような事例を持った機材が出てきて，書き足す必要性も生まれてくるでしょう．

ともかく，草創期からほぼ50年間に渡るプリズム双眼鏡の歩みについては，一応，日本を中心として限定的ですが，これであらすじ程度はご理解いただけたと思います．これ以降についてはまた改めた形で，読者の皆様にお目にかかれれば，と考えております．

2015年爽秋　中島 隆

＜ 資料編 ＞

■エフエム商会（軍用品商）
◎明治43年版双眼鏡類カタログ・506
《 陸軍士官候補生（主に）に配布されたカタログ 》

■藤井レンズ製造所
◎水第五八号　和製綾鏡双眼鏡見本品提出の件・508
《 海軍大臣官房宛水路部発　双眼鏡評価依頼 》
◎上記依頼に対する回答・509
《 水路部宛海軍大臣官房発　双眼鏡実地評価 》
◎ビクトル双眼鏡カタログ・510
《 制式採用願いで海軍水路部宛現品に添付提出 》
◎双眼鏡製品価格一覧表，大小比較図・511
《 プリズム双眼鏡の選択：大正2年掲載 》

■日本光学工業
◎プリズム双眼鏡名称及構造表，特号プリズム双眼鏡定価表・512
《 プリズム双眼鏡の選択：大正7年掲載 》

■官報4175号（昭和15年12月5日）
◎商工省告示第791号 双眼鏡販売価格指定（格付表）・513

■海軍用望遠鏡類購買規格（抜粋：昭和18年）・516

最新形

價格＼倍數	六倍 最新形	八倍 最新形	十倍	十二倍	五倍
定價	六〇・〇〇〇	六五・〇〇〇	九二・五〇〇	九二・五〇〇	八七・五〇〇
六ヶ月月賦價格	六一・〇〇〇	六六・〇〇〇	九三・五〇〇	九三・五〇〇	八八・五〇〇
十二ヶ月月賦價格	六二・〇〇〇	六七・〇〇〇	九四・五〇〇	九四・五〇〇	八九・五〇〇
十五月月賦價格	六四・〇〇〇	六九・〇〇〇	九六・五〇〇	九六・五〇〇	九一・五〇〇

但シ六倍八倍ハ最新形ニ御座候

佛國エー、クラウス社製 獨國カール、ツアイス社製 最新形プリズム入双眼鏡比較表

		對物鏡ノ直徑	光明度	視界角度	重量
佛國エー、クラウス社製	八倍	二七ミリ	一一、六	一一六米突	六、七	一五四匁
	六倍	二三ミリ	一五、二	一三〇米突	七、四	
獨國カール、ツアイス社製	八倍	二四ミリ	九、〇	一一五米突	六、六	一五一匁
	六倍	二一	一二、二	一二〇米突	六、八	一一五匁

附言

一 本表ノ如ク「ヱー・クラウス」社ノ「カール・ツアイス」社ヨリ總テノ點ニ於テ優等ナルニ拘ワラズ「カール・ツアイス」ニ比シ其價格ノ低廉ナルハ佛國製ハ協定税率ニ依テ課税セラレ獨國製ハ非協定税率ニヨリ課税セラル、ニ起因ス

二 エー・クラウスハ視界擴大對物鏡ノ大サ直徑約貳割ヲ増加シ以テ大ニ視界ヲ擴メタリ
三 エー・クラウスハ光明度増加對物鏡擴大ノ結果光明度五割以上ヲ増加ス
四 エー・クラウスハ實体視力ノ確實視界ヲ擴大シ光明度ヲ増加シ大ニ實体視力ヲ確實ニセリ
五 エー・クラウスハ構造ノ改良鏡筒接合部ヲ始メ總テノ部分ヲ改良シ頗ル堅牢ト爲シ殊ニ蝶番ヲ五割以上ヲ厚クシ其耐久力ヲ數倍セリ
六 エー、クラウスハ雨覆及豫備接眼縁附着サツクハ褐色ニ御座候

◎月賦方法

一 員數ハ壹個ヨリ相願候
二 月賦御購買及其御拂込金ハ御團隊ニ於テ一纒ニ相願度候
三 責任者ヲ左記ノ通リニセラレ度候

司令部　聯大隊　將校集會所　偕行社　學校
鎮守府　海兵團　軍艦　軍艦士官室

四 月賦御購買ハ左記雛形ノ通リ購買書御交附相願候
五 物品ハ御購買書拜受ノ上品質ヲ撰ミ速ニ上納可仕同時ニ出荷御案内可致若途中破損等ノ場合ニハ速ニ代品上納可仕候
六 月賦金ハ弊商會**振替貯金口座東京一六〇四九番**ヘ御拂込被下度其都度着金案内書ヲ呈シ追テ全部御拂込ノ際相當領收證可差上候
七 着金案内書ト共ニ翌月分御拂込用トシテ**振替貯金拂込用紙**一葉相呈シ候又該用紙通信欄ニハ御送金ノ摘要ヲ御記入相願度候
八 物品上納ハ勿論諸般ノ御指揮其他通信往復ニ付テハ月賦御購買書ニアル御取扱者宛ニ取計可申候

一 砲台鏡　仝　上　金六圓以内
其他照準交合絲間接等ノ不具合胴皮ノ新調塗替手入改造プリズムノ入替接眼及對物鏡ノ入替等何樣ニモ修理相加ヘ可申候

◎ミクロメートル　五　一個　金〆圓

双眼鏡用「ミクロメートル」ノ儀從來ハ海外輸入品ノミニシテ其製造元ノ双眼鏡以外ニ之ヲ使用スルコトヲ得ザルノ不便アリ弊商會之ヲ憂フルヤ久シ刻若研究ノ結果今般始テ一種ノ製造器ヲ發明シ「ミクロメートル」ノ分畫。形狀。如何樣ニモ製造スル事ヲ得ルニ至リ己ニ販賣ヲ開始シ目下陸軍審査部並ニ射擊學校等ヘ御審査申請中ニ御座候上圖ハ唯タ其一例ヲ示セシニ過ギズ御指示ニ依リ如何ナル分畫如何ナル双眼鏡ニモ之ヲ嵌メ込ミ得ヘキ樣製造シ價格壹個金五圓ニテ双眼鏡玉磨料ハ壹個金貳圓ナルモ「ミクロメートル」御買上ト同時ニ玉磨ヲ命ゼララル、片ハ特ニ玉磨料ヲ金壹圓參拾錢ニ減シ合計金六圓參拾錢ヲ以テ玉磨ノ上「ミクロメートル」ヲ嵌メ込ミ上納可仕候間左記ノ三便益御認ノ上續々御用命被仰付御好評ノ程伏而奉願上候

一 舶來「ミクロメートル」ニ比シ弊商會製造「ミクロメートル」ハ代價頗ル低廉ナリ
二 舶來「ミクロメートル」ハ其製造元双眼鏡以外ニ使用スルヲ得ザルモ弊商會製造「ミクロメートル」ハ如何ナル双眼鏡ニモ嵌メ込ムコトヲ得使用工合最モ好良ナリ
三 舶來「ミクロメートル」ハ分畫一定其種類僅カニ二三ニ過キサルモ弊商會製造「ミクロメートル」ハ御注文ニ依リ細大御隨意如何樣ニモ製造シ大ニ御便利ナリ

弊商會特製軍用携帶電話機

エリクソン式 軍用携帶電話機　壹組正價　金壹百圓

一 在來ノ携帶電話機ニ比シ最モ輕便ニシテ働作ノ鋭敏ナルコ
二 重量僅ニ參百七十匁ナリ
三 「コンデンサー」ヲ使用シアルヲ以テ電流ヲ調度シ電池消失ヲ防キ小電池ヲシテ永ク一定不變ニ使用シ得ルコト其結果トシテ信號ヲ大ニシ且ツ通話ヲ完全ニ爲サシム
四 機械最モ堅牢ニシテ使用簡單ナルコト
使用法 革室ニ入レタル儘横側ニアル蓋ヲ上ケ其穴ヘ「プラグ」ヲ挿入シ且ツ「プラグ」ニアル貳個ノターミナルヲ線ニ接續シテ中央ニアル釦ヲ押シテ信號シ然シテ後受送話器ヲ両方ニ引出シ通話スルモノトス

一 三九式ベル付携帶電話機　壹組（二個）　金七拾五圓
一 騎兵用携帶電話機　仝　金八拾壹圓
此外各種電話機

◎電話線

一 護謨卷被覆往復線　二十心入　壹千米突　金七拾五圓
一 仝　十六心入　仝　金七拾貳圓
一 仝　十四心入　仝　金七拾圓
一 仝　十二心入　仝　金六拾五圓
一 仝　五心入　仝　金五拾參圓
一 仝 被覆單線　三心入　仝　金四拾圓
一 騎兵用被覆單線　仝　金參拾圓
此外各種電線

◎測圖測量機械

一 平測板（屬品共）　壹組　並製　金拾圓五拾錢
一 仝　仝　上製　金拾貳圓五拾錢
求心器及垂球御入用ノ向ハ別途金九拾錢（並製）申受候
一 測鎖（測針附）　拾米突（鋼鐵製）　金參圓貳拾錢
一 仝　貳拾米突（仝）　金五圓
此外測量圖引機械等各種

◎石版機械

一 石版器械　特別製（美濃二枚掛）　金六拾五圓
此外附屬品及消耗品等各種

▲営業品目錄御入用ノ節ハ御一報次第御送リ可申候
▲営業目錄ハ御隊副官殿旗手殿ノ内ヘ壹部拜呈致置候

謹告

御隊副官殿旗手殿ノ内ヘ壹部相呈

謹啓 弊商會 儀營業品双眼鏡各種、測量器械、電氣諸器械等ノ目錄兼テ改正着手中ニ御座候處今般漸ク完成仕候間不取敢供御高覧候扨又双眼鏡ニ付テハ從來各種取揃ヘ多大ノ御高需ヲ辱フシ來リ候處**此程新ニ入荷致候「ヱークラウス」製最新式八倍双眼鏡**ハ在來ノ「プリスム」双眼鏡ヨリ更ニ對物鏡ヲ大ニシ其間隔ヲ擴メタレバ一層視界ヲ鮮明ニシ物体ノ浮映等殆ント間然スル所ナク雨覆付（豫備接眼縁ヲ付シ得）サツクハ褐色ニシテ現在双眼鏡中ノ最優等品ナリ是ヲ「カールツアイス」製ニ比較スルニ左表ノ如ク鏡徑光明視界角度等其優劣一目瞭然タリ形狀亦一見「カールツアイス」ト同一ニシテ而カモ價格低廉ナリ或ハ「ツアイス」ニ比シ價格ノ低廉ナル點ヨリ自然御疑惑ノ向モ如何ト存セラレ候得共是レ關税ノ關係上其定價「ツアイス」ヨリ約八圓ノ低減ヲ見ルニ至リ殊ニ 弊商會 從來「ヱークラウス」トハ特別ノ關係ヲ有シ已ニ該商會ノ小賣部タルコトノ特約ヲモ締結シ諸般ノ點ニ於テ便宜不尠比較表並ニ附言ノ事項等御參照被成下候上多少ニ拘ハラズ御買上ノ榮ヲ蒙リ候樣偏ニ懇願仕候

追テ見習士官殿ノ御便利ヲ謀リ各官御申合ノ上數個一ト纏トシテ御用命被下左記月賦方法ノ御責任者ニ於テ御任官ノ際一時ニ御支拂被下候コトヲ明記セラレタル購買證書御下付被下候得バ秋季御演習前現品ヲ上納シ尚ホ此度限リ特ニ定價即現金ノ價格ヲ以テ可相納候

但別段ノ御事情有之候其數一個ニテモ特ニ御相談可申上候

東京市本所區林町貳丁目

明治四十三年六月

ヱフヱム商會

主 **遠藤悦藏**

電話浪花 三一七一番
電信略號（ヱフ）
振替貯金口座 一六〇四九番

プリスム入双眼鏡定價

◎ヱークラウス製
プリスム入双眼鏡

倍數＼價格	定價	六ヶ月月賦價格	十二ヶ月月賦價格	十五ヶ月月賦價格
六倍	五三●〇〇〇	五四●〇〇〇	五五●〇〇〇	五七●〇〇〇
八倍	五七●〇〇〇	五八●〇〇〇	五九●〇〇〇	六一●〇〇〇
十倍	七四●〇〇〇	七五●〇〇〇	七七●〇〇〇	七九●〇〇〇
五倍	八二●〇〇〇	八三●〇〇〇	八五●〇〇〇	八七●〇〇〇
七倍半	八七●〇〇〇	八八●〇〇〇	九〇●〇〇〇	九二●〇〇〇
十二倍	八八●〇〇〇	八九●〇〇〇	九〇●〇〇〇	九二●〇〇〇
ニコス八倍 壹號	五二●〇〇〇	五三●〇〇〇	五五●〇〇〇	五七●〇〇〇
ニコス八倍 貳號	四七●〇〇〇	四八●〇〇〇	五〇●〇〇〇	五二●〇〇〇
テレメーター スクリン附 八倍	六九●〇〇〇	七〇●〇〇〇	七一●〇〇〇	七三●〇〇〇

但六倍八倍ハ最新形ニシテ上圖ノ如ク雨覆（豫備接眼ヲモ附着シ得）附サックハ褐色ニテ構造堅固且ツ視界廣ク明瞭ニシテプリスム入双眼鏡中ノ最優等品ナリ

最　新

◎カールツアイス製プリスム入雙眼鏡

倍數＼價格	定價
最新形 六倍	六〇●〇〇〇
最新形 八倍	六五●〇〇〇
十倍	九二●五〇〇
十二倍	九二●五〇〇
五倍	八七●五〇〇

一金　　月賦購買書　　取扱者官等御姓名印

品目	員數	單價	小計
内譯 何國何會社製 プリスム入何倍双眼鏡	何個	何圓	何圓

但シ明治何年何月ヨリ何年何月迄何回ニ拂込一回分何圓宛

右購買候也

明治　年　月　日　　何　　々　官印

ヱフヱム商會主遠藤悦藏宛

◎双眼鏡各種修理並價格

一 弊商會ハ技術熟練ナル技師ヲシテ加修可仕ニ付如何ナル至難ノ修理ニテモ能ハザルモノ無之候
二 修理ハ叮嚀親切ヲ旨トシ映畫不鮮明ノ事ハ必ズ無之候萬一御意ニ叶ハザル点有之御回送被下候ハヾ無料修理可仕候
三 玉掃除等ノ修理御用ハ往復日數ヲ除キ七日以内ニ上納可仕候 但シ此塲合ニ於ケル小包料ハ弊商會ノ負擔トス
四 御修理品ノ到着又ハ修理濟發送等ノ件ハ其都度案内狀可差上事
五 修理濟納品ハ代金引換小包郵便トスル事
六 修理價格ハ大略左記ノ通リ

一 プリスム入双眼鏡 鏡玉部其他ノ掃除		金貳圓以内
一 仝 接眼縁（左右共）新調		金四圓
一 蝸牛形プリスム入双眼鏡 鏡玉部其他掃除	十倍	金參圓以内
一 仝	十五倍以上	金六圓以内
一 砲台鏡仝上		金六圓以内

其他照準交合絲間接等ノ不具合胴皮ノ新調塗替手入改造プリスムノ入替接眼及對物鏡ノ入替等何樣ニモ修理相加ヘ可申候

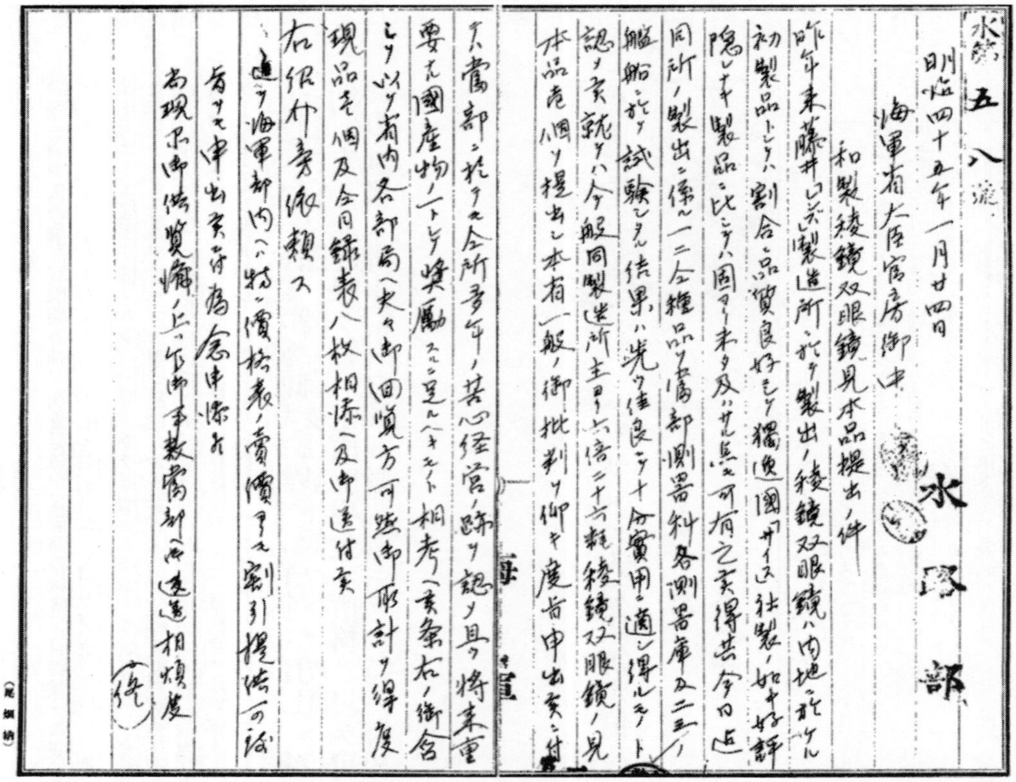

【上を活字化したもの】　水第五八号

明治四十五年一月廿四日　水路部

海軍省大臣官房御中

和製綾鏡双眼鏡見本品提出ノ件

昨年末藤井「レンズ」製造所ニ於テ製出ノ綾鏡双眼鏡ハ内地ニ於ケル初製品トシテハ割合ニ品質良好ニシテ独逸国「サイス」社製ノ如キ好評隠レナキ製品ニ比シテハ固ヨリ未ダ及バザル点モ可有之可候得共今日迄同所ノ製出ニ係ル一二仝種品ヲ当部測器科測器庫及二三ノ艦船ニ於テ試験シタル結果ハ先ズ佳良ニシテ十分実用ニ適シ得ルモノト認メ候就テハ今般同製造所主ヨリ六倍二十六粍綾鏡双眼鏡ノ見本品壱個ヲ提出シ本省一般ノ御批判ヲ仰ギ度旨申出候ニ付テハ当部ニ於テモ仝所多年ノ苦心経営ノ跡ヲ認メ且ツ将来重要ナル国産物ノ一トシテ奨励スルニ足ルベキモノト相考エ候条右ノ御含ミヲ以テ省内各部局ヘ各々御回覧方可然御取計ヲ得度現品壱個及仝目録表八枚相添エ及御送付候

右紹介旁依頼ス

追テ海軍部内ヘハ特ニ価格表ノ売価ヨリモ割引提供可到旨ヲモ申出候付為念申添候

尚現品御供覧済ノ上ハ乍御手数当部ヘ御返却相願度

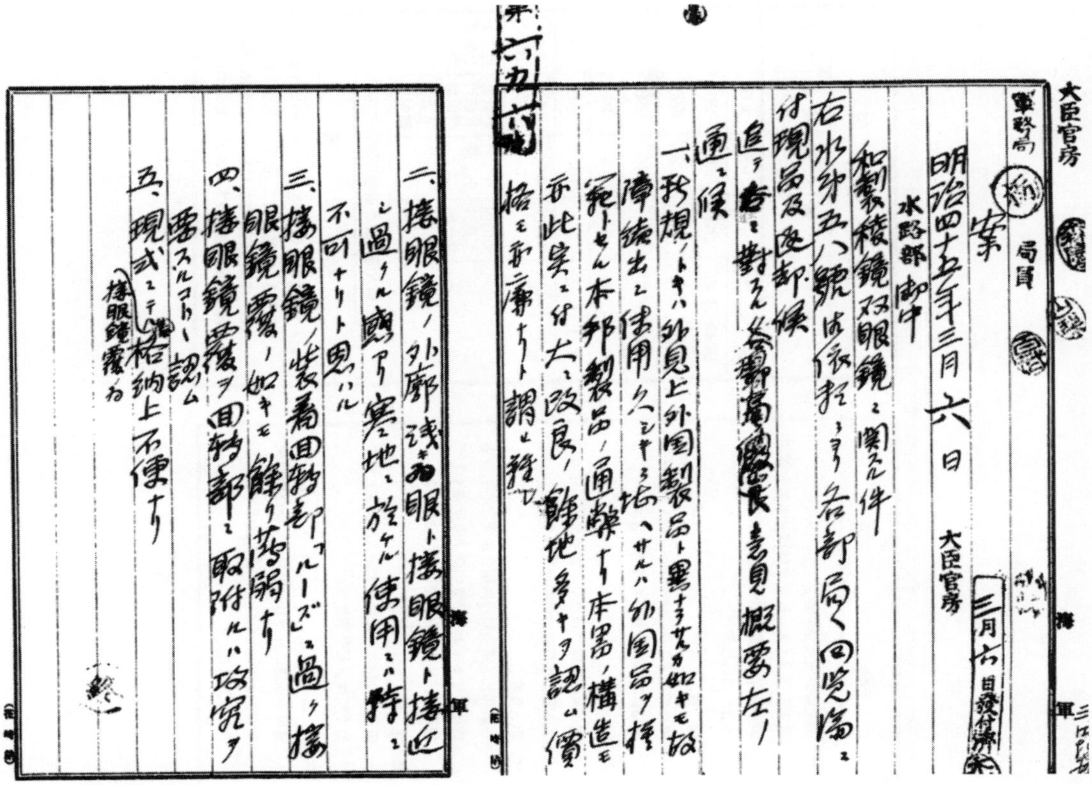

【上を活字化したもの】

明治四十五年三月六日　大臣官房

水路部　御中

和製綾鏡双眼鏡ニ関スル件

右水第五十八号御依頼ニヨリ各部局へ回覧済ニ付現品及返却候（へんきゃくにおよびそうろう）

追テ右ニ対スル（判読困難）意見概要左ノ通ニ候

一、新規ノトキハ外見上外国製品ト異ナラザルカ如キモ故障続出シ使用久シキニ堪エザルハ外国品ヲ模範トセル本邦製品ノ通弊ナリ　本器ノ構造モ亦此実ニ付大ニ改良ノ余地多キヲ認ム　価格モ亦廉ナリト謂イ難シ

二、接眼鏡ノ外廓浅キ為眼ト接眼鏡ト接近シ過グル感アリ　寒地ニ於ケル使用ニハ特ニ不可ナリト思ワル

三、接眼鏡ノ装着回転部「ルーズ」ニ過グ　接眼鏡ノ覆ノ如キモ餘（かな）リ薄弱ナリ

四、接眼鏡覆ヲ回転部ニ取付ルハ攻究ヲ要スルコトト認ム

五、現式ニテハ接眼鏡覆ノ為格納上不便ナリ

（終）

■藤井レンズ製造所「ビクトル プリズム双眼鏡カタログ」

—ビクトル—

プリズム双眼鏡

(„Victor" Prism Binocular)

陸海軍御用品——最新式

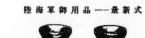

(ビクトル一號は直筒形)

藤井レンズ製造所

工學士　藤井光藏
前海軍技師　藤井龍藏
東京市芝區三田豐岡町二番地
電話芝五九五　振東二〇三四三

—(1)—

プリズム双眼鏡

本所曩に中口徑ビクトル双眼鏡第一號を製作し陸海軍初め各位に多數御採用の榮を忝ふしたるは本所の尤も名譽とする處なり。其後續て大口徑双眼鏡の製作に着手し本所獨特の設計により最も完全せるものを得たるを以て玆にビクトル第二號第四號第五號として發賣することとせり。本品は次表にも明なる如く輸入外國品よりも内容外觀共優超せる構造を有し且つ輸入品の如く輸入業者によりて多大なる利益を壟斷せらるゝ惧なく又輸入稅の負擔を免るゝを以て價格甚だ低廉なり。本所は本品を以て輸入防遏の先驅者となり聊か邦家の爲めに盡さんとする微志なれば幸に愛顧の榮を賜はらんことを冀ふ。

—(2)—

特　色

一、映像の鮮明及び平坦。
鏡玉及びプリズムは凡て精撰せる特種透明硝子を用ひ、映像は中央周圍共に鮮明にして且つ極めて平坦なり。

二、視　界。
視界の廣大なるは別表に示す如くにして輸入品にも其例を見ざる特點を有す。

三、光明度。
新式双眼鏡は大口徑の對物鏡を使用せるにより著しき高度の光明度を有す。

四、浮上り度。
各號共凡て對物鏡の間隔を最大ならしむる様設計せるにより物像の浮上り度強くして彈着觀測其他遠近の識別に利益あり。

五、重　量。
鏡玉大口徑なるに係らず輸入品に比し重量輕く製作甚だ堅牢なり。

六、防　濕。
鏡筒の兩端は打出し一枚蓋にて全部被覆せるにより防濕完全にして鏡玉及びプリズムの曇る憂なし。

—(3)—

構　造　表

	一號 "A"	二號 "B"	四號 "D"	五號 "E"
廓大力	×8	×8	×6	×6
對物鏡徑	20粍	26粍	26粍	32粍
視角	42°	52°	52°	52°
一千米突の視界	95米	116米	156米	156米
光明度	6.3	11	19	28.5
浮上り度	14.	15.2	11.5	12.
重量	425グラム (114匁)	420グラム (112匁)	390グラム (105匁)	500グラム (160匁)
用途	歩騎砲工兵其他一般用	全前	全前終に飛行機偵察并に海軍々人携帯用	海軍并に艦船用

——輸入外國品と構造比較を乞ふ——

注　意

ビクトル第四號(大口徑小形六倍形)は外國品にも例なき大口徑を有し。視界、光明度大にして重量、容積甚だ小なれば飛行機偵察并に海軍々人携帯用に適する本所獨特の製品なり。

—(4)—

構造幷に改正價格表

	電信略號	廓大力	對物鏡徑	千米突ノ視界	光明度	重量	價格
天佑號八倍	テハ	×8	27粍	120	11.2	570瓦 160匁	革箱、雨覆附 五拾六圓
天佑號六倍	テロ	×6	32粍	150米突	28.4	600瓦 152匁	同上 五拾六圓
日本號八倍	ニハ	×8	26粍	112米突	10.6	420瓦 112匁	同上 四拾八圓
日本號六號	ニロ	×6	26粍	122米突	18.8	390瓦 105匁	同上 四拾六圓
旭號六倍	アロ	×6	15粍	125	6.3	190瓦 50匁	革箱付 參拾六圓
櫻號三倍半	サク	$\times 3\frac{1}{2}$	15粍	217	18.5	200瓦 54匁	鏡附鰐皮箱入 四拾貳圓

雙眼鏡大小比較圖

天佑號六倍形

日本號六倍形

天佑號八倍形

旭號

日本號八倍形

櫻號

（2）

■ プリズム双眼鏡の名称・構造・価格表（日本光学工業『プリズム双眼鏡の選択』大正7年発行より）

10

プリズム双眼鏡名稱及構造表

名稱	輸出名稱	對物鏡徑	千米突視界	光明度	浮上り度	寸法 高	寸法 幅
		粍	米突			粍	粍
天佑號八倍	Victor No. 1 × 8	3 0	120	14.1	2.00	120	175
天佑號六倍	Victor No. 1 × 6	3 0	142	25.0	2.00	115	175
大和號八倍	Victor No. 2 × 8	2 6	114	10.5	1.94	115	163
大日本號八倍	Victor No. 3 × 8	2 4	108	9.0	1.85	107	155
大和號十二倍	Victor No. 4 ×12	2 3	73	3.7	1.81	115	152
大和號十倍	Victor No. 4 ×10	2 3	90	5.3	1.81	115	152
新大和號八倍	Vic or No. 4 × 8	2 3	105	8.3	1.81	105	151
大和號六倍	Victor No. 4 × 6	2 3	132	14.7	1.81	101	151
富士號七倍	Victor No. 5 × 7	2 0	100	8.2	1.75	97	143
富士號六倍	Victor No. 5 × 6	2 0	122	11·1	1.75	90	143
新富士號八倍	Victor No. 5a× 8	1 8	96	5.1	1.22	87	104
新富士號六倍	Victor oN. 5a× 6	1 8	118	9.0	1.22	87	104
旭號六倍	Victor No. 6 × 6	1 5	126	6.3	0.53	65	92
櫻號六倍	Victor No. 7 × 6	1 5	126	6.3	0.53	67	92
櫻號三倍半	Victor No. 7 ×3,5	1 5	210	18.4	0.53	67	92

15

特號プリズム双眼鏡定價表

歩騎兵用 大日本特號八倍双眼鏡(Victor No.3E×8)
定價（革箱共） 金七拾圓（月賦三圓増）

同上 新大和特號八倍眼双鏡(Victor No.4E×8)
定價（同上） 金六拾八圓（同上）

同上 大和特號六倍双眼鏡(Victor No.4E×6)
定價（同上） 金六拾六圓（同上）

同上 富士特號七倍双眼鏡(Victor No.5E×7)
定價（同上） 金五拾七圓（月賦二圓増）

同上 富士特號六倍双眼鏡(Victor No.5E×6)
定價（同上） 金五拾五圓（同上）

同上 新富士特號八倍双眼鏡(Victor No.5aE×8)
定價（同上） 金五拾圓（同上）

同上 新富士特號六倍双眼鏡(Victor No.5aE×6)
定價（同上） 金四拾八圓（同上）

旭特號六倍双眼鏡(Victor No.6E×6)
定價（同上） 金參拾八圓（同上）

特號双眼鏡は近頃聯合國にて盛に使用せらる「ガムマア」硝子を混用して製作せるものにして、其構造寸法は凡て是等と相當號の双眼鏡と同じく又映像の鮮明度も毫も異る處なし。

注意 本品は在庫品を作り置かず御註文により製作するにより、發送に多少時日を要することあるべし。

雨覆代は本定價以外に別に申受くるものとす。

		眼式)(亞細亞光學)、ロック六倍二四粍(接眼式)(高林光學)
同	三級	バンガアド六倍二四粍(接眼式)(古屋光學)、アルプス六倍二四粍(接眼式)(高尾光學)、エークラフト六倍二四粍(接眼式)(根本光學)、クラウン六倍二四粍(接眼式)(玉屋商店)、ジユリアン六倍二四粍(接眼式)(小宮商店)、ニード六倍二四粍(接眼式)(武藏野光學)、ゲルボン六倍二五粍(接眼式)(アース光學)、ウエスター六倍二四粍(接眼式)(西田光學)、ミリター六倍二四粍(接眼式)(川口屋商店)、プロバー六倍二四粍(接眼式)(日本商會)
十二號	一級	チトセ六倍一五粍(接眼式)(根本光學)、クラウン六倍一五粍(接眼式)(玉屋商店)
同	二級	ミセット六倍一五粍(接眼式)(昭和光機)、フジタ六倍一五粍(接眼式)(藤田光學)、ミクロン六倍一五粍(接眼式)(日本光學)、ミネロ六倍一五粍(接眼式)(岡田光學)
同	三級	レース六倍一五粍(接眼式)(富士光學)、グッシユ六倍一五粍(接眼式)(アース光學)、アジヤ六倍一五粍(接眼式)(亞細亞光學)
十三號	三級	テリナ六倍一八粍(綠川式)(富士光學)
十四號	一級	ゴールキー(六枚玉)(アース光學)、デミス(六枚玉)(山本光學)、ミユーズ(六枚玉)(小島商店)
同	二級	ウエルコB(六枚玉)(アース光學)、ロージス(六枚玉)(アース光學)
同	三級	ウエルコA(六枚玉)(アース光學)
十五號	一級	バタフライ一五型長胴(小島商店)、バタフライ一五型目除(小島商店)、アース一七型目除(アース光學)
同	二級	アース一五型目除(アース光學)、アデンス一五型目除(山本光學)、アース一七型長胴(アース光學)、アデンス一五型長胴(山本光學)、アース一五型長胴(アース光學)、バタフライ一五型短胴(小島商店)、アデンス一五型短胴(山本光學)、アイリス一五型短胴(小島商店)
同	三級	バタフライ一三型短胴(小島商店)、アース一五型短胴(アース光學)、アース一三型短胴(アース光學)
十六號	一級	アデンス二二型長胴(山本光學)
同	二級	アデンス二二型短胴(山本光學)、アース一九型目除(アース光學)、アデンス一九型目除(山本光學)
同	三級	アース一九型長胴(アース光學)、バタフライ一九型長胴(小島商店)
十七號	一級	ガラム(六枚玉)(岡田光學)、バイロツト(六枚玉)(五藤研究所)、ゲルボン(六枚玉)(アース光學)
同	二級	ダービー(六枚玉)(大和光學)、ガイザー(六枚玉)(アース光學)、スポーツアイリス(六枚玉)(小島商店)、レオ(六枚玉)(岡田光學)、オブザーバー(六枚玉)(山本光學)、テミス(六枚玉)(山本光學)
同	三級	ゴールキー長胴(アース光學)、ローレン(六枚玉)(アース光學)、ラスター(六枚玉)(山本光學)

(ハ)分劃鏡(焦點鏡)ノ裝備アルモノハ本表價格ノ一割增トス

二　提眼鏡

(イ)提眼鏡ノ規格ハ前表一ノ(イ)ニ揭グル雙眼鏡ノ規格表ニ依ルモノトス但シレンズ枚數ハ當該規格表ノ半數トス

(ロ)提眼鏡ノ販賣價格ハ雙眼鏡ノ三級品ノ販賣價格ニ四割ヲ乘ジテ得タル額トス

三　附屬品

1　ケース(負革及中紐附)　(單位一箇)

種別	規格寸法 高	規格寸法 横幅	規格寸法 厚	製造業者又ハ販賣業者販賣價格
雙眼鏡用牛革製	七寸八分	七寸三分	三寸	圓 一五・〇〇
同馬革製又ハ羊革製	同	同	同	一三・八〇
同豚革製又ハ擬革製	同	同	同	一二・〇〇
同牛革製	四寸六分	五寸九分	二寸五分	八・〇〇
同馬革製又ハ羊革製	同	同	同	六・九〇
同豚革製又ハ擬革製	同	同	同	六・四〇
同牛革製	四寸三分	五寸八分	二寸五分	七・〇〇
同馬革製又ハ羊革製	同	同	同	六・〇〇
同豚革製又ハ擬革製	同	同	同	五・六〇
同牛革製	三寸七分	五寸五分	二寸三分	七・〇〇
同馬革製又ハ羊革製	同	同	同	六・〇〇
同豚革製又ハ擬革製	同	同	同	五・六〇
同牛革製	一寸八分	二寸四分	一寸二分	一・五〇
同馬革製又ハ羊革製	同	同	同	一・三〇
同豚革製又ハ擬革製	同	同	同	一・二〇
同擬革製	四寸三分	四寸	二寸	三・一〇
同	三寸八分	三寸五分	一寸八分	一・九〇
同	三寸七分	二寸四分	一寸六分	一・六五
雙眼鏡用牛革製	四寸六分	二寸五分	二寸三分	四・二〇
同馬革製又ハ羊革製	同	同	同	三・六〇
同豚革製又ハ擬革製	同	同	同	三・四〇
同牛革製	三寸七分	二寸三分	二寸二分	三・九〇
同馬革製又ハ羊革製	同	同	同	三・三〇
同豚革製又ハ擬革製	同	同	同	三・一〇

高、横幅又ハ厚ニ於テ本表規格ヨリ一分五厘以内小ナルモノト雖モ本表價格ト同値トス

2　雨覆　(單位一組)

種別	製造業者又ハ販賣業者販賣價格
牛革製	圓 〇・九〇
ズック製	〇・七〇

3　負革　(單位一本)

種別	製造業者又ハ販賣業者販賣價格
牛革製	圓 一・一〇
馬革製	〇・九〇
擬革製	〇・八五

4　中紐　(單位一本)

種別	製造業者又ハ販賣業者販賣價格
牛革製	圓 〇・五五
豚革製又ハ擬革製	〇・四〇

四　雙眼鏡又ハ提眼鏡ヲ製造業者ガ直接小賣業者ニ販賣スル場合ノ販賣價格ハ卸賣業者販賣價格トシ製造業者又ハ卸賣業者ガ直接實需者ニ販賣スル場合ノ販賣價格ハ小賣業者販賣價格トス

五　本表價格ハ賣主ノ工場渡又ハ店先渡價格トス

六　雙眼鏡又ハ提眼鏡ヲ朝鮮、關東州、滿洲又ハ支那ヘ販賣スル場合ノ販賣價格ハ本表販賣價格ニ六分ノ五ヲ乘ジテ得タル額トス但シ錢ニ滿タザル端數ハ之ヲ切捨ツルモノトス

七　荷造費及包裝費ハ買主ノ負擔トス

八　本表價格ハ物品稅ヲ含ミタルモノトス

◉商工省告示第七百九十二號

昭和十五年五月商工省告示第二百五十二號中左ノ通改正ス

昭和十五年十二月五日　商工大臣　小林　一三

別表二ノ二ヲ左ノ如ク改ム

二　削除

（參照）

昭和十五年五月二十九日商工省告示第二百五十二號ハ物品販賣價格指定ニ關スル件ナリ

◉商工省告示第七百九十三號

昭和十五年四月商工省告示第百八十三號中左ノ通改正ス

昭和十五年十二月五日　商工大臣　小林　一三

「生絲結束用綿絲及生絲編束用綿絲販賣價格」ヲ「生絲結束用綿絲、生絲編束用綿絲及自動車タイヤ用撚絲販賣價格」ニ改ム

十ノ次ニ左ノ如ク加フ

同　二級　レノックス六倍二五粍(接眼式)(東京光學)、光座號六倍二四粍(綠川式)(鈴木光學)、コルト六倍二五粍(接眼式)(岡田光學)、グローリー六倍二四粍(綠川式)(赤堀光學)、ライト六倍二二粍(接眼式)(榎本光學)

同　三級　フジタ六倍二二粍(接眼式)(藤田光學)、ルスカー六倍二〇粍(接眼式)(日本光學)、アルプス六倍二五粍(綠川式)(高尾光學)、ホーオー六倍二五粍(接眼式)(古屋光學)

五號　一級　マグナー八倍三〇粍(綠川式)(東京光學)、クラウン八倍三〇粍(綠川式)(玉屋商店)、マグナー八倍三〇粍(接眼式)(東京光學)、アジヤ八倍三〇粍(綠川式)(亜細亜光學)、明眸八倍三二粍(接眼式)(榎本光學)、ワールド八倍三〇粍(接眼式)(玉屋商店)、マイナー八倍三〇粍(綠川式)(岡田光學)、ウエスター八倍三〇粍(綠川式)(西田光學)、ダービー八倍三〇粍(綠川式)(大和光學)、コクサイ八倍三〇粍(接眼式)(藤田光學)、ダービー八倍三〇粍(接眼式)(大和光學)、オリエント八倍三〇粍(接眼式)(井上光學)、カシマ八倍三〇粍(綠川式)(森川光學)、ケント八倍三〇粍(綠川式)(朝倉商店)、ニッポン八倍三〇粍(接眼式)(日東光學)、ヤシマ八倍三〇粍(接眼式)(八洲光學)、ワゴー八倍三〇粍(接眼式)(日東商會)

同　二級　玉光號八倍三〇粍(接眼式)(鈴木光學)、オリンピック八倍三〇粍(接眼式)(理研光學)、ズイホ八倍三〇粍(接眼式)(岩崎營業所)、チトセ一二倍三〇粍(接眼式)(榎本光學)、ダービー筒附八倍三〇粍(綠川式)(大和光學)、クラウン八倍三〇粍(接眼式)(玉屋商店)、アルマー八倍三〇粍(接眼式)(岡田光學)、ワゴー八倍三〇粍(接眼式)(日本商會)、アジヤ八倍三〇粍(接眼式)(亜細亜光學)、ダービー筒附八倍三〇粍(接眼式)(大和光學)、メリット八倍三〇粍(接眼式)(川口屋商店)、ULL八倍三〇粍(接眼式)(三好光學)、ウエスター八倍三〇粍(接眼式)(西田光學)、エークラフト八倍三〇粍(綠川式)(根本光學)、オピチカル八倍三〇粍(接眼式)(扶桑光學)、ケント八倍三〇粍(接眼式)(朝倉商店)、オーデン八倍三〇粍(接眼式)(昭和光學)、バンガアド八倍三〇粍(接眼式)(古屋光學)、アース八倍三〇粍(接眼式)(アース光學)、

同　三級　ケントB八倍三〇粍(接眼式)(朝倉商店)、オーナー八倍三〇粍(接眼式)(小宮商店)、エークラフト八倍三〇粍(接眼式)(根本光學)、アルマーB八倍二八粍(接眼式)(岡田光學)、アルプス八倍三〇粍(接眼式)(高尾光學)

六號　一級　チユピター八倍三〇粍(綠川式)(富士光學)、嶽藏八倍三〇粍(接眼式)(榎本光學)

同　二級　チユピター八倍三〇粍(接眼式)(富士光學)、ドックス八倍三〇粍(綠川式)(富士光學)

同　三級　ドックス八倍三〇粍(接眼式)(富士光學)

七號　一級　エルデ六倍三〇粍(接眼式)(東京光學)

同　二級　オリエント六倍三〇粍(接眼式)(井上光學)

同　三級　ダビット六倍三〇粍(接眼式)(岡田光學)

八號　一級　オリオン八倍二六粍(接眼式)(日本光學)、ダービー八倍二四粍(綠川式)(大和光學)、アイコナル八倍二四粍(接眼式)(榎本光學)、オリエント八倍二五粍(接眼式)(井上光學)、ゲルボン八倍二四粍(綠川式)(アース光學)

同　二級　アジヤ八倍二五粍(綠川式)(亜細亜光學)、ダッシュ八倍二二粍(接眼式)(アース光學)、ホーオー八倍二五粍(綠川式)(古屋光學)、ブライト八倍二四粍(接眼式)(日本光學)、チユピター八倍二五粍(綠川式)(富士光學)、チトセ八倍二四粍(綠川式)(榎本光學)、旭號八倍二五粍(接眼式)(鈴木光學)、グレーミー八倍二五粍(綠川式)(岡田光學)、ゼニス八倍二四粍(綠川式)(アース光學)、カチドキ八倍二四粍(接眼式)(五藤研究所)、コーリン八倍二五粍(綠川式)(高林光學)

同　三級　チトセ八倍二四粍(接眼式)(榎本光學)、ダービー八倍二四粍(接眼式)(大和光學)、グローリー八倍二五粍(接眼式)(赤堀光學)、アジヤ八倍二五粍(接眼式)(亜細亜光學)、ゲルボン八倍二四粍(接眼式)(アース光學)、コーリン八倍二五粍(接眼式)(高林光學)

九號　一級　モナーク八倍二五粍(綠川式)(東京光學)、明光號八倍二四粍(綠川式)(鈴木光學)、ドックス八倍二五粍(綠川式)(富士光學)、カチドキ八倍二四粍(綠川式)(五藤研究所)

同　二級　モナーク八倍二五粍(接眼式)(東京光學)、オリンピック八倍二七粍(接眼式)(理研光學)、ケント八倍二五粍(綠川式)(朝倉商店)、正光號八倍二五粍(接眼式)(鈴木光學)、ケント八倍二五粍(接眼式)(朝倉商店)、ウエスター八倍二四粍(綠川式)(西田光學)、アジヤ八倍二五粍(綠川式)(亜細亜光學)、ゲルボン八倍二八粍(綠川式)(アース光學)、ゲルボン八倍二八粍(接眼式)(アース光學)、フジタ八倍二五粍(綠川式)(藤田光學)、アドミラル八倍二五粍(綠川式)(昭和光機)、ゲルボン八倍二四粍(綠川式)(アース光學)、ドックス八倍二五粍(接眼式)(富士光學)、カチドキ八倍二四粍(接眼式)(五藤研究所)

同　三級　アジヤ八倍二五粍(接眼式)(亜細亜光學)、アルゴ八倍二二粍(接眼式)(富士光學)、ゲルボン八倍二四粍(接眼式)(アース光學)、ドックス八倍二二粍(綠川式)(富士光學)、フジタ八倍二五粍(接眼式)(藤田光學)、マーシャル八倍二五粍(接眼式)(小宮商店)

十號　一級　カトリ六倍二四粍(接眼式)(森川光學)、マグナー六倍二四粍(接眼式)(東京光學)、旭光六倍二四粍(接眼式)(鈴木光學)、ヤシマ六倍二四粍(接眼式)(八洲光學)、アイコナル六倍二四粍(接眼式)(榎本光學)、オリンパス六倍二四粍(接眼式)(高千穗光學)、オリエント六倍二五粍(接眼式)(井上光學)、リーゲル六倍二四粍(接眼式)(富士光學)、デアデム六倍二四粍(接眼式)(小島商店)、アドラー六倍二四粍(接眼式)(宮岡光學)

同　二級　ダービー六倍二四粍(綠川式)(大和光學)、光和六倍二四粍(綠川式)(鈴木光學)、ケント六倍二四粍(接眼式)(朝倉商店)、オリオン六倍二四粍(接眼式)(日本光學)、オリンピック六倍二四粍(接眼式)(理研光學)、ダビット六倍二四粍(接眼式)(岡田光學)、ズイホ六倍二四粍(接眼式)(岩崎營業所)、ルミナー六倍二四粍(接眼式)(日本レンズ)、ワゴー六倍二四粍(接眼式)(日本商會)、ダービー六倍二四粍(接眼式)(大和光學)、ULL六倍二四粍(接眼式)(三好光學)、光瑞號六倍二四粍(接眼式)(鈴木光學)、キヨクトー六倍二四粍(接眼式)(極東光學)、ニッポン六倍二四粍(接眼式)(日東光學)、コクサイ六倍二四粍(接眼式)(藤田光學)、アジヤ六倍二四粍(接

抜染又ハ防染ヲ施シタルモノ	三・〇	三
防水加工ヲ施シタルモノ	五・〇	五
楊柳縮緬又ハ楊柳ジョーゼットニ捺染加工ヲ施シタル場合	三・〇	三

前各項ノ額ハ幅二七吋ヨリ三〇吋迄ノモノニ適用シ其ノ他ノ幅ノモノニ在リテハ幅三〇吋ヲ基準トシテ幅ノ吋割ニ依リ算出シタル額トス

六　小賣業者ニ於テ二五碼以上連續セルモノヲ販賣スル場合ハ卸賣業者販賣價格ノ二割增トス

七　含有水分率ハ一一パーセント以内トス

八　本表價格ハ包裝費及荷造費ヲ含ミ運賃ヲ含マザルモノトス

九　本表價格ハ物品税ヲ含マザルモノトス

◎商工省告示第七百九十一號

價格等統制令第七條ノ規定ニ依リ雙眼鏡、雙眼鏡及附屬品ノ販賣價格左ノ通指定ス

昭和十五年十二月五日　商工大臣　小林一三

一　雙眼鏡　（單位一箇）

規格番號	等級	製造業者販賣價格 圓	卸賣業者販賣價格 圓	小賣業者販賣價格 圓
一號	一級	二三五・〇〇	二六八・〇〇	三三五・〇〇
	二級	一九七・〇〇	二二六・〇〇	二八二・〇〇
	三級	一七三・〇〇	一九八・〇〇	二四七・〇〇
二號	一級	一八〇・〇〇	二〇六・〇〇	二五七・〇〇
	二級	一六六・〇〇	一九〇・〇〇	二三七・〇〇
	三級	一四八・〇〇	一七〇・〇〇	二一二・〇〇
三號	一級	二六五・〇〇	三〇三・〇〇	三七九・〇〇
	二級	二三一・〇〇	二六四・〇〇	三三〇・〇〇
	三級	一八九・〇〇	二一六・〇〇	二七〇・〇〇
四號	一級	六六・〇〇	七六・〇〇	九四・〇〇
	二級	六一・〇〇	七〇・〇〇	八七・〇〇
	三級	五四・〇〇	六二・〇〇	七七・〇〇
五號	一級	一一六・〇〇	一三二・〇〇	一六五・〇〇
	二級	九九・〇〇	一一三・〇〇	一四一・〇〇
	三級	七六・〇〇	九〇・〇〇	一一三・〇〇
六號	一級	一〇四・〇〇	一一九・〇〇	一四九・〇〇
	二級	九二・〇〇	一〇五・〇〇	一三一・〇〇
	三級	七二・〇〇	八二・〇〇	一〇三・〇〇
七號	一級	一三二・〇〇	一五三・〇〇	一八九・〇〇
	二級	九三・〇〇	一〇六・〇〇	一三三・〇〇
	三級	七七・〇〇	八八・〇〇	一一〇・〇〇
八號	一級	八九・〇〇	一〇二・〇〇	一二七・〇〇
	二級	七九・〇〇	九〇・〇〇	一一三・〇〇
	三級	六八・〇〇	七八・〇〇	九七・〇〇
九號	一級	六六・〇〇	七六・〇〇	九四・〇〇
	二級	五六・〇〇	六四・〇〇	八〇・〇〇
	三級	四八・〇〇	五二・〇〇	六五・〇〇
十號	一級	九〇・〇〇	一〇二・〇〇	一二八・〇〇
	二級	七七・〇〇	八八・〇〇	一一〇・〇〇
	三級	六七・〇〇	七七・〇〇	九六・〇〇
一一號	一級	三一・〇〇	三五・〇〇	四四・〇〇
	二級	二七・〇〇	三一・〇〇	三九・〇〇
	三級	二四・〇〇	二七・〇〇	三四・〇〇
一二號	三級	一〇九・〇〇	一二五・〇〇	一五六・〇〇
一三號	一級	一二・〇〇	一四・〇〇	一七・〇〇
	二級	一〇・〇〇	一一・〇〇	一四・〇〇
	三級	七・〇〇	八・〇〇	一〇・〇〇
一四號	一級	一五・〇〇	一八・〇〇	二二・〇〇
	二級	一三・〇〇	一四・〇〇	一八・〇〇
	三級	八・〇〇	九・〇〇	一一・〇〇
一五號	一級	二一・〇〇	二四・〇〇	三〇・〇〇
	二級	一九・〇〇	二二・〇〇	二七・〇〇
	三級	一五・〇〇	一八・〇〇	二二・〇〇
一六號	一級	二一・〇〇	二四・〇〇	三〇・〇〇
	二級	一八・〇〇	二一・〇〇	二六・〇〇
	三級	一四・〇〇	一六・〇〇	二〇・〇〇

（イ）規格番號ハ左表規格表ニ依リ區分シタルモノトス

規格表

規格番號	種別	レンズ枚數	接眼鏡有效徑	對物鏡有效徑	倍率許容度
一號	一二倍五〇粍	一四枚	一五粍乃至一七粍	四八粍乃至五一粍	一〇倍乃至一二倍
二號	七倍五〇粍	同	同	四八粍乃至五六粍	六・五倍乃至八倍
三號	一〇倍四〇粍	一八	一八粍乃至二〇粍	三六粍乃至四一粍	一〇倍乃至一六倍
四號	六倍二四粍	一四	一五粍乃至一七	二二粍乃至二六粍	五・五倍乃至六倍
五號	八倍二〇粍	一八	一八粍乃至二〇粍	二八粍乃至三二粍	七倍乃至一二倍
六號	同	一四	一五粍乃至一七粍	二八粍乃至三一粍	七倍乃至八倍
七號	六倍三〇粍	一八	一八粍乃至二〇粍	同	五・五倍乃至六倍
八號	八倍二五粍	一四	一五粍乃至一七粍	二三粍乃至二六粍	七倍乃至八倍
九號	同	同	一〇粍乃至一三粍	二一粍乃至二八粍	同
一〇號	六倍二四粍	一八	一八粍乃至二〇粍	二三粍乃至二六粍	五・五倍乃至六倍
一一號	六倍一五粍	一四	六粍乃至八粍	一三粍乃至一六粍	五倍乃至六倍
一二號	六倍一八粍	同	一〇粍乃至一五粍	一八粍乃至二四粍	六倍乃至八倍
一三號	九型乃至一二型	六	一三粍乃至二〇粍	二〇粍乃至三〇粍	二・五倍乃至三倍
一四號	一三型乃至一八型	同	一三粍乃至二二粍	三一粍乃至四一粍	二・八倍乃至四倍
一五號	一九型乃至二三型	同	一五粍乃至二五粍	四二粍乃至五〇粍	四倍乃至六倍
一六號	特種金屬製	同	一三粍乃至二五粍	三〇粍乃至五〇粍	三倍乃至四倍

（ロ）等級ハ左表格付表ニ依リ區分シタルモノトス

格付表

規格番號	等級	銘柄
一號	一級	マグナー一〇倍五〇粍(接眼式)(東京光學)、クラウン一〇倍五〇粍(綠川式)(玉屋商店)
同	二級	オリエント一〇倍五〇粍(接眼式)(井上光學)、ゴールダー一〇倍五〇粍(接眼式)(富士光學)、ジエミー一二倍五〇粍(綠川式)(岡田光學)
同	三級	ニッポン一〇倍五〇粍(接眼式)(日東光學)、エクライト一〇倍五〇粍(接眼式)(根本光學)、ジエミー一二倍五〇粍(接眼式)(岡田光學)
二號	一級	ノバー七倍五〇粍(接眼式)(日本光學)、ゴールダー七倍五〇粍(接眼式)(富士光學)、光號七倍五〇粍(接眼式)(鈴木光學)、マグナー七倍五〇粍(接眼式)(東京光學)、ノーバン七倍五〇粍(接眼式)(日本レンズ)、オリンピック七倍五〇粍(接眼式)(理研光學)、オリエント七倍五〇粍(接眼式)(井上光學)、ヤシマ七倍五〇粍(接眼式)(八洲光學)、ビスター八倍五六粍(接眼式)(榎本光學)、ワゴー七倍五〇粍(接眼式)(日本商會)
同	二級	クラウン七倍五〇粍(接眼式)(玉屋商店)、ケント七倍五〇粍(接眼式)(朝介商店)、エクライト七倍五〇粍(接眼式)(根本光學)、ズイホ七倍五〇粍(接眼式)(岩崎營業所)、ヒマラヤ七倍五〇粍(綠川式)(岡田光學)、ダービー七倍五〇粍(接眼式)(大和光學)、ニッポン七倍五〇粍(接眼式)(日東光學)、アース七倍五〇粍(接眼式)(アース光學)、ビスター七倍五〇粍(接眼式)(榎本光學)
同	三級	ツエプター七倍五〇粍(接眼式)(岡田光學)、ウエスター七倍五〇粍(接眼式)(西田光學)、アジヤ七倍五〇粍(接眼式)(亜細亜光學)
三號	一級	ゴールダー一六倍四〇粍(接眼式)(富士光學)
同	二級	オリエント一六倍四〇粍(接眼式)(井上光學)、ゴールダー一二倍四〇粍(接眼式)(富士光學)、アジヤ一〇倍四〇粍(綠川式)(亜細亜光學)
同	三級	オリエント一二倍四〇粍(接眼式)(井上光學)、アジヤ一〇倍四〇粍(接眼式)(亜細亜光學)、ジエミー一二倍四〇粍(接眼式)(岡田光學)、明眸一〇倍三六粍(接眼式)(榎本光學)
四號	一級	レノックス六倍二五粍(綠川式)(東京光學)、コレックス六倍二四粍(綠川式)(岡田光學)、ライラックス六倍二四粍(接眼式)(富士光學)

海軍用望遠鏡（又ハ双眼鏡）購買規格

本鏡ノ製作ハ艦本図光〇〇〇ニ依ル外本規格記載ノ諸試験検査ニ合格シ左記各号ノ（光学的諸性能）条件ヲ具備スルヲ要ス

本鏡ノ製作ニ要スル金属材料ニ関シテハ官ノ承認ヲ得海軍造船造機造兵主要材料試験検査規則ニ依リ海軍監督官ノ検査ニ合格スルヲ要ス

一、光学的性能

	イ 性能	規格	兵器名 七倍稜鏡	六糎高角	八糎双眼	八糎高双	八糎高双二型	十二糎双眼	十二糎高双
(一)	対物鏡ノ有効直径		五〇粍	六〇	八〇	仝上	仝上	一二〇	仝上
(二)	倍力	五％以内ノ誤差ヲ許ス	七	七・五	一五	仝上	仝上	二〇	仝上
(三)	実視界	右仝	七度六分	八	四	仝上	六	三	仝上
(四)	射出瞳径	右仝	七粍	八	五・三	仝上	五・三三	六	仝上
(五)	視線方向			俯視四五度		俯視七〇度	俯視四五度		俯視二〇度
(六)	対物鏡ノ焦点距離		一八五粍	二八五	四〇〇	仝上	三六〇	六〇〇	仝上
(七)	接眼鏡ノ焦点距離				二六・六	仝上	二四	三〇	仝上
(八)	眼幅		五八―七二	仝上	六〇―七二	仝上	五八―七二	六〇―七二	五八―七二
ロ	視度調整	目盛ノ偏位〇・三以下	+2～−4	仝上	仝上	仝上	仝上	仝上	仝上
ハ	彩鏡	気泡脈理等ハ鮮明度並ニ観測上影響ナキモノ	橙色・薄墨色ノ二色						

二 視界中央ノ映像状況

映像ハ平坦鮮明ナルベシ湾曲、歪、色収差ヲ認メザルコト

三、使用光学硝子

(イ) 透明度良好ニシテ且ツ湿度及び腐触ニ対シテ強力ナルベシ焼鈍ハ充分ニ施シ歪ヲ除去スベシ

(ロ) 気泡脈理不熔解物ハ若干ノ存在ヲ許スモ鮮明度ヲ害シ目標誤認ノ憂アルモノハ不可ナリ

四、測定ノ精度及其ノ他

(イ) 鏡玉類ハ性能発揮ニ充分ナル研磨ヲナシ平球面共原器ニ適合サス可ナリ（但シ極微細ナル疵ヲ許ス）

(ロ) 焦点目盛ハ図示ノ如ク彫刻又ハ腐蝕シ対物鏡ノ焦点位置ニ固定スベシ　目盛線ノ断絶又ハ濃淡ハ不可ナリ

測定項目＼種別（兵器名）	七倍稜鏡	六糎高角	八糎双眼	八糎高双	八糎高双二型	十二糎双眼	十二糎高双
線ノ太サ			八秒以下	仝上		五秒以下	仝上
刻線ノ太サ	1.5/100	1/100	1/100	仝上		1.5/100	1/100
硝子外径	二四・五粍	三一・五	四二・〇	仝上		三五・〇	三五・〇
硝子厚ミ	一・二粍	三・〇	二・〇	一・五		二・〇	二・〇
目盛調整	目盛調整ハ接眼間隔六三粍ニ於テ水平トナス　但シ鏡管垂直軸ニ対シ目盛ハ七倍稜鏡ニ於テ三〇分其ノ他ハ一分以内ノ倒レヲ許ス						
目盛照明	焦点目盛照明用　球ハ目盛面ヲ一様ニ照明スベキモノニシテ他ニ漏光シテハナラナイ						

(ハ) 映像

視差	映像ト目盛トノ視差ハ左記観測距離以上ニ於テ何レモ五秒以下ナル			
観測距離	一、〇〇〇米以上	二、〇〇〇米以上		五、〇〇〇米以上
突出差	左右接眼鏡ノ突出差ハ七倍稜鏡ハ一、〇〇〇米以上其ノ他ハ二、〇〇〇米以上ノ目標ニ調整シタ時〇・五粍以下ナルコト			

倍力差	左右映像ノ倍力差ヲ認メザルコト
高低差	左右光軸ノ高低差ハ一五秒以下（但シ七倍稜鏡ニ於テハ一分以下
左右差	左右光軸ノ左右差ハ外方零内方ハ一分以下（但シ七倍稜鏡ニ於テハ外方零内方二分以下）
左右光軸ノ変量	眼幅調整範囲内ニ於テ左右光軸ノ変量ハ高低差一五秒以下、左右差ハ外方零内方一分以下ナルコト
共倒レ	映像ハ一〇分以上ノ共倒レナキコト（但シ七倍稜鏡ニ於テハ二度以上不可）
傾斜	映像ハ一分以上ノ傾斜ナキコト（但シ七倍稜鏡ニ於テハ二〇分以上不可）

(ニ) 眼幅目盛八〇粍（注、不詳）以上ノ誤差ナキコト（六糎高双）

(ホ) 視界中央ニ於ケル分解能ハ普通視力ノ肉眼ノ七分ノ一ナルコト（七倍稜鏡）

(ヘ) バルサム接合部ノ着色塵埃油気ヲ認メズ又強固ニ接合セラル永年使用スルモ変化ヲ生ゼザルコト

(ト) 鏡内清浄ヲナシ塵埃油気湿気等が附着シ居ラナイコト

(チ) 鏡管使用ノ水防油潤滑油ハ不揮発性ニシテ摂氏五〇度ニ於テ流出セザルコト又氷点下二〇度ニ於テ凝固セザルヲ要ス

(リ) 照準器望遠鏡ノ各照準線ハ誤差ナキコト（十二糎高双）

五、耐熱試験

摂氏五〇度三〇分間加熱後ノ異状ヲ認メザルコト

六、気密試験

三封度三〇分以上加圧後気圧低下ヲ認メザルコト、水防油等ニテ気密不良ヲ誤魔化スハ不可

七、鏡管内部乾燥検査

ドライアイスニテ対物外面ヲ適当時間冷却スルモ内部ニ曇リヲ生ゼザルコト　尚対物部内側ニ乾燥試験紙ヲ装着セヨ

八、振動試験（衝撃試験）

鏡管ヲ水平垂直ノ位置ニテ十分間振幅一〇粍振動数毎分二五〇回以上ヲ与ヘテモ機構ニ変化ナク且ツ光軸変量上ノ高低左右差ヲ認メザルコト

※筆者注　四、測定ノ精度及其ノ他　㈡「眼幅目盛八〇粍（注、不祥）以上の誤差ナキコト」は、「目盛ハ八〇.ㄡ粍（〇・三〜〇・五）以上の誤差ナキコト」

【参考文献一覧】

■市販図書（和書）

『望遠鏡と測距儀』 東条四郎 訳，コロナ社，1943

『アッベ』 山田幸五郎 著，日本図書，1948

『写真鏡玉』 藤井龍蔵・藤井光蔵 著，浅沼商会，1909

『写真光学』 山田幸五郎 著，誠文堂新光社，1935

『フォクトレンダー』 オフィス ヘリア 編，オフィス ヘリア，1996

『カメラとレンズの事典』 愛宕通英 著，日本カメラ社，1976

『望遠鏡』 広瀬秀雄 著，中央公論社，1975

『日本測量術史の研究』 三上義夫 著，恒星社厚生閣，1947

『レンズの設計と測定』 蘆田静馬 著，河出書房，1940

『光学硝子の精密加工』 北川茂春・東条四郎 著，河出書房，1940

『光学機械器具』 山田幸五郎 著，誠文堂新光社，1940

『光学兵器　我等の兵器』 安積幸治 著，田中宋栄堂，1943

『日本陸軍兵器資料集：泰平組合カタログ』 宗像和広・兵頭二十八 著，並木書房，1999

『兵器生産基本教程 第十二巻　眼鏡』 陸軍兵器学校 編，兵器航空工業新聞出版部，1943

『レンズとプリズム』 吉田正太郎 著，地人書館，1985

『ノンライツ　ライカスクリューマウントレンズ』 竹田正一郎 著，朝日ソノラマ，2000

『精機光学キャノンのすべて』 上山早登 著，朝日ソノラマ，1990

『東ドイツカメラの全貌』 リヒャルト・フンメル，リチャード・クー，村山昇作 著，朝日ソノラマ，1998

『時計光学年鑑 紀元2601年版，紀元2602年版』 時計光学新聞社編集部 編，時計光学新聞社

『日本アマチュア天文史』 日本アマチュア天文史編纂会 編，恒星社厚生閣，1989

『日本の星の本の本』 高橋健一 著，地人書館，1979

『出版興亡50年』 小川菊松 著，誠文堂新光社，1953

『写真業界弐拾年の記録』 日本写真興行通信 編，日本写真興行通信，1954

『カメラ年鑑 1957年版』 日本カメラ社 編，日本カメラ社，1956

『月刊 写真工業』1965年12月号　写真工業

『月刊 天文と気象』 地人書館

■非公刊図書・文献（社史，業界史）

『光学回顧録』 藤井龍蔵 著，日本光学工業株式会社産業報国会，1943

『Milestone（双眼鏡発売100周年記念誌）』 Carl Zeiss 編，Carl Zeiss，1994

『写真とともに100年』 小西六写真工業株式会社 編，小西六写真工業株式会社，1973

『光学兵器に用ひられる光学部品に就て』 六城雅景 著，日本陸軍技術本部，1929

『各種測機概説』 日本陸軍技術本部第一部測機班 編，日本陸軍技術本部，1934

『わが国の望遠鏡の歩み 出品目録』 村山定男 著，国立科学博物館，1964

『東京眼鏡レンズ史』 大坪指方 著，大坪指方（私家版），1977

『光学兵器を中心とした日本の光学工業史』 光学工業史編集会 編，宗高書房，1955

『日本光学工業株式会社二十五年史』 日本光学工業株式会社 編，日本光学工業株式会社，1942

『四十年史』 日本光学工業株式会社 編，日本光学工業株式会社，1957

『ニコン75年史 - 光とミクロとともに』 75年史編纂委員会 編，株式会社ニコン，1993

『光友（ニコン社内報）』 日本光学工業株式会社・株式会社ニコン
『天文夜話　五藤齊三自伝』 五藤齊三 著，株式会社五藤光学研究所，1979
『最近の精密機械』 社団法人 火兵学会 編，工政会出版部，1933
『双眼鏡と共に50年』 大木富治 著，光学産業新聞社，1964
『東京光学五十年史』 東京光学機械株式会社 編，東京光学機械株式会社，1982
『トプコン75年の歩み』 株式会社トプコン 編，株式会社トプコン，2009
『50年のあゆみ』 オリンパス光学工業株式会社 編，オリンパス光学工業株式会社，1968
『キヤノン史　技術と製品の50年』 キヤノン株式会社 編，キヤノン株式会社，1987
『35年のあゆみ』 ミノルタカメラ株式会社宣伝課 編，ミノルタカメラ株式会社，1963
『Minolta50年のあゆみ』 ミノルタカメラ株式会社社史編集委員会 編，ミノルタカメラ株式会社，1978
『東京電気株式会社五十年史』 東京芝浦電気株式会社 編，東京芝浦電気株式会社，1940
『東京芝浦電気株式会社八十五年史』 東京芝浦電気株式会社 編，東京芝浦電気株式会社，1963
『東芝百年史』 東京芝浦電気株式会社 編，東京芝浦電気株式会社，1977
『会社概況書』 満州光学工業株式会社 編，満州光学工業株式会社，1943
『双眼鏡の発展過程と政策対応の調査』 機械振興協会経済研究所 編，日本双眼鏡工業会，1978

■パンフレット

『平和記念東京博覧会 日本光学工業株式会社特設館 出品案内書』 日本光学工業株式会社，1922
『わが国の望遠鏡の歩み』 村山定男 著，科学博物館後援会，1964
『遠くを望む ―江戸時代の望遠鏡―』 府中市郷土の森博物館，1991

■カタログ

『プリズム双眼鏡の選択』 藤井龍蔵 著，藤井レンズ製造所，1913
『プリズム双眼鏡の選択』 藤井龍蔵 著，日本光学工業株式会社，1918
『双眼鏡カタログ』 服部時計店光学部 編，服部時計店光学部，1932，1935
『ツァイス双眼鏡カタログ』 Carl Zeiss 編，カールツァイス株式会社（日本支社），1928
『M.Hensold 双眼鏡カタログ』 M.Hensold & Söhne Optische Werke A.G M.Hensold & Söhne Opti，1938
『ライツ双眼鏡カタログ（Leitz Prismen-Ferngläser）』 E.Leitz 編，シュミット商会，1930
『第十版測量製図用品目録』 三笠商会 編，三笠商会，1936
『測機舎営業目録　昭和10年版』 測機舎 編，測機舎，1935
『双眼鏡型録 鶴喜』 岩崎眼鏡店 編，岩崎眼鏡店
『双眼鏡型録』 軍人会館酒保部 編，軍人会館酒保部

■洋書

『Feldstecher』 H.T.seeger 著，1989
『Militärische Ferngläser und Fernrohre』 H.T.seeger 著，1996
『Die Fernrohre und Entferrungsmesser』 A.König 著，1923，1937，1957
『Fernoptik』 C.H.V.Hofe 著，1921
『Die Theorie Der Modernen Optishen Instrumente』 A.Gleichen 著，1911
『Binoculars，Opera Glasses and Field Glasses』 F.Watson 著，Shire Publications
『Binoculars and All Perpose Telescopes』 H.E.Paul 著，Amphoto

【索引】

【あ】

【い】

【う】

【き】

【す】

【せ】

【そ】

【た】

【ち】

【つ】

■著者紹介
中島　隆（なかじまたかし）
1954年東京都新宿区に生まれる．小学校低学年からの天文好き．双眼鏡との初めての出会いは4年生の時に行った箱根の新宿区立の林間学校だったが，天文好きのため，双眼鏡に先立って中学1年生の時，天体望遠鏡を親に買ってもらう．大学時代のアルバイトで初めて自分の双眼鏡を購入．天文関係の古書といった文献の収集は高校時代に始まり，その延長線上に光学関連資料もあったことから，やがてカメラや望遠鏡，双眼鏡そのものに興味の対象が広がり現在に至る．資料としての双眼鏡との出会いは1988年．翌1989年9月から国立科学博物館理工学研究部の非常勤職員（技術補佐員・調査等補助協力員）．研究資料，文献の調査だけでなく，科博で行う夜間天体観望会では，望遠鏡の操作と解説も担当している．

カバー表写真／19世紀末から第二次大戦末までの各種プリズム双眼鏡
カバー裏写真／日本陸軍制式二式砲隊鏡

カバー写真／中島　隆
カバー・本文デザイン／くどうさとし

プリズム式双眼鏡の発展と技術の物語
双眼鏡の歴史

2015年11月10日　初版第1刷発行

著　者　中島　隆
発行者　上條　宰

発行所　株式会社地人書館
〒162-0835　東京都新宿区中町15
TEL 03-3235-4422
FAX 03-3235-8984
郵便振替口座　00160-6-1532

e-mail　chijinshokan@nifty.com
URL　http://www.chijinshokan.co.jp

印刷所　モリモト印刷
光陽社
製本所　カナメブックス

ISBN978-4-8052-0886-1　C3053